U0332719

编审委员会

主　任　侯建国

副主任　窦贤康　刘　斌　李晓光

委　员（按姓氏笔画排序）

方兆本　史济怀　叶向东　伍小平

刘　斌　刘　兢　孙立广　汤书昆

吴　刚　李晓光　李曙光　苏　淳

何世平　陈初升　陈国良　周先意

侯建国　俞书勤　施蕴渝　胡友秋

徐善驾　郭光灿　郭庆祥　钱逸泰

龚　立　程福臻　窦贤康　褚家如

滕脉坤　霍剑青　戴蓓蒨

中国科学技术大学 精品 教材

流体力学

LIUTI LIXUE

第 2 版

庄礼贤　尹协远　马晖扬　编著

中国科学技术大学出版社

内 容 简 介

作者参照中国科学技术大学近代力学系的本科生和研究生流体力学课程教学大纲,同时也考虑到国内理工科大学的教学需要编写成此书.其论述的逻辑和方法,应较接近于理论物理和应用数学书籍的类型和风格.和早期的流体力学教材相比,本书加强了"黏性流"、"非定常流"."流动稳定性和湍流及其数值模拟"等近代流体力学的内容,并适当介绍了一些当代的科研成果.

全书共分十二章前三章为基本概念和基本力学定律在流体力学中的数学表述形式.第4章到第7章介绍了各类简单流动的数学解法及其所揭示的基本流动规律.最后五章介绍了几类复杂流动及其研究方法.

本书假定读者具有高等微积分矢量分析、微分方程和复变函数论等基础数学知识.为了叙述方便,本书也采用了笛卡儿张量和正交曲线坐标系对这两部分内容,本书各加了一个附录.

本书可作为大学生和研究生的教学用书,对广大的力学和科学技术人员,也是一本有用的参考书.

图书在版编目(CIP)数据

流体力学/庄礼贤,尹协远,马晖扬编著. —2 版. —合肥:中国科学技术大学出版社,2009.7(2023.4 重印)

(中国科学技术大学精品教材)

"十一五"国家重点图书

ISBN 978-7-312-02262-3

I. 流… Ⅱ. ①庄… ②尹… ③马… Ⅲ. 流体力学—高等学校—教材 Ⅳ.O35

中国版本图书馆 CIP 数据核字(2009)第 100472 号

中国科学技术大学出版社

安徽省合肥市金寨路 96 号,230026

http://press.ustc.edu.cn

http://zgkxjsdxcbs.tmall.com

安徽省瑞隆印务有限公司印刷

全国新华书店经销

开本:710 mm×960 mm 1/16 印张:32.5 插页:2 字数:540 千

1991 年 7 月第 1 版 2009 年 7 月第 2 版 2023 年 4 月第 7 次印刷

定价:69.00 元

总　　序

2008 年是中国科学技术大学建校五十周年.为了反映五十年来办学理念和特色,集中展示学校教材建设的成果,学校决定组织编写出版代表学校教学水平的精品教材系列.在各方的共同努力下,共组织选题 281 种,经过多轮、严格的评审,最后确定 50 种入选精品教材系列.

1958 年学校成立之时,教员大部分都来自中国科学院的各个研究所.作为各个研究所的科研人员,他们到学校后保持了教学的同时又作研究的传统.同时,根据"全院办校,所系结合"的原则,科学院各个研究所在科研第一线工作的杰出科学家也参与学校的教学,为本科生授课,将最新的科研成果融入到教学中.五十年来,外界环境和内在条件都发生了很大变化,但学校以教学为主、教学与科研相结合的方针没有变.正因为坚持了科学与技术相结合、理论与实践相结合、教学与科研相结合的方针,并形成了优良的传统,才培养出了一批又一批高质量的人才.

学校非常重视基础课教学和专业基础课教学的传统,也是她特别成功的原因之一.当今社会,科技发展突飞猛进、科技成果日新月异,没有扎实的基础知识,很难在科学技术研究中作出重大贡献.建校之初,华罗庚、吴有训、严济慈等老一辈科学家、教育家就身体力行,亲自为本科生讲授基础课.他们以渊博的学识、精湛的讲课艺术、高尚的师德,带出一批又一批杰出的年轻教员,培养了一届又一届优秀学生.这次入选校庆精品教材的绝大部分是本科生基础课或专业基础课的教材,其作者大多直接或间接受到过这些老一辈科学家、教育家的教诲和影响,因此在教材中也贯穿着这些先辈的教育教学理念与科学探索精神.

改革开放之初,学校最先选派青年骨干教师赴西方国家交流、学习,他们在带回先进科学技术的同时,也把西方先进的教育理念、教学方法、教学内容等带回到中国科学技术大学,并以极大的热情进行教学实践,使"科学与技术相结合、理论与实践相结合、教学与科研相结合"的方针得到进一步深化,取得了非常好的效果,培养的学生得到全社会的认可.这些教学改革影响深远,直到今天仍然受到学生的欢迎,并辐射到其他高校.在入选的精品教材中,这种理念与尝试也都有充分的体现.

　　中国科学技术大学自建校以来就形成的又一传统是根据学生的特点,用创新的精神编写教材.五十年来,进入我校学习的都是基础扎实、学业优秀、求知欲强、勇于探索和追求的学生,针对他们的具体情况编写教材,才能更加有利于培养他们的创新精神.教师们坚持教学与科研的结合,根据自己的科研体会,借鉴目前国外相关专业有关课程的经验,注意理论与实际应用的结合,基础知识与最新发展的结合,课堂教学与课外实践的结合,精心组织材料、认真编写教材,使学生在掌握扎实的理论基础的同时,了解最新的研究方法,掌握实际应用的技术.

　　这次入选的 50 种精品教材,既是教学一线教师长期教学积累的成果,也是学校五十年教学传统的体现,反映了中国科学技术大学的教学理念、教学特色和教学改革成果.该系列精品教材的出版,既是向学校 50 周年校庆的献礼,也是对那些在学校发展历史中留下宝贵财富的老一代科学家、教育家的最好纪念.

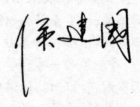

2008 年 8 月

第 2 版前言

本书自 1991 年出版以来,一直是我校近代力学系本科生的基本教材.为满足市场需要,期间也曾重新印刷出版.这次适逢中国科大建校五十周年之际,学校出版社决定将本书作为精品教材之一再次改写出版.经若干修改后,本书着重突出了如下特点:

和第 1 版一样,本书还是首先充分论述和建立了流体力学的基本概念.在此基础上,再应用数学物理方法,建立起各种典型流动问题的简化数学模型.又经过严谨的数学求解和理论分析,阐明了各类流动的特征流动图像和基本流动规律,并简要介绍了它们的应用背景.因此,本书具有理论物理和应用数学类书籍的论述风格.它是一本为适应"全国理科(力学)人才培养基地"要求而编写的"物理流体力学"类型的教材.

根据近代流体力学的发展现状,本书在再版时增补了若干非定常流理论的内容,同时改写了第 10 章,包括增加了流动稳定性、非线性动力学和湍流高级数值模拟等方面的内容,并适当介绍了近年来的若干重要研究成果.另外,本版还改正了原书中若干书写和印刷错误.

本书可作为大学生和研究生的教学用书,对广大的力学和科学技术人员,也是一本有用的参考书.

作 者

2009 年 3 月

于中国科学技术大学

第1版前言

　　本书是按照全国理科(力学)人才培养基地关于流体力学的教学要求而写的,内容侧重于阐述流体力学的基本原理和基本方法,同时适当兼顾它在某些重要领域中的应用.因此,对于许多其他学科(例如,物理、应用数学、地球和空间以及有关的工程技术等)的大学生、研究生、教师和科技人员,它也是一本有用的参考书.

　　近半个世纪以来,流体力学的内容已大为丰富和发展.一方面,它的一些重要的基本理论问题,例如黏性、压缩性的作用机理,在这期间已被逐渐揭示清楚;另一方面,它和其他学科的交叉、渗透以及它在许多工程、技术领域中的广泛应用,也为这门古老学科注入了勃勃生机和崭新内容.这种状况理所当然地要求在学校教学中得到反映.于是,流体力学的教学改革和教材改编也就势在必行了.

　　本书是根据我们近年来在中国科学技术大学近代力学系使用过的讲义编写而成的.和以往的教科书相比,本书显著加强了黏性流动的内容,在体系的安排和叙述的方法上,也有相应的改变.我们感到,原先的流体力学教材大都注重于介绍一些数学上可以求解的简单流动模型,而不强调甚至很少解释这些简化模型是否和真实流动的情况相符,或者和真实情形到底相符到何种程度.这就容易造成这样的缺陷:学生学完流体力学课程后,脑子里留下的是一堆数学问题,而缺少生动真实的流动图像,也缺乏对流动规律的理解.当然,出现这个问题是和当时学科发展的局限性密切相关的;但是,这种状况毕竟亟待改善.事实上,一些中外作者已经开始致力于解决这一问题.我们编写本书,也是希望提供一本能够体现这种改革要求的新教材.数学当然是阐述流体力学理论不可缺少的有力工具,但廓清基本事实和阐明物理规律总应当是第一位的事,数学分析应该为揭示流动的物理规律服务.正是基于这一想法,本书决定将黏性流理论放在发展得更为完善的无黏流理论之前叙述;这样做决不意味着经典的无黏流理论已经变得不那么重要,相反是为了使无黏理论建立在一种更为坚实的理论基石之上.

　　本书假定读者已经具有高等微积分、矢量分析、线性代数、微分方程和复变函数论等基础数学知识,另外,出于表述的方便,我们在必要时也使用了笛卡儿张量和正交曲线坐标系.为了不致因此造成读者阅读上的困难,本书对这两部分数学内容各加了一节简短的附录.

习题是流体力学教材的重要组成部分.本书选编的习题,一部分是为了加深对正文的理解和学会理论的应用,也有一部分是正文的补充和延伸.由于题目难易程度不等,我们在较难的习题前打上了 * 号,它们可作为选作题.

按每周四学时估算,本书内容大体上适宜于两个学期的教学.对于非力学专业的学生,由于总学时数的限制,对本书内容可作适当节选.我们在目次的某些节名上打上了 * 号,表示这些内容可以从略,而不会影响教材的系统性和完整性.同时,本书也可作为研究生流体力学课程的教学参考书.

编著者们对童秉纲教授深表谢意,他仔细审阅了本书的全部文稿,并提出了许多宝贵意见,使我们获益匪浅.

由于编者经验和水平的限制,本书肯定会有若干不当之处,还请专家和读者们不吝批评指教.

编著者

1990 年 6 月

于中国科学技术大学

目　　次

第 1 章　　引　　　论

1.1　流体力学的研究对象和研究方法

　　初学者对一门新课程总会提出一些问题,对本课程而言,这些问题通常是:什么是流体?什么是流体力学?为什么要学流体力学?怎样才能学好流体力学等.确实,讲清这些问题对于帮助学好本课程是很有必要的.现在,我们就对这些问题作如下简要的说明.

1.1.1　流体力学的研究对象

　　大家知道,力学是一门研究客观实体的宏观机械运动和力的相互作用的物理科学.但是,现代力学中又有许多分支学科,它们的研究对象和研究方法互有区别.流体力学乃是力学的重要分支学科之一.

　　物体的运动是千姿百态的.要从纷纭复杂的运动形态中找出统一的规律性,必须依靠一些抽象化的科学概念,力学上称之为"模型化"方法.如大家熟知的"一般力学",它就是通过建立"质点"、"刚体"等模型,从而研究力学的一般规律,并且也可以解决某一类客体的力学问题.但是,仅仅局限于使用质点和刚体这两类模型是很不够的,许多客体的机械运动就不可能用它们得到恰当的描述,例如,工件的拉压弯扭、物体的撞击损伤、波涛的汹涌澎湃和天气的变化万千.对于这些运动,被考察的客体的各部分之间,存在着状态的变化和相对的运动,这些物体就不应作为刚体对待,而应看做**变形体**.

　　流体就是一种变形体,是一种具有流动性的变形体.事实上,流体和弹性固体都是变形体,它们之间的区别只在于当外力作用时,变形的方式不同而已.现在,我

们按照对外力作用的响应方式,先来对流体下一个定义:

　　流体是这样一种变形体,当对它施加剪切外力时,不论此外力如何之小,它总会发生变形,并且将不断地继续变形下去.这种不断继续变形的运动,就称为**流动**.所以,流体就是在剪切外力作用下会发生流动的物体,它不能在承受剪切力的同时,使自己保持静止状态.

　　顾名思义,流体力学就是研究流体的机械运动和力的作用规律的科学.

　　固体对外力的响应则采取另外一种方式.当施加一定的外力时,固体也要发生变形;但变形量达到一定程度,其内部的变形抗力就会阻止固体继续变形.因此,固体不呈现流动性.

　　应当指出,上面所说的外力着重是指和物体表面相切的力,而不是和表面正交的法向力.受到法向外力的作用,流体的体积将可能发生改变;在这方面,它和固体有着相似的力学特性,即它们都呈现**体积弹性**,也称之为**可压缩性**.

　　这样,我们就在质点和刚体之外,引进了两个新的力学模型,**流体**和**固体**.它们有着完全确定而又互不相同的力学特性.实践表明,和人类生活关系密切的大量物质,都呈现出流体或固体的力学特性.例如,水、空气、酒精和许多油类,都是典型的流体;而常温下的钢铁、岩石、玻璃、陶瓷等都是固体.因此,建立在这两种模型之上的流体力学和固体力学,有着相当广泛的适用性.

　　但是,不能忽视的是,流体和固体的概念同样也具有局限性,不能认为引进流体和固体的概念后,力学模型就完备无缺了.实际上就有一些客体,既不能用流体也不能用固体来表述它们的力学性质.比如,有些树胶和油漆,长期静置后,会呈现固体的力学性态;如果加以摇晃或搅拌,就又显示出流动性.更有甚者,某些高分子聚合物竟同时呈现流体和固体双重力学特性.对于这些物质,力学上就只能另提新的模型来描述它们了,于是也就有了黏弹体、黏塑体等概念,出现了**黏弹性力学**和**黏塑性力学**等新的变形体力学分支.

1.1.2　流体力学的学科特点

　　下面,让我们把话题集中到流体力学这方面来,再作进一步的说明.

　　流体力学源远流长,它的最早萌芽可以上溯到远古年代,而其长足发展则和工业文明紧密关联.这里,我们并不打算详细介绍流体力学的发展史,而是要着重说明它在长期发展中形成的学科特色,以期对读者学好本课程有所裨益.

　　大多数学者的看法是,现代流体力学既是一门基础科学,同时又是一门应用科学.首先,作为人类认识自然界的知识,流体力学始终是物理学不可分割的一个组成部分.事实上,虽然流体力学关心的是流体机械运动的宏观规律,但流体的机械运动却往往和其他形式的运动紧密地耦合在一起,使得流体力学和物理学的其他分支相互依存,自然地构成了一个统一体.比如,流体的运动就常常伴有温度场的改变和热量的交换,从而有机械运动和热运动的互相制约,流体力学和热力学的交叉共存.再如,多种成分的流体混合,可能既有流动,又存在化学反应(如燃烧),这就形成了机械运动、热运动和化学运动三者的耦合.**化学流体力学**也就成了流体力学、热力学和化学动力学三者结合的交叉学科.另外,当发生离解和电离的高温气体在电磁场中运动时,电磁过程也会与流动过程发生耦合,这就出现了**电磁流体力学**.这些情况表明,流体力学在本质上必然带有物理学的一切基本特征.

但是,另一方面,流体力学又是紧紧地随着现代工业革命和技术革命而蓬勃发展起来的一门新兴的应用科学.值得大书特书的是,20世纪中期航空和航天技术飞速发展带来的高速空气动力学的辉煌成就;而近期生物工程和生命科学的崛起,又正在孕育和推动着**生物流体力学**的突飞猛进.此外,海洋、环境、能源等新兴科学领域也都不断地向流体力学提出了新的研究任务.现代流体力学的整个发展历史表明,新技术革命曾经并将继续成为流体力学发展的强大动力;同时,它也给流体力学带来了强烈的应用科学色彩.

了解流体力学学科的这种双重特色,对于指导我们学好本课程具有重要的意义.

1.1.3 流体力学的研究方法

作为一门物理科学,流体力学的研究当然包括实验观测和理论分析两个方面,也就是说,是遵循着"实践 — 理论 — 再实践"的认识路线.流体力学实验主要是在配备有各种测试手段的专门实验设备(风洞、水洞、水池等)上进行;流体力学的理论研究则主要指对于各种流动规律的数学分析,其中包括数学解析和数值模拟两种手段.

目前,随着大型计算机的问世和计算方法的不断进步,对各种复杂流动进行直接的计算机模拟已逐步成为现实.现代技术在实验中的应用,也使流动显示和测量手段发生了革命性的变化.这就是说,新技术革命已为人们认识变幻神奇的流动世界提供了前所未有的优越条件,进一步深入揭示复杂流动规律的任务也就历史地落在当代流体力学工作者的肩上了.

本书是一本介绍流体力学基础理论的教科书,它的任务在于阐述支配流体运动的各种物理规律及其在不同情况下所表现出的数学形式;并通过典型流动问题的分析,说明如何正确运用物理概念和适当的数学工具,去揭示各种特定条件下流动的存在形式和它们的演变规律.所以,它应属于"理论物理"或"数学物理"类型的书,基本不涉及"实验流体力学"和"计算流体力学"的内容.但是,这丝毫不意味着学习本课程可以不去关心流动的实际情形;恰恰相反,应当强调的是,流体力学理论的出发点和结论都应符合物理事实.因而,学习理论流体力学应当采取理论和实际统一的态度.贯穿于本课程始终的一条基本思考路线是:我们研究的真实流动情形如何?制约这种流动的物理规律是什么?这些规律采用何种数学形式,即何种方程和何种边界条件来体现?如何根据现实条件去化简数学问题并求出解答?数学结果是否正确反映物理事实?误差多大?产生误差的原因何在等.我们只有遵循这条路线,把这些问题确实弄清楚了,才能说真正懂得了流体力学理论.这就是学习本课程必须坚持的正确方法.

1.2　物质结构和连续介质假设

物质的宏观力学性质,是由其微观结构的形式决定的.固体、液体、气体和等离子体是自然界中物质的四种聚集形态,它们之间在宏观物理性质方面,有着许多重大的差别.不过,若仅就力学性质而言,后三种状态却是基本相同的,唯有固体表现出另一种性质.从根本上说,这种差异乃是由于物质的分子热运动状态和分子之间的相互作用存在着不同的情形.

我们知道,任何物质都不是连续体,而是由处于分离状态的大量粒子所组成;说得更准确一点,是由许多为粒子所占据因而质量密度很高的小区域,和处于粒子之间的尺度大得多但质量密度近于零的区域所构成.这种质量很集中的粒子称做原子和分子,它们之间存在相互作用力.物质呈现一定的宏观状态,乃是处于某种平均能量水平的大量分子,在分子力制约下所采取的排列方式和运动方式的宏观表现.

原子和分子的相互作用力,有着复杂的形成机理.大体说来,它们可以是粒子电离后产生的库仑(Columb)力,也可以是几个粒子共价产生的结合力,还有原子或分子极化产生的范德瓦尔斯(van der Waals)力.不管分子力有着怎样不同的来由,分子力的大小随分子间距离的变化总是服从大致相同的规律.以两个分子相互作用这种最简单的情形而论,情形是这样的:当分子间的距离较大时(例如 $d >$ 10^{-7} cm),分子相互作用力表现为一种弱吸引力.然后,随着分子距离的减小,这种吸引力逐渐增强,并且在某个距离值下达到最大值.此后,分子吸引力就会随距离的减小而变小,直到在一个临界距离 d_0 下,分子引力消失.当 $d < d_0$ 后,分子力改变符号,吸引力变为排斥力,其值随 d 值减小而急剧上升.上述整个变化过程可以用一条曲线来表示(见图 1.1).对于简单的分子,d_0 值大约为 $3 \times 10^{-8} \sim 4 \times 10^{-8}$ cm.在分子距离 $d \sim d_0$ 时,分子力表现为强相互作用;而当 $d \gg d_0$ 时,分子力则为弱相互作用,此时,只要分子的平均动能足够大,单个分子就能克服邻近分子的吸引力而处于一种自由运动状态.在偶尔的场合下,高能量分子也可能

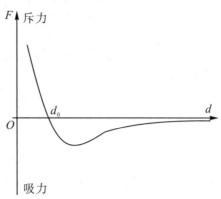

图 1.1　两分子作用力随距离的变化

运动到和其他分子十分靠近,出现分子间短暂的强相互作用,我们把这种偶然出现的强相互作用过程称为**碰撞**.因此,对于分子热运动平均能量高的物质,在分子碰撞以外的绝大部分时间,分子间只有弱相互作用,可以认为分子都处在自由状态,大量分子的自由运动就呈现出高度混乱的情景.这种宏观状态称做**气体**.

　　和气体截然不同的状态是固体.相对而言,固体分子的热运动是处于低能量状态,每个分子的运动受到分子间作用力的强大束缚,因而只能围绕着一个固定位置振动.典型的固体是**晶体**.晶体的分子或原子在相当大的范围内(一个晶粒)作规则整齐的排列,这种物质结构称为**长程有序**.由于大量分子整齐排列并处于强相互作用之下,这种结构有很强的保持能力,宏观上表现出很大的刚度.这就是固体的典型特征.还有另一类不典型的固体,例如玻璃,称为**非晶态固体**或**无定形固体**,其原子或分子的排列表现为"短程有序"和"长程无序".这类物质分子的排列方式和下面即将谈到的液体很接近,不同点只是非晶态固体在常温下仍具有阻止物体继续变形的极大抗力,因而可以看成是黏度极高的"过冷液体".非晶态固体的黏性系数值高达天文数字,从力学的角度看,把它们归为流体很不实际,故通常仍旧作为固体对待.

　　就物质的分子结构而言,液体比气体和固体都要复杂,研究工作也开展得不够充分.从简单的宏观测量就能知道,液体分子排列的紧密程度和固体并没有多大的差别,因为固体融(熔)化成液体后,密度一般只有百分之几的变化,可见液体分子之间亦有强相互作用.但在宏观行为上,液体却像气体一样具有流动性,而不能保持固定的形状.因而,在力学上液体和气体同归属于流体的范畴.这种矛盾的现象究竟是怎么一回事呢?下面对此作一些简单的说明.

到目前为止,用以揭示液体分子结构的各种物理实验(如中子衍射、电阻测量等),都支持这样一种看法:液体分子的排列也是有一定结构的,但在成整齐排列的每个液体分子群中,分子数要比固体晶粒中的分子数少得多.这种情况称为"**短程有序**".实验表明,在物质分子作规则排列的晶格中,某些位置上会出现空缺.晶体中空缺的数量随着温度的升高而增加;但只要空缺还孤立地存在着,物体在宏观上就仍然保持晶体的形态.一旦温度升高到一定程度时,晶体中大量存在的空缺就会合并,从而形成若干个空缺合成的"洞穴".这种洞穴使一些分子群之间的联结变得大为松散了,虽然在每个分子群内部分子间的制约仍旧很强大.正是由于出现了相互联系松散的大量分子群,宏观上也表现出流动性,这就是液体.这就容易理解为什么液体的力学特性类似气体,而其他一些物理特性却类似固体.

以上我们说明了物体的宏观力学特性和微观物质结构之间的依赖关系.这是否表示,要弄清物体变形、流动等宏观规律性,一定得从研究单个物质分子的运动出发,把各个分子的运动情况掌握后才有可能呢?稍作分析就会明白,这是既无必要也不可能的.设想一下,即便使用较为简单的经典力学模型,给出一个质点的运动也需要解三个常微分方程;对于 N 个粒子的质点系,就要解 $3N$ 个常微分方程组成的方程组,这里,N 是和阿伏加德罗(Avogadro)常数(6.03×10^{23})同量级的正整数.解这样庞大数目的方程组,连同初始条件给定的困难,不难想象,这条路子是根本无法走通的.

气体分子动力论(kinetic theory of gas)是用质点动力学和统计学相结合的方法来研究气体物质宏观力学和热力学性质的科学.这一理论确实取得了很大的成就,但是,它目前也只能应用于某些简单的气体,远不能解决范围十分宽广的流体力学和固体力学中的大量问题.目前,唯一能当此重任的是**连续介质力学**.通常所说的流体力学,就是指建立在连续介质假设基础上的流体力学.

连续介质假设的引入是基于这样一种思想:我们所研究的对象是物体的宏观运动,即大量分子的平均行为,而不是单个分子的个别行为,因而可以不去考虑物质的分子结构和单个分子的运动细节.事实表明,物质的分子结构和分子的热运动只对宏观运动存在间接的影响,即只能通过影响物质的热力学特性来影响物体的运动.因此,和热力学方法类似,当我们研究物体的变形、流动等宏观运动特性时,就可以将物体作为一种连续体对待,而无须计及它的微观分子结构.这样,首先要解决的问题就是,应当用怎样的方法去把一个由分子和原子组成的质点系统,"等效地"代换为一个连续体,即应如何正确规定连续体的质量、动量、能量等物理量在空间的分布.

现在,我们先按连续统数学的定义,写出质量密度的表达式

$$\rho(P,t) = \lim_{\delta V \to 0} \frac{\delta M}{\delta V},$$

其中 δV 是在空间一点 P 近旁所取的一个微元体积. 这里,重要的问题是在连续介质力学中如何选取适当大小的 δV. 不难看出,如果我们把 δV 取得过小,比如说,相当于一个分子体积那样的大小,那么就会出现这种情况:若 δV 中包含一个分子,ρ 就是一个很大的值;若 δV 中不含任何粒子,ρ 就为零. 于是,得出的 ρ 就会是随着 P 点位置改变而剧烈跳跃的函数. 显然,对这样的函数是不能应用连续统数学的. 因此,连续介质力学中的微元体积 δV 不是数学上的无限小,而应理解为"物理上的"无限小. 也就是说,该体积元的线尺度要比分子的距离或平均自由程大得多,以致 δV 中仍然含有数目非常庞大的分子群. 另一方面,δV 的线尺度又要远小于物体宏观性质发生显著改变的代表性尺度,这才能使得所定义的质量密度是一个"局部的量",可以反映物体质量宏观分布上的不均匀性. 对其他的物理量也是如此.

可以这样来选取合适的 δV:考察物体中的任一个固定点 P,在某个确定时刻 t,取一系列空间区域 Ω_n 包围 P 点,使得 $P \in \Omega_n$,$\Omega_n \subseteq \Omega_{n-1}$,并记 Ω_n 的体积为 δV_n(见图 1.2). 若设 Ω_n 中所含物质的质量为 δM_n,则

$$\rho_n = \delta M_n / \delta V_n$$

定义了 t 时刻 Ω_n 区域中物体的平均密度. 于是,对于一系列大小不同的 Ω_n,就可得到一系列的 ρ_n,然后绘出 ρ-δV_n 的变化曲线. 值得注意的是,在这条曲线上,存在一个相当宽的 δV_n 变化范围 $(\delta V_1, \delta V_2)$,ρ_n 在这个范围内不随 δV_n 的改变而变化(见图 1.3);而超出这个范围,ρ_n 随 δV_n 或者缓慢变化($\delta V_n > \delta V_2$),或者呈剧

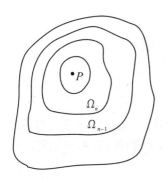

图1.2 空间区域序列的极限方式

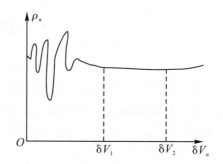

图 1.3 体积尺度对密度值的影响

烈跳跃($\delta V_n < \delta V_1$). 前者表示 ρ_n 不代表一个确定的局部物理量;后者表示 ρ_n 不

是一个宏观的物理量.因此,为了正确定义局部的宏观密度 ρ,我们就应当在 ρ_n 不随 δV_n 改变的那个区间内选取一个适当的 δV_n 值,作为物理上的无限小量 δV.这样构造成的质量密度 $\rho(P,t)$,就是一个定义在空间和时间四维连续统上的函数.其他如动量密度、能量密度、速度、温度等物理量,也都可以用同样的方法给出.这样,被看做是连续介质的客体的宏观运动,就可以用上面定义的物理量函数来进行数学描述.

除了上述唯像的方法以外,也可以使用更为严格的系综平均法来定义密度等宏观物理量.此时,δV 应当取成是真正的数学无限小,而对于给定的点和时间,ρ 就是一个随机变量.求出这个随机变量的统计平均值,将得到一个确定的数,不同点和时间的 ρ 的全体就是定义在时空四维连续统上的密度分布函数.这两种定义方法不同,但效果一样,此处就不再详述了.

本节所建立的连续介质模型,应当理解为一种近似的数学模型,其正确性要由实践来加以检验.大量事实证明,连续介质力学在相当广泛的领域内给出了和实际吻合的结果.但是,也应当指出,对于研究对象的宏观尺度和物质结构的微观尺度量级相当的情况,连续介质模型将不再适用.例如,当分析空间飞行器和高层稀薄大气的相互作用时,由于空气分子的平均自由程可以和飞行器尺度相当,连续介质流体力学将不再适用.研究稠密大气中强激波的内部结构时,也会由于激波厚度与气体分子平均自由程量级相当,而使连续介质模型失去意义.在上述两个例子中,分子运动的微观行为对宏观运动都有着直接的影响.这时,气体分子动力论才是解决问题的正确方法.

1.3 应 力 张 量

现在,我们来研究流体的受力情形.

要分析流体的运动,不仅需要了解它所受到的外力,尤其要知道它的各部分之间的相互作用力,即所谓内力.内力是一个比较复杂的物理量,本节主要是讨论流体内力的分析方法.

1.3.1 流体的作用力

作用在流体上的力有两种类型:

一种力是外场对流体的作用,如地球对流体的作用力,电磁场对带电流体的作用力(库仑力和洛伦兹力)等.对于处在一个微元体内的流体来说,这类力的大小和流体的体积 δV 成正比,故称它们为**体积力**.以上面所举的两种力为例,地球对体积为 δV 的流体的作用力就是 $\rho g \delta V$,其中 ρ 为流体的质量密度,g 为流体所在处的引力强度;而电磁力则写成 $\rho_e [E + \mu(v \times H)] \delta V$,其中 ρ_e 为流体的电荷密度,E 为电场强度,H 为磁场强度,v 为流体的速度,μ 为磁导率.因此,这类力可以一般地表示成 $\rho F \delta V$.另外,除了实际存在的外场作用力,当所取的参考系为非惯性系的时候,力的平衡式中还常常出现惯性力,如离心力、科里奥利(Coriolis)力等,这些力的表达式与外场力的上述表达式形式相同,也归为体积力一类.

另一类力是所考虑的那块流体与同它接触的周围物体之间的作用力.这是一种分子力,是处于分界面一侧的物质分子对另一侧物质分子作用力的总和.相对于宏观尺度而言,分子力的有效作用距离是一个很小的量.比如,对于气体:它和分子平均自由程属同一量级;对于液体,则是单个分子作用力的半径,量级为 10^{-8} cm.所以,这种力仅仅是在很薄一层流体中发生的相互作用,该层流体的厚度即为分子力的有效作用距离,力的大小应和分界面积的大小 δS 成正比,一般地表示为 $F \delta S$,故称之为**面积力**.流动分析中出现的面积力通常是内力,是流体内部相邻部分之间由于分子力和热运动造成的动量交换所引起的.研究流体运动时,处理内力要比处理外力困难得多,这是因为内力在所研究的问题中是待求的未知量,而外力却往往是已知的条件.本节余下的篇幅将专门用来讨论分析内力的方法.

1.3.2 欧拉-柯西(Euler-Cauchy)应力原理

为分析内力,我们在流场中取定一块流体,它是一个封闭的物质体系,记为 B.体系 B 和它周围流体的分界面是一个物质曲面,记为 S.下面就来分析外部流体通过 S 面对体系 B 的作用力.

如图 1.4,在 S 面上任取一块小面元 ΔA,它的外法向单位矢量记作 n.我们规定 n 所指的一侧为 ΔA 的正侧,另一侧为负侧.通过面元 ΔA,正侧流体对体系 B 作用一个力,记为 ΔF.严格地说,它应当是由许多个力组成的空间力系.对此力系,欧拉(Euler)和柯西(Cauchy)提出一个假设:让 S 面上的面

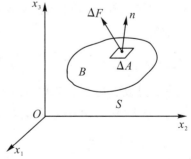

图 1.4 作用在流体界面上的面积力

元 ΔA 收缩到一点 P,即让 $\Delta A \to 0$,则 $\Delta F / \Delta A$ 将趋于一个确定的极限 $T(n)$. T 称为 S 面上点 P 处的**应力矢量**. 应当注意,分析是在确定的时刻 t 进行的,S 面上所取面元 ΔA 收缩到的固定点 $P(x_i)$,此时,流体中点 P 的位置 x_i 以及该点处 ΔA 的法向单位矢 n_i 的方向都应视为任意取定的. 所以,应力矢量 T 应是 (x_i, n_i, t) 的函数.

应当指出,空间力系 ΔF 一般可以表示为作用在 P 点的主矢量 δF 加上一个力偶矩 δM. 因此,欧拉和柯西不仅假设当 $\Delta A \to 0$ 时,$\delta F / \Delta A$ 存在确定的极限,而且还断言 $\delta M / \Delta A$ 的极限为零. 这些重要的结论靠连续介质力学自身的理论是不能加以证明的,它的正确性只能依靠由这一假设导致的各种结论和客观事实一致而得到验证. 迄今为止,还没有发现可以对这一基本假设引起怀疑的理由;另一方面,有些人曾试图放弃或"修正"这些假设,但都没有得出什么有价值的结果. 因此,人们把这些重要假设称为**欧拉-柯西应力原理**. 这一原理可以表述为:在流体内部任何一个想象的封闭曲面上,都存在一个应力矢量场 $T(n)$,曲面外物质对曲面内流体的作用,等价于该应力矢量场对曲面内流体的作用.

根据欧拉-柯西应力原理,我们还可以作出一个重要的推论:在任取的流体曲面 S 上,若 $T(n)$ 代表 S 面正侧流体对负侧流体作用的应力矢量,而 $T(-n)$ 代表负侧流体对正侧流体作用的应力矢量,则有

$$T(-n) = -T(n). \qquad (1.3.1)$$

证明 在 S 面上任一点 P 附近的两侧流体内,各取一个平行于 S 的小面元,它们的面积都是 ΔA,而到 S 面的距离同为 $\delta/2$(参看图1.5). 对于由它们构成两个底面的扁控制体,写出牛顿(Newton)第二定律的表达式

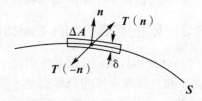

图 1.5　作用在面元两侧的应力矢量

$$\rho F \Delta A \cdot \delta + [T(n) + \varepsilon_1]\Delta A + [T(-n) + \varepsilon_2]\Delta A = \rho \Delta A \cdot \delta \cdot \frac{\mathrm{d}v}{\mathrm{d}t},$$

这里我们已设 δ 与 ΔA 的线度相比为高阶小量,从而略去了控制体侧面上的作用力. 于是,若令 $\delta \to 0, \Delta A \to 0$,从而有 $\varepsilon_1, \varepsilon_2 \to 0$,于是就得到极限表达式(1.3.1).

1.3.3　应力张量

以上我们引入的应力矢量 T,是对于某个有确定方向的面元而言的. 但是,通

过空间一个固定的点 $P(x_1,x_2,x_3)$，可以作出许多个方向不同的面元，从而对应有许多不同的矢量 $\boldsymbol{T}$. 因此，在给定的时刻 t，要描写空间一个固定点的流体内力，似乎就需要无限多个矢量. 这种方法显然是不可取的. 仔细分析可以发现，过同一点各面元的应力矢量之间，存在着一定的关联而并不相互独立. 这一事实使得描写任一点应力状态的方法可以大大简化. 实际上，任一点上的应力状态也可描述为另一种带有方向性的物理量，只不过其结构要比矢量复杂，称之为**二阶张量**. 在取定的坐标系中，二阶张量场中任一点上的变量特性，需要九个数才能完全确定下来. 下面，我们就来说明这一点. 关于张量的一般概念及其在正交笛卡儿坐标系中的运算规则，我们将要在本章的附录中作简要的介绍.

设在三维空间中取定了一个正交笛卡儿坐标系 $\{x_1,x_2,x_3\}$，现在分析空间固定点 $P(x_1,x_2,x_3)$ 上的应力. 以 P 为中心作一个小立方体，其三对底面分别平行于三个坐标平面(见图1.6). 于是，立方体表面六个面元的单位法向矢量分别为 $(1,0,0)$，$(-1,0,0)$，$(0,1,0)$，$(0,-1,0)$，$(0,0,1)$ 和 $(0,0,-1)$. 令立方体的体积趋于零，这六个小面元上的应力矢量就分别趋于 $\boldsymbol{T}_1(\sigma_{11},\sigma_{12},\sigma_{13})$，$\boldsymbol{T}_2(-\sigma_{11},-\sigma_{12},-\sigma_{13})$，$\boldsymbol{T}_3(\sigma_{21},\sigma_{22},\sigma_{23})$，$\boldsymbol{T}_4(-\sigma_{21},-\sigma_{22},-\sigma_{23})$，$\boldsymbol{T}_5(\sigma_{31},\sigma_{32},\sigma_{33})$ 和 $\boldsymbol{T}_6(-\sigma_{31},-\sigma_{32},-\sigma_{33})$（这里已应用了式(1.3.1)）. 这样，我们就得到了九个数 $\{\sigma_{ij};i,j=1,2,3\}$. 可以证明，这些数完全确定了 t 时刻 P 点的应力状态. 也就是说，在通过 P 点并具有任意方向 $\boldsymbol{n}$ 的面元上，应力矢量 $\boldsymbol{T}(\boldsymbol{n})$ 可由这九个数和该面元的法向单位矢量 $\boldsymbol{n}$ 唯一确定.

为了证明以上论断，我们作一个微元四面体，它的顶点为 P，三个侧面分别平行于不同的坐标平面，底面的方向 $\boldsymbol{n}$ 是任意的(见图1.7). 设底面积为 $\mathrm{d}A$，则三个侧面的面积为

$$\mathrm{d}A_i = n_i \mathrm{d}A, \qquad i = 1,2,3.$$

写出 x_i 方向的运动方程，有

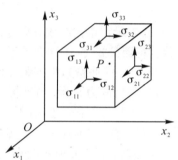

图1.6 作用在立方形微元体
表面上的应力

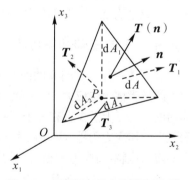

图1.7 侧面相互垂直的微元四面体

$$(-\sigma_{1i}+\varepsilon_{1i})dA_1+(-\sigma_{2i}+\varepsilon_{2i})dA_2+(-\sigma_{3i}+\varepsilon_{3i})dA_3$$

$$+(T_i+\varepsilon_i)dA+(F_i+\varepsilon_{fi})(\rho+\varepsilon_\rho)\cdot\frac{1}{3}h\cdot dA$$

$$=(\rho+\varepsilon_\rho)\frac{dv_i}{dt}\cdot\frac{1}{3}h\cdot dA,$$

其中 h 是四面体的高. 当保持 n 不变,令 $dA\to 0$ 时,应有 $h,\varepsilon_{ji},\varepsilon_i,\varepsilon_{fi},\varepsilon_\rho\to 0$. 于是对上式取 $dA\to 0$ 的极限,就得到

$$T_i(n)=\sigma_{1i}n_1+\sigma_{2i}n_2+\sigma_{3i}n_3.$$

用张量表示法和求和约定(参看附录1)可写成

$$T_i(n)=\sigma_{ji}n_j=\sum_{j=1}^3\sigma_{ji}n_j, \tag{1.3.2}$$

其中 σ_{ji} 表示作用在法线方向与 x_j 轴平行的面元上的应力矢量 T 的 i 分量. 这个公式称为**柯西公式**. 由于这个关系式对于任意设置的坐标系均成立,并且 T_i 和 n_i 都是矢量(即一阶张量),根据张量数学中的"商法则",我们就可断定 σ_{ij} 是一个二阶张量,称之为**应力张量**. 当坐标系 $\{x_1,x_2,x_3\}$ 取定后,应力张量由它的九个分量 $\sigma_{ij},i,j=1,2,3$ 来表述,对不同的坐标系,同一张量的九个分量值各不相同;但张量和矢量一样,它本身是一个客观物理量,并不因坐标系的不同选取而变化.

还可以对图 1.6 所示的小立方体写出动量矩方程,然后令立方体的体积趋于零,方程的极限形式就是

$$\sigma_{ij}=\sigma_{ji}, \tag{1.3.3}$$

这表明,应力张量为对称张量,只有六个独立的分量. 或者说,一点上的应力状态可由六个数来表述. 方程(1.3.3)的证明,可作为一道习题由读者完成.

1.3.4 应力主轴和主应力

在流体中任意方向 n 的面元上,应力矢量 $T(n)$ 和 n 一般是不共线的,T 在 n 方向上的投影称为**法应力**,T 在面元切平面内的投影称为**切应力**. 但是,可以证明,在流体内的每一点上至少存在三个互相正交的方向,当面元的法向与这些方向重合时,该面元上的切应力为零,应力矢量 $T(n)$ 与 n 方向一致. 这三个互相正交的方向称为该点的**应力主轴**,与应力主轴正交的平面称为**主平面**,主平面上的应力值称为**主应力**.

事实上,如果存在某一方向 n,作用在与其正交的面元上的应力矢量与其共线,即 $T(n)=\sigma n$,则表达式(1.3.2)可以写成

$$\sigma n_i=\sigma_{ji}n_j, \quad i=1,2,3.$$

但 $n_i=\delta_{ij}n_j$,其中 $\delta_{ij}=\begin{cases}1,&\text{当 }i=j\text{ 时}\\0,&\text{当 }i\neq j\text{ 时}\end{cases}$,称为 Kronecker 符号,代入上式得到关于

n_i 的方程组

$$(\sigma_{ij} - \sigma\delta_{ij})n_j = 0, \qquad i = 1,2,3. \tag{1.3.4}$$

该齐次方程组有非零解的条件是

$$|\sigma_{ij} - \sigma\delta_{ij}| = 0, \tag{1.3.5}$$

这就是矩阵(σ_{ij})的特征值方程. 因此, 如果关于特征值 σ 的方程(1.3.5)有实根, 应力主轴的方向即方程(1.3.4)给出的特征矢量的方向.

　　线性代数理论告诉我们: 元素为实数的对称矩阵, 其特征值总是实数. 如果特征值 $\sigma_1, \sigma_2, \sigma_3$ 中两两不相等, 则每一个特征值分别对应一个特征矢量方向, 它们之间两两正交. 业已指明, 应力张量是一个实对称张量, 这就证明了应力主轴的存在性; 并且, 在三个特征值互不相同的情况下, 应力主轴的方向是三个互相正交的确定方向. 但是, 若特征值中有两个相等, 比如, $\sigma_1 = \sigma_2$, 此时, 只有 $n_i^{(3)}$ 是确定的. 在垂直于 $n_i^{(3)}$ 的平面内, 任意两个相互正交的方向都可取为 $n_i^{(1)}$ 和 $n_i^{(2)}$ 的方向, 即另外两个应力主轴的方向是不确定的. 如果 $\sigma_1 = \sigma_2 = \sigma_3$, 则空间任何三个两两正交的方向, 都可作为一组应力主轴, 此时, 该点的应力张量具有各向同性的性质.

　　当我们把坐标轴的方向取得和某点应力主轴的方向一致时, 该点的应力张量就表示为一个对角型矩阵

$$(\sigma_{ij}) = \begin{pmatrix} \sigma_1 & 0 & 0 \\ 0 & \sigma_2 & 0 \\ 0 & 0 & \sigma_3 \end{pmatrix}; \tag{1.3.6}$$

而进行坐标系的旋转变换时, 矩阵对角线元素之和是一个不变量(标量). 于是, 我们有

$$I = \sigma_{11} + \sigma_{22} + \sigma_{33} = \sigma_1 + \sigma_2 + \sigma_3, \tag{1.3.7}$$

对任何坐标系成立. 标量

$$\bar{p} = -\frac{1}{3}(\sigma_{11} + \sigma_{22} + \sigma_{33}) \tag{1.3.8}$$

表示空间一点所有方向上正应力的平均值(反号), 称为流体的**动力学压强**. 以后我们还要说明它和**热力学压强** p 之间的区别和联系.

　　由于静止液体不能承受切应力, 任何方向都可以作为应力主轴方向, 从而有 $\sigma_1 = \sigma_2 = \sigma_3 = -p$. 故此, 静止流体的应力张量写为

$$\sigma_{ij} = -p\delta_{ij}. \tag{1.3.9}$$

这时, 流体的动力学压强和热力学压强是一样的. 所以, 流体的热力学压强往往也称作**静压**.

1.4 热力学基础

我们在本章开始时就已经说到,流体力学研究的内容并不仅限于流体中发生的运动学和动力学过程,有时还必须包含同时发生的热力学、电磁学和化学动力学等耦合的物理化学过程.当然,作为一本基础教材,本书不可能涉及过广,而只限于讨论流体力学的基本原理和某些简单的流动问题.不过,由于流动分析总离不开黏性和压缩性这两个基本概念,也不能完全排除传热问题,所以,我们的讨论必然要涉及热力学的范畴.通常,在学习流体力学之前,读者应当具有热力学的基础知识.但是,为了叙述和阅读的方便,我们仍然要在这里对热力学的基本内容作一扼要的回顾.

1.4.1 运动流体的热力学描述

大家知道,经典热力学研究的对象,是处于平衡态的热力学体系和准静态的可逆热力学过程.所谓**平衡态**,是指在外界条件不改变的情形下,整个体系的热力学特性达到的一种均匀状态,并且它不随时间发生改变;**可逆过程**则是指状态的变化可以沿着相反的方向进行,而在恢复到原来的状态时不会给外界留下任何影响.当然,在运动流体中实际进行的热力学过程不可能完全符合这些理想化的条件,运动流体的各种热力学特性,如温度、压强、密度等,常常会出现不均匀分布,也会随着时间不断地发生变化,流体运动也不可避免地要伴随内摩擦、导热等耗散过程.因此,运动流体的热力学状态一般不是严格的平衡态,热力学过程也不会是可逆的过程.但是,直到目前,描写非平衡态和不可逆过程的热力学理论尚不够完善,许多问题还不得不借助于经典热力学的理论框架进行处理.幸好,对于一大类重要的流体力学问题,流体的热力学状态很接近于平衡态,这使得我们可以继续采用经典热力学理论而不致引起大的偏差.所以,经典热力学的理论和方法在流体力学中有着广泛的应用.另外,在许多情况下,状态的非平衡和过程的不可逆性也确实对流动有着不可忽略的影响.对于这类问题,一般仍可以通过对经典热力学理论作必要的补充和修正加以解决.对此,我们将在第3章中再作专门的说明,此处只讨论经典热力学问题.

对于运动的流体,我们所取的研究对象通常是任意的无限小物质体系,并假设它在 t 时刻处于空间某个矢径 r 的端点上,而从整个流体看来,这样的微元体系有无限多个,就需要用一些物理量的分布函数来描写流体的状态.例如,前面已经详细说明过的质量密度 $\rho(\boldsymbol{r}, t)$,就是一种状态函数.以后,如果不作特殊说明,我们总是假设流体处于局部的平衡状态,即假设所论微元体系的尺度远远小于流体中状态发生显著变化的空间尺度,体系建立平衡所需的松弛时间也远远小于状态发生显著改变的时间尺度.这样,描写运动流体的那些热力学状态函数就仍然满足各种经典热力学关系式,特别是满足流体的热力学状态方程

$$f(p, \rho, T) = 0, \tag{1.4.1}$$

该式表明,当一个均质体系处于平衡态时,独立的热力学变量(这里是分布函数)只有两个.比如,若取压强 p 和密度 ρ 作为独立的状态变量,温度 T 等其他热力学状态变量,就都是 p 和 ρ 的函数,其函数形式应由介质的热力学性质决定.

1.4.2 热力学第一定律·内能和焓

任何一个热力学体系总要和它周围的物质发生相互作用.从热力学的角度来看,这种相互作用包括做功和热交换两种形式.热力学就是研究体系间这两种相互作用规律的科学.

大量的实验研究表明,对于一个取定的体系,当它由一种平衡态变化到另一种平衡态时,周围物质对体系所做的功和传给体系的热量之和,只取决于体系的初态和终态,而和状态变化所经历的过程无关.这样,我们就可以引进体系的一个状态变量 E,使得

$$E_2 - E_1 = \int_1^2 (\delta Q + \delta W), \tag{1.4.2}$$

其中下标1和上标2分别表示体系的初态和终态,δQ 为体系在过程的一个微元变化阶段中所吸收的热量,δW 为该微元段中外界对体系所做的功.我们把表达式(1.4.2)所描述的这一普遍规律称为**热力学第一定律**,而把式(1.4.2)定义的状态变量 E 称为体系的**内能**.显然,要给出体系内能的确定值,必须事先规定某一个基准状态的内能值;在这个意义上,内能是一个相对的物理量.

热力学第一定律是能量守恒定律的一种形式.如果把循环式的热机看成一个热力学体系,则每经过一个循环,必有

$$\oint \delta Q = -\oint \delta W,$$

即热机对外做功总是以从周围获得同样数量的热能为条件的.人们不可能造出这样一种机器,它只对外做功而不消耗能量.历史上曾把这种机器称为**第一类永动机**,因此,热力学第一定律又有另一种表述方式:第一类永动机是不能实现的.

为了分析的方便,热力学第一定律常表示成它的微分形式

$$\mathrm{d}E = \delta Q + \delta W. \tag{1.4.3}$$

上述表达式对任意过程都成立.特别是,如果过程为可逆的,则有 $\delta W = -p\mathrm{d}V$,这里,V 是体系的体积.于是,对可逆过程,我们有

$$\mathrm{d}E = \delta Q - p\mathrm{d}V. \tag{1.4.4}$$

在流体力学中,由于考察的对象常常是局部的微元体系,整个流体的状态要由分布函数来描述,热力学关系式也须在形式上作适当的变化.为此,我们引进**比容** v 和**比内能** ε,它们分别定义为当地单位质量流体的体积和内能,因而代表两个局部的物理量.相应地,热力学第一定律的微分形式改写为

$$\mathrm{d}\varepsilon = \delta q - p\mathrm{d}v, \tag{1.4.5}$$

这里 q 也就代表单位质量流体吸收的热量.一种特殊情况是状态的变化为等容过程,此时有 $\mathrm{d}v = 0, \delta q = \mathrm{d}\varepsilon$.由此,我们有定容比热的表达式

$$c_v = \lim_{\delta T \to 0}\left(\frac{\delta q}{\delta T}\right)_v = \left(\frac{\partial \varepsilon}{\partial T}\right)_v, \tag{1.4.6}$$

其中 $\varepsilon = \varepsilon(T, v)$ 是以 T 和 v 作独立变量的比内能函数.

流体力学中还常用到另一个热力学函数,称为**比焓**,它定义为

$$h = \varepsilon + pv = \varepsilon + p/\rho. \tag{1.4.7}$$

由于在等压过程中有 $\mathrm{d}h = \mathrm{d}\varepsilon + p\mathrm{d}v = \delta q$,所以,我们又可以得到定压比热的表达式

$$c_p = \lim_{\delta T \to 0}\left(\frac{\delta q}{\delta T}\right)_p = \left(\frac{\partial h}{\partial T}\right)_p, \tag{1.4.8}$$

其中 $h = h(T, p)$ 是以 T 和 p 为独立变量的比焓函数.

1.4.3 热力学第二定律 · 熵

如同寻求第一类永动机的失败导致了热力学第一定律的发现一样,寻求第二类永动机的失败导致了另一个重要规律 —— 热力学第二定律的问世.

事情是这样的:通常一个循环式的热机总是要从某种高温热源吸取一定的热量(Q_1),然后,将它的一部分用来对外做功(W),另一部分剩余的热(Q_2)传递给低温热源.为了获得热量 Q_1,人们总要付出一定的代价(例如消耗燃料).所以自然地就把热机的效率定义为

$$\eta = \frac{W}{Q_1} = \frac{Q_1 - Q_2}{Q_1}, \tag{1.4.9}$$

并总是希望实现尽可能高的热机效率.历史上把 $\eta = 100\%$ 的热机称为**第二类永动**

机.许多人曾为发明第二类永动机付出过巨大的努力,因为如果第二类永动机发明成功,就可以从单一的热源(例如大气或海洋)提取热量,并将其全部转化为有用功而不产生别的效果.更有意义的是,如果把某一个需要致冷的系统取作热源,就可以同时达到获取有用功和致冷的双重目的.可惜,这些企图都失败了,最后导致了下面的**热力学第二定律**:第二类永动机是不可能实现的,即热机不可能只从单一热源提取热量并将其全部转变为有用功,而不对外界产生其他任何影响.

由以上这种表述,还可以推断出一些非常重要的等价结论.或者说,热力学第二定律可以有好几种等价的表述.下面,我们将列举数则加以说明.

推论1 工作在两个一定温度热源之间的各种热机,以可逆热机的效率为最高;可逆热机的效率,只决定于两个热源的温度,与热机结构(所经的循环过程)和工作介质的性质无关.

我们假设高温热源的温度为 T_1,低温热源为 T_2,若可逆热机 R 从热源1吸收热量 Q_1(本节中,R 表示可逆的意思),对外做功为 W_1,而将余热 $Q_2 = Q_1 - W_1$ 传给热源2,则其热效率为

$$\eta_R = 1 - \frac{Q_2}{Q_1}.$$

现在,我们先把可逆热机反向运行,即让它从热源2吸取热量 Q_2,并将热量 Q_1 传给热源1,这就需要对热机做功为 $-W_1 = Q_2 - Q_1$.然后,我们再用另一个不可逆热机 I 工作在同样的热源之间,让它从热源1吸取热量 Q_1,对外做功 $W_2 = Q_1 - Q_2'$,而将余热 Q_2' 传给热源2.如果 $\eta_I > \eta_R$,则有

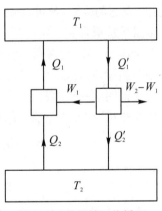

图1.8 热机的工作循环

$$\frac{Q_1 - Q_2'}{Q_1} > \frac{Q_1 - Q_2}{Q_1}.$$

从而,两机联合作业的结果为

$$W_2 - W_1 = (Q_1 - Q_2') - (Q_1 - Q_2) = Q_2 - Q_2' > 0.$$

于是,就可以同时让 I 做功 W_2,电机反向做功 $-W_1$ 即可保持高温热源热量不变,从单一的低温热源吸收热量 $Q_2 - Q_2'$,转换为有用功为 $W_2 - W_1$.换言之,两个热机联合运行的结果,就是从单一的低温热源提取出热量 $Q_2 - Q_2'$,并全部变成了有用功 $W_2 - W_1$,而对高温热源将不产生任何影响.但这是和热力学第二定律抵触的,因而不可能实现,换句话说必定有

$$\eta_I \leqslant \eta_R.$$

显然,等号也只在两个热机同为可逆热机时才成立.这就是本推论的前一部分.

再假设两台热机 A 和 B 都是可逆热机且都运行在高温热源 T_1 和低温热源 T_2 之间,则可同时证得 $\eta_A \leqslant \eta_B$ 和 $\eta_B \leqslant \eta_A$,因此有 $\eta_A = \eta_B$.这一结论不管两机采用何种循环过程和工作介质一概都是成立的.所以得知 η 仅取决于热源的温度.我们可以写成

$$\eta = 1 - \frac{Q_2}{Q_1} = 1 - f(T_1, T_2). \tag{1.4.10}$$

推论 2 借助可逆热机,可以建立一种绝对温标;在此温标下,绝对零度是不可能达到的.

在热力学上,温度被定义为这样的一个状态变量:当两个体系达到相互平衡时,它们具有相同的温度.如果发生不平衡,状态就要发生变化;利用某些物体(温度计) 状态的改变,就可以建立温度改变的度量.但是,这样规定的温标,温度零点和度量单位都带有一定的任意性.例如,摄氏温度取一个大气压下纯水的冰点作为 $0\,^{\circ}\mathrm{C}$,而华氏温度则将同一温度规定为 $32\,^{\circ}\mathrm{C}$.利用可逆热机作为温度计来规定一种绝对温标,就可以大大消除这种任意性.

为说明这一点,我们假设有三个热源,温度分别为 $T_1 > T_2 > T_3$.现在,让两个可逆热机 A 和 B 分别工作在温度 T_1, T_2 和 T_2, T_3 的热源之间,则有

$$\eta_A = 1 - \frac{Q_2}{Q_1} = 1 - f(T_2, T_1),$$

$$\eta_B = 1 - \frac{Q_3}{Q_2} = 1 - f(T_3, T_2).$$

我们再将 A 和 B 的组合看做是工作在 T_1 和 T_3 之间的可逆热机,又有

$$\eta = 1 - \frac{Q_3}{Q_1} = 1 - f(T_3, T_1),$$

它和 T_2 无关.由

$$f(T_2, T_1) = \frac{Q_2}{Q_1}, \qquad f(T_3, T_2) = \frac{Q_3}{Q_2},$$

以及

$$f(T_3, T_1) = \frac{Q_3}{Q_1} = f(T_2, T_1) \cdot f(T_3, T_2),$$

可知函数 f 应能表示为

$$f(T_i, T_j) = \frac{g(T_i)}{g(T_j)},$$

即

$$\frac{Q_i}{Q_j} = \frac{g(T_i)}{g(T_j)}.$$

今取一种温标,使 $g(T_i) = T_i$,就有

$$\frac{Q_i}{Q_j} = \frac{T_i}{T_j}. \tag{1.4.11}$$

这样定义的温标称为**绝对温标**,它不依赖于任何特殊的物质,温标的零点也不再有随意性.显然,从式(1.4.11)可知,$T = 0$ 是不合理的,它在物理上表示绝对零度不能达到.绝对温标可以采用摄氏温度单位,称为绝对摄氏温标;也可以采用华氏温度单位,称为绝对华氏温标.水的冰点在绝对摄氏温标下为 273.2 K,在绝对华氏温标下为 491.7 R;前者也称开尔文(Kelvin)温标,后者也称兰金(Rankine)温标.

推论 3　对于任何热力学循环过程,在绝对温标下,有下列克劳修斯(Clausius)不等式

$$\oint \frac{\delta Q}{T} \leqslant 0, \tag{1.4.12}$$

其中等号对可逆循环才成立.

证　首先,对于任意的可逆循环,我们可以将它分解为许多小循环之和,每个小循环由一对等温过程和一对绝热过程构成(见图1.9).在每个小循环中,对绝热过程有 $\delta Q = 0$;而对两个小等温过程,则有 $\delta Q_2/T_2 = -\delta Q_1/T_1$,这里,$\delta Q_1$ 表示体系在等温压缩中吸收的热量(为负值).将所有小循环加起来即得 $\sum_i \delta Q_i/T_i = 0$,或写成积分形式

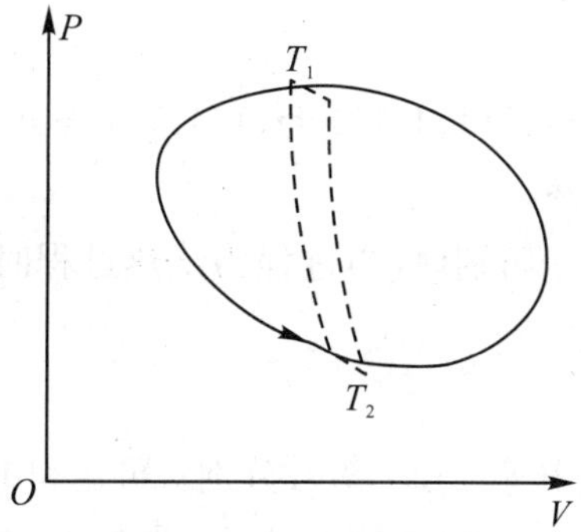

图 1.9　任意可逆循环的分解

$$\oint\left(\frac{\delta Q}{T}\right)_R = 0. \tag{1.4.13}$$

由此可见,在可逆过程中,$\delta Q/T$ 是某个状态函数的恰当微分.这个状态函数在热力学上具有重要的意义,称之为熵,记作 S.于是有

$$dS = \left(\frac{\delta Q}{T}\right)_R, \tag{1.4.14}$$

也可以写成积分形式

$$S_2 - S_1 = \int_1^2 \left(\frac{\delta Q}{T}\right)_R. \tag{1.4.15}$$

另一方面,对于两个恒温热源间的不可逆循环,我们已经得知

$$\eta_{\mathrm{I}} = 1 - \frac{Q_2}{Q_1} < \eta_{\mathrm{R}} = 1 - \frac{T_2}{T_1},$$

推广到任意的不可逆循环,易知

$$\oint \left(\frac{\delta Q}{T} \right)_{\mathrm{I}} < 0. \qquad (1.4.16)$$

将式(1.4.13)和(1.4.16)结合起来,就是我们要证明的不等式(1.4.12).

推论 4　任何可逆的绝热过程都是等熵过程;而在不可逆的绝热过程中,熵总是不断增加的(熵增加原理).

我们假设某个体系从某一平衡态 1,经过一个不可逆的过程变化到平衡态 2;再假定它又经过一个可逆过程回到平衡态 1.于是,由克劳修斯不等式有

$$\int_1^2 \left(\frac{\delta Q}{T} \right)_{\mathrm{I}} + \int_2^1 \left(\frac{\delta Q}{T} \right)_{\mathrm{R}} < 0;$$

再由熵的定义式(1.4.15),得到

$$S_2 - S_1 > \int_1^2 \left(\frac{\delta Q}{T} \right)_{\mathrm{I}}. \qquad (1.4.17)$$

表达式(1.4.15)和(1.4.17)合在一起,就构成了热力学第二定律的完整的数学表述.

特别地,当过程为绝热过程时,有 $\delta Q = 0$.于是,式(1.4.15)和(1.4.17)退化为

$$S_2 \geqslant S_1, \qquad (1.4.18)$$

其中等号和不等号分别对可逆和不可逆过程成立,这就是本推论的内容.

至此,我们可以对经典热力学的基本内容作一简单的概括.通过建立热力学第一定律,我们引进了(比)内能 ε 和(比)焓 h 两个热力学函数(为了和流体力学上的用法保持一致,这里用"比函数"来叙述,而习惯上又经常略去"比"字不写).接着,利用热力学第二定律,可引进(比)熵函数 s.赫姆霍兹(Helmholtz)和吉布斯(Gibs)从应用考虑,还增加了两个新的函数,称为(比)自由能 f 和(比)热力势 g,它们分别定义为

$$f = \varepsilon - Ts = h - pv - Ts \qquad (1.4.19)$$

和

$$g = h - Ts = \varepsilon + pv - Ts. \qquad (1.4.20)$$

容易导出这些热力学函数在可逆变化过程中的下列基本微分关系

$$\left.\begin{array}{l} \mathrm{d}\varepsilon = T\mathrm{d}s - p\mathrm{d}v, \mathrm{d}h = T\mathrm{d}s + v\mathrm{d}p, \\ \mathrm{d}f = -s\mathrm{d}T - p\mathrm{d}v, \mathrm{d}g = -s\mathrm{d}T + v\mathrm{d}p. \end{array}\right\} \quad (1.4.21)$$

上式表明,如果将 ε 看成独立变量 s 和 v 的函数,则有 $(\partial\varepsilon/\partial s)_v = T$,$(\partial\varepsilon/\partial v)_s = -p$,如此等等.由这些恰当微分关系式,我们又可得到

$$\left.\begin{array}{l} \left(\dfrac{\partial T}{\partial v}\right)_s = -\left[\dfrac{\partial p}{\partial s}\right]_v, \left(\dfrac{\partial T}{\partial p}\right)_s = \left(\dfrac{\partial v}{\partial s}\right)_p, \\ \left[\dfrac{\partial p}{\partial T}\right]_v = \left(\dfrac{\partial s}{\partial v}\right)_T, \left(\dfrac{\partial v}{\partial T}\right)_p = -\left(\dfrac{\partial s}{\partial p}\right)_T. \end{array}\right\} \quad (1.4.22)$$

这是一些十分有用的关系式,热力学上称之为麦克斯韦(Maxwell)关系.

1.4.4 流体的可压缩性·声速

最后,我们顺便谈一下流体的可压缩性问题,它和流体的热力学性质有着密切的联系.

任何物质都是可以压缩的,即对其施加更大的压力,它的体积就会变小.这种在外压作用下体积改变的特性用**体积弹性模量**来描述,它定义为在绝热条件下,使物体产生单位值的体积相对变化所需施加的额外压强,数学上表示为

$$K = -\left[\dfrac{\partial p}{\partial v/v}\right]_s = \rho\left[\dfrac{\partial p}{\partial \rho}\right]_s. \quad (1.4.23)$$

其中 $(\ )_s$ 表示等熵导数.我们知道

$$c = \sqrt{\left[\dfrac{\partial p}{\partial \rho}\right]_s} \quad (1.4.24)$$

是声音在流体中传播的速度,于是有

$$K = \rho c^2. \quad (1.4.25)$$

直接表示流体受压变形难易程度的物理量称为**压缩性系数**,记作 β,它是体积弹性模量的倒数.β 愈小(即 K 愈大),流体就愈难压缩.由式(1.4.18)可知,流体的密度和声速愈大,愈难压缩.以空气和水作比较,在常温常压下,空气的密度为 1.225 g/l³,声速为 340 m/s;水的密度为 1 000 g/l³,声速约为 1400 m/s.所以,水的 K 值比空气大一千倍以上,因而水就比空气难压缩得多,这是人们常识中的事.

需要提醒的是,流体的可压缩性和可压缩性对于流动的影响并不是一回事.前者仅仅是一种物性;后者则还和流动的条件有关,因而也和流场本身的特性有关.而流体力学上真正关心的是可压缩性对流动的影响,如何判断流体可压缩性对流动影响的程度,我们将在 4.1 节中专门讨论.

附录 1　笛卡儿(Cartesian) 张量

　　学习过普通物理的学生都知道,要确定一个客观存在的物理量,首先要规定一种单位制作为测量的基准.然后,对某些物理量,在既定的单位制下,将测量结果用一个数来表述就足够了,这些物理量被称之为**标量**.然而,对另外有些物理量,单用一个数(加上一个单位)来描述它们却是不够的.要完全确定它们,还要给出其空间方向,这就是**矢量**.从数学上看,当参考坐标系取定后,三维空间中一个确定的方向可用两个数来表示.所以,借助于一个取定的坐标系,矢量也可由三个数(加相应的单位)来确定.要注意的是,在不同的坐标系中,表示空间同一方向的两个数一般是不相同的;因此,表示矢量的三个数将因坐标系的不同而改变.

　　除了标量和矢量外,还有更复杂的物理量,本章正文中介绍的应力就是一例.在取定单位制和坐标系后,它需要用 9 个数加以描述.进一步的研究还会得知,描述应力分布不均匀度的物理量 —— 应力梯度 —— 需要 27 个数才能确定,而各向异性流体的黏性系数则需要由 81 个数来表述,如此等等.所以,仅局限于标量和矢量的概念范围内,是无法完全地描写复杂多样的物理世界的,正是这种客观需要导致了张量概念和张量数学的诞生.本附录仅就一种最简单的情况,介绍一下关于张量的某些基本知识.这就是建立在欧几里得(Euclidean) 空间正交笛卡儿坐标系中的张量理论.人们把这种张量称做**笛卡儿张量**.因为本书不涉及曲线坐标系中的张量理论,也就把笛卡儿张量径称为**张量**.

1. 指标表示和符号约定

　　张量理论是矢量理论的直接延伸.因此,在建立张量数学之前,重温一下熟悉的矢量运算并作某些进一步的说明是必要的.

　　矢量有两种基本的表示方法.一是用一根有方向的直线段表示;直线段的方向就是矢量的方向,直线段长度表示矢量的大小.通常用黑斜体字母 **A**,**B**,**C**⋯ 来代表这些矢量线段,有时也用普通字母加一个箭头 $\vec{A},\vec{B},\vec{C}$⋯ 表示.这种表示法的优点在于,这些字母直接代表有关的客观物理量,并不和选取的坐标系有什么联系.所以,它在任何坐标系中都成立.

　　但是,便于进行数学分析的是另一种矢量表示法.这种方法要求首先建立一个坐标系,比方说,一个正交笛卡儿坐标系$\{x_1,$ $x_2,x_3\}$.然后,沿每个坐标轴方向各取一个单位长度矢量,记作e_1,e_2和e_3,称为基矢量.将任意矢量A在三条坐标轴上的投影长度记为A_1,A_2和A_3,称为A的三个分量,于是.矢量A就可表示成

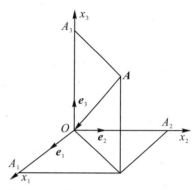

$$A = A_1e_1 + A_2e_2 + A_3e_3. \quad (A.1.1)$$

进一步简化后,我们也可以把矢量A表示成$A_i(i=1,2,3)$.这种表示矢量的方法称为**指标表示法**.一般地说,指标表示可以有上角标和下角标两种表示,分别称为**逆变矢量**和**协变矢量**;

图1.10 笛卡儿坐标中矢量的分量

但是,在正交笛卡儿系中,逆变和协变矢量相同,我们就只用下角标表示.在不致引起误解的情况下,"$i=1,2,3$"也可以省去不写,而单用A_i表示矢量A.

关于矢量代数运算的各项法则,这里就不准备一一细述了.下面要着重说明的,是几个重要的符号和约定.让我们首先考察表达式(A.1.1),它的结构有一个特点:每一指标取值仅含在一个加项中,并出现两次;指标取遍所有值后,再求各不同指标值的和.这种类型的运算在矢量和张量计算中大量出现.为此.我们引进一种简化的表示法

$$A = \sum_{i=1}^{3} A_ie_i \equiv A_ie_i. \quad (A.1.2)$$

这种表示规则称为**"求和约定"**,即如果在以指标表示的矢量或张量表达式中,某一指标(这里是i)在一项中出现两次,则表示该指标取遍$i=1,2,3$的所有值,然后再对不同指标值的结果求和.重复出现的指标称为**哑标**,单独出现的指标称为**自由标**.由于哑标取遍所有指标值,并表示一种求和运算,因此,改变哑标的字母并不改变表达式内容,正像改变定积分变量的字母不会改变定积分值一样.以后将会看到,善于利用这一性质,将会给运算带来很大便利.

张量理论中一个非常重要的符号是克罗内克(Kronecker)引进的δ_{ij},它定义为

$$\delta_{ij} = \begin{cases} 0, & i \neq j, \\ 1, & i = j. \end{cases} \quad (A.1.3)$$

容易验证,δ_{ij}符号具有以下重要的性质:

$$\left.\begin{aligned} A_i \delta_{ij} &= A_j, \\ \delta_{ij}\delta_{kj} &= \delta_{ik}, \\ \delta_{ii} &= 3, \\ \delta_{ij}\delta_{ij} &= 3. \end{aligned}\right\} \tag{A.1.4}$$

此外,由于

$$e_i \cdot e_j = \delta_{ij}, \tag{A.1.5}$$

因而有

$$\begin{aligned} A \cdot B &= (A_i e_i) \cdot (B_j e_j) \\ &= A_i B_j (e_i \cdot e_j) \\ &= A_i B_j \delta_{ij} = A_i B_i. \end{aligned} \tag{A.1.6}$$

初学者可以从这个例子体会求和约定、哑标符号的变换使用以及 δ_{ij} 符号等给计算带来的方便.

张量计算中引进的另一个重要符号是 ε_{rst},它称为**置换符号**,定义为

$$\varepsilon_{rst} = \begin{cases} 0, & \text{当两个指标出现相同取值时,} \\ 1, & \text{当指标取值互不相同,且取值为} \\ & \text{1,2,3 的轮换排列(偶排列)时,} \\ -1, & \text{当指标取值互不相同,且取值为} \\ & \text{3,2,1 的轮换排列时.} \end{cases} \tag{A.1.7}$$

直接计算可以验证 ε_{rst} 的以下重要性质:

$$\left.\begin{aligned} & w_i = \varepsilon_{ijk} u_j v_k, \text{其中 } w = u \times v, \\ & \begin{vmatrix} a_{11} & a_{12} & a_{13} \\ a_{21} & a_{22} & a_{23} \\ a_{31} & a_{32} & a_{33} \end{vmatrix} = \varepsilon_{rst} a_{r1} a_{s2} a_{t3}, \\ & \varepsilon_{ijk}\varepsilon_{ist} = \delta_{js}\delta_{kt} - \delta_{jt}\delta_{ks}, \\ & \varepsilon_{rst}\varepsilon_{rst} = 6, \\ & \varepsilon_{ijk}\delta_{ij} = 0, \\ & \varepsilon_{ijk}A_jA_k = 0. \end{aligned}\right\} \tag{A.1.8}$$

2. 坐标系变换

当矢量用分量表示时,同一矢量在不同坐标系中将具有不同的分量,但两组分量值之间存在着一定的变换关系. 为明了起见,我们先从矢径这种特殊情况来研究

其中变换关系. 其实, 对于任何自由矢量, 我们总可以不失一般性地把它平移到使矢量线段的起点与坐标原点重合. 所以, 对矢径分析得出的所有结论, 将同样适用于一切自由矢量.

考察空间中的一个固定点 P, 连接坐标原点 O 与 P 点的矢径为 $\boldsymbol{R}$, 它在坐标系 $\{x_1, x_2, x_3\}$ 中的分量记为 X_1, X_2, X_3. 因此, $\boldsymbol{R}$ 可写成

$$\boldsymbol{R} = X_j \boldsymbol{e}_j. \tag{A.1.9}$$

让坐标系作一旋转变换, 变换后的新坐标系记作 $\{x'_1, x'_2, x'_3\}$. $\boldsymbol{R}$ 在新坐标系中的分量记为 X'_1, X'_2 和 X'_3. 同样, $\boldsymbol{R}$ 又可写为

$$\boldsymbol{R} = X'_j \boldsymbol{e}'_j \tag{A.1.10}$$

式 (A.1.9) 和 (A.1.10) 中的 $\boldsymbol{e}_j$ 和 $\boldsymbol{e}'_j$ 分别为两个坐标系中的基矢量.

将新基矢 $\boldsymbol{e}'_j$ 的三个方向余弦记作 β_{ji}, 则有

$$\beta_{ji} = \boldsymbol{e}'_j \cdot \boldsymbol{e}_i, \qquad i = 1, 2, 3.$$

以 $\boldsymbol{e}_i$ 点乘式 (A.1.9), 得到

$$\boldsymbol{R} \cdot \boldsymbol{e}_i = X_j \boldsymbol{e}_j \cdot \boldsymbol{e}_i = X_j \delta_{ij} = X_i.$$

再以 $\boldsymbol{e}_i$ 点乘式 (A.1.10), 又得到

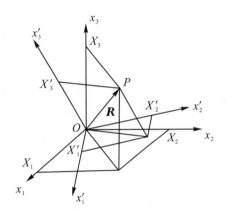

图 1.11　矢量的坐标变换

$$\boldsymbol{R} \cdot \boldsymbol{e}_i = X'_j \boldsymbol{e}'_j \cdot \boldsymbol{e}_i = X'_j \beta_{ji}.$$

因此, 我们就得到矢径的变换关系式

$$X_i = \beta_{ji} X'_j. \tag{A.1.11}$$

类似地, 以 $\boldsymbol{e}'_i$ 点乘式 (A.1.9) 和 (A.1.10), 即得

$$X'_i = \beta_{ij} X_j. \tag{A.1.12}$$

但从式 (A.1.12) 可以得出

$$X_i = \beta_{ij}^{-1} X'_j, \tag{A.1.13}$$

其中 β_{ij}^{-1} 是 (β_{ij}) 的逆矩阵元素, 而 (β_{ji}) 是 (β_{ij}) 的转置矩阵. 于是, 对比一下式 (A.1.11) 和 (A.1.13), 我们就得到

$$(\beta_{ij})^{\mathrm{T}} = (\beta_{ij})^{-1}, \tag{A.1.14}$$

所以, (β_{ij}) 是一个正交矩阵.

注意到

$$(\beta_{ij}) \cdot (\beta_{ij})^{-1} = (\delta_{ij}),$$

利用式 (A.1.14) 即有

$$\beta_{ik}\beta_{jk} = \delta_{ij}, \tag{A.1.15}$$

该式具有鲜明的几何意义:当 $i = j$ 时,式(A.1.15)表明新坐标系的三个基矢量均为单位矢量;当 $i \neq j$ 时,则表示新系中不同基矢量两两正交.

最后,我们还要指出一点,利用表达式

$$e'_j = \beta_{ji}e_i, \qquad j = 1,2,3,$$

我们有

$$(e'_1 \times e'_2) \cdot e'_3 = \begin{vmatrix} \beta_{11} & \beta_{12} & \beta_{13} \\ \beta_{21} & \beta_{22} & \beta_{23} \\ \beta_{31} & \beta_{32} & \beta_{33} \end{vmatrix} = \pm 1, \tag{A.1.16}$$

这里,我们约定 $\{x_1,x_2,x_3\}$ 为右手坐标系,如果 $\{x'_1,x'_2,x'_3\}$ 也是右手系,则式(A.1.16)取"+"号,这种变换称为**本征变换**;如果 $\{x'_1,x'_2,x'_3\}$ 为左手系,式(A.1.16)应取"−"号,这种变换称为**非本征变换**.为了全面起见.读者不妨自己分析一下 $\{x_1,x_2,x_3\}$ 为左手系的情况.

3. 张量及其运算法则

上面详细讨论了矢量借助于坐标系的表示方法和矢径分量在坐标转换中的变换关系.根据上述讨论,我们可以给矢量重新下一个严格的数学定义.

设 $\{x_1,x_2,x_3\}$ 和 $\{x'_1,x'_2,x'_3\}$ 是两个正交笛卡儿坐标系,其变换关系是

$$x'_i = \beta_{ij}x_j, x_i = \beta_{ji}x'_j, \qquad i,j = 1,2,3. \tag{A.1.17}$$

如果某种物理量由定义在三维连续统上的函数 $V_i(x_1,x_2,x_3), i = 1,2,3$ 来表示,并且在坐标变换中服从下列变换关系

$$\left.\begin{array}{l} V'_i(x'_1,x'_2,x'_3) = V_j(x_1,x_2,x_3)\beta_{ij}, \\ V_i(x_1,x_2,x_3) = V'_j(x'_1,x'_2,x'_3)\beta_{ji}. \end{array}\right\} \tag{A.1.18}$$

则函数 $V_i(x_1,x_2,x_3)$ 称为一个**矢量场**或**一阶张量场**.

类似地,如果某种物理量以一个函数 $\Phi(x_1,x_2,x_3)$ 描述,并且函数值在坐标变换中保持不变,即有

$$\Phi'(x'_1,x'_2,x'_3) = \Phi(x_1,x_2,x_3),$$

则 $\Phi(x_1,x_2,x_3)$ 称为一个**标量场**或**零阶张量场**.

矢量场定义的直接推广是,如果定义在三维连续统上的 3^2 个函数描述某种物理量,它们可依次排列成 $T_{ij}(x_1,x_2,x_3), i,j = 1,2,3$,并且服从下述坐标变换关系

$$T'_{ij}(x'_1,x'_2,x'_3) = T_{mn}(x_1,x_2,x_3)\beta_{im}\beta_{jn}, \left.\begin{array}{l} \\ \end{array}\right\} \quad (A.1.19)$$
$$T_{ij}(x_1,x_2,x_3) = T'_{mn}(x'_1,x'_2,x'_3)\beta_{mi}\beta_{nj}.$$

则函数 $T_{ij}(x_1,x_2,x_3)$ 称为一个**二阶张量场**.

按照这样的方法,一般地,我们还可以定义 n 维空间中的 m 阶张量场.设两个 n 维正交笛卡儿坐标系 $\{x_1,x_2,\cdots,x_n\}$ 和 $(x'_1,x'_2,\cdots,x'_n)$ 服从以下变换关系

$$x'_i = \beta_{ij}x_j, \quad x_i = \beta_{ji}x'_j, \qquad i,j = 1,\cdots,n. \qquad (A.1.20)$$

如果定义在 n 维空间中的 n^m 个函数依次排列成 $T_{r_1\cdots r_m}(x_1,\cdots,x_n)$, $r_1,\cdots,r_m = 1,\cdots,m$ 且满足下列坐标变换关系

$$T'_{r_1\cdots r_m}(x'_1,\cdots,x'_n) = T_{s_1\cdots s_m}(x_1,\cdots,x_n)\beta_{r_1 s_1}\cdots\beta_{r_m s_m}, \left.\begin{array}{l} \\ \end{array}\right\} \quad (A.1.21)$$
$$T_{r_1\cdots r_m}(x_1,\cdots,x_n) = T'_{s_1\cdots s_m}(x'_1,\cdots,x'_n)\beta_{s_1 r_1}\cdots\beta_{s_m r_m}.$$

则函数 $T_{r_1\cdots r_m}(x_1,\cdots,x_n)$ 称为 n 维空间中的一个 m **阶张量场**.

和普通函数一样,张量函数也可以进行某些代数运算和分析运算.现在我们来讨论这些运算及其遵循的法则.

零张量 首先我们定义零张量为全部分量值均为零的张量,记作 0.因为零张量也要服从张量的坐标变换规则,所以如果张量在某一坐标系中为零张量,它在任何坐标系中都是零张量.

加法 两个同阶的同类张量 A 和 B 间,可以进行加法和减法运算,其和或差仍为一个同阶张量,分量为

$$C_{i\cdots k} = A_{i\cdots k} \pm B_{i\cdots k}. \qquad (A.1.22)$$

张量方程 如果同阶张量 $A_{i\cdots k}$ 和 $B_{i\cdots k}$ 的差为一个零张量,则称它们**相等**,即当

$$A_{i\cdots k} - B_{i\cdots k} = 0 \text{ 时,} \quad \text{称 } A_{i\cdots k} = B_{i\cdots k}. \qquad (A.1.23)$$

形如式 (A.1.23) 那样的数学表达式(可含两项以上)称为**张量方程**.张量方程要求其中的每一项都具有张量特性,因此,张量方程在任何坐标系中均成立.事实上,张量方程是某种客观物理规律的数学表示,它不应当随着人们主观选择何种坐标系而发生改变.反过来说,表示客观物理规律的数学表达式也必须是某种张量方程,否则它就不是可靠的.

乘法 任何张量 $T_{i\cdots k}$ 都可以和纯数 α 相乘,结果是一个同阶张量 $C_{i\cdots k}$,分量是

$$C_{i\cdots k} = \alpha T_{i\cdots k}. \qquad (A.1.24)$$

把两个张量 $A_{i\cdots k}$ 和 $B_{r\cdots t}$ 的所有分量按各种可能情形相乘并排列起来,就得到一个新的张量 $C_{i\cdots kr\cdots t}$,其阶数为原来两个张量阶数之和,分量为

$$C_{\underset{m+n}{i\cdots kr\cdots t}} = A_{\underset{m}{i\cdots k}}B_{\underset{n}{r\cdots t}}. \tag{A.1.25}$$

张量的乘法不服从交换律.

缩并 张量的一种特殊运算称为缩并,将 n 阶张量 $A_{r_1 r_2\cdots r_n}$ 的某两个指标 r_i 和 r_j 取遍所有可能值,每次取值时总使 $r_i = r_j$,并且在每个可能值取一次后将结果求和,则得到一个 $n-2$ 阶张量 $A_{r_1\cdots r_i\cdots r_n}$.这种运算称为张量 $A_{r_1\cdots r_i\cdots r_j\cdots r_n}$ 对指标 r_i 和 r_j 的缩并.

证 现在只需证明 $A_{r_1\cdots r_i\cdots r_i\cdots r_n}$ 是一个张量,因为自由标明显地只剩下 $n-2$ 个.由于 $A_{r_1\cdots r_n}$ 是一个张量,有

$$A'_{r_1\cdots r_i\cdots r_j\cdots r_n} = A_{a_1\cdots a_i\cdots a_j\cdots a_n}\beta_{r_1 a_1}\cdots\beta_{r_i a_i}\cdots\beta_{r_j a_j}\cdots\beta_{r_n a_n}.$$

于是

$$A'_{r_1\cdots r_i\cdots r_i\cdots r_n} = A_{a_1\cdots a_n}\beta_{r_1 a_1}\cdots\beta_{r_i a_i}\cdots\beta_{r_i a_j}\cdots\beta_{r_n a_n}.$$

但 $\beta_{r_i a_i}\beta_{r_i a_j} = \delta_{a_i a_j}$,所以

$$A'_{r_1\cdots r_i\cdots r_i\cdots r_n} = A_{a_1\cdots a_n}\delta_{a_i a_j}\beta_{r_1 a_1}\cdots\beta_{r_n a_n},$$

其中 $\beta_{r_1 a_1}\cdots\beta_{r_n a_n}$ 中已除去了 $\beta_{r_i a_i}\beta_{r_j a_j}$.结果为

$$A'_{r_1\cdots r_i\cdots r_i\cdots r_n} = A_{a_1\cdots a_i\cdots a_i\cdots a_n}\beta_{r_1 a_1}\cdots\beta_{r_n a_n}.$$

这就是所要证明的.

张量的导数 张量函数对其自变量求 n 次偏导数(如果存在的话)后,仍是一个张量函数,其阶数提高 n 次.因为

$$T'_{i\cdots k}(x'_1,\cdots,x'_m) = T_{q\cdots s}(x_1,\cdots,x_m)\beta_{iq}\cdots\beta_{ks},$$

于是

$$\frac{\partial T'_{i\cdots k}}{\partial x'_l} = \frac{\partial T_{q\cdots s}}{\partial x_t}\cdot\frac{\partial x_t}{\partial x'_l}\beta_{iq}\cdots\beta_{ks} = \frac{\partial T_{q\cdots s}}{\partial x_t}\beta_{iq}\cdots\beta_{ks}\cdot\beta_{lt},$$

即

$$A_{i\cdots kl} = \frac{\partial T_{i\cdots k}}{\partial x_l}$$

是一个比 $T_{i\cdots k}$ 高一阶的张量,以上推理对 n 次求导也成立.应当指出,这一结论只对笛卡儿张量成立.非笛卡儿坐标系中,张量函数对其自变量的偏导数未必再是一个张量函数.

张量的商律 一个由 3^n 个函数的函数组,其元素可以按顺序排列成带 n 个指标的形式,$A_{i\cdots n}(x_1,x_2,x_3)(i,\cdots,n = 1,2,3)$;另外,$B_i$ 是一个与 $A_{i\cdots n}$ 无关的矢量.如果由 3^{n-1} 个函数组成的带 $n-1$ 个指标的下列函数组

$$C_{j\cdots n} = A_{ij\cdots n}B_i$$

是一个 $n-1$ 阶张量,则 $A_{i\cdots n}$ 必定是一个 n 阶张量.

证 因为

$$C_{j\cdots n} = A_{ij\cdots n}B_i$$

是一个张量,所以

$$A'_{ij\cdots n}B'_i = A_{rq\cdots t}B_r\beta_{jq}\cdots\beta_{nt}.$$

但 B_i 是一个矢量,即 $B_r = \beta_{ir}B'_i$,故有

$$(A'_{ij\cdots n} - A_{rq\cdots t}\beta_{ir}\beta_{jq}\cdots\beta_{nt})B'_i = 0.$$

又由于 B_i 与 $A_{i\cdots n}$ 无关,于是

$$A'_{ij\cdots n} = A_{rq\cdots t}\beta_{ir}\beta_{jq}\cdots\beta_{nt}.$$

也就是说,函数组 $A_{i\cdots n}$ 是一个张量.

商律还可以推广到更一般的情况:如果 $A_{i\cdots n}(x_1,x_2,x_3)$ 是由 3^n 个函数组成的函数组,$B_{pq\cdots t}(x_1,x_2,x_3)$ 是一个与 $A_{i\cdots n}$ 无关的 m 阶张量,且当 $1 \leqslant k \leqslant \frac{1}{2}(m+n)$ 时,$A_{i\cdots n}B_{p\cdots t}$ 经过 k 次缩并得到的 3^{m+n-2k} 个函数为一个 $m+n-2k$ 阶张量,则 $A_{i\cdots n}$ 为一个 n 阶张量.

商律有很好的应用价值.因为对一个新的函数组合,要直接从数学定义来检验它是否为一个张量场有时往往是相当麻烦的.利用商律,就可以从该函数组与某些已知矢量或张量的关系来判断它是否也是张量,这通常是一条捷径.

4. 各向同性张量

定义 若一个张量在正交笛卡儿坐标系中的诸分量值,经过任何正交坐标变换后均保持不变,则称此张量为**各向同性张量**.

连续介质场中某些描述介质特性的物理量具有张量特征(如黏滞率、电导率等).当介质对其中进行的物理过程呈现各向同性时,这些物性张量就是各向同性张量.各向同性张量的运算要比一般的同阶张量大为简化.

显然,零阶张量(即标量)和任意阶零张量都是各向同性张量,非零的一阶张量(即矢量)不可能是各向同性张量,因为如果

$$A'_i = \beta_{ij}A_j = A_i = \delta_{ij}A_j$$

对任何正交变换成立,则有

$$(\beta_{ij} - \delta_{ij})A_j = 0.$$

但 $\beta_{ij} \neq \delta_{ij}$,故必须 $A_j = 0$,即只有零矢量才是各向同性的.

定理1 δ_{ij} 是一个各向同性张量;并且,任何二阶各同性张量 A_{ij} 都可写成

$\sigma\delta_{ij}$,其中 σ 是一个标量.

证 由于 $\delta_{ij}A_j = A_i$ 对任何矢量 A_i 成立,根据商法则,可知 δ_{ij} 为一张量.同时,对于任意正交变换 $x'_i = \beta_{ij}x_j$,有

$$\delta'_{ij} = \beta_{ip}\beta_{jq}\delta_{pq} = \beta_{ip}\beta_{jp} = \delta_{ij}.$$

故可断定 δ_{ij} 为一各向同性张量(逆命题证明从略).

定理 2 在本征变换集合内,置换符号 ε_{ijk} 是一个各向同性张量;任何三阶各向同性张量 A_{ijk} 都可写成 $\sigma\varepsilon_{ijk}$,其中 σ 是一个标量.

证 设 u_i 与 v_i 为任意两个矢量,则

$$w_i = \varepsilon_{ijk}u_jv_k$$

为 u_i 与 v_i 的矢量积,它在本征变换集合内也是一个矢量,故由商律可知 ε_{ijk} 为一张量.又因为在数组

$$\varepsilon'_{ijk} = \varepsilon_{rst}\beta_{ir}\beta_{js}\beta_{kt} = \begin{vmatrix} \beta_{i1} & \beta_{j1} & \beta_{k1} \\ \beta_{i2} & \beta_{j2} & \beta_{k2} \\ \beta_{i3} & \beta_{j3} & \beta_{k3} \end{vmatrix}$$

之中,如果 i,j,k 取值两两不同,且成 $1,2,3$ 的轮换顺序时,行列式值为 1;如果 i,j,k 取值两两不同,且成 $3,2,1$ 的轮换顺序时,行列式值为 -1;当 i,j,k 中有两个以上指标取相同值时,则行列式至少有两列元素相同,行列式为零,于是我们有

$$\varepsilon'_{ijk} = \varepsilon_{ijk},$$

即 ε_{ijk} 为一各向同性张量(逆命题证明从略).

定理 3 $\delta_{ij}\delta_{kl}$,$\delta_{ik}\delta_{jl} + \delta_{il}\delta_{jk}$ 和 $\delta_{ik}\delta_{jl} - \delta_{il}\delta_{jk} = \varepsilon_{mij}\varepsilon_{mkl}$ 均为四阶各向同性张量;任何一个四阶各向同性张量 A_{ijkl} 也均可表成

$$A_{ijkl} = \lambda\delta_{ij}\delta_{kl} + \mu(\delta_{ik}\delta_{jl} + \delta_{il}\delta_{jk}) + \nu(\delta_{ik}\delta_{jl} - \delta_{il}\delta_{jk}).$$

其中 λ,μ,ν 为标量.

证 设 A_{ij} 为二阶张量,则由于

$$\delta_{ij}\delta_{kl}A_{jl} = \delta_{ij}A_{kj} = A_{ik},$$

可知 $\delta_{ij}\delta_{kl}$ 为四阶张量.又因为

$$\delta'_{ij}\delta'_{kl} = \delta_{pq}\delta_{rst}\beta_{ip}\beta_{iq}\beta_{kr}\beta_{ls} = \beta_{iq}\beta_{jq}\beta_{ks}\beta_{ls} = \delta_{ij}\delta_{kl}.$$

可知 $\delta_{ij}\delta_{kl}$ 为各向同性张量.其余两部分的证明是类似的(定理后半部分证明从略).

第 2 章   流体运动学

本章将以连续介质假设为基础,确立描述流体运动的一般数学方法.然后,根据连续性的要求,进一步阐明各种流动特性函数所应具有的一般性质,以及它们之间的相互联系.本章所讨论的内容并不涉及流体的动力学性质,因此,所得结果应是对所有流体普遍适用的运动学关系.

2.1   流体运动的描述

要研究流体运动的规律,就要建立描述流体运动的方法.流体力学是一门定量的物理科学,它所使用的理论分析方法,主要是数学物理方法.就是说,一切流动过程都须通过适当的数学形式加以表述,进而采取适当的数学方法进行分析.在连续介质模型的理论框架下,这种数学方法就是连续统数学的分析方法.按照这种方法,流体的运动状态及其演化将由一组连续函数来描述.下面,我们就从数学分析和几何图像等不同角度来说明描述流体运动的一些基本方法,首先介绍的是两种分析方法.

2.1.1   欧拉(Euler)方法

这种方法着眼于流场空间中的固定点,它将各个时刻流过空间任一固定点的流体质点的某些物理量,表示为该点位置 r 和时间 t 的函数,即有

$$q_i = q_i(r,t), \qquad i = 1,2,3,\cdots,n. \tag{2.1.1}$$

其中 n 为描写流体运动状态的特性函数的个数. q_i 可以是流体的速度,也可以是温度、压强等热力学状态变量,还可以是组分浓度、电磁场强度等化学物理特性函

数.但是,在本书所讨论内容的范围内,这些物理量只包括力学量和热力学量两种.

业已指出,q_i 应理解为 t 时刻处于空间固定位置 $P(r)$ 处的那个流体质点的运动变量;而我们在 1.2 节中已经说明,流体质点是占有宏观无限小体积 δV 的流体微元.如果将 $q_i(r,t)$ 看做一定时刻所有空间点上运动变量值的全体,它所给出的就是各个时刻流场的全景图.由于是欧拉首先提出了描述流体运动的这一方法,所以将它称做**欧拉方法**或**欧拉表述**.

2.1.2 拉格朗日(Lagrange)方法

另外一种分析方法是着眼于确定的流体质点,而不是空间的固定点,它把任一质点在运动过程中的物理量规定为标志该流体质点的矢量变数 $\boldsymbol{\xi}$ 和时间 t 的函数,即

$$q_i = q_i(\boldsymbol{\xi}, t), \qquad i = 1, 2, \cdots, n. \tag{2.1.2}$$

不难理解,任何确定的流体质点都可以用三个对应的数 (ξ_1, ξ_2, ξ_3) 来标识它,比如,这三个数可以取为质点在某一初始时刻所在位置 P 的矢径分量,即 $\boldsymbol{\xi}(P) = r(P, t_0)$.这样,函数 $q_i(\boldsymbol{\xi}, t)$ 实际上给出了流场中所有流体质点在运动过程中相应物理量变化的历史.这种方法称为**拉格朗日方法**.

2.1.3 两种表述的相互变换

应该指出,这两种表述方法对于描写流体的运动是完全等效的,我们可以从一种表达方式唯一地转换到另一种表达方式.现在就来说明这一点.

首先,我们假设已经给出流体运动的拉格朗日表述,它们的一般形式为

$$r = r(\boldsymbol{\xi}, t), \quad p = p(\boldsymbol{\xi}, t), \quad \rho = \rho(\boldsymbol{\xi}, t), \tag{2.1.3}$$

其中 r 为流体质点 $\boldsymbol{\xi}$ 在 t 时刻的矢径,p 和 ρ 分别为压强和密度,由于

$$|J| = \left| \frac{\partial(x_1, x_2, x_3)}{\partial(\xi_1, \xi_2, \xi_3)} \right| \tag{2.1.4}$$

代表同一流体质点在 t 时刻和 t_0 时刻的微元体积之比,因而总是一个有限大的正数,所以一定存在反函数

$$\boldsymbol{\xi} = \boldsymbol{\xi}(r, t). \tag{2.1.5}$$

某一流体质点的速度为其矢径函数 $r(\boldsymbol{\xi}, t)$ 对时间的偏导数

$$v = \left(\frac{\partial r}{\partial t}\right)_{\boldsymbol{\xi}} = v(\boldsymbol{\xi}, t). \tag{2.1.6}$$

将式(2.1.5)代入式(2.1.6),就得到

$$v = v(\boldsymbol{\xi}(r, t), t) = v(r, t), \tag{2.1.7}$$

这就是欧拉表述下的速度场.对 $p(\boldsymbol{\xi}, t)$ 和 $\rho(\boldsymbol{\xi}, t)$ 作类似的变换,就给出欧拉表述

下的压强场和密度场. $v(r,t)$, $p(r,t)$ 和 $\rho(r,t)$ 构成了流体运动欧拉表述的一般形式.

反过来,如果我们假设已经给定流动的欧拉表述

$$v = v(r,t), \quad p = (r,t), \quad \rho = \rho(r,t), \tag{2.1.8}$$

则流体质点的运动轨迹就可以由方程

$$\frac{\mathrm{d}r}{\mathrm{d}t} = v(r,t) \tag{2.1.9}$$

确定. 设方程组的通解为

$$F_i(x_1,x_2,x_3,t;c_1,c_2,c_3) = 0, \qquad i = 1,2,3,$$

它代表所有质点的轨迹曲线族. 再给出初始条件

$$t = t_0 \text{ 时}, \qquad r = \xi, \tag{2.1.10}$$

就可以确定出通解中的积分常数

$$c_i = c_i(\xi_1,\xi_2,\xi_3), \qquad i = 1,2,3.$$

将它们代入通解的表达式,并写成显式后有

$$x_i = x_i(\xi_1,\xi_2,\xi_3,t), \qquad i = 1,2,3. \tag{2.1.11}$$

将式(2.1.11)代入式(2.1.8)中的 p 和 ρ 的函数式,又可得到

$$p = p(\xi_1,\xi_2,\xi_3,t), \qquad \rho = \rho(\xi_1,\xi_2,\xi_3,t). \tag{2.1.12}$$

式(2.1.11)和(2.1.12)就是流动式(2.1.8)的拉格朗日表述.

应当说明,在理论分析中常用的表述方法是欧拉方法. 这是因为,在表示基本物理定律的流体运动方程中,那些表示流体质量、动量和能量输运的项,总和这些物理量分布的瞬时梯度即空间导数直接关联,采用表示瞬时流场的欧拉方法自然显得特别方便,也特别适合于运用场论、矢量和张量分析等现成的数学工具. 当然,也不排除在少数情况下以跟踪流体质点进行流动分析更为适宜,此时就应采用拉格朗日方法.

2.1.4　物理量对时间 t 的物质导数与当地导数

一切物理规律都是以确定的物质为对象来表述的,因此,在那些表述物理定律的分析表达式里,常常要出现属于某流体质点的物理量随时间的变化率,即物理量对于确定质点的时间导数(例如,加速度 $a = \mathrm{d}v/\mathrm{d}t$). 它们不同于这些物理量在固定空间点上的时间导数. 为此,在欧拉方法的表达式中,专门引进了一个运算符号 $\mathrm{d}/\mathrm{d}t$,它表示某确定流体质点的物理量随时间的变化率,称为该物理量的**物质导数**;同时,将欧拉表述下物理量函数对时间的偏导数,即空间固定点上物理量的时间变化率,称为**当地导数**,记作 $\partial/\partial t$.

利用欧拉表述和拉格朗日表述之间的变换关系. 我们很容易得知算符 $\mathrm{d}/\mathrm{d}t$ 的

数学含义.事实上,既然 $\mathrm{d}/\mathrm{d}t$ 表示相对于确定流体质点的时间导数,它就应当是用拉格朗日表述意义下的时间偏导数 $(\partial/\partial t)_\xi$,由于

$$q = q(\boldsymbol{r},t) = q[\boldsymbol{r}(\xi,t),t],$$

就有

$$\frac{\mathrm{d}q}{\mathrm{d}t} = \left(\frac{\partial q}{\partial t}\right)_\xi = \left(\frac{\partial q}{\partial t}\right)_r + \left(\frac{\partial q}{\partial \boldsymbol{r}}\right)_t \cdot \left(\frac{\partial \boldsymbol{r}}{\partial t}\right)_\xi.$$

但

$$\left(\frac{\partial q}{\partial \boldsymbol{r}}\right)_t = \nabla q, \qquad \left(\frac{\partial \boldsymbol{r}}{\partial t}\right)_\xi = \boldsymbol{v},$$

于是,我们得到

$$\frac{\mathrm{d}q}{\mathrm{d}t} = \frac{\partial q}{\partial t} + (\boldsymbol{v} \cdot \nabla)q. \tag{2.1.13}$$

上式右边的第二项称为**对流项**,它表示不均匀场中,质点位置移动对物理量的物质时间导数的贡献.如果把 $q_i = v_i$ 代入式(2.1.13),就得到流体质点加速度在欧拉变量下的表达式

$$\boldsymbol{a} = \frac{\mathrm{d}\boldsymbol{v}}{\mathrm{d}t} = \frac{\partial \boldsymbol{v}}{\partial t} + (\boldsymbol{v} \cdot \nabla)\boldsymbol{v}. \tag{2.1.14}$$

2.1.5 流线 · 迹线 · 脉线

为了将流动的数学描述转换成流动图像,人们引进了流线、迹线和脉线等形象概念.

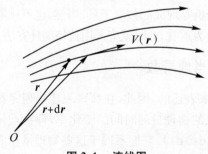

图 2.1 流线图

流线 它是在某一确定瞬时流场中的空间曲线族,该曲线族的每一条曲线,都和曲线上每一点的该瞬时流体速度相切.

流线方程为

$$\mathrm{d}\boldsymbol{r} \times \boldsymbol{v} = \boldsymbol{0}, \tag{2.1.15}$$

其中 $\mathrm{d}\boldsymbol{r}$ 为流线的微元线段矢量,$\boldsymbol{v}$ 为该微元处的速度矢量(图 2.1).式(2.1.15)可以等价地写成

$$\frac{\mathrm{d}x_1}{v_1} = \frac{\mathrm{d}x_2}{v_2} = \frac{\mathrm{d}x_3}{v_3} = \mathrm{d}s, \tag{2.1.16}$$

方程(2.1.16)中的 t 应看做常参数.这是由两个独立的关于变量 $\{x_1, x_2, x_3\}$ 的微分方程组成的常微分方程组,其通解代表流场空间中一个双参数曲线族,可表示成

$$x_i = x_i(s; c_1, c_2; t), \qquad i = 1, 2, 3. \tag{2.1.17}$$

这里曲线以参数形式表示,参数 s 可以选作沿流线的弧长;c_1 和 c_2 是方程组 (2.1.16) 的积分常数.下面举一个例子加以说明.

例 1　设有一流动用欧拉表述给定如下

$$v_1 = a x_1 t, \quad v_2 = b x_2 t^2, \quad v_3 = c x_3 t^2,$$

其中 a, b, c 为常数.

解　写出微分形式的流线方程

$$\frac{\mathrm{d}x_1}{\mathrm{d}s} = a x_1 t, \qquad \frac{\mathrm{d}x_2}{\mathrm{d}s} = a x_2 t^2, \qquad \frac{\mathrm{d}x_3}{\mathrm{d}s} = c x_3 t^2,$$

其中 s 为参变数,积分得

$$x_1 = c_1 \mathrm{e}^{ats}, \quad x_2 = c_2 \mathrm{e}^{bt^2 s}, \quad x_3 = c_3 \mathrm{e}^{ct^2 s}.$$

也可以直接用 x_1 作为参变数,这时,上式写成

$$x_1 = x_1, \quad x_2 = d_1 x_1^{bt/a}, \quad x_3 = d_2 x_1^{ct/a},$$

其中 $d_1 = \dfrac{c_2}{c_1^{bt/a}}, d_2 = \dfrac{c_3}{c_1^{ct/a}}$,$t$ 被看成是常数.

如果速度场 v_i 不随时间改变,即 $\dfrac{\partial v_i}{\partial t} \equiv 0$,则流线族也不随时间改变,这样的流动称为**定常流动**;否则,就称为**非定常流动**.定常流动用一幅流线图就可以表示出流场的全貌,因此,用流线来表示定常流动显得更有意义.

迹线　它是指确定的流体质点在时间过程中运动的轨迹.

对于一个给定的速度场 $v_i(x_1, x_2, x_3, t)$,其迹线由常微分方程组

$$\frac{\mathrm{d}x_i}{\mathrm{d}t} = v_i(x_1, x_2, x_3; t), \qquad i = 1, 2, 3 \tag{2.1.18}$$

确定.迹线方程和流线方程不同的是,这里 t 是一个自变量,因而式(2.1.18)是由三个独立微分方程组成的方程组,迹线也就是一个三参数的曲线族

$$x_i = x_i(t; c_1, c_2, c_3), \qquad i = 1, 2, 3. \tag{2.1.19}$$

容易证明,在定常情况下,任何一个流体质点的迹线,同时也是一条流线,即质点总是沿着不随时间变化的流线运动.

脉线　是指运动流体中用下述方法作成的一种"染色线":在流场中的一个固定点处,用某种装置(尽量小,而不致对所要考察的流动发生明显干扰)连续不断地对流经该点的流体质点染色,许多染色点形成的一条纤细色线,称为脉线.

在任意时刻 t,过固定染色点 $P(r_0)$ 的脉线,是首尾分别为 $r(r_0, t)$ 和 r_0 的一条曲线,其中 $r(r_0, t)$ 是 $t = 0$ 时刻流过 r_0 的质点在 t 时刻所处的位置矢量.进而

可知，t 时刻脉线上的任何一点，都是在时间区间 $(0,t)$ 中的某个中间时刻 s 通过 r_0 点的质点，在 t 时刻所到达的位置. 如果运用拉格朗日坐标 $\boldsymbol{\xi}(r_0,t)$ 来表示 t 时刻处于 r_0 位置的质点在 $t=0$ 时刻的位置，则 t 时刻的脉线方程可写成

$$x_i = x_i(\boldsymbol{\xi}(r_0,s),t), \qquad 0 \leqslant s \leqslant t, \tag{2.1.20}$$

其中 x_{0i} 和 t 应视为常数，s 为参数.

现在，我们用一个统一的例子来说明流线、迹线和脉线的区别.

例 2　假设一个非定常流动的速度场表示为

$$v_1 = \frac{x_1}{1+t}, \quad v_2 = x_2, \quad v_3 = 0.$$

它在任一确定时刻 t 的流线微分方程是

$$\frac{\mathrm{d}x_1}{\mathrm{d}s} = \frac{x_1}{1+t}, \quad \frac{\mathrm{d}x_2}{\mathrm{d}s} = x_2, \quad \frac{\mathrm{d}x_3}{\mathrm{d}s} = 0,$$

其中 s 为参变数，t 为常数. 容易解出 t 时刻的流线为

$$x_1 = a_1 \mathrm{e}^{s/(1+t)}, \quad x_2 = a_2 \mathrm{e}^{s}, \quad x_3 = a_3.$$

在 $x_3 =$ 常数的平面内，流线方程可写成

$$\frac{x_2}{a_2} = \left(\frac{x_1}{a_1}\right)^{1+t},$$

其中 $x_1 = a_1$ 和 $x_2 = a_2$ 是流线所经过的一点. 我们画出 $t=0$ 和 $t>0$ 时，通过点 $x_1 = x_2 = 0$ 的两种流线图，如图 2.2 所示.

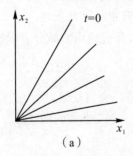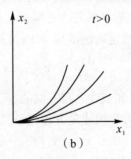

（a）　　　　　　　　　（b）

图 2.2　流线图 $(x_1 = x_2 = 0)$

同一流动的迹线微分方程为

$$\frac{\mathrm{d}x_1}{\mathrm{d}t} = \frac{x_1}{1+t}, \quad \frac{\mathrm{d}x_2}{\mathrm{d}t} = x_2, \quad \frac{\mathrm{d}x_3}{\mathrm{d}t} = 0.$$

其通解是

$$x_1 = \xi_1(1+t), \quad x_2 = \xi_2 \mathrm{e}^{t}, \quad x_3 = \xi_3.$$

在 $x_3 =$ 常数的平面内,迹线是指数曲线族

$$x_2 = \xi_2 e^{(x_1 - \xi_1)/\xi_1},$$

其中 $x_1 = \xi_1$ 和 $x_2 = \xi_2$ 是质点的初始位置. $t = 0$ 时刻通过不同点的迹线,如图 2.3 所示.

写出迹线方程的反函数:

$$\xi_1 = \frac{x_1}{1+t}, \quad \xi_2 = x_2 e^{-t}, \quad \xi_3 = x_3,$$

再将 $\xi(\mathbf{r}, t)$ 中的 $\mathbf{r}$ 以 $\mathbf{r}_0(x_{01}, x_{02}, x_{03})$ 代换,t 以 s 代换,即有

$$\xi_1 = \frac{x_{01}}{1+s}, \quad \xi_2 = x_{02} e^{-s}, \quad \xi_3 = x_{03}.$$

把它们代入迹线方程 $x_i = x_i(\xi, t)$,就得出 t 时刻的脉线方程

$$x_1 = x_{01} \frac{1+t}{1+s}, \quad x_2 = x_{02} e^{t-s}, \quad x_3 = x_{03},$$

或者写成

$$x_2 = x_{02} e^{t+1} \exp[-(1+t)x_{01}/x_1],$$

其中 t 应看成常参数,$\mathbf{r}_0(x_{01}, x_{02}, x_{03})$ 是脉线的染色点(参看图 2.4).

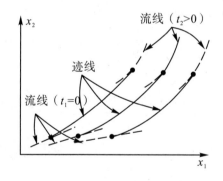

图 2.3　迹线图

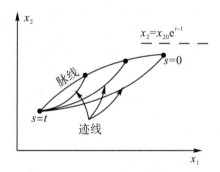

图 2.4　脉线图

2.2　速度分解定理·涡量和应变速率

在连续性假设下,流体中任何一个质点的运动和处于其极小邻域内的其他质点的运动,存在着一种普遍的运动学联系.分析邻近质点运动之间的这种联系,有

助于揭示流体速度场的结构特征,并对建立流体的内应力和速度场之间的关系,有着重要的意义.本节就来讨论这一问题.

2.2.1 赫姆霍兹(Helmholtz)速度分解定理

设 P 为流体中一个确定的流体质点,Q 为 P 点邻域内另一个任意的流体质点,我们来考察同一时刻这两个质点运动速度之间的关系.将 P 和 Q 的位置矢量分别记作 $\boldsymbol{r}$ 和 $\boldsymbol{r}'$,速度矢量分别记作 $\boldsymbol{v}$ 和 $\boldsymbol{v}'$,则

$$\delta \boldsymbol{v} = \boldsymbol{v}' - \boldsymbol{v}, \qquad \delta \boldsymbol{r} = \boldsymbol{r}' - \boldsymbol{r} \qquad (2.2.1)$$

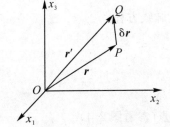

图 2.5 速度展开图

分别为 Q 相对于 P 点的速度和位置矢量(见图2.5).由连续性假设,可以在一次近似下写出它们之间的关系式

$$\delta v_i = \left(\frac{\partial v_i}{\partial x_j}\right)_P \delta x_j, \qquad (2.2.2)$$

其中 δx_i 为 $\delta \boldsymbol{r}$ 的分量,δv_i 为 $\delta \boldsymbol{v}$ 的分量.

偏导数 $\dfrac{\partial v_i}{\partial x_j}$ 是一个二阶张量,它可以分解为对称张量与反对称张量之和

$$\frac{\partial v_i}{\partial x_j} = \frac{1}{2}\left(\frac{\partial v_i}{\partial x_j} + \frac{\partial v_j}{\partial x_i}\right) - \frac{1}{2}\left(\frac{\partial v_j}{\partial x_i} - \frac{\partial v_i}{\partial x_j}\right). \qquad (2.2.3)$$

记

$$e_{ij} = \frac{1}{2}\left(\frac{\partial v_i}{\partial x_j} + \frac{\partial v_j}{\partial x_i}\right), \qquad \Omega_{ij} = \frac{1}{2}\left(\frac{\partial v_j}{\partial x_i} - \frac{\partial v_i}{\partial x_j}\right), \qquad (2.2.4)$$

则有

$$\delta v_i = e_{ij}\delta x_j - \Omega_{ij}\delta x_j. \qquad (2.2.5)$$

由 $\Omega_{ij} = -\Omega_{ji}$,可知

$$\Omega_{11} = \Omega_{22} = \Omega_{33} = 0,$$

$$\Omega_{12} = -\Omega_{21}, \quad \Omega_{23} = -\Omega_{32}, \quad \Omega_{31} = -\Omega_{13}.$$

记 $\Omega_{23} = a_1, \Omega_{31} = a_2, \Omega_{12} = a_3$,以上结果可以写成

$$\Omega_{ij} = \varepsilon_{ijk}a_k. \qquad (2.2.6)$$

作运算 $\varepsilon_{lij}\Omega_{ij}$,有

$$\varepsilon_{lij}\Omega_{ij} = \varepsilon_{lij}\varepsilon_{ijk}a_k = (\delta_{jj}\delta_{lk} - \delta_{jk}\delta_{lj})a_k = 3a_l - a_l = 2a_l,$$

即

$$a_i = \frac{1}{2}\varepsilon_{ijk}\Omega_{jk}. \qquad (2.2.7)$$

将式 (2.2.6) 代入式 (2.2.5),得到

$$\delta v_i = e_{ij}\delta x_j - \varepsilon_{ijk}a_k\delta x_j.$$

写成矢量形式为

$$\delta \boldsymbol{v} = \boldsymbol{e}_P \cdot \delta \boldsymbol{r} + \boldsymbol{a}_P \times \delta \boldsymbol{r}. \tag{2.2.8}$$

这一表达式就称为赫姆霍兹速度分解定理.注意到 Q 是一个动点,式 (2.2.8) 的 $\delta \boldsymbol{v}$ 与 $\delta \boldsymbol{r}$ 都是变量,而 $\boldsymbol{e}_P$ 和 $\boldsymbol{a}_P$ 是参考点 P 处的值,因而是常量.利用这一事实,我们将来说明赫姆霍兹定理的物理意义.

2.2.2　涡量

首先,我们来考察式 (2.2.8) 右边的第二项.大家知道,在刚体的定点转动中,刚体中任意一质点的速度为

$$\boldsymbol{v} = \boldsymbol{v}_0 + \boldsymbol{a} \times \boldsymbol{r}, \tag{2.2.9}$$

其中 $\boldsymbol{v}_0$ 为定点的运动速度,$\boldsymbol{a}$ 为刚体转动的角速度,$\boldsymbol{r}$ 是动点相对于定点的矢径.反过来说,如果一个质点系中,质点的速度可写成式 (2.2.9) 的形式,其中 $\boldsymbol{a}$ 为一常矢量,则该质点系的运动必定是绕某一点的刚体式转动.由此可知,式 (2.2.8) 第二项是表示 P 点无限小领域内的流体,围绕 P 点作刚体式转动所产生的相对速度,转动角速度为

$$a_i = \frac{1}{2}\varepsilon_{ijk}\Omega_{jk} = \frac{1}{2}\varepsilon_{ijk}\frac{\partial v_k}{\partial x_j}, \quad \text{即 } \boldsymbol{a} = \frac{1}{2}\nabla \times \boldsymbol{v}.$$

流体力学称

$$\boldsymbol{\omega} = \text{rot}\,\boldsymbol{v} = \nabla \times \boldsymbol{v} \tag{2.2.10}$$

为流体运动的**涡量**.可见,涡量是流体微团绕其内部一参考点作旋转运动的角速度的二倍(参见图 2.6).现在回头再看式 (2.2.8),那就不难猜到,该式右边的第一项必定与 P 点领域内的流体微团变形运动有关.

2.2.3　应变速率张量

现在,我们来详细阐明式 (2.2.8) 第一项的物理意义.应该弄清楚的是,该项是否为流体微团纯变形运动的全部贡献,并且要指明张量 e_{ij} 的每一个分量的物理含义.

首先来研究 e_{ij} 的三个对角线分量.为此,我们须写出图 2.5 中物质线元 $\overline{PQ}$ 的长度表达式.线元长度是一个标量,它在所考察的时刻表示成 $\delta s = \sqrt{\delta x_i \cdot \delta x_i}$.对于始终由同一批流体质点所组成的物质线元来说,它的长度应当只是时间的函数,因此可以计算其在该瞬时的时间变化率 $\mathrm{d}(\delta s)/\mathrm{d}t$.不难得出

$$\frac{\mathrm{d}}{\mathrm{d}t}(\delta s)^2 = 2\delta s\, \frac{\mathrm{d}}{\mathrm{d}t}(\delta s) = \frac{\mathrm{d}}{\mathrm{d}t}(\delta x_i \delta x_i)$$

$$= 2\delta x_i\, \frac{\mathrm{d}}{\mathrm{d}t}(\delta x_i) = 2\delta x_i \delta\left(\frac{\mathrm{d}x_i}{\mathrm{d}t}\right).$$

但 $\mathrm{d}x_i/\mathrm{d}t = v_i$，因此有

$$\delta\left(\frac{\mathrm{d}x_i}{\mathrm{d}t}\right) = \delta v_i = \left(\frac{\partial v_i}{\partial x_j}\right)_p \delta x_j.$$

将它代入前一个式子的右边，然后同时以 $2(\delta s)^2$ 除两边，即得

$$\frac{1}{\delta s}\frac{\mathrm{d}}{\mathrm{d}t}(\delta s) = \left(\frac{\partial v_i}{\partial x_j}\right)_p \frac{\mathrm{d}x_i}{\mathrm{d}s}\frac{\mathrm{d}x_j}{\mathrm{d}s} = e_{ij}\frac{\mathrm{d}x_i}{\mathrm{d}s}\cdot\frac{\mathrm{d}x_j}{\mathrm{d}s}, \qquad (2.2.11)$$

这里，我们已经利用了哑标可以任意更换的性质.

在式 (2.2.11) 中，$\mathrm{d}x_i/\mathrm{d}s$ 是物质线元 $\overline{PQ}$ 的方向余弦. 如果我们将 $\overline{PQ}$ 取成沿 x_1 轴方向，则有

$$\frac{\mathrm{d}x_i}{\mathrm{d}s} = \delta_{i1}, \qquad \frac{\mathrm{d}x_j}{\mathrm{d}s} = \delta_{j1}.$$

代入式 (2.2.11) 后，得到

$$\frac{1}{\delta s}\frac{\mathrm{d}}{\mathrm{d}t}(\delta s) = e_{ij}\delta_{i1}\delta_{j1} = e_{11}.$$

于是我们得知，张量 e_{ij} 的第一个对角线元素 e_{11}，就是过 P 点且与 x_1 轴方向平行的物质线元在单位时间内的相对伸长率(见图 2.7). 类似地，可以知道 e_{22} 和 e_{33} 的物理意义. e_{ij} 的三个对角线被称为**正应变速率分量**.

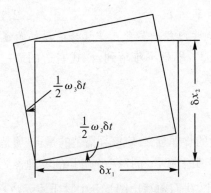

图 2.6　微团作刚体式旋转

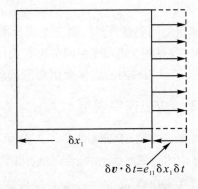

图 2.7　微团在 x_1 方向的相对伸长

下面，我们再来研究 e_{ij} 张量的非对角线分量. 为此，由 P 点引两条不同方向的物质线元 $\overline{PQ}$ 和 $\overline{PR}$，其相对矢径分别记为 $\delta \boldsymbol{r}$ 和 $\delta \boldsymbol{r}'$，夹角记为 θ，于是，我们可以写

出这两个矢量的标积

$$\delta x_i \cdot \delta x_i' = \delta s \cdot \delta s' \cos\theta,$$

其中 δs 和 $\delta s'$ 为线元 $\overline{PQ}$ 和 $\overline{PR}$ 的长度. 对于两个交叉的物质线元, 其长度和夹角都只是时间的函数, 因此, 我们可以求出上述标积的时间导数

$$\frac{\mathrm{d}}{\mathrm{d}t}(\delta s \cdot \delta s' \cos\theta) = \cos\theta\left[\delta s' \frac{\mathrm{d}}{\mathrm{d}t}(\delta s) + \delta s \frac{\mathrm{d}}{\mathrm{d}t}(\delta s')\right] - \delta s \cdot \delta s' \sin\theta \frac{\mathrm{d}\theta}{\mathrm{d}t}.$$

该导数又可以表示成另外一种形式

$$\begin{aligned}
\frac{\mathrm{d}}{\mathrm{d}t}(\delta x_i \cdot \delta x_i') &= \delta x_i \frac{\mathrm{d}}{\mathrm{d}t}(\delta x_i') + \delta x_i' \frac{\mathrm{d}}{\mathrm{d}t}(\delta x_i) \\
&= \delta x_i \delta v_i' + \delta x_i' \delta v_i \\
&= 2e_{ij}\delta x_i \delta x_j'.
\end{aligned}$$

由此得到

$$2e_{ij}\frac{\mathrm{d}x_i}{\mathrm{d}s}\frac{\mathrm{d}x_j'}{\mathrm{d}s'} = \cos\theta\left[\frac{1}{\mathrm{d}s}\frac{\mathrm{d}}{\mathrm{d}t}(\mathrm{d}s) + \frac{1}{\mathrm{d}s'}\frac{\mathrm{d}}{\mathrm{d}t}(\mathrm{d}s')\right] - \sin\theta\frac{\mathrm{d}\theta}{\mathrm{d}t}. \qquad (2.2.12)$$

现在, 我们将 $\overline{PQ}$ 取成平行于 x_1 轴, 将 $\overline{PR}$ 取成平行于 x_2 轴, 即有

$$\frac{\mathrm{d}x_i}{\mathrm{d}s} = \delta_{i1}, \quad \frac{\mathrm{d}x_j'}{\mathrm{d}s'} = \delta_{i2}, \quad \theta = \frac{\pi}{2}.$$

将它们代入式 $(2.2.12)$, 就得到

$$e_{12} = -\frac{1}{2}\frac{\mathrm{d}\theta}{\mathrm{d}t}. \qquad (2.2.13)$$

于是, 我们得知: 如果在流体中过 P 点引平行于 x_1 和 x_2 轴的两条物质线段元, 则 e_{ij} 是它们之间夹角在单位时间内减小值的一半(见图 2.8). 类似地, 也可以知道 e_{23} 和 e_{31} 的物理意义. 所以, 张量 e_{ij} 的非对角线分量被称为**剪切应变速率分量**.

经过以上分析, 我们可以断定: 张量 e_{ij} 确定了流场中各点局部变形运动的全部特征. 因此, 它被称为**应变速率张量**.

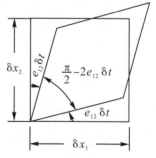

图 2.8　微团作剪切变形

2.2.4　体积应变速率

应变速率张量 e_{ij} 的三对角线分量之和 e_{ii} 是一个标量, 我们来分析这个标量的物理意义.

考察一个运动的流体质点 P, 它的微元体积 δV 随时间而变化; x_i 和 ξ_i 是该质

点的欧拉坐标和拉格朗日坐标,并将 ξ_i 取成它在某一初始时刻 $t = t_0$ 的位置矢量. 于是有

$$\frac{\delta V}{\delta V_0} = \frac{\partial(x_1, x_2, x_3)}{\partial(\xi_1, \xi_2, \xi_3)} \equiv J > 0,$$

其中 δV_0 是流体微元在 t_0 时刻的体积. 该流体元在 t 时刻体积相对膨胀的速率为

$$\frac{1}{\delta V} \frac{\mathrm{d}}{\mathrm{d} t}(\delta V) = \frac{\mathrm{d}}{\mathrm{d} t}\left[\ln\left(\frac{\delta V}{\delta V_0}\right)\right] = \frac{1}{J} \frac{\mathrm{d} J}{\mathrm{d} t}. \tag{2.2.14}$$

容易证明,雅可比行列式(Jacobian)的导数等于三个行列式之和,其中每一个行列式都是雅可比行列式中某一行元素求导数得到的行列式,即

$$\frac{\mathrm{d} J}{\mathrm{d} t} = J_1 + J_2 + J_3,$$

并有

$$J_1 = \begin{vmatrix} \dfrac{\mathrm{d}}{\mathrm{d} t}\left(\dfrac{\partial x_1}{\partial \xi_1}\right) & \dfrac{\mathrm{d}}{\mathrm{d} t}\left(\dfrac{\partial x_1}{\partial \xi_2}\right) & \dfrac{\mathrm{d}}{\mathrm{d} t}\left(\dfrac{\partial x_1}{\partial \xi_3}\right) \\[2mm] \dfrac{\partial x_2}{\partial \xi_1} & \dfrac{\partial x_2}{\partial \xi_2} & \dfrac{\partial x_2}{\partial \xi_3} \\[2mm] \dfrac{\partial x_3}{\partial \xi_1} & \dfrac{\partial x_3}{\partial \xi_2} & \dfrac{\partial x_3}{\partial \xi_3} \end{vmatrix},$$

以及 J_2 和 J_3 的类似表达式.

利用

$$\frac{\mathrm{d}}{\mathrm{d} t}\left(\frac{\partial x_1}{\partial \xi_i}\right) = \frac{\partial}{\partial \xi_i}\left(\frac{\mathrm{d} x_1}{\mathrm{d} t}\right) = \frac{\partial v_1}{\partial \xi_i} \quad \text{和} \quad \frac{\partial v_1}{\partial \xi_i} = \frac{\partial v_1}{\partial x_j}\frac{\partial x_j}{\partial \xi_i},$$

J_1 可以展开为

$$J_1 = \frac{\partial v_1}{\partial x_1} \begin{vmatrix} \frac{\partial x_1}{\partial \xi_1} & \frac{\partial x_1}{\partial \xi_2} & \frac{\partial x_1}{\partial \xi_3} \\[1mm] \frac{\partial x_2}{\partial \xi_1} & \frac{\partial x_2}{\partial \xi_2} & \frac{\partial x_2}{\partial \xi_3} \\[1mm] \frac{\partial x_3}{\partial \xi_1} & \frac{\partial x_3}{\partial \xi_2} & \frac{\partial x_3}{\partial \xi_3} \end{vmatrix} + \frac{\partial v_1}{\partial x_2} \begin{vmatrix} \frac{\partial x_2}{\partial \xi_1} & \frac{\partial x_2}{\partial \xi_2} & \frac{\partial x_2}{\partial \xi_3} \\[1mm] \frac{\partial x_2}{\partial \xi_1} & \frac{\partial x_2}{\partial \xi_2} & \frac{\partial x_2}{\partial \xi_3} \\[1mm] \frac{\partial x_3}{\partial \xi_1} & \frac{\partial x_3}{\partial \xi_2} & \frac{\partial x_3}{\partial \xi_3} \end{vmatrix} + \frac{\partial v_1}{\partial x_3} \begin{vmatrix} \frac{\partial x_3}{\partial \xi_1} & \frac{\partial x_3}{\partial \xi_2} & \frac{\partial x_3}{\partial \xi_3} \\[1mm] \frac{\partial x_2}{\partial \xi_1} & \frac{\partial x_2}{\partial \xi_2} & \frac{\partial x_2}{\partial \xi_3} \\[1mm] \frac{\partial x_3}{\partial \xi_1} & \frac{\partial x_3}{\partial \xi_2} & \frac{\partial x_3}{\partial \xi_3} \end{vmatrix}.$$

由于上式右边的后两个行列式有两行元素相同,其值为零,故有

$$J_1 = J\left(\frac{\partial v_1}{\partial x_1}\right).$$

于是,我们得到

$$\frac{\mathrm{d} J}{\mathrm{d} t} = J\left(\frac{\partial v_i}{\partial x_i}\right) = J \cdot e_{ii}. \tag{2.2.15}$$

代入式(2.2.14),可知

$$e_{ii} = \frac{1}{\delta V}\frac{\mathrm{d}}{\mathrm{d}t}(\delta V). \qquad (2.2.16)$$

因此,应变速率张量三对角分量之和 e_{ii},表示流体微元在单位时间内的体积相对膨胀率.

2.3　由涡量和体积应变速率确定速度场

涡量和应变速率是流体力学中两个极其重要的运动学概念,因为它们和流体中进行的动力学过程有着十分密切的联系.这一点,将随着本书内容的展开逐步地显示出来.就运动学范畴来说,我们已在上节通过这两个量揭示了流体运动的局部结构特征,本节则要阐明涡量和应变速率在描述流场总体结构上所具有的重要意义.

2.3.1　速度场的总体分解

矢量分析理论告诉我们,任何一个三维空间中的矢量场 $u(x,y,z;t)$ 都可以分解为三部分之和

$$u = u_s + u_v + u_l, \qquad (2.3.1)$$

其中 u_s,u_v 和 u_l 分别满足下列条件

$$\left. \begin{array}{l} \nabla \cdot u_s = \nabla \cdot u, \nabla \times u_s = 0, \\ \nabla \times u_v = \nabla \times u, \nabla \cdot u_v = 0, \\ \nabla \cdot u_l = 0, \qquad \nabla \times u_l = 0. \end{array} \right\} \qquad (2.3.2)$$

特别地,对于流体速度场来说,如果记 $\Delta = \nabla \cdot v, \omega = \nabla \times v$,由上述定理可知,流体速度场总可以看成三部分贡献的迭加:第一部分是流体体积应变速率 Δ 的贡献;第二部分是流体涡量场 ω 的贡献;第三部分则是除去流体涡量和体积变化后的纯粹形状改变的贡献.这种分解的意义在于,它不仅揭示了流场总体结构上的某种特性,而且也为从数学上求解某些流体力学问题提供了一条重要的技术途径.

对于上述结果,可以作这样的物理解释:流场中分布的体积应变速率 Δ 和涡量 ω,都可以看成是引起流体运动的不同类型的"扰动源".由于流体运动的连续性,

这些扰动不仅对当地流体的运动发生作用,而且会影响到整个流体的运动.如果流体的运动还受到其他因素(例如边界)的干扰,这种干扰就构成了上述分解中的第三部分贡献.这样,合乎逻辑的问题就是,每一种扰动所引起的速度场,应该怎样来确定?或者说,如果已经知道流体的涡量和体积应变速率分布,以及流动的某些外部条件,如何确定流场的速度分布?

2.3.2 无旋有源流动

首先,我们来考察由分布的体积应变速率所诱导的流动,即假设函数 $\Delta(x,y,z,t)$ 为已知,求单独由它所产生的速度场 v_s.

根据条件 $\nabla \times v_s = 0$,可以引入一个标量函数 $\varphi(x,y,z,t)$,使得

$$v_s = \nabla \varphi_s \tag{2.3.3}$$

这个标量函数称为(对应于 v_s 的)速度势.将式(2.3.3)代入式(2.3.2)的第一个表达式,就得到 φ_s 满足的方程

$$\nabla^2 \varphi_s = \frac{\partial \varphi_s}{\partial x^2} + \frac{\partial \varphi_s}{\partial y^2} + \frac{\partial \varphi_s}{\partial z^2} = \Delta(x,y,z,t), \tag{2.3.4}$$

这就是熟知的泊松(Poisson)方程,非齐次项中的变量 t 应看做参数.注意到 v_s 不含涡量和其他扰动源的贡献,式(2.3.4)就应当在无界域中求解(上面已经说到,边界也是一种干扰源);并且,物理上有意义的是,扰动源 $\Delta(x,y,z,t)$ 只能在空间有限大区域中存在,它对应于无穷远处速度趋于零的情形,即要求满足边界条件:

$$\lim_{|r| \to \infty} |\nabla \varphi_s| = 0. \tag{2.3.5}$$

无界域中泊松方程满足远场齐次边界条件(2.3.5)的解为

$$\varphi_s(r,t) = -\frac{1}{4\pi} \iiint \frac{\Delta(r',t)}{s(r,r')} \mathrm{d}V', \tag{2.3.6}$$

其中

$$s(r,r') = [(r-r') \cdot (r-r')]^{\frac{1}{2}}$$
$$= \sqrt{(x-x')^2 + (y-y')^2 + (z-z')^2}. \tag{2.3.7}$$

于是,我们立刻得到速度的表达式

$$v_s(r,t) = \nabla \varphi_s = \frac{1}{4\pi} \iiint \frac{\Delta(r',t)}{s^3}(r-r') \mathrm{d}V'. \tag{2.3.8}$$

特别地,如果 $\Delta(r',t)$ 是一个狄拉克(Dirac) δ 函数,即 $\Delta(r',t) = \delta(r'-r_0)$,其中 r_0 为一常矢量,则利用 δ 函数积分的运算规则可以得到

$$\varphi_{0s}(r,t) = -\frac{1}{4\pi s(r,r_0)} \tag{2.3.9}$$

和

$$v_{0s}(\boldsymbol{r},t) = \frac{\boldsymbol{r}-\boldsymbol{r}_0}{4\pi s^3(\boldsymbol{r},\boldsymbol{r}_0)}. \tag{2.3.10}$$

这种流动称为**三维点源**,源的强度为单位值,源的位置在 $\boldsymbol{r}=\boldsymbol{r}_0$ 处,该处的速度具有 s^{-2} 的奇性.

2.3.3　无源有旋流动

我们再来考察由分布的涡量所诱导的流动. 此时, $\boldsymbol{\omega}(x,y,z,t)$ 是一个已知函数,要确定单纯由它所诱导的速度场 $\boldsymbol{v}_v$.

根据条件 $\nabla \cdot \boldsymbol{v}_v = 0$,可以引入一个矢量势函数 $\boldsymbol{A}(x,y,z,t)$,使得

$$\boldsymbol{v}_v = \nabla \times \boldsymbol{A}, \tag{2.3.11}$$

从而有

$$\nabla \times \boldsymbol{v}_v = \nabla \times \nabla \times \boldsymbol{A} = \nabla(\nabla \cdot \boldsymbol{A}) - \nabla^2 \boldsymbol{A} = \boldsymbol{\omega}(x,y,z,t).$$

但是,满足方程(2.3.11)的矢量函数不是唯一的,比如,不难看出,只要在任何一个满足方程(2.3.11)的函数 $\boldsymbol{A}$ 上,再加另一个矢量函数 $\boldsymbol{B}(x,y,z,t)$,它满足 $\nabla \times \boldsymbol{B} = 0$,则 $\boldsymbol{A}+\boldsymbol{B}$ 就仍然满足方程(2.3.11).于是,我们就可以适当选择 $\boldsymbol{B}$ 函数,使得 $\nabla \cdot \boldsymbol{B} = -\nabla \cdot \boldsymbol{A}$,这样构成的新矢量函数 $\boldsymbol{A}+\boldsymbol{B}$ 不仅满足式(2.3.11),而且散度为零.将这个新函数仍旧记作 $\boldsymbol{A}$,就得到一个矢量泊松方程

$$\nabla^2 \boldsymbol{A} = -\boldsymbol{\omega}(x,y,z,t). \tag{2.3.12}$$

同样,我们感兴趣的仍然是(2.3.12)在无界域中的解,并且要求在无穷远处满足边界条件

$$\lim_{|\boldsymbol{r}| \to \infty} \nabla \times \boldsymbol{A} = 0.$$

利用前面的结果,立刻可以写出这样的一个特解

$$\boldsymbol{A}(\boldsymbol{r},t) = \frac{1}{4\pi} \iiint \frac{\boldsymbol{\omega}(\boldsymbol{r}',t)}{s(\boldsymbol{r},\boldsymbol{r}')} \mathrm{d}V'. \tag{2.3.13}$$

这里需要指出的是,所构成的特解(2.3.13)是否满足条件 $\nabla \cdot \boldsymbol{A} = 0$,仍是需要加以检验的.为此,我们有

$$\nabla \cdot \boldsymbol{A} = \frac{1}{4\pi} \iiint \nabla\left(\frac{1}{s}\right) \cdot \boldsymbol{\omega}(\boldsymbol{r}',t)\mathrm{d}V'$$

$$= -\frac{1}{4\pi} \iiint \nabla'\left(\frac{1}{s}\right) \cdot \boldsymbol{\omega}(\boldsymbol{r}',t)\mathrm{d}V,$$

其中 ∇ 和 ∇' 分别表示对自变量 $\boldsymbol{r}$ 和 $\boldsymbol{r}'$ 的梯度算符.注意到 $\nabla \cdot \boldsymbol{\omega} \equiv 0$,就可得到

$$\nabla \cdot \boldsymbol{A} = -\frac{1}{4\pi} \iiint \nabla' \cdot \left(\frac{\boldsymbol{\omega}'}{s}\right) \mathrm{d}V',$$

其中 $\boldsymbol{\omega}' = \boldsymbol{\omega}(\boldsymbol{r}', t)$.

但是,在实际问题中,流动区域可能是一个有界域 Ω,将它的边界记作 S,上面积分式的积分域应取为 Ω. 利用格林(Green)定理,体积分可以改写成一个曲面积分

$$\nabla \cdot \boldsymbol{A} = -\frac{1}{4\pi}\oiint_S \frac{\boldsymbol{\omega}' \cdot \boldsymbol{n}}{s}\mathrm{d}S',$$

其中 $\boldsymbol{n}$ 是边界面的外法向单位矢量. 可见,要使得 $\nabla \cdot \boldsymbol{A} = 0$,充分条件是在 S 上满足 $\boldsymbol{\omega} = \boldsymbol{0}$ 或 $\boldsymbol{\omega} \perp \boldsymbol{n}$. 如果这些条件得不到满足,我们还可以通过 S 将 $\boldsymbol{\omega}$ 向原定义域外部作解析延拓,并在一个扩大域 Ω' 的边界上使上述条件得以满足. 这样,延拓后的函数 $\boldsymbol{\omega}$ 就能保证 $\nabla \cdot \boldsymbol{A} = 0$,并且仍能在原流动区域上满足方程(2.3.12). 至于 $\boldsymbol{\omega}$ 的解析延拓对式(2.3.13)(积分域为 Ω')定义的速度场所产生的多余贡献,可以在第三部分 $\boldsymbol{v}_l$ 的求解中,通过修正边界条件而得到补偿.

由式(2.3.13),可以写出涡诱导速度的表达式

$$\boldsymbol{v}_v(\boldsymbol{r}, t) = \frac{1}{4\pi}\iiint \nabla r\left(\frac{1}{s}\right) \times \boldsymbol{\omega}(\boldsymbol{r}', t)\mathrm{d}V' = \frac{1}{4\pi}\iiint \frac{\boldsymbol{\omega}' \times (\boldsymbol{r} - \boldsymbol{r}')}{s^3(\boldsymbol{r}, \boldsymbol{r}')}\mathrm{d}V',$$

$$(2.3.14)$$

这就是毕奥-沙瓦(Biot-Savart)公式的一般表述.

2.3.4　无源无旋流动

无源无旋流动理论,是经典流体力学中发展最充分、内容最丰富的一个组成部分,后面还将有若干章节对其作进一步的展开叙述,这里只是在速度场分解的意义上给予初步的说明.

因为 $\boldsymbol{v}_l$ 同时满足方程

$$\nabla \cdot \boldsymbol{v}_l = 0 \quad \text{和} \quad \nabla \times \boldsymbol{v}_l = \boldsymbol{0},$$

那就不但可以引进标量速度势 $\varphi_l(x, y, z, t)$,而且可以使它满足简单的拉普拉斯(Laplace)方程

$$\nabla^2 \varphi_l = 0. \tag{2.3.15}$$

现在的问题是,为了求解一种确定的流动,如果已经知道了流场的体积应变速率和涡量分布,并且也已经求出了它们二者对速度场的贡献 $\boldsymbol{v}_s$ 和 $\boldsymbol{v}_v$,应当如何确定无源无旋流动 $\boldsymbol{v}_l$?

要获得拉普拉斯方程(2.3.15)的确定解,必须提供适当的边界条件. 在流体力学问题中,大多采用第二类边界条件,即给定边界曲面 S 上的法向速度分量 v_n. 在

前述分解形式下,法向速度表示成

$$v_n = (\boldsymbol{v}_s + \boldsymbol{v}_v + \boldsymbol{v}_l) \cdot \boldsymbol{n}.$$

因此,方程(2.3.15)的边界条件为

$$\boldsymbol{v}_l \cdot \boldsymbol{n} = \frac{\partial \varphi_l}{\partial n} = v_n - (\boldsymbol{v}_s + \boldsymbol{v}_v) \cdot \boldsymbol{n}, \qquad r \in S. \qquad (2.3.16)$$

如果问题中的流场延伸到无穷远,则还需增加无穷远处的边界条件

$$\lim_{|r| \to \infty} |\nabla \varphi_l| = 0. \qquad (2.3.17)$$

这里采用的参考系是和无穷远处的未扰动流体相固连的.方程(2.3.15)连同边界条件(2.3.16)和(2.3.17)构成了适定的数学问题.这类问题在某些简单形状的边界下,可以求得解析解;对于复杂边界,只能用数值方法求解.关于无源无旋流动在各种具体情况下的求解问题,在以后有关章节中还要讨论.

2.4　涡线·涡管·涡丝·涡层

在许多有实际意义的流动问题中,涡量往往集中分布在流场的某些局部区域,这些区域的尺度要比整个流场的尺度小得多.在这些区域之外,涡量几乎等于零.如用数学的语言叙述,也就是涡量值在流动区域的某些曲线或曲面上出现峰值或奇性,在峰值附近涡量急剧地衰减.这种现象常见于低黏性流动的固壁边界近旁,在流场内部有时也会出现,龙卷风就是一个典型的例子.当涡量呈现这种奇性分布时,涡诱导速度的计算可以大大简化.这里,我们先对涡量场的运动学特性作一些进一步的讨论,然后在此基础上,建立**涡丝**和**涡层**这两个概念,给出在这两种奇性分布的情况下,涡诱导速度的简化计算公式.

2.4.1　涡线和涡管

涡线这个概念,其定义类似于流线,是指在任一确定时刻流场中的一族曲线,曲线上每一点的涡量 $\boldsymbol{\omega}$ 都和曲线在该点的切线方向重合.因此,涡线是常微分方程组

$$\frac{\mathrm{d}x}{\omega_x} = \frac{\mathrm{d}y}{\omega_y} = \frac{\mathrm{d}z}{\omega_z} \qquad (2.4.1)$$

的积分曲线族, ω_x, ω_y 和 ω_z 是 $\boldsymbol{\omega}$ 的三个分量.

如果在流场中任取一条可收缩的回线, 过该回线上每一点都引一条涡线. 只要回线不是一条涡线, 所引涡线的全体就形成一个管状曲面, 称为**涡管**. 所谓**可收缩的回线**, 是指流场中的这样一种封闭曲线, 它能经过不断变形收缩到一点, 而不通过流场以外的区域. 单连通区域内的每一条封闭曲线都是可收缩的回线, 多连通区域则不一定如此.

以一个曲面去截涡管, 并使该曲面和涡管上的每一根涡线都相交, 就截得一条可收缩回线. 我们把截得的回线记作 C, 把曲面落在涡管内的部分记作 S, 作 S 面上的曲面积分

$$\Gamma = \iint\limits_{S} \boldsymbol{\omega} \cdot \boldsymbol{n} \mathrm{d}S, \tag{2.4.2}$$

其中 $\boldsymbol{n}$ 为 S 面的法向单位矢量, 该曲面积分就称为曲面 S 的**涡通量**. 利用斯托克斯 (Stokes) 定理, 我们有

$$\oint_{C} \boldsymbol{v} \cdot \boldsymbol{t} \mathrm{d}l = \iint\limits_{S} \boldsymbol{\omega} \cdot \boldsymbol{n} \mathrm{d}S = \Gamma, \tag{2.4.3}$$

其中 $\boldsymbol{t}$ 是曲线 C 的切线单位矢量, 并且, $\boldsymbol{t}$ 与 $\boldsymbol{n}$ 成右手螺旋关系. 所以, Γ 也称为曲线 C 的**速度环量**. 下面, 我们将要引出一条重要结论: 对于一个确定的涡管, 它的任何横截面上的涡通量是一个常数 Γ, 该常数称为**涡管强度**.

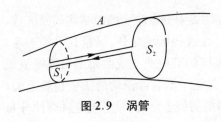

图 2.9 涡管

事实上, 如果在一根涡管上任意作两个横截面 S_1 和 S_2, 让 S_1, S_2 和涡管的侧面 A 构成一个封闭曲面 Σ (见图 2.9). 由于涡量场 $\boldsymbol{\omega}$ 是一个无散度的矢量场, 即 $\nabla \cdot \boldsymbol{\omega} \equiv 0$, 由散度定理, 我们有

$$\oiint_{\Sigma} \boldsymbol{\omega} \cdot \boldsymbol{n} \mathrm{d}S = \iiint\limits_{\Omega} \nabla \cdot \boldsymbol{\omega} \mathrm{d}V = 0, \tag{2.4.4}$$

其中 Ω 为 Σ 所围成的区域. 注意到在涡管面 A 上有 $\boldsymbol{\omega} \cdot \boldsymbol{n} = 0$, 就得到

$$\iint\limits_{S_1 + S_2} \boldsymbol{\omega} \cdot \boldsymbol{n} \mathrm{d}S = 0.$$

其中 S_1 和 S_2 两个面上的外法矢 $\boldsymbol{n}$ 是相背的. 如果把 $\boldsymbol{n}$ 都取成沿 $\boldsymbol{\omega}$ 的方向, 则上式变成

$$\iint\limits_{S_1} \boldsymbol{\omega} \cdot \boldsymbol{n} \mathrm{d}S = \iint\limits_{S_2} \boldsymbol{\omega} \cdot \boldsymbol{n} \mathrm{d}S \equiv \Gamma, \tag{2.4.5}$$

这就是所要证明的结果.并且,由此可以推断,涡线和涡管都不能在流体内部中断.

2.4.2　涡丝

现在,我们来研究带有奇性的涡量分布问题.

第一种重要情况是,涡量在某一条空间曲线上发生奇性.就是说,在这条曲线的某个极小邻域内(该邻域的横向线尺度远远小于沿曲线方向的线尺度),涡量出现很大的值;在该邻域之外,涡量值迅速下降到零.显然,这条曲线必须是一条涡线,否则涡线就会横穿该邻域而进入外部区域,那里的涡量就不为零,这和已给定的假设发生矛盾.由此可见,涡量显著不为零的区域,可以看成是由一个横截面极小的涡管所围成,该涡管的强度为一有限大值.

这种流动可以进一步用一个简单的数学模型作近似描述.我们把涡管的横截面积记作 δS,把 δS 上涡量值的平均数记作 ω,并把涡管强度 $\omega\delta S$ 记作 Γ.然后取一个极限:令 $\delta S \to 0$,$\omega \to \infty$,并保持 $\omega\delta S = \Gamma = $ 常数,此时涡管就退化为一条涡线,在这条涡线上,涡量表现出 δ 函数类型的奇性.这种横截面无限小、强度为有限值的涡管称为**涡丝**.对于孤立的涡丝,其涡诱导速度表达式(2.3.14)积分号下的 $\boldsymbol{\omega}' \mathrm{d}V'$ 可以改写为

$$\boldsymbol{\omega}' \mathrm{d}V' = \boldsymbol{\omega}' \delta S \cdot \mathrm{d}\boldsymbol{l} = \Gamma \mathrm{d}\boldsymbol{l},$$

其中 $\mathrm{d}\boldsymbol{l}$ 为涡丝的矢量微线元,方向与 $\boldsymbol{\omega}$ 相同、大小等于微线元的长度.于是,我们得到

$$\boldsymbol{v} = -\frac{\Gamma}{4\pi} \int \frac{(\boldsymbol{r} - \boldsymbol{r}') \times \mathrm{d}\boldsymbol{l}}{s^3(\boldsymbol{r}, \boldsymbol{r}')}. \tag{2.4.6}$$

这就是熟知的**毕奥-沙瓦公式**,和电磁学中用以确定导线内稳定电流诱导磁场的公式相同.

涡丝中的一种特殊情况是无限长直线涡丝.我们取柱坐标系 $\{R, \theta, Z\}$,使 Z 轴与涡丝重合,ω 的方向为 Z 轴方向(见图 2.10).由于涡丝双向无界,速度场不应随 Z 而变化,流动是二维的,我们可以只研究 $Z = 0$ 平面内的流动.考虑涡丝上任意 Z 值处的一段微元涡丝 $\mathrm{d}\boldsymbol{l}$,计算它对 $Z = 0$ 平面上的场点 (R, θ) 处的诱导速度,有 $s = (R^2 + Z^2)^{\frac{1}{2}}$,$(\boldsymbol{r} - \boldsymbol{r}') \times \mathrm{d}\boldsymbol{l} = -R\mathrm{d}l$ $\cdot \boldsymbol{k}$,$\boldsymbol{k}$ 是 Z 方向的单位矢量.代入毕奥-沙瓦公式得到

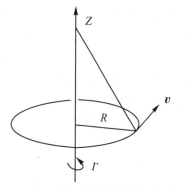

图 2.10　无限长直涡丝的诱导速度

$$|\boldsymbol{v}| = \frac{\Gamma}{4\pi}\int_{-\infty}^{\infty}\frac{R\,\mathrm{d}Z}{(Z^2+R^2)^{3/2}} = \frac{\Gamma}{2\pi R}. \tag{2.4.7}$$

$\boldsymbol{v}$ 的方向与由涡丝和场点所确定的平面正交,并和 $\boldsymbol{\omega}$ 之间成右手螺旋关系.

由于在流动平面 $Z = $ 常数内,除去原点 $R = 0$ 之外,其他地方处处无旋,就可以引入一个二维速度势函数 $\varphi(R,\theta)$,使得 $\boldsymbol{v} = \nabla\varphi$.因为

$$v_R = 0 \quad \text{和} \quad v_\theta = \frac{\Gamma}{2\pi R},$$

容易积分得

$$\varphi(R,\theta) = \frac{\Gamma\theta}{2\pi}, \tag{2.4.8}$$

变换到正交笛卡儿坐标系 $\{x,y\}$,有

$$x = R\cos\theta, \qquad y = R\sin\theta.$$

速度势就可写为

$$\varphi(x,y) = \frac{\Gamma}{2\pi}\mathrm{arctg}\left(\frac{y}{x}\right). \tag{2.4.9}$$

这种流动也称为**二维点涡**.

2.4.3 涡层

第二种带有奇性的涡分布是,涡量在流场中某一曲面 S 附近达到很大的值,而在该曲面的某个小邻域之外,其值迅速下降到零.这种涡分布通常出现在低黏性流场的固体边界和射流边界近旁,也可能出现在薄物体的尾迹区域和具有尖角边缘的物体背风面.可以用一个简化的数学模型来近似描述这种流场:设涡量大值区域的厚度量级为 ε,该区域中涡量的平均值为 $\boldsymbol{\omega}$;令 $\varepsilon \to 0,\omega \to \infty$,同时保持 $\omega\varepsilon$ 为有限量 $\boldsymbol{\gamma}(x,y,z,t),(x,y,z)\in S$.这种极限模型就称为**涡层**,$\boldsymbol{\gamma}$ 称为涡层的**涡密度**.同样,由于涡量是一个管矢量场,涡线必须落在涡层曲面上,即不应有涡线横穿涡层进入无旋流区域.

在计算涡层诱导的速度场时,可设涡层曲面的微面积元为 $\mathrm{d}S$,则在表达式 (2.3.14) 中,$\boldsymbol{\omega}'\mathrm{d}V' = \boldsymbol{\omega}'\varepsilon\mathrm{d}S = \boldsymbol{\gamma}(x',y',z',t)\mathrm{d}S$,于是有

$$\boldsymbol{v} = -\frac{1}{4\pi}\iint\limits_{S}\frac{\boldsymbol{r}-\boldsymbol{r}'}{s^3(\boldsymbol{r},\boldsymbol{r}')}\times\boldsymbol{\gamma}(x',y',z',t)\mathrm{d}S'. \tag{2.4.10}$$

现在,我们来证明涡层是速度的一个切向间断面.就是说,在涡层曲面的两侧,速度沿涡层曲面的切向分量出现间断,而法向分量是连续的.

试取涡层面上任意一点 P,过 P 点分别作涡层的法向单位矢量 $\boldsymbol{n}$ 和沿 $\boldsymbol{\gamma}$ 方向

的切向单位矢量 t,并作一个包含 n 而和 t 正交的平面,它和涡层的交线为 l.在该平面内取一扁长方形的控制域,使控制域包含涡层面上的 P 点,两长边分处 l 的两侧,长边长记为 dl,短边长记为 dn,且 $dn \ll dl$(如图 2.11 所示).由斯托克斯定理有

$$(v_+ - v_-) \cdot dl = \boldsymbol{\omega} \cdot t \, dl \, dn = \gamma dl,$$

这里下标"+"表示 n 指向的一侧,"−"为另一侧,dl 沿 $\gamma \times n$ 的方向,$dl = |\, dl\,|$,$\gamma = |\,\gamma\,|$.令 $dn \to 0$,可知涡层上 P 点两侧的速度沿 dl 方向的投影,有一个大小等于涡密度值 γ 的间断.如果绕 n 轴转 $90°$ 再取类似的控制面,不难证明速度沿 γ 方向的分量在涡层两侧是连续的.利用 $\nabla \cdot v = 0$ 和散度定理,可知速度的法向分量在两侧也是

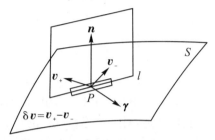

图 2.11　涡层和它的局部正交平面

连续的.由此,我们得到涡层两侧速度间断和涡密度矢量 γ 之间的一个关系式

$$v_+ - v_- = \gamma \times n. \tag{2.4.11}$$

　　对本节所讨论的内容,补充一点动力学背景的说明是有必要的.已经指出,涡丝和涡层这两个概念是根据某些低黏性流动的实际情况而建立的简化数学模型,其中包括作了让涡区横向尺度 $\varepsilon \to 0$ 的极限化处理.但是,这种极限化却有着重要的动力学意义.以后将知道,涡丝直径和涡层厚度趋于零是流体的黏性系数(确切地说,是流动的黏性效应)趋于零的结果.因此,涡丝和涡层的概念在理论上只适用于"无黏流动".若要计及黏性的作用,这两个概念均不再成立.事实上,涡量像热量一样,存在着由于分子热运动而引起的宏观输运效应.流场中的任何速度和温度间断只要一旦出现,都将被黏性和导热作用而即刻"光滑"掉,持续存在的涡丝和涡层与黏性流理论是不相容的.

2.5　无源无旋流动解的确定性问题

　　我们在 2.3 节中已经指出,流动的速度场总可以分解成为三个部分,其中第三部分是由流体质点的平移和纯粹变形所引起,而不含有局部体积改变和旋转的贡

献.这部分速度场满足的方程是

$$\nabla \cdot \boldsymbol{v} = 0, \qquad \nabla \times \boldsymbol{v} = \mathbf{0}. \tag{2.5.1}$$

但是,我们将会知道,对于某些流动,未作上述分解的原速度场就可以满足方程 (2.5.1),这要求流体的压缩性和黏性对流动的影响微小到可以忽略的程度.这种情况在一些重要的应用领域中广泛地存在着,以致探讨这类流动的特殊性质变得十分必要.本节主要讨论方程(2.5.1)解的确定性问题.

2.5.1 单连通域的无源无旋流动

方程(2.5.1)的解的性质,与流动区域的拓扑结构有很大的关系,单连通域和多连通域的情形很不相同.这里,先来讨论单连通域问题.

我们知道,对于单连通域内的任意一条封闭曲线 C,总可以在它上面张一个开曲面 S,使这个曲面完全落在流动区域内.并且,由斯托克斯定理有

$$\oint_C \boldsymbol{v} \cdot \mathrm{d}\boldsymbol{l} = \iint_S (\nabla \times \boldsymbol{v}) \cdot \boldsymbol{n} \mathrm{d}S = 0. \tag{2.5.2}$$

由此可以推知,如果我们先在流场中取定一个参考点 $P(\boldsymbol{r}_0)$,再对任意一个场点 $Q(\boldsymbol{r})$ 作积分 $\int_{\boldsymbol{r}_0}^{\boldsymbol{r}} \boldsymbol{v} \cdot \mathrm{d}\boldsymbol{l}$,则该积分的值将只取决于场点的位置,而与积分的路径无关. 因此可以定义一个单值的标量函数

$$\varphi(\boldsymbol{r}) = \int_{\boldsymbol{r}_0}^{\boldsymbol{r}} \boldsymbol{v} \cdot \mathrm{d}\boldsymbol{l} + \varphi(\boldsymbol{r}_0), \tag{2.5.3}$$

其中 $\varphi(\boldsymbol{r}_0)$ 为一个任意规定的常数. φ 就是我们前面已经提到的速度势函数,式 (2.5.3) 的反演式写为

$$\boldsymbol{v} = \nabla \varphi. \tag{2.5.4}$$

将式(2.5.4) 代入式(2.5.1) 的第一个式子,得到速度势 φ 满足的方程

$$\nabla^2 \varphi = 0. \tag{2.5.5}$$

这一简单的方程曾出现在许多重要的物理问题中,它的性质已经被研究得非常清楚,其中最重要的性质就是:它的解具有任意阶的连续偏导数,因而是一个充分光滑的解析函数.下面,我们要研究方程(2.5.5)的另一个重要问题——解的唯一性问题.

当我们研究任何一种服从方程(2.5.5)的具体流动时,总想知道决定这一流动的外部条件是什么.用数学的语言讲就是解的唯一性条件是什么.为此,我们来考虑一个三维的单连通有界域 Ω,A_1 和 A_2 为区域的内外边界,$\boldsymbol{n}_1$ 和 $\boldsymbol{n}_2$ 分别为边界面的法向单位矢量,其指向如图 2.12 所示.

对于满足方程(2.5.1)的流动,我们可以写出恒等式

$$\nabla \cdot (\varphi \boldsymbol{v}) = \boldsymbol{v} \cdot \nabla \varphi + \varphi \nabla \cdot \boldsymbol{v} = | \boldsymbol{v} |^2.$$

由于 φ 的单值性,我们有

$$\iiint_{\Omega} | \boldsymbol{v} |^2 \mathrm{d} V = \iiint_{\Omega} \nabla \cdot (\varphi \boldsymbol{v}) \mathrm{d} V$$

$$= \oiint_{A_2} \varphi \boldsymbol{v} \cdot \boldsymbol{n}_2 \mathrm{d} A_2 - \oiint_{A_1} \varphi \boldsymbol{v} \cdot \boldsymbol{n}_1 \mathrm{d} A_1.$$

$$(2.5.6)$$

现在,假设方程(2.5.5)在区域 Ω 内有两个解 $\boldsymbol{v}$ 和 $\boldsymbol{v}'$;因为方程是线性的,它们的差 $\boldsymbol{v} - \boldsymbol{v}'$ 也是同一方程的解,故有

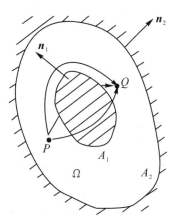

图 2.12　有界的三维单连通区域

$$\iiint_{\Omega} | \boldsymbol{v} - \boldsymbol{v}' |^2 \mathrm{d} V = \oiint_{A_2} (\varphi - \varphi')(\boldsymbol{v} - \boldsymbol{v}') \cdot \boldsymbol{n}_2 \mathrm{d} A_2 - \oiint_{A_1} (\varphi - \varphi')(\boldsymbol{v} - \boldsymbol{v}') \cdot \boldsymbol{n}_1 \mathrm{d} A_1.$$

$$(2.5.7)$$

由此可以断定,如果 $\boldsymbol{v}$ 和 $\boldsymbol{v}'$ 在边界上具有相同的法向速度分量,即

$$(\boldsymbol{v} - \boldsymbol{v}') \cdot \boldsymbol{n} \mid_{A_1, A_2} = 0, \tag{2.5.8}$$

则积分式(2.5.7)等于零,从而

$$\boldsymbol{v} \equiv \boldsymbol{v}'. \tag{2.5.9}$$

值得注意的是,这一结论对于任何瞬时都成立,所以,流体在任何时刻的运动只由该瞬时边界的运动速度(的法向分量)所决定,而和历史上的情况无关.特别地,如果在整个边界上,流体的法向速度都为零,则区域内的流体必定处于静止状态.

由式(2.5.7)还可看出,如果两种流动在边界上的速度势值完全相同,或者是一部分边界上法向速度相同,另一部分边界上速度势相同,这两种流动也是完全相同的.

综上所述,我们可以归纳出方程(2.5.5)解的唯一性条件为下列三者之一:

(1)给定边界上的速度势分布 —— 狄利克雷(Dirichlet)问题;

(2)给定边界上的法向速度分布 —— 诺依曼(Neumann)问题;

(3)给定部分边界上的速度势分布和其余边界上的法向速度分布 —— 混合边值问题.

2.5.2　多连通域的无源无旋流动

多连通域问题的不同之处在于,对于任何无旋流动,尽管我们仍然可以写出式

(2.5.4),但能否保证 φ 是一个单值函数(即式(2.5.3)所定义的函数是否与积分路径无关),却是一个不能作出肯定回答的问题.现在,让我们用一个圆环外部的区域来说明这一点.

如图2.13所示,内圆是圆环的一个截面,从点 $P(r_0)$ 到点 $Q(r)$ 画出两条路线 Ⅰ 和 Ⅱ,它们构成的是一条不可收缩回线.但是,在这种区域中所引的任何两条不可收缩回线,总可以经过连续的移动和变形,使它们重合在一起而无需通过区域的边界.所以,这种情况只有一族独立的不可收缩回线.具有这种拓扑性质的区域称为双连通区域.推而广之,一般地说,如果对一个连通区域可以作出 $n-1$ 族独立的不可收缩回线,该区域就称为 n 阶连通区域.

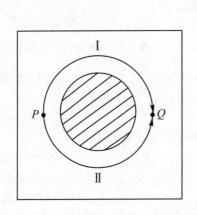 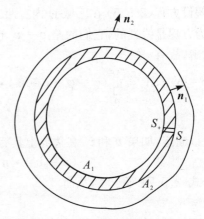

图 2.13　(a) 圆柱外部的双连通域;(b) 圆环外部的双连通域

显而易见,对于上面的双连通域,我们无法在一条不可收缩回线上张一个开曲面而不通过边界,因而也就无法保证沿该回线的速度环量为零.事实上,确实存在环量不为零的无旋流动.例如吸烟者吐出的烟圈是一个涡环环绕,它的环量就不为零,而涡环外部为无旋流动.此时,积分式(2.5.3)的值就和积分路径有关.如果两条不同积分路径构成的回线,是一条绕涡环 n 周的不可收缩回线,沿此两条路径的积分值就相差涡环强度 Γ 的 n 倍.因此,在多连通域中由(2.5.3)定义的 φ 函数可以是一个多值函数,在这种情况下,方程(2.5.1)解的唯一性条件,就和单连通域问题的提法有所不同.

下面,我们来讨论双连通有界域中方程(2.5.5)解的唯一性条件,这个区域不妨认为就是图2.13的圆环和外部一个大球面所围的空间.仍然可以写出表达式

$$\iiint_{\Omega} |v|^2 \mathrm{d}V = \iiint_{\Omega} \nabla \cdot (\varphi v) \mathrm{d}V.$$

但是,由于不能肯定 φ 是一个单值函数,就无法利用散度定理将上述体积分化成一个曲面积分.为了克服这一困难,我们可以想象成将圆环切开个断面,形成一道隔膜,它把原来的双连通域切开成为一个单连通域,而隔膜的两侧面也变成了该单连通域边界面的一部分,分别记作 S_+ 和 S_-.现在,一切落在新单连通域中的回线,都是可收缩的回线,φ 也就成了单值函数.于是,应用散度定理可得出

$$\iiint\limits_{\Omega} |v|^2 \mathrm{d}V = \oiint\limits_{A_2} \varphi v \cdot n_2 \mathrm{d}A_2 - \oiint\limits_{A_1} \varphi v \cdot n_1 \mathrm{d}A_1 + \iint\limits_{S_-} \varphi_- \, v \cdot n_3 \mathrm{d}S - \iint\limits_{S_+} \varphi_+ \, v \cdot n_3 \mathrm{d}S,$$

$$(2.5.10)$$

其中 n_3 为 S_+ 面上的外法向单位矢量,它顺着原双连通域中不可收缩回线环量的正方向.因为

$$\varphi_- - \varphi_+ = \oint v \cdot \mathrm{d}l = \Gamma,$$

我们就有

$$\iiint\limits_{\Omega} |v|^2 \mathrm{d}V = \oiint\limits_{A_2-A_1} \varphi v \cdot n \mathrm{d}A + \Gamma \iint\limits_{S} v \cdot n \mathrm{d}S, \qquad (2.5.11)$$

这样,按照类似于单连通域的分析可知,如果双连通域中满足方程(2.5.5)的两个解 v 和 v',其对应的速度势 φ 和 φ' 具有相同的循环值,即

$$\varphi_- - \varphi_+ = \varphi'_- - \varphi'_+ = \Gamma,$$

并且它们在边界上有相同的速度势或法向速度分布,则它们必定是全同的.也就是说,对于双连通域,要确定方程(2.5.5)的唯一解,除了应给出单连通域所要求的唯一性条件外,还要补充一个"环量条件",即给定不可收缩回线的环量值.

关于一般多连通域拉普拉斯方程解的唯一性问题,读者不妨自行补充论证之.

2.5.3　无界区域解的唯一性问题

内部有界外部无界区域中的无源无旋流动问题,具有特别重要的实际意义.例如,物体在原先处于静止状态的无界流体中运动,就会产生这类无界域流动,通常称为**外部流动**.要研究这种流动,我们仍可参考图 2.12,只要将它的外边界取成一个半径为 R 的大球面,然后考察 $R \to \infty$ 的极限情况.

对于上述流动区域,式(2.5.6)可以写成

$$\iiint\limits_{\Omega} |v|^2 \mathrm{d}V = \lim_{R \to \infty} \oiint\limits_{A_2} \varphi v \cdot n_2 \mathrm{d}A_2 - \oiint\limits_{A_1} \varphi v \cdot n_1 \mathrm{d}A_1. \qquad (2.5.12)$$

由于 $\nabla \cdot v = 0$,从散度定理可知

$$\oiint_{A_2} \boldsymbol{v} \cdot \boldsymbol{n}_2 \mathrm{d}A_2 = \oiint_{A_1} \boldsymbol{v} \cdot \boldsymbol{n}_1 \mathrm{d}A_1 = m.$$

因此,式(2.5.12)可以改写成

$$\iiint_{\Omega} |\boldsymbol{v}|^2 \mathrm{d}V = \lim_{R \to \infty} \oiint_{A_2} [\varphi - \varphi_{(\infty)}] \boldsymbol{v} \cdot \boldsymbol{n}_2 \mathrm{d}A_2 - \oiint_{A_1} [\varphi - \varphi_{(\infty)}] \boldsymbol{v} \cdot \boldsymbol{n}_1 \mathrm{d}A_1,$$

其中 $\varphi_{(\infty)}$ 是无穷远处的速度势值.但是,当 $R \to \infty$ 时,有 $\varphi - \varphi_{(\infty)} \to 0$,于是有

$$\iiint_{\Omega} |\boldsymbol{v}|^2 \mathrm{d}V = -\oiint_{A_1} [\varphi - \varphi_{(\infty)}] \boldsymbol{v} \cdot \boldsymbol{n}_1 \mathrm{d}A_1$$

$$= -\oiint_{A_1} \varphi \boldsymbol{v} \cdot \boldsymbol{n}_1 \mathrm{d}A_1 + \varphi_{(\infty)} m.$$

参照前面的分析立刻得出:方程(2.5.5)两个解完全相同的条件是

$$\oiint_{A_1} (\varphi - \varphi')(\boldsymbol{v} - \boldsymbol{v}') \cdot \boldsymbol{n}_1 \mathrm{d}A_1 - [\varphi_{(\infty)} - \varphi'_{\infty}](m - m') = 0. \quad (2.5.13)$$

因而,在无界域中,方程(2.5.5)有唯一解的条件是,给定内边界面上的法向速度分量,或者给定内边界面上的速度势再加上该面上的流体总通量 m.不难看出,关于多连通无界域的解的唯一性条件,只要在上述条件之外再追加一个环量条件就完备了.

2.6 无源无旋流的基本解和迭加原理

对流体的运动加上"无源"和"无旋"两个很强的约束条件,会使这类流动的数学求解变得大为简化,以致只要给出流场边界上瞬时运动的某些信息,速度场便唯一地确定下来了.这就是说,速度场的确定变成了一个纯粹的运动学问题,而无须涉及其中的动力学过程.这类流动在某些具体条件下的求解方法,我们将在第6章中进行研究.这里要讨论的,是某些重要的特解,以及由这些特解构成的一般解的数学形式.了解这些内容,不仅有助于揭示无源无旋场的基本结构,而且也是求解这类流动问题的一条重要的途径,在不可压缩势流理论中具有重要的地位.

2.6.1 源·偶极子·多极子

我们在2.3节中,曾经介绍过一种简单的无旋有源流动,就是无界域中由体积

应变速率 $\Delta = \delta(\boldsymbol{r} - \boldsymbol{r}_0)$ 所诱导的无旋流动.这种流动的速度势可以表示为一个简单的初等函数

$$\varphi_0(\boldsymbol{r}, t) = -\frac{1}{4\pi s}, \tag{2.6.1}$$

其中 $s = \sqrt{(x - x_0)^2 + (y - y_0)^2 + (z - z_0)^2}$.我们已定义这种流动为单位强度的三维点源.

如果取一个球坐标系 $\{r, \theta, \psi\}$,让原点重合于源的位置,并设

$$\varphi = -\frac{m}{4\pi r}, \tag{2.6.2}$$

则其三个速度分量为

$$v_r = \frac{\partial \varphi}{\partial r} = \frac{m}{4\pi r^2}, \quad v_\theta = \frac{1}{r}\frac{\partial \varphi}{\partial \theta} = 0, \quad v_\psi = \frac{1}{r\sin\theta} = \frac{\partial \varphi}{\partial \psi} = 0$$

(参看附录2).容易看出,这种流动的流线是一族由源点发出的射线(图 2.14),而流过中心位于源点、半径为任意值 R 的球面的流体通量为

$$m = \oiint_{r=R} v_r \mathrm{d}s = \int_0^{2\pi}\int_0^\pi \frac{m}{4\pi R^2} R^2\sin\theta\mathrm{d}\theta\mathrm{d}\psi = m.$$

我们把 m 称为**点源的强度**.有时也把 $m > 0$ 的点源称为**源**,而把 $m < 0$ 的点源称作**汇**.

和涡丝一样,点源也可以看成一个简化的数学模型.它实际上表示在无界的位势流场中,体积应变速率 Δ 在空间某一点 $P(\boldsymbol{r}_0)$ 的一个小邻域 ε 内达到很

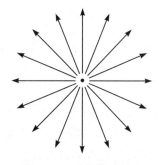

图 2.14　点源的流线族

大的值,而在该邻域之外迅速衰减为零.这种奇性分布源在抽象为一个点源后,有限大的点源强度就取为

$$m = \iiint_\varepsilon \Delta \mathrm{d}V.$$

这一简化模型对于描述远离 P 点的流动是足够准确的.

设有两个源,它们的强度相等而符号相反,并且源的强度 m 很大,但又只相隔微小的距离 δs.则当取极限 $m \to \infty$,距离 $\delta s \to 0$,同时保持 $m\delta s = \mu$ = 常数时,所得到的流动就称做**偶极子流**.偶极子是

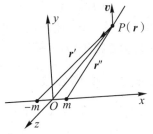

图 2.15　沿 x 轴方向的偶极子

一个矢量,记作 $\boldsymbol{\mu}$,它的方向规定为从汇到源的方向,大小即为 $\mu = \lim\limits_{\delta s \to 0}(m \cdot \delta s)$.
下面,取一个正交笛卡儿坐标系 $\{x, y, z\}$ 来研究这种流动.

设坐标原点与偶极子位置重合,x 轴与偶极子 $\boldsymbol{\mu}$ 的方向一致,然后考察空间任一点 P 处的流动.记点 P 的矢径为 $r(x, y, z)$,源与汇到 P 点的距离分别为

$$r'' = \sqrt{\left(x - \frac{\delta s}{2}\right)^2 + y^2 + z^2}$$

和

$$r' = \sqrt{\left(x + \frac{\delta s}{2}\right)^2 + y^2 + z^2}.$$

于是,偶极子在 P 点诱导的速度势就是

$$\varphi_1(x, y, z) = \lim_{\delta s \to 0} \frac{m}{4\pi}\left(\frac{1}{r'} - \frac{1}{r''}\right) = \lim_{\delta s \to 0}\left[-\frac{(m \cdot \delta s)x}{4\pi r^3}\right] = \frac{\mu}{4\pi}\frac{\partial}{\partial x}\left(\frac{1}{r}\right).$$

$$(2.6.3)$$

其中 $r = \sqrt{x^2 + y^2 + z^2}$.一般而言,若偶极子位于空间任一点 $\boldsymbol{r}_0$,且 $\boldsymbol{\mu}$ 沿空间任一方向,我们不难写出偶极子速度势的一般形式

$$\varphi_1(x, y, z) = \frac{1}{4\pi}\boldsymbol{\mu} \cdot \nabla_r\left(\frac{1}{s}\right),$$

$$(2.6.4)$$

其中 $s = \sqrt{(x - x_0)^2 + (y - y_0)^2 + (z - z_0)^2}$.

注意到拉普拉斯方程是一个常系数线性齐次方程,就可知解函数的任意偏导数仍旧是方程的解.由此可以写出一系列函数

$$\varphi_2 = C_{ij} \cdot \frac{\partial^2}{\partial x_i \partial x_j}\left(\frac{1}{s}\right), \quad \varphi_3 = C_{ijk} \cdot \frac{\partial^3}{\partial x_i \partial x_j \partial x_k}\left(\frac{1}{s}\right), \quad \cdots,$$

$$(2.6.5)$$

其中 C_{ij},C_{ijk},$\cdots$ 是某些常张量,它们都是拉普拉斯方程的解,并且在 $s = 0$ 处具有逐阶升高的孤立奇性.这些函数称为拉普拉斯方程的**基本解**.同时,因为它们是由四个、八个 $\cdots\cdots$ 按一定方式成对排列的源、汇组成的奇点系统(图 2.16),故又分别称之为**四极子**、**八极子**等,或统称之为**多极子**.

2.6.2 格林公式

下面,我们用基本解的迭加来表示一般的无源无旋速度场.为确定起见,考察某一封闭曲面 A_1 外部的无界流动区域,设 $P(\boldsymbol{r})$ 为流场中任意一个确定的内点,以坐标原点为中心、R 为半径作一个大球面 A_2 将 A_1 和 P 点包在其内,将 A_1 和 A_2 之间的区域记为 Ω(图 2.17).对区域 Ω 应用格林公式,

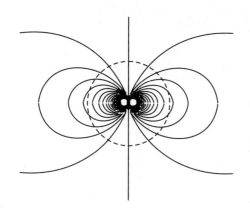

图 2.16　偶极子流线

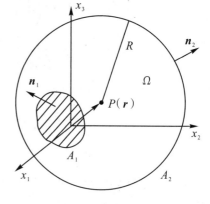

图 2.17　封闭曲面外部的三维无界域

$$\iiint_{\Omega}(F\nabla^2 G - G\nabla^2 F)\mathrm{d}V = \oiint_{A_2}(F\nabla G - G\nabla F)\cdot \boldsymbol{n}_2\mathrm{d}A_2 - \oiint_{A_1}(F\nabla G - G\Delta F)\cdot \boldsymbol{n}_1\mathrm{d}A_1,$$

$$(2.6.6)$$

并且取

$$F(\boldsymbol{r}') = \varphi(\boldsymbol{r}'), \qquad G(\boldsymbol{r}') = s^{-1},$$

其中 $\boldsymbol{r}'$ 表示动点矢径，$s = \sqrt{(x-x')^2 + (y-y')^2 + (z-z')^2}$，我们有

$$\iiint_{\Omega}\Big[\varphi(\boldsymbol{r}')\nabla'^2\Big(\frac{1}{s}\Big) - \frac{1}{s}\nabla'^2\varphi\Big]\mathrm{d}V'$$

$$= \oiint_{A_2}\Big[\varphi(\boldsymbol{r}')\nabla'\Big(\frac{1}{s}\Big) - \frac{1}{s}\nabla'\varphi\Big]\cdot\boldsymbol{n}_2\mathrm{d}A_2' - \oiint_{A_1}\Big[\varphi(\boldsymbol{r}')\nabla'\Big(\frac{1}{s}\Big) - \frac{1}{s}\nabla'\varphi\Big]\cdot\boldsymbol{n}_1\mathrm{d}A_1',$$

其中 ∇' 表示作用于 $\boldsymbol{r}'$ 的梯度算符. 由于

$$\nabla'^2\Big(\frac{1}{s}\Big) = -4\pi\delta(\boldsymbol{r}-\boldsymbol{r}'), \qquad \nabla'^2\varphi = 0,$$

利用 δ 函数积分的运算法则，就得到

$$\varphi(\boldsymbol{r}) = \frac{1}{4\pi}\oiint_{A_1}\Big[\varphi(\boldsymbol{r}')\nabla'\Big(\frac{1}{s}\Big) - \frac{1}{s}\nabla'\varphi\Big]\cdot\boldsymbol{n}_1\mathrm{d}A_1'$$

$$- \frac{1}{4\pi}\oiint_{A_2}\Big[\varphi(\boldsymbol{r}')\nabla'\Big(\frac{1}{s}\Big) - \frac{1}{s}\nabla'\varphi\Big]\cdot\boldsymbol{n}_2\mathrm{d}A_2'. \qquad (2.6.7)$$

在球面 A_2 上，$s = R = $ 常数，$\boldsymbol{n}_2\cdot\nabla'\Big(\frac{1}{s}\Big) = -1/R^2$，因此

$$- \frac{1}{4\pi} \oiint_{A_2} \left[\varphi(\mathbf{r}') \, \nabla' \left(\frac{1}{s} \right) - \frac{1}{s} \, \nabla'\varphi \right] \cdot \mathbf{n}_2 \mathrm{d}A_2'$$

$$= \frac{1}{4\pi R^2} \oiint_{A_2} \varphi(\mathbf{r}') \mathrm{d}A_2' + \frac{1}{4\pi R} \oiint_{A_2} \nabla'\varphi \cdot \mathbf{n}_2 \mathrm{d}A_2'.$$

现在, 再令 $R \to \infty$, 在大球面 A_2 上则有 $\varphi \to \varphi_{(\infty)}$. 注意到

$$\oiint_{A_2} \mathbf{n}_2 \cdot \nabla'\varphi \mathrm{d}A_2' = \oiint_{A_1} \mathbf{n}_1 \cdot \nabla'\varphi \mathrm{d}A_1' = m,$$

最后就得出

$$\varphi(\mathbf{r}) = \varphi(\infty) + \frac{1}{4\pi} \oiint_{A_1} \left[\varphi(\mathbf{r}') \, \nabla' \left(\frac{1}{s} \right) - \frac{1}{s} \, \nabla'\varphi \right] \cdot \mathbf{n}_1 \mathrm{d}A_1', \quad (2.6.8)$$

其中 $\varphi(\infty)$ 是无穷远处的速度势. 这里, 我们已假设在无穷远处流体处于静止, 因而, $\varphi(\infty)$ 是一个常数, 并且, $m = 0$.

表达式 (2.6.8) 具有重要的意义. 它表明, 任何无源无旋的外部流动, 都可以表示为分布在边界上的两种基本解的迭加: 积分式中第一项被积函数的因子 "$\mathbf{n}_1 \cdot \nabla' \left(\frac{1}{s} \right) / 4\pi$", 表示边界 A_1 上沿外法线方向的单位强度偶极子, A_1 上偶极子的分布密度是该曲面上的速度势值; 积分式中第二项被积函数的因子 "$-1/4\pi s$", 表示边界 A_1 上的单位强度源, A_1 上的源分布密度正是该曲面上流体速度的法向分量. 这一结果在现代计算流体力学中具有重要的应用价值, 计算复杂形状物体 (例如飞机) 外部势流的面元法, 就是以公式 (2.6.8) 为其理论基础的.

2.6.3* 速度势的多极子级数展开式

如果我们将式 (2.6.8) 被积函数中的 s^{-1} 在点 $P(\mathbf{r})$ 作泰勒 (Taylor) 展开, 则有

$$\frac{1}{s} = \frac{1}{r} - x_i' \frac{\partial}{\partial x_i} \left(\frac{1}{r} \right) + \frac{1}{2} x_i' x_j' \frac{\partial^2}{\partial x_i \partial x_j} \left(\frac{1}{r} \right) + \cdots, \quad (2.6.9)$$

其中 $r = \sqrt{x_1^2 + x_2^2 + x_3^2}$. 级数 (2.6.9) 在以原点为中心的某个球面的外部收敛, 该球面的半径 r_0 大于边界 A_1 上的点到原点的最大距离. 将式 (2.6.9) 代入式 (2.6.8), 就得到

$$\varphi(\mathbf{r}) = \varphi(\infty) + \frac{C^{(0)}}{r} + C_i^{(1)} \frac{\partial}{\partial x_i} \left(\frac{1}{r} \right) + C_{ij}^{(2)} \frac{\partial^2}{\partial x_i \partial x_j} \left(\frac{1}{r} \right) + \cdots,$$

$$(2.6.10)$$

其中

$$C^{(0)} = -\frac{1}{4\pi} \oiint_{A_1} n_i \frac{\partial \varphi}{\partial x'_i} \mathrm{d}A'_1 ,$$

$$C_i^{(1)} = \frac{1}{4\pi} \oiint_{A_1} \left(x'_i n_j \frac{\partial \varphi}{\partial x'_j} - n_i \varphi \right) \mathrm{d}A'_1 , \qquad (2.6.11)$$

$$C_{ij}^{(2)} = \frac{1}{4\pi} \oiint_{A_1} \left(-\frac{1}{2} x'_i x'_j n_k \frac{\partial \varphi}{\partial x'_k} + x'_i n_j \varphi \right) \mathrm{d}A'_1 ,$$

$$\cdots\cdots\cdots\cdots$$

在级数展开式(2.6.10)中,等号右边第二项为点源,第三项为偶极子,第四项为四极子等,该级数式称为速度势的**多极子展开式**.如果边界 A_1 是一个刚体的表面,则 A_1 的流体通量为零,从而不存在点源项.在这种情况下,当矢径值 $r \to \infty$ 时,流体速度将以 $|v| \sim r^{-3}$ 的方式衰减到零.

引入 n 阶齐次张量

$$\boldsymbol{S}^{(n)} = r^{n+1} \underset{n\,\text{重}}{\frac{\partial^n}{\partial x_i \partial x_j \cdots \partial x_m}} \left(\frac{1}{r} \right) , \qquad n = 0,1,2\cdots . \qquad (2.6.12)$$

式(2.6.10)可以写成

$$\varphi(\boldsymbol{r}) = \varphi(\infty) + \sum_{n=0}^{\infty} \boldsymbol{C}^{(n)} \cdot \boldsymbol{S}^{(n)} / r^{n+1} , \qquad (2.6.13)$$

其中符号"·"表示两个 n 阶张量的标量积.

顺便指出,如果 A_1 是有界流场的外边界面,速度势则可以写成下面的级数形式

$$\varphi(\boldsymbol{r}) = \sum_{n=0}^{\infty} \boldsymbol{C}^{(n)} \cdot \boldsymbol{S}^{(n)} r^n . \qquad (2.6.14)$$

该级数在一个以原点为中心的球面内部收敛,球半径 r_0 小于边界面上的点到原点的最小距离.一般地说,对于一个同时有外边界和内边界的无源无旋流场,速度热势的级数展开式将包含 r 的正幂项和负幂项.

展开式(2.6.13)和积分式(2.6.8)是一种外部不可压缩势流的两种基本解迭加表示.这表明,用基本解迭加表示一种无旋无源流动,其方式并不是唯一的.因此,如何应用基本解迭加的方法去解一个无源无旋场,应当根据具体问题的特定条件灵活处理.

2.6.4　二维无源无旋流动

流体力学中有一类重要问题,称为**二维流动**或**平面流动**.这类流动的特点是,

流动参数沿三维空间的某一方向不变,并且速度矢量落在与该方向垂直的平面内. 实际生活中,像大展弦比机翼、桥墩、电缆和高层建筑等固体的横向绕流,都可以近似地看作二维流动.

如果在流动平面内建立一个二维正交笛卡儿坐标系 $\{x,y\}$,并将速度的两个分量记为 $u(x,y)$ 和 $v(x,y)$,则二维无源无旋流动满足方程

$$\frac{\partial u}{\partial x} + \frac{\partial v}{\partial y} = 0, \qquad \frac{\partial v}{\partial x} - \frac{\partial u}{\partial y} = 0. \tag{2.6.15}$$

引入速度势 $\boldsymbol{v} = \nabla\varphi$,则 φ 满足方程

$$\nabla^2\varphi = \frac{\partial^2\varphi}{\partial x^2} + \frac{\partial^2\varphi}{\partial y^2}. \tag{2.6.16}$$

在二维问题中,还可以根据无源关系式

$$\frac{\partial u}{\partial x} + \frac{\partial v}{\partial y} = 0,$$

引进另一个标量函数 $\psi(x,y)$,使得

$$u = \frac{\partial\psi}{\partial y}, \qquad v = -\frac{\partial\psi}{\partial x}. \tag{2.6.17}$$

ψ 称为**拉格朗日流函数**,或简称**流函数**.将式(2.6.17)代入式(2.6.15)中的无旋关系式,就得到**流函数方程**

$$\nabla^2\psi = \frac{\partial^2\psi}{\partial x^2} + \frac{\partial^2\psi}{\partial y^2} = 0. \tag{2.6.18}$$

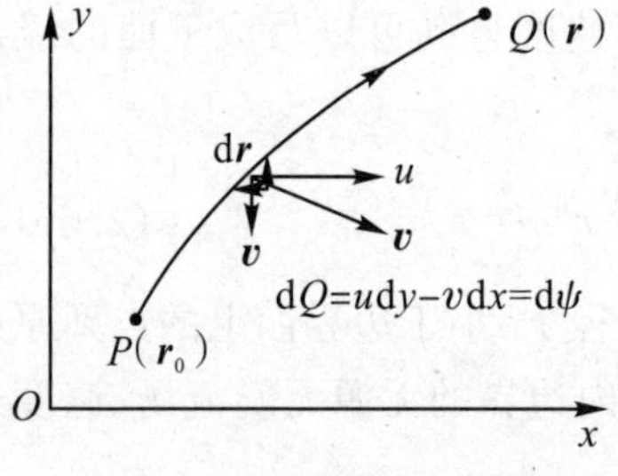

图 2.18 平面流动中流过曲线段 $\overset{\frown}{PQ}$ 的流体通量

所以,在二维无源无旋流中,φ 与 ψ 都是调和函数,并且它们之间满足柯西-黎曼(Cauchy-Riemann)条件:

$$\frac{\partial\varphi}{\partial x} = \frac{\partial\psi}{\partial y}, \qquad \frac{\partial\varphi}{\partial y} = -\frac{\partial\psi}{\partial x}, \tag{2.6.19}$$

因而是一对**共轭调和函数**.为考察流函数的意义,设 $P(x_0,y_0)$ 是流动平面内一个确定的参考点,Q 为任意一个动点,C 为连结 P 和 Q 的任意一条有方向的曲线(参看图 2.18).于是有

$$M = \int_C u\,\mathrm{d}y - v\,\mathrm{d}x = \int_{r_0}^r \frac{\partial\psi}{\partial y}\mathrm{d}y + \frac{\partial\psi}{\partial x}\mathrm{d}x = \psi(r) - \psi(r_0).$$

其中 M 为单位时间内流过 $\overset{\frown}{PQ}$ 曲线的流体体积.

由此可见,流函数具有下述物理意义:在单位时间内,从流动平面上任意一条有方向的曲线段的左侧,流过该曲线的流体体积通量为曲线终点与起点流函数之

差,而和曲线的形状无关.特别地,如果连结两点的曲线是一条流线,由于流体速度沿流线法向的分量为零,从而有 $M = 0$,故同一条流线上的流函数为一常数.

现在,我们来研究二维无源无旋速度场的基本解,以及借助于基本解迭加的速度势表达式.

假设通过原点且与坐标平面正交的无限长直线上均匀分布着三维点源,在无界流场内不再存在其他扰动源,这样得到的平面流动将是(对原点)圆对称的.若以极坐标 (R, θ) 表示,则有 $v_R = f(R)$ 和 $v_\theta = 0$.若将单位长度直线源上射出的流体通量记为 m,我们有

$$m = \oint_{R = 常数} v_R \mathrm{d}l = v_R \cdot 2\pi R.$$

于是

$$v_R(R) = \frac{m}{2\pi R} = \frac{\partial \varphi_0}{\partial R};$$

进而可得速度势的表达式

$$\varphi_0(R) = \frac{m}{2\pi} \ln R. \tag{2.6.20}$$

这种流动称为**二维点源**, m 为源强度.

同样,在平面笛卡儿坐标系中, φ_0 对 x 和 y 的任意阶偏导数仍然是方程(2.6.16)的解,由此可以引进二维无源无旋流动的多极子基本解.其中,二维偶极子表示为

$$\varphi_1(x, y) = \frac{-1}{2\pi} \boldsymbol{\mu} \cdot \nabla \ln s, \tag{2.6.21}$$

其中 $\boldsymbol{\mu}$ 为偶极子强度矢量, $s = \sqrt{(x - x_0)^2 + (y - y_0)^2}$, (x_0, y_0) 是偶极子所在的位置.

下面来研究无限长柱体外部的二维无源无旋流动.先假设绕双连通域不可收缩回线的环量为零,这样, φ 就是一个单值函数.我们仍可以应用格林公式,并可几乎逐一对应地采用以前对三维单连通域问题用过的处理方法——唯一的区别是以二维基本解 $\ln s$ 代换三维基本解 s^{-1}——得到二维外部流动速度势的积分表达式

$$\varphi(\boldsymbol{r}) = C + \frac{1}{2\pi} \oint_{A_1} [\ln s \, \nabla' \varphi - \varphi(\boldsymbol{r}') \nabla' \ln s] \cdot \boldsymbol{n}_1 \mathrm{d}A_1', \tag{2.6.22}$$

其中常数 C 和 m 定义为

$$\left. \begin{array}{l} C = \lim\limits_{R \to \infty} \left[\varphi(R) - \dfrac{m}{2\pi} \ln R \right], \\[3mm] m = \oint\limits_{A_1} \boldsymbol{v} \cdot \boldsymbol{n}_1 \mathrm{d}A_1. \end{array} \right\} \tag{2.6.23}$$

应当指出的是,在二维问题中,如果 $m \neq 0$,则当 $R \rightarrow \infty$ 时,速度势将按 $\ln R$ 的方式趋于无限大,而其任意性只在于有一个可随意规定的常数 C.

将式(2.6.22)中的 $\ln s$ 在 $P(\boldsymbol{r}_0)$ 点作泰勒展开,并令 $r_0 = 0$,即得多极子展开式

$$\varphi(\boldsymbol{r}) = C + C^{(0)}\ln r + C_i^{(1)}\frac{\partial}{\partial x_i}\ln r + C_{ij}^{(2)}\frac{\partial^2}{\partial x_i \partial x_j}\ln r + \cdots, \quad (2.6.24)$$

其中 $i, j = 1, 2$,$r = \sqrt{x_1^2 + x_2^2}$,各项系数分别为

$$\left.\begin{aligned}
C^{(0)} &= \frac{1}{2\pi}\oint_{A_1} \boldsymbol{n}_1 \cdot \nabla'\varphi \mathrm{d}A_1', \\
C_i^{(1)} &= \frac{1}{2\pi}\oint_{A_1}(-x_i'n_j\frac{\partial\varphi}{\varphi x_j'} + n_i\varphi)\mathrm{d}A_1', \\
C_{ij}^{(2)} &= \frac{1}{2\pi}\oint_{A_1}(\frac{1}{2}x_i'x_j'n_k\frac{\partial\varphi}{\partial x_k'} - x_i'n_j\varphi)\mathrm{d}A_1', \\
&\quad\cdots\cdots\cdots
\end{aligned}\right\} \quad (2.6.25)$$

对刚性边界 A_1,$C^{(0)} = 0$.此时,当 $r \rightarrow \infty$ 时,$|\boldsymbol{v}| \sim r^{-2}$.

对于 φ 为多值函数的情况,我们应当给定绕不可收缩回线的环量 Γ.然后,就可以讨论一个新的单值函数 $\varphi - \Gamma\theta/2\pi$,其中 $\theta = \mathrm{arctg}(y/x)$.这时,上面得到的结果对该函数都适用,特别是,我们有积分表达式

$$\varphi(\boldsymbol{r}) = C + \frac{\Gamma\theta}{2\pi} + \frac{1}{2\pi}\oint_{A_1}[\ln s\,\nabla'\varphi - \varphi(\boldsymbol{r}')\,\nabla'\ln s] \cdot \boldsymbol{n}_1\mathrm{d}A_1' \quad (2.6.26)$$

和多极子展开式

$$\varphi(\boldsymbol{r}) = C + \frac{\Gamma\theta}{2\pi} + C^{(0)}\ln r + C_i^{(1)}\frac{\partial}{\partial x_i}(\ln s) + \cdots. \quad (2.6.27)$$

第3章   流体力学基本方程

前面已指出,流体力学是一门定量的数理科学.从理论上来说,流体力学就是要研究在给定的条件下,流体运动的具体形态及其随时间的变化,以及流体和其边界之间的相互作用规律.因此,作为定量理论研究的出发点,首先要确定的问题就是:支配流体运动的基本物理定律是什么?这些物理定律在运动流体中表现为何种数学形式?

在本书内容的范围内,我们只限于研究流体运动的动力学和热力学问题.对于这类问题,在流体运动中起支配作用的基本物理定律是:

(1) 质量守恒定律;

(2) 动量转换和守恒定律;

(3) 能量转换和守恒定律(热力学第一定律);

(4) 热力学第二定律.

在流体力学理论中,前三个物理定律在数学上表现为一些张量形式的守恒方程,称之为**流体力学基本方程**.热力学第二定律则决定着运动流体中热力学过程进行的方向,特别表现为**耗散效应**.在实际流体中,这种效应是在物质分子对质量、动量、动能等宏观物理量的输运过程中产生的.由于不同物质具有不同的输运特性,所以,输运过程的数学表述对不同物质会有所不同.描写流体热力学状态及其变化的数学方程式有两种:一种是描述流体平衡态热力学特性的方程,称为**状态方程**;另一类是描述非平衡态流体输运特性的方程,称为**本构方程**.由于这些方程因物性的变化而形式各不相同,通常不将它们列入流体力学的基本方程;但应指出,它们对流体的运动同样起着支配作用.

本章的任务就是要建立由基本方程和物性方程组成的**完备的流体力学方程组**.

3.1　连续性方程

　　质量、动量和能量守恒定律,都是描述确定的物质客体存在和运动形式的普遍物理规律.因而,当我们研究这些定律在流体这种特殊形态物质中的数学表示时,首先要做的,就是取出一个确定的物质体系,然后,才能考察该体系质量、动量和能量的变化方式.关于一个运动着的流体物质体系的物理量如何随时间而变化,雷诺(Reynolds)曾经给出了一个普适的运动学关系式.利用这个公式,很容易建立质量、动量、能量的转换和守恒方程.因此,我们先来介绍这个有用的公式.

3.1.1　雷诺输运公式

　　我们在运动流体中取定一个封闭的物质体系,它在 t 时刻所占据的空间区域记为 $\Omega(t)$,$\Omega(t)$ 的边界记为 $S(t)$.设张量场 $\mathscr{F}(x_i,t)$ 是表示流体某种物理特性的一个强度量,沿 $\Omega(t)$ 取 $\mathscr{F}(x_i,t)$ 的体积分,得到的

$$I(t) = \iiint\limits_{\Omega(t)} \mathscr{F}(x_i,t)\mathrm{d}V \tag{3.1.1}$$

代表该物质体系在 t 时刻的某种广延量.例如,若取 $\mathscr{F}(x_i,t)$ 为流体的质量密度 ρ,则 $I(t)$ 就是体系的总质量 M.下面要来计算在流体运动过程中,积分(3.1.1)的时间变化率 $\mathrm{d}I/\mathrm{d}t$.

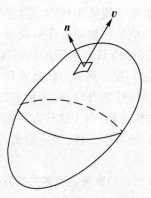

图 3.1　一个任意的运动物质体系

　　由于 Ω 是一个随时间变化的区域,我们在计算 $\mathrm{d}I/\mathrm{d}t$ 时,不能进行求导和积分次序的简单交换.要交换运算次序,必须先对积分作适当的变换处理,使得变换后的积分区域,是一个不随时间改变的区域.因此,我们想到,可以采用从欧拉变量 x_i 到拉格朗日变量 ξ_i 的变换

$$x_i = x_i(\xi_1,\xi_2,\xi_3,t), \qquad i=1,2,3.$$
$$\tag{3.1.2}$$

在上述变换下,积分(3.1.1)可以改写成

$$I(t) = \iiint\limits_{\Omega_0} \mathscr{F}[r(\boldsymbol{\xi}, t), t] \cdot J \mathrm{d}V_0, \tag{3.1.3}$$

其中 Ω_0 是该物质体系在某一初始时刻 t_0 所占据的空间域,

$$J = \frac{\partial(x_1, x_2, x_3)}{\partial(\xi_1, \xi_2, \xi_3)} \tag{3.1.4}$$

是变换(3.1.2)的雅可比行列式,$\mathrm{d}V_0 = \mathrm{d}\xi_1 \mathrm{d}\xi_2 \mathrm{d}\xi_3$. 由式(3.1.3)所表示的 $I(t)$ 已经是一个在固定区域上定义的普通重积分,被积函数中的 t 可看做一个参数. 只要积分一致收敛,我们就可以写出

$$\frac{\mathrm{d}I}{\mathrm{d}t} = \iiint\limits_{\Omega_0} \left[\frac{\mathrm{d}\mathscr{F}}{\mathrm{d}t} J + \mathscr{F} \frac{\mathrm{d}J}{\mathrm{d}t} \right] \mathrm{d}V_0,$$

其中积分号内的算符为

$$\frac{\mathrm{d}}{\mathrm{d}t} = \left(\frac{\partial}{\partial t} \right)_\xi = \left(\frac{\partial}{\partial t} \right)_x + v_i \frac{\partial}{\partial x_i},$$

它表示伴随确定流体质点的时间导数.

我们已经知道

$$\frac{\mathrm{d}J}{\mathrm{d}t} = J(\nabla \cdot \boldsymbol{v}),$$

因此有

$$\begin{aligned}
\frac{\mathrm{d}I}{\mathrm{d}t} &= \iiint\limits_{\Omega_0} \left[\frac{\mathrm{d}\mathscr{F}}{\mathrm{d}t} + \mathscr{F}(\nabla \cdot \boldsymbol{v}) \right] J \mathrm{d}V_0 \\
&= \iiint\limits_{\Omega(t)} \left[\frac{\mathrm{d}\mathscr{F}}{\mathrm{d}t} + \mathscr{F}(\nabla \cdot \boldsymbol{v}) \right] \mathrm{d}V. \tag{3.1.5}
\end{aligned}$$

由此得到一个普遍的运动学关系式

$$\begin{aligned}
\frac{\mathrm{d}}{\mathrm{d}t} \iiint\limits_{\Omega(t)} \mathscr{F}(x_i, t) \mathrm{d}V &= \iiint\limits_{\Omega(t)} \left[\frac{\mathrm{d}\mathscr{F}}{\mathrm{d}t} + \mathscr{F}(\nabla \cdot \boldsymbol{v}) \right] \mathrm{d}V \\
&= \iiint\limits_{\Omega(t)} \left[\frac{\partial \mathscr{F}}{\partial t} + \nabla \cdot (\mathscr{F}\boldsymbol{v}) \right] \mathrm{d}V. \tag{3.1.6}
\end{aligned}$$

如果再假设被积函数在区域内和边界上单值连续可微,利用散度定理还可以将后一个体积分化为曲面积分,从而得到

$$\frac{\mathrm{d}}{\mathrm{d}t} \iiint\limits_{\Omega(t)} \mathscr{F}(x_i, t) \mathrm{d}V = \iiint\limits_{\Omega(t)} \frac{\partial \mathscr{F}}{\partial t} \mathrm{d}V + \oiint\limits_{S(t)} \mathscr{F}\boldsymbol{v} \cdot \boldsymbol{n} \mathrm{d}S, \tag{3.1.7}$$

其中 $\boldsymbol{n}$ 是边界曲线 $S(t)$ 的外法向单位矢量. 表达式(3.1.6)和(3.1.7)称为**雷诺输运公式**. 式(3.1.7)表明:一个物质体系内某种流体广延量的增长率,等于体系在该时刻所占的那个空间域中同一物理量的增长率,加上单位时间内由区域边界流出

的该物理量的总通量.

3.1.2 连续性方程

利用雷诺输运公式,我们可以方便地建立起表示各种守恒定律的数学方程式.首先,我们来考察流体质量守恒的数学形式.此时,可假设积分式(3.1.1)中的函数 $\mathscr{F}(x_i, t)$ 为流体的质量密度 $\rho(x_i, t)$,积分式(3.1.1) 则写成

$$M(t) = \iiint_{\Omega(t)} \rho(x_i, t)\mathrm{d}V, \tag{3.1.8}$$

它表示所取流体物质体系的总质量.对于封闭的物质体系,流体总质量应为一个常数,即有 $\mathrm{d}M/\mathrm{d}t = 0$.于是,由式(3.1.7),我们立刻得到

$$\iiint_{\Omega(t)} \frac{\partial \rho}{\partial t}\mathrm{d}V + \oiint_{S(t)} \rho\boldsymbol{v} \cdot \boldsymbol{n}\mathrm{d}S = 0. \tag{3.1.9}$$

这就是流体质量守恒定律的积分表示形式,也称为**积分形式的连续方程**.

当流体运动为定常流时,有 $\partial\rho/\partial t = 0$,此时,积分形式的连续方程写为

$$\oiint_{S} \rho\boldsymbol{v} \cdot \boldsymbol{n}\mathrm{d}S = 0. \tag{3.1.10}$$

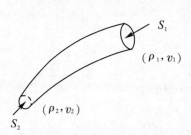

图 3.2　定常流中的小流管

如果我们在流体中取一个小流管(图 3.2),则流管面上的流体通量为零.于是有

$$\rho_1 v_1 S_1 = \rho_2 v_2 S_2 = 常数,$$

$$\tag{3.1.11a}$$

其中"常数"是对同一流管而言,S_1 和 S_2 为该流管的任意两个正截面.式(3.1.11) 称为**一维定常流的连续方程**.

利用式(3.1.6),质量守恒方程也可以改写为

$$\iiint_{\Omega}\left[\frac{\partial \rho}{\partial t} + \nabla \cdot (\rho\boldsymbol{v})\right]\mathrm{d}V = \iiint_{\Omega}\left(\frac{\mathrm{d}\rho}{\mathrm{d}t} + \rho\nabla \cdot \boldsymbol{v}\right)\mathrm{d}V = 0.$$

在流场中密度和速度连续变化的地方,上面的等式可以对任意区域成立,故有

$$\frac{\partial \rho}{\partial t} + \nabla \cdot (\rho\boldsymbol{v}) = \frac{\mathrm{d}\rho}{\mathrm{d}t} + \rho\nabla \cdot \boldsymbol{v} = 0. \tag{3.1.11b}$$

方程(3.1.11b) 称为**微分形式的连续方程**.在流体力学理论分析中,常用的是微分形式的连续性方程,它是一个拟线性的一阶偏微分方程.连续性方程是流体力学基本方程中的一个运动学方程.

3.2　流体的动量方程

我们再来研究流体中动量守恒和转换定律的一般数学形式. 把式 (3.1.1) 中的函数 $\mathscr{F}(x_i, t)$ 取成矢量 $\rho \boldsymbol{v}$, 它可以理解为单位体积流体的动量, 即**动量密度**. 于是, 积分

$$P_i = \iiint\limits_{\Omega(t)} \rho v_i \, \mathrm{d}V \tag{3.2.1}$$

就表示所取封闭物质体系中流体的总动量. 动量定理告诉我们: 在惯性参考系中, 物体动量的变化, 等于作用在物体上的外力的冲量. 将此定理应用到我们所考察的流体体系, 就可写出

$$\frac{\mathrm{d}P_i}{\mathrm{d}t} = \frac{\mathrm{d}}{\mathrm{d}t} \iiint\limits_{\Omega(t)} \rho v_i \, \mathrm{d}V = \iiint\limits_{\Omega(t)} \rho f_i \, \mathrm{d}V + \oiint\limits_{S(t)} \sigma_{ij} n_j \, \mathrm{d}S, \tag{3.2.2}$$

其中 f_i 为作用在单位质量流体上的体积力, $\sigma_{ij} n_j$ 是和体系接触的外界物体作用在物质体系边界 S 上的应力矢量. 利用雷诺输运公式, 我们有

$$\iiint\limits_{\Omega(t)} \left[\frac{\mathrm{d}}{\mathrm{d}t}(\rho v_i) + \rho v_i \frac{\partial v_j}{\partial x_j} \right] \mathrm{d}V = \iiint\limits_{\Omega(t)} \rho f_i \, \mathrm{d}V + \oiint\limits_{S(t)} \sigma_{ij} n_j \, \mathrm{d}S.$$

将算符 $\mathrm{d}/\mathrm{d}t$ 展开, 上式写为

$$\iiint\limits_{\Omega(t)} \frac{\partial}{\partial t}(\rho v_i) \mathrm{d}V + \iiint\limits_{\Omega(t)} \frac{\partial}{\partial x_j}(\rho v_i v_j) \mathrm{d}V = \iiint\limits_{\Omega(t)} \rho f_i \, \mathrm{d}V + \oiint\limits_{S(t)} \sigma_{ij} n_j \, \mathrm{d}S. \tag{3.2.3}$$

还可根据格林定理, 把上式左边的散度积分变换为一个曲面积分, 于是就有

$$\iiint\limits_{\Omega(t)} \frac{\partial}{\partial t}(\rho v_i) \mathrm{d}V = \iiint\limits_{\Omega(t)} \rho f_i \, \mathrm{d}V - \oiint\limits_{S(t)} (\rho v_i v_j - \sigma_{ij}) n_j \, \mathrm{d}S. \tag{3.2.4}$$

式 (3.2.4) 称为**积分形式的动量方程**. 将曲面积分中的被积函数记作

$$\Pi_{ij} = \rho v_i v_j - \sigma_{ij}, \tag{3.2.5}$$

该函数称为**动量通量密度张量**, 它的分量 Π_{ij} 表示单位时间内通过某单位面积元动量的 i 分量, 这个面积元的法向与 x_j 轴方向一致. 因此, 单位时间内通过法向单位矢量为 n_j 的单位面积元的动量就是

$$\Pi_{ij} n_j = (\rho v_i v_j - \sigma_{ij}) n_j. \tag{3.2.6}$$

由此可见, 式 (3.2.4) 所表示的动量转换与守恒关系的意义是: 在空间的一个固定区域中, 单位时间内流体总动量的增加, 等于该时间内通过区域边界面进入区域的

动量(包括由于流体进出该区域所携带的动量的净增量,和由于表面力作用传递到区域内的动量),加上在外场力作用下引起的区域内流体动量的改变.

积分形式的动量方程可以具有直接的应用价值,在有些情况下,应用该方程能很方便地求得流体和边界作用的总体效果,而不必了解有关流体运动的细节情况.

若将积分动量方程(3.2.4)中的曲面积分改写成体积分

$$\oiint_{S(t)} (\rho v_i v_j - \sigma_{ij}) n_j \mathrm{d}S = \iiint_{\Omega(t)} \frac{\partial}{\partial x_j} (\rho v_i v_j - \sigma_{ij}) \mathrm{d}V,$$

则有

$$\iiint_{\Omega(t)} \frac{\partial}{\partial t} (\rho v_i) \mathrm{d}V + \iiint_{\Omega(t)} \frac{\partial}{\partial x_j} (\rho v_i v_j) \mathrm{d}V = \iiint_{\Omega(t)} \frac{\partial \sigma_{ij}}{\partial x_j} \mathrm{d}V + \iiint_{\Omega(t)} \rho v_i \mathrm{d}V.$$

因为上述方程对于流场中任何一个参数连续的无穷小区域都成立,所以在流动参数连续的地方,可以写出微分形式的动量方程

$$\frac{\partial}{\partial t} (\rho v_i) + \frac{\partial}{\partial x_j} (\rho v_i v_j) = \frac{\partial \sigma_{ij}}{\partial x_j} + \rho f_i. \tag{3.2.7}$$

将上式左边的导数展开,有

$$\frac{\partial}{\partial t} (\rho v_i) + \frac{\partial}{\partial x_j} (\rho v_i v_j) = v_i \left[\frac{\partial \rho}{\partial t} + \frac{\partial}{\partial x_j} (\rho v_j) \right] + \rho \left(\frac{\partial v_i}{\partial t} + v_j \frac{\partial v_i}{\partial x_j} \right),$$

利用连续方程(3.1.11b),动量方程(3.2.7)可以化简为

$$\frac{\partial v_i}{\partial t} + v_j \frac{\partial v_i}{\partial x_j} = \frac{\mathrm{d} v_i}{\mathrm{d} t} = \frac{1}{\rho} \frac{\partial \sigma_{ij}}{\partial x_j} + f_i, \tag{3.2.8}$$

其中 $\mathrm{d} v_i / \mathrm{d} t$ 是流体质点的加速度,等式右边则分别是作用在单位质量流体上应力的合力和体积力.因此,式(3.2.8)正是牛顿第二定律在运动流体中的数学表示.

3.3 流体的能量方程

流体在运动中,不但在各部分之间会发生能量变换,而且流体的各种能量形式之间也会发生互相转换.在本书将要讨论的问题中,只需考虑流体宏观运动的机械能和流体分子热运动能量 —— 内能之间的转换;而流体各部分之间的能量交换则是通过相互做功和传热的方式来实现的.能量方程就是流体中能量交换和转换规律的数学表示.

将流体的比内能函数记作 ε,流体的能量密度可写为 $\rho(v^2/2 + \varepsilon)$.于是,封闭

体系 Ω 中的流体总能量便是

$$E(t) = \iiint\limits_{\Omega(t)} \rho\left(\frac{v^2}{2} + \varepsilon\right) \mathrm{d}V. \qquad (3.3.1)$$

按照能量守恒定律,封闭体系中流体能量的增加,应当等于外力对体系所做的功,加上从体系边界上传入体系内的热量. 以单位时间计,即有

$$\frac{\mathrm{d}E}{\mathrm{d}t} = W + Q. \qquad (3.3.2)$$

其中 W 表示外界对体系做功的功率,Q 是单位时间通过边界流入体系的热通量.

引入热通量密度矢量 q_i,在正交笛卡儿系中,它的三个分量分别代表单位时间内流过法向分别沿 x_1, x_2, x_3 三个坐标轴方向的单位面积元的热量. 单位时间内通过法向为 n_i 的微面元 $\mathrm{d}S$ 的热量则为

$$\mathrm{d}Q = q_i n_i \mathrm{d}S. \qquad (3.3.3)$$

(读者可参考 1.3 节中导出应力张量的方法证明之.) 于是,我们有

$$Q = -\oiint\limits_{S(t)} q_i n_i \mathrm{d}S. \qquad (3.3.4)$$

另外,包括体积力和面积力在内的外力做功的功率为

$$W = \iiint\limits_{\Omega(t)} \rho f_i v_i \mathrm{d}V + \oiint\limits_{S(t)} \sigma_{ij} n_j v_i \mathrm{d}S. \qquad (3.3.5)$$

将式(3.3.1),(3.3.4) 和(3.3.5) 一起代入式(3.3.2),再利用公式(3.1.6),就可得到**积分形式的能量方程**

$$\iiint\limits_{\Omega(t)} \frac{\partial}{\partial t}\left[\rho\left(\frac{v^2}{2} + \varepsilon\right)\right]\mathrm{d}V + \iiint\limits_{\Omega(t)} \frac{\partial}{\partial x_i}\left[\rho v_i\left(\frac{v^2}{2} + \varepsilon\right)\right]\mathrm{d}V$$

$$= \iiint\limits_{\Omega(t)} \rho f_i v_i \mathrm{d}V + \oiint\limits_{S(t)} \sigma_{ij} n_j v_i \mathrm{d}S - \oiint\limits_{S(t)} q_i n_i \mathrm{d}S. \qquad (3.3.6)$$

将上式右边的两个曲面积分改写成体积分

$$\oiint\limits_{S(t)} \sigma_{ij} n_j v_j \mathrm{d}S = \iiint\limits_{\Omega(t)} \frac{\partial}{\partial x_j}(v_i \sigma_{ij})\mathrm{d}V, \qquad \oiint\limits_{S} q_i n_i \mathrm{d}S = \iiint\limits_{\Omega(t)} \frac{\partial q_i}{\partial x_i}\mathrm{d}V.$$

于是,在流场内参数连续变化的点上便有

$$\frac{\partial}{\partial t}\left[\rho\left(\frac{v^2}{2} + \varepsilon\right)\right] + \frac{\partial}{\partial x_i}\left[\rho v_i\left(\frac{v^2}{2} + \varepsilon\right)\right] = \rho f_i v_i + \frac{\partial}{\partial x_j}(v_i \sigma_{ij}) - \frac{\partial q_i}{\partial x_i}.$$

$$(3.3.7)$$

这就是**微分形式的能量方程**.

方程(3.3.7) 的形式过于复杂,可以利用连续方程和动量方程将它进行化简. 首先,它的左边为

$$\left(\frac{v^2}{2}+\varepsilon\right)\left[\frac{\partial\rho}{\partial t}+\frac{\partial}{\partial x_i}(\rho v_i)\right]+\rho\left(\frac{\partial}{\partial t}+v_i\frac{\partial}{\partial x_i}\right)\left(\frac{v^2}{2}+\varepsilon\right)=\rho\left(\frac{\partial}{\partial t}+v_i\frac{\partial}{\partial x_i}\right)\left(\frac{v^2}{2}+\varepsilon\right).$$

于是,方程(3.3.7) 第一步就可以简化为

$$\frac{\mathrm{d}}{\mathrm{d}t}\left(\frac{v^2}{2}+\varepsilon\right)=f_iv_i+\frac{1}{\rho}\frac{\partial}{\partial x_j}(v_i\sigma_{ij})-\frac{1}{\rho}\frac{\partial q_i}{\partial x_i}. \tag{3.3.8}$$

该式左边表示单位质量流体的能量变化率,右边则表示单位时间内体积力和面积力对单位质量流体所做的功,加上单位质量流体从周围吸收的热量.

进一步,我们将方程(3.3.8) 中复合函数的导数项展开,就有

$$\frac{\mathrm{d}}{\mathrm{d}t}\left(\frac{v^2}{2}+\varepsilon\right)=v_i\frac{\mathrm{d}v_i}{\mathrm{d}t}+\frac{\mathrm{d}\varepsilon}{\mathrm{d}t}=v_i\left(f_i+\frac{1}{\rho}\frac{\partial\sigma_{ij}}{\partial x_j}\right)+\frac{1}{\rho}\left(\sigma_{ij}\frac{\partial v_i}{\partial x_j}-\frac{\partial q_i}{\partial x_i}\right).$$

于是,利用动量方程(3.2.8),我们便得到

$$\frac{\mathrm{d}\varepsilon}{\mathrm{d}t}=\frac{1}{\rho}\sigma_{ij}\frac{\partial v_i}{\partial x_j}-\frac{1}{\rho}\frac{\partial q_i}{\partial x_i}. \tag{3.3.9}$$

该式表明,流体比内能的变化是由于内应力做功将一部分机械能变成了内能,还有传热也会改变流体质点的比内能.

3.4　流体的输运特性和本构方程

我们已经建立了表示三个基本物理定律的数学方程式,即连续方程、动量方程和能量方程.它们包含两个标量方程和一个矢量方程,因而是由五个偏微分方程组成的方程组.方程组中出现的未知函数是 $v_i,\rho,\varepsilon,\sigma_{ij}$ 和 q_i,一共有十四个函数;所以,方程组是远不完备的.前已指出,要完备流体力学方程组,必须补充物性方程.

必须说明,在连续介质假设成立的条件下,流体力学基本方程适用于描述一切形式和一切物质的流体运动.特别是,从热力学角度来看,它既适用于平衡态体系,又适用于非平衡态体系.而对于运动流体的情况,由于流动区域中流体物理特性通常是分布不均的,也是随时间不断变化的,所以,实际的运动流体一般处于非平衡的热力学状态,只是偏离平衡的程度各有不同而已.但是,到目前为止,我们还没有谈到非平衡态热力学的内容,甚至连非平衡态如何规定也不明确.比如,拿能量方程中出现的状态函数比内能 ε 来说,我们就还没有说明它在非平衡态下的意义.这方面的问题将要在本节中作补充交待.

3.4.1　非平衡体系的热力学函数

流体力学中所要研究的物质系统,绝大多数是接近平衡态的非平衡体系.实践表明,对这样的宏观体系,仍然可以作热力学的描述,其方法是经典热力学方法的合理推广.

大家知道,对于一个均质的平衡态体系,描述其热力学状态的独立变量只有两个,例如压强和温度.其余的状态变量都可以表示成这两个变量的函数,函数的具体形式取决于所考虑物质的特殊性质.

类似地,要描述一个非平衡的体系,首先也要设法引进一定数目的独立的状态变量.我们要指出,在描述平衡态体系的诸多热力学变量中,密度和内能这两个变量最易于推广到非平衡体系而不带来原则上的困难.

首先,密度按其定义是单位体积内物质的质量.这一物理特性显然和体系处于平衡态还是非平衡态没有什么关系.我们在 1.2 节中已经用唯像方法定义了流体的密度,那里并没有涉及流体处于何种状态的问题.

内能就其自身性质而言,是一个只具有相对意义的物理量.热力学第一定律的表达式

$$\delta E = E_2 - E_1 = \delta Q + \delta W, \tag{3.4.1}$$

可以作为平衡态内能的定义式.其中 E_2 和 E_1 是终态和初态的内能,而热量和做功则是两个可测量的物理量.由于这种测量对平衡态体系和非平衡态体系都是同样可行的,且能量守恒定律对由平衡态或非平衡态构成的过程也一概都是成立的,上述表达式也就可以用来定义非平衡态的内能函数.为此,我们可以假设所考察的非平衡态体系,从状态 1 经过某种热力学过程达到了平衡态 2.在平衡态 2 下,内能 E_2 是一个有确切定义的函数,于是,利用式(3.4.1)就可以将非平衡态 1 的内能定义为

$$E_1 = E_2 - \delta Q - \delta W. \tag{3.4.2}$$

特别是,我们还可以设想过程这样进行:体系由状态 1 突然变成一个孤立系,然后自动趋于平衡并达到平衡态 2.这样,就有 $\delta Q = \delta W = 0$,从而有 $E_1 = E_2$.因为非平衡的流体体系是非均匀系,我们在上述定义中用局部量比内能 ε 代替总内能 E 将更为确切.比内能一般是位置和时间的函数.

在完成了非平衡体系密度和内能的定义之后,我们就可以借用经典热力学中状态变量之间的各种关系式,从数学上定义出非平衡体系的其他热力学函数,如温度、压强、熵等.显而易见,由于这些状态函数是用经典热力学关系式定义的,这些函数关系式在非平衡态热力学理论中就依然有效.所以,这种理论推广不会在数学表达上带来任何新的问题.值得深究的倒是,那些沿用平衡态的热力学关系定义出

来的非平衡态热力学函数,在物理上究竟具有何种意义?比如可以提出"压强是否仍然表示作用在单位面积上的法向力"之类的问题.

没有任何根据可以对这类问题给予绝对肯定的回答.可以预料的结果只是,当状态接近平衡态时,这些**数学量**应能近似地反映它们在平衡态时所具有的那种物理意义.另外,当然还有非平衡效应,以及与之相关联的过程不可逆效应问题,那确是我们将要着重分析的一个重要问题.

3.4.2 传热定律和扩散定律

一个宏观体系的各个部分之间,总要发生相互作用.由于非平衡体系是处于不均匀状态,各部分的状态函数,如温度、压强、密度、速度等一般互不相同,这种相互作用就会带来一些宏观效果,即某些物理量的**输运效应**,其中,最重要的是能量、物质和动量三种输运.前两者是标量的输运,方式比较简单;动量输运是矢量输运,情形则比较复杂.我们先讨论前两种输运,即传热和传质问题.

设有两个温度不同的物体互相接触,它们就构成一个不平衡的热力学体系.结果是,热量从高温一方传给低温一方,使得高温物体降温、低温物体升温,直到温度相等,即达到热平衡状态为止.大量事实证明,非平衡体系各部分间的相互作用,总是使得体系不断趋向平衡.

事实上,上述过程乃是大量分子随机运动的必然结果.我们仍以传热问题为例予以说明.在上面提到的例子中,接触面高温一侧的分子具有较高的分子平均动能.如果介质是气体,则分子的随机运动会使高温一侧的气体分子带着较大的动能进入低温一侧,同时也有低温一侧的低动能分子进入高温一侧.这种交换的结果就使得高温一侧分子平均动能减小,温度下降;而在低温一侧则是分子平均动能增大,温度上升.在固体介质情形下,接触面两侧分子的强相互作用也会产生动能交换,其宏观效果与气体情形是相同的,不再详细说明.以上的简单分析表明,无论物体的微观结构如何不同,分子相互作用机制各有差别,分子的热运动总是促使物质趋于平衡状态.传热如此,扩散和内摩擦亦复如此.

对于由两个不同温度的物体所组成的非平衡体系,其能量输运的快慢程度,即单位时间内通过单位接触面积所传递的热量,依赖于两个物体的温度差.在温度连续分布的非均匀体系中,传热在某一点上进行的快慢程度**以热通量密度矢量** q_i 来表征,它依赖于该点无限小邻域内当时的温度分布的不均匀程度,即和温度的空间偏导数有关.注意到在均布温度下的热通量为零,我们可以写出

$$q_i = k_{ij}^{(1)} \frac{\partial T}{\partial x_j} + k_{ijk}^{(2)} \frac{\partial^2 T}{\partial x_j \partial x_k} + \cdots, \tag{3.4.3}$$

其中系数 $k_{ij}^{(1)}, k_{ijk}^{(2)}, \cdots$ 只取决于当地的热力学状态变量. 对于接近平衡的非平衡体系, 可以略去式 (3.4.3) 中的高阶项, 从而得到一个很好的近似关系式

$$q_i = k_{ij} \frac{\partial T}{\partial x_j}. \tag{3.4.4}$$

进一步, 如果介质中的传热是各向同性的, $k_{ij}^{(1)}$ 应当是一个各向同性张量, 于是有

$$k_{ij} = -k\delta_{ij}.$$

代入式 (3.4.4) 即得

$$q_i = -k \frac{\partial T}{\partial x_i}, \tag{3.4.5}$$

其中 k 是一个标量, 称为**导热系数**. 式 (3.4.5) 称为**傅里叶**(Fourier)**传热定律**, 或**传热本构方程**.

关于扩散问题, 我们在这里只作简单的说明. 不同成分组成的混合流体中, 如果某种成分的百分浓度 C 分布不均匀, 则会出现该种成分的物质输运过程, 其结果总是趋于使它的浓度分布均一. 扩散进行的速度由**质量通量密度矢量** m_i 来表征, 它和热通量密度有着相仿的意义. 对于接近平衡态的非平衡体系, 质量通量密度 m_i 和所扩散成分的浓度梯度成线性关系, 故扩散规律可表示成

$$m_i = -D \frac{\partial C}{\partial x_i}, \tag{3.4.6}$$

其中标量 D 称为**扩散系数**. 式 (3.4.6) 称为**福克**(Fock)**扩散定律**或**扩散本构方程**.

3.4.3　内摩擦・牛顿流体黏性律

应当注意, 上面所讨论的传热和传质, 只是由分子热运动所引起的输运现象, 并不包括流体宏观运动所伴随的能量和质量迁移, 因而 q 和 m 实际上是在随流体质点一起运动的参考系中测量得的通量. 现在转向研究动量的输运过程, 表征这种矢量输运进行快慢的物理量, 就是 3.2 节中介绍过的动量通量密度张量. 当然, 这里也应当取随同所论质点一起运动的参考系, 此时, 质点的速度为 $v_i = 0$. 于是, 由式 (3.2.5), 与分子热运动有关的动量通量密度就是"$-\sigma_{ij}$". 这表明, 分子热运动所引起的单位时间通过某面元的动量, 宏观上表现为该面元所受面积力的反号. 事实上, 即使对于动量均匀分布的平衡态体系, 分子的动量输运也表现为内应力, 只不过那里是各向同性的法向应力, 即有

$$\sigma_{ij} = -p\delta_{ij}, \tag{3.4.7}$$

其中 p 为压强. 式 (3.4.7) 也是静止流体的应力表达式. 在运动流体中, 由于宏观运动速度 v_i 分布不均匀, 应力一般不是各向同性张量. 流体面元上所承受的除法应

力外,还有切应力即**内摩擦力**.运动流体所具有的这种力学特性称为**黏性**.

按照前面能量输运中的一般推理,我们也可以建立应力 σ_{ij} 和速度场不均匀度 $\dfrac{\partial v_i}{\partial x_j}$ 之间的数学关系式.不过,对于动量输运,我们要作两点特殊说明:

(1) 速度梯度张量 $\dfrac{\partial v_i}{\partial x_j}$,可以分解为对称部分 e_{ij} 和反对称部分 Ω_{ij} 之和,其中 Ω_{ij} 代表流体微团作刚体式转动的贡献.如果我们取的参考系还随同流体微团一起转动,则有 $\Omega_{ij} = 0$.但应力作为一个客观物理量,不应随参考系选取的改变而改变.因此,Ω_{ij} 对 σ_{ij} 的贡献应为零.

(2) 如前所述,当 $\dfrac{\partial v_i}{\partial x_j} = 0$ 时,应力不应消失,而是成为一个各向同性张量 "$- p\delta_{ij}$".所以,若将 σ_{ij} 近似地取成 e_{ij} 的线性函数,常数项不应为零,而应是 "$- p\delta_{ij}$".

根据以上两点,我们可以写出 σ_{ij} 和 e_{ij} 之间的线性本构方程

$$\sigma_{ij} = - p\delta_{ij} + D_{ijkl}e_{kl}, \tag{3.4.8}$$

其中 p 是一个标量,D_{ijkl} 是一个四阶张量,它们都和应变速率无关,只决定于当地流体的热力学状态变量.D_{ijkl} 称为**黏性系数张量**.

我们在实际问题中所处理的大多数流体,在动量输运中表现出各向同性的性质.即不论坐标架作怎样的旋转,式(3.4.8)展开后,应变速率各分量的系数将不改变.也就是说,张量 D_{ijkl} 在坐标旋转中保持各分量的值不变,因而是一个各向同性张量.各向同性的四阶张量可以一般地表示成(参看附录1)

$$D_{ijkl} = \lambda\delta_{ij}\delta_{kl} + \mu(\delta_{ik}\delta_{jl} + \delta_{il}\delta_{jk}) + \eta(\delta_{ik}\delta_{jl} - \delta_{il}\delta_{jk}), \tag{3.4.9}$$

其中 λ, μ, η 都是标量.我们还应注意到 σ_{ij} 和 e_{ij} 都是对称张量,从而可知

$$D_{ijkl} = D_{jikl}, \qquad D_{ijkl} = D_{ijlk},$$

于是有 $\eta \equiv 0$.所以,应力-应变速率关系应为

$$\sigma_{ij} = - p\delta_{ij} + \lambda e_{kk}\delta_{ij} + 2\mu e_{ij}. \tag{3.4.10}$$

我们把服从本构关系(3.4.10)的流体,称为**牛顿流体**,μ 和 λ 分别称为**第一**和**第二黏性系数**,p 称为**静压**,其物理意义下面还要作详细说明.

牛顿曾最早研究过黏性规律,他当时只考察了一种简单的剪切流动

$$v_1 = v_1(x_2), \qquad v_2 = v_3 = 0.$$

并指出相邻两层流体间作用在单位面积上的内摩擦力为

$$\tau = \mu \frac{\mathrm{d} v_1}{\mathrm{d} x_2},$$

这正是式(3.4.10)的特殊情况."牛顿流体"就是为纪念他的这一开拓性研究而命

名的.而牛顿流体的应力-应变速率关系式(3.4.10),则是由纳维(Navier)和斯托克斯后来建立的.

现在,我们来考察应力本构方程(3.4.10)中标量 p 的物理意义.为此,我们将该式改写成

$$\sigma_{ij} = -p\delta_{ij} + \left(\lambda + \frac{2}{3}\mu\right)e_{kk}\delta_{ij} + 2\mu\left(e_{ij} - \frac{1}{3}e_{kk}\delta_{ij}\right). \qquad (3.4.11)$$

对 i,j 取缩并后,得到标量

$$-\frac{1}{3}\sigma_{ii} \equiv \bar{p} = p - \left(\lambda + \frac{2}{3}\mu\right)e_{kk}.$$

可见,这里的标量 p 和流体动力学压强 $\bar{p}$ 相差为

$$p - \bar{p} = \left(\lambda + \frac{2}{3}\mu\right)e_{kk}. \qquad (3.4.12)$$

因此,如果满足条件

$$e_{kk} = 0\,(\text{不可压缩流体,参看 4.1 节})$$

或

$$\lambda + \frac{2}{3}\mu = 0\,(\text{斯托克斯流体}),$$

式(3.4.10)中的标量 p 就等于流体动力学压强 $\bar{p}$.

另一方面,在本节开头我们曾将密度和内能的定义推广到非平衡体系,并借助于经典热力学关系式,定义了非平衡态的热力学压强,此处暂记作 p_e.容易看出,如速度场局部处于均匀状态,即 $e_{ij} = 0$(取 $\Omega_{ij} = 0$ 的参考系),则热力学压强 p_e 应等于动力学压强 $-\dfrac{\sigma_{ii}}{3}$.只有当流体偏离平衡态,即 $e_{ij} \neq 0$ 时,才会有 p_e 与 $-\dfrac{\sigma_{ii}}{3}$ 之间的差别.在线性近似下,此差别应与 e_{ij} 成正比,故而得知

$$p_e + \frac{1}{3}\sigma_{ii} = \beta_{ij}e_{ij}.$$

其中 β_{ij} 是一个与速度场无关的张量系数.根据各向同性假设,有 $\beta_{ij} = \xi\delta_{ij}$,于是得到

$$p_e + \frac{1}{3}\sigma_{ii} = \zeta e_{kk}. \qquad (3.4.13)$$

对比式(3.4.12)和(3.4.13),并注意到它们对于一切流动都成立,就可得知

$$p = p_e, \qquad \zeta = \lambda + \frac{2}{3}\mu. \qquad (3.4.14)$$

这表明,应力本构方程中的标量 p,就是非平衡态流体的热力学压强,标量 ζ 则称为**体积黏性系数**.

3.4.4　黏性流体的机械能耗散

在建立能量方程时,我们曾指出,$\sigma_{ij}\dfrac{\partial v_i}{\partial x_j}$ 表示单位体积流体机械能向内能的转变.现在,我们将 σ_{ij} 写成

$$\sigma_{ij} = -p\delta_{ij} + \sigma'_{ij}, \tag{3.4.15}$$

其中 σ'_{ij} 表示应力对于平衡态应力的偏离,称为**黏性应力**.从而有

$$\sigma_{ij}\frac{\partial v_i}{\partial x_j} = -p\frac{\partial v_i}{\partial x_i} + \sigma'_{ij}\frac{\partial v_i}{\partial x_j}.$$

上式右边第一项表示流体体积变化时,外(热力学)压强在单位时间内对单位体积流体所做的功,它将机械能变成内能;但是,这种转变是可逆的.第二项则表示流体变形时,外部通过黏性应力对单位体积流体做功的功率,这部分机械能向内能的转变是不可逆的.我们将它写成

$$\Phi = \sigma'_{ij}\frac{\partial v_i}{\partial x_j} = \lambda\left(\frac{\partial v_i}{\partial x_i}\right)^2 + \frac{\mu}{2}\left(\frac{\partial v_i}{\partial x_j} + \frac{\partial v_j}{\partial x_i}\right)^2, \tag{3.4.16}$$

Φ 称为**耗散函数**.于是,由热力学第二定律,我们断定对一切流体和一切流动都有

$$\Phi > 0. \tag{3.4.17}$$

特别地,我们把这一论断应用于下述两种情况:

(1) 对任意流体,当 $\mathrm{div}\,v = 0$ 时,有

$$\Phi = \frac{\mu}{2}\left(\frac{\partial v_i}{\partial x_j} + \frac{\partial v_j}{\partial x_i}\right)^2 > 0,$$

故可知,$\mu > 0$ 对一切流体成立.

(2) 对任意流体,当 $e_{11} = e_{22} = e_{33} \neq 0$,且 $e_{ij} = 0(i \neq j)$ 时,有

$$\Phi = 9\left(\lambda + \frac{2}{3}\mu\right)e_{11}^2 > 0.$$

因而,$\zeta = \lambda + 2\mu/3 > 0$ 对一切流体成立.

所以,任何流体的第一黏性系数 μ 和体积黏性系数 ζ 一定是正数.

3.5　流体力学方程组和边界条件

至此,我们已经引入了表示流体三大守恒定律的微分方程式,也给出了描写流

体物性的各种本构方程式,因此有条件去建立完备的流体力学方程组了.

流体力学方程组是支配流体运动的普适的方程式.要确定某种具体的流体运动,就是要找出流体力学方程组的一种确定的解.为此,就必须给出决定这种流动的该方程组的**定解条件**.这通常包括**边界条件**和**初始条件**.因为流体力学的方程式很复杂,流动区域的几何结构又是多种多样的,给出流体力学方程组定解条件的一般提法至今仍是一件相当困难的事.所以,本节将不从数学上讨论流体力学方程解的存在性、唯一性和稳定性的一般条件,而只是根据以后求解流动问题的需要,给出几种常见的边界条件.

3.5.1 流体力学方程组

将我们得到的表示流体黏性和导热性规律的本构方程(3.4.10)和(3.4.5),代入动量方程(3.2.8)和能量方程(3.3.9),再加上连续方程(3.1.11),就得到完备的流体力学方程组.写成笛卡儿张量方程的形式,它们是

连续方程

$$\frac{\partial \rho}{\partial t} + \frac{\partial}{\partial x_i}(\rho v_i) = 0; \tag{3.5.1}$$

动量方程

$$\frac{\partial v_i}{\partial t} + v_j \frac{\partial v_i}{\partial x_j} = -\frac{1}{\rho}\frac{\partial p}{\partial x_i} + \frac{1}{\rho}\frac{\partial}{\partial x_i}\left(\lambda \frac{\partial v_k}{\partial x_k}\right)$$

$$+ \frac{1}{\rho}\frac{\partial}{\partial x_j}\left[\mu\left(\frac{\partial v_j}{\partial x_i} + \frac{\partial v_i}{\partial x_j}\right)\right] + f_i; \tag{3.5.2}$$

能量方程

$$\frac{\partial \varepsilon}{\partial t} + v_i \frac{\partial \varepsilon}{\partial x_i} = -\frac{p}{\rho}\left(\frac{\partial v_i}{\partial x_i}\right) + \frac{1}{\rho}\varPhi + \frac{1}{\rho}\frac{\partial}{\partial x_i}\left(k \frac{\partial T}{\partial x_i}\right), \tag{3.5.3a}$$

其中 $\varPhi$ 是由式(3.4.16)定义的耗散函数.

利用连续方程

$$\frac{\mathrm{d}\rho}{\mathrm{d}t} = -\rho\left(\frac{\partial v_i}{\partial x_i}\right)$$

和热力学关系式

$$h = \varepsilon + \frac{p}{\rho},$$

也可以将方程(3.5.3a)化成另一种形式

$$\frac{\partial h}{\partial t} + v_i \frac{\partial h}{\partial x_i} = \frac{1}{\rho} \frac{\mathrm{d}p}{\mathrm{d}t} + \frac{1}{\rho} \Phi + \frac{1}{\rho} \frac{\partial}{\partial x_i} \left(k \frac{\partial T}{\partial x_i} \right). \tag{3.5.3b}$$

在方程组(3.5.1) $\sim$ (3.5.3)中,未知函数是 v_i, p 和 ρ, ε, h 和 T 可以由热力学关系式或状态方程写成为 p 和 ρ 的已知函数.输运系数 λ, μ 和 k 也是 (p, ρ) 的函数,这些函数的形式通常由实验来确定,对于简单分子的气体,也可以用气体分子运动论的方法计算出来.因此,方程(3.5.1) $\sim$ (3.5.3) 构成了一个完备的拟线性偏微分方程组.

3.5.2 分界面上的运动学边界条件

这里所说的"分界面",是指两种介质的接触面,其中至少有一种介质是我们所考虑的流体.假设分界面两边的物质在界面上不发生蒸发、凝结、渗透和互相溶解等现象,则此种分界面就是一个**物质面**,即在运动过程中,分界面始终由同一批质点所组成.物质面两侧质点速度应满足的运动学边界条件是

$$v_n^{(1)} = v_n^{(2)}, \tag{3.5.4}$$

其中 $v_n = \boldsymbol{v} \cdot \boldsymbol{n}$,是界面上质点沿法向的速度,上标(1)和(2)表示界面两侧的参数.

如果分界面是一个运动的空间曲面 S,它在坐标系 $\{x, y, z\}$ 中的方程写为

$$F(x, y, z, t) = 0, \qquad (x, y, z) \in S, \tag{3.5.5}$$

那么,由于 S 是一个物质面,分界面上流体质点速度的法向分量 $v_n^{(i)}$, $i = 1, 2$ 应当等于该曲面沿法向的移动速度,即

$$v_n^{(i)} = u_n, \qquad i = 1, 2. \tag{3.5.6}$$

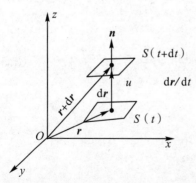

图 3.3　运动曲面在相邻两时刻的位置

其中 u_n 是这样定义的:设 $\boldsymbol{r}$ 是 t 时刻 S 面上的一点,过该点作 S 面的单位法线矢 $\boldsymbol{n}$ 与 $t + \mathrm{d}t$ 时刻的 S 面交于 $\boldsymbol{r} + \mathrm{d}\boldsymbol{r}$,则 $u_n = \dfrac{\mathrm{d}\boldsymbol{r}}{\mathrm{d}t} \cdot \boldsymbol{n}$. 由于点 $\boldsymbol{r} + \mathrm{d}\boldsymbol{r}$ 落在 $t + \mathrm{d}t$ 时的 S 面上,显然有

$$F(\boldsymbol{r} + \mathrm{d}\boldsymbol{r}, t + \mathrm{d}t) = 0.$$

由上式减去式(3.5.5),并写成一次微分式,有

$$\nabla F \cdot \mathrm{d}\boldsymbol{r} + \frac{\partial F}{\partial t} \mathrm{d}t = 0$$

或

$$\nabla F \cdot \frac{\mathrm{d}\boldsymbol{r}}{\mathrm{d}t} = -\frac{\partial F}{\partial t}. \tag{3.5.7}$$

另一方面,S 面上指向 $F > 0$ 一侧的法向单位矢量为 $\boldsymbol{n} = \dfrac{\nabla F}{|\nabla F|}$,于是有

$$v_n^{(i)} = \boldsymbol{v}^{(i)} \cdot \boldsymbol{n} = \frac{\boldsymbol{v}^{(i)} \cdot \nabla F}{|\nabla F|}, \tag{3.5.8}$$

以及

$$u_n = \frac{\mathrm{d}\boldsymbol{r}}{\mathrm{d}t} \cdot \boldsymbol{n} = -\frac{\partial F/\partial t}{|\nabla F|}, \tag{3.5.9}$$

将以上两式代入式(3.5.6),就得到

$$\frac{\partial F}{\partial t} + \boldsymbol{v}^{(i)} \cdot \nabla F = 0, \qquad i = 1, 2. \tag{3.5.10}$$

当分界面是一个物质面时,上式就是分界面上运动学边界条件的一般数学形式.该曲面的位置和形状(即 F 函数),可以是已知的或有待求解的.

3.5.3　分界面上的动力学和热力学边界条件

为了考察界面上的动力学相容条件,我们在分界面上任取一个小面元 $\mathrm{d}S$,并作一个扁形控制体将该面元包于其中.控制体的两底面与所取面元平行,侧面与面元正交,厚度 $\mathrm{d}h$ 远远小于面元的线尺度(见图 3.4).在对该控制体应用动量定理之前,我们先要说明:当分界面两边为不同介质时,界面上存在着表面张力.面元单位长度边框线上所受表面张力的大小 α,称为**表面张力系数**;表面张力的方向和边框线垂直并与面元相切.热力学理论已经证明,对于无限小面积 $\mathrm{d}S$ 的界面元,其所受表面张力的合力,可表示为 $\alpha(R_1^{-1} + R_2^{-1})\boldsymbol{n}\mathrm{d}S$,其中 $\boldsymbol{n}$ 为面元的法向单位矢量,R_1 和 R_2 是曲面在该点的两个主曲率半径.当对应的主法截线的曲率中心在 $\boldsymbol{n}$ 指向的一侧时,R_i,

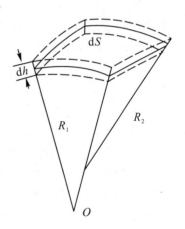

图 3.4　界面上的微元控制体

$i = 1, 2$ 取正值;反之,就取负值.因此,表面张力应当参与界面控制体的力学平衡,据此,我们可以将动量定理写成

$$\rho\,\mathrm{d}S\mathrm{d}h\,\frac{\mathrm{d}v_i}{\mathrm{d}t} = \left[(\sigma_{ij}^{(1)} - \sigma_{ij}^{(2)})n_j + \alpha\left(\frac{1}{R_1} + \frac{1}{R_2}\right)n_i\right]\mathrm{d}S + \rho\,\mathrm{d}S\mathrm{d}h \cdot f_i.$$

其中上标(1)表示 $\boldsymbol{n}$ 所指一方的介质参数,(2)表示另一方.上式两边同除以 $\mathrm{d}S$,并

令 $dh \to 0$,就得到

$$(\sigma_{ij}^{(1)} - \sigma_{ij}^{(2)}) n_j + \alpha \left(\frac{1}{R_1} + \frac{1}{R_2}\right) n_i = 0, \tag{3.5.11}$$

或写成应力矢量的分量形式

$$\left.\begin{array}{l} (\sigma_{ij}^{(1)} - \sigma_{ij}^{(2)}) n_i n_j + \alpha \left(\frac{1}{R_1} + \frac{1}{R_2}\right) = 0, \\ (\sigma_{ij}^{(1)} - \sigma_{ij}^{(2)}) n_j t_i = 0. \end{array}\right\} \tag{3.5.12}$$

其中 t 是曲面上所论面元的任意切向单位矢量.上式表明,分界面上两侧介质的切向应力总是连续的;当界面的平均曲率不为零时,表面张力会导致法向应力的一个突变.

类似地,我们也可以对前面所取的控制体写出能量守恒表达式.如果将控制体取成随界面流体一起运动(此时,$v^{(i)} = 0$,参看式(3.5.14)),则可得到能量守恒的边界形式

$$q_i^{(1)} n_i = q_i^{(2)} n_i, \tag{3.5.13}$$

即界面两侧的热通量密度相等.

在流体的分界面上同样有分子的输运效应,它导致的效果就是,消除界面两侧介质之间的不平衡,包括减小界面上物理量的法向梯度,以及消除一旦出现的任何由非平衡引起的物理量分布的间断现象.由此,我们立刻得到

$$v^{(1)} = v^{(2)} \tag{3.5.14}$$

和

$$T^{(1)} = T^{(2)}. \tag{3.5.15}$$

式(3.5.14)表明,界面两侧介质的运动不仅要法向速度相等,切向速度也必须相等,这一条件称为**无滑移条件**.

实际情形表明,边界条件(3.5.14)和(3.5.15)对于稠密流体的界面是精确成立的.可能的例外是一侧流体为稀薄气体的情形.由于气体分子密度过小,分子随机运动的输运能力很弱,在稀薄气体和固体或液体的分界面上,式(3.5.14)和(3.5.15)不一定成立;那时要代以另一种边界条件,即切向速度和温度可能产生间断,此处不再作进一步的讨论.

3.5.4 固壁边界条件和自由面边界条件

以上建立的边界面相容条件,只有在界面两边都是流体,并且问题需要对两边的流动进行耦合求解时,才取作方程组的边界条件.在有些情况下,可以对上述边界条件作适当的简化.其中两种重要的情况,就是固壁边界和液体自由面边界.

　　具有固壁边界的流动是最广泛或许也是最重要的一类流动. 此时, 固体边界的运动通常作为已知条件给定出来. 因此, 这和分界面两边都是求解对象的问题相比, 运动方程组的方程数就减少了一半, 边界条件的关系式也须相应地减少一半. 由于在固体边界上, 给定的条件是固壁的运动而不是固体中的应力, 应当放弃的边界条件显然是应力关系式. 所以, 固壁边界上的动力学条件是速度的无滑移条件.

　　如果固体是作刚体式的运动, 固壁上的质点速度写成

$$u = v_0 + \Omega \times r,$$

其中 v_0 是固体的平移速度, Ω 是固体的旋转角速度, r 是固体表面质点对于转轴上某一参考点 O 的相对矢径. 此时, 流体运动在固壁上应满足的边界条件为

$$v = v_0 + \Omega \times r, \tag{3.5.16}$$

其中 v 是边界面上流体质点的速度. 特别地, 当坐标系取得使 $v_0 = 0, \Omega = 0$ 时, 有 $v_壁 = 0$.

　　当流体和固壁间还存在热交换过程时, 固壁上还要满足一个热边界条件. 是用热通量条件 (3.5.13), 还是温度边界条件 (3.5.15), 当视问题的实际情形而定; 此时, 固体一侧的热通量密度或温度应当是已知的.

　　液体自由面是液体和真空或液体和自由大气的接触面. 在后一种的情况下, 问题关心的通常也仅是液体的流动, 而不是自由面外侧气体的运动. 在这种情况下, 界面上同样只能容许一半数目的边界条件关系式. 此时, 由于问题中不能提供气体运动的情况, 或者更确切地说, 是由于气体的密度和黏性系数都很低, 它的运动一般不会对液体产生显著影响, 我们应当放弃速度边界条件, 而采用应力边界条件, 并且可以将气体的黏性应力略去不计. 于是, 我们得到液体自由面上的边界条件为

$$\left. \begin{aligned} &e_{ij} n_j t_i = 0, \\ &p - 2\mu e_{ij} n_i n_j = p_0 - \alpha \left(\frac{1}{R_1} + \frac{1}{R_2} \right), \end{aligned} \right\} \tag{3.5.17}$$

其中 n_i 为自由面法向单位矢量, 指向大气一侧; t_i 为自由面切向单位矢量; 常数 p_0 为大气压强, p 为自由面上的液体压强, μ 为液体黏性系数, e_{ij} 是液体在自由面上的应变速率张量. 此时, 自由面曲率中心若在液体一侧, 式 (3.5.17) 右方表面张力项为正值; 反之, 则为负值.

　　需要指出的是, 液体自由面的形状通常是待求的内容, 因此, 还需要补充一个自由面的运动学边界条件

$$\frac{\partial F}{\partial t} + v_i \frac{\partial F}{\partial x_i} = 0, \tag{3.5.18}$$

其中 $F(x_i, t) = 0$ 是自由面方程, F 是一个未知函数, v_i 是自由面上的液体速度.

本节所讨论的,主要是黏性流体分界面上的边界条件,远不是求解流体力学方程时可能遇到的边界条件的全部内容.在有些问题中,还需要补充其他边界条件.特别是,当对流体力学方程作简化处理时,方程的性质可能会发生变化;此时,要求分界面边界条件的形式和数目也要作相应的变化.这些问题,我们将留到后面有关的章节中去讨论.

3.6 流体的静力平衡

现在,我们应用已建立的流体力学方程,先来研究流体的一种特殊形式的运动——整个流体处于静止或作刚体式的运动.后一种情况,也可以通过选择适当的参考系,而使其满足

$$v(x_i, t) \equiv 0. \tag{3.6.1}$$

所以,可以将两种情况都称为流体处于**静力平衡**.静力平衡的流体在这样的参考系中加速度为零,其动量方程写为

$$\frac{\partial \sigma_{ij}}{\partial x_j} + \rho f_i = 0. \tag{3.6.2}$$

应当注意,这里的参考系,可能是惯性系,也可能是非惯性系.如果是非惯性系,体积力 f_i 就应当包括惯性力,如离心力之类.

我们说过,静止的流体不能承受剪切力,其应力张量为各向同性张量

$$\sigma_{ij} = -p\delta_{ij}. \tag{3.6.3}$$

将式(3.6.3)代入式(3.6.2),就得到流体的**平衡方程**

$$\frac{\partial p}{\partial x_i} = \rho f_i. \tag{3.6.4}$$

特别地,当不存在外场力时,有

$$\nabla p = 0 \quad \text{或} \quad p = 常数. \tag{3.6.5}$$

这就是热力学中已经讨论过的**力学平衡条件**(这里指惯性参考系而言).

下面,我们研究几种典型的流体静力学问题.

3.6.1 保守力场中的流体平衡

当作用在静力平衡流体上的外力为保守力时,可以引入势能函数 ψ,使 $f =$

$-\nabla\psi$. 此时,平衡方程写为

$$\nabla p = -\rho\,\nabla\psi. \tag{3.6.6}$$

对方程两边取旋度,有

$$\nabla\times\nabla p = -\nabla\times(\rho\,\nabla\psi) = -\nabla\rho\times\nabla\psi = 0.$$

所以,静力平衡时,矢量 $\nabla\rho$ 与 $\nabla\psi$ 处处方向一致,ρ 的等值面也是势能的等值面,因而 ρ 是 ψ 的单值函数.将 $\rho = \rho(\psi)$ 代入式(3.6.6),积分得到

$$p(\psi) = -\int\rho(\psi)\mathrm{d}\psi. \tag{3.6.7}$$

由此可知,处在保守力场中的平衡流体,其等压面、等密度面和等势能面三者是重合的.

均匀密度流体是一种重要的情况.此时,式(3.6.7)可写成简单的代数式

$$p = p_0 - \rho\psi, \tag{3.6.8}$$

其中积分常数 p_0 取为势能基准面上的流体压强.流体力学问题中最常见的外力是重力,在这种情况下,$\psi = gz$.如果我们定义海平面上的重力势能为零,z 就是从海平面起算的高度.于是,均匀密度流体在重力场中的平衡压强公式表示成

$$p = p_0 - \rho gz. \tag{3.6.9}$$

值得介绍的还有一种情况——等速旋转参考系中的流体平衡问题,其旋转参考系的转轴与重力方向一致.我们将该轴取成 z 轴,向上为正,则在此旋转参考系中,体积力的势能为

$$\psi(x,y,z) = gz - \frac{1}{2}\omega^2(x^2+y^2), \tag{3.6.10}$$

其中 ω 为参考系转动的角速度.如果液体在此参考系中处于静止状态,在不计表面张力的情况下,自由表面应当是液体的一个等压面,因而也是等势能面.于是,立刻可以写出自由面方程,它是以 z 轴为转轴的抛物旋转面

$$gz - \frac{1}{2}\omega^2(x^2+y^2) = 常数. \tag{3.6.11}$$

利用式(3.6.8),可以写出旋转液体中的压强分布

$$p(x,y,z) = p_0 - \rho gz + \frac{\rho}{2}\omega^2(x^2+y^2), \tag{3.6.12}$$

其中常数 p_0 为自由面上的液体压强,亦即大气压强,此时,自由面已被取成势能基准面.

3.6.2　浮体定律

现在研究悬浮在静止流体中的固体受力问题.当流体和固体处在重力场作用

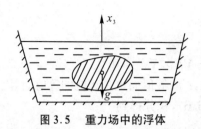

图 3.5　重力场中的浮体

之下时,固体除受到地球的引力外,还有周围流体作用于它表面上的压力.

取一个直角坐标系 $\{x_1, x_2, x_3\}$,使 x_3 轴铅直向上,因而重力势能的等值面为 $x_3 =$ 常数,流体的密度和压强都只是 x_3 的函数.利用压强表达式(3.6.7)和 $\mathrm{d}\psi = g\mathrm{d}x_3$,可以写出作用在固体表面 S 上的流体压力的合力表达式

$$F_i = - \oiint_S pn_i\mathrm{d}S = - \oiint_S \left[p_0 - g\int_0^{x_3}\rho(x_3')\mathrm{d}x_3'\right]n_i\mathrm{d}S,$$

这里,我们已把液体的表面取作 $x_3 = 0$,表面的压强为大气压强 p_0.注意到 $\oiint n_i\mathrm{d}S = 0$,在利用格林定理将曲面积分化为体积分后,就得到

$$F_i = g\iiint_\Omega \frac{\partial}{\partial x_i}\left[\int_0^{x_3}\rho(x_3')\mathrm{d}x_3'\right]\mathrm{d}V,$$

其中 Ω 为固体所占的区域,函数 $\int_0^{x_3}\rho(x_3')\mathrm{d}x_3'$ 是将液体密度 $\rho(x_3)$ 解析延拓到 Ω 中的密度函数,实际上就是 Ω 区域外同高度上的液体密度.于是有

$$F_i = \delta_{i3}g\iiint_\Omega \rho(x_3)\mathrm{d}V = Mg\delta_{i3},$$

即

$$F_1 = F_2 = 0, \qquad F_3 = Mg, \tag{3.6.13}$$

其中

$$M = \iiint_\Omega \rho(x_3)\mathrm{d}V$$

是被固体所排开的流体的质量.式(3.6.13)就是我们熟知的**浮体定律**或称**阿基米德**(Archimedes)**定律**:浸没在静止流体中的固体,受到流体作用于它的一个浮力,大小等于固体所排开的流体重量,方向与重力相反.该定律不仅对完全浸没在流体中的固体适用,也适用于浮在液体表面上的固体,读者试将上述论证推广之.

3.6.3　毛细现象

如果将静止液体的压强公式

$$p = p_0 - \rho gz$$

中的 p_0 取为液体内某个基准水平面上的压强,而将 z 看做是自由面距离该水平面的高度,则 p 就表示自由面上的液体压强.在表面有曲率的情况下,由于表面张力的作用,表面液体压强 p 和大气压强 p_a 要满足下列边界条件

$$p - p_a - \alpha\left(\frac{1}{R_1} + \frac{1}{R_2}\right) = 0;\qquad(3.6.14)$$

这里规定,主曲率 R_1^{-1} 和 R_2^{-1} 所对应的曲率中心处于液体一方时,曲率为正,反之为负.于是,我们得到自由面方程

$$\rho g z + \alpha\left(\frac{1}{R_1} + \frac{1}{R_2}\right) = 常数.\qquad(3.6.15)$$

现在,我们就一种简单情况来说明如何由方程(3.6.15)求解出自由面的形状.

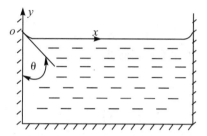

假设一个方形容器中装着液体,器壁铅直,图中 y 方向尺度很大,因此离前后壁面足够远处的表面,可以看做是平行于 y 轴的柱状面,此处的表面方程写作

$$z = \xi(x).$$

图 3.6　容器中弯曲的液体自由面

表面的两个主曲率分别为

$$R_1^{-1} = \frac{-\xi''}{(1 + \xi'^2)^{3/2}}, \qquad R_2^{-1} = 0,$$

其中每一撇表示对 x 求一次导数.由此得到自由面高度的微分方程

$$\frac{\xi''}{(1 + \xi'^2)^{3/2}} - \frac{\rho g}{\alpha}\xi = 0.\qquad(3.6.16)$$

要确定自由面形状,须给出方程(3.6.16)的两个边界条件.我们注意到参数 $d = \sqrt{\frac{\alpha}{\rho g}}$ 具有长度量纲,它是表征自由面高度变化的一个特征长度.如果水池宽为 L 且 $d \ll L$,则方程(3.6.16)的边界条件可取为

$$x = 0, \xi = h; \qquad x \to \infty, \xi \to 0.\qquad(3.6.17)$$

其中 h 是侧壁($x = 0$)自由面高出(或低于)中心处($x \to \infty$)水平面的位移.利用边界条件(3.6.17),可积分得微分方程(3.6.16)的解

$$\frac{x}{d} = \text{arch}\left(\frac{2d}{\xi}\right) - \text{arch}\left(\frac{2d}{h}\right) + \left(4 - \frac{h^2}{d^2}\right)^{\frac{1}{2}} - \left(4 - \frac{\xi^2}{d^2}\right)^{\frac{1}{2}}.\quad(3.6.18)$$

解中的参数 h 由 d 值和**接触角** θ 确定.所谓接触角,是指以固壁为边界的自由面对固壁的倾斜角(见图3.6).它可由气—固、气—液和液—固三种交界面的表面张力系数 α_{12}, α_{23} 和 α_{31} 算出.在处于平衡的三相交线上,表面张力的平衡方程给出

$$\alpha_{12} = \alpha_{31} + \alpha_{23}\cos\theta,$$

所以

$$\theta = \arccos\left(\frac{\alpha_{12} - \alpha_{31}}{\alpha_{23}}\right). \tag{3.6.19}$$

利用方程(3.6.16)的一次积分式

$$\frac{\xi^2}{2d^2} + \frac{1}{(1 + \xi'^2)^{\frac{1}{2}}} = 1,$$

将 $\xi = h$，$\xi' = -\cot\theta$ 代入上式,就得到

$$\frac{h}{d} = \pm\sqrt{2(1 - \sin\theta)}. \tag{3.6.20}$$

其中"+"与"−"分别对应于 $\alpha_{12} > \alpha_{31}$ 和 $\alpha_{12} < \alpha_{31}$ 两种情况,我们分别称之为**浸润液体**和**不浸润液体**.

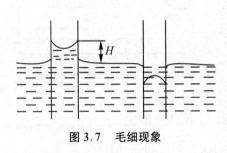

图 3.7　毛细现象

还有一种更简单的情况,是将一根小直径的圆管铅直地从自由面插入静止液体之中.这时,圆管中液体的表面会比管外液体表面上升或下降一个高度 H,它取决于液体对管壁是浸润还是不浸润.这种现象称为**毛细现象**.细管中的液面可近似看做一个球面,若管的半径为 a,利用几何关系容易求得该球面的半径为 $\dfrac{a}{\cos\theta}$,θ 为接触角.再利用压强公式(3.6.9)和自由面方程(3.6.15),就可以确定出管中液面上升或下降的高度

$$H = \frac{2d^2\cos\theta}{a}, \qquad 0 < \theta < \pi, \tag{3.6.21}$$

其中 $d^2 = \dfrac{\alpha_{23}}{\rho g}$. 当 $0 < \theta < \dfrac{\pi}{2}$ 时,$H > 0$;当 $\dfrac{\pi}{2} < \theta < \pi$ 时,$H < 0$(参看图 3.7).

3.6.4　平衡大气压强公式

现在来研究在重力场中处于静力平衡的大气,它的等压面、等容面和等高面重合,因而有

$$\frac{\partial p}{\partial x} = \frac{\partial p}{\partial y} = 0, \qquad \frac{\mathrm{d}p}{\mathrm{d}z} = -\rho g. \tag{3.5.22}$$

积分一次可得

$$p(z) = p_0 - g \int_0^z \rho(z')\mathrm{d}z',\tag{3.5.23}$$

其中 p_0 为海平面 $z = 0$ 处的大气压强.

我们可以近似地将大气看做完全气体, 有

$$\rho = \frac{pM}{RT},$$

其中 M 是空气的分子量, R 为通用气体常数. 将它代入气压方程 (3.5.22), 积分后得到

$$\ln\frac{p}{p_0} = -\frac{Mg}{R}\int_0^z \frac{\mathrm{d}z}{T(z)}.\tag{3.5.24}$$

大气的温度垂直分布是容易测量的. 统计结果表明, 对流层中的大气温度近似地随高度线性下降: $T(z) = T_0 - \gamma z$, T_0 为海平面温度, γ 为大气温度的直降率. 这样, 我们得到平衡大气压强随高度变化的公式

$$p(z) = p_0\left(1 - \frac{\gamma z}{T_0}\right)^{\frac{Mg}{\gamma R}}.\tag{3.5.25}$$

实践表明, 这一气压公式对实际大气也是近似成立的.

附录 2　正交曲线坐标系

流体力学中的某些问题, 采用曲线坐标系描述要比用笛卡儿坐标系更为简便. 一般曲线坐标系的数学理论, 须建立在张量分析的理论基础上, 它已经超出本书的叙述范围. 但是, 正交曲线坐标系中矢量和张量的表述方法和运算规则, 可以通过某些特殊的途径来建立. 这里将介绍一种正交曲线坐标的表述方法, 旨在帮助读者方便地阅读本书的有关内容.

1. 正交曲线坐标系

设 $\{x_1, x_2, x_3\}$ 为一正交笛卡儿坐标系. 线性独立的函数

$$q_i = q_i(x_1, x_2, x_3), \qquad i = 1, 2, 3,\tag{A.2.1}$$

当其雅可比行列式

$$J = \frac{\partial(q_1, q_2, q_3)}{\partial(x_1, x_2, x_3)}$$

处处都不为零和无限大时，就能建立两个数集$\{x_1, x_2, x_3\}$和$\{q_1, q_2, q_3\}$之间的一一变换关系．每两组对应的数$\{x_1, x_2, x_3\}$和$\{q_1, q_2, q_3\}$，都代表三维空间的一个点，前者称为点的笛卡儿坐标，后者称为点的**曲线坐标**．

由方程

$$q_i(x_1, x_2, x_3) = 常数, \qquad i = 1, 2, 3 \qquad (A.2.2)$$

定义的三个空间曲面族，称为曲线坐标系的**坐标曲面族**，两个不同族坐标曲面的交线称为**坐标曲线**．过空间任一点可引三条不同的坐标曲线，若三族坐标曲线处处正交，这种坐标系就称为**正交曲线坐标系**．

和笛卡儿坐标系一样，在正交曲线坐标系中进行矢量运算，首先要建立坐标系的基矢量．为此，考虑空间的任意一点P，它的笛卡儿坐标矢径表示为

$$\boldsymbol{R} = x_1 \boldsymbol{i} + x_2 \boldsymbol{j} + x_3 \boldsymbol{k}. \qquad (A.2.3)$$

我们将P点处正交曲线坐标系$\{q_1, q_2, q_3\}$的三个基矢量定义为

$$\boldsymbol{e}_i = \frac{\partial \boldsymbol{R}}{\partial q_i} = \frac{\partial x_1}{\partial q_i} \boldsymbol{i} + \frac{\partial x_2}{\partial q_i} \boldsymbol{j} + \frac{\partial x_3}{\partial q_i} \boldsymbol{k}, \qquad i = 1, 2, 3. \qquad (A.2.4)$$

这样，每一基矢量$\boldsymbol{e}_i$都和对应的坐标曲线相切；并且，由坐标系的正交性，应有

$$\boldsymbol{e}_i \cdot \boldsymbol{e}_j = 0, \qquad 当 i \neq j 时. \qquad (A.2.5)$$

正交曲线坐标系的基矢量和笛卡儿系基矢量有两点重要的区别，就是：

（1）在空间不同点上，正交曲线系的基矢量的大小和方向一般互不相同；

（2）正交曲线坐标系的基矢量一般不是单位长度的矢量．这决定了正交曲线坐标系中的矢量分析，比笛卡儿矢量分析的数学形式更复杂．

2. 矢量的分量和物理分量

正交曲线系中的矢量表示成分量形式为

$$\boldsymbol{a} = a_1' \boldsymbol{e}_1 + a_2' \boldsymbol{e}_2 + a_3' \boldsymbol{e}_3, \qquad (A.2.6)$$

其中(a_1', a_2', a_3')称为$\boldsymbol{a}$的分量，矢量$\boldsymbol{a}$也可以用下角标表示为a_i'．但是，物理上更常用的一种表示方法是，取当地基矢方向的单位长度矢量$\boldsymbol{n}_i$作为矢量计算单位，将矢量$\boldsymbol{a}$表示成

$$\boldsymbol{a} = a_1 \boldsymbol{n}_1 + a_2 \boldsymbol{n}_2 + a_3 \boldsymbol{n}_3, \qquad (A.2.7)$$

其中*

---

* 本附录中的重复下标，都不是哑标，它们不表示求和运算．

$$n_i = \frac{e_i}{h_i}, \tag{A.2.8}$$

$$h_i = \sqrt{e_i \cdot e_i} = \sqrt{\left(\frac{\partial x_1}{\partial q_i}\right)^2 + \left(\frac{\partial x_2}{\partial q_i}\right)^2 + \left(\frac{\partial x_3}{\partial q_i}\right)^2}, \qquad i = 1,2,3. \tag{A.2.9}$$

h_i 是基矢量 e_i 的长度,也是 q_i 坐标曲线上当 q_i 改变单位值时的曲线弧长,称为正交曲线坐标系的**尺度因子**或**拉梅(Lame)系数**.有的文献上将 n_i 称为单位基矢量,而将 a_i 称为 a 的**物理分量**.由于本书以后只采用(A.2.7)形式的分量表示,而不用(A.2.6)形式的分量,所以,就把 a_i 直接称为 a 的**分量**

3. 单位基矢量的偏导数

为了推导正交曲线坐标系中物理量场的梯度、散度、旋度,以及流体加速度和应变速率的表达式,以便写出正交曲线坐标系中分量形式的流体力学方程,关键的步骤是要得到单位基矢量 n_i 的偏导数计算式.

根据

$$\frac{\partial e_1}{\partial q_2} = \frac{\partial e_2}{\partial q_1} = \frac{\partial^2 R}{\partial q_1 \partial q_2}$$

和

$$\frac{\partial e_1}{\partial q_2} = \frac{\partial}{\partial q_2}(h_1 n_1) = h_1 \frac{\partial n_1}{\partial q_2} + n_1 \frac{\partial h_1}{\partial q_2},$$

$$\frac{\partial e_2}{\partial q_1} = \frac{\partial}{\partial q_1}(h_2 n_2) = h_2 \frac{\partial n_2}{\partial q_1} + n_2 \frac{\partial h_2}{\partial q_1},$$

我们有

$$h_1 \frac{\partial n_1}{\partial q_2} + n_1 \frac{\partial h_1}{\partial q_2} = h_2 \frac{\partial n_2}{\partial q_1} + n_2 \frac{\partial h_2}{\partial q_1}.$$

注意到 n_i 是单位长矢量,并且当 $i \neq j$ 时,n_j 处在坐标曲面(q_i,q_j)的密切平面内,并与 q_i 坐标曲线处处正交,因而 $\frac{\partial n_i}{\partial q_j}$ 必定平行于 n_j.于是得到

$$h_1 \frac{\partial n_1}{\partial q_2} = \frac{\partial h_2}{\partial q_1} n_2, \qquad h_2 \frac{\partial n_2}{\partial q_1} = n_1 \frac{\partial h_1}{\partial q_2}.$$

即当 $i \neq j$ 时,有交叉导数的表达式

$$\frac{\partial n_i}{\partial q_j} = \frac{1}{h_i} \frac{\partial h_j}{\partial q_i} n_j. \tag{A.2.10}$$

进一步,注意到当 i,j,k 为 1,2,3 的轮换排列时,有 $n_i = n_j \times n_k$.代入 $\frac{\partial n_i}{\partial q_i}$ 后计

算得到

$$\frac{\partial \boldsymbol{n}_i}{\partial q_i} = -\frac{1}{h_j}\frac{\partial h_i}{\partial q_j}\boldsymbol{n}_j - \frac{1}{h_k}\frac{\partial h_i}{\partial q_k}\boldsymbol{n}_k. \tag{A.2.11}$$

4. 正交曲线系中的矢量微分算子 ∇

根据"梯度"的物理意义:物理量沿空间任意方向的方向导数,等于该物理量的梯度点乘那个方向的单位矢量,即

$$\frac{\partial}{\partial s_l} = \boldsymbol{l}\cdot\nabla, \qquad |\,\boldsymbol{l}\,| = 1,$$

我们可以得出

$$\boldsymbol{n}_i\cdot\nabla = \frac{\partial}{\partial S_i} = \frac{1}{h_i}\frac{\partial}{\partial q_i},$$

其中 $\mathrm{d}S_i = h_i\mathrm{d}q_i$ 是 q_i 坐标曲线上的微元弧长. 于是,我们得到梯度矢量算符 ∇ 在正交曲线坐标系中的表达式

$$\nabla = \frac{\boldsymbol{n}_1}{h_1}\frac{\partial}{\partial q_1} + \frac{\boldsymbol{n}_2}{h_2}\frac{\partial}{\partial q_2} + \frac{\boldsymbol{n}_3}{h_3}\frac{\partial}{\partial q_3}. \tag{A.2.12}$$

由于微分算符 ∇ 可以作为一个矢量进行形式运算,我们立刻就可得到矢量的散度表达式

$$\nabla\cdot\boldsymbol{a} = \frac{\boldsymbol{n}_1}{h_1}\cdot\frac{\partial\boldsymbol{a}}{\partial q_1} + \frac{\boldsymbol{n}_2}{h_2}\cdot\frac{\partial\boldsymbol{a}}{\partial q_2} + \frac{\boldsymbol{n}_3}{h_3}\cdot\frac{\partial\boldsymbol{a}}{\partial q_3}.$$

再将式(A.2.7)代入,利用 $\boldsymbol{n}_i$ 的偏导数表达式(A.2.10) 和(A.2.11),经过计算整理后就得到

$$\nabla\cdot\boldsymbol{a} = \frac{1}{h_1 h_2 h_3}\sum_{i=1}^{3}\frac{\partial}{\partial q_i}\left(\frac{h_1 h_2 h_3}{h_i}a_i\right). \tag{A.2.13}$$

类似地,由

$$\nabla\times\boldsymbol{a} = \frac{\boldsymbol{n}_1}{h_1}\times\frac{\partial\boldsymbol{a}}{\partial q_1} + \frac{\boldsymbol{n}_2}{h_2}\times\frac{\partial\boldsymbol{a}}{\partial q_2} + \frac{\boldsymbol{n}_3}{h_3}\times\frac{\partial\boldsymbol{a}}{\partial q_3},$$

可计算整理得

$$\nabla\times\boldsymbol{a} = \frac{1}{h_1 h_2 h_3}\begin{vmatrix} h_1\boldsymbol{n}_1 & h_2\boldsymbol{n}_2 & h_3\boldsymbol{n}_3 \\ \dfrac{\partial}{\partial q_1} & \dfrac{\partial}{\partial q_2} & \dfrac{\partial}{\partial q_3} \\ h_1 a_1 & h_2 a_2 & h_3 a_3 \end{vmatrix}. \tag{A.2.14}$$

容易看出,正交曲线坐标系中的梯度、散度、旋度表达式(A.2.11) ~ (A.2.14),是正交笛卡儿坐标中对应量表达式的推广形式. 当 $h_1\equiv h_2\equiv h_3\equiv 1$ 时,(A.2.13)

和(A.2.14)两式就分别退化为笛卡儿矢量的散度和旋度表达式.

5. 正交曲线坐标系中的加速度矢量和应变速率张量

流体质点加速度矢量的不变形式为

$$\boldsymbol{A} = \frac{\mathrm{d}\boldsymbol{v}}{\mathrm{d}t} = \frac{\partial \boldsymbol{v}}{\partial t} + (\boldsymbol{v} \cdot \nabla)\boldsymbol{v},$$

其中当地时间导数 $\dfrac{\partial \boldsymbol{v}}{\partial t}$ 容易写成分量形式

$$\frac{\partial \boldsymbol{v}}{\partial t} = \frac{\partial v_1}{\partial t}\boldsymbol{n}_1 + \frac{\partial v_2}{\partial t}\boldsymbol{n}_2 + \frac{\partial v_3}{\partial t}\boldsymbol{n}_3,$$

对流项为

$$\begin{aligned}
(\boldsymbol{v} \cdot \nabla)\boldsymbol{v} &= (\boldsymbol{v} \cdot \nabla)\Big(\sum_{i=1}^{3} v_i \boldsymbol{n}_i\Big) \\
&= \sum_{i=1}^{3} \big[(\boldsymbol{v} \cdot \nabla)v_i\big]\boldsymbol{n}_i + \sum_{i=1}^{3} v_i\big[(\boldsymbol{v} \cdot \nabla)\boldsymbol{n}_i\big].
\end{aligned}$$

对其中的

$$(\boldsymbol{v} \cdot \nabla)\boldsymbol{n}_i = \sum_{l=1}^{3} \frac{v_l}{h_l}\frac{\partial \boldsymbol{n}_i}{\partial q_l},$$

可利用 $\boldsymbol{n}_i$ 的偏导数公式. 经过计算整理后得到

$$(\boldsymbol{v} \cdot \nabla)\boldsymbol{v} = \sum_{i=1}^{3} \boldsymbol{n}_i\bigg[\sum_{l=1}^{3}\frac{v_l}{h_l}\frac{\partial v_i}{\partial q_l} + \Big(v_i\frac{\partial h_i}{\partial q_j} - v_j\frac{\partial h_j}{\partial q_i}\Big)\frac{v_j}{h_i h_j} + \Big(v_i\frac{\partial h_i}{\partial q_k} - v_k\frac{\partial h_k}{\partial q_i}\Big)\frac{v_k}{h_i h_k}\bigg],$$

其中当 i 值取定后, i,j,k 构成 $1,2,3$ 的轮换循环. 例如, $i = 2$, 则 $j = 3, k = 1$. 于是, 我们可写出正交曲线坐标系中, 流体加速度的分量表达式

$$A_i = \frac{\partial v_i}{\partial t} + \sum_{l=1}^{3}\frac{v_l}{h_l}\frac{\partial v_i}{\partial q_l} + \Big(v_i\frac{\partial h_i}{\partial q_j} - v_j\frac{\partial h_j}{\partial q_i}\Big)\frac{v_j}{h_i h_j} + \Big(v_i\frac{\partial h_i}{\partial q_k} - v_k\frac{\partial h_k}{\partial q_i}\Big)\frac{v_k}{h_i h_k}.$$

$$(\text{A.2.15})$$

为求某点 (q_1, q_2, q_3) 处的应变速率, 我们先在该点建立一个局部的正交笛卡儿系 $\{x_1', x_2', x_3'\}$, x_i' 轴分别与曲线 q_i 相切. 于是, 该点的应变速率张量在局部笛卡儿系中表示为

$$e_{ij} = \frac{1}{2}\Big(\frac{\partial v_i'}{\partial x_j'} + \frac{\partial v_j'}{\partial x_i'}\Big),$$

这里的 v_i' 和 v_j' 都是速度的局部笛卡儿分量, 也可认为是正交曲线坐标系中速度的物理分量. 以 $\boldsymbol{e}_i'$ 表示局部笛卡儿系的基矢量, 我们有

$$\frac{\partial v_i'}{\partial x_j'} = \boldsymbol{e}_j' \cdot \nabla(\boldsymbol{e}_i' \cdot \boldsymbol{v}), \quad \frac{\partial v_j'}{\partial x_i'} = \boldsymbol{e}_i' \cdot \nabla(\boldsymbol{e}_j' \cdot \boldsymbol{v}).$$

因为 e'_i 为常矢量,有恒等式

$$(e'_j \cdot \nabla)(e'_i \cdot v) = e'_i \cdot [(e'_j \cdot \nabla)v].$$

将它代入 e_{ij} 的表达式,并注意到在微分算符之外,e'_i 可以用 n_i 代换,就得到

$$e_{ij} = \frac{1}{2}\{n_i \cdot [(n_j \cdot \nabla)v] + n_j \cdot [(n_i \cdot \nabla)v]\}.$$

再代入 v 的曲线坐标分量表达式,利用 n_i 的偏导数公式,计算整理后得到

$$e_{ii} = \frac{1}{h_i}\left(\frac{\partial v_i}{\partial q_i}\right) + \frac{v_j}{h_i h_j}\left(\frac{\partial h_i}{\partial q_j}\right) + \frac{v_k}{h_i h_k}\left(\frac{\partial h_i}{\partial q_k}\right) \qquad (\text{A}.2.16)$$

和

$$e_{ij} = \frac{h_j}{2h_i}\frac{\partial}{\partial q_i}\left(\frac{v_j}{h_j}\right) + \frac{h_i}{2h_j}\frac{\partial}{\partial q_j}\left(\frac{v_i}{h_i}\right), \qquad i \neq j. \qquad (\text{A}.2.17)$$

式(A.2.16)中的 i,j,k 仍然取 1,2,3 的轮换排序方式.

6. 柱坐标系和球坐标系

现在,我们将以上一般结果应用于两种最常用的正交曲线坐标系:柱坐标系 (R,φ,z) 和球坐标系 (r,θ,φ). 它们分别定义为(参看图 3.8 和 3.9):

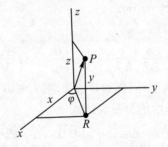 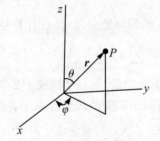

图 3.8 柱坐标系   图 3.9 球坐标系

柱坐标系

$$x = R\cos\varphi, \quad y = R\sin\varphi, \quad z = z; \qquad (\text{A}.2.18)$$

球坐标系

$$x = r\sin\theta\cos\varphi, \quad y = r\sin\theta\sin\varphi, \quad z = r\cos\theta. \qquad (\text{A}.2.19)$$

两种正交曲线系的尺度因子是

$$\left. \begin{aligned} &\text{柱坐标系}: h_R = 1, h_\varphi = R, h_z = 1; \\ &\text{球坐标系}: h_r = 1, h_\theta = r, h_\varphi = r\sin\theta. \end{aligned} \right\} \qquad (\text{A}.2.20)$$

利用公式(A.2.12)~(A.2.14),可以算出柱坐标和球坐标下,梯度、散度、旋度和

拉普拉斯式的表达式,它们分别是:

柱坐标系

$$\nabla f = \frac{\partial f}{\partial R}\boldsymbol{n}_R + \frac{1}{R}\frac{\partial f}{\partial \varphi}\boldsymbol{n}_\varphi + \frac{\partial f}{\partial z}\boldsymbol{n}_z,$$

$$\nabla \cdot \boldsymbol{a} = \frac{1}{R}\frac{\partial}{\partial R}(Ra_R) + \frac{1}{R}\frac{\partial a_\varphi}{\partial \varphi} + \frac{\partial a_z}{\partial z},$$

$$\nabla \times \boldsymbol{a} = \left(\frac{1}{R}\frac{\partial a_z}{\partial \varphi} - \frac{\partial a_\varphi}{\partial z}\right)\boldsymbol{n}_R + \left(\frac{\partial a_R}{\partial z} - \frac{\partial a_z}{\partial R}\right)\boldsymbol{n}_\varphi$$

$$+ \left[\frac{1}{R}\frac{\partial}{\partial R}(Ra_\varphi) - \frac{1}{R}\frac{\partial a_R}{\partial \varphi}\right]\boldsymbol{n}_z,$$

$$\nabla^2 f = \frac{1}{R}\frac{\partial}{\partial R}\left(R\frac{\partial f}{\partial R}\right) + \frac{1}{R^2}\frac{\partial^2 f}{\partial \varphi^2} + \frac{\partial^2 f}{\partial z^2};$$

$$(\mathrm{A}.2.21)$$

球坐标系

$$\nabla f = \frac{\partial f}{\partial r}\boldsymbol{n}_r + \frac{1}{r}\frac{\partial f}{\partial \theta}\boldsymbol{n}_\theta + \frac{1}{r\sin\theta}\frac{\partial f}{\partial \varphi}\boldsymbol{n}_\varphi,$$

$$\nabla \cdot \boldsymbol{a} = \frac{1}{r^2}\frac{\partial}{\partial r}(r^2 a_r) + \frac{1}{r\sin\theta}\frac{\partial}{\partial \theta}(a_\theta \sin\theta)$$

$$+ \frac{1}{r\sin\theta}\frac{\partial a_\varphi}{\partial \varphi},$$

$$\nabla \times \boldsymbol{a} = \frac{1}{r\sin\theta}\left[\frac{\partial}{\partial \theta}(a_\varphi \sin\theta) - \frac{\partial a_\theta}{\partial \varphi}\right]\boldsymbol{n}_r$$

$$+ \frac{1}{r}\left[\frac{1}{\sin\theta}\frac{\partial a_r}{\partial \varphi} - \frac{\partial}{\partial r}(ra_\varphi)\right]\boldsymbol{n}_\theta$$

$$+ \frac{1}{r}\left[\frac{\partial}{\partial r}(ra_\theta) - \frac{\partial a_r}{\partial \theta}\right]\boldsymbol{n}_\varphi,$$

$$\nabla^2 f = \frac{1}{r^2}\frac{\partial}{\partial r}\left(r^2\frac{\partial f}{\partial r}\right) + \frac{1}{r^2\sin\theta}\frac{\partial}{\partial \theta}\left(\sin\theta\frac{\partial f}{\partial \theta}\right)$$

$$+ \frac{1}{r^2\sin^2\theta}\frac{\partial^2 f}{\partial \varphi^2}.$$

$$(\mathrm{A}.2.22)$$

利用加速度和应变速率的表达式(A.2.15)～(A.2.17),和不可压缩流的应力-应变速率关系式 $\sigma = -p\boldsymbol{\delta} + 2\mu\boldsymbol{e}$,并注意到通常对于不可压缩流有 $\mu = $ 常数和 $\nabla \cdot \boldsymbol{e} = -\nabla \times \nabla \times \boldsymbol{v}$,就可以导出柱坐标和球坐标系中的应力分量表达式和不可压缩黏性流的运动方程组:

柱坐标系

$$\left.\begin{array}{l} \sigma_{RR} = -p + 2\mu \dfrac{\partial v_R}{\partial R}, \sigma_{\varphi\varphi} = -p + 2\mu\left(\dfrac{1}{R}\dfrac{\partial v_\varphi}{\partial \varphi} + \dfrac{v_R}{R}\right), \\[3mm] \sigma_{ZZ} = -p + 2\mu \dfrac{\partial v_z}{\partial z}, \sigma_{R\varphi} = \mu\left(\dfrac{1}{R}\dfrac{\partial v_R}{\partial \varphi} + \dfrac{\partial v_\varphi}{\partial R} - \dfrac{v_\varphi}{R}\right), \\[3mm] \sigma_{\varphi z} = \mu\left(\dfrac{\partial v_\varphi}{\partial z} + \dfrac{1}{R}\dfrac{\partial v_z}{\partial \varphi}\right), \sigma_{ZR} = \mu\left(\dfrac{\partial v_z}{\partial R} + \dfrac{\partial v_R}{\partial z}\right); \end{array}\right\} \quad (A.2.23)$$

连续方程

$$\dfrac{\partial v_R}{\partial R} + \dfrac{1}{R}\dfrac{\partial v_\varphi}{\partial \varphi} + \dfrac{\partial v_z}{\partial Z} + \dfrac{v_R}{R} = 0; \quad (A.2.24)$$

动量方程

$$\left.\begin{array}{l} \dfrac{\partial v_R}{\partial t} + v_R\dfrac{\partial v_R}{\partial R} + \dfrac{v_\varphi}{R}\dfrac{\partial v_R}{\partial \varphi} + v_z\dfrac{\partial v_R}{\partial z} - \dfrac{v_\varphi^2}{R} = -\dfrac{1}{\rho}\dfrac{\partial p}{\partial R} \\[3mm] + \nu\left(\dfrac{\partial^2 v_R}{\partial R^2} + \dfrac{1}{R^2}\dfrac{\partial^2 v_R}{\partial \varphi^2} + \dfrac{\partial^2 v_R}{\partial z^2} + \dfrac{1}{R}\dfrac{\partial v_R}{\partial R} - \dfrac{2}{R^2}\dfrac{\partial v_\varphi}{\partial \varphi} - \dfrac{v_R}{R^2}\right), \\[3mm] \dfrac{\partial v_\varphi}{\partial t} + v_R\dfrac{\partial v_\varphi}{\partial R} + \dfrac{v_\varphi}{R}\dfrac{\partial v_\varphi}{\partial \varphi} + v_z\dfrac{\partial v_\varphi}{\partial z} + \dfrac{v_R v_\varphi}{R} = -\dfrac{1}{\rho R}\dfrac{\partial p}{\partial \varphi} \\[3mm] + \nu\left(\dfrac{\partial^2 v_\varphi}{\partial R^2} + \dfrac{1}{R^2}\dfrac{\partial^2 v_\varphi}{\partial \varphi^2} + \dfrac{\partial^2 v_\varphi}{\partial z^2} + \dfrac{1}{R}\dfrac{\partial v_\varphi}{\partial R} + \dfrac{2}{R^2}\dfrac{\partial v_R}{\partial \varphi} - \dfrac{v_\varphi}{R^2}\right) \\[3mm] \dfrac{\partial v_z}{\partial t} + v_R\dfrac{\partial v_z}{\partial R} + \dfrac{v_\varphi}{R}\dfrac{\partial v_z}{\partial \varphi} + v_z\dfrac{\partial v_z}{\partial z} = -\dfrac{1}{\rho}\dfrac{\partial p}{\partial z} \\[3mm] + \nu\left(\dfrac{\partial^2 v_z}{\partial R^2} + \dfrac{1}{R^2}\dfrac{\partial^2 v_z}{\partial \varphi^2} + \dfrac{\partial^2 v_z}{\partial z^2} + \dfrac{1}{R}\dfrac{\partial v_z}{\partial R}\right); \end{array}\right\} \quad (A.2.25)$$

球坐标系

$$\left.\begin{array}{l} \sigma_{rr} = -p + 2\mu\dfrac{\partial v_r}{\partial r}, \\[3mm] \sigma_{\varphi\varphi} = -p + 2\mu\left(\dfrac{1}{r\sin\theta}\dfrac{\partial v_\varphi}{\partial \varphi} + \dfrac{v_r}{r} + \dfrac{v_\theta\cot\theta}{r}\right), \\[3mm] \sigma_{\theta\theta} = -p + 2\mu\left(\dfrac{1}{r}\dfrac{\partial v_\theta}{\partial \theta} + \dfrac{v_r}{r}\right); \end{array}\right\} \quad (A.2.26)$$

$$\left.\begin{array}{l} \sigma_{r\theta} = \mu\left(\dfrac{1}{r}\dfrac{\partial v_r}{\partial \theta} + \dfrac{\partial v_\theta}{\partial r} - \dfrac{v_\theta}{r}\right), \\[3mm] \sigma_{\theta\varphi} = \mu\left(\dfrac{1}{r\sin\theta}\dfrac{\partial v_\theta}{\partial \varphi} + \dfrac{1}{r}\dfrac{\partial v_\varphi}{\partial \theta} - \dfrac{v_\varphi\cot\theta}{r}\right), \\[3mm] \sigma_{\varphi r} = \mu\left(\dfrac{\partial v_\varphi}{\partial r} + \dfrac{1}{r\sin\theta}\dfrac{\partial v_r}{\partial \varphi} - \dfrac{v_\varphi}{r}\right); \end{array}\right\} \quad (A.2.27)$$

连续方程

$$\frac{\partial v_r}{\partial r} + \frac{1}{r}\frac{\partial v_\theta}{\partial \theta} + \frac{1}{r\sin\theta}\frac{\partial v_\varphi}{\partial \varphi} + \frac{2v_r}{r} + \frac{v_\theta\cot\theta}{r} = 0; \qquad (\text{A.2.28})$$

动量方程

$$\begin{aligned}
&\frac{\partial v_r}{\partial t} + v_r\frac{\partial v_r}{\partial r} + \frac{v_\theta}{r}\frac{\partial v_r}{\partial \theta} + \frac{v_\varphi}{R\sin\theta}\frac{\partial v_r}{\partial \varphi} - \frac{v_\theta^2 + v_\varphi^2}{r} = -\frac{1}{\rho}\frac{\partial p}{\partial r}\\
&\quad + \nu\Big[\frac{1}{r}\frac{\partial^2(rv_r)}{\partial r^2} + \frac{1}{r^2}\frac{\partial^2 v_r}{\partial \theta^2} + \frac{1}{r^2\sin^2\theta}\frac{\partial^2 v_r}{\partial \varphi^2}\\
&\quad + \frac{\cot\theta}{r^2}\frac{\partial v_r}{\partial \theta} - \frac{2}{r^2}\frac{\partial v_\theta}{\partial \theta} - \frac{2}{r^2\sin\theta}\frac{\partial v_\varphi}{\partial \varphi} - \frac{2v_r}{r^2} - \frac{2\cot\theta}{r^2}v_\theta\Big];\\[2mm]
&\frac{\partial v_\theta}{\partial t} + v_r\frac{\partial v_\theta}{\partial r} + \frac{v_\theta}{r}\frac{\partial v_\theta}{\partial \theta} + \frac{v_\varphi}{r\sin\theta}\frac{\partial v_\theta}{\partial \varphi} + \frac{v_r v_\theta}{r} - \frac{v_\varphi^2\cot\theta}{r} = -\frac{1}{\rho r}\frac{\partial p}{\partial \theta}\\
&\quad + \nu\Big[\frac{1}{r}\frac{\partial^2(rv_\theta)}{\partial r^2} + \frac{1}{r^2}\frac{\partial^2 v_\theta}{\partial \theta^2} + \frac{1}{r^2\sin^2\theta}\frac{\partial^2 v_\theta}{\partial \varphi^2}\\
&\quad + \frac{\cot\theta}{r^2}\frac{\partial v_\theta}{\partial \theta} - \frac{2\cos\theta}{r^2\sin^2\theta}\frac{\partial v_\varphi}{\partial \varphi} + \frac{2}{r^2}\frac{\partial v_r}{\partial \theta} - \frac{v_\theta}{r^2\sin^2\theta}\Big]\frac{\partial v_\varphi}{\partial t}\\
&\quad + v_r\frac{\partial v_\varphi}{\partial r} + \frac{v_\theta}{r}\frac{\partial v_\varphi}{\partial \theta} + \frac{v_\theta}{r\sin\theta}\frac{\partial v_\varphi}{\partial \varphi} + \frac{v_r v_\varphi}{r} + \frac{v_\theta v_\varphi\cot\theta}{r}\\
&= -\frac{1}{\rho r\sin\theta}\frac{\partial p}{\partial \varphi} + \nu\Big[\frac{1}{r}\frac{\partial^2(rv_\varphi)}{\partial r^2} + \frac{1}{r^2}\frac{\partial^2 v_\varphi}{\partial \theta^2} + \frac{1}{r^2\sin^2\theta}\frac{\partial^2 v_\varphi}{\partial \varphi^2}\\
&\quad + \frac{\cot\theta}{r^2}\frac{\partial v_\varphi}{\partial \theta} + \frac{2}{r^2\sin\theta}\frac{\partial v_r}{\partial \varphi} + \frac{2\cos\theta}{r^2\sin^2\theta}\frac{\partial v_\theta}{\partial \varphi} - \frac{v_\varphi}{r^2\sin^2\varphi}\Big].
\end{aligned}$$

$$(\text{A.2.29})$$

在动量方程中, $\nu = \mu/\rho$ 是流体的运动黏性系数.

　　至于可压缩流动,由于密度 ρ 和输运系数 μ,λ,k 等通常都是 p 和 T 的函数,能量方程和连续方程、动量方程之间出现强耦合情况,此时的流体力学方程组在曲线坐标系下具有更为复杂的形式.限于篇幅,这里就不一一列出其具体的数学表达式了.

第 4 章　黏性流体的不可压缩流动

　　流体力学基本方程(3.5.1) ～ (3.5.3)，是一组非线性的偏微分方程.一般地说，无论是用解析的方法或者数值的方法，去求解这一组完全的方程，以得到对流动的精确的描述，都是一项非常困难的任务.因此，流体力学的一项基本任务，就是研究化简问题进而实现求解的各种方法.化简问题的目标始终集中在两个方面：一是减少方程组中变量的数目；二是简化方程的形式，包括探讨是否可能将方程组中的某些方程化简为线性方程.本章将要讨论一类较为简单的黏性流动 —— **不可压缩的黏性流动**，所采用的基本假设是流体的密度等于常数.这一假设对许多实际情况是完全合理的.而它不仅减少了一个未知变量 ρ，并且连续性方程也被线性化了.因此，准确地说，本章的内容是**均匀黏性流体的不可压缩流动**.

4.1　不可压缩流动

　　我们在 1.4 节中曾经在热力学的意义上，研究了流体的可压缩性问题.并曾指出，流体的可压缩性仅指一种物性；而流体可压缩性对流体运动的影响，则还和流动本身的特性有关，两者并不完全是一回事.在流动分析中，我们关心的主要是后一件事.因此，本书以后将压缩性对流动影响小到可以忽略不计的情况（更确切地说，是流体密度变化对流动的影响可略去不计的情况），称为**不可压缩流动**，而尽量少用"不可压缩流体"这一术语.于是，我们约定，满足下列方程

$$\frac{\mathrm{d}\rho}{\mathrm{d}t} = \frac{\partial \rho}{\partial t} + \boldsymbol{v} \cdot \nabla \rho = 0 \tag{4.1.1}$$

的流动,称为不可压缩流动.顺便还要指出,$\mathrm{d}\rho/\mathrm{d}t = 0$并不要求 $\rho = $ 常数,而 $\rho = $ 常数的流体一定满足 $\mathrm{d}\rho/\mathrm{d}t = 0$.所以,均匀密度不可压缩流动是一个更强的假设.

4.1.1　纳维-斯托克斯方程(Navier-Stokes 方程)

连续方程

$$\frac{\mathrm{d}\rho}{\mathrm{d}t} + \rho\,\nabla\cdot\boldsymbol{v} = 0$$

是对一切流体普遍成立的一个运动学关系式.如果流动可以采用不可压缩假设 (4.1.1),它的质量守恒就表示为

$$\nabla\cdot\boldsymbol{v} = 0. \tag{4.1.2}$$

这是一个关于速度的线性方程,称为**不可压缩流的连续方程**.可见,不可压缩流假设的一大功效,就是将原来非线性的连续方程,变成了一个线性方程.

另一方面,在不可压缩流的情况下,应力-应变速率关系简化为

$$\sigma_{ij} = -\,p\delta_{ij} + \mu\left(\frac{\partial v_i}{\partial x_j} + \frac{\partial v_j}{\partial x_i}\right). \tag{4.1.3}$$

并且,由于此时 μ 可作常数看待,动量方程中的黏性力项可以化简为

$$\frac{\partial}{\partial x_j}(2\mu e_{ij}) = \mu\,\frac{\partial^2 v_i}{\partial x_j\partial x_j} + \frac{\partial}{\partial x_i}\left(\frac{\partial v_j}{\partial x_j}\right) = \mu\,\frac{\partial^2 v_i}{\partial x_j\partial x_j}.$$

将它代入动量方程(3.5.2),就得到

$$\frac{\mathrm{d}\boldsymbol{v}}{\mathrm{d}t} = \frac{\partial\boldsymbol{v}}{\partial t} + (\boldsymbol{v}\cdot\nabla)\boldsymbol{v} = \frac{-1}{\rho}\,\nabla p + \nu\,\nabla^2\boldsymbol{v} + \boldsymbol{f}. \tag{4.1.4}$$

这就是有名的**纳维-斯托克斯方程**,简称 **N-S 方程**.其中 $\nu = \mu/\rho$ 称为**运动黏性系数**,因为它的量纲[长度^2·时间$^{-1}$]具有运动学量的量纲属性.

当密度为常数时,连续方程(4.1.2)和 N-S 方程(4.1.4)就构成了完备的运动方程组.也就是说,能量方程和连续方程、动量方程不发生耦合,我们可以先求解速度场,然后再单独求解能量方程而得出温度场.此时,能量方程(3.5.3)中的内能项可写成

$$\frac{\mathrm{d}\varepsilon}{\mathrm{d}t} = \left(\frac{\partial\varepsilon}{\partial T}\right)_\rho\frac{\mathrm{d}T}{\mathrm{d}t} + \left(\frac{\partial\varepsilon}{\partial\rho}\right)_T\frac{\mathrm{d}\rho}{\mathrm{d}t} = C_v\,\frac{\mathrm{d}T}{\mathrm{d}t},$$

于是,能量方程就成为关于变量 T 的一个单变量偏微分方程

$$\rho C_v\left(\frac{\partial T}{\partial t} + \boldsymbol{v}\cdot\nabla T\right) = k\,\nabla^2 T + \Phi, \tag{4.1.5}$$

其中

$$\Phi = \frac{\mu}{2}\left(\frac{\partial v_i}{\partial x_j} + \frac{\partial v_j}{\partial x_j}\right)^2$$

是已知函数.

应当指出,如果不可压缩流中的密度不是常数,而是一个未知函数;比如,由于热胀冷缩,使密度 ρ 随温 T 发生变化,此时,则完备的流体运动方程组应由方程 (4.1.2),(4.1.4) 和 (4.1.5) 所组成.关于这种 **密度分层流动**,我们将在后面的水波理论中有机会接触到,本章不予考虑.

4.1.2 不可压缩流动的一般判别条件

上面的分析告诉我们,不可压缩流动假设的采用,导致了连续方程和动量方程的简化.这说明,如果压缩性对流动的影响可以忽略不计的话,流动问题的数学分析将变得大为方便.那么,究竟在何种物理条件下,流体压缩性的影响会变得可以略去不计呢?下面我们就来分析一下这个问题.

首先,我们应当注意到,为数学分析带来方便的决定性条件是

$$\nabla \cdot v = \frac{\partial u}{\partial x} + \frac{\partial v}{\partial y} + \frac{\partial w}{\partial z} = 0, \tag{4.1.2'}$$

其中 (u, v, w) 是速度的三个笛卡儿分量.表达式 (4.1.2') 中三项偏导数之和为零,意味着它们之间具有互相抵消的性质.而在近似意义上来讲,则是三项之和与其中任何一个单项比较,总是一个小量.用一个数学式子来表达,就是

$$|\nabla \cdot v| = \left| \rho^{-1} \frac{\mathrm{d}\rho}{\mathrm{d}t} \right| \ll \frac{U}{L}, \tag{4.1.6}$$

其中 U/L 是表示流场速度梯度(或速度散度中的一个单项)量级的特征量,U 是代表速度显著变化的某个特征速度,L 是产生速度显著改变的一个特征长度.对一个具体的问题来说,U 和 L 须是问题中已经给出的物理量.我们所希望的,是能对一个具体流动问题,判断式 (4.1.6) 是否成立.

用热力学压强 p 和比熵 s 作为独立的热力学变量,可以将 $\rho^{-1}\mathrm{d}\rho/\mathrm{d}t$ 表示成

$$\rho^{-1} \frac{\mathrm{d}\rho}{\mathrm{d}t} = \rho^{-1} \left(\frac{\partial \rho}{\partial p}\right)_s \frac{\mathrm{d}p}{\mathrm{d}t} + \rho^{-1} \left(\frac{\partial \rho}{\partial s}\right)_p \frac{\mathrm{d}s}{\mathrm{d}t}.$$

由热力学关系式有

$$\rho \left(\frac{\partial p}{\partial \rho}\right)_s = \rho c^2, \qquad \rho^{-1} \left(\frac{\partial \rho}{\partial s}\right)_p = \rho^{-1} \frac{(\partial \rho/\partial T)_p}{(\partial s/\partial T)_p} = -\frac{\beta T}{C_p},$$

其中 c 为声速,β 为定压热膨胀系数.于是,如果

$$\left| \frac{1}{\rho c^2} \frac{\mathrm{d}p}{\mathrm{d}t} \right| \ll \frac{U}{L} \quad \text{和} \quad \left| \frac{\beta}{C_p} \cdot \frac{T\mathrm{d}s}{\mathrm{d}t} \right| \ll \frac{U}{L} \tag{4.1.7}$$

同时成立,不可压缩流动条件(4.1.2)就能近似满足.我们称式(4.1.7)为不可压缩流动的一般判别条件,并由它去引导出不可压缩流动的某些具体判别条件.

4.1.3　不可压缩流动的几种具体判别条件

由于液体的压缩性系数很小(ρc^2 很大),不可压缩流动假设适用于液体流动,一般可认为是不成问题的,只有在某些极端条件下(如强冲击波),才会出现例外.但是,不可压缩流假设是否也能适用于气体,却是一个需要认真分析的问题,我们关心的也主要是这种情况.

现在就以气体流动为对象,进一步考察判别式(4.1.7)成立的具体条件.为讨论方便,不妨先假定该式后一个熵变化条件已经满足,而专门考察

$$\left| \frac{1}{\rho c^2} \frac{\mathrm{d}p}{\mathrm{d}t} \right| \ll \frac{U}{L} \qquad (4.1.8)$$

在何种情况下成立.利用动量方程(3.5.2),可以写出

$$\frac{1}{\rho c^2} \frac{\mathrm{d}p}{\mathrm{d}t} = \frac{1}{\rho c^2} \left[\frac{\partial p}{\partial t} + \boldsymbol{v} \cdot \nabla p \right]$$

$$= \frac{1}{\rho c^2} \frac{\partial p}{\partial t} - \frac{\boldsymbol{v}}{c^2} \cdot \frac{\mathrm{d}\boldsymbol{v}}{\mathrm{d}t} + \frac{1}{c^2} \boldsymbol{v} \cdot \boldsymbol{f} + \frac{1}{\rho c^2} \boldsymbol{v} \cdot (\nabla \cdot \boldsymbol{\sigma}'),$$

其中

$$\sigma'_{ij} = \lambda \left(\frac{\partial v_k}{\partial x_k} \right) \delta_{ij} + \mu \left(\frac{\partial v_i}{\partial x_j} + \frac{\partial v_j}{\partial x_i} \right)$$

为黏性应力张量.因此,对于某种流动,如果

$$\left| \frac{1}{\rho c^2} \frac{\partial p}{\partial t} \right| \ll \frac{U}{L}, \quad \left| \frac{1}{c^2} \frac{\partial v^2}{\partial t} \right| \ll \frac{U}{L}, \quad \left| \frac{1}{c^2} (\boldsymbol{v} \cdot \nabla) v^2 \right| \ll \frac{U}{L},$$

$$\left| \frac{\boldsymbol{v} \cdot \boldsymbol{f}}{c^2} \right| \ll \frac{U}{L} \quad \text{和} \quad \left| \frac{\boldsymbol{v}}{\rho c^2} \cdot \nabla \cdot \sigma' \right| \ll \frac{U}{L}$$

同时成立,则该种流动就可以看做不可压缩流动.

下面,分别讨论几种情况.

(1) 定常气体流动

在气体动力学问题中,体积力通常可略去不计,定常气体流动作为不可压缩流的条件就减少为

$$\left| \frac{1}{c^2} (\boldsymbol{v} \cdot \nabla) v^2 \right| \ll \frac{U}{L} \quad \text{和} \quad \left| \frac{\boldsymbol{v}}{\rho c^2} \cdot \nabla \cdot \boldsymbol{\sigma}' \right| \ll \frac{U}{L}.$$

由于速度大小为 U 的量级,速度梯度为 U/L 的量级,对流项 $(\boldsymbol{v} \cdot \nabla) v^2$ 就是 U^3/L 的

量级.因此,上面的第一个条件写成 $U^3/(c^2L) \ll U/L$,也就是

$$U \ll c. \tag{4.1.9}$$

在第二个条件中,可设 λ 与 μ 同量级,并且在流场中其值变化不大,则 $\nabla \cdot \boldsymbol{\sigma}'$ 的大小应当是 $\mu U/L^2$ 的量级,第二个量级不等式就变为

$$\frac{\nu U}{L} \ll c^2.$$

由气体分子运动论可知,气体的运动黏性系数与 cl 为同量级,其中 l 为分子的平均自由程.于是,第二个条件可化为

$$U \ll \left(\frac{L}{l}\right)c.$$

通常,流场的宏观尺度 L 比分子平均自由程 l 要大得多,所以,只要式(4.1.9)成立,第二个条件也一定成立.由此,我们得出重要结论:如果气体作定常运动,则当流体运动速度远小于声速时,流动的压缩性效应可以忽略不计.

(2) 非定常气体流动

此时,除条件(4.1.9)仍应满足外,还须补充两个非定常条件,即

$$\left|\frac{1}{\rho c^2}\frac{\partial p}{\partial t}\right| \ll \frac{U}{L} \quad \text{和} \quad \left|\frac{1}{c^2}\frac{\partial v^2}{\partial t}\right| \ll \frac{U}{L}.$$

但我们应当注意到,假若 $\partial v/\partial t$ 在量级上不超过 $(\boldsymbol{v} \cdot \nabla)\boldsymbol{v}$,则条件(4.1.9)可以包括这两个非定常条件.只有当 $\partial v/\partial t$ 量级上超过对流项 $(\boldsymbol{v} \cdot \nabla)\boldsymbol{v}$ 时,才需加上述两个条件.这就要求在加速度中,$\partial v/\partial t$ 是主要项,从而有 $|\partial v/\partial t| \sim |\nabla p/\rho|$.利用这个量级关系,可知流场中压强改变的量级为 $p \sim \rho UL/\tau$,其中 τ 是固定点上速度发生显著改变的特征时间.将它代入第一个非定常条件,得到

$$\tau \gg \frac{L}{c}. \tag{4.1.10}$$

第二个非定常条件也可以改写为

$$\tau \gg UL/c^2,$$

该条件在式(4.1.9)和(4.1.10)成立时自然满足.由于 L 是表征流场尺度的特征长度,L/c 就表示声波通过流场这段距离所需的时间.因此,我们得出结论:当非定常流动中的质点速度变化远远小于声速,并且速度发生显著变化的时间比声波通过流场特征距离所需的时间大得多时,流体的压缩性效应可以略去不计.

能说明这一结论的简单例子是气体中的声波传播问题.在气体中传播的声波是一种非定常流动,流场的特征长度可取波长 λ,某点参数变化的特征时间可取周期 T.然而,由于 $T = \lambda/c$,式(4.1.10)明显地不能满足.所以尽管式(4.1.9)成立,

声波中的气流仍必须作为可压缩流处理.

(3) 重力场中的大气运动

处于重力场中的大气, 其质点在铅直方向运动时, 会经历可观的压强变化, 从而引起密度的相当变化. 在这种情况下, 即使上面讨论过的条件成立, 还能不能作为不可压缩流动看待呢?要回答这个问题, 就必须考察一下外力判据

$$\left| \frac{\boldsymbol{v} \cdot \boldsymbol{g}}{c^2} \right| \ll \frac{U}{L}.$$

因为重力项只出现在铅直分量的动量方程中, 上面的 $| \boldsymbol{v} \cdot \boldsymbol{g} |$ 应理解为 $| w |$ g, 而 U 应理解为 w 的变化量, L 是流场的铅直尺度. 此时, 我们得到一个量级比较式

$$L \ll \frac{c^2}{g}. \tag{4.1.11}$$

若用常温状态作估计, $c^2/g \approx 1.2 \times 10^4$ m. 所以, 式 (4.1.11) 表明: 如果所考察的空气运动, 在重力方向的流场尺度远小于 10 km 量级的话, 近地面的空气运动可以不计重力场引起的压缩性效应. 容易理解, 在如此小的尺度范围内, 重力引起的大气压强变化, 还不致导致密度的显著改变, 因而可以不考虑压缩性对流动的影响. 但是, 对于研究天气现象的气象学, 常常要考察整个对流层内的大气运动, 而对流层厚度正好为 10 km 左右. 所以, 在气象学问题中就必须把大气运动作为可压缩流动对待.

最后, 我们对式 (4.1.7) 中的第二个熵变条件作一点简单的说明. 由能量方程 (3.5.3), 我们有

$$T \frac{\mathrm{d}s}{\mathrm{d}t} = \frac{\mathrm{d}\varepsilon}{\mathrm{d}t} - \frac{p}{\rho^2} \frac{\mathrm{d}\rho}{\mathrm{d}t} = \frac{1}{\rho}\left[\Phi + \frac{\partial}{\partial x_i}\left(k \frac{\partial T}{\partial x_i} \right) \right].$$

因此, 熵变条件可写为

$$\left| \frac{\beta}{\rho C_p}\left[\Phi + \frac{\partial}{\partial x_i}\left(k \frac{\partial T}{\partial x_i} \right) \right] \right| \ll \frac{U}{L}.$$

如果将表征流场温度变化的特征量记为 θ, 则上述条件就分解成

$$\frac{\beta U^2}{C_p} \frac{\mu}{\rho L U} \ll 1, \qquad \beta\theta \frac{K}{LU} \ll 1, \tag{4.1.12}$$

其中 $K = k/\rho C_p$ 是流体的热扩散系数. 假设

$$L = 1 \text{ m}, \quad U = 1 \text{ m/s}, \quad \theta = 10 \text{ ℃}.$$

计算表明, 对于空气和水这类介质来说, 在这种情况下满足熵变条件是绰绰有余的. 所以, 一般而言, 熵变条件 (包括传热和耗散效应) 不会改变上面由压强变化条件所引出的结论.

4.1.4　不可压缩流中体积力项的处理

我们已经假定,本章所讨论的问题都是针对均匀密度流体的.如果作用在流体上的体积力只含重力,并且 g 为常矢量,我们可以将 N-S 方程

$$\frac{\mathrm{d}\boldsymbol{v}}{\mathrm{d}t} = -\frac{1}{\rho}\nabla p + \nu\nabla^2\boldsymbol{v} + \boldsymbol{g}$$

写为

$$\frac{\mathrm{d}\boldsymbol{v}}{\mathrm{d}t} = -\frac{1}{\rho}\nabla(p + \rho gz) + \nu\nabla^2\boldsymbol{v},$$

这里已经把 z 轴取为铅直向上.再引进一个"修正压强"

$$p' = p + \rho gz, \tag{4.1.13}$$

N-S 方程就可以写为

$$\frac{\mathrm{d}\boldsymbol{v}}{\mathrm{d}t} = -\frac{1}{\rho}\nabla p' + \nu\nabla^2\boldsymbol{v}, \tag{4.1.14}$$

即重力项不再在方程中以显式出现.进一步说,如果在问题的所有边界条件中也都不含重力项,则整个问题就变成一个不显含体积力的问题,数学处理就要方便得多.例如,不含自由边界的问题就是如此.但要记住,这样解出的压强实际上已经扣除了由重力场所贡献的静力学压强"$-\rho gz$",而只计及由于流体运动所产生的附加压强.所以,须加上静力学压强,才得到物理压强.记住这个说明后,我们以后写N-S方程时,一般就不再写出体积力项,压强也直接用 p 来表示而不加一撇.

4.2　定常的平行剪切流动

寻找 N-S 方程的精确解,历来就是流体力学研究感兴趣的课题.由于黏性流方程的复杂性,只有在一些很特殊而简单的情况下,才有可能求得这样的精确解.据有人统计,迄今为止找到的各种精确解,一共只有八十多个.尽管如此,这为数不多的精确解,在流体力学中却有着特别重要的意义.正是凭借由这些精确解所描述的基本流动,人们才得以揭示黏性流动的物理机制,认识黏性流动的规律性.本章的大部分内容,就是介绍一些简单黏性流问题的数学解法,并阐明所得结果的物理意义.

我们列出均匀流体不可压缩流动的主控方程组

$$\nabla \cdot \boldsymbol{v} = 0, \qquad \frac{\mathrm{d}\boldsymbol{v}}{\mathrm{d}t} = -\frac{1}{\rho}\,\nabla p + \nu\,\nabla^2 \boldsymbol{v}. \qquad (4.2.1)$$

先要讨论的是这样一类简单的流动:所有流体质点都沿着空间某一确定的方向运动,且流场中各种物理量的分布均不随时间而改变.这种流动称为**定常平行剪切流动**.我们把流体速度的方向取为 x 轴,速度分量就可以表示为

$$u = u(x,y,z), \qquad v = w = 0. \qquad (4.2.2)$$

于是,黏性流方程简化为

$$\left.\begin{array}{l} \nabla \cdot \boldsymbol{v} = \dfrac{\partial u}{\partial x} = 0, \\[2mm] -\dfrac{1}{\rho}\dfrac{\partial p}{\partial x} + \nu\left(\dfrac{\partial^2 u}{\partial y^2} + \dfrac{\partial^2 u}{\partial z^2}\right) = 0, \\[2mm] \dfrac{\partial p}{\partial y} = \dfrac{\partial p}{\partial z} = 0. \end{array}\right\} \qquad (4.2.3)$$

这表明,流体质点的加速度处处为零,作用在流体上的压力和黏性力相互平衡.方程组(4.2.3) 可以写成

$$\frac{1}{\rho}\frac{\mathrm{d}p}{\mathrm{d}x} = \nu\left(\frac{\partial^2 u}{\partial y^2} + \frac{\partial^2 u}{\partial z^2}\right). \qquad (4.2.4)$$

因为该方程左边只是 x 的函数,右边又只是 y 和 z 的函数,方程两边必须为同一个常数.若令

$$\frac{\mathrm{d}p}{\mathrm{d}x} = -G,$$

则有

$$\frac{\partial^2 u}{\partial y^2} + \frac{\partial^2 u}{\partial z^2} = -\frac{G}{\mu}. \qquad (4.2.5)$$

下面,我们分别研究定常平行剪切流几种不同边值问题的解法.

4.2.1　平板考艾特(Couette)流动

考艾特(1890) 研究了这样一种流动:在两块无限大的平行平板之间充满了流体,让其中一块平板相对于另一块平板以不变的速度在其自身平面内运动,从而使得流体在摩擦力作用下发生运动. 当时间充分长后,流体运动达到定常状态,要求出此定常流动的速度场.

分析这一问题可以取一个固连于某一块平板的笛卡儿坐标系 $\{x,y,z\}$,使该平板所在平面为 xy 平面.另一块平板处于 $z = h$ 的平面内,它的运动方向就取作 x

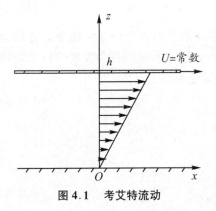

图 4.1 考艾特流动

轴方向. 由于流体的运动是由运动平板作用在相邻流体上的摩擦力所引起的,并且没有施加任何压强梯度来推动或阻滞流体运动,方程(4.2.5)中应取 $G = 0$. 再利用平板在 x 方向和 y 方向上无界的假设,可得知 $u = u(z)$. 于是,方程(4.2.5)退化为一个简单的常微分方程

$$\frac{\mathrm{d}^2 u}{\mathrm{d}z^2} = 0. \qquad (4.2.6)$$

在流体与平板的交界面上,黏性流应满足无滑移条件

$$z = 0, u = 0; \qquad z = h, u = U, \qquad (4.2.7)$$

其中 U 是平板运动的速度. 由式(4.2.6)和(4.2.7),立刻可以积分得

$$u(z) = \frac{U}{h}z, \qquad 0 \leqslant z \leqslant h. \qquad (4.2.8)$$

容易算出运动平板面上的流体应力

$$\sigma_{zz} = \mu \left. \frac{\mathrm{d}u}{\mathrm{d}z} \right|_{z=h} = \frac{\mu U}{h}.$$

因此,在单位面积的交界面上,运动平板在单位时间内对流体的做功为

$$W = \sigma_{zx} \cdot U \cdot 1 = \mu U^2 / h.$$

另一方面,单位体积流体中机械能耗散率是

$$\Phi = \frac{\mu}{2} \left(\frac{\partial v_i}{\partial x_j} + \frac{\partial v_j}{\partial x_i} \right)^2 = \mu \left(\frac{\mathrm{d}u}{\mathrm{d}z} \right)^2 = \mu U^2 / h^2,$$

故两板之间单位底面积的流体柱内,单位时间的机械能耗散为

$$\Phi \cdot h \cdot 1 = \mu U^2 / h,$$

它正好等于单位时间内平板对流体所做的功. 所以,维持平板等速运动所需输入的功率,正好补偿平板间的流体在单位时间内的摩擦生热,这就是考艾特流动中的能量平衡关系.

4.2.2 平面泊肖叶(Poiseuille)流动

假设在两块处于相对静止的无限大平行平板之间充满了流体. 若沿着和平板平行的某一方向在流体内作用一个不变的压强梯度,使流体在此压力场作用下运动,则当时间充分长以后,作用在流体上的压力和黏性力就会达到平衡,使流体停止加速并到达定常流动状态. 这种流动称之为**泊肖叶流动**. 现要确定其速度分布.

　　我们仍取同样的坐标系,并将压强梯度的反方向取为 x 轴方向,即有

$$\frac{\partial p}{\partial y} = \frac{\partial p}{\partial z} = 0, \frac{\mathrm{d}p}{\mathrm{d}x} = -G, G = 常数 > 0.$$

由于流动是由 x 方向的恒定的压力梯度所驱动,故可知 $u = u(z), v = w = 0$,从而可得简化的流体运动方程

$$\frac{\mathrm{d}^2 u}{\mathrm{d}z^2} = -\frac{G}{\mu}; \qquad (4.2.9)$$

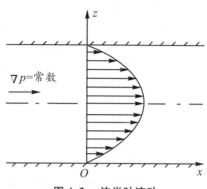

图 4.2　泊肖叶流动

在两块平板面上,流体应满足无滑移条件

$$z = 0, u = 0; \qquad z = h, u = 0. \qquad (4.2.10)$$

在定解条件(4.2.10)下积分微分方程(4.2.9)得到

$$u(z) = \frac{G}{2\mu} z(h - z). \qquad (4.2.11)$$

因此,泊肖叶流动的速度是沿板面的垂直方向成抛物线分布,最大速度出现在两板之间的中心位置上.

　　最大速度值 $u_{\max} = \dfrac{Gh^2}{8\mu}$,

　　单位展长的流量 $Q = \displaystyle\int_0^h u(z)\mathrm{d}z = \dfrac{Gh^3}{12\mu} = \dfrac{2}{3} h u_{\max}$.

　　在泊肖叶流动中,压强场对流体所做的功,正好补偿流体在运动中的机械能耗散.因为流体质点的动能在运动中不发生变化,改变的是与压力有关的"压强位能";所以,也常常用**总压强损失**$(p_1 - p_2)$一词来表示流过某一距离的机械能损失,其中,p_1 与 p_2 分别表示起点与终点的压强.这里,我们不拟进行具体计算,请读者参照考艾特流动的能量分析,自己对上述内容作出计算验证.

　　我们还可以在泊肖叶流动中同时考虑两平板有温度差时的流体传热问题.设在两平板上保持不同的恒定温度 T_0 和 T_1,热能将以流体为介质从高温板传向低温板.当时间充分长后,流体的速度场和温度场都将达到稳定状态.如果忽略因温度变化而引起的密度改变,并且假设流体不存在热对流运动.此时,泊肖叶流动将不受传热的影响而改变,但流动反过来要影响传热过程,这从能量方程中可以清楚地反映出来.此时能量方程为

$$k \nabla^2 T + \Phi = 0,$$

其中 Φ 为能耗散函数.同样,由于速度和温度沿 x 方向分布的均匀性,有 $T =$

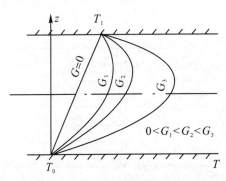

图 4.3　不同压力梯度下的温度分布

$T(z)$. 于是,能量方程化简为

$$k \frac{\mathrm{d}^2 T}{\mathrm{d}z^2} + \mu \left(\frac{\mathrm{d}u}{\mathrm{d}z} \right)^2 = 0.$$

将泊肖叶流动的速度函数代入后,得到

$$\frac{\mathrm{d}^2 T}{\mathrm{d}z^2} = - \frac{G^2}{k\mu} \left(z - \frac{h}{2} \right)^2.$$

$$(4.2.12)$$

加上边界条件

$$z = 0, T = T_0; \qquad z = h, T = T_1,$$

$$(4.2.13)$$

就可以解得温度分布

$$T(z) = \frac{G^2}{192 k\mu} \left[h^4 - 16 \left(z - \frac{h}{2} \right)^4 \right] + \frac{(T_1 - T_0) z}{h} + T_0. \quad (4.2.14)$$

4.2.3　哈根-泊肖叶(Hagen-Poiseuille)流动

假设在无限长等截面直圆管中充满不可压缩的黏性流体,并且,沿管轴方向在流体内作用一个压强梯度,流体在压力差驱动下发生运动. 同样,要确定充分长时间后,定常管流在横截面内的速度分布.

现在,取一个柱坐标系 (x, r, φ),使得 x 轴与管轴重合,x 的正方向沿压强梯度的反方向,于是有

$$\frac{\partial p}{\partial r} = \frac{\partial p}{\partial \varphi} = 0, \qquad \frac{\mathrm{d}p}{\mathrm{d}x} = - G.$$

由对称性得知

$$v_x = v(r), \qquad v_r = v_\varphi = 0.$$

方程(4.2.5)在柱坐标下化为

$$\frac{1}{r} \frac{\mathrm{d}}{\mathrm{d}r} \left(r \frac{\mathrm{d}v}{\mathrm{d}r} \right) = - \frac{G}{\mu}.$$

$$(4.2.15)$$

解此方程需要两个边界条件,在管壁上仍用无滑移条件,管轴上则须使速度保持有界,即

$$r = a, v = 0; \qquad r = 0, v < \infty,$$

$$(4.2.16)$$

其中 a 为圆管半径. 积分后给出

$$v(r) = \frac{G}{4\mu} (a^2 - r^2).$$

$$(4.2.17)$$

最大速度出现在管轴线上,为

$$v_{\max} = \frac{Ga^2}{4\mu}.$$

这一著名结果是由哈根(1839) 和泊肖叶(1840) 分别研究得出的.

由速度分布(4.2.17) 很容易求得管流的通量

$$Q = \int_0^a v(r)2\pi r\mathrm{d}r = \frac{\pi G}{8\mu}a^4. \tag{4.2.18}$$

因此,在一定的压强梯度驱动下,管道流动的流量和管径的四次方成正比.

4.3　非定常的平行剪切流动

非定常的黏性流动有两种可能的情况:一种是由于流动的边界条件随时间发生变化,使得作用在流体上的外力以及流体内部的相互作用力都跟着发生变化,从而导致了流动随时间的改变.另一种则是由于流动失去了稳定性.这时纵使边界条件不随时间改变,N-S 方程也不存在稳定的定常解.或者说,此时 N-S 方程的解不唯一,其中的定常流解是不稳定的,而非定常流解才是稳定的.后一种情况的问题很复杂,我们要讨论的只是前一种问题.这种问题又分两种类型:一类是边界作周期性变化的"边界值问题",求解的是一种稳定振动的渐近状态;另一类是边界作任意运动的"初始值问题",求解的是一种不断随时间变化的"瞬态运动".

4.3.1　斯托克斯第一问题

假设有一块无限大平板浸没在无界的静止流体中.突然,平板以速度 U 沿其自身所在的平面运动起来,并且一直保持着速度的大小和方向不变.要求解平板起动后流体运动的演化过程.

平板两侧流体的运动是对称的,所以,我们只需要讨论其中一侧的流动.在平板突然起动的一瞬间,流体内部的质点还处在静止状态,因为流体速度改变总需要时间;但无滑移条件却要求黏附在固壁面上的流体质点跟随平板一起运动.这样,平板的突然运动就在板的一侧产生了一个切向速度的间断面(即平面涡层).于是,我们的问题也就等价于研究无限大平面涡层的黏性扩散过程.

取一个和无穷远处的流体相固连的笛卡儿坐标系,使 xy 平面与平板重合,z 轴指向所讨论流体运动的一侧,平板运动的方向为 x 轴方向.由题意可知

$$u = u(z,t), \quad v = w = 0, \quad p = 常数;$$

N-S 方程就简化成为

$$\frac{\partial u}{\partial t} = \nu \frac{\partial^2 u}{\partial z^2}. \tag{4.3.1}$$

这是大家熟悉的热传导方程.它表明,黏性引起的动量输运和导热引起的能量输运具有相同的物理机制.我们写出问题的初始条件和边界条件,它们是

$$\left. \begin{array}{l} t = 0, u(z,0) = 0, z > 0; \\ z = 0, u(0,t) = U; z \to \infty, u(\infty,t) = 0, t > 0. \end{array} \right\} \tag{4.3.2}$$

在方程(4.3.1)和边界条件(4.3.2)中给出了两个物理参数:U 和 ν.由问题的线性性质,我们可以把解写为下面的无量纲形式

$$\frac{u(z,t)}{U} = f(z,t;\nu),$$

并且可知道,f 应当是由 x,t,ν 所组成的某个无量纲组合变量的函数.根据量纲分析(参看附录 3),由 z,t,ν 只能组成一个无量纲变量 $z/\sqrt{\nu t}$,因此我们取新变量

$$\eta = z/2\sqrt{\nu t}, \tag{4.3.3}$$

并将函数写成

$$u = Uf(\eta). \tag{4.3.4}$$

代入方程(4.3.1)后,得到 f 满足的常微分方程

$$f'' + 2\eta f' = 0. \tag{4.3.5}$$

相应地,边界条件化为

$$f(0) = 1, \quad f(\infty) = 0. \tag{4.3.6}$$

在边界条件(4.3.6)下对微分方程(4.3.5)求积,再利用高斯(Gauss)积分

$$\int_0^\infty e^{-\eta^2} d\eta = \frac{\sqrt{\pi}}{2},$$

就得到该问题的精确解

$$u(z,t) = U\left(1 - \frac{2}{\sqrt{\pi}}\int_0^\eta e^{-\tau^2} d\tau\right). \tag{4.3.7}$$

该速度剖面如图 4.4a 所示.

在上述表达式中,如果我们令 z 和 t 同时趋于零,并且使 $\eta = z/(2\sqrt{\nu t}) \to \infty$,则有 $u(0_+, 0_+) = 0$;但在板面上($z = 0$),总有 $u = U$.这表明,在平板突然运动的那一瞬间,紧贴板面的确是一个流体速度的切向间断面.可是,对于任何确定的 $t > 0$,当 $z \to 0$ 时却有 $u = U$,又表明切向间断面在瞬间出现后又随即消失,显示了

动量的黏性输运对速度间断的平滑作用. 对表达式 (4.3.7) 作进一步的分析, 还可以揭示涡量的黏性扩散过程, 即流体黏性对角动量的输运效应.

对式 (4.3.7) 求 z 的导数, 我们可得到涡量

$$\omega = -\frac{\partial u}{\partial z} = \frac{U}{\sqrt{\pi \nu t}}\,e^{-\frac{z^2}{4\nu t}} \equiv \omega_0(t)\,e^{-\frac{z^2}{4\nu t}}, \qquad (4.3.7')$$

其中 $\omega_0(t) = \dfrac{U}{\sqrt{\pi \nu t}}$ 是壁面的涡量. 从式 (4.3.7′) 可以看出, 在 $t = 0^+$ 时刻, 在 $z = 0$ 处 $\omega = \infty$; 而在 $z > 0$ 处 $\omega = 0$. 这表明在平板突然起动的瞬时, 壁面上有一层流体切向速度的间断面 (涡层). 当 $t > 0$ 以后时刻, 虽然壁面上的涡量总有一极大值, 但是它随时间增加按 $\omega_0 \sim \dfrac{1}{\sqrt{\nu t}}$ 规律衰减. 与此同时, 涡量在平板垂直方向上扩散, 涡量扩散的范围按 $\sqrt{\nu t}$ 随时间扩大, 而涡量的大小按指数函数规律随离平板的垂直距离迅速衰减. 涡量在 z 方向的分布随时间的变化如图 4.4b 所示. 我们还容易从式 (4.3.7) 算出, 当 $z = 4\sqrt{\nu t}$ 时涡量 $\omega(z,t)$ 已减少到壁面涡量的 1% 左右, 而这时的 $u(z,t)$ 已下降到 U 的 1% 以下. 由此可见, 如果 ν 很小, 涡量实际上只集中在壁面附近的薄层内, 其厚度为 $\delta \sim \sqrt{\nu t}$ 量级, 我们把这一薄层称为边界层. 从这个典型例子中我们可以看出: 涡量因黏性从壁面上生成, 又因黏性在流体中扩散, 最终还因黏性而耗散.

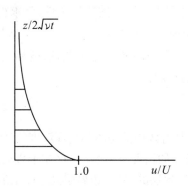

图 4.4a　式 (4.3.7) 速度分布

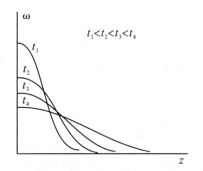

图 4.4b　涡量分布随时间变化

4.3.2　斯托克斯第二问题

斯托克斯还研究过另一个重要的非定常黏性流问题, 即一个浸没在静止流体中的无限大平板, 让它在自身平面内沿某一固定方向作简谐的平移振动, 作用在流

体上的周期性剪切力又带动流体作振荡运动.当时间充分长(瞬态效应消失)后,流体的振动会渐近地达到一种稳定状态.他得到了这种稳定周期流动的速度分布.

求解这一问题仍可采用前一问题中所用的坐标系.将平板的振动速度写为

$$u_0(t) = U\cos\omega t, \tag{4.3.8}$$

其中 U 和 ω 分别为振动速度的振幅和角频率,利用问题的对称性,可知

$$u = u(z,t), \quad v = w = 0, \quad p = 常数.$$

于是,速度 u 仍然满足运动方程(4.3.1),而边界条件为

$$\left.\begin{array}{l} z = 0, u = u_0 = \mathscr{R}e(Ue^{-i\omega t}), \\ z = \infty, u = 0. \end{array}\right\} \tag{4.3.9}$$

因为问题是线性的,稳定振动解可以写成

$$u(z,t) = \mathscr{R}e[f(z)e^{i\omega t}], \tag{4.3.10}$$

其中 $f(z)$ 为一复函数,代入方程(4.3.1),可以得到 $f(z)$ 满足的常微分方程

$$f'' + \frac{i\omega}{\nu}f = 0. \tag{4.3.11}$$

引入

$$k_{1,2} = \pm\left(\frac{i\omega}{\nu}\right)^{1/2} = \pm\frac{i+1}{\sqrt{2}}\sqrt{\frac{\omega}{\nu}},$$

方程(4.3.11)的通解写为

$$f(z) = Ae^{ik_1 z} + Be^{ik_2 z}.$$

由无穷远处的边界条件,可以得知 $B = 0$,再利用板面上的边界条件,就求得

$$u(z,t) = Ue^{-kz}\cos(kz - \omega t), \tag{4.3.12}$$

其中 $k = \sqrt{\omega/2\nu}$.这一结果表明,振荡流动是沿 z 方向传播的横波,波幅随波的传播距离按指数律衰减.我们可以定义一个**贯穿深度**

$$\delta = \sqrt{\frac{2\nu}{\omega}}. \tag{4.3.13}$$

定性地说,因平板切向振动引起的流体振动,其有效传播距离和贯穿深度 δ 为同一量级.因此,在流体黏性系数很小和振动频率很高的情况下,振动只存在于板面附近的一个薄层区域内,因此,δ 也可以理解为振荡边界层的厚度(边界层概念详见第8章).

4.3.3 管道流动的起动过程

前一节所研究的定常圆管流动,文献上称为**充分发展的管流**,意思是指黏性力的效应已经充分发展,达到了和压差驱动力相平衡的程度.这种流动出现在离管道入口充分远的地方和压差作用了充分长时间以后.至于管道入口附近的流动和刚

从静止起动的流动,由于其黏性作用都还没有得到充分的发展,哈根-泊肖叶解是不适用的.现在我们来研究圆管内的流体在压差作用加上后的流动发展过程.

如果不考虑入口段的流动,仍可假设圆管为无限长.设在某一初始时刻打开阀门,施加一个压差的驱动作用,流体开始加速运动.下面分析流动随时间的演变过程.在柱坐标系 (x,r,θ) 中,非定常黏性管流方程写成

$$\frac{\partial u}{\partial t} = \frac{G}{\rho} + \nu\left(\frac{\partial^2 u}{\partial r^2} + \frac{1}{r}\frac{\partial u}{\partial r}\right). \tag{4.3.14}$$

初始条件和边界条件分别为

$$t = 0, u(r,0) = 0; \qquad r = a, u(a,t) = 0. \tag{4.3.15}$$

作函数替换

$$w(r,t) = \frac{G}{4\mu}(a^2 - r^2) - u(r,t), \tag{4.3.16}$$

非齐次的管流方程(4.3.14)变换成齐次方程

$$\frac{\partial w}{\partial t} = \nu\left(\frac{\partial^2 w}{\partial r^2} + \frac{1}{r}\frac{\partial w}{\partial r}\right). \tag{4.3.17}$$

初边值条件也相应地变为

$$w(r,0) = \frac{G}{4\mu}(a^2 - r^2), \qquad w(a,t) = 0. \tag{4.3.18}$$

对齐次方程(4.3.17),可用分离变量法求解,令

$$w(r,t) = f(r) \cdot T(t), \tag{4.3.19}$$

可得

$$\frac{T'}{\nu T} = \frac{1}{f}\left(f'' + \frac{1}{r}f'\right) = -\alpha^2,$$

其中 α 为常数.于是得到 T 和 f 满足的下列方程

$$\left.\begin{array}{l} T' + \nu\alpha^2 T = 0, \\ f'' + \frac{1}{r}f' + \alpha^2 f = 0. \end{array}\right\} \tag{4.3.20}$$

再作变换 $r = a\rho$,我们就得到函数 f 的下列本征值问题

$$\left.\begin{array}{l} \dfrac{\mathrm{d}^2 f}{\mathrm{d}\rho^2} + \dfrac{1}{\rho}\dfrac{\mathrm{d}f}{\mathrm{d}\rho} + k^2 f = 0, \\ \rho = 1, f = 0. \end{array}\right\} \tag{4.3.21}$$

这是零阶的贝塞尔(Bessel)方程,其中 $k = a\alpha$.定解的条件为 $J_0(k) = 0, J_0(k)$ 为零阶贝塞尔函数.满足上述条件的 k 值构成一个无穷数列 $\{k_n, n = 1, 2, \cdots\}$,称为零阶贝塞尔方程的本征值,对应的本征函数为

$$f_n(\rho) = \mathrm{J}_0(k_n\rho).$$

由 $\alpha_n^2 = k_n^2/a^2$,可以求得对应的 T 函数

$$T_n(t) = \exp(-k_n^2\nu t/a^2).$$

于是,我们得到满足边界条件(4.3.18)的齐次方程(4.3.17)解的一般形式

$$\omega(r,t) = \frac{G}{4\mu}\sum_{k=1}^{\infty} A_n \mathrm{J}_0\left(k_n\frac{r}{a}\right)\exp(-k_n^2\nu t/a^2).$$

利用式(4.3.18)中的初始条件

$$a^2 - r^2 = \sum_{n=1}^{\infty} A_n \mathrm{J}_0\left(k_n\frac{r}{a}\right),$$

可以求出傅里叶系数

$$A_n = \frac{2a^2}{\mathrm{J}_1^2(k_n)}\int_0^1 \rho(1-\rho^2)\mathrm{J}_0(k_n\rho)\mathrm{d}\rho = \frac{8a^2}{k_n^3\mathrm{J}_1(k_n)}.$$

最后我们得到

$$u(r,t) = \frac{G}{4\mu}(a^2-r^2) - \frac{2Ga^2}{\mu}\sum_{n=1}^{\infty}\frac{\mathrm{J}_0\left(k_n\dfrac{r}{a}\right)}{k_n^3\mathrm{J}_1(k_n)}\cdot\exp(-k_n^2\nu t/a^2). \qquad (4.3.22)$$

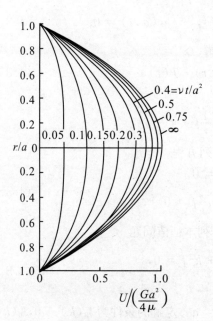

图 4.5　圆管内流体在压差驱动下
的起动过程

这就是所要求的解,它的物理意义很清楚:等号右边第一项表示已经充分发展的管流,第二项描述流动向定常状态接近的发展过程.当 $t = 0$ 时,$u(r,t) = 0$,这时,管内流体还没有受到黏性力作用,它们在压力作用下开始加速.随着时间的推移,一方面流体在压力作用下速度越来越大,另一方面黏性力的阻滞效应也越来越强,并且从管壁向管轴扩展.相应地,表示对定常分布偏离程度的级数项随时间逐渐减小,愈靠近管壁,减小得愈快.速度剖面随时间的演变过程和流体的黏性系数、圆管半径等参数有关.图 4.5 给出了无量纲的剖面速度分布随时间的变化.它清楚地表明,流动刚发生时,管道中心部分受黏性影响很小,流体在压力作用下几乎是

均匀加速. 随着时间推移, 黏性阻滞的作用越来越强, 流体的加速度越来越小. 而且, 这一过程在靠近管壁的地方比轴线附近进行得更快. 当 $\nu t / a^2 = 0.75$ 时, 速度已经很接近泊肖叶分布了.

4.4　圆对称的平面黏性流动

另外一种具有高度对称性的黏性流, 是流线族为同轴圆周线的二维流动. 例如, 圆柱轴承配合面间隙内的润滑油流动, 就可以看做是这样的黏性流动. 在这类流动中, 流体的同轴圆柱面上受到垂直于柱面母线的切向应力作用, 而沿圆柱面法向的压强梯度则提供流体作圆周运动的向心力. 流动的对称性质, 可以使黏性流方程得以大大简化. 本节将讨论其中几种有精确解的流动.

4.4.1　圆柱考艾特流动

我们来研究这样的问题: 两个同轴的圆柱壁之间充满流体, 令壁面以不同的角速度绕轴作匀速转动, 流体在壁面摩擦力驱动下发生运动. 充分长时间后, 流体的运动达到定常状态, 要确定这种定常流的速度分布.

为了使问题得以简化, 我们假设内外两个圆柱面都是无限长的. 这样, 流动沿柱轴方向不会有改变, 是一种在与柱轴正交的平面族内的二维圆周运动, 以采用极坐标 (r, φ) 进行分析最为方便. 写出极坐标系中二维不可压缩定常黏性流的 N-S 方程组

$$\left.\begin{array}{l} \dfrac{\partial}{\partial r}(ru) + \dfrac{\partial v}{\partial \varphi} = 0, \\[2mm] u\dfrac{\partial u}{\partial r} + \dfrac{v}{r}\dfrac{\partial u}{\partial \varphi} - \dfrac{v^2}{r} = -\dfrac{1}{\rho}\dfrac{\partial p}{\partial r} + \nu\left(\nabla^2 u - \dfrac{u}{r^2} - \dfrac{2}{r^2}\dfrac{\partial v}{\partial \varphi}\right), \\[2mm] u\dfrac{\partial v}{\partial r} + \dfrac{v}{r}\dfrac{\partial v}{\partial \varphi} + \dfrac{uv}{r} = -\dfrac{1}{\rho r}\dfrac{\partial p}{\partial \varphi} + \nu\left(\nabla^2 v + \dfrac{2}{r^2}\dfrac{\partial u}{\partial \varphi} - \dfrac{v}{r^2}\right), \end{array}\right\} \quad (4.4.1)$$

其中 (u, v) 为速度的 (r, φ) 分量,

$$\nabla^2 = \frac{1}{r}\frac{\partial}{\partial r}\left(r\frac{\partial}{\partial r}\right) + \frac{1}{r^2}\frac{\partial^2}{\partial \varphi^2}. \quad (4.4.2)$$

由流动的对称性,可以得知

$$u = 0, \quad v = v(r), \quad p = p(r).$$

于是,方程(4.4.1)立刻化简为

$$\left. \begin{array}{l} \dfrac{1}{r}\dfrac{\mathrm{d}}{\mathrm{d}r}\left(r\dfrac{\mathrm{d}v}{\mathrm{d}r}\right) - \dfrac{v}{r^2} = 0, \\[3mm] \dfrac{\mathrm{d}p}{\mathrm{d}r} = \dfrac{\rho v^2}{r}. \end{array} \right\} \tag{4.4.3}$$

我们将内外圆柱壁的半径分别记为 R_1 和 R_2,转动角速度记为 Ω_1 和 Ω_2,于是,圆柱壁面上的边界条件为

$$r = R_1, v = \Omega_1 R_1; \qquad r = R_2, v = \Omega_2 R_2. \tag{4.4.4}$$

积分(4.4.3)的第一个方程,利用边界条件(4.4.4)确定出两个积分常数,就得到

$$v(r) = \frac{\Omega_2 R_2^2 - \Omega_1 R_1^2}{R_2^2 - R_1^2} r + \frac{(\Omega_1 - \Omega_2) R_1^2 R_2^2}{(R_2^2 - R_1^2) r}. \tag{4.4.5}$$

一般地,我们不关心流体中的压强分布情况,故用不着求解(4.4.3)的另一个分量方程.但是,摩擦应力却是一个重要的物理量,计算可得

$$\sigma_{r\varphi} = \mu\left(\frac{\partial v}{\partial r} - \frac{v}{r}\right) = \frac{2\mu(\Omega_1 - \Omega_2) R_2^2}{R_2^2 - R_1^2}. \tag{4.4.6}$$

由此可知,作用在单位长内柱面上的力矩为

$$M_1 = 2\pi R_1 \cdot 1 \cdot \sigma_{r\varphi} \cdot R_1 = \frac{4\pi\mu(\Omega_1 - \Omega_2) R_1^2 R_2^2}{R_2^2 - R_1^2}. \tag{4.4.7}$$

假设外柱面是一个固定轴套的内壁,$\Omega_2 = 0$,我们可以求得维持内轴转动所需的功率

$$P = M_1 \Omega_1 L = \frac{4\pi\mu L \Omega_1^2 R_1^2 R_2^2}{R_2^2 - R_1^2}, \tag{4.4.8}$$

其中 L 为内轴的长度.

注意一下解(4.4.5)的形式,不难发现,该式右边第一项表示刚体式的转动,第二项表示一种无旋运动.特别地,如果 $R_1 = 0$,式(4.4.5)就变为

$$v(r) = \Omega_2 r, \qquad r \leqslant R_2. \tag{4.4.9}$$

这表示一个旋转圆柱容器内的流休随同圆柱作整体转动,是流体处于静力平衡的情形.另一种情形是,$R_2 \to \infty$,并且 $\Omega_2 R_2 \to 0$,式(4.4.5)则变成

$$v(r) = \frac{\Omega_1 R_1^2}{r}, \qquad r \geqslant R_1, \tag{4.4.10}$$

它表示当柱面绕自身轴旋转时,柱面上的周向切应力带动外部无界流体作圆周运动的一种情况.这一结果表明,N-S 方程也可以存在无旋流解;虽然,这是一个很特

殊的例子.

　　把上面两种情况结合在一起,还可以考虑在一个很薄的长圆柱壁面内外,都充满了流体,当圆柱壁旋转时,同时带动柱面内外流体作同轴的圆周运动.易知,当 $t \to \infty$ 时,定常流为

$$\left.\begin{array}{l} v = \Omega r, r \leqslant R; \\[2mm] v = \dfrac{\Omega R^2}{r}, r \geqslant R. \end{array}\right\} \tag{4.4.11}$$

其中 R 为圆柱面半径,Ω 为转动速度.若假设在 $r = R$ 处并不存在圆柱壁面,而是在整个 $0 \leqslant r < \infty$ 的无界流体中都充满了流体,并且流动仍由表达式(4.4.11) 描述.这种流动就称为**兰金**(Rankine) **涡**,$r \leqslant R$ 的刚体式转动部分称为**涡核**.数值计算中,兰金涡常被人们用来作为一种简化的二维离散涡模型.

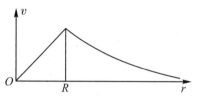

**图 4.6　转动圆柱壁内外的流体
速度分布**

4.4.2　考艾特流动的起动过程

　　现在我们假设两个同轴的圆柱壁面是从某一个 $t = 0$ 的时刻同时开始转动的,柱面间的流体原先处于静止状态.要求解圆柱间流动的发展过程.

　　假设流动是圆对称的,[*]黏性流运动方程为

$$\left.\begin{array}{l} \dfrac{\partial v}{\partial t} = \nu\left(\dfrac{\partial^2 v}{\partial r^2} + \dfrac{1}{r}\dfrac{\partial v}{\partial r} - \dfrac{v}{r^2}\right), \\[4mm] \dfrac{\partial p}{\partial r} = \dfrac{\rho v^2}{r}. \end{array}\right\} \tag{4.4.12}$$

给定的初始条件和边界条件分别是

$$\left.\begin{array}{l} v(r,0) = 0, R_1 \leqslant r \leqslant R_2; \\[2mm] v(R_1,t) = \Omega_1 R_1, v(R_2,t) = \Omega_2 R_2. \end{array}\right\} \tag{4.4.13}$$

　　为了数学上的简单,这里仅考虑 $R_1 = 0$ 的特殊情况.此时,初边值条件化简为

$$\left.\begin{array}{l} v(r,0) = 0, 0 \leqslant r \leqslant R; \\[2mm] v(R,t) = \Omega R, t > 0. \end{array}\right\} \tag{4.4.14}$$

引入新的函数

$$u(r,t) = \Omega r - v(r,t), \tag{4.4.15}$$

─────────────

[*]　在某些流动参数下,该流动可以有非圆对称的解.

我们得到一个齐次边值问题

$$
\left.
\begin{aligned}
\frac{\partial u}{\partial t} &= \nu\left(\frac{\partial^2 u}{\partial r^2} + \frac{1}{r}\frac{\partial u}{\partial r} - \frac{u}{r^2}\right), \\
u(r,0) &= \Omega r, u(R,t) = 0.
\end{aligned}
\right\}
\tag{4.4.16}
$$

如同 4.3 节中的做法一样,可以令

$$
u(r,t) = f(r)T(t),
\tag{4.4.17}
$$

就得到 $f(r)$ 和 $T(t)$ 满足的方程

$$
\begin{cases}
r^2 f'' + rf' + (\alpha^2 r^2 - 1)f = 0, \\
T' + \alpha^2 \nu T = 0.
\end{cases}
$$

再设 $\rho = r/R$,就引出一阶贝塞尔方程本征值问题的标准形式

$$
\left.
\begin{aligned}
\frac{\mathrm{d}^2 f}{\mathrm{d}\rho^2} + \frac{1}{\rho}\frac{\mathrm{d}f}{\mathrm{d}\rho} + (k^2 - \rho^{-2})f &= 0, \\
\rho = 1, f = 0, k &= 2R.
\end{aligned}
\right\}
\tag{4.4.18}
$$

由此可得齐次边值问题(4.4.16)的一般解表达式

$$
u(r,t) = \sum_{n=1}^{\infty} A_n \mathrm{J}_1\left(k_n \frac{r}{R}\right)\exp\left(-k_n^2 \frac{\nu t}{R^2}\right),
$$

其中本征值数列 $\{k_n\}$ 由方程 $\mathrm{J}_1(k) = 0$ 的根给出,A_n 可由式(4.4.16)中的初始条件

$$
\sum_{n=1}^{\infty} A_n \mathrm{J}_1\left(k_n \frac{r}{R}\right) = \Omega r
$$

确定,即有

$$
A_n = \frac{2R\Omega}{\mathrm{J}_0^2(k_n)}\int_0^1 \rho^2 \mathrm{J}_1(k_n\rho)\,\mathrm{d}\rho = -\frac{2\Omega R}{k_n \mathrm{J}_0(k_n)}.
$$

于是,我们得到问题的解为

$$
v(r,t) = \Omega r + 2\Omega R\sum_{n=1}^{\infty}\frac{\mathrm{J}_1\left(k_n \frac{r}{R}\right)}{k_n \mathrm{J}_0(k_n)}\exp\left(-k_n^2 \frac{\nu t}{R}\right).
\tag{4.4.19}
$$

这个解的数学形式和圆管流动过程有一定程度的相似,因为它也是表示黏性影响由圆柱边界向轴心发展,最后渐近地趋向于整个流体随柱壁作刚体式的定常旋转运动.

4.4.3　无限长直涡丝的黏性扩散

我们曾经指出,位势流 $1/r$ 也是 N-S 方程(4.4.1)的一个特解.假设解

$$
v = \frac{\Gamma}{2\pi r}
\tag{4.4.20}
$$

在整个无界平面上成立,它表示在轴线 $r = 0$ 处存在一条无限长的直涡丝,常数 Γ 表示涡丝的强度.但是,涡丝在黏性流体中是不能保持的,因为涡量具有黏性扩散效应.这一扩散过程在数学上可以表述为方程(4.4.12)的一个初始值问题,初始条件即为式(4.4.20).为解此初值问题,我们引入涡量

$$\omega(r, t) = \frac{\mathrm{d}v}{\mathrm{d}r} + \frac{v}{r}. \qquad (4.4.21)$$

由方程(4.4.12)可推得涡量方程

$$\frac{\partial \omega}{\partial t} = \nu \left(\frac{\partial^2 \omega}{\partial r^2} + \frac{1}{r} \frac{\partial \omega}{\partial r} \right) = \nu \, \nabla^2 \omega. \qquad (4.4.22)$$

相应的初始条件为

$$\omega(r, 0) = \Gamma\delta(r) = \Gamma\delta(x)\delta(y), \qquad (4.4.23)$$

其中 δ 表示狄拉克(Dirac)δ 函数.

在无界平面上的初始值问题(4.4.22),(4.4.23)的解,称为平面热传导方程的格林函数.我们可以用积分变换的方法解出此函数.

作傅里叶(Fourier)变换

$$\omega(\boldsymbol{r}, t) = \iint_{-\infty}^{\infty} f(\boldsymbol{k}, t)\mathrm{e}^{\mathrm{i}\boldsymbol{k}\cdot\boldsymbol{r}}\mathrm{d}k_x\mathrm{d}k_y. \qquad (4.4.24)$$

代入方程(4.4.22)可得

$$\iint_{-\infty}^{\infty} \left(\frac{\mathrm{d}f}{\mathrm{d}t} + k^2\nu f \right)\mathrm{e}^{\mathrm{i}\boldsymbol{k}\cdot\boldsymbol{r}}\mathrm{d}k_x\mathrm{d}k_y = 0, \qquad k^2 = k_x^2 + k_y^2.$$

因此,f 满足微分方程

$$\frac{\mathrm{d}f}{\mathrm{d}t} + k^2\nu f = 0.$$

从而有

$$f(\boldsymbol{k}, t) = f(\boldsymbol{k}, 0)\mathrm{e}^{-k^2\nu t}. \qquad (4.4.25)$$

作傅里叶反演变换

$$f(\boldsymbol{k}, t) = \frac{1}{4\pi^2}\iint_{-\infty}^{\infty} \omega(\boldsymbol{r}', t)\mathrm{e}^{-\mathrm{i}\boldsymbol{k}\cdot\boldsymbol{r}'}\mathrm{d}x'\mathrm{d}y'. \qquad (4.4.26)$$

于是有

$$f(\boldsymbol{k}, 0) = \frac{1}{4\pi^2}\iint_{-\infty}^{\infty} \omega(\boldsymbol{r}', 0)\mathrm{e}^{\mathrm{i}\boldsymbol{k}\cdot\boldsymbol{r}'}\mathrm{d}x'\mathrm{d}y'. \qquad (4.4.27)$$

将式(4.4.25)和(4.4.27)代入式(4.4.24),我们得到

$$\omega(\boldsymbol{r},t) = \frac{1}{4\pi^2}\iiint\limits_{-\infty}^{\infty}\omega(\boldsymbol{r}',0)\mathrm{e}^{\mathrm{i}\boldsymbol{k}\cdot\boldsymbol{r}'}\cdot\mathrm{e}^{-k^2\nu t}\mathrm{d}x'\mathrm{d}y'\mathrm{d}k_x\mathrm{d}k_y.$$

将 k 平面上的积分改写为

$$\iint\limits_{-\infty}^{\infty}\mathrm{e}^{\mathrm{i}\boldsymbol{k}(\boldsymbol{r}-\boldsymbol{r}')}\mathrm{e}^{-k^2\nu t}\mathrm{d}k_x\mathrm{d}k_y = \int\limits_{-\infty}^{\infty}\mathrm{e}^{-k_x^2\nu t}\big[\cos k_x(x-x') + \mathrm{i}\sin k_x(x-x')\big]\mathrm{d}k_x$$

$$\times\int\limits_{-\infty}^{\infty}\mathrm{e}^{-k_y^2\nu t}\big[\cos k_y(y-y') + \mathrm{i}\sin k_y(y-y')\big]\mathrm{d}k_y,$$

并注意到

$$\int\limits_{-\infty}^{\infty}\mathrm{e}^{-k^2\nu t}\cos\big[k(x-x')\big]\mathrm{d}k = \sqrt{\frac{\pi}{\nu t}}\mathrm{e}^{-\frac{(x-x')^2}{4\nu t}}$$

和

$$\int\limits_{-\infty}^{\infty}\mathrm{e}^{-k^2\nu t}\sin\big[k(x-x')\big]\mathrm{d}k = 0,$$

我们就能得出

$$\omega(\boldsymbol{r},t) = \frac{1}{4\pi\nu t}\iint\limits_{-\infty}^{\infty}\omega(\boldsymbol{r}',0)\exp\left\{-\frac{(x-x')^2+(y-y')^2}{4\nu t}\right\}\mathrm{d}x'\mathrm{d}y'.$$

再将式(4.4.23)代入上式,利用 δ 函数的积分性质,立刻就得到

$$\omega(\boldsymbol{r},t) = \frac{\Gamma}{4\pi\nu t}\mathrm{e}^{-\frac{r^2}{4\nu t}}. \qquad (4.4.28)$$

这是无界域中一根无限长直涡丝黏性扩散的数学表达式.将它代入微分方程(4.2.21),积分后给出速度场表达式

$$v = \frac{\Gamma}{2\pi r}(1 - \mathrm{e}^{-\frac{r^2}{4\nu t}}). \qquad (4.4.29)$$

由式(4.4.28)表示的旋涡模型,文献上常称之为奥辛(Oseen)涡或奥辛-兰姆(Oseen-Lamb)涡.图4.7画出了几个不同时刻的速度分布曲线,可以看出,旋涡中心的速度奇性只在 $t=0$ 瞬时存在.当黏性一旦发生影响,原来涡心部分的速度奇性立刻消失.在任意时刻 t,对于

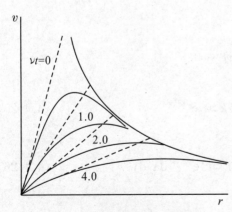

图 4.7　直涡丝黏性扩散过程中的速度场变化

$r \ll \sqrt{\nu t}$ 的核心部分,速度随 r 近似线性增大;而对 $r \gg \sqrt{\nu t}$ 的远场,速度则大体按 r^{-1} 的规律衰减.因此,若用一系列具有不同涡核半径的兰金涡来表示涡丝速度场随时间的演变,仍不失为一个可以接受的近似描述(见图 4.7 虚线).

4.5　几种非线性黏性流问题的精确解

以上所讨论的黏性流动,都属于 N-S 方程可以线性化的问题.至于 N-S 方程不可能线性化的黏性流动,可以精确求解的问题更是寥寥无几.这里要介绍的,是两个可以对非线性黏性流问题精确求解的著名例子.

4.5.1　二维驻点流动

我们研究均匀来流绕无限长钝头柱状物体的定常二维黏性流动.来流流线族中有一条流线和物面相交,这个交点称为驻点.假设物面轮廓线在驻点附近为光滑曲线(参看图 4.8),我们要研究驻点邻域内二维黏性流的性状及其数学表达形式.

由于我们的兴趣在于了解驻点 O 的一个极小邻域内的流动特性,这个邻域的尺度要比驻点处物面曲线的曲率半径小得多,所以,不妨把该处的物面曲线看成一条直线(在极限意义下).这样,研究驻点附近局部流动特性的问题,就化为"无穷远处"来流沿平板法线方向冲击无限大平壁的二维流问题.形象地讲,这就是在"放大镜"下观察到的驻点附近流动的放大图像.

取一个平面直角坐标系,使 x 轴顺平壁方向,y 轴沿平壁的法向,通过驻点并与流向驻点的流线相重合,坐标原点就是驻点.于是,可以写出平面定常黏性流的运动方程组

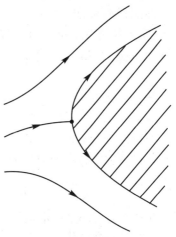

图 4.8　驻点附近的流动

$$\left.\begin{array}{l} \dfrac{\partial u}{\partial x} + \dfrac{\partial v}{\partial y} = 0, \\[2mm] u\dfrac{\partial u}{\partial x} + v\dfrac{\partial u}{\partial y} = -\dfrac{1}{\rho}\dfrac{\partial p}{\partial x} + \nu\left(\dfrac{\partial^2 u}{\partial x^2} + \dfrac{\partial^2 u}{\partial y^2}\right), \\[2mm] u\dfrac{\partial v}{\partial x} + v\dfrac{\partial v}{\partial y} = -\dfrac{1}{\rho}\dfrac{\partial p}{\partial y} + \nu\left(\dfrac{\partial^2 v}{\partial x^2} + \dfrac{\partial^2 v}{\partial y^2}\right). \end{array}\right\} \qquad (4.5.1)$$

在物面上,我们可以提出如下边界条件:

$$\left.\begin{array}{l} \text{当 } y = 0 \text{ 时}, u = 0, v = 0; \\[1mm] \text{当 } x = y = 0 \text{ 时}, p = p_0. \end{array}\right\} \qquad (4.5.2)$$

重要的是,远场$(y \rightarrow \infty)$的边界条件必须给出一个合理的提法. 已经说明,这是一个"放大"了的流动图像. 所以,$y \rightarrow \infty$ 实际上应理解为驻点极小邻域的外部边界,故那里的流动速度实际仍是 0 点邻域中流体的速度,可以取为外流速度函数在 O 点展开的一次近似式. 由于 $x = 0$ 时 $u = 0$ 和 $y = 0$ 时 $v = 0$,我们有

$$y \rightarrow \infty, \quad u = ax, \quad v = -ay. \qquad (4.5.3)$$

其中 u 和 v 的常数系数取为大小相等符号相反是连续方程所要求的. 读者对边界条件(4.5.2) 和(4.5.3) 不妨暂且作为一种规定来对待. 而在这种合理规定之下,N-S 方程可以进行精确求解. 它所包含的物理意义在研究了上述问题大雷诺(Reynolds)数$(Re = UL/\nu \gg 1)$ 流动的外部势流解和边界层理论后将会更加清楚.

　　注意到本问题中不存在特征长度,平面壁是无限大的,可知对于任何给定的 x 值,无量纲量 u/u_∞ 和 v/v_∞ 应当只是 y 的函数而不随 x 改变(此处,下标 ∞ 表示 $y \rightarrow \infty$ 的速度渐近值). 于是我们可设

$$v(x, y) = -f(y). \qquad (4.5.4)$$

由连续方程又可写出

$$u(x, y) = xf'(y). \qquad (4.5.5)$$

　　将速度分量 u, v 的表达式(4.5.4) 和(4.5.5)代入式(4.5.1)中的动量方程,然后比较方程中各项的数学形式,我们得知压强可以表示成下面形式的函数

$$p_0 - p = \frac{1}{2}\rho a^2 [x^2 + F(y)], \qquad (4.5.6)$$

其中 $F(y)$ 为另一个待定函数. 将式(4.5.4) $\sim$ (4.5.6) 代入方程(4.5.1),就得到 f 和 F 满足的常微分方程

$$\left.\begin{array}{l} f'^2 - ff'' = a^2 + \nu f''', \\[1mm] ff' = \dfrac{1}{2}a^2 F' - \nu f''. \end{array}\right\} \qquad (4.5.7)$$

相应的边界条件为

$$y = 0, f = 0, f' = 0, F = 0; \qquad y \to \infty, f' = a. \tag{4.5.8}$$

引入无量纲变量

$$\eta = y\sqrt{\frac{a}{\nu}}, \qquad \varphi(\eta) = f(y)/\sqrt{a\nu}, \tag{4.5.9}$$

得到无量纲形式的方程

$$\varphi''' + \varphi\varphi'' - \varphi'^2 + 1 = 0. \tag{4.5.10}$$

边界条件为

$$\eta = 0, \varphi = 0, \varphi' = 0; \qquad \eta \to \infty, \varphi' = 1. \tag{4.5.11}$$

西门子(Hiemenz)首先解出了方程(4.5.10),以后又有其他人作了改进.这里不准备介绍方程的解法,只讨论解得的结果.图4.9画出了φ,φ'和φ''随η的变化曲线,其中值得注意的是当$\eta \to \infty$时,φ'渐近地趋于1.也就是说,$u(x, y)$渐近地趋于外流速度u_∞.如果我们认为当$u/u_\infty = 0.99$时,流动速度的x分量已经达到了外流速度值(此时$\eta = 2.4$),那么,外流所在处到平面壁的实际距离约为

$$\delta = 2.4\sqrt{\nu/a}. \tag{4.5.12}$$

由此可见,黏性系数ν愈小,这一层的厚度也愈小.该层表示黏性具有显著作用的流体层,称为**边界层**(关于边界层的一般理论,我们将在第9章中作详细介绍).所以,由边界条件(4.5.3)规定的外流速度,应当是边界层外缘处无黏流的速度;而在无黏流模型(此时$\delta = 0$)下,驻点附近的速度分布正是由式(4.5.3)表示的.这可以帮助我们更好地理解边界条件(4.5.3)的意义.图4.10是根据数值解绘出的驻点附近流动的流场结构(流线族和速度分布剖面).

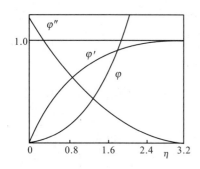

图4.9 方程(4.5.10)的数值解

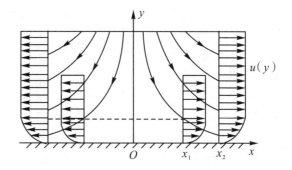

图4.10 驻点附近的流场结构

4.5.2 转动圆盘附近的黏性流动

上面对物面驻点附近的流动分析表明,当流体冲着固壁运动时,分子黏性在物

面法向上的动量输运会受到迎面来流作用的抑制,使得黏性影响仅局限在物面附近的区域.下面要讨论的则是另一种有趣的情况:固壁在其自身平面内作定轴旋转,由于惯性离心力导致近旁流体作径向运动,也能抑制物面法向方向的动量输运,把黏性影响局限在壁面近旁的一层流体内.为了说明这种黏性流动的图像,我们假设一个半径很大的圆盘平板,绕着通过圆盘中心并与板面垂直的轴等速旋转.这时,转盘近旁的流体因受到圆盘上摩擦力的作用,要跟随圆盘作周向运动;而由于流体中不存在径向的压力梯度,流体不可能保持圆周运动,就会在惯性作用下产生沿径向的运动,把流体从圆盘中心部分甩向四周.另一方面,又由于连续性的要求,在轴线方向远离圆盘的流体会沿中心轴线方向流向圆盘,以补充被甩散的流体.我们要分析的是圆盘中心附近的黏性流动,并构造与此相对应的模型问题的精确解.

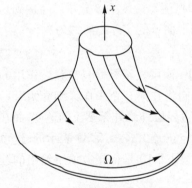

图 4.11　圆盘转动所引起的流动

因为只研究圆盘中心附近的流动,我们不妨把圆盘的半径看做无限大,以消除圆盘边缘的影响.鉴于问题具有轴对称性,宜采用柱坐标系 (x, r, φ),使 x 轴与圆盘旋转轴一致,并将三个速度分量记为 u, v, w.这样一来,本问题中就不存在特征长度,从而,不难看出,u,$v/r, w/r$ 和压强 p 都只是 x 的函数,而与 r 无关.从连续方程

$$\frac{\partial u}{\partial x} + \frac{1}{r}\frac{\partial (rv)}{\partial r} = 0,$$

我们可以将速度分量表示成

$$u = \tilde{f}(x), \qquad v = -\frac{r}{2}\tilde{f}'(x). \tag{4.5.13}$$

进而再设

$$w = r\tilde{g}(x), \tag{4.5.14}$$

并将它们一起代入 x 分量的柱坐标 N-S 方程

$$\frac{\partial u}{\partial t} + u\frac{\partial u}{\partial x} + v\frac{\partial u}{\partial r} + \frac{w}{r}\frac{\partial u}{\partial \varphi} = -\frac{1}{\rho}\frac{\partial p}{\partial x} + \nu\left[\frac{\partial^2 u}{\partial x^2} + \frac{1}{r}\frac{\partial}{\partial r}\left(r\frac{\partial u}{\partial r}\right) + \frac{1}{r^2}\frac{\partial^2 u}{\partial \varphi^2}\right].$$

经过简单计算后,得到一个常微分方程

$$\tilde{f}\frac{\mathrm{d}\tilde{f}}{\mathrm{d}x} = -\frac{1}{\rho}\frac{\mathrm{d}p}{\mathrm{d}x} + \nu\frac{\mathrm{d}^2\tilde{f}}{\mathrm{d}x^2}.$$

积分一次有

$$\frac{p}{\rho} = \nu \frac{\mathrm{d}\tilde{f}}{\mathrm{d}x} - \frac{\tilde{f}^2}{2} + 常数. \tag{4.5.15}$$

再将式(4.5.13)和(4.5.14)代入 r 和 φ 分量的 N-S 方程,又可得到

$$\left. \begin{aligned} -\frac{1}{2}\tilde{f}\tilde{f}'' + \frac{1}{4}\tilde{f}'^2 - \tilde{g}^2 &= -\frac{\nu}{2}\tilde{f}''', \\ \tilde{f}\tilde{g}' - \tilde{g}\tilde{f}' &= \nu g''. \end{aligned} \right\} \tag{4.5.16}$$

这里每一撇表示对 x 求一次导数.相应的边界条件为

$$\left. \begin{aligned} x = 0, \tilde{f} = \tilde{f}' &= 0, \tilde{g} = \Omega, \\ x \to \infty, \tilde{f}' &\to 0, \tilde{g} \to 0. \end{aligned} \right\} \tag{4.5.17}$$

其中 Ω 为圆盘的旋转角速度.

引入无量纲变量

$$x = \left(\frac{\nu}{\Omega}\right)^{1/2}\xi, \quad \tilde{f} = (\nu\Omega)^{1/2}f, \quad \tilde{g} = \Omega g, \tag{4.5.18}$$

方程(4.5.16)变换为

$$\left. \begin{aligned} \frac{1}{4}f'^2 - \frac{1}{2}ff'' - g^2 &= -\frac{1}{2}f''', \\ fg' - gf' &= g''. \end{aligned} \right\} \tag{4.5.19}$$

边界条件(4.5.17)变为

$$\left. \begin{aligned} \xi = 0, f = f' &= 0, g = 1, \\ \xi \to \infty, f' &\to 0, g \to 0. \end{aligned} \right\} \tag{4.5.20}$$

在式(4.5.19)和(4.5.20)中,撇号表示对 ξ 的导数.

卡门(Karman)首先给出了非线微分方程边值问题(4.5.19),(4.5.20)的解,这里我们用曲线图给出解的数值结果(图4.12),图上画出了 $-f(\xi)$,$-f'(\xi)/2$ 和 $g(\xi)$ 三种计算曲线.曲线表明,当 $\xi \to \infty$,$-f \to 常数 \approx 0.89$,$u \to -0.89(\nu\Omega)^{\frac{1}{2}}$.也就是说,$x = \infty$ 处的流体以一定的速度流向圆盘,这和上面说到的远处流体要沿旋转轴的方向流向板面以补充径向流出的流体是符合的.另外两个速度分量 v 和 w 则随 $x \to \infty$ 而迅速衰

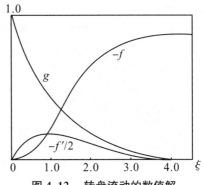

图 4.12　转盘流动的数值解

减.如果将周向速度衰减到 $w = 0.01\,\Omega r$ 的地方看做黏性输运效应已经实际消失,就可以把厚度 $\delta = 5.4(\nu/\Omega)^{\frac{1}{2}}$ 定义为黏性层的厚度或边界层厚度.还可以算出作

用在旋转圆板(双面)上的流体阻尼力矩为

$$M = \pi \rho \nu^{\frac{1}{2}} R^4 \Omega^{\frac{3}{2}} g'(0),$$

其中 R 为圆板的半径.这一计算结果与实验值吻合良好,证明该理论结果的精确性.

4.6　黏性流动的相似律

　　如前所述,可以求得理论上精确解的流动,只是一些简单的模型化的流动.实际的情形要复杂得多,以致求解一种真实的流动,往往会变得非常困难甚至无实现可能.要解决复杂的真实流动问题,一方面依靠发展各种近似理论和数值解法,另一方面则要通过实验观测和对观测结果的正确分析.

　　流体力学实验原则上是要研究尺度上缩小或放大了的真实流动.通过对这种模拟流动的观测与分析,去推知真实流动的特性与规律.例如,用飞机模型在风洞中作吹风试验,舰船模型在水槽中拖动测量等.这里,就需要回答这样一些问题:在模拟流动和真实流动之间是否可能存在一定的变换关系?具备何种条件的实验才能使模拟流动和真实流动之间有简单的变换关系?应当怎样表达和分析实验结果才能引出可应用于真实流动的合理结论等.这些问题必须由流动的相似理论来解决.

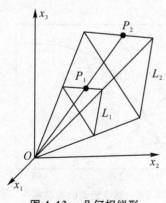

图 4.13　几何相似形

　　相似的概念起源于几何学.把一个几何图形按照比例关系放大或缩小,得到的新图形称为原来图形的**相似形**.为了对相似关系进行定量描述,可以取一个直角坐标系 $\{x_1, x_2, x_3\}$,然后将两个相似的图形在此坐标架中适当放置(如图4.13),就可以从数值上建立起两个图形点集之间的一一对应关系

$$x_i(p_1) = K x_i(p_2), \tag{4.6.1}$$

其中 p_1 和 p_2 是任意一对对应的点,K 为一常数.我们可以把常数 K 取为相似图形的某种特征长度之比,例如,图 4.13 中两个三角形的对应边长之比 L_1/L_2.于是,式(4.6.1)就可写成

$$\frac{x_i(p_1)}{L_1} = \frac{x_i(p_2)}{L_2} = \bar{x}_i. \tag{4.6.2}$$

这表示,如果两个相似图形分别用各自的特征长度作度量单位,则对应点的坐标测量值 $\bar{x}_i$ 相同. $\bar{x}_i$ 称为无量纲坐标.

在建立了两种流动区域几何相似的概念后,要引入"运动相似"的概念,就需建立四维空间 (x_1, x_2, x_3, t) 中的图形对应关系. 为此,我们首先得对两种流动取一个适当的对应时刻作为时间原点 $t = 0$,然后再选取适当的时间对应关系

$$t_1 = K_t t_2; \tag{4.6.3}$$

或者是,规定出对应的时刻 t_1 和 t_2,使它们具有相同的无量纲时间

$$\frac{t_1}{T_1} = \frac{t_2}{T_2} = \bar{t}. \tag{4.6.4}$$

这样,如果两个流动在一切空间对应点以及一切对应的时刻,都具有相同的无量纲速度,即有

$$\frac{v_1}{U_1} = \frac{v_2}{U_2} = \bar{v}, \tag{4.6.5}$$

这两种流动就称为**运动相似**. 此时,在式(4.6.4)和(4.6.5)中, T_1, T_2 和 U_1, U_2 是两种流动的特征时间和特征速度.

仅仅具有运动相似性的流动还不一定能成为**相似流动**. 相似流动除具有几何相似性和运动相似性之外,还必须具备**动力相似性,**即流动在四维空间对应点上的各种动力学量和热力学量,如体积力、黏性应力、压强、密度、温度、热通量密度等,都应当具有相应的比例变换关系. 按照上面的分析. 我们立刻可以得知:对于两种完全相似的流动,一定可以通过适当方式将各种流动变量无量纲化,即可构造出各自的无量纲变数 $\bar{t}$ 和 $\bar{x}_i$,以及无量纲场 $\bar{v}_i$, $\bar{p}$, $\bar{\rho}$, $\bar{T}$, $\bar{\sigma}_{ij}$, $\bar{q}_i$ 等,使它们的各同名变量成为无量纲四维连续统 $(\bar{x}_1, \bar{x}_2, \bar{x}_3, \bar{t})$ 上的相同函数.

现在举一个例子来说明. 我们来考察一下圆管泊肖叶流动,其速度分布写为

$$v(r) = \frac{\Delta p}{4\mu L}(a^2 - r^2).$$

改写成无量纲形式就是

$$\bar{v}(\bar{r}) = \frac{v}{v_{\max}} = 1 - \bar{r}^2,$$

其中 $\bar{r} = r/a$, $v_{\max} = \Delta p \cdot a^2/(4\mu L)$. 于是,我们得知,任何两种圆管泊肖叶流动都是相似流动. 因为,只要用每一种流动的管径 a 作为特征长度,而用带有速度量纲的组合变量 $\Delta p \cdot a^2/(\mu L)$ 作为特征速度,无量纲速度 $\bar{v}$ 就是无量纲坐标 $\bar{r}$ 的确定函数,而这两种泊肖叶流动的实际物理参数却是可以完全不同的. 比如,它们中可能一种是液体,另一种是气体;或者一种是油,另一种是水. 也可能一种是数米直

径的粗管,另一种却是针头那样的细管等.

两种相似的流动可以在无量纲数学形式的描述上表现出完全一致,使得我们能够寻找出确定流动是否相似的某些判据.因为描述流动的各种物理量的场函数,都是 N-S 方程在特定的定解条件下的解,所以,只要两种流动的无量纲流体运动方程组,连同其定解条件的数学形式相同,它们的解的无量纲式也必然相同,这两种流动就一定是相似流动.现在,让我们用一个例子说明如何运用这一推理来得出流动相似性的判据.

球的定常黏性绕流问题可以作为说明问题的最好例子,因为两个球的外部区域总是几何相似的.现在我们假设有两种绕球的定常流动.两种流体的密度不同,黏性系数不同,球的半径以及来流速度也不一样,要确定这两种流动相似的条件.

先写出不可压缩黏性流的运动方程组

$$\left.\begin{aligned}
&\frac{\partial v_i^{(k)}}{\partial x_j} = 0, \\
&v_j^{(k)} \frac{\partial v_i^{(k)}}{\partial x_j} = -\frac{1}{\rho^{(k)}} \cdot \frac{\partial p^{(k)}}{\partial x_i} + \nu^{(k)} \frac{\partial^2 v_i^{(k)}}{\partial x_j \partial x_j},
\end{aligned}\right\} \tag{4.6.6}$$

其中 $k = 1,2$ 分别表示两种不同的流动.边界条件为

$$(x_i \cdot x_i)^{1/2} = \infty, v_i^{(k)} = u_i^{(k)}; \quad (x_i \cdot x_i)^{1/2} = L^{(k)}, v_i^{(k)} = 0. \tag{4.6.7}$$

其中 U_i 表示来流速度,L 表示球半径.如果我们将方程(4.6.6)和边界条件(4.6.7)都写成无量纲形式,引入无量纲变量

$$\bar{x}_i = x_i/L, \quad \bar{v}_i = v_i/U, \quad \bar{p} = p/(\rho U^2), \tag{4.6.8}$$

就得到无量纲方程

$$\left.\begin{aligned}
&\frac{\partial \bar{v}_i}{\partial \bar{x}_i} = 0, \\
&\bar{v}_j \frac{\partial \bar{v}_i}{\partial \bar{x}_j} = -\frac{\partial \bar{p}}{\partial x} + \left(\frac{\nu}{UL}\right)^{(k)} \frac{\partial^2 \bar{v}_i}{\partial \bar{x}_j \partial \bar{x}_j}
\end{aligned}\right\} \tag{4.6.9}$$

和无量纲边界条件

$$\left.\begin{aligned}
&(\bar{x}_i \cdot \bar{x}_i)^{1/2} = \infty, \bar{v}_i = \delta_{i1}, \\
&(\bar{x}_i \cdot \bar{x}_i)^{1/2} = 1, \bar{v}_i = 0,
\end{aligned}\right\} \tag{4.6.10}$$

这里,我们已经取来流方向为 x_1 轴的方向.于是,我们看到,只要

$$\frac{v^{(1)}}{U^{(1)} L^{(1)}} = \frac{v^{(2)}}{U^{(2)} L^{(2)}}, \tag{4.6.11}$$

对两种流动,方程(4.6.9)和边界条件(4.6.10)就完全相同.它们的解 $\bar{v}_i(\bar{x}_i)$,$\bar{p}(x_i)$ 也就完全相同.这两种流动就是相似流动.因此,等式(4.6.11)就成为这两

种流动相似的条件.如前所述,在本问题中,几何相似的前提是隐含地满足的.球又是各向同性的几何外形,来流方向作任何改变也不破坏远场边界条件的相似性.

将无量纲参数 $\nu/(UL)$ 写成

$$Re^{-1} = \frac{\nu}{UL},\tag{4.6.12}$$

Re 称为**雷诺数**.上面例子的分析可以推广为以下更一般的重要结论:两个几何相似体按相同方位作等速运动,它们导致的定常不可压缩黏性绕流的相似条件为流动的雷诺数相等.这一结论称为定常不可压缩黏性流的**雷诺相似律**.各种不同类型的流动都有相应的相似律,这些相似律通常表示为流动的某些无量纲参数相等.所以,对流动进行分析一般都须采取无量纲的数学形式,这样得出的结果才可以应用到一类相似流动,而不只限于某种特定的具体流动.

同样地,应用相似理论正确进行实验数据分析,才能得出流动参数之间的规律性联系.我们以球在黏性流体中等速运动的阻力定律为例加以说明.对于不可压缩流体的定常绕流,流动将由球的半径 a、运动速度 U、流体的密度 ρ 和黏性系数 ν 决定.因此,一般地说,球的阻力 D 应是 a, U, ρ 和 ν 的函数

$$D = F(a, U, \rho, \nu).$$

要确定四个自变量的函数,依靠实验方法是很困难的,但是,如果改写成无量纲形式,并利用相似理论,问题的解决就容易得多.

我们知道,阻力是球表面上应力矢量积分在球运动方向上投影值的反号,于是有

$$D = - \oiint_{r=a} \sigma_{ij} \boldsymbol{n}_j \left(\frac{U_i}{U}\right) \mathrm{d}S = \oiint_{r=a} \left[p\delta_{ij} - \mu\left(\frac{\partial v_i}{\partial x_j} + \frac{\partial v_j}{\partial x_i}\right) \right] \boldsymbol{n}_j \left(\frac{U_i}{U}\right) \mathrm{d}S.$$

写成无量纲形式为

$$\frac{D}{\rho U^2 a^2} = \oiint_{r=1} \left[\bar{p}\delta_{ij} - \frac{1}{Re}\left(\frac{\partial \bar{v}_i}{\partial \bar{x}_j} + \frac{\partial \bar{v}_j}{\partial \bar{x}_i}\right) \right] n_j \bar{U}_i \mathrm{d}\bar{S},\tag{4.6.13}$$

其中 $\bar{U}_i$ 为球运动方向上的单位矢量.如果将该方向取作 x 轴的负方向,则 $\bar{U}_i$ 可以写成"$-\delta_{i1}$".式(4.6.13)右边的函数 $\bar{v}_i$ 和 $\bar{p}$ 是无量纲方程(4.6.9)在边界条件(4.6.10)下的解,如果写成

$$\bar{v}_i = f_i(\bar{x}_1, \bar{x}_2, \bar{x}_3; Re), \qquad \bar{p} = g(\bar{x}_1, \bar{x}_2, \bar{x}_3; Re),\tag{4.6.14}$$

则 f_i 和 g 就是 $\bar{x}_1, \bar{x}_2, \bar{x}_3$ 的确定函数,Re 是一个参数.将无量纲系数

$$\frac{D}{\rho U^2 a^2} \equiv C_D\tag{4.6.15}$$

定义为**球阻力系数**,并将式(4.6.14)代入式(4.6.13),就得到

$$C_D = F(Re). \tag{4.6.16}$$

这表明,球阻力系数是雷诺数的单变量函数.这样,我们在整理球阻力测量的实验数据时,就应当将测得的 D, ρ, a, U, ν 组合成两个无量纲量

$$C_D = \frac{D}{\rho U^2 a^2} \quad \text{和} \quad Re = \frac{Ua}{\nu}.$$

然后绘出 C_D-Re 的单值函数曲线,这个单变量函数就能给出球在流体中作等速运动 ($U \ll c$)时的阻力规律.图 4.14 给出了由实验数据画出的 C_D-Re 变化的曲线图.

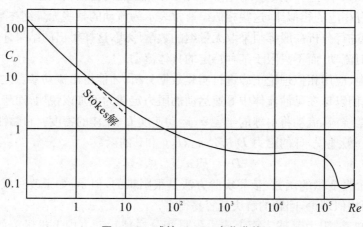

图 4.14　球的 C_D-Re 变化曲线

4.7　小雷诺数黏性流动

通过相似理论的分析,已经表明雷诺数是一个重要的无量纲参数.在几何相似的条件下,不可压缩性流动性状的变化将由雷诺数的变化来确定.现在,我们来进一步分析一下雷诺数的物理意义.为此,我们将 N-S 方程写成无量纲形式

$$\frac{\mathrm{d}\bar{v}_i}{\mathrm{d}\bar{t}} = -\frac{\partial \bar{p}}{\partial \bar{x}_i} + \frac{1}{Re}\frac{\partial^2 \bar{v}_i}{\partial \bar{x}_j \bar{x}_j}. \tag{4.7.1}$$

如果将此方程看成力的平衡方程, $-\mathrm{d}\bar{v}_i/\mathrm{d}\bar{t}$ 可视为**惯性力项**. $Re^{-1}\partial^2\bar{v}_i/\partial x_j^2$ 称为**黏性力项**.进一步,我们假设用作无量纲化的特征长度 L 和特征速度 U,都能真正

代表速度发生显著改变的空间距离和速度改变的量级，L/U 也能表示速度改变的时间尺度.那么，从流场的总体看来，$\mathrm{d}\bar{v}_i/\mathrm{d}\bar{t}$ 和 $\partial^2\bar{v}_i/\partial x_j^2$ 等无量纲导数就是数量级为 1 的量.从而，雷诺数 Re 就表征惯性力和黏性力之比的量级.

显然，这种粗略的分析与判断不免缺少数学上的严格性，作出判断所依赖的那些前提条件也不见得总能一目了然地判断其是否成立.所以，正确使用这种分析方法的关键还在于对流动机理和流场结构有深刻的理解.这种方法在流体力学理论发展的历史上曾经起过非常重要的作用，特别是在大雷诺数($Re \gg 1$) 流动和小雷诺数($Re \ll 1$) 流动两种情况下，利用这种方法简化数学问题往往显得十分有效.后来，这种方法经过不少学者从数学上进行严格考察，终于发展成为流体力学中一种重要的理论 —— **渐近展开方法论**，也称为**奇异摄动论**.

4.7.1　小雷诺数球绕流的斯托克斯解

现在，我们先来应用这种方法分析小雷诺数流动的近似规律.假设当 $Re \ll 1$ 时，可以认为在力的平衡中惯性力的作用微不足道，因而 N-S 方程可以近似地简化为一个线性方程

$$\nabla p = \mu \nabla^2 \boldsymbol{v}. \tag{4.7.2}$$

这就是小雷诺数流动的动量方程.

小雷诺数流动的典型问题是球的绕流，它满足

$$Re = \frac{Ua}{\nu} \ll 1, \tag{4.7.3}$$

其中 a 为球的半径.由上式可知，极慢运动、极大黏性系数和极小球半径三种情形下的球绕流，都属于小雷诺数流动.这种动可用方程(4.7.2)作近似描述，相应的边界条件为

$$r = a,\ \boldsymbol{v} = \boldsymbol{U};\qquad r = \infty,\ \boldsymbol{v} = \boldsymbol{0},\ p = p_0, \tag{4.7.4}$$

这里，我们采取固连于无穷远处未扰动流体的球坐标系(r, θ, φ)，坐标原点瞬时地与球心重合，球的运动速度为 $\boldsymbol{U}$.

为求解带有边界条件(4.7.4) 的方程(4.7.2)，我们可以利用矢量恒等式

$$\nabla^2 \boldsymbol{v} = \nabla(\nabla \cdot \boldsymbol{v}) - \nabla \times \nabla \times \boldsymbol{v}$$

和连续方程

$$\nabla \cdot \boldsymbol{v} = 0,$$

将方程(4.7.2)改写成

$$\nabla p = -\mu \nabla \times \boldsymbol{\omega} \tag{4.7.5}$$

其中 $\boldsymbol{\omega} = \nabla \times \boldsymbol{v}$.对方程(4.7.5)分别作散度和旋度运算，就得到

$$\nabla^2 p = 0 \quad \text{和} \quad \nabla^2 \boldsymbol{\omega} = 0. \tag{4.7.6}$$

这表明,对小雷诺数流动,压强和涡量都是调和函数,可以利用位势理论来解决小雷诺数流动问题.

引入一个新的变量

$$P \equiv (p - p_0)/\mu, \tag{4.7.7}$$

我们得到 P 所满足的方程和边界条件

$$\nabla^2 P = 0; \qquad P(r = \infty) = 0.$$

因此,函数 P 一定可以表示成拉普拉斯方程基本解迭加的级数形式(参看 2.5 节).现在,问题中的已知参数是 a,μ 和 U.注意到在边界条件(4.7.4)中 U 以线性函数形式出现,我们就知道 P 一定是 U 的线性函数.由于 U 是问题中唯一的矢量参数,而由 U 和 r 两个矢量构成的 U 的线性标量函数,只能是偶极子基本解,于是,便知 P 可写成

$$P = \frac{C\boldsymbol{U} \cdot \boldsymbol{r}}{r^3} = -C(\boldsymbol{U} \cdot \nabla)\frac{1}{r}, \tag{4.7.8}$$

其中常数 C 仅依赖于标量参数 a.利用矢量的恒等变换,进一步可以得到

$$\nabla P = C\nabla\left(\frac{\boldsymbol{U} \cdot \boldsymbol{r}}{r^3}\right) = -C\nabla \times \left(\frac{\boldsymbol{U} \times \boldsymbol{r}}{r^3}\right) = -\nabla \times \boldsymbol{\omega}.$$

再利用当 $r = \infty$ 时,$\omega = 0$,便可给出

$$\boldsymbol{\omega} = \frac{C\boldsymbol{U} \times \boldsymbol{r}}{r^3}. \tag{4.7.9}$$

于是,剩下的问题便是如何确定速度场的表达式和常数 C 了.

现在,我们将球坐标 (r, θ, φ) 的极轴方向取为 U 的方向,流动就是关于坐标轴 $\theta = 0$ 的轴对称流动,从而有

$$\left. \begin{aligned} &v_r = v_r(r, \theta), v_\theta = v_\theta(r, \theta), v_\varphi = 0, \\ &\omega_r = \omega_\theta = 0, \omega_\varphi = \frac{1}{r}\frac{\partial}{\partial r}(rv_\theta) - \frac{1}{r}\frac{\partial v_r}{\partial \theta} = \frac{CU\sin\theta}{r^2}. \end{aligned} \right\} \tag{4.7.10}$$

对于不可压缩的轴对称流,连续方程可以写成

$$\nabla \cdot \boldsymbol{v} = \frac{\partial}{\partial r}(r^2 v_r \sin\theta) + \frac{\partial}{\partial \theta}(rv_\theta\sin\theta) = 0.$$

由此可知,轴对称的不可压缩流动也存在一个流函数 $\psi(r, \theta)$,它满足

$$\frac{\partial \psi}{\partial r} = -rv_\theta\sin\theta, \qquad \frac{\partial \psi}{\partial \theta} = r^2 v_r\sin\theta. \tag{4.7.11}$$

流体力学文献中将这个流函数称为**斯托克斯流函数**.容易证明,轴对称不可压缩流的流线方程也可写成

$$\psi(r, \theta) = \text{常数}. \tag{4.7.12}$$

把流函数定义式(4.7.11)代入涡量表达式(4.7.10),就得出函数方程

$$\frac{\partial^2 \psi}{\partial r^2} + \frac{\sin\theta}{r^2}\frac{\partial}{\partial\theta}\left(\frac{1}{\sin\theta}\frac{\partial\psi}{\partial\theta}\right) = -\frac{CU\sin^2\theta}{r}, \tag{4.7.13}$$

而球面上的边界条件则变换为

$$r = a, \quad \frac{\partial\psi}{\partial\theta} = Ua^2\sin\theta\cos\theta, \quad \frac{\partial\psi}{\partial r} = Ua\sin^2\theta. \tag{4.7.14}$$

由方程(4.7.13)和边界条件(4.7.14),不难看出流函数 ψ 可以写成下列形式

$$\psi(r,\theta) = U\sin^2\theta f(r). \tag{4.7.15}$$

代入流函数方程(4.7.13)后,又得到 f 满足的常微分方程

$$\frac{d^2 f}{dr^2} - \frac{2f}{r^2} + \frac{C}{r} = 0. \tag{4.7.16}$$

从式(4.7.14)和(4.7.15)可得到 f 应满足的边界条件

$$r = a, f = a^2/2, f' = a; \quad r = \infty, f/r^2 = 0, f'/r = 0. \tag{4.7.17}$$

至此,问题的求解就变得非常简单了.

方程(4.7.16)的通解是

$$f(r) = \frac{C}{2}r + \frac{A}{r} + Br^2, \tag{4.7.18}$$

其中 A 和 B 的积分常数,利用边界条件(4.7.17),立刻可以定出式(4.7.18)中的三个常数,它们是

$$A = -a^3/4, \quad B = 0, \quad C = 3a/2.$$

这样,我们就解得了流函数和速度场

$$\left.\begin{aligned}
\psi(r,\theta) &= Ur^2\sin^2\theta\left(\frac{3a}{4r} - \frac{a^3}{4r^3}\right), \\
\boldsymbol{v} &= +\frac{3}{4}\left(\frac{a}{r}\right)\left[\boldsymbol{U} + \frac{(\boldsymbol{U}\cdot\boldsymbol{r})\boldsymbol{r}}{r^2}\right] + \frac{1}{4}\left(\frac{a}{r}\right)^3\left[\boldsymbol{U} - \frac{3(\boldsymbol{U}\cdot\boldsymbol{r})\boldsymbol{r}}{r^2}\right].
\end{aligned}\right\} \tag{4.7.19}$$

按式(4.7.15)绘出的小雷诺数绕球流动的流线族如图 4.15 所示,压强则由(4.7.8)式确定为

$$p = p_0 + \frac{3\mu Ua}{2r^2}\cos\theta. \tag{4.7.20}$$

运动小球在流体中所受到的阻力为

$$D = -\oiint_{r=a}(-p\cos\theta + \sigma'_{rr}\cos\theta - \sigma'_{r\theta}\sin\theta)dS,$$

其中

$$\sigma'_{rr} = 2\mu \frac{\partial v_r}{\partial r}, \qquad \sigma'_{r\theta} = \mu \left(\frac{1}{r} \frac{\partial v_r}{\partial \theta} + \frac{\partial v_\theta}{\partial r} - \frac{v_\theta}{r} \right).$$

将速度表达式代入后,我们算得

$$D = 6\pi\mu aU. \tag{4.7.21a}$$

这就是有名的**斯托克斯公式**.它表明,对于小雷诺数流动,球的阻力与其运动速度成正比.这一结论对任意形状的物体也是成立的.

引入阻力系数的定义 $c_D = \dfrac{D}{\dfrac{1}{2}\rho U^2 \cdot \pi a^2}$,代入式(4.7.21a),得到小球阻力系数

$$c_D = \frac{24}{Re}, \tag{4.7.21b}$$

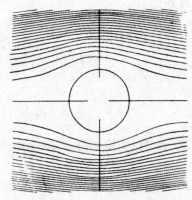

图 4.15　小 Re 数绕球流动的流线族

其中 $Re = \dfrac{\rho U(2a)}{\mu}$.从图 4.14 可以看到,当 $Re < 1$ 时,Stokes 的阻力理论公式(4.7.21b)与实验结果符合得很好.

Stokes 公式具有重要的实用价值.例如,用它可以计算小沙粒在重力作用下在水中的沉降速度,也可以计算雾滴、尘埃在空气中的沉降速度.把降落物假设为密度为 $\bar\rho$、半径为 a 的小球,周围流体的密度为 ρ,运动黏性系数为 ν,则当小球所受到的重力、浮力和流体阻力达到平衡时,可求得最终的恒定下降速度 v,

$$6\pi a\rho\nu v = \frac{4}{3}\pi a^3 (\bar\rho - \rho)g,$$

于是

$$v = \frac{2}{9} \frac{a^2 g}{\nu} \left(\frac{\bar\rho}{\rho} - 1 \right).$$

上式适用于 $Re = \dfrac{2va}{\nu} \ll 1$ 的情形,但是测量结果表明,只要 Re 不大于1,用上式的计算结果仍有足够的精度.

4.7.2　奥辛(Oseen)修正

不要忘记,以上的分析都是建立在惯性力可以忽略不计这一假设的基础上的,

而它的根据只是 $Re = Ua/\nu \ll 1$. 我们已经指出, 这种根据并不完全可靠. 因此, 在求得近似解以后, 通常总要回过头来检验一下前提条件的可靠性. 为估计惯性力的量级, 我们不妨认为小球是作等速运动, 此时有 $\partial/\partial t = -\boldsymbol{U}\cdot\nabla$. 据此, 可以利用式 (4.7.19) 判断出 $\partial\boldsymbol{v}/\partial t$ 项的量级为 $U^2 a/r^2$, 而对流项 $(\boldsymbol{v}\cdot\nabla)\boldsymbol{v}$ 的量级是 $U^2 a^2/r^3$. 择其中之大者, 可将惯性力的量级估计为 $U^2 a/r^2$. 再由式 (4.7.19) 得出黏性力项的量级是 $\nu Ua/r^3$, 从而立刻可知两者量级之比为

$$O\left(\frac{U^2 a}{r^2}\bigg/\frac{\nu Ua}{r^3}\right) = O\left(\frac{r}{a}Re\right).$$

这就表明, 在 $Re \ll 1$ 的情况下, 对于流场中 $r \sim a$ 的地方, 惯性力确实远小于黏性力, 解式 (4.7.19) 可以认为是可靠的; 而对于流场中 $r \gg a$ 的地方, 惯性却可以和黏性力量级相当, 解式 (4.7.19) 就不再有效, 而需另行分析. 所以, 式 (4.7.19) 不是一个全流场一致有效的解.

为了修正 Stokes 解, 根据上述的量级估计, Oseen 在 N-S 方程中保留了惯性项在远场的主要部分 $-U\dfrac{\partial\boldsymbol{v}}{\partial x}$, 忽略掉高阶小的非线性项 $(\boldsymbol{v}\cdot\nabla)\boldsymbol{v}$, N-S 方程简化后的 Oseen 方程为

$$-U\frac{\partial\boldsymbol{v}}{\partial x} = -\frac{1}{\rho}\nabla p + \nu\nabla^2\boldsymbol{v}, \tag{4.7.22}$$
$$\nabla\cdot\boldsymbol{v} = 0.$$

这个方程仍然是线性的, 并有与式 (4.7.4) 同样的边界条件. 从前面的量级估计可以看出, 当 $Re \ll 1$ 时, $-U\dfrac{\partial\boldsymbol{v}}{\partial x}$ 项在球附近远小于黏性项, 在远离球的远场, 它们有相同的量级. Lamb 曾得到方程 (4.7.22) 的一个封闭形式的近似解

$$\psi = -\frac{1}{4}\frac{Ua^3}{r}\sin^2\theta + \frac{3}{2}\nu a(1+\cos\theta)\left[1 - e^{-\frac{Ur}{2\nu}(1+\cos\theta)}\right]. \tag{4.7.23}$$

修正后的阻力公式为

$$D = 6\pi\mu aU\left(1 + \frac{3}{8}Re\right), \tag{4.7.24}$$

阻力系数为

$$c_D = \frac{24}{Re}\left(1 + \frac{3}{16}Re\right).$$

4.7.3　小 Re 数圆柱绕流的 Stokes 解

现在, 我们扼要介绍一下绕无限长圆柱的二维小雷诺数黏性流问题. 一般地

说,对应的二维流和三维流比较,二维问题在数学上总要简单一些;但是,此处的二维问题却碰到了三维问题所没有的困难.试采用平面极坐标系(r,φ)对圆柱绕流作类似于球绕流问题的分析,我们有

$$v_r = v_r(r,\varphi), \quad v_\varphi = v_\varphi(r,\varphi), \quad \omega = \frac{CU\sin\varphi}{r}. \tag{4.7.25}$$

连续方程写为

$$\frac{1}{r}\frac{\partial}{\partial r}(rv_r) + \frac{1}{r}\frac{\partial v_\varphi}{\partial \varphi} = 0.$$

引入流函数 $\psi(r,\varphi)$,使得

$$v_r = \frac{1}{r}\frac{\partial \psi}{\partial \varphi}, \quad v_\varphi = -\frac{\partial \psi}{\partial r}. \tag{4.7.26}$$

并将它代入涡量表达式

$$\omega = \frac{1}{r}\frac{\partial}{\partial r}(rv_\varphi) - \frac{1}{r}\frac{\partial v_r}{\partial \varphi},$$

即得到流函数方程

$$\frac{\partial}{\partial r}\left(r\frac{\partial \psi}{\partial r}\right) + \frac{1}{r}\frac{\partial^2 \psi}{\partial \varphi^2} = -CU\sin\varphi. \tag{4.7.27}$$

相应的边界条件是

$$\left.\begin{array}{l} r = a, \dfrac{\partial \psi}{\partial r} = U\sin\varphi, \dfrac{\partial \psi}{\partial \varphi} = Ua\cos\varphi; \\[2mm] r = \infty, \dfrac{\partial \psi}{\partial r} = 0. \end{array}\right\} \tag{4.7.28}$$

我们将流函数写成

$$\psi(r,\varphi) = U\sin\varphi f(r),$$

可以得到 f 满足的方程

$$\frac{\mathrm{d}^2 f}{\mathrm{d}r^2} + \frac{1}{r}\frac{\mathrm{d}f}{\mathrm{d}r} - \frac{f}{r^2} = -\frac{C}{r}, \tag{4.7.29}$$

它的通解是

$$f(r) = -\frac{1}{2}Cr\ln r + Lr + Mr^{-1}, \tag{4.7.30}$$

其中 L 和 M 是两个积分常数,利用圆柱面上的边界条件:$f(a) = a, f'(a) = 1$,可以确定出

$$L = 1 + \frac{C}{4} + \frac{C}{2}\ln a, \quad M = -\frac{1}{4}Ca^2;$$

但是,由式(4.7.28)表示的解却不可能满足无穷远处的边界条件.也就是说,另一

个常数 C 不可能由无穷远处的边界条件确定下来,我们只能在速度解中暂时保留一个待定系数 C,有

$$v = U + CU\left(-\frac{1}{2}\ln\frac{r}{a} - \frac{1}{4} + \frac{1}{4}\frac{a^2}{r^2}\right) + Cr\frac{U \cdot r}{r^2}\left(\frac{1}{2} - \frac{1}{2}\frac{a^2}{r^2}\right).$$

$$(4.7.31)$$

利用速度场表达式(4.7.29) 和应力-应变速率关系还可以得到阻力公式

$$D = 2\pi\mu U \cdot C. \qquad (4.7.32)$$

二维小雷诺数流问题中,解的不确定性是由于流动的远场性质和此种近似解不能自洽造成的.这个近场解只有在和另一个可以描述远场流动的解匹配后,才能把系数 C 确定下来,利用渐近匹配的方法,可以给出常数 C 的表达式

$$C = \frac{2}{\ln(3.7/Re)}. \qquad (4.7.33)$$

4.7.4　球在黏性流体中的微幅振动

研究小球在黏性流体中的振荡运动问题,同样有着重要的应用价值.当声波在含有水滴或尘土的空气中传播时,声波和球粒相互作用导致的声吸收,就是和这一问题紧密地联系着的.

假设小球在静止流体中以角频率 Ω 作简谐振动,流体受到小球扰动也获得了一定的运动速度.如果球半径 a 和位移振幅 d 都很小,即

$$a, d \ll \delta = \sqrt{\frac{2\nu}{\Omega}},$$

δ 为贯穿深度,此时

$$Re = \frac{\Omega da}{\nu} = 2\frac{d}{\delta}\frac{a}{\delta} \ll 1,$$

流体运动方程中的对流项 $(v \cdot \nabla)v$ 可以略去不计,运动方程组写为

$$\left.\begin{array}{l} \dfrac{\partial v}{\partial t} = -\dfrac{1}{\rho}\nabla p + \nu\nabla^2 v, \\[2mm] \nabla \cdot v = 0. \end{array}\right\} \qquad (4.7.34)$$

我们取球坐标系 R, θ, φ,原点置于小球振动的平衡位置上,极轴和小球振动方向一致.此时,流动对于极轴是对称的,v 和 p 只是 R 和 θ 的函数,流动边界条件表示为

$$\left.\begin{array}{l} R = a, V_R = U_0\cos\theta\,\mathrm{e}^{-\mathrm{i}\Omega t}, V_\theta = -U_0\sin\theta\,\mathrm{e}^{-\mathrm{i}\Omega t}; \\[2mm] R = \infty, V_R = V_\theta = 0, p = p_\infty. \end{array}\right\} \qquad (4.7.35)$$

其中 $U = U_0\mathrm{e}^{-\mathrm{i}\Omega t}$ 是小球瞬时运动速度,下面运动中出现的各种复数表达式,物理

上都应理解为其实数部分.

现在,对方程(4.7.34)的第一式取旋度,得到

$$\frac{\partial \boldsymbol{\omega}}{\partial t} = \nu \nabla^2 \boldsymbol{\omega}. \tag{4.7.36}$$

根据流动的轴对称性,$\boldsymbol{\omega}$ 沿 R, θ, φ 三个分量中,只有一个分量 $\omega_\varphi \neq 0$,它表示为

$$\omega_\varphi = \frac{1}{R}\left[\frac{\partial(RV_\theta)}{\partial R} - \frac{\partial V_R}{\partial \theta}\right]. \tag{4.7.37}$$

因此,矢量方程(4.7.36)也只有一个分量方程

$$\frac{\partial \omega_\varphi}{\partial t} = \nu\left(\nabla^2 \omega_\varphi - \frac{\omega_\varphi}{R^2 \sin^2\theta}\right). \tag{4.7.38}$$

引入流函数 ψ,并将

$$V_R = \frac{1}{R^2 \sin\theta}\frac{\partial \psi}{\partial \theta}, \qquad v_\theta = \frac{1}{R\sin\theta}\frac{\partial \psi}{\partial R} \tag{4.7.39}$$

代入式(4.7.37),可以算得

$$\omega_\varphi = -\frac{1}{R\sin\theta}\left[\frac{\partial^2}{\partial R^2} + \frac{\sin\theta}{R^2}\frac{\partial}{\partial \theta}\left(\frac{1}{\sin\theta}\frac{\partial}{\partial \theta}\right)\right]\psi = -\frac{1}{R\sin\theta}L_1\psi, \quad(4.7.40)$$

其中

$$L_1 = \frac{\partial^2}{\partial R^2} + \frac{\sin\theta}{R^2} - \frac{\partial}{\partial \theta}\left(\frac{1}{\sin\theta}\frac{\partial}{\partial \theta}\right). \tag{4.7.41}$$

另外,经过计算,式(4.7.38)的右边可以改写为

$$\frac{v}{R\sin\theta}L_1(\omega_\varphi R\sin\theta),$$

将它代入式(4.7.38),并且按照式(4.7.40)用 $L_1\psi$ 替换 $-\omega R\sin\varphi$,就得到流函数 ψ 满足的方程

$$\frac{\partial}{\partial t}L_1\psi = \nu L_1^2 \psi. \tag{4.7.42}$$

我们注意,ψ 和其他物理量对 t 的依赖关系仅表现为它们的表达式中有一个因子 $\mathrm{e}^{-\mathrm{i}\Omega t}$,于是有

$$\frac{\partial}{\partial t}L_1\psi = -\mathrm{i}\Omega L_1\psi.$$

将它代入式(4.7.42)即得到

$$\left(L_1 + \frac{\mathrm{i}\Omega}{\nu}\right)L_1\psi = 0. \tag{4.7.43}$$

类似上节中的做法,我们设

$$\psi = \sin^2\theta f(R)\mathrm{e}^{-\mathrm{i}\Omega t}. \tag{4.7.44}$$

代入式(4.7.43)，就得到 $f(R)$ 满足的常微分方程

$$\left(L_2 + \frac{\mathrm{i}\Omega}{\nu}\right)L_2 f = 0,\qquad(4.7.45)$$

其中

$$L_2 = \frac{\mathrm{d}^2}{\mathrm{d}R^2} - \frac{2}{R^2}.\qquad(4.7.46)$$

现在，我们要寻找方程(4.7.45)的某个特解，它应使式(4.7.35)表示的边界条件得到满足.为此，我们首先考虑无穷远处的边界条件.容易得到，方程 $L_2 f = 0$ 的一个特解 R^{-1}，以及 $\left(L_2 + \frac{\mathrm{i}\Omega}{\nu}\right)f = 0$,的一个解 $\left(\frac{1}{R} - \mathrm{i}k\right)\mathrm{e}^{\mathrm{i}kR}$ $\left(\text{其中 } k = \frac{1+\mathrm{i}}{\delta}, \delta = \sqrt{\frac{2\nu}{\Omega}}\right)$.显然，它们的一个任意线性组合

$$f = \frac{A}{R} + B\left(\frac{1}{R} - \mathrm{i}k\right)\mathrm{e}^{\mathrm{i}kR},$$

构成了方程(4.7.45)含两个任意常数 A 和 B 的解族.并且，将它代入式(4.7.44)后，流动将满足无穷远处的边界条件.进一步，将式(4.7.44)代入式(4.7.45)，算出 V_R 和 V_θ 后，令它们满足边界条件

$$R = a,\quad V_R = U_0\cos\theta\mathrm{e}^{-\mathrm{i}\Omega t},\quad V_\theta = -U_0\sin\theta\mathrm{e}^{-\mathrm{i}\Omega t},$$

于是就定出

$$A = \frac{1}{2}U_0 a^3 + \frac{U_0\alpha}{2k^2}(1 - \mathrm{i}ka),\qquad B = -\frac{U_0 a}{2k^2}\mathrm{e}^{-\mathrm{i}ka}.\qquad(4.7.47)$$

至此，我们完成了速度场的计算.

压力分布将由方程

$$\nabla p = -\rho\frac{\partial \boldsymbol{v}}{\partial t} - \rho\nu\,\nabla\times(\nabla\times\boldsymbol{v})$$

确定，我们扼要给出它的计算步骤.

按式(4.7.39)算得

$$V_R = \frac{2\cos\theta}{R^2}f(R)\mathrm{e}^{-\mathrm{i}\Omega t},\qquad V_\theta = -\frac{\sin\theta}{R}f'(R)\mathrm{e}^{-\mathrm{i}\Omega t}.$$

从而

$$\frac{\partial V_R}{\partial t} = -\mathrm{i}\Omega\frac{2\cos\theta}{R^2}f(R)\mathrm{e}^{-\mathrm{i}\Omega t},\qquad \frac{\partial V_\theta}{\partial t} = \mathrm{i}\Omega\frac{\sin\theta}{R}f'(R)\mathrm{e}^{-\mathrm{i}\Omega t},$$

按球坐标系中旋度的表达式有

$$-\nabla\times\boldsymbol{v} = \left(0,0,\frac{\sin\theta}{R}L_2 f\cdot\mathrm{e}^{-\mathrm{i}\Omega t}\right) = \left(0,0,-\frac{\mathrm{i}\Omega}{\nu}\frac{\sin\theta}{R}f_2\cdot\mathrm{e}^{-\mathrm{i}\Omega t}\right),$$

这里我们引入了两个函数符号

$$f_1 = \frac{A}{R}, \quad f_2 = B\left(\frac{1}{R} - \mathrm{i}k\right)\mathrm{e}^{\mathrm{i}kR}. \tag{4.7.48}$$

于是

$$-\nabla \times (\nabla \times \boldsymbol{v}) = -\frac{\mathrm{i}\Omega}{v}\mathrm{e}^{-\mathrm{i}\Omega t}\left[\frac{1}{R\sin\theta}\frac{\partial}{\partial \theta}\left(\frac{\sin^2\theta}{R}f_2\right), -\frac{1}{R}\frac{\partial}{\partial R}(\sin\theta f_2), 0\right]$$

$$= -\frac{\mathrm{i}\Omega}{v}\mathrm{e}^{-\mathrm{i}\Omega t}\left(\frac{2\cos\theta}{R^2}f_2, -\frac{\sin\theta}{R}f_2', 0\right).$$

将这些结果代入运动方程,并写成分量形式,即有

$$\frac{\partial p}{\partial R} = \left[\mathrm{i}\Omega\rho\frac{2\cos\theta}{R^2} - \mathrm{i}\Omega\rho\frac{2\cos\theta}{R^2}f_2(R)\right]\mathrm{e}^{-\mathrm{i}\Omega t} = \mathrm{i}\Omega\rho\frac{2\cos\theta}{R^2}f_1(R)\mathrm{e}^{-\mathrm{i}\Omega t};$$

$$\frac{1}{R}\frac{\partial p}{\partial \theta} = \left[-\mathrm{i}\Omega\rho\frac{\sin\theta}{R}f'(R) + \mathrm{i}\Omega\rho\frac{\sin\theta}{R}f_2'(R)\right]\mathrm{e}^{-\mathrm{i}\Omega t} = -\mathrm{i}\Omega\rho\frac{\sin\theta}{R}f_1'(R)\mathrm{e}^{-\mathrm{i}\Omega t}.$$

积分得到

$$p = p_\infty + \mathrm{i}\Omega\rho\cos\theta f_1'(R)\mathrm{e}^{-\mathrm{i}\Omega t} = p_\infty - \mathrm{i}\Omega\rho A\cos\theta\mathrm{e}^{-\mathrm{i}\Omega t}/R^2. \tag{4.7.49}$$

最后,依照推导斯托克司阻力公式的方法,可以算得流体作用在小球上的周期力

$$F = 6\pi\mu a\left(1 + \frac{a}{\delta}\right)U + 3\pi^2 a^2\rho\delta\left(1 + \frac{2a}{9\delta}\right)\frac{\mathrm{d}U}{\mathrm{d}t}. \tag{4.7.50}$$

如果振动周期为无限大,即 $\Omega = 0$,这对应于定常流动情况,此时式(5.2.18)转变为斯托克司公式(5.1.20).如果振动频率很高,以致 $\delta \ll a$,则式(5.2.18)化简为

$$F = \frac{2}{3}\pi a^3\rho\frac{\mathrm{d}U}{\mathrm{d}t} + 3\pi\rho a^2\sqrt{2\nu\Omega U}, \tag{4.7.51}$$

其中第一项称为惯性阻力,也称附加质量力(参看 6.6 节);第二项为黏性阻力.

附录3　量纲分析法

任何一个物理量都表示某种测量结果,这种测量可以是直接的,也可以是间接的.物理量也总有**质**和**量**两个方面的特征.质是指该物理量所包含的基本物理要素及其结合形式,量则是指其比较意义上的大小.例如,速度这个物理量是表示物体在单位时间中的位移,基本物理要素是时间和长度,结合方式是时间／长度,或写成 L/T.因此,L/T 就描述了速度的质的特征,称为速度这个物理量的**量纲**.至于

某一具体速度的大小,须由一定的测量单位和测量值来确定.

　　量纲分析法是用于寻求一定物理过程中,某些物理量之间规律性联系的一种方法.特别是在不可能进行严格数学分析情况下,量纲分析作为一种补充手段,有时能简便而有效地引出有价值的结果.因为量纲分析法在流体力学中有广泛的应用,我们再次对这作一简要介绍.

　　在物理量的度量中,人们约定了某些物理量为**基本物理量**,例如力学中的时间,长度和质量,热力学中的温度等.其余的物理量可以由这些基本物理量引导出来,故称**导出量**.为了度量基本量,人们规定了基本单位,如时间单位"秒(s)"、长度单位"米(m)",质量单位"千克(kg)"等;相应地也可以规定导出量的单位,如速度单位"米／秒(m/s)".同样地,也存在基本量纲和导出量纲.在力学中,基本量纲是时间 T、长度 L 和质量 M,而一切导出量的量纲都可以表示成 $L^{\alpha}T^{\beta}M^{\gamma}$,其中 α, β, γ 称为**量纲指数**.如果一个物理量的所有量纲指数都为零,就称为**无量纲量**.

　　量纲理论的基本出发点是:在一定物理过程中,表达物理规律的函数关系式或方程式,必定是"量纲齐次"的,即式中各项的量纲指数都分别相同.这一论断称为**"量纲齐次性原理"**.可以证明,和这一原理等价的另一种表述是:所有单位制在描述客观物理规律时具有同等的效力,或者说,任何表示客观物理规律的数学关系式,经过测量单位制的变换后,其数学形式不变.

　　我们假设

$$Q_1 + Q_2 = Q_3 + Q_4 \tag{A.3.1}$$

是表示某种物理规律的方程式,其中,Q_i 既代表某种物理量,又代表它们在给定单位制下的测量值.用 $[Q_i]$ 表示 Q_i 的量纲,量纲齐次性原理就表示为

$$[Q_1] = [Q_2] = [Q_3] = [Q_4] = L^{\alpha_1}T^{\alpha_2}M^{\alpha_3}. \tag{A.3.2}$$

一般地说,若经过单位制变换后,基本量的测量值有下列变换关系

$$q'_i = a_i q_i, \ i = 1,\cdots,n; \qquad a_i > 0. \tag{A.3.3}$$

其中 q_i 表示在原单位制下的测量值,q'_i 表示新单位制下的测量值,则对具有量纲指数 $\{\alpha_i\}$ 的导出量就有

$$Q'_k = Q_k a_1^{\alpha_1}\cdots a_i^{\alpha_i}\cdots a_n^{\alpha_n}. \tag{A.3.4}$$

于是方程式(A.3.1)变换成

$$Q'_1 + Q'_2 = Q'_3 + Q'_4.$$

这就是我们所要证明的结果.

　　现在,我们用两个例子来说明如何应用量纲齐次性原理导出表示物理规律的数学关系式.首先须指出,应用量纲分析法的前提是,我们必须事先知道在所考虑的物理过程中,哪几个物理量之间存在着确定的规律性关系.

例1 声速公式.

我们知道,声速是一个平衡态的热力学状态变量.在任何均质系统中,任一热力学量都是两个独立热力学变量的确定函数.我们取压强和密度为独立的热力学量,就有

$$c = f(p, \rho).$$

按照量纲齐次性原理,可以写出量纲方程

$$[c] = [p]^{\alpha} \cdot [\rho]^{\beta},$$

其中

$$[c] = LT^{-1}, \quad [p] = L^{-1}T^{-2}M, \quad [\rho] = L^{-3}M.$$

于是有

$$\alpha + \beta = 0, \quad -\alpha - 3\beta = 1, \quad 2\alpha = 1.$$

解得

$$\alpha = \frac{1}{2}, \qquad \beta = -\frac{1}{2}.$$

因此,我们得到

$$c \sim \sqrt{p/\rho} \quad \text{或} \quad c^2 = \gamma p/\rho. \tag{A.3.5}$$

其中 γ 为常数,只能由热力学理论或实验求得,不能靠量纲分析法自身确定.我们知道,对于完全气体,γ 就是比热比 C_p/C_v.

例2 运动物体的流体阻力公式.

在黏性流体中作匀速运动的物体,受到流体的阻力为 D.现已知道问题中给定的参数为 ρ, μ, L 和 U,其中 ρ 和 μ 分别是流体的密度和黏性系数,L 是物体的某个特征尺度,U 是物体运动速度.假设 D 和这些参数之间有下列函数关系式

$$D = F(\rho, \mu, L, U),$$

其中函数 F 的形式完全由物体的形状决定.可以设想,F 由 ρ, μ, L, U 的若干项(可以是无限项)简单函数所组成,即 F 可写成

$$F(\rho, \mu, L, U) = \sum_i a_i \rho^{\alpha_i} \mu^{\beta_i} L^{\gamma_i} U^{\delta_i},$$

于是有量纲方程

$$[D] = [\rho]^{\alpha_i} \cdot [\mu]^{\beta_i} \cdot [L]^{\gamma_i} \cdot [U]^{\delta_i},$$

其中

$$[D] = LT^{-2}M, \quad [\rho] = L^{-3}M, \quad [\mu] = L^{-1}T^{-1}M,$$

$$[L] = L, \qquad [U] = LT^{-1}.$$

即有

$$\alpha_i + \beta_i = 1, \quad -3\alpha_i - \beta_i + \gamma_i + \delta_i = 1, \quad -\beta_i - \delta_i = -2.$$

这个方程组不完备,可以先将 α, β, γ 用 δ 表示,得到

$$\alpha_i = \delta_i - 1, \quad \beta_i = 2 - \delta_i, \quad \gamma_i = \delta_i.$$

代入阻力表达式就求得阻力公式

$$D = \sum_i a_i \left(\frac{\rho U L}{\mu}\right)^{\delta_{i-2}} \rho U^2 L^2 = C_D(Re)\rho U^2 L^2, \tag{A.3.6}$$

其中

$$Re = \frac{\rho U L}{\mu}. \tag{A.3.7}$$

这和相似理论中导得的式(4.6.14)完全相同.如果引入两个无量纲量

$$\Pi_1 = \frac{D}{\rho U^2 L^2} = C_D, \quad \Pi_2 = \frac{\rho U L}{\mu} = Re, \tag{A.3.8}$$

表达式(A.3.6)也可写成

$$\Phi(\Pi_1, \Pi_2) = 0. \tag{A.3.9}$$

由上面两个例子可以看出:第一例的量纲方程是完备的,我们求出了参数之间的函数关系式,待定的只是一个未知常数;而第二例的量纲方程不完备,以致我们未能完全确定出参数之间的函数关系式,待定的是一个单变量的未知函数.在两种情况下,量纲分析都提供了极其重要的结果,使问题变得大为简化.

总结以上的讨论,我们可以归纳得下面的基本定理:

如果在某一物理过程中,有 m 个物理量 $Q_1, \cdots, Q_m$ 之间存在着确定的函数关系

$$f(Q_1, \cdots, Q_m) = 0, \quad Q_i > 0. \tag{A.3.10}$$

并且,经过任何单位制的变换,上述关系的数学形式都保持不变,则表示 m 个变量关联的函数式(A.3.10),一定可以简化为 $m - k$ 个无量纲变量 $\Pi_i(i = 1, \cdots, m - k)$ 之间的某个函数关系

$$\Phi(\Pi_1, \cdots, \Pi_{m-k}) = 0,$$

其中 $\Pi_1, \cdots, \Pi_{m-k}$ 是由 $Q_1, \cdots, Q_m$ 构成的 $m - k$ 个独立的无量纲乘积.若该物理过程的基本单位有 n 个,则有 $k \leqslant n$;当 $k = n$ 时,问题得到最大程度的简化.

这一著名定理称为 **Π 定理**.它是一个纯粹的数学定理,可以用抽象代数方法给予严格证明.这里,我们不去叙述这一定理的数学证明,只要求读者通过上面的两个例子,能理解该定理的含意和应用的方法.

不妨重申一次,要正确运用 Π 定理,必须对在所考察的物理过程中,哪些物理量之间存在着规律性的联系有正确的判断.不能随便挑选 n 个参数后,就用量纲分

析法去确定它们之间的关系.这样做是对 Π 定理的误解,弄不好会因为物理参数选择不当而导出谬误的结论.在这个意义上讲,用好量纲分析法并不是一件容易的事.一般的做法是,先在大量实验分析的基础上,取得关于过程中参数关联的一个大体正确的定性认识,然后再利用量纲分析法去寻找其中的某些定量关系.

　　量纲分析在方程求解中也有重要的应用价值.这一点,我们在以后一些流动问题的数学解析中会逐步地理解和掌握.

第5章　　无黏流体动力学的一般理论

　　本章主要讲述流体的无黏流动. 一般常见的流体如空气和水,它们的黏性系数都很小,无论在自然界还是工程技术中遇到的大多数气流和水流,其 Re 数都是很高的,远远大于 1. 如前章所述,Re 数是表征流体的惯性力的量级与黏性力量级之比的量度,反映的是黏性力项在运动方程中的相对重要性. 大 Re 数意味着在流场中的大部分区域,惯性力要远大于黏性力. 因此,所谓**无黏流动**实际上是当 $Re \rightarrow \infty$ 时真实流动的一种近似.

　　但是这种近似能在多大程度上和在多大范围内反映真实流体的流动呢? 大体上可以这么估计,对于不存在显著的大尺度边界层分离(9.6 节) 的那些所谓"流线体"绕流,无黏流理论可以相当准确地计算出真实的流动图像及物体表面的压力分布. 但是对于物体表面有大尺度流动分离的那些"钝体"绕流,根据物形求得的无黏流解与真实的流动会有很大的差别. 但是,即使对于钝体绕流,在分离区以外的区域,流体仍可视为无黏的,这时只是无黏流与分离区的边界是未知的. 用这种方法研究真实的流动就是所谓的**黏性流与无黏流相互作用问题**.

　　无黏流理论不能解释物体存在黏性阻力以及从物体表面的流动分离等真实流体的流动特性. 根据普朗特(Prandtl) 的边界层理论(详见第 9 章),现在已经明了了,这是因为不管 Re 数是多么大,在物体附近的一层流体内,黏性作用总是不能忽略的. 这就是**黏性边界层**. 大 Re 数时物体表面边界层的存在成功地解释了黏性阻力和流动分离现象. 但是,这非但没有表明无黏流理论的失败,恰恰相反,它使人们对于无黏流理论的可靠性和适用范围有了更高层次的认识. 无黏流理论和边界层理论都是描述大 Re 数下黏性流动的近似理论,无黏流理论是大 Re 数下边界层外部流动的近似. 了解这两种理论内在的有机联系,对于弄懂流体力学理论是至关重要的.

　　在流体力学发展的历史上,无黏流理论早已成为流体力学中历史悠久、发展完善、成果辉煌、应用广泛的一个重要分支领域.这部分内容,我们将在今后若干章内分别讲述.

5.1　无黏流动运动方程组

5.1.1　惯性坐标系下的运动方程组

因为连续性方程反映的只是流体的运动学普遍特性,同是否是黏性流还是无黏流无关,无黏流动的连续性方程仍旧为

$$\frac{\partial \rho}{\partial t} + \nabla \cdot (\rho \boldsymbol{v}) = 0. \tag{5.1.1}$$

根据无黏流动假设,忽略流体黏性力,流体在运动过程中剪切应力应处处为零,流体质点只受到周围流体正压力的作用,应力张量简化为 $\sigma_{ij} = -p\delta_{ij}$,代入动量方程(3.2.8),无黏流动的动量方程为

$$\frac{\partial \boldsymbol{v}}{\partial t} + (\boldsymbol{v} \cdot \nabla) \boldsymbol{v} = -\frac{1}{\rho} \nabla p + \boldsymbol{F}. \tag{5.1.2}$$

文献上常把无黏流动量方程称为欧拉方程.

在能量方程(3.3.8)中,忽略掉右首第二项的黏性应力做功项和右首第三项热传导项,无黏流体的能量方程可简化为

$$\frac{\partial}{\partial t}\left(\frac{1}{2}v^2 + \varepsilon\right) + \boldsymbol{v} \cdot \nabla\left(\frac{1}{2}v^2 + \varepsilon\right) = \boldsymbol{v} \cdot \boldsymbol{F} - \frac{1}{\rho}\nabla \cdot (p\boldsymbol{v}). \tag{5.1.3}$$

从热力学角度看,当黏性和热传导等耗散机制忽略不计时,体系经历的是可逆的绝热过程,它的熵应当保持不变.因而,无黏无热传导的能量方程的另一种形式可写成

$$\frac{\mathrm{d}s}{\mathrm{d}t} = \frac{\partial s}{\partial t} + \boldsymbol{v} \cdot \nabla s = 0. \tag{5.1.4}$$

该式表明每一个流体质点在运动过程中保持比熵不变.流体质点处处处于局部热力学平衡状态.有时,文献上把无黏无热传导的流体称为**理想流体**.但为了避免与热力学教科书中的理想气体混淆,本书以后一律把无黏无热传导的流体运动称为**无黏流动**.

最后还应加上联系热力学变量之间的状态方程

$$f(p,\rho,\varepsilon) = 0 \quad 或 \quad f(p,\rho,s) = 0. \tag{5.1.5}$$

所以,ε 和 s 不是独立的未知函数.方程(5.1.1),(5.1.2),(5.1.3)(或(5.1.4))共五个微分方程,联系着五个未知函数 p,ρ 和 v.所以无黏流体的控制方程组是完备的.

为了得到这组方程的确定的解,还必须给定适当的边界条件.其中最重要的是要给定合适的固壁上的边界条件.黏性流动采用的是固壁面上的无滑移条件,但是由于无黏流动动量方程中失掉了高阶黏性项,它就不再需要像黏性流方程那样多的边界条件.一般说来,数学上并没有方法确定哪一个边界条件必须放弃.人们从物理分析以及实际经验获知,无黏流时固壁面上应采用**法向无穿透**条件,而在壁面上允许存在切向滑移速度.它实际上表示在壁面上紧贴着一层切向速度剧烈变化的厚度极薄的边界层.无黏流的固壁边界条件写为

$$(\boldsymbol{n} \cdot \boldsymbol{v})_{固壁上} = \boldsymbol{n} \cdot \boldsymbol{U}_B. \tag{5.1.6}$$

特别是,如果在所取参考系中固壁静止,则

$$(\boldsymbol{n} \cdot \boldsymbol{v})_{固壁上} = 0, \tag{5.1.7}$$

其中 $\boldsymbol{n}$ 和 $\boldsymbol{U}_B$ 分别为固壁面的单位法线矢量和物体的运动速度.

在两种不掺和的流体介质的接触面上,无黏流动也只要求界面两边的法向分速度相等,且等于界面自身运动的法向分速度,切向速度没有限制.在表面张力可以略去不计的情况下,界面两边的压强应相等.关于自由面上的边界条件,在水波理论一章(第 7 章)中还要详细讲解.

5.1.2　非惯性坐标系下的运动方程

在某些情形下,使用非惯性参考系来分析流体的运动要更方便些,例如,讨论大气的大尺度运动,以选地球为参考系较合适,但地球的自转效应不能忽视.此时,我们就是在非惯性系中讨论问题.运动方程(3.2.8)要作适当修改.

为此,我们同时取两个坐标系 S 和 S',S 为惯性系,S' 为相对于 S 运动的非惯性系.一般地,可以将 S' 相对于 S 的运动分解为 S' 跟随自己坐标原点的平动和绕原点的转动.用 $\boldsymbol{v}_0(t)$ 和 $\boldsymbol{\Omega}(t)$ 分别表示 S' 的原点的速度和 S' 绕原点的角速度.

考察流场中一个确定的流体质点 m,它在动坐标系 S' 中的瞬时位置为 $r(t)$,而在惯性坐标系 S 中的位置为

$$\boldsymbol{R}(t) = \boldsymbol{r}_0(t) + \boldsymbol{r}(t), \tag{5.1.8}$$

其中 $\boldsymbol{r}_0(t)$ 是 t 时刻 S' 的原点在 S 中的位置.设 (e_1', e_2', e_3') 为动系 S' 中三个坐标轴方向的单位矢量,则

$$\boldsymbol{r}(t) = x_1' e_1' + x_2' e_2' + x_3' e_3'. \tag{5.1.9}$$

于是，m 在 S 系中的速度为

$$v_a = \frac{\mathrm{d}\boldsymbol{R}}{\mathrm{d}t} = \frac{\mathrm{d}\boldsymbol{r}_0}{\mathrm{d}t} + \frac{\mathrm{d}\boldsymbol{r}}{\mathrm{d}t}, \tag{5.1.10}$$

其中

$$\left.\begin{aligned} \frac{\mathrm{d}\boldsymbol{r}_0}{\mathrm{d}t} &= \boldsymbol{v}_0, \\ \frac{\mathrm{d}\boldsymbol{r}}{\mathrm{d}t} &= \frac{\mathrm{d}}{\mathrm{d}t}(x_i' e_i') = x_i' \frac{\mathrm{d}e_i'}{\mathrm{d}t} + \frac{\mathrm{d}x_i'}{\mathrm{d}t}e_i' = \boldsymbol{\Omega} \times \boldsymbol{r} + \left(\frac{\mathrm{d}\boldsymbol{r}}{\mathrm{d}t}\right)_r. \end{aligned}\right\} \tag{5.1.11}$$

式(5.1.10)和(5.1.11)中，下标 a 和 r 分别表示在绝对和相对坐标系下求值.事实上，对于任意矢量 $\boldsymbol{B}$，惯性坐标系与非惯性系中物质导数的关系都可写成

$$\left(\frac{\mathrm{d}\boldsymbol{B}}{\mathrm{d}t}\right)_a = \left(\frac{\mathrm{d}\boldsymbol{B}}{\mathrm{d}t}\right)_r + \boldsymbol{\Omega} \times \boldsymbol{B}; \tag{5.1.12}$$

而对于任意标量 F 有

$$\left(\frac{\mathrm{d}F}{\mathrm{d}t}\right)_a = \left(\frac{\mathrm{d}F}{\mathrm{d}t}\right)_r, \tag{5.1.13}$$

于是，进一步，绝对加速度可写成

$$\boldsymbol{a} = \left(\frac{\mathrm{d}^2\boldsymbol{R}}{\mathrm{d}t^2}\right)_a = \frac{\mathrm{d}^2\boldsymbol{r}_0}{\mathrm{d}t^2} + \frac{\mathrm{d}^2\boldsymbol{r}}{\mathrm{d}t^2} = \boldsymbol{a}_0 + \boldsymbol{a}',$$

其中

$$\begin{aligned} \boldsymbol{a}' &= \frac{\mathrm{d}}{\mathrm{d}t}\left[\boldsymbol{\Omega} \times \boldsymbol{r} + \left(\frac{\mathrm{d}\boldsymbol{r}}{\mathrm{d}t}\right)_r\right] \\ &= \left(\frac{\mathrm{d}}{\mathrm{d}t}\right)_r (\boldsymbol{\Omega} \times \boldsymbol{r}) + \boldsymbol{\Omega} \times (\boldsymbol{\Omega} \times \boldsymbol{r}) + \boldsymbol{\Omega} \times \left(\frac{\mathrm{d}\boldsymbol{r}}{\mathrm{d}t}\right)_r + \left(\frac{\mathrm{d}^2\boldsymbol{r}}{\mathrm{d}t^2}\right)_r \\ &= \frac{\mathrm{d}\boldsymbol{\Omega}}{\mathrm{d}t} \times \boldsymbol{r} + \boldsymbol{\Omega} \times (\boldsymbol{\Omega} \times \boldsymbol{r}) + 2\boldsymbol{\Omega} \times \left(\frac{\mathrm{d}\boldsymbol{r}}{\mathrm{d}t}\right)_r + \left(\frac{\mathrm{d}^2\boldsymbol{r}}{\mathrm{d}t^2}\right)_r. \end{aligned}$$

下面，我们省略掉下标，并记相对速度 $\boldsymbol{v}$ 和相对加速度 $\frac{\mathrm{d}\boldsymbol{v}}{\mathrm{d}t}$ 为

$$\boldsymbol{v} = \left(\frac{\mathrm{d}\boldsymbol{r}}{\mathrm{d}t}\right)_r, \qquad \frac{\mathrm{d}\boldsymbol{v}}{\mathrm{d}t} = \left(\frac{\mathrm{d}^2\boldsymbol{r}}{\mathrm{d}t^2}\right)_r, \tag{5.1.14}$$

于是，绝对加速度表达式为

$$\boldsymbol{a} = \boldsymbol{a}_0 + \frac{\mathrm{d}\boldsymbol{v}}{\mathrm{d}t} + 2\boldsymbol{\Omega} \times \boldsymbol{v} + \frac{\mathrm{d}\boldsymbol{\Omega}}{\mathrm{d}t} \times \boldsymbol{r} + \boldsymbol{\Omega} \times (\boldsymbol{\Omega} \times \boldsymbol{r}). \tag{5.1.15}$$

由此可知，非惯性系中流体运动方程为

$$\frac{\mathrm{d}\boldsymbol{v}}{\mathrm{d}t} = \frac{1}{\rho}\nabla \cdot \boldsymbol{\sigma} + \boldsymbol{F} - \boldsymbol{a}_0 - 2\boldsymbol{\Omega} \times \boldsymbol{v} - \frac{\mathrm{d}\boldsymbol{\Omega}}{\mathrm{d}t} \times \boldsymbol{r} - \boldsymbol{\Omega} \times (\boldsymbol{\Omega} \times \boldsymbol{r}). \tag{5.1.16}$$

通常情况下，$\boldsymbol{a}_0 = \boldsymbol{0}, \boldsymbol{\Omega} = $ 常矢量，即匀速旋转参考系中，上式简化为

$$\frac{\mathrm{d}\boldsymbol{v}}{\mathrm{d}t} = \frac{1}{\rho}\nabla\cdot\boldsymbol{\sigma} + \boldsymbol{F} - 2\boldsymbol{\Omega}\times\boldsymbol{v} - \boldsymbol{\Omega}\times(\boldsymbol{\Omega}\times\boldsymbol{r}). \tag{5.1.17}$$

在无黏流假设下,忽略黏性力项,上式进一步简化为

$$\frac{\mathrm{d}\boldsymbol{v}}{\mathrm{d}t} = \frac{\partial\boldsymbol{v}}{\partial t} + (\boldsymbol{v}\cdot\nabla)\boldsymbol{v} = -\frac{1}{\rho}\nabla p + \boldsymbol{F} - 2\boldsymbol{\Omega}\times\boldsymbol{v} - \boldsymbol{\Omega}\times(\boldsymbol{\Omega}\times\boldsymbol{r}),$$

$$\tag{5.1.18}$$

其中 $-\boldsymbol{\Omega}\times(\boldsymbol{\Omega}\times\boldsymbol{r})$ 称为惯性离心力, $-2\boldsymbol{\Omega}\times\boldsymbol{v}$ 称为科里奥利(Coriolis)力.惯性离心力是动系 S' 旋转时作用在单位质量流体上的力,它与流体是否存在相对于该参考系的流动无关.当压力不在边界条件中明显出现(例如,不存在自由表面),以及密度为常数时,如同重力项一样,惯性离心力项也可以吸收到压力项中去.因为

$$\boldsymbol{\Omega}\times(\boldsymbol{\Omega}\times\boldsymbol{r}) = -\nabla\left(\frac{1}{2}(\boldsymbol{\Omega}\times\boldsymbol{r})^2\right),$$

故可以用一个等效压强 $P = p + \rho\psi - \frac{1}{2}\rho(\boldsymbol{\Omega}\times\boldsymbol{r})^2$ 代替压强而去掉离心力项.这样除了增加一项科氏力以外,动量方程在形式上就与惯性坐标系下一样.但是需要强调的是,所有的量及其导数是对旋转参考系而言的.于是

$$\rho\frac{\partial\boldsymbol{v}}{\partial t} + \rho(\boldsymbol{v}\cdot\nabla)\boldsymbol{v} = -\nabla P - 2\rho\boldsymbol{\Omega}\times\boldsymbol{v}. \tag{5.1.19}$$

5.2　伯努利(Bernoulli)方程

众所周知,根据一般力学中的机械能守恒定律,一个质点在保守力场中运动时,质点的动能和势能之和保持不变.从数学的观点来看,机械能守恒是运动方程的一次积分,称为"能量积分".

在流体力学中,流体的能量方程和动量方程也存在类似的积分.这就是著名的定常流沿流线的**伯努利方程**和无旋流中的**柯西-拉格朗日积分**.

5.2.1　伯努利定理

定理　在流体的无黏无热传导的定常运动中,单位质量流体的总能量沿同一条流线保持不变.即

$$H = \frac{1}{2} v^2 + \varepsilon + \frac{p}{\rho} + \Psi = 常数 （沿同一条流线）. \tag{5.2.1}$$

证 无黏无热传导流动的能量方程(5.1.3)中,如果外力场有势,$F = -\nabla \Psi$,Ψ 是外力场的势能,并且它只是空间位置的函数,不随时间改变,则 $v \cdot F$ 项可写成

$$v \cdot F = -v \cdot \nabla \Psi = -\frac{d\Psi}{dt}.$$

利用连续方程,式(5.1.3)右边第二项可改写成

$$-\frac{1}{\rho} \nabla \cdot (pv) = \frac{p}{\rho^2} \frac{d\rho}{dt} - \frac{1}{\rho} v \cdot \nabla p = -\frac{d}{dt}\left(\frac{p}{\rho}\right) + \frac{1}{\rho} \frac{\partial p}{\partial t}.$$

于是式(5.1.3)可写成

$$\frac{d}{dt}\left[\frac{1}{2} v^2 + \varepsilon + \frac{p}{\rho} + \Psi\right] = \frac{1}{\rho} \frac{\partial p}{\partial t}.$$

在定常运动中,等式右边为零,能量方程能够被积分.这表明一个流体质点在它运动轨迹的所有点上总能量保持不变.又因在定常流动中,流线与质点的迹线重合.因此,伯努利方程也表示无黏无热传导流体定常流动中,单位质量流体的总能量沿流线保持不变.式(5.2.1)中总能量不但包括流体的动能和内能,而且也包括与压强场及保守外力场有关的那部分"势能".定理证毕.

5.2.2 伯努利定理的特殊形式

(1) 在不可压缩流动中,$d\rho/dt = 0$,每个流体质点的密度不受压强变化的影响;同时每个质点的内能也保持不变,$d\varepsilon/dt = 0$.这是因为每个质点在无黏流中是等熵的,由热力学第一定律立刻可得出质点内能不变的结论.若体积力限制为重力.则不可压缩定常流的伯努利方程为

$$\frac{1}{2} v^2 + \frac{p}{\rho} + gz = 常数 （沿流线）. \tag{5.2.2}$$

该式就是伯努利在 1738 年最初得到的形式,它给出了沿流线上压强和速度之间的依赖关系,在不可压缩流体力学中有着根本的重要性和广泛的应用.

(2) 对于完全气体可压缩等熵定常流,$C_v = \frac{R}{r-1}$,$\varepsilon + \frac{p}{\rho} = \frac{\gamma}{\gamma-1} \frac{p}{\rho}$.伯努利方程变为

$$\frac{1}{2} v^2 + \frac{\gamma}{\gamma-1} \frac{p}{\rho} + \Psi = 常数 （沿流线）. \tag{5.2.3}$$

5.2.3　沿流线和涡线成立的伯努利方程

在无黏流动中每个流体质点处于局部热力学平衡态,因此在任意瞬时对流场中的任意点,热力学关系式

$$T\,\nabla S = \nabla \varepsilon + p\,\nabla\left(\frac{1}{\rho}\right) = \nabla h - \frac{1}{\rho}\,\nabla p \qquad (5.2.4)$$

成立,其中比焓 $h = \varepsilon + p/\rho$.

另一方面,利用矢量公式 $(\boldsymbol{v} \cdot \nabla)\boldsymbol{v} = \nabla\left(\dfrac{v^2}{2}\right) - \boldsymbol{v} \times \boldsymbol{\omega}$,动量方程(5.1.2)可改写成另一种有用的形式(兰姆(Lamb)方程)

$$\frac{\partial \boldsymbol{v}}{\partial t} - \boldsymbol{v} \times \boldsymbol{\omega} + \nabla\left(\frac{v^2}{2}\right) = f - \frac{1}{\rho}\,\nabla p. \qquad (5.2.5)$$

假定外力场有势,在**定常**流动情形,将式(5.2.4)代入上式,有

$$\boldsymbol{v} \times \boldsymbol{\omega} = \nabla H - T\,\nabla S, \qquad (5.2.6)$$

这就是**克罗柯(Crocco)方程**.上述关系式反映了定常流中总能和熵的变化与涡量之间的相容关系.若流场中熵 S 处处是一样的,我们称为**均熵**;同理,当总能 H 在流场中是均匀的,称为**均能**.对于无黏无热传导的定常流动,流场可以是均熵的,或者是均能的,或者两者都是,也可以两者都不是.对于定常**均能**流动,克罗柯方程简化为

$$\boldsymbol{v} \times \boldsymbol{\omega} = - T\,\nabla S. \qquad (5.2.7)$$

由此可知,无旋流动必是均熵的;而熵的不均匀性会使流场有旋,在第 11 章中我们将会看到这样典型的例子.只有 $\boldsymbol{v}\,/\!/\,\boldsymbol{\omega}$ 这样特殊的情形,有旋流也可能是均熵的.

对于定常**均熵**流,此时有

$$\boldsymbol{v} \times \boldsymbol{\omega} = \nabla H. \qquad (5.2.8)$$

在两边点乘 $\boldsymbol{v}$ 或 $\boldsymbol{\omega}$ 后,得

$$H = \frac{1}{2}v^2 + \varepsilon + \frac{p}{\rho} + \Psi = 常数(沿同一条流线或涡线). \qquad (5.2.9)$$

假设沿流场中任意一条流线上各点作涡线,则构成一个曲面,称为兰姆曲面.总能梯度 ∇H 的方向总是与兰姆面垂直.因此兰姆面是流体总能的等值面,而不同的兰姆面上 H 值可不同.显然,式(5.2.9)是在均熵条件下式(5.2.1)的推广形式.如果更进一步假定流场是无旋的,即 $\boldsymbol{\omega} = 0$,则总能 H 将在全流场为一常数.此时,伯努利方程就是和欧拉方程等价的一个数学表达式,或者说,是欧拉方程的一个首次积分.

在流体力学中,特别是在气象学上经常用到**正压**(barotropic)流体的概念.所

谓正压流体是指密度仅是压力的单值函数,此时有

$$\frac{1}{\rho}\,\nabla p \;=\; \nabla \int \frac{\mathrm{d}p}{\rho}. \tag{5.2.10}$$

以 $\boldsymbol{v}$ 点乘式(5.2.5),当流动定常时,

$$\boldsymbol{v} \cdot \nabla \left(\frac{v^2}{2} + \Psi + \int \frac{\mathrm{d}p}{\rho} \right) = 0.$$

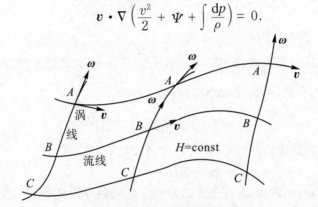

图 5.1　兰姆曲面

在同一个兰姆曲面上伯努利方程有同一常数;

A,B,C 表示体质点;涡线总是由相同的流体质点组成

所以,正压流体的伯努利方程又可写成

$$H = \frac{1}{2}v^2 + \int \frac{\mathrm{d}p}{\rho} + \Psi = 常数\ (沿流线). \tag{5.2.11}$$

均匀密度不可压缩流和均熵流,都属于正压流动。

5.2.4　非定常无旋流的伯努利方程

当流动是无旋的,$\boldsymbol{\omega} = \boldsymbol{0}$,在 2.2 节中已经指出,可以引入一个速度势函数 φ,使得 $\boldsymbol{v} = \nabla \varphi$.代入式(5.2.5),再加上外力场有势和正压流体的条件,无旋运动的动量方程简化为

$$\nabla \left(\frac{\partial \varphi}{\partial t} + \frac{v^2}{2} + \int \frac{\mathrm{d}p}{\rho} + \Psi \right) = 0.$$

上式的一次积分为

$$\frac{\partial \varphi}{\partial t} + \frac{v^2}{2} + \int \frac{\mathrm{d}p}{\rho} + \Psi = f(t), \tag{5.2.12}$$

其中 $f(t)$ 是时间的任意函数.但在同一瞬时在全流场它是同一个常数.这个未知函数可以吸收到 φ 中去.因为速度只是由 φ 的空间导数确定,故可定义一个新的速

度势 φ'，使得

$$\varphi' = \varphi - \int f(t)\,\mathrm{d}t, \qquad \nabla\varphi' = \nabla\varphi.$$

因此，上式积分可以写为

$$\frac{\partial\varphi'}{\partial t} + \frac{v^2}{2} + \int \frac{\mathrm{d}p}{\rho} + \Psi = \text{常数（全流场）}. \qquad (5.2.13)$$

上式称为**非定常无旋流动的伯努利方程**，又称柯西-拉格朗日（Cauchy-Lagrange）积分. 特别是，如果流动还是定常的，则

$$\frac{v^2}{2} + \int \frac{\mathrm{d}p}{\rho} + \Psi = \text{常数（全流场）}. \qquad (5.2.14)$$

无旋流伯努利方程有重要的应用价值，由速度势方程解出 φ 后，压强场即可由伯努利方程确定，无需再解微分方程.

5.2.5* 非惯性系中的伯努利方程

若流动相对于旋转坐标系是定常的，体积力有势. 惯性离心力可写成 $\boldsymbol{\Omega}\times(\boldsymbol{\Omega}\times\boldsymbol{r}) = -\nabla\left(\frac{1}{2}\Omega^2 r'^2\right)$，其中 r' 是动坐标系中一点到旋转轴的距离. 考虑到 $(\boldsymbol{v}\cdot\nabla)\boldsymbol{v} = -\boldsymbol{v}\times\boldsymbol{\omega} + \nabla\frac{v^2}{2}$，$T\nabla S = \nabla h - \frac{1}{\rho}\nabla p$. 则式 (5.1.18) 在定常流时可写成

$$-T\nabla S + (2\boldsymbol{\Omega}\times\boldsymbol{v} - \boldsymbol{v}\times\boldsymbol{\omega}) = -\nabla\left(\frac{v^2}{2} + h + \Psi - \frac{1}{2}\Omega^2 r'^2\right).$$

等式两边点乘速度 $\boldsymbol{v}$，因为定常时，$\boldsymbol{v}\cdot\nabla S = 0$，所以等式左手结果为零，于是

$$\frac{1}{2}v^2 + h + \Psi - \frac{1}{2}\Omega^2 r'^2 = \text{常数（沿相对运动流线）}. \qquad (5.2.15)$$

另一种情形是若流动在惯性系中是无旋的，但观察者是固结在非惯性坐标系内的，于是要用动坐标系下的量来表示式 (5.2.13). 这可借助于坐标系变换关系得到，前面曾讲过，一个标量的物质导数在非惯性系中与在惯性系中是一样的，

$$\left(\frac{\mathrm{d}\varphi}{\mathrm{d}t}\right)_{\mathrm{a}} = \left(\frac{\mathrm{d}\varphi}{\mathrm{d}t}\right)_{\mathrm{r}}, \quad \left(\frac{\partial\varphi}{\partial t}\right)_{\mathrm{a}} + (\boldsymbol{v}_{\mathrm{a}}\cdot\nabla)_{\mathrm{a}}\varphi = \left(\frac{\partial\varphi}{\partial t}\right)_{\mathrm{r}} + (\boldsymbol{v}_{\mathrm{r}}\cdot\nabla)_{\mathrm{r}}\varphi,$$

以及

$$\boldsymbol{v}_{\mathrm{a}} = \boldsymbol{v}_{\mathrm{r}} + \boldsymbol{U}_{\mathrm{e}}, \qquad \nabla_{\mathrm{a}}\varphi = \nabla_{\mathrm{r}}\varphi = \boldsymbol{v}_{\mathrm{a}}.$$

利用以上关系式，式 (5.2.13) 可写成

$$\frac{\partial\varphi}{\partial t} + \frac{1}{2}v^2 + \int \frac{\mathrm{d}p}{\rho} + \Psi - \frac{1}{2}U_{\mathrm{e}}^2 = \text{常数（全流场）}. \qquad (5.2.16)$$

其中 U_e 为动坐标系的牵连速度. $\frac{\partial}{\partial t}$ 和 v 都是在动坐标系下取值.式(5.2.16)适用于用动坐标系来研究绝对坐标系下的无旋运动.

5.3 开尔文速度环量守恒和赫姆霍兹涡量定理

　　如何区分无旋流动和有旋流动是研究无黏流动首先必须考虑的重要问题.开尔文(Kelvin)速度环量守恒定理和赫姆霍兹(Helmholtz)关于涡量守恒的几个定理,为研究这两类流动提供了最重要的理论基础.

　　在流场中,任取一条封闭的曲线 C,作环路积分

$$\Gamma = \oint_C v \cdot dl,$$

称为沿周线 C 的速度环量,其中 dl 为 C 的有向微元线段,v 是在 dl 处流体质点的速度.如果我们考察的封闭周线是由确定的流体质点组成的物质线,周线的位置和形状将随着质点的运动而变化,记为 $C = C(t)$.现在我们来研究在流体运动过程中沿物质周线 C 的速度环量随时间的变化率,即它的物质导数

$$\frac{d\Gamma}{dt} = \frac{d}{dt} \oint_{C(t)} v \cdot dl.$$

令 $\boldsymbol{\xi} = (\xi_1, \xi_2, \xi_3)$ 是拉格朗日变量,并以 $x_i = x_i(\boldsymbol{\xi}, t)$ 代入上式,得到

$$\frac{d\Gamma}{dt} = \frac{d}{dt} \oint_{C(t)} v_i dx_i = \frac{d}{dt} \oint_{C(0)} v_i \frac{\partial x_i}{\partial \xi_k} d\xi_k.$$

$$= \oint_{C(0)} \left\{ \frac{dv_i}{dt} \frac{\partial x_i}{\partial \xi_k} + v_i \frac{\partial}{\partial \xi_k} \left[\left(\frac{dx_i}{dt} \right)_\xi \right] \right\} d\xi_k,$$

其中 $C(0)$ 表示该物质周线在 $t = 0$ 时刻的位置,$v_i = \left(\frac{dx_i}{dt} \right)_\xi$,所以

$$\frac{d\Gamma}{dt} = \oint_{C(t)} \frac{dv_i}{dt} dx_i + \oint_{C(t)} v_i dv_i.$$

速度 v_i 是 $(\boldsymbol{x}, t)$ 的单值函数,环路积分 $\oint d\left(\frac{1}{2} v^2 \right) = 0$,于是得到

$$\frac{d\Gamma}{dt} = \oint_{C(t)} \frac{dv}{dt} \cdot dl. \tag{5.3.1}$$

上式表明沿一条由确定的流体质点组成的物质周线上,速度环量的物质导数等于沿该周线上加速度的环量.上述结果是纯粹运动学性质的,因而对任何一种流动都是正确的.但是,加速度必须借助于动力学方程才能确定.由运动方程(3.2.8)和本构关系式(3.4.11),并假设 $\lambda + \dfrac{2}{3}\mu = 0$,运动方程可写成

$$\frac{\mathrm{d}\boldsymbol{v}}{\mathrm{d}t} = -\frac{1}{\rho}\nabla p + \boldsymbol{F} + \frac{1}{3}\nu\nabla(\nabla\cdot\boldsymbol{v}) + \nu\nabla^2\boldsymbol{v}, \tag{5.3.2}$$

代入式(5.3.1) 得

$$\frac{\mathrm{d}\varGamma}{\mathrm{d}t} = -\oint\frac{1}{\rho}\nabla p\cdot\mathrm{d}\boldsymbol{l} + \oint\boldsymbol{F}\cdot\mathrm{d}\boldsymbol{l} + \frac{\nu}{3}\oint\nabla(\nabla\cdot\boldsymbol{v})\cdot\mathrm{d}\boldsymbol{l} + \nu\oint\nabla^2\boldsymbol{v}\cdot\mathrm{d}\boldsymbol{l}.$$

如果流动是**无黏**的;压力是密度的单值函数;外力场**有势**,则有

$$\frac{\mathrm{d}\varGamma}{\mathrm{d}t} = -\oint_{C(t)}\nabla\left(\int\frac{\mathrm{d}p}{\rho} + \varPsi\right)\cdot\mathrm{d}\boldsymbol{l} = -\oint_{C(t)}\mathrm{d}\left(\int\frac{\mathrm{d}p}{\rho} + \varPsi\right) = 0. \tag{5.3.3}$$

这一著名结果是开尔文在 1869 年得到的.同时,由式(2.4.2) 我们已经知道,沿一封闭周线上的速度环量等于通过张在该曲线上的一个开曲面上的涡通量, $\varGamma = \iint\limits_{S}\boldsymbol{\omega}\cdot\mathrm{d}\boldsymbol{S}.$当曲线是条可收缩的封闭物质曲线,其上张的是一个开物质曲面时,式(5.3.3) 等价于

$$\frac{\mathrm{d}}{\mathrm{d}t}\iint\limits_{S(t)}\boldsymbol{\omega}\cdot\mathrm{d}\boldsymbol{S} = 0. \tag{5.3.4}$$

因此,**开尔文定理**可表述为:对于正压、外力场有势的流体的无黏流动,沿任意封闭的物质周线上的速度环量是一个运动不变量.由此得到的一个重要推论是,穿过一个开物质曲面上的涡通量也是一个运动不变量.

在无黏流动中,与开尔文速度环量守恒定理密切联系的是**赫姆霍兹**关于**涡量守恒**的几个重要定理.

定理　　对于正压、外力场有势的无黏流体运动,(i) 某一时刻构成涡管(或涡面、涡线)的流体质点,在运动的全部时间过程中仍将构成涡管(或涡面、涡线).换句话说,涡管(或涡面、涡线)由确定的流体质点组成并随流体一道运动(赫姆霍兹第一定理).(ii) 涡管随流体运动过程中,它的强度不随时间改变(赫姆霍兹第二定理).

利用开尔文定理很容易证明上述定理.

在某一时刻 t,在流场中任取一条封闭的物质曲线(不是涡线),过该曲线上每一点作瞬时涡线,这样构成了一个涡管.然后,在此涡管面上任取一条不环绕涡管的封闭曲线,记为 C.它所围成的一部分涡面记为 S,并把涡管侧表面记为 Σ,则 S

⊂ Σ(图 5.2). 现在我们来考察 t' 时刻,由原来构成涡管面 Σ 的流体质点所组成的新曲面 $Σ'$,构成周线 C 的流体质点所组成的新曲线 C',以及 C' 所围成的新曲面 S'. t 时刻 C 在涡面 Σ 上,所以 $\boldsymbol{ω} \cdot \boldsymbol{n} = 0$,$n$ 是涡面法线矢量. 因而

$$\Gamma = \oint_{C(t)} \boldsymbol{v} \cdot \mathrm{d}\boldsymbol{l} = \iint_{S(t)} \boldsymbol{ω} \cdot \boldsymbol{n}\mathrm{d}S = 0.$$

由开尔文定理,沿物质周线 C 的速度环量是个不变量,即 $\mathrm{d}\Gamma/\mathrm{d}t = 0$. 在 t' 时刻必有

$$\int_{C'(t')} \boldsymbol{v} \cdot \mathrm{d}\boldsymbol{l} = \int_{C(t)} \boldsymbol{v} \cdot \mathrm{d}\boldsymbol{l} = 0.$$

再由斯托克斯定理有

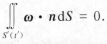

$$\iint_{S'(t')} \boldsymbol{ω} \cdot \boldsymbol{n}\mathrm{d}S = 0.$$

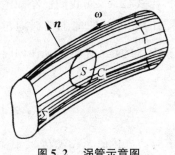

图 5.2　涡管示意图

由此可知物质面元 S' 上的涡通量为零. 由于面元 S 选取的任意性,我们可以断言,某时刻构成涡管的物质面,任意时刻也必将构成一个涡管面. 特别地,如果所取涡管截面积收缩至零,就得到一条涡线,从而得知,组成涡线的流体质点在任何时刻永远组成涡线. 这就证明了赫姆霍兹第一定理.

如果现在 C 是涡管面上围绕涡管一周的封闭物质周线,则 t 时刻涡管强度为 $\Gamma = \oint_{C(t)} \boldsymbol{v} \cdot \mathrm{d}\boldsymbol{l}$

$= \iint_{S(t)} \boldsymbol{ω} \cdot \boldsymbol{n}\mathrm{d}S$. 此时 S 为涡管面上由 C 围成的横截面. 由开尔文定理,沿上述封闭周线的速度环量不随时间改变,由此可知,涡管强度在运动的过程中也保持不变.

读者应当记得,我们在第 2 章中曾讲过一个涡管强度守恒定理,那是说,在每一瞬时通过同一条涡管中任何截面上的涡通量都处处相等. 它是由涡量场的散度为零的性质得到的,这个运动学的定理对于任意流体都是正确的. 它可以看成是同一时刻涡管强度的空间守恒性质. 至于涡管强度在时间过程中是否保持常量,只有考察涡量场的动力学性质才能知道. 本节赫姆霍兹的两个定理表明,在开尔文定理成立的条件下,涡管强度不但具有空间上的守恒性,而且具有时间上的守恒性.

为了进一步阐明无黏流体涡量场的特性,我们研究涡量输运方程.

5.4 无黏流涡量动力学方程

对运动方程(5.3.2)两边取旋度,并利用矢量公式 $\nabla \times (\nabla f) = 0, \nabla \cdot (\nabla \times a)$ $= 0, \nabla \times (a \times b) = (b \cdot \nabla)a - (a \cdot \nabla)b + a(\nabla \cdot b) - b(\nabla \cdot a)$,就得到涡量动力学方程

$$\frac{\mathrm{d}\boldsymbol{\omega}}{\mathrm{d}t} = (\boldsymbol{\omega} \cdot \nabla)\boldsymbol{v} - \boldsymbol{\omega}(\nabla \cdot \boldsymbol{v}) + \nabla \times \boldsymbol{F} - \nabla \times \left(\frac{1}{\rho}\nabla p\right) + \nu\nabla^2\boldsymbol{\omega}. \qquad (5.4.1)$$

在正压、体积力有势和无黏流动的假设下,方程将简化为

$$\frac{\mathrm{d}\boldsymbol{\omega}}{\mathrm{d}t} = (\boldsymbol{\omega} \cdot \nabla)\boldsymbol{v} - \boldsymbol{\omega}(\nabla \cdot \boldsymbol{v}). \qquad (5.4.2)$$

在等式两边除以 ρ,再利用连续方程(3.1.11),上式可改写成

$$\frac{\mathrm{d}}{\mathrm{d}t}\left(\frac{\boldsymbol{\omega}}{\rho}\right) = \left(\frac{\boldsymbol{\omega}}{\rho} \cdot \nabla\right)\boldsymbol{v}; \qquad (5.4.3)$$

对于均质不可压缩流体,进一步有

$$\frac{\mathrm{d}\boldsymbol{\omega}}{\mathrm{d}t} = (\boldsymbol{\omega} \cdot \nabla)\boldsymbol{v}; \qquad (5.4.4)$$

上面两式可以写成一个紧凑形式

$$\frac{\mathrm{d}\boldsymbol{\zeta}}{\mathrm{d}t} = (\boldsymbol{\zeta} \cdot \nabla)\boldsymbol{v}, \qquad (5.4.5)$$

其中

$$\boldsymbol{\zeta} = \boldsymbol{\omega}/\rho^\alpha, \qquad \begin{cases} \alpha = 0, & \text{均质不可压流动}, \\ \alpha = 1, & \text{分层或可压缩正压流}. \end{cases}$$

可称为折合涡量,特别是对于二维流动,$\boldsymbol{v} = v_1\boldsymbol{i} + v_2\boldsymbol{j}, \boldsymbol{\zeta} = \zeta\boldsymbol{k}$,方程进一步简化为

$$\mathrm{d}\boldsymbol{\zeta}/\mathrm{d}t = 0, \qquad (5.4.6)$$

即流体质点的折合涡量在二维流动中是个不变量.

涡量方程(5.4.5)可以被一次积分.为此,利用拉格朗日变量 $\boldsymbol{\xi}$,令 $x_i = x_i(\boldsymbol{\xi}, t), v_i = v_i(\boldsymbol{\chi}(\boldsymbol{\xi}, t), t)$,将式(5.4.5)写成分量形式

$$\frac{\mathrm{d}\zeta_i}{\mathrm{d}t} = \zeta_j\frac{\partial v_i}{\partial x_j} = \zeta_j\frac{\partial v_i}{\partial \xi_k}\frac{\partial \xi_k}{\partial x_j} = \zeta_j\frac{\partial \xi_k}{\partial x_j}\frac{\partial}{\partial \xi_k}\left(\frac{\mathrm{d}x_i}{\mathrm{d}t}\right).$$

于是有

$$\frac{\mathrm{d}}{\mathrm{d}t}\left(\zeta_i\frac{\partial \xi_l}{\partial x_i}\right) = \frac{\partial \xi_l}{\partial x_i}\zeta_j\frac{\partial \xi_k}{\partial x_j}\frac{\partial}{\partial \xi_k}\left(\frac{\mathrm{d}x_i}{\mathrm{d}t}\right) + \zeta_i\frac{\mathrm{d}}{\mathrm{d}t}\left(\frac{\partial \xi_l}{\partial x_i}\right)$$

$$= \zeta_j \frac{\partial \xi_k}{\partial x_j} \frac{\mathrm{d}}{\mathrm{d}t} \left(\frac{\partial \xi_l}{\partial x_i} \frac{\partial x_i}{\partial \xi_k} \right) - \zeta_j \frac{\partial \xi_k}{\partial x_j} \frac{\partial x_i}{\partial \xi_k} \frac{\mathrm{d}}{\mathrm{d}t} \left(\frac{\partial \xi_l}{\partial x_i} \right) + \zeta_i \frac{\mathrm{d}}{\mathrm{d}t} \left(\frac{\partial \xi_l}{\partial x_i} \right).$$

注意到

$$\frac{\partial \xi_l}{\partial x_i} \frac{\partial x_i}{\partial \xi_k} = \delta_{lk}, \qquad \frac{\partial x_i}{\partial \xi_k} \frac{\partial \xi_k}{\partial x_j} = \delta_{ij},$$

则上式化为

$$\frac{\mathrm{d}}{\mathrm{d}t} \left(\zeta_i \frac{\partial \xi_l}{\partial x_i} \right) = 0, \qquad \text{即} \quad \zeta_i \frac{\partial \xi_l}{\partial x_i} = \text{常数};$$

而在 $t = 0$ 时，$x_i = \xi_i$，$\zeta_i = \zeta_{0i}$，于是得到，$\zeta_i \frac{\partial \xi_l}{\partial x_i} = \zeta_{0i} \frac{\partial \xi_l}{\partial \xi_i} = \zeta_{0i} \delta_{il} = \zeta_{0l}$，或者

$$\zeta_i(\boldsymbol{x}_0, t) = \zeta_{0l} \frac{\partial x_i}{\partial \xi_l}, \tag{5.4.7}$$

这就是方程(5.4.6)的一个一次积分.

从式(5.4.7)可见，如果某些流体质点在初始时刻涡量为零，即 $\boldsymbol{\omega}_0 = \boldsymbol{0}$，则有 $\boldsymbol{\omega}(\boldsymbol{x}, t)$ 恒为零，即这些流体质点在后继时间内涡量总是零. 反之，在任何时刻具有非零涡量的流体质点，在这之前和之后的任意时刻也必然具有非零涡量. 涡量就好像"冻结"在流体质点上，这又称为涡旋的不生不灭定理(拉格朗日定理). 这一事实对于研究无旋运动有重要的指导意义. 如果流体中部分流体质点是无旋的，在以后时间它们将永远保持无旋. 但是要注意，这种涡量的保持性是相对于流体质点而言的，但对于固定在空间的控制体内的流体而言，上述结论并不正确.

从涡量方程(5.4.7)也可证明涡线是物质线. 设在 $t = 0$ 时刻有涡线 L_0，涡线上点的位置 $\boldsymbol{x}_0 = \boldsymbol{\xi}(s)$，$\boldsymbol{\xi}$ 是拉格朗日坐标，s 是标记曲线 L_0 的参数，可取成 t_0 时刻的涡线局部长度. 依据涡线定义，涡矢量处处与涡线相切，$\boldsymbol{\omega}_0 \times \mathrm{d}\boldsymbol{x}_0 = \boldsymbol{0}$，或者可表示成

$$\omega_{0j} \mathrm{d}s = \lambda_0 \mathrm{d}x_{0j} = \lambda_0 \mathrm{d}\xi_j = \lambda_0 \frac{\partial \xi_j}{\partial s} \mathrm{d}s,$$

其中 $\lambda_0 = |\boldsymbol{\omega}_0|$ 是个标量，$\mathrm{d}s$ 是涡线的微元长度. 在 t 时刻，组成涡线 L_0 的质点运动到新位置 $\boldsymbol{x} = \boldsymbol{x}(\boldsymbol{\xi}(s), t)$，此时流体质点的涡量由式(5.4.7)可知

$$\zeta_i \mathrm{d}s = \zeta_{0j} \frac{\partial x_i}{\partial \xi_j} \mathrm{d}s = \frac{\lambda_0}{\rho_0} \frac{\partial x_i}{\partial \xi_j} \frac{\partial \xi_j}{\partial s} \mathrm{d}s = \frac{\lambda_0}{\rho_0} \frac{\partial x_i}{\partial s} \mathrm{d}s$$

或

$$\omega_i \mathrm{d}s = \frac{\rho}{\rho_0} \lambda_0 \mathrm{d}x_i, \qquad \boldsymbol{\omega} = \lambda \mathrm{d}\boldsymbol{x}/\mathrm{d}s, \qquad \lambda = \frac{\rho}{\rho_0} \lambda_0. \tag{5.4.8}$$

上式表明在 t_0 时刻组成涡线的流体质点在 t 时刻仍然是一根涡线. 上式还可写成

$$\frac{\boldsymbol{\omega}/\rho}{|\boldsymbol{\omega}_0/\rho_0|} = \frac{\mathrm{d}\boldsymbol{\chi}}{|\mathrm{d}\boldsymbol{\chi}_0|}. \tag{5.4.9}$$

对于均质不可压流体,有

$$\frac{\boldsymbol{\omega}}{|\boldsymbol{\omega}_0|} = \frac{\mathrm{d}\boldsymbol{\chi}}{|\mathrm{d}\boldsymbol{\chi}_0|}. \tag{5.4.10}$$

研究正截面积为 $\mathrm{d}A_0$,长为 $|\mathrm{d}\boldsymbol{\chi}_0|$ 的一段涡管,在 t 时刻它变为截面积为 $\mathrm{d}A$,长为 $|\mathrm{d}\boldsymbol{\chi}|$,由质量守恒 $\rho|\mathrm{d}\boldsymbol{\chi}|\mathrm{d}A = \rho_0|\mathrm{d}\boldsymbol{\chi}_0|\mathrm{d}A_0$,代入式(5.4.9)得

$$|\boldsymbol{\omega}_0|\mathrm{d}A_0 = |\boldsymbol{\omega}|\mathrm{d}A.$$

这正是涡管强度守恒定理.这里可压缩性对 $|\boldsymbol{\omega}|$ 和 $\mathrm{d}A$ 变化的影响正好抵消了.当涡管被拉伸时,$\mathrm{d}A$ 减小,涡量增大.所以守恒的量不是流体质点的涡量,而是涡管的强度.对于均质不可压缩二维流,$\dfrac{\mathrm{d}\boldsymbol{\omega}}{\mathrm{d}t} = \mathbf{0}$,$\omega(\boldsymbol{\chi},t) = \omega_0(\boldsymbol{\chi}_0,0)$,此时才有质点的涡量守恒.

第 6 章   不可压缩无旋流动

不可压缩无旋流动理论及其应用的内容是极其丰富的,本章只能讲述其中某些基础内容.6.1节将首先讲述无旋流动的一般特性.接着,用四节的篇幅着重介绍不可压缩平面无旋流动.在处理不可压缩平面无旋流动问题时,一个特别方便之处是它可以利用复变函数这一有力的数学工具.6.2和6.3节介绍用复变函数论方法求解不可压缩平面无旋流动问题的一般原理和方法.6.4和6.5节讲述布拉修斯(Blasius)定理和库塔(Kutta)条件.它们为确立完整的机翼理论奠定了基础,在空气动力学发展史上有重要地位.前者证明了作用在翼型上的升力同绕翼型的环量成正比,而后者恰恰可以唯一地确定出环量的大小.6.6节介绍轴对称无旋流动.在轴对称流动中一般不能应用复变函数方法.最后,还将介绍自由流线理论,它可以看成是黏性分离流在无黏流动理论框架内的一种近似处理方法.

6.1   不可压缩无旋流动的一般特性

在2.5和2.6节中我们讨论过无源无旋流动.这里,将继续这方面的讨论.首先,一个自然的问题是,在什么样条件下流动才具有无旋性?或者说,无旋流动假设在多大程度上可以代表真实的流动?开尔文定理的重要意义正在于它在一定程度上回答了上述问题.根据开尔文定理可以断定,在符合开尔文定理的假设条件下,流动只要在某一时刻是无旋的,在其先或其后任何时刻也必将是无旋.特别是,无黏正压流体从静止状态下开始运动,在后继时间内总是无旋的.对于无黏流体的定常流动,还可进一步推论出:只要流线上任何一点 $\boldsymbol{\omega} = 0$,则该条流线上所有点必

是 $\boldsymbol{\omega} = \boldsymbol{0}$. 于是,若无穷远处流速均匀,在所有流线上 $\boldsymbol{\omega}_\infty = \boldsymbol{0}$,则在流场中来自无穷远的所有流线上必处处 $\boldsymbol{\omega} = \boldsymbol{0}$. 这就是所谓的无旋流动的保持性原理. 在许多情形下,对于重力场中流体的大 Re 数流动,开尔文定理成立的三个条件,即无黏、正压及体积力单值有势,是可以近似满足的. 这样,开尔文定理为相当广泛的一类流动应用无旋流理论奠定了理论基础.

在 2.2 节中已经指出,当旋度 $\boldsymbol{\omega} = \nabla \times \boldsymbol{v} = \boldsymbol{0}$ 时,可以引入一个速度势标量函数 φ,使得 $\boldsymbol{v} = \nabla\varphi$. 将它代入不可压缩的连续性方程 $\nabla \cdot \boldsymbol{v} = 0$,得到速度势 φ 满足的拉普拉斯方程

$$\nabla^2\varphi = 0. \tag{6.1.1}$$

关于拉普拉斯方程的求解,数学上早已建立了一套完整的理论. 解的一般形式,以及存在性和唯一性等问题,在 2.5 节中已经交待过,这里不再赘述. 需要强调指出的是,速度势方程(6.1.1)是个椭圆型方程,它的流动特性完全受边界条件控制. 一部分边界条件的改变就会影响到全流场. 方程(6.1.1)中虽不显含时间 t,但该方程无论对定常流或非定常流都是正确的. 对于非定常流,流动对时间的依赖关系是由边界条件确定的,这意味着壁面瞬时的位置和速度完全确定了当时的流动状态. 边界运动的历史对流动不产生影响. 流动没有"记忆"功能,边界的任何瞬时变化立刻波及到全流场. 这类流动有时也称为准定常流动.

求解不可压缩无旋流问题的一个最大方便之处在于,可以将运动学和动力学问题分开来求解. 式(6.1.1)纯粹是一个运动学问题,且方程和边界条件都是线性的,因此可以由基本解迭加求得. 动量方程的作用仅在于当速度场确定以后,用 $\boldsymbol{v}(\boldsymbol{x}, t)$ 求解压力场. 由于无旋流的动量方程存在一次积分,因此无需再解微分方程,可直接由无旋流的伯努利方程(5.2.13)求出压力,显得特别简单.

由调和函数的一般性质,我们还可得到不可压缩无旋流的若干重要性质,例如:

6.1.1 开尔文最小能量原理

在单连通区域内的不可压缩流动,如果给定边界上流体的法向速度,则在所有可能的运动形式中将以无旋流动的总动能为最小.

我们设 $\boldsymbol{v}$ 和 $\boldsymbol{v}_1$ 分别代表两种流动的速度,其中 $\boldsymbol{v} = \nabla\varphi$,且在壁面边界上 $(\boldsymbol{v} \cdot \boldsymbol{n})_B = (\boldsymbol{v}_1 \cdot \boldsymbol{n})_B$. 两种流动的动能之差为

$$T_1 - T = \frac{1}{2}\rho\int_D (\boldsymbol{v}_1 \cdot \boldsymbol{v}_1 - \boldsymbol{v} \cdot \boldsymbol{v})\mathrm{d}V = \frac{1}{2}\rho\int_D (\boldsymbol{v}_1 - \boldsymbol{v})^2\mathrm{d}V + \rho\int_D (\boldsymbol{v}_1 - \boldsymbol{v})\boldsymbol{v}\mathrm{d}V.$$

等式右边第二项

$$\rho \int_D (v_1 - v) \cdot v \mathrm{d}V = \rho \int_D \nabla \cdot [(v_1 - v)\varphi] \mathrm{d}V - \rho \int_D \varphi \nabla \cdot (v_1 - v)\mathrm{d}V.$$

由连续性方程得出右边第二项积分为零. 由格林定理,上式变为 $\rho \int_A \varphi(v_1 - v)$

$\cdot n \mathrm{d}A$,由给定的边界条件,该积分为零. 所以,只要 $v_1 \neq v$,总有

$$T_1 - T = \frac{1}{2}\rho \int (v_1 - v)^2 \mathrm{d}V > 0.$$

6.1.2 调和函数的平均值原理

设 P 是流场中一点,以 P 为球心在流体内部作半径为 r 的球面 A,应用 2.6 节中推导格林公式的方法可得

$$\varphi_P = -\frac{1}{4\pi}\oint_A \varphi n \cdot \nabla \frac{1}{r}\mathrm{d}A + \frac{1}{4\pi r}\oint_A n \cdot \nabla\varphi \mathrm{d}A.$$

上式右边第二个积分化为体积分后为 $\int \nabla^2 \varphi \mathrm{d}V = 0$.这意味着如果球内没有源汇等奇点,在球面上流量 $v \cdot n$ 不可能全部为正或全为负,否则不满足连续性方程.于是有

$$\varphi_P = \frac{1}{4\pi r^2}\oint_A \varphi \mathrm{d}A. \tag{6.1.2}$$

由这一速度势的平均值原理,可以得到关于不可压缩无旋流动的两个重要推论.

(1) 不可压缩无旋流动中最大速度值一定在边界上;

(2) 不可压缩无旋流动中流体压力在边界上有最小值.但是,在流体内部速度可以有最小值,比如流体内部可以有驻点存在.于是,在流体内部压力 p 可以有最大值存在,比如在驻点处.

6.2 基本流·圆柱的位势绕流

从 2.6 节我们已经知道,在不可压缩平面无旋流动中,速度势 φ 和流函数 ψ 同时满足拉普拉斯方程(2.6.16)和(2.6.18),并且还满足柯西-黎曼条件(2.6.19).因而它们是一对共轭调和函数.根据复变函数论知识,我们可以构造一个复变数函数 $W(z)$ 是复变数 $z = x + iy$ 的解析函数,使得 φ 和 ψ 分别是它的实部和虚部

$$W(z) = \varphi + \mathrm{i}\psi, \tag{6.2.1}$$

$W(z)$ 称为**复速度势**.

对于流函数 $\psi =$ 常数 的曲线有

$$\mathrm{d}\psi = \frac{\partial\psi}{\partial x}\mathrm{d}x + \frac{\partial\psi}{\partial y}\mathrm{d}y = -v\mathrm{d}x + u\mathrm{d}y = 0,$$

即

$$\frac{\mathrm{d}y}{\mathrm{d}x} = \frac{v}{u}.$$

这表明 $\psi =$ 常数的曲线是条流线. 对于势函数 $\varphi =$ 常数的曲线有

$$\mathrm{d}\varphi = \frac{\partial\varphi}{\partial x}\mathrm{d}x + \frac{\partial\varphi}{\partial y}\mathrm{d}y = u\mathrm{d}x + v\mathrm{d}y = 0,$$

即

$$\frac{\mathrm{d}y}{\mathrm{d}x} = -u/v.$$

这表明等势线是处处与流线正交的曲线, 即

$$\left(\frac{\mathrm{d}y}{\mathrm{d}x}\right)_{\varphi} = -1\Big/\left(\frac{\mathrm{d}y}{\mathrm{d}x}\right)_{\psi}. \tag{6.2.2}$$

在平面无旋流中, 等势线和流线构成两组彼此正交的曲线网络(图 6.1).

$W(z)$ 的一阶导数

$$\frac{\mathrm{d}W}{\mathrm{d}z} = \frac{\partial\varphi}{\partial x} + \mathrm{i}\frac{\partial\psi}{\partial x} = u - \mathrm{i}v = \overline{V} \tag{6.2.3}$$

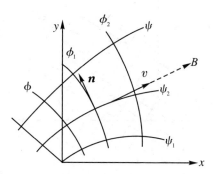

图 6.1　整个流场被相互正交的流线和等势线族所覆盖

称为**共轭复速度**. 它的模 $|\overline{V}| = \left|\dfrac{\mathrm{d}W}{\mathrm{d}z}\right|$, 等于速度的大小. 共轭复速度也是个解析函数. 设 $\mathrm{d}W/\mathrm{d}z$ 是域 G 中的一个单值解析函数, C 是 G 内一条封闭周线. $\mathrm{d}W/\mathrm{d}z$ 在 C 上无奇点, 在 C 内有有限个奇点. 由留数定理可知

$$\oint_C \frac{\mathrm{d}W}{\mathrm{d}z}\mathrm{d}z = 2\pi\mathrm{i}\sum_k a_k, \tag{6.2.4}$$

其中 a_k 为 $\dfrac{\mathrm{d}W}{\mathrm{d}z}$ 在第 k 个奇点处的留数.

另一方面

$$\oint_C \frac{\mathrm{d}W}{\mathrm{d}z}\mathrm{d}z = \oint_C (u - \mathrm{i}v)(\mathrm{d}x + \mathrm{i}\mathrm{d}y) = \oint_C \boldsymbol{v} \cdot \mathrm{d}\boldsymbol{l} + \mathrm{i}\oint_C \boldsymbol{v} \cdot \boldsymbol{n}\mathrm{d}l = \Gamma + \mathrm{i}Q.$$

$$(6.2.5)$$

其中 $\mathrm{d}\boldsymbol{l}$ 为封闭曲线 C 的切向微元矢量,指向封闭曲线逆时针旋转方向,$\boldsymbol{n}$ 为曲线 C 的外法向单位矢量.所以,周线积分 $\oint_C \frac{\mathrm{d}W}{\mathrm{d}z}\mathrm{d}z$ 的实部和虚部分别代表沿周线 C 的环量和穿过 C 的流量.如果 C 所包围的速度场处处是规则的,则 $\Gamma = 0, Q = 0$.

复变数 z 的任意解析函数 $W(z)$ 的实部和虚部也可看成是某个平面无源无旋流动的速度势 φ 和流函数 ψ.换句话说,任何一种平面无旋流动对应着一个复速度势.当然,并非所有的解析函数都代表在物理上有意义的流动.于是求解不可压缩平面无旋流动的问题往往归结为寻找相应的复速度势.

6.2.1　基本流

下面我们考察几个简单解析函数所代表的流动.它们是研究更复杂流动的基础,因为复杂流动可以由若干简单流迭加而成.其中,点源、点涡和偶极子已在 2.6 节中作过阐述.

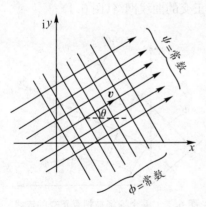

图 6.2　均匀流

(1) 均匀流

$$W(z) = (U - \mathrm{i}V)z, \quad (6.2.6)$$

则有

$$\varphi = Ux + Vy, \quad \psi = Uy - Vx;$$
$$\frac{\mathrm{d}W}{\mathrm{d}z} = U - \mathrm{i}V = |\boldsymbol{V}_\infty| \mathrm{e}^{-\mathrm{i}\theta},$$

其中

$$\boldsymbol{V}_\infty = U\boldsymbol{i} + V\boldsymbol{j}.$$

所以,流线和等势线均为直线,流线与实轴的倾角为 $\theta = \mathrm{arctg}\dfrac{V}{U}$(见图 6.2).

(2) 点源(汇)

位于坐标原点的点源(汇)的复速度势为

$$W(z) = a\ln z, \quad a \text{ 为实数}, a > 0 \text{ 源}, a < 0 \text{ 汇}, \quad (6.2.7)$$

则

$$\varphi = a\ln r, \quad \psi = a\theta,$$

$$v_r = \frac{a}{r}, \qquad v_\theta = 0.$$

点源代表的流动,流线是以原点发出的射线族,等势线是以原点为圆心的同心圆(图6.3).计算包围原点的周线积分,

$$\oint_C \frac{\mathrm{d}W}{\mathrm{d}z}\mathrm{d}z = \oint_C \frac{a}{z}\mathrm{d}z = 2\pi\mathrm{i}a = \Gamma + \mathrm{i}Q.$$

所以

$$\Gamma = 0, \quad Q = 2\pi a, \quad a = \frac{Q}{2\pi}.$$

Q 是单位长点源流出的体积流量.在 $r = 0$ 处是速度的奇点,此处$\nabla \cdot \boldsymbol{v} \neq 0$,是一个系数为 Q 的二维狄拉克 δ 函数.

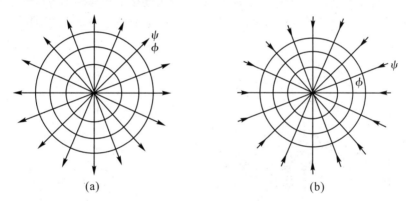

(a)　　　　　　　　　　　　　(b)

图 6.3　(a) 点源;(b) 点汇

(3) 点涡

位于原点的点涡的复速度势为

$$W(z) = \mathrm{i}a\ln z \quad (a \text{ 为实数}), \tag{6.2.8}$$

则有 $\varphi = -a\theta, \psi = a\ln r$ 及 $v_\theta = -a/r, v_r = 0$.点涡代表的流动,流线是以原点为圆心的同心圆,等势线是由原点发出的射线族(见图6.4).计算

$$\oint_C \frac{\mathrm{d}W}{\mathrm{d}z}\mathrm{d}z = \mathrm{i}a\oint_C \frac{1}{z}\mathrm{d}z = -2\pi a.$$

当周线包围原点时,可得 $\Gamma = -2\pi a, Q = 0$.考虑到流体质点的运动方向,则一个位于 z_0 处的点涡复速度势可表示为

$$W(z) = \mp\frac{\Gamma}{2\pi\mathrm{i}}\ln(z - z_0). \tag{6.2.9}$$

其中符号 $\mp$ 分别代表顺时针和逆时针转动,$\Gamma > 0$.

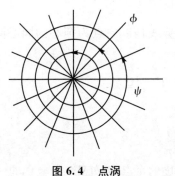

图 6.4　点涡

在点源位置处 $\nabla \cdot \boldsymbol{v} \neq 0$,在点涡涡心处 $\nabla \times \boldsymbol{v} \neq 0$.它们都具有 r^{-1} 的奇性.点源、点涡是速度场的两类基本的奇点.除奇点以外,流场是处处无旋无源的.

（4）偶极子（点源和点汇的迭加）

由 2.6 节已知,偶极子是等强度的一对点源和点汇.当它们无限接近时的极限.从式(2.6.21)可推知偶极子的复速度势的一般形式为

$$W(z) = -\frac{\mu}{2\pi}\frac{\mathrm{e}^{i a}}{(z - z_0)}, \tag{6.2.10}$$

其中 z_0 为偶极子位置,μ 为偶极子强度.我们规定连接汇和源的轴为偶极子的方向轴,并且从汇指向源为偶极子的正方向.因此,a 是偶极子方向与实轴的夹角（图 6.5(a)）.

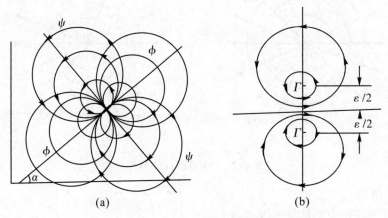

图 6.5　偶极子

(a) 无穷接近的一对等强度点源和点汇构成偶极子;

(b) 一对等强度的方向相反的点涡构成偶极子

计算包围 z_0 的线积分 $\oint_C \dfrac{\mathrm{d}W}{\mathrm{d}z}\mathrm{d}z$ 可知 $\Gamma = 0$,$Q = 0$,即沿包围偶极子的曲线,环量和流量均为零.偶极子属于二阶奇点,当 $|z - z_0| \to 0$ 时,偶极子的速度以 $|z - z_0|^{-2}$ 律趋于无穷大.它在远场的速度衰减要比源和涡更快.用同样方法还可以构造出更高阶奇点:两个无限接近的偶极子形成一个四极子,四极子的方向性由一个二阶张量描述.此外,还有其他多极子等.流场的方向性越复杂,就需要越高阶的奇点解进行迭加,才能加以描述.

偶极子也可认为是强度相等,方向相反的两个点涡无限接近形成的,其流线图见图 6.5(b).

(5) 绕角流动

复速度势是幂函数

$$W(z) = Az^n, \alpha = \frac{\pi}{n}, \qquad n, A \text{ 为正实数}, \qquad (6.2.11)$$

且 $n \geqslant \frac{1}{2}$,代表无旋的绕角流动(图 6.6).此时有

$$\varphi = Ar^n \cos n\theta, \qquad \psi = Ar^n \sin n\theta;$$

以及

$$v_r = nAr^{n-1}\cos n\theta, \qquad v_\theta = -nAr^{n-1}\sin n\theta.$$

由此可见,当 $n\theta = k\pi$ 时,$\psi = 0 (k = 0,1)$,是一条零流线,其上

$$v_\theta = 0, \qquad v_r = (-1)^k nAr^{n-1}. \qquad (6.2.12)$$

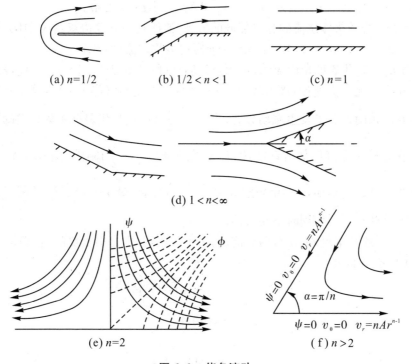

(a) $n=1/2$　　(b) $1/2 < n < 1$　　(c) $n=1$

(d) $1 < n < \infty$

(e) $n=2$　　　　　(f) $n > 2$

图 6.6　绕角流动

特别是,当 $k = 0, \theta = 0$ 时,流动沿 x 轴正向外流;$k = 1$,流动沿 $\theta = \alpha = \dfrac{\pi}{n}$ 的射线流向原点.因此可以把该流动看成是以 $\theta = 0$ 和 $\theta = \dfrac{\pi}{n}$ 的两条射线为角形固壁边界,$r = 0$ 为角项点的绕角无旋流(图6.6(g)).

不同的 n 代表不同流动类型,由式(6.2.12)可见,当 $r \to 0$,有

$$|\boldsymbol{V}| = \begin{cases} 0, & n > 1; \\ A, & n = 1; \\ \infty, & \dfrac{1}{2} < n < 1. \end{cases} \tag{6.2.13}$$

例如

$$\alpha = \frac{\pi}{2}, n = 2, W = az^2, \qquad \varphi = A(x^2 - y^2), \psi = 2Axy;$$

以及

$$u = 2Ax, \quad v = -2Ay, \quad |\boldsymbol{v}| = 2Ar.$$

它可代表二维钝头体绕流的驻点邻域的流动.流线是一族等边双曲线(图6.6(e)).

再如,$\alpha = \pi, n = 1, W = Az$,如前所述为均匀流(图6.6(c)).

当 $n > 1$,代表凹角内流动,角顶点是驻点(图6.6(d));当 $n < 1$,代表凸角绕流,凸角点有无穷大速度(图6.6(b)).这在物理上是不可能的,实际上,由于黏性存在,在凸角附近总要发生流动分离.当 $n < \dfrac{1}{2}$ 以后,不代表有实际意义的流动.

今后,在分析无旋流局部流动特性,如平板前缘 $\left(n = \dfrac{1}{2}\right)$ 附近(图6.6(a)),驻点 $(n = 2)$ 邻域(图6.6(e))和绕楔 $\left(n = \dfrac{\pi}{\pi - \alpha}\right)$ 流动(图6.6(f))等,常用到绕角流动分析.这些在下面用到时还要讲述.

除了上述基本流外,还有两类流动,虽不常用到,也是很重要的.它们是:

(6)* 孔口出流

$$\left.\begin{aligned} W(z) &= c\,\mathrm{arcosh}\left(\frac{z}{c}\right),或 \\ z &= c\cosh W. \end{aligned}\right\} \tag{6.2.14}$$

有

$$\begin{cases} x = c\cosh\varphi\cos\psi; \\ y = c\sinh\varphi\sin\psi. \end{cases}$$

消去 φ 后得到

$$\frac{x^2}{c^2\cos^2\psi} - \frac{y^2}{c^2\sin^2\psi} = 1,$$

所以,$\psi = $ 常数的流线是共焦双曲线(图6.7).

(7)* 椭圆柱环流

$$\left. \begin{array}{l} W(z) = c\arccos\dfrac{z}{c} \\[2mm] z = c\cos W, \end{array} \right\} \tag{6.2.15}$$

或有

$$\left. \begin{array}{l} x = c\cos\varphi\,\cosh\psi, \\[2mm] y = -c\sin\varphi\,\sinh\psi. \end{array} \right\} \tag{6.2.16}$$

消去 φ 后得到

$$\frac{x^2}{c^2\cosh^2\psi} + \frac{y^2}{c^2\sinh^2\psi} = 1.$$

由此可见,现在流线是一簇共焦椭圆(图6.8).

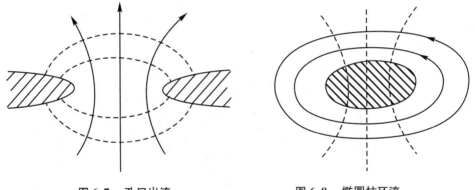

图 6.7 孔口出流　　　　图 6.8 椭圆柱环流

显而易见,在复速度势函数式中,当用 iW 代替 W 时,它代表了另一种流动,它们的流线和等势线互易地位.点源和点涡就是这种情形.

6.2.2 无环量的圆柱有势绕流

平行流和偶极子相迭加的复合流动代表了一个圆柱的无环量位势绕流.由于圆柱绕流的应用极其重要,我们把它与基本流归入一节讲述.其复速度势为

$$W(z) = Uz + \frac{\mu}{2\pi z}, \tag{6.2.17}$$

以及

$$\varphi = \left(Ur + \frac{\mu}{2\pi r}\right)\cos\theta, \qquad \psi = \left(Ur - \frac{\mu}{2\pi r}\right)\sin\theta. \qquad (6.2.18)$$

$\psi = 0$ 的流线是由实轴及半径为 $a = \left(\dfrac{\mu}{2\pi U}\right)^{1/2}$ 的圆所组成. 在 $r = a$ 的圆上, $\theta = 0$ 和 π 是两个驻点. x 轴和从驻点分叉的半径为 a 的圆形成分支流线, 圆外的流动代表了圆柱的无环量绕流(图 6.9(a)). 所以圆柱位势绕流的复速度势可写成

$$W(z) = U\left(z + \frac{a^2}{z}\right). \qquad (6.2.17')$$

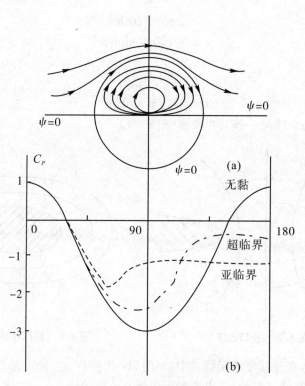

图 6.9　无环量圆柱绕流

圆柱表面上的速度分布为, 当 $r = a$ 时

$$v_r = 0, \qquad v_\theta = -2U\sin\theta.$$

当 $\theta = \pm\dfrac{\pi}{2}$ 时, 柱面上有最大速度, 它可以达到自由来流速度的两倍. 圆柱表面的压强分布由伯努利方程(5.2.14)给出:

$$p - p_\infty = \frac{1}{2}\rho U^2(1 - 4\sin^2\theta)$$

或

$$C_p = \frac{p - p_\infty}{\frac{1}{2}\rho U^2} = 1 - 4\sin^2\theta. \tag{6.2.19}$$

图 6.9(b) 画出了圆柱表面压强分布曲线.实线是由式(6.2.19)给出的无黏流动结果,曲线左右对称,在 $\theta = \pm\frac{\pi}{2}$ 处压强最小,$C_{p\,\min} = -3$.但是真实的流动情形并非如此,图中虚线代表了亚临界和超临界 Re 数时的实验结果.从图中可以发现,在从前驻点直到 $\theta = 60°$ 左右,与无黏流结果符合甚好,再往下游,压强分布曲线出现了本质的差异,这是由于边界层分离(9.6 节)完全改变了下游的流场的图像.无黏流理论不再有效.

6.2.3　有环量的圆柱位势定常绕流

在复速度势式(6.2.17)上再迭加一个位于原点顺时针环量的点涡,仍然代表了一个圆柱绕流,其复速度势为

$$W(z) = U\left(z + \frac{a^2}{z}\right) - \frac{\Gamma}{2\pi\mathrm{i}}\ln z. \tag{6.2.20}$$

不同的环量大小有不同的流动图像.根据流场中驻点的位置,可分为三种类型.由共轭复速度

$$\frac{\mathrm{d}W}{\mathrm{d}z} = U\left(1 - \frac{a^2}{z^2}\right) + \frac{\mathrm{i}\Gamma}{2\pi z} = 0,$$

得驻点位置为

$$z = a\left(-\frac{\mathrm{i}\Gamma}{4\pi a U} \pm \sqrt{1 - \frac{\Gamma^2}{16\pi^2 a^2 U^2}}\right). \tag{6.2.21}$$

(1) 小环量情形,$\Gamma < 4\pi a U$.令 $\frac{\Gamma}{4\pi a U} = \sin\theta_0$,则有 $z = a(-\mathrm{i}\sin\theta_0 \pm \cos\theta_0)$.在圆柱面上有两个驻点;

(2) $\Gamma = 4\pi a U$,圆柱面上仅有一个驻点,$\theta_0 = -\frac{1}{2}\pi$;

(3) 大环量情形,$\Gamma > 4\pi a U$,在圆柱面上没有驻点,流场中在负虚轴上有一个驻点(图 6.10).

圆柱面上的压强分布,由伯努利方程可以得到,为

$$\frac{p}{\rho} = \frac{p_\infty}{\rho} + \frac{1}{2} U^2 - \frac{1}{2} \mid \boldsymbol{v} \mid^2.$$

$\mid \boldsymbol{v} \mid$ 为圆柱面上的速度大小,它可由共轭复速度得到

$$\mid \boldsymbol{v} \mid^2 = \left(2U\sin\theta + \frac{\Gamma}{2\pi a} \right)^2.$$

从而,可以计算作用在圆柱表面上的升力和阻力

$$\left.\begin{aligned} X &= -\int_0^{2\pi} pa\cos\theta \, \mathrm{d}\theta = 0, \\ Y &= -\int_0^{2\pi} pa\sin\theta \, \mathrm{d}\theta = \frac{\Gamma}{\pi}\rho U \int_0^{2\pi} \sin^2\theta \, \mathrm{d}\theta = \rho U\Gamma. \end{aligned}\right\} \qquad (6.2.22)$$

上式表明,二维圆柱在定常无旋绕流中,圆柱在流动方向上竟没有受到阻力;而在垂直于流动的方向上,柱体受到一个升力,大小为 $\rho U\Gamma$. 在平面无旋流中,前者称为达朗贝尔(d'Alembert)疑题,后者则是一个很普遍的定律,下面还要进一步论述.

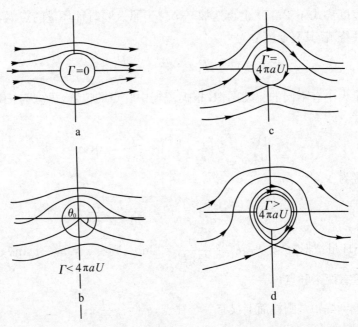

图 6.10　有环量圆柱绕流:不同的环量大小有不同的流动图像

6.3　保角变换

在平面无旋流动理论中应用保角变换方法的基本思想是,如果我们能找到适当的保角变换关系,把物理平面上形状比较复杂的边界变换成映射平面上简单的边界,同时这些简单边界形成的流动复速度势是已经知道的,那么复杂外形的流动问题就可得到解决.最常见的变换是设法把二维物体的边界变换成映射平面上的**圆**或**平板**.

如果解析函数

$$\zeta = f(z) \tag{6.3.1}$$

把 $z = x + \mathrm{i}y$ 平面上的一个区域单值连续地映射到 $\zeta = \xi + \mathrm{i}\eta$ 平面的某区域上,则 $\mathrm{d}\zeta/\mathrm{d}z$ 的值与增量 $\mathrm{d}z$ 的方向无关,换句话说,若 $\dfrac{\mathrm{d}\zeta}{\mathrm{d}z} = A\mathrm{e}^{\mathrm{i}\alpha}$ 或 $\mathrm{d}\zeta = \mathrm{d}z A\mathrm{e}^{\mathrm{i}\alpha}$,$A$ 与 α 只是点位置 z 的函数.这表明在 z 平面上一点处具有长度为 $|\mathrm{d}z|$ 的线元 $\mathrm{d}z$,经过 $\zeta = f(z)$ 变换以后,在 ζ 平面相应点上变成长度为 $|\mathrm{d}\zeta| = A|\mathrm{d}z|$ 的线元 $\mathrm{d}\zeta$,并且曲线的方位旋转了 α 角.其中 $A = \left|\dfrac{\mathrm{d}\zeta}{\mathrm{d}z}\right|$ 称为放大因子.由于 $\mathrm{d}\zeta/\mathrm{d}z$ 只是 z 的函数,所以过同一点的所有曲线元被伸长了同样大的倍数和旋转了同样的角度,由此可以立刻推得,过同一点的任意两条曲线之间的夹角在变换后保持不变,故称这种映射为**保角变换**.

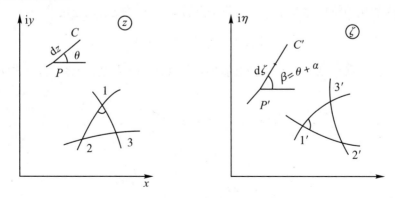

图 6.11　保角变换

在 z 平面上的微面元变换到 ζ 平面以后,根据保角变换原理,它们应保持几何相似.例如,z 平面上的三角形微元 123,在 ζ 平面上相应地变换成相似三角形微元 $1'2'3'$,并且,这两个三角形微元面积之比等于 $\dfrac{\triangle 1'2'3'}{\triangle 123} = \left|\dfrac{\mathrm{d}\zeta}{\mathrm{d}z}\right|^2$.

因为一个解析函数的解析函数还是解析函数,所以,取复合函数 $W(\zeta) = W(f(z)) = w(z)$,如果 $w(z)$ 是 z 的解析函数,则 $W(\zeta)$ 也是 ζ 的解析函数. $W(\zeta)$ 代表了在 ζ 平面上的复速度势,即代表了在 ζ 平面上的一种无旋流动,它的实部和虚部分别是相应的速度势和流函数.并且可知,z 平面内的等势线和流线族变换到 ζ 平面还是等势线和流线,即在相应点上

$$\varphi(\xi, \eta) = \varphi(x, y), \qquad \psi(\xi, \eta) = \psi(x, y). \tag{6.3.2}$$

但是,相应点上变换后的复速度是

$$\frac{\mathrm{d}W(\zeta)}{\mathrm{d}\zeta} = \frac{\mathrm{d}W(z)}{\mathrm{d}z}\frac{\mathrm{d}z}{\mathrm{d}\zeta}. \tag{6.3.3}$$

这表明 ζ 平面内的速度大小和方向都改变了,其放大因子是 $\left|\dfrac{\mathrm{d}z}{\mathrm{d}\zeta}\right|$.然而,虽然变换后的速度改变了,两平面对应区域内的流体**动能**却没有改变.设 z 平面内包围 P 点的封闭曲线 C 围成的面积为 S_P,相应地,在 ζ 平面内分别变换成 P',C' 和 S_P',由此可知速度比 $|v_P|^2 / |v_P'|^2 = |\mathrm{d}\zeta/\mathrm{d}z|^2$,面积比 $\mathrm{d}S_P'/\mathrm{d}S_P = |\mathrm{d}\zeta/\mathrm{d}z|^2$.所以动能

$$\iint\limits_{S_P} \frac{1}{2}\rho|v_P|^2\mathrm{d}S_P = \iint\limits_{S_P'} \frac{1}{2}\rho|v_P'|^2\mathrm{d}S_P'.$$

现在再来研究一下源、偶极子和涡等奇点在保角变换中的属性.若 z 平面内 z_0 点有强度为 q 的源,在 z_0 的邻域,它的速度以 $1/r$ 速率趋于无穷大.可以想象,在 z_0 邻域内的流动特性主要是点源的贡献.所以,在 z_0 邻域,复速度势为

$$W(z) \sim \frac{q}{2\pi}\ln(z - z_0).$$

如果变换 $\zeta = f(z)$ 在 z_0 点是规则的,即 $(\mathrm{d}\zeta/\mathrm{d}z)_{z_0}$ 不为零和无穷大,由式(6.3.1)可知

$$\zeta - \zeta_0 \sim (z - z_0)\left(\frac{\mathrm{d}\zeta}{\mathrm{d}z}\right)_{z_0},$$

所以

$$W(\zeta) \sim \frac{q}{2\pi}\ln(\zeta - \zeta_0) + \text{常数}.$$

这个常数是不重要的,可以略去.同样的论证对点涡也是正确的.由此可知,点源和点涡在变换平面内仍保持为同强度点源和点涡.

对于偶极子

$$W(z) = -\frac{\mu}{2\pi}\frac{e^{i\alpha}}{z - z_0} = -\frac{\mu}{2\pi}\frac{(\mathrm{d}\zeta/\mathrm{d}z)_{z_0}\,e^{i\alpha}}{\zeta - \zeta_0} = W(\zeta).$$

由此可见在变换平面 ζ 内的偶极子强度放大了 $|\mathrm{d}\zeta/\mathrm{d}z|$ 倍，$\mu' = \mu\,|\mathrm{d}\zeta/\mathrm{d}z|_{z_0}$；方向也旋转了 $\arg\left(\dfrac{\mathrm{d}\zeta}{\mathrm{d}z}\right)_{z_0}$，$\alpha' = \alpha + \arg\left(\dfrac{\mathrm{d}\zeta}{\mathrm{d}z}\right)$.

根据源和涡在映射中的性质；可以推知，如果 $W(z)$ 是多值的，$W(\zeta)$ 也是多值的，在 ζ 平面内一条封闭周线上的环量和体积流量应等于在 z 平面内相应周线上的环量和体积流量.

6.3.1　任意外形边界变换成圆

这是最常用的一种变换. 因为圆柱绕流的复速度势已经知道. 如果能找到具体的变换函数 $z = f(\zeta)$，将给定外形变换成圆，就可以认为给定外形的外部流动问题解决了.

我们来研究一下这种变换的一般性质.

若我们要求这种变换将二维物体的外部变换成圆的外部，并使无穷远处的流动速度大小和方向都不变化，这个变换的结果实际上是使得内边界形状及其附近流动发生变化而保持无穷远处流态不变(图 6.12). 因此，这种变换要求

$$\zeta \sim z，当\ |z| \to \infty，\quad 以及\frac{\mathrm{d}\zeta}{\mathrm{d}z} = 1，当\ |z| \to \infty.$$

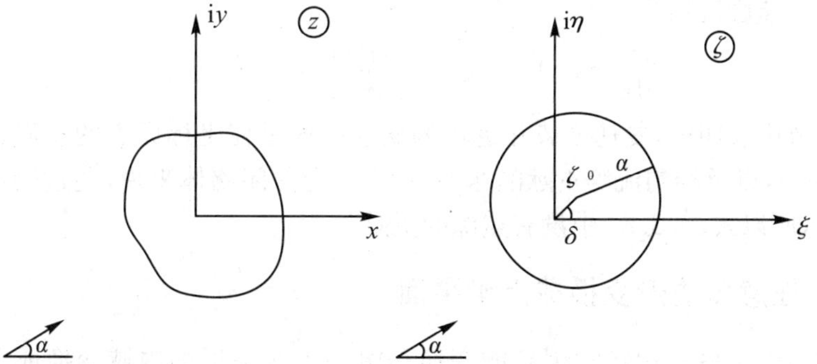

图 6.12　任意柱体变换成圆

若将变换关系式 $z = f(\zeta)$ 在物体外远离原点处展开成罗朗级数，符合上述要求的数学形式应为

$$z = \zeta + \sum_{n=1}^{\infty} \frac{c_n}{\zeta^n}, \tag{6.3.4}$$

以及函数

$$\zeta = z - \frac{c_1}{z} + \sum_{n=2}^{\infty} \frac{c_n'}{z^n}, \tag{6.3.5}$$

其中 $c_1, c_2, \cdots$ 是复系数,与真实的物体外形有关. c_n' 一般不等于 c_n. 式中 c_0 项已被忽略掉,这可通过调整 ζ 平面坐标原点的位置来做到这一点.

ζ 平面上攻角为 α 的均匀来流绕圆柱的有环量流动的复速度势为

$$W(\zeta) = |V_\infty| e^{-i\alpha}(\zeta - \zeta_0) + |V_\infty| \frac{a^2 e^{i\alpha}}{\zeta - \zeta_0} + \frac{i\Gamma}{2\pi} \ln(\zeta - \zeta_0), \tag{6.3.6}$$

以及共轭复速度

$$\frac{\mathrm{d}W}{\mathrm{d}\zeta} = |V_\infty| e^{-i\alpha} - |V_\infty| \frac{a^2 e^{i\alpha}}{(\zeta - \zeta_0)^2} + \frac{i\Gamma}{2\pi} \frac{1}{\zeta - \zeta_0}, \tag{6.3.7}$$

其中 ζ_0 为 ζ 平面上圆心位置. 将式 (6.3.5) 代入上面的式子就可写出 z 平面内的复速度势 $W(z)$ 及其共轭复速度 $\mathrm{d}W/\mathrm{d}z$.

再将式 (6.3.5) 代入式 (6.3.6),复速度势可写成

$$W(z) \approx |V_\infty| e^{-i\alpha} z + \frac{i\Gamma}{2\pi} \ln z + \sum_{n=0}^{\infty} \frac{A_n}{z^n}, \tag{6.3.8}$$

其中

$$A_1 = -|V_\infty| e^{-i\alpha} c_1 + |V_\infty| a^2 e^{i\alpha} - \frac{i\Gamma\zeta_0}{2\pi},$$

以及共轭复速度近似为

$$\frac{\mathrm{d}W}{\mathrm{d}z} \approx |V_\infty| e^{-i\alpha} + \frac{i\Gamma}{2\pi} \frac{1}{z} - \frac{A_1}{z^2} + \cdots. \tag{6.3.9}$$

正如 2.6 节中表明的,复速度势在远场的属性好像是在坐标原点的点涡、偶极子、四极子 ……,以及均匀流等贡献的迭加. 对于一个封闭物体来说,通过物面的质量流量为零,所以式 (6.3.8) 中没有点源的贡献.

6.3.2 任意多边形变换成上半平面

流体力学中另一种经常用到的变换是将一个多边形的内域变换成上半个平面,多边形的边变换成实轴 (图 6.13). 这种变换称为施瓦兹-克里斯托费尔 (Schwarz-Christoffel) 变换.

研究变换

$$\frac{\mathrm{d}z}{\mathrm{d}\zeta} = K \prod_{i=1}^{N} (\zeta - a_i)^{\beta_i}, \tag{6.3.10}$$

其中 a_i 为实数,且 $a_1 < a_2 < \cdots < a_n$, K 为复数.设 z 平面上第 i 条边的倾角为 θ_i,该边映射到 ζ 平面实轴上 (a_i, a_{i+1}) 线段,由式(6.3.10) 可得

$$\arg(\mathrm{d}z) - \arg(\mathrm{d}\zeta) = \arg K + \sum_{i=1}^{N} \beta_i \arg(\zeta - a_i). \qquad (6.3.11)$$

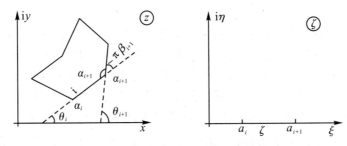

图 6.13　任意多边形变换成上半平面

在实轴上,当 $a_i < \zeta < a_i + 1$ 时,$\arg(\mathrm{d}\zeta)_i = 0$,

$$\arg(\zeta - a_k) = 0, \qquad \text{当 } k \leqslant i,$$
$$\arg(\zeta - a_k) = \pi, \qquad \text{当 } k > i.$$

代入式(6.3.11),得

$$\theta_i = \arg(\mathrm{d}z)_i = \arg K + \pi \sum_{k=i+1}^{N} \beta_k,$$

同理

$$\theta_{i+1} = \arg(\mathrm{d}z)_{i+1} = \arg K + \pi \sum_{k=i+2}^{N} \beta_k.$$

由此可知,当在 z 平面上从第 i 条边到第 $i+1$ 条边,折转了

$$\theta_{i+1} - \theta_i = -\pi\beta_{i+1}.$$

由图 6.13 可见,$\theta_{i+1} - \theta_i = \pi - \alpha_{i+1}$,所以 $\beta_i = \dfrac{\alpha_i}{\pi} - 1$.于是,式(6.3.10) 微分形式的施瓦兹-克里斯托费尔变换为

$$\frac{\mathrm{d}z}{\mathrm{d}\zeta} = K \prod_{i=1}^{N} (\zeta - a_i)^{\frac{a_i}{\pi} - 1}. \qquad (6.3.12)$$

积分形式为

$$z = K \int (\zeta - a_1)^{\frac{a_1}{\pi} - 1} (\zeta - a_2)^{\frac{a_2}{\pi} - 1} \cdots (\zeta - a_N)^{\frac{a_N}{\pi} - 1} \mathrm{d}\zeta + L. \qquad (6.3.13)$$

其中 K 和 L 为复数,K 反映了多边形的相对尺度和方位,L 决定多边形的位置。α_i 是多边形内角,a_i 是多边形顶角在 ζ 平面实轴上的位置.从式(6.3.13) 可知,计有

$2n + 4$ 个待定实参数.其中多角形 n 个顶角的位置可确定 $2n$ 个参数.加之多角形内角之和有几何关系

$$\alpha_1 + \alpha_2 + \cdots + \alpha_n = (n - 2)\pi.$$

这样,变换中还有 3 个参数是任意的,可以任意从 a_i 中人为规定 3 个 a_i 位置,变换就确定了.

图 6.14 是些典型的多边形形状,并标记有两个平面中的相应位置.当沿多边形边走动,内域总在左手边,沿同样顺序在 ζ 平面实轴上走动,上半平面也应总在左手边.有时多边形是开口的,可设想有边延长至无穷远,在无穷远点边是连在一起的.或者如图中虚线所示,设想虚线的顶角趋于无穷远.当多边形的一个顶角对应于 ζ 平面实轴上无穷远点时,可以选择常数 K,使得含有无穷远点的那个因子取消掉.例如若 a_i 对应于无穷远点,则当 $a_i \to \infty$ 时,因子 $(\zeta - a_i)^{\frac{\alpha_i}{\pi} - 1}$ 中 a_i 起主导作用,但是 $\mathrm{d}z/\mathrm{d}\zeta$ 应是有限的,这可以通过选取 K,使得

$$\frac{\mathrm{d}z}{\mathrm{d}\zeta} = K'(- a_i)^{-\frac{\alpha_i}{\pi}+1}(\zeta - a_1)^{\frac{\alpha_1}{\pi} - 1}\cdots(\zeta - a_i)^{\frac{\alpha_i}{\pi} - 1}\cdots(\zeta - a_N)^{\frac{\alpha_N}{\pi} - 1},$$

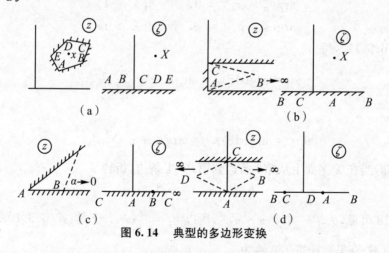

图 6.14　典型的多边形变换

当 $a_i \to \infty$ 时,$\left(\dfrac{\zeta - a_i}{- a_i}\right)^{\frac{\alpha_i}{\pi}+1} \to 1$.这样,变换关系变为

$$\frac{\mathrm{d}z}{\mathrm{d}\zeta} = K' \prod_{k=1, k\neq i}^{N} (\zeta - a_k)^{\frac{\alpha_k}{\pi} - 1}\cdots.$$

例 1　半无穷带域的变换.

图 6.14(b) 中当 B 角 $\to \infty$ 时形成半无穷带域,带宽 $AC = a$.相应点的变换可

列表如下：

i	角点	z	α_i	a_i	
1	B	$\infty + \mathrm{i}a$	0	$-\infty$	
2	C	$\mathrm{i}a$	$\pi/2$	-1	（人定）
3	A	0	$\pi/2$	1	（人定）
4	B	∞	0	∞	（人定）

代入式(6.3.12)，去掉两个无穷远点的因子，得

$$\frac{\mathrm{d}z}{\mathrm{d}\zeta} = K(\zeta + 1)^{-1/2}(\zeta - 1)^{-1/2} = K(\zeta^2 - 1)^{-1/2},$$

$$z = K\mathrm{arcosh}\,\zeta + L.$$

因为 $\mathrm{arcosh}\,x = \ln(x + \sqrt{x^2 - 1})$，当 $x = 1$，$\mathrm{arcosh}\,1 = 0$；$x = -1$，$\mathrm{arcosh}(-1) = \mathrm{i}\pi$．当 $\zeta = 1$ 时(A 点)，$z = 0$，所以 $L = 0$；当 $\zeta = -1(C$ 点)，$z = \mathrm{i}a$，所以，$\mathrm{i}a = K(\mathrm{i}\pi)$，$K = \dfrac{a}{\pi}$．因此，变换为

$$z = \frac{a}{\pi}\mathrm{arcosh}\,\zeta. \tag{6.3.14}$$

例 2 无穷长带域的变换.

如图 6.14(d) 当菱形顶角 $B \rightarrow \infty$，$D \rightarrow -\infty$ 时形成宽为 a 的无穷长带域. 相应变换点为

i	角点	z	α_i	a_i	
1	C	$\mathrm{i}a$	π	-1	（人定）
2	D	$-\infty$	0	0	（人定）
3	A	0	π	1	（人定）
4	B	∞	0	∞	

因此，变换成为

$$\frac{\mathrm{d}z}{\mathrm{d}\zeta} = K(\zeta + 1)^0 \zeta^{-1}(\zeta - 1)^0 = K/\zeta,$$

$$z = K\ln\zeta + L.$$

当 $\zeta = 1(A$ 点) 时，$z = 0$，所以 $L = 0$；当 $\zeta = -1(C$ 点) 时，$z = \mathrm{i}a$，所以 $\mathrm{i}a = K\ln(-1)$．于是，宽 a 的无穷长带域变换成上半平面的变换为

$$z = \frac{a}{\pi}\ln\zeta \quad 或 \quad \zeta = \exp(\pi z/a). \tag{6.3.15}$$

如果在 z 平面原点 A 处有一个强度为 q 的点源,则涌入条带域内的流量为 $q/2$,在 $\pm\infty$ 处的流量各为 $q/4$. 变换至 ζ 平面后,在 A 点是个 q 的源,在 D 点处是 $-\dfrac{q}{2}$ 的汇. 于是 ζ 平面上的复速度势为

$$W = q\ln(\zeta - 1) - \frac{q}{2}\ln\zeta = q\ln(\zeta^{1/2} - \zeta^{-1/2}).$$

由式(6.3.15)

$$\zeta^{\frac{1}{2}} - \zeta^{-\frac{1}{2}} = e^{\frac{\pi z}{2a}} - e^{-\frac{\pi z}{2a}} = 2\operatorname{sh}\frac{\pi z}{2a},$$

所以

$$W(z) = q\ln\operatorname{sh}\frac{\pi z}{2a}, \tag{6.3.16}$$

$$dW/dz = \frac{q\pi}{2a}\coth\frac{\pi z}{2a}. \tag{6.3.17}$$

由此可知,C 点是个驻点.

例3 后向台阶绕流.

如图 6.15 所示,z 平面后向台阶上角点 B, C 分别变换为 ζ 平面实轴上 $B = -1$ 和 $C = 1$,无穷远点变换成无穷远点. 式(6.3.12)相应的变换为

$$\frac{dz}{d\zeta} = K(\zeta + 1)^{3/2-1}(\zeta - 1)^{1/2-1} = K\sqrt{\frac{\zeta + 1}{\zeta - 1}},$$

$$z = K\left[\sqrt{\zeta^2 - 1} + \operatorname{arcosh}\zeta\right] + L.$$

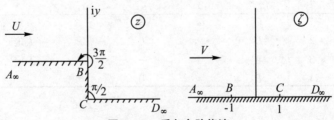

图 6.15 后向台阶绕流

参考例1可确定出参数 $L = 0$ 和 $K = h/\pi$,所以

$$z = \frac{h}{\pi}\left[\sqrt{\zeta^2 - 1} + \operatorname{arcosh}\zeta\right].$$

现在来考察复速度. z 平面上的绕流变换成 ζ 平面上半面的均匀流,$W(\zeta) = V\zeta$,所以

$$u - \mathrm{i}v = \frac{\mathrm{d}W}{\mathrm{d}z} = \frac{\mathrm{d}W}{\mathrm{d}\zeta}\frac{\mathrm{d}\zeta}{\mathrm{d}z} = \frac{V\pi}{h}\sqrt{\frac{\zeta-1}{\zeta+1}}.$$

当 $\zeta \to \infty$，$u \to U$，$U = \dfrac{V\pi}{h}$，最后得到

$$W(z) = \frac{hU}{\pi}\zeta.$$

由此可知，B 点速度为无穷大，C 点速度为零.

利用施瓦兹-克里斯托费尔变换也可以把多边形外部的二维无界域变换成上半平面，而将无穷远点 $z = \infty$ 变换成了平面中上半平面的一个内点 $\zeta = \zeta_0$，这只要把上面变换式中的指数 α_i 换成相应的外角 $\beta_i = 2\pi - \alpha_i$，另外 增加 一个因子 $\dfrac{1}{(\zeta-\zeta_0)^2(\zeta-\bar\zeta_0)^2}$，即有[①]

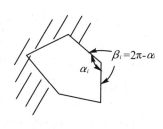

$$z = f_1(\zeta) = k\int \frac{(\zeta-a_1)^{1-\frac{\alpha_1}{\pi}}\cdots(\zeta-a_N)^{1-\frac{\alpha_N}{\pi}}}{(\zeta-\zeta_0)^2(\zeta-\bar\zeta_0)^2}\mathrm{d}\zeta + L.$$

此外，还可以用施瓦兹-克里斯托费尔变换将多边形边界的内部域变成单位圆的内部，这只要将式(6.3.12)，(6.3.13)中的 a_i 换成ζ平面$|\zeta|=1$上的对应点 $\zeta = \mathrm{e}^{\mathrm{i}\theta_i}$，从而有[②]

$$z = f(\zeta) = K\int (s-\mathrm{e}^{\mathrm{i}\theta_1})^{\frac{\alpha_1}{\pi}-1}(\zeta-\mathrm{e}^{\mathrm{i}\theta_2})^{\frac{\alpha_2}{\pi}-1}\cdots(\zeta-\mathrm{e}^{\mathrm{i}\theta N})^{\frac{\alpha_N}{\pi}-1}\mathrm{d}\zeta + L.$$

同样，多边形外部无界域变换到单位圆内部，并使$z = \infty$ 变换到$\zeta = 0$的保角变换为[③]

$$z = f_1(\zeta) = K\int \frac{(\zeta-\mathrm{e}^{\mathrm{i}\theta_1})^{\frac{1-\alpha_1}{\pi}}(\zeta-\mathrm{e}^{\mathrm{i}\theta_2})^{1-\frac{\alpha_2}{\pi}}\cdots(\zeta-\mathrm{e}^{\mathrm{i}\theta_N})^{1-\frac{\alpha_N}{\pi}}}{\zeta^2}.$$

再经过一次保角变换

$$\zeta' = 1/\zeta,$$

就可以将 z 平面的多角形外部域变成ζ' 平面上的单位圆外部域。利用圆柱无旋绕流的复速度势函数 $\varphi + \mathrm{i}\psi = \overline{W}(\zeta')$ 和上面圆外变换 $z = f_1(\zeta)$ 的反函数式 $\zeta = f^{-1}(z)$，就可以得到多边形柱体无旋绕流的复速度势表达式

$$w = w(z) = \overline{W}(\zeta') = \overline{W}(\zeta^{-1}) = \overline{W}\left[\frac{1}{f_1^{-1}(z)}\right].$$

---

①②③ 参看拉甫伦捷夫：《复变函数论方法》，第二章第3节.

6.3.3 边界干扰·镜像法

当物体外部流场中存在奇点(如点源、点涡等)时,常用镜像法求得满足边界条件的复速度势,其做法是在物体内部适当位置上也布置上奇点,称为外部奇点的镜像,使得由奇点及其镜像产生的复速度势保证物体边界成为一条流线.对于复杂外形一般不易利用镜像法,但可以通过保角变换将它变成简单外形,然后再用镜象法求解.

这里,我们先约定几种复函数表示方法.我们把 $F(z)$ 的复共轭函数记为 $\overline{F}(\bar{z})$,它表示对 $F(z)$ 表达式中所有复数取其共轭复数.我们又把复函数 $\overline{F}(z)$ 表示在 $F(z)$ 中除 z 以外的各复数取其共轭值. $F(\bar{z})$ 则表示在 $F(z)$ 中仅对 z 取其共轭,其他复数不变.例如, $F(z) = 6z - 3\mathrm{i}z^2$,则 $\overline{F}(\bar{z}) = 6\bar{z} + 3\mathrm{i}\bar{z}^2$, $\overline{F}(z) = 6z + 3\mathrm{i}z^2$, $F(\bar{z}) = 6\bar{z} - 3\mathrm{i}\bar{z}^2$.

最常用的几种镜像法是:

(1) 以实轴为边界

假设奇点全在 $y > 0$ 的上半平面内,当 z 平面上无物体边界时,其复速度势为 $f(z)$.如果实轴为边界,边界的存在对流动产生一种影响,这个影响可以用奇点在下半平面的镜像产生的复速度势 $\overline{f}(z)$ 来代替,于是,实轴为边界时奇点在上半平面产生的复速度势是它们的迭加,

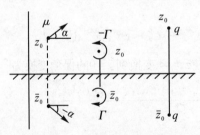

$$W(z) = f(z) + \overline{f}(z). \qquad (6.3.18)$$

这是因为当 $y = 0$ 时, $z = \bar{z}$, $\overline{f}(z) = \overline{f}(\bar{z})$,所以 $W(z) = f(z) + \overline{f}(\bar{z})$ 为实数,即 $y = 0$ 是一条 $\psi = 0$ 流线,并且在 $y > 0$ 区域内并不增加另外的奇点.

例如,在 z_0 处有一逆时针旋转的点涡,其复速度势为 $f(z) = \dfrac{\Gamma}{2\pi\mathrm{i}}\ln(z - z_0)$,以

图 6.16a　以实轴为边界的镜像

实轴为镜面的镜像点是 $\bar{z}_0$,为了使实轴成为一条流线,就必须在 $\bar{z}_0$ 处布置一个反向旋转的点涡,其复速度势为 $\overline{f}(z) = -\dfrac{\Gamma}{2\pi\mathrm{i}}\ln(z - \bar{z}_0)$.代入式(6.3.18),得到

$$W(z) = -\frac{\mathrm{i}\Gamma}{2\pi}\ln\frac{z - z_0}{z - \bar{z}_0}.$$

它就是以实轴为边界,一个点涡应有的复速度势.

（2）以虚轴为边界

同理可证，以虚轴为边界时，奇点的镜像产生的复速度势为$\bar{f}(-z)$，合成的复速度势为

$$W(z) = f(z) + \bar{f}(-z). \tag{6.3.19}$$

这是因为，在虚轴上 $z = -\bar{z}$；$\bar{f}(-z) = \bar{f}(+\bar{z})$，$W(z) = f(z) + \bar{f}(\bar{z}) = $ 实部，即虚轴是条 $\psi = 0$ 的流线.

仍以点涡为例，由式（6.3.19）可知

$$W(z) = -\frac{\mathrm{i}\Gamma}{2\pi}\ln(z - z_0) + \frac{\mathrm{i}\Gamma}{2\pi}\ln(-z - \bar{z}_0)$$

$$= -\frac{\mathrm{i}\Gamma}{2\pi}\ln\frac{z - z_0}{z + \bar{z}_0} + 常数.$$

常数无关重要，可以略去. 这表明当以虚轴为边界时一个点涡的复速度势，等于它本身的复速度势与以虚轴为镜面，在其镜像点 $-\bar{z}_0$ 处一个反向旋转的点涡的复速度势的迭加（图6.16b）.

（3）圆定理

当二维物体的边界不是无穷长直线，而是一个圆周（$|z| = a$）时，如果圆外有奇点，其在无界流体中的复速度势为 $f(z)$，则该奇点在圆外形成的以圆周 $|z| = a$ 为边界的流动复速度势为

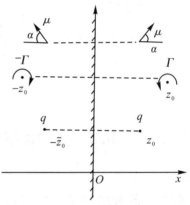

图 6.16b　以虚轴为边界的镜像

$$W(z) = f(z) + \bar{f}\left(\frac{a^2}{z}\right). \tag{6.3.20}$$

这可以证明如下：在圆周上 $|z| = a$，$|z|^2 = z\bar{z} = a^2$，$\bar{f}\left(\frac{a^2}{z}\right) = \bar{f}(\bar{z})$，所以 $W(z) = f(z) + \bar{f}(\bar{z})$ 为实数，即圆周是一条流线. 另一方面，奇点位置 $|z_0| > a$，在圆外，其镜像点位置 $\left|\frac{a^2}{\bar{z}_0}\right| < a$，在圆内，圆外未增加奇点.

利用公式（6.3.20）可知，对于平行流的复速度势 $f(z) = Uz$，则 $\bar{f}\left(\frac{a^2}{z}\right) = U\frac{a^2}{z}$，所以圆柱绕流复速度势为 $W(z) = U\left(z + \frac{a^2}{z}\right)$，这正是以前已得到的结果.

对于圆外的点涡,由式(6.3.20)有

$$W(z) = \frac{\Gamma}{2\pi i}\ln(z - z_0) - \frac{\Gamma}{2\pi i}\ln\left(\frac{a^2}{z} - \bar{z}_0\right)$$

$$= \frac{\Gamma}{2\pi i}\ln\frac{(z - z_0)z}{z - \dfrac{a^2}{\bar{z}_0}} + 常数.$$

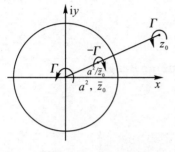

图 6.17   圆定理

由此可见,当流场中存在圆柱后,点涡的复速度势应是由 ① 原来的点涡,② 在其圆对称点 $\dfrac{a^2}{\bar{z}_0}$ 布置的一个强度为 $-\Gamma$ 的点涡,③ 在原点布置一个的等强度 Γ 的点涡,三者产生的复速度势的迭加(图 6.17).

同样可以证明,对于圆外的点源,为保证圆周是条流线,必须在其反演点 $a^2/\bar{z}_0$ 放一个等强度源,同时在圆心放一个等强度的汇.

6.4   作用在平动柱体上的力和力矩

6.4.1   定常均匀来流中柱体受到的力和力矩

当无穷远均匀来流 V_∞ 定常流过任意柱体时,作用在柱体表面 C_1 的微面元 ds 上的力为

$$dX = -p\,dy, \qquad dY = p\,dx.$$

此处规定曲线 C_1 为逆时针方向,并以此规定 dx 和 dy 的符号.对坐标原点的力矩(逆时针为正)为

$$dM = p(x\,dx + y\,dy),$$

所以

$$d(X - iY) = -ip\,d\bar{z}, \tag{6.4.1}$$

$$dM = \mathscr{R}_e(pz\,d\bar{z}). \tag{6.4.2}$$

由伯努利定理 $p = p_0 - \dfrac{1}{2}\rho\,|\,\boldsymbol{v}\,|^2$,以及 $|\,\boldsymbol{v}\,|^2 = \dfrac{dW}{dz}\cdot\dfrac{d\overline{W}}{d\bar{z}}$,并注意到常数 p_0 对

合力和力矩的贡献为零. 代入式(6.4.1)和(6.4.2),

$$d(X - iY) = \frac{1}{2}i\rho \frac{dW}{dz}\frac{d\overline{W}}{d\bar{z}}d\bar{z},$$

$$dM = \mathscr{R}_e\left(-\frac{1}{2}\rho z \frac{dW}{dz}\frac{d\overline{W}}{d\bar{z}}d\bar{z}\right).$$

因为物体表面是一条流线, $\psi = $ 常数, 所以 $d\overline{W} = dW$, 上两式沿物面的积分为

$$X - iY = \frac{1}{2}i\rho \oint_{C_1}\left(\frac{dW}{dz}\right)^2 dz,$$

$$(6.4.3)$$

$$M = -\frac{1}{2}\rho\mathscr{R}_e\oint_{c_1} z\left(\frac{dW}{dz}\right)^2 dz.$$

$$(6.4.4)$$

式(6.4.3)和(6.4.4)就是著名的 **定常无旋流的布拉修斯(Blasius) 公式**. 符号 $\mathscr{R}_e(\cdot)$ 表示取实部.

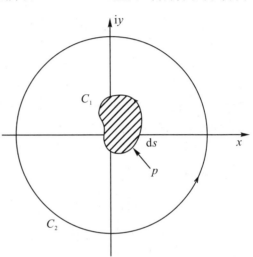

图 6.18　作用在柱体上的力和力矩

根据解析函数理论, 如果作任意一条封闭周线 C_2 包围物体, 只要在物体和该周线之间的区域内没有任何**奇点**, 复函数在 C_1 和 C_2 上以及 $C_1 - C_2$ 区域内解析, 则

$$\oint_{C_1} f(z)dz = \oint_{C_2} f(z)dz,$$

并且 $f(z)$ 在环形区域内可展开成罗朗级数. 利用这个性质, 我们虽然不知道复速度势及复速度的具体形式, 也可以进一步对式(6.4.3)和(6.4.4)求出积分. 为此, 令 C_2 是以原点为圆心, 包围物体的半径充分大的一个圆. $\left(\dfrac{dW}{dz}\right)$ 在 C_2 附近罗朗级数的形式就是它在远场的渐近表达式(6.3.9). 将它代入式(6.4.3)和(6.4.4),

$$X - iY = \frac{1}{2}i\rho \oint_{C_2}\left(\mid V_\infty \mid e^{-i\alpha} + \frac{i\Gamma}{2\pi}\frac{1}{z} - \frac{A_1}{z^2} - \frac{2A_2}{z^3} + \cdots\right)^2 dz.$$

由留数定理, 该积分等于周线 C_1 内所有留数之和的 $2\pi i$ 倍.

$$X - iY = -ie^{-i\alpha}\rho \mid V_\infty \mid \Gamma,$$

所以, 合力矢量用复数表示为

$$R = X + iY = \rho \mid V_\infty \mid \Gamma e^{i\left(\alpha + \frac{\pi}{2}\right)}. \tag{6.4.5}$$

此处,环量 Γ 以顺时针为正.

同理可知,对原点的力矩为

$$M_0 = -\frac{1}{2}\rho \, \mathscr{R}e\left\{\oint_{C_2} z\left(|V_\infty| \, \mathrm{e}^{-\mathrm{i}\alpha} + \frac{\mathrm{i}\Gamma}{2\pi z} - \frac{A_1}{z^2} - \frac{2A_2}{z^3} + \cdots\right)^2\right\}\mathrm{d}z$$

$$= -\frac{1}{2}\rho\mathscr{R}e\oint_{C_2}\left\{\cdots + \left[\left(\frac{\mathrm{i}\Gamma}{2\pi}\right)^2 - 2|V_\infty|A_1\mathrm{e}^{-\mathrm{i}\alpha}\right]\Big/z + \cdots\right\}\mathrm{d}z$$

$$= 2\pi\rho \, |V_\infty| \, \mathscr{R}e\{\mathrm{e}^{-\mathrm{i}(\alpha-\frac{\pi}{2})}A_1\}. \tag{6.4.6}$$

式(6.4.5)和(6.4.6)对于物体的无黏定常无旋绕流是一个普遍性的结论.式 (6.4.5)表明,流体作用在匀速平动物体上的合力大小等于 $\rho \, |V_\infty| \, \Gamma$,合力方向垂直于物体平动的方向.这说明物体只受到升力,没有受到阻力,这就是著名的**达朗贝尔(d'Alembert)佯谬**.物体在实际上受到流体阻力的原因是由于流体黏性引起的表面摩阻和流动分离引起的压差阻力.[*] 这在无黏流理论范围内是无法解释的.式(6.4.6)表明,作用在物体上的合力矩与 A_1 有关,它是一个与具体物体大小和形状有关的复系数(参看式(6.3.8)).

6.4.2[*] 柱外源对柱体的作用力(拉加利(Lagwlley)定理)

上述公式的运算过程中,曾认为在柱体表面周线 C_1 和任意包围它的周线 C_2 之间没有任何奇点存在.但是在流体力学问题中,柱体外的流场中往往有奇点存在,如点源、点涡等.这时的布拉修斯公式必须适当修正.

如前所述,一个均匀来流与一个在 z_0 点强度为 q_1 的源所迭加的复速度势为

$$|V_\infty| \, \mathrm{e}^{-\mathrm{i}\alpha}z + \frac{q_1}{2\pi}\ln(z-z_0). \tag{6.4.7}$$

现在若把一个具有环量强度为 Γ 的柱体置于这样的流场中,柱体对流场势必产生一个扰动.但这个扰动在远场是逐渐衰减的,无穷远处的扰动为零.这个扰动复速度势在远场具有一般形式(见式(6.3.8))

$$-\frac{\Gamma}{2\pi\mathrm{i}}\ln z + \frac{A_1}{z} + \frac{A_2}{z^2} + \cdots.$$

故均匀来流绕柱体外有源的流动在远场的共轭复速度为

$$\frac{\mathrm{d}W}{\mathrm{d}z} = |V_\infty| \, \mathrm{e}^{-\mathrm{i}\alpha} + \frac{q_1}{2\pi}\frac{1}{z-z_0} + \frac{\mathrm{i}\Gamma}{2\pi}\frac{1}{z} - \frac{A_1}{z^2} - \frac{2A_2}{z^3} + \cdots, \tag{6.4.8}$$

---

[*] 这里仅就低速平面流动而言,对三维流动,当升力体的下游有尾涡面拖出时,物体还会受到一个升致阻力(诱导阻力),超声速流动则有波阻.

远场时，$|z| \gg |z_0|$，

$$\frac{1}{z - z_0} \sim \frac{1}{z}\left(1 + \frac{z_0}{z} + \frac{z_0{}^2}{z^2} + \cdots\right).$$

代入式(6.4.8)

$$\frac{\mathrm{d}W}{\mathrm{d}z} = |V_\infty|\mathrm{e}^{-\mathrm{i}\alpha} + \frac{1}{2\pi}(q_1 + \mathrm{i}\Gamma)\frac{1}{z} + \left(\frac{q_1}{2\pi}z_0 - A_1\right)\frac{1}{z^2} + \cdots, \quad (6.4.9)$$

$$\left(\frac{\mathrm{d}W}{\mathrm{d}z}\right)^2 = |V_\infty|^2\mathrm{e}^{-\mathrm{i}2\alpha} + |V_\infty|\mathrm{e}^{-\mathrm{i}\alpha}\frac{q_1 + \mathrm{i}\Gamma}{\pi}\frac{1}{z} + \frac{B_1'}{z^2} + \cdots. \quad (6.4.10)$$

为了求作用在柱体上的力，作一个充分大的封闭周线 C_2，包围柱体和柱外的源，并作小周线 l 包围源点(图 6.19)，则复函数在 C_2 和 C_1, l 之间的区域内解析，故有

$$\oint_{C_2} f(z)\mathrm{d}z = \oint_{C_1} f(z)\mathrm{d}z + \oint_l f(z)\mathrm{d}z.$$

作用在柱体上的力为

$$X - \mathrm{i}Y = \frac{\mathrm{i}\rho}{2}\oint_{C_1}\left(\frac{\mathrm{d}W}{\mathrm{d}z}\right)^2\mathrm{d}z = \frac{\mathrm{i}\rho}{2}\oint_{C_2}\left(\frac{\mathrm{d}W}{\mathrm{d}z}\right)^2\mathrm{d}z$$

$$- \frac{\mathrm{i}\rho}{2}\oint_l\left(\frac{\mathrm{d}W}{\mathrm{d}z}\right)^2\mathrm{d}z, \quad (6.4.11)$$

将式(6.4.10)代入上式右首边第一项积分，并利用留数定理，得

$$\frac{\mathrm{i}\rho}{2}\oint_{C_2}\left(\frac{\mathrm{d}W}{\mathrm{d}z}\right)^2\mathrm{d}z = -\rho|V_\infty|\mathrm{e}^{-\mathrm{i}\alpha}(q_1 + \mathrm{i}\Gamma).$$

$$(6.4.12)$$

右首第二项的积分有点麻烦，因为源点是个奇点．为了克服这个困难，可设

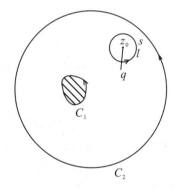

图 6.19　柱外源对柱体的作用

$$W_1(z) = W(z) - \frac{q_1}{2\pi}\ln(z - z_0).$$

$W_1(z)$ 是从总复速度势中减去源的复速度势以后得到的复速度势．则

$$\frac{\mathrm{d}W_1(z)}{\mathrm{d}z} = \frac{\mathrm{d}W}{\mathrm{d}z} - \frac{q_1}{2\pi}\frac{1}{z - z_0},$$

$\mathrm{d}W_1/\mathrm{d}z$ 在 l 内是解析的．所以

$$\left(\frac{\mathrm{d}W}{\mathrm{d}z}\right)^2 = \left(\frac{\mathrm{d}W_1}{\mathrm{d}z}\right)^2 + \frac{q_1}{\pi}\left(\frac{\mathrm{d}W_1}{\mathrm{d}z}\right)\frac{1}{z - z_0} + \frac{q_1^2}{4\pi^2}\frac{1}{(z - z_0)^2}.$$

将它代入式(6.4.11)的右边第二项积分：

$$\frac{\mathrm{i}\rho}{2}\oint_l\left(\frac{\mathrm{d}W}{\mathrm{d}z}\right)^2\mathrm{d}z = \frac{\mathrm{i}\rho}{2}\frac{q_1}{\pi}\left(\frac{\mathrm{d}W_1}{\mathrm{d}z}\right)_{z=z_0}\cdot 2\pi\mathrm{i} = -\rho q_1\left(\frac{\mathrm{d}W_1}{\mathrm{d}z}\right)_{z=z_0}. \tag{6.4.13}$$

将式(6.4.12)和(6.4.13)代入式(6.4.11),最后得到

$$X - \mathrm{i}Y = \rho\mid V_\infty\mid \Gamma e^{-\mathrm{i}\left(\alpha+\frac{\pi}{2}\right)} - \rho q_1(\mid V_\infty\mid e^{-\mathrm{i}\alpha} - u_1 + \mathrm{i}v_1). \tag{6.4.14}$$

其中 $u_1 - \mathrm{i}v_1$ 是扣除掉点源后的复位势 $W_1(z)$ 在点源 z_0 处诱导的共轭复速度. 由此可见,当柱体外有源时,柱体除受到 $\rho\mid V_\infty\mid \Gamma$ 的升力以外,源对柱体也施加一个力. 式(6.4.14)称为拉加利定理.

如果柱外流场中不是点源,而是有一个强度为 Γ_1 的点涡存在,只需在式(6.4.14)中用 $\mathrm{i}\Gamma_1$ 代换 q_1 即可.

以上是仅就柱体外只有一个点源或点涡而言的,但很容易直接推广到有 n 个源或涡的情形. 只需在式(6.4.14)中用 u_j 和 v_j 分别代替 u_1 和 v_1,用 q_j 代替 q_1(或用 Γ_j 代替 Γ_1),然后对 j 求和即可.

6.5 二维翼型·库塔(Kutta)条件

二维翼型绕流问题在航空和叶轮机械中有重要应用. 所谓翼型是这样一种柱体的横剖面如图 6.20 所示,其特征是周线后部有一个锐角,称为翼型的后缘. 本节先研究任意二维翼型的一般理论,然后讨论一种典型的翼型 —— 儒可夫斯基翼型.

6.5.1 库塔条件

研究翼型的绕流问题,可以先把它变换成一个圆. 但是翼型上的角点是保角变换的奇点,在这点上变换是不保角的. 在这个角点邻域近似于绕角流动,当把它变换到圆上相应点的邻域时,变换公式近似为

$$z - z_T = A(\zeta - \zeta_T)^{\frac{2\pi-\varepsilon}{\pi}}, \quad A\text{ 为实数}, \tag{6.5.1}$$

$$\mathrm{d}z/\mathrm{d}\zeta = A\frac{2\pi-\varepsilon}{\pi}(\zeta - \zeta_T)^{\frac{\pi-\varepsilon}{\pi}}.$$

其中 z_T 是翼型后缘的坐标,ζ_T 是圆上的映射点. 由该变换式(6.5.1)可以发现,当 z_T 点附近翼型上一点 A 沿翼型曲线转到 B 点时,绕了 $2\pi - \varepsilon$ 角度,在相应的圆上

ζ_T 附近只转了 π 角度. 而且因为 $\varepsilon < \pi, 0 < \dfrac{\pi - \varepsilon}{\pi} < 1$,所以

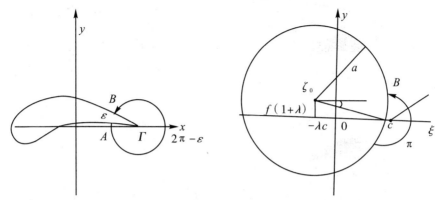

图 6.20 后缘点邻域变换示意图

$$(\mathrm{d}z/\mathrm{d}\zeta)_T \to 0, \qquad 当 \zeta \to \zeta_T 时.$$

从共轭复速度

$$\left(\frac{\mathrm{d}W}{\mathrm{d}z}\right)_T = \left(\frac{\mathrm{d}W}{\mathrm{d}\zeta}\right)_T \bigg/ \left(\frac{\mathrm{d}z}{\mathrm{d}\zeta}\right)_T, \tag{6.5.2}$$

可知,当 $(\mathrm{d}z/\mathrm{d}\zeta)_T = 0$ 时, $\left(\dfrac{\mathrm{d}W}{\mathrm{d}z}\right)_T$ 或者为无穷大,或者为有限值,这取决于 $\left(\dfrac{\mathrm{d}W}{\mathrm{d}\zeta}\right)_T$ 的大小. 只有当 $(\mathrm{d}W/\mathrm{d}\zeta)_T$ 也同时为零时, $\left(\dfrac{\mathrm{d}W}{\mathrm{d}z}\right)_T$ 才可能为有限值.

库塔条件是,在翼型绕流中,气流只能以有限的速度平滑地流经后缘尖点. 从以上分析可知,当库塔条件成立时,在变换平面的圆上相应点 ζ_T 一定是个驻点(图 6.21(2)). 由式(6.3.7) 可得

$$\left(\frac{\mathrm{d}W}{\mathrm{d}\zeta}\right)_T = |V_\infty| \mathrm{e}^{-\mathrm{i}\alpha} - |V_\infty| \frac{a^2 \mathrm{e}^{\mathrm{i}\alpha}}{(\zeta_T - \zeta_0)^2} + \frac{\mathrm{i}\Gamma}{2\pi} \frac{1}{\zeta_T - \zeta_0} = 0,$$

即

$$\Gamma = 4\pi a |V_\infty| \sin(\alpha + \beta), \tag{6.5.3}$$

其中已令 $\zeta_T - \zeta_0 = a\mathrm{e}^{-\mathrm{i}\beta}$.

将 Γ 值代入式(6.4.5),得到作用在翼型上的力为

$$X + \mathrm{i}Y = 4\pi\rho a |V_\infty|^2 \mathrm{e}^{\mathrm{i}\left(\alpha + \frac{\pi}{2}\right)} \sin(\alpha + \beta). \tag{6.5.4}$$

当来流攻角 $\alpha = -\beta$ 时,绕翼型的速度环量为零,翼型升力为零,此时称为零升力攻角 α_0.

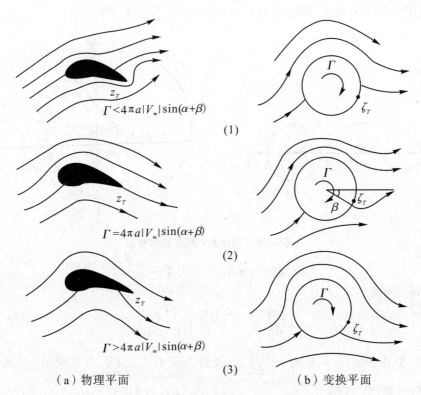

$\Gamma < 4\pi a |V_\infty| \sin(\alpha+\beta)$

(1)

$\Gamma = 4\pi a |V_\infty| \sin(\alpha+\beta)$

(2)

$\Gamma > 4\pi a |V_\infty| \sin(\alpha+\beta)$

(3)

（a）物理平面　　　　　　　　（b）变换平面

图 6.21　不同环量的流谱,根据库塔条件,只有情形(2)才符合实际流动状态

作用在翼型上的力对任意参考点的矩为

$$M_{z_0} = M_0 - \mathscr{R}e[\mathrm{i}z_0(X - \mathrm{i}Y)], \tag{6.5.5}$$

其中 M_0 是对坐标原点的矩.将式(6.5.4)和(6.4.6)代入上式,整理后得

$$M_{z_0} = 2\pi\rho \mid V_\infty \mid^2 \mathscr{J}m\{[c_1 - a\mathrm{e}^{-\mathrm{i}\beta}(\zeta_0 - z_0)]\mathrm{e}^{-\mathrm{i}2\alpha} + a(\zeta_0 - z_0)\mathrm{e}^{\mathrm{i}\beta}\}.$$

$$\tag{6.5.6}$$

从拉普拉斯方程解的唯一性知识可知对于双连通域,除了给定边界条件外,还必须给定"环量"条件,解才是唯一的.从式(6.5.3)可知,ζ_0,β,a 等都与翼型的外形有关.所以,根据库塔条件可知,当翼型外形和来流条件确定以后,这个环量就唯一地确定了.

由于库塔条件在翼型设计与数值计算中的重要性,常用到一些等价于库塔条件的**推论**,例如:

(1) 如果后缘夹角不为零,则离开尖角的流线一定切于后缘夹角的平分线的

延长线上;

(2) 除非后缘夹角为零,后缘处一定是驻点;

(3) 后缘附近,离后缘等距的上下翼面处流速相等.

以上研究的是定常流的库塔条件.在非定常流动中,究竟应如何正确提出后缘库塔条件,还是一个正在研究中的问题.*

6.5.2　儒可夫斯基(Жуковский)翼型

上小节讲述了翼型的一般理论.现在我们研究一个具体翼型的例子,这是保角变换应用于翼型理论的一个经典例子.

式(6.3.4)表示了将任意外形柱体变换成圆的一般形式,所以有

$$\frac{\mathrm{d}z}{\mathrm{d}\zeta} = 1 - \sum_{n=1}^{\infty} \frac{nC_n}{\zeta^{n+1}}. \tag{6.5.7}$$

若上式可写成如下形式

$$\mathrm{d}z/\mathrm{d}\zeta = \left(1 - \frac{\zeta_1}{\zeta}\right)\left(1 - \frac{\zeta_2}{\zeta}\right)\cdots\left(1 - \frac{\zeta_k}{\zeta}\right). \tag{6.5.8}$$

该变换有 k 个奇点,$\zeta_1,\cdots,\zeta_k$,由于式(6.5.7)要求 $\frac{1}{\zeta}$ 的系数为零,所以应有附加条件 $\sum_{i=1}^{k} \zeta_i = 0$.儒可夫斯基变换是其中最简单的一种,它取上式前两项,

$$\frac{\mathrm{d}z}{\mathrm{d}\zeta} = \left(1 - \frac{\zeta_1}{\zeta}\right)\left(1 - \frac{\zeta_2}{\zeta}\right),$$

其中 $\zeta_1 = -\zeta_2 = c$,且为实数.所以

$$z = \zeta + \frac{c^2}{\zeta} \quad 或 \quad \frac{z - 2c}{z + 2c} = \frac{(\zeta - c)^2}{(\zeta + c)^2}. \tag{6.5.9}$$

这就是**儒可夫斯基变换式**.从上式可知,当 $\zeta = \pm c$ 时,$(\mathrm{d}z/\mathrm{d}\zeta)_{\pm c} = 0$,是变换的奇点.变换要求在物理平面上这两个奇点在物体内部,或者在周线上,但不能在周线外部.同时要求物体外部对应于圆的外部.所以,反函数

$$\zeta = \frac{1}{2}z \pm \frac{1}{2}\sqrt{z^2 - 4c^2} \tag{6.5.10}$$

只能取 + 号的那个单值分支.

当圆心在不同位置时,该变换可以对应于不同的物体外形.圆心位置 ζ_0 一般

---

　*　事实上,采用无黏流近似时,非定常机翼绕流在后缘会有涡层拖出,翼型上下表面的流线一定在后缘会合,涡层两侧的压力也必须相等,这些都可作为非定常库塔条件.数学形式如何给定,要看具体问题而定.

可表示成

$$\zeta_0 = -\lambda c + if(1 + \lambda). \tag{6.5.11}$$

圆周上任一点可写成(图 6.20)

$$\zeta = \zeta_0 + a e^{i\delta}. \tag{6.5.12}$$

根据翼型的特点和 Kutta 条件要求,我们选择 $\zeta = c$ 作为后缘点,即它是圆与正实轴的交点.相应于物理平面上后缘点在正实轴 $x = 2c$ 处.由几何关系可知(见图 6.20)

$$a = (1 + \lambda) \sqrt{c^2 + f^2}. \tag{6.5.13}$$

(1) 当 $\zeta_0 = 0(\lambda = 0, f = 0)$,$a = c$ 时,圆变换成**平板**(图 6.22).

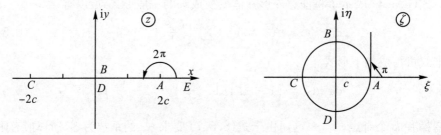

图 6.22　圆变换成平板

代入式(6.5.12)和(6.5.9),得

$$\zeta = c e^{i\delta}, \qquad z = 2c \cos\delta. \tag{6.5.14}$$

半径为 c 的圆对应于 z 平面实轴上从 $-2c$ 到 $2c$ 之间的割线段.此时除后缘 $z = 2c$ 是奇点,前缘 $z = -2c$ 也是个奇点.

(2) 圆变换成**椭圆**.

$\zeta_0 = 0, a > c$.将 $\zeta = a e^{i\theta}$ 代入式(6.5.9) 可得到

$$\begin{cases} x = \left(a + \dfrac{c^2}{a}\right)\cos\theta, \\ y = \left(a - \dfrac{c^2}{a}\right)\sin\theta, \end{cases}$$

这等价于

$$\frac{x^2}{\left(a + \dfrac{c^2}{a}\right)^2} + \frac{y^2}{\left(a - \dfrac{c^2}{a}\right)^2} = 1. \tag{6.5.15}$$

所以半径为 a 的圆变换成长半轴为 $a_1 = a + \dfrac{c^2}{a}$,短半轴为 $b_1 = a - \dfrac{c^2}{a}$ 的椭圆;反

之，长半轴为 a_1 和短半轴为 b_1 的椭圆变换成半径为 $a = \dfrac{1}{2}(a_1 + b_1)$ 的圆，以及 $c = \dfrac{1}{2}\sqrt{a_1^2 - b_1^2}$. 反变换只取式(6.5.10)的 + 分支，以保证椭圆外部变换成圆的外部(图6.23).

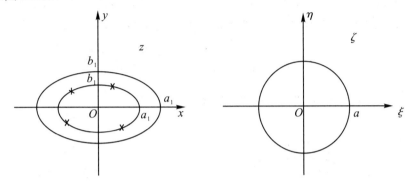

图 6.23　椭圆外部变换成圆的外部

(3) $\zeta_0 \neq 0, \lambda = 0$，圆变换成圆弧(图6.24).

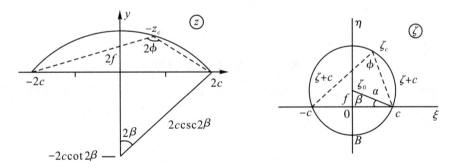

图 6.24　圆变换成圆弧

此时圆心 $\zeta_0 = \mathrm{i}f$ 在虚轴上，$a^2 = c^2 + f^2, a = c\sec\beta$，故圆与实轴交于 $\zeta = \pm c$ 两点. 由式(6.5.9)可知

$$\arg(z - 2c) - \arg(z + 2c) = 2[\arg(\zeta - c) - \arg(\zeta + c)].$$

由图6.24可见，当 ζ_c 是实轴以上圆周部分上的任一点时，$\arg(\zeta - c) - \arg(\zeta + c)$ $= \Phi = \left(\dfrac{\pi}{2} - \beta\right) = $ 常数；同样，当 ζ_c 在实轴以下圆周部分上时，$\arg(\zeta - c) - $

$\arg(\zeta + c) = -\left(\dfrac{\pi}{2} + \beta\right) = $ 常数. 由此可知, 这两段圆周变换成 z 平面张在 $|x| \leqslant 2c, y = 0$ 弦上的同一段圆弧的上下表面, z 平面上圆弧上表面所对应的圆周角为 $2\varPhi$, 其下表面圆周角正是 $(2\varPhi - 2\pi)$, 上下表面幅角相差 2π, 是绕过圆弧端点幅角的改变值. 圆心为 $-\mathrm{i}2c \cdot \cot 2\beta$, 半径为 $2c \cdot \csc 2\beta$. 圆弧的弦长为 $4c$, 弧最大弯度为 $2f$, 所以, f (或者 β) 又称为翼型的**弯度参数**. 圆弧的升力系数从式 (6.5.4) 可知为

$$C_L = \frac{|X + \mathrm{i}Y|}{\dfrac{1}{2}\rho\,|V_\infty|^2 \cdot 4c} = 2\pi\,\frac{\sin(\alpha + \beta)}{\cos\beta}. \tag{6.5.16}$$

(4) $\zeta_0 \neq 0, f = 0$, 圆变换成**对称翼型** (图 6.25).

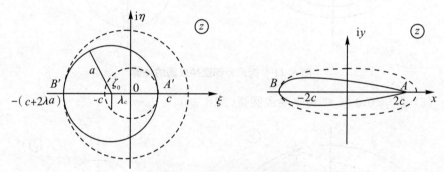

图 6.25 圆变换成对称翼型

此时 $\zeta_0 = -\lambda c$, 圆心在负实轴 $x = -\lambda c$ 处, 所以 $\beta = 0, \lambda = \dfrac{a - c}{c}$. 翼型周线的坐标为

$$z = (-\lambda c + a\mathrm{e}^{\mathrm{i}\delta}) + \frac{c^2}{-\lambda c + a\mathrm{e}^{\mathrm{i}\delta}}.$$

当 $\lambda \ll 1$ 时, 近似为

$$\left.\begin{aligned} x &\approx 2c\cos\delta, \\ y &\approx \lambda c(2\sin\delta - \sin 2\delta). \end{aligned}\right\} \tag{6.5.17}$$

由此可见, 当 $\lambda \ll 1$ 时, 对称翼型的弦长近似为 $4c$, 最大厚度在 $\delta = 2\pi/3$ 处, 有 $2y_{max} = 3\sqrt{3}c\lambda$. 所以 λ 又称为**厚度参数**. 从式 (6.5.4) 得到对称翼型的升力系数为

$$C_L = \frac{|X + \mathrm{i}Y|}{\dfrac{1}{2}\rho\,|V_\infty|^2 \cdot 4c} \approx 2\pi\sin\alpha(1 + 0.77\tau), \tag{6.5.18}$$

其中 $\tau = 2y_{max}/4c$, 称为**厚度比**.

（5）儒可夫斯基翼型（图6.26）.

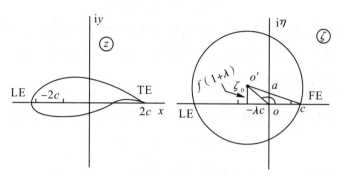

图6.26 圆变换成儒可夫斯基翼型

当 $\zeta_0 \neq 0, \lambda \neq 0, f \neq 0$，圆变换成一个"豆芽"型周线，很像低速飞机机翼的翼剖面，它是由儒可夫斯基变换得到，故称儒可夫斯基翼型. 它的形状主要由弦长、最大弯度和最大厚度三个要素确定. 对于**薄翼**，$\beta \ll 1, \lambda \ll 1$. 弦长近似为 $4c$. 由式（6.5.4）得升力系数为

$$C_L = \frac{|X + iY|}{\frac{1}{2}\rho |V_\infty|^2 \cdot 4c} = 2\pi \frac{a}{c} \sin(\alpha + \beta).$$

当小攻角时

$$C_L \approx 2\pi(\alpha + \beta). \quad (6.5.19)$$

升力系数与攻角呈线性关系. 图6.27是理论值与实验值的比较，两者在零升力附近是相当符合的.

薄翼、小攻角时对原点的力矩由式（6.4.7）得到

$$M_0 = -4\pi\rho |V_\infty|^2 c^2 \alpha.$$

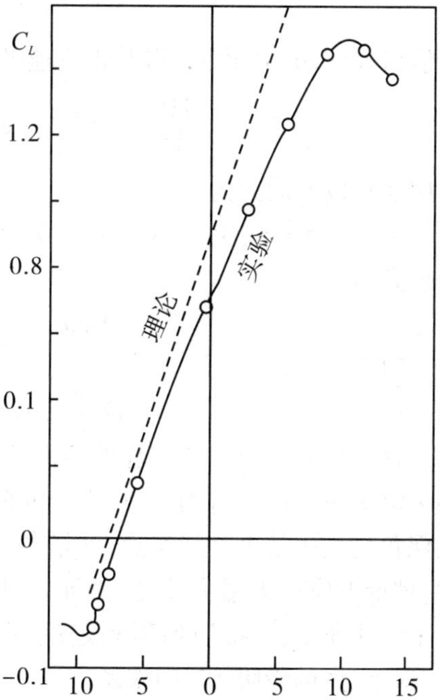

换成对前缘的力矩 $M_{LE} = M_0 + 2cL$，力矩系数

$$C_{mLE} = \frac{M_{LE}}{\frac{1}{2}\rho |V_\infty|^2 (4c)^2} = C_{m0} + \frac{1}{2} C_L \approx \frac{1}{2}\pi(\alpha + 2\beta). \quad (6.5.20)$$

由升力和力矩系数还可定义一个压力中心

图6.27 儒可夫斯基翼型升力系数

$$x_{CP} = \frac{C_{mLE}}{C_L} = \frac{1}{4}\,\frac{\alpha + 2\beta}{\alpha + \beta}. \tag{6.5.21}$$

从式(6.5.18),(6.5.20)和(6.5.21)可得出结论,对于小攻角薄翼,升力系数的斜率近似为2π,对前缘有一个低头力矩,平直翼压力中心距离前缘约在1/4弦长处.

6.5.3 前缘吸力·平板绕流

特别地,儒可夫斯基变换式(6.5.9)可将圆变换成平板,变换式为

$$\zeta = \frac{1}{2}(z + \sqrt{z^2 - 4c^2}),$$

此时$f = \lambda = 0, L = 4c$为平板长.复速度势为

$$W(z) = \frac{1}{2}\,|V_\infty|\,\{(z + \sqrt{z^2 - 4c^2})e^{-i\alpha} + (z - \sqrt{z^2 - 4c^2})e^{i\alpha}\} + \frac{i\Gamma}{2\pi}\ln(z + \sqrt{z^2 - 4c^2}), \tag{6.5.22}$$

Γ值以式(6.5.3)代入.得共轭复速度为

$$\frac{dW}{dz} = |V_\infty|\left(\cos\alpha - i\sqrt{\frac{z - 2c}{z + 2c}}\sin\alpha\right), \tag{6.5.23}$$

作用在平板上的力为

$$X = -4\pi\rho c\,|V_\infty|^2\sin^2\alpha, \quad Y = 4\pi\rho c\,|V_\infty|^2\sin\alpha\cos\alpha. \tag{6.5.24}$$

升力

$$L = Y\cos\alpha - X\sin\alpha = \rho\,|V_\infty|\,\Gamma;$$

阻力

$$D = Y\sin\alpha + X\cos\alpha = 0.$$

这里立刻发现一个有趣的情形,因为所有作用在平板上的压力都垂直于平板,那么沿平板方向的合力分量$X < 0$(前缘吸力)是从哪里来的?我们知道,平板前缘在保角变换中是个变换奇点.库塔条件只保证了后缘速度有限.前缘不满足库塔条件,理论上应有无限大速度.然而,实际的平板总有一定的厚度,前缘有一定钝度,那里流速非常大,按照伯努利定理,在前缘充分小的面积上将受到一个很大的负压,这就是"前缘吸力"的来源.

若令$z' = z + 2c$,式(6.5.23)可写成

$$\frac{dW}{dz} = |V_\infty|\left(\cos\alpha + \sqrt{\frac{4c - z'}{z'}}\sin\alpha\right).$$

在前缘附近$z' \to 0$,上式中起主导作用的项是含$(z')^{-1/2}$的项,$\dfrac{dW}{dz}$将与$(z')^{-1/2}$同阶趋于无穷大.所以对于具有外角为2π的尖前缘的薄翼,前缘附近复速度可近似写成

$$\frac{\mathrm{d}W}{\mathrm{d}z} = f(z') + \frac{A}{\sqrt{z'}}, \qquad (6.5.25)$$

其中 $f(z')$ 在前缘处是解析的,A 为复系数.

再以前缘为圆心,r 为半径作小圆,将布拉修斯公式应用于小圆周上(图6.28),

$$(X' - \mathrm{i}Y')_{\mathrm{LE}} = \frac{1}{2}\mathrm{i}\rho \oint_S \left(\frac{\mathrm{d}W}{\mathrm{d}z'}\right)^2 \mathrm{d}z'.$$

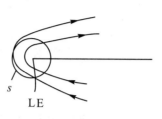

图 6.28　求前缘吸力示意图

把式(6.5.25)代入上式,得到

$$(X' - \mathrm{i}Y')_{\mathrm{LE}} = -\pi\rho A^2, \qquad (6.5.26)$$

这就是计算前缘吸力的公式.对于平板,

$$A = \sqrt{4c}\,|V_\infty|\sin\alpha,$$

所以 $Y'_{\mathrm{LE}} = 0$,$X'_{\mathrm{LE}} = -4\pi\rho c\,|V_\infty|^2\sin^2\alpha$,与式(6.5.24)完全一致.

平板是条割线段.如图6.29a所示,当 P 分别从翼面上、下方趋近翼面,由式(6.5.23)可知

$$\left.\begin{array}{l} u(x,0^\pm) = |V_\infty|\left(\cos\alpha \pm \sqrt{\dfrac{2c-x}{2c+x}}\sin\alpha\right), \\[3mm] v(x,0^\pm) = 0 \ (-2c \leqslant x \leqslant 2c). \end{array}\right\} \qquad (6.5.27)$$

由此可见,穿过翼面上下方的切向速度间断,法向速度连续,这正是涡层的特性.所以平板可以用$(-2c,2c)$之间的涡层代替,涡量分布为(图6.29b)

$$\gamma(x) = u(x,0^-) - u(x,0^+) = -2\,|V_\infty|\sin\alpha\sqrt{\frac{2c-x}{2c+x}}. \qquad (6.5.28)$$

平板后缘速度有限,$\gamma(2c) = 0$,满足库塔条件.前缘速度无穷大.

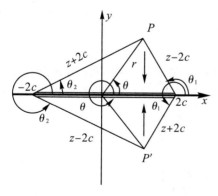

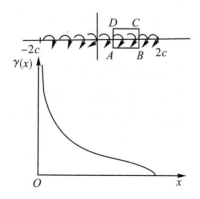

图 6.29a　求平板上下表面的速度示意图　　图 6.29b　用涡层分布代替平板

6.6 不可压缩轴对称无旋流动

6.6.1 轴对称无旋流动的控制方程

轴对称流动是常见的流动形式之一. 所谓轴对称流动是指在通过对称轴的所有子午面内的流动图像完全相同的流动. 要想流动是轴对称的, 物体外形首先必须是轴对称的. 如零攻角的旋成体绕流是一种轴对称流动, 但是有攻角的旋成体绕流却不是轴对称流动. 研究轴对称流动通常用柱坐标 (σ, φ, z) 或球坐标 (r, θ, φ) 较为方便. 若令 φ 为子午角, 对于轴对称流动, 任一物理量只能是 $f = f(\sigma, z)$ 或 $f = f(r, \theta)$, 即 $\dfrac{\partial f}{\partial \varphi} \equiv 0$.

如前所述, 不可压缩无旋流动的速度势满足拉普拉斯方程 $\nabla^2 \varphi = 0$. 对于轴对称流动, 它在柱坐标和球坐标下为

$$\left.\begin{array}{l} \dfrac{\partial^2 \varphi}{\partial \sigma^2} + \dfrac{1}{\sigma} \dfrac{\partial \varphi}{\partial \sigma} + \dfrac{\partial^2 \varphi}{\partial z^2} = 0 \text{（柱坐标）}, \\[3mm] v_\sigma = \dfrac{\partial \varphi}{\partial \sigma}, \quad v_z = \dfrac{\partial \varphi}{\partial z}, \end{array}\right\} \tag{6.6.1}$$

以及

$$\left.\begin{array}{l} \dfrac{\partial^2 \varphi}{\partial r^2} + \dfrac{2}{r} \dfrac{\partial \varphi}{\partial r} + \dfrac{1}{r^2} \dfrac{\partial}{\partial \mu} \left\{ (1 - \mu^2) \dfrac{\partial \varphi}{\partial \mu} \right\} = 0 \text{（球坐标）}, \\[3mm] v_r = \dfrac{\partial \varphi}{\partial r}, \quad v_\theta = -\dfrac{\sqrt{1 - \mu^2}}{r} \dfrac{\partial \varphi}{\partial \mu}, \end{array}\right\} \tag{6.6.2}$$

其中 $\mu = \cos\theta$.

不可压缩轴对称流动从连续性方程可以定义一个斯托克斯流函数（见 4.7 节）ψ. 将它代入涡量定义式 $\nabla \times \boldsymbol{v} = \boldsymbol{\omega}$, 就能得到流函数满足的方程. 当涡量为零时, 用流函数表示的轴对称无旋流方程为

$$\left.\begin{array}{l} \dfrac{\partial^2 \psi}{\partial z^2} + \dfrac{\partial^2 \psi}{\partial \sigma^2} - \dfrac{1}{\sigma} \dfrac{\partial \psi}{\partial \sigma} = 0 \text{（柱坐标）}, \\[3mm] v_\sigma = -\dfrac{1}{\sigma} \dfrac{\partial \psi}{\partial z}, \quad v_z = \dfrac{1}{\sigma} \dfrac{\partial \psi}{\partial \sigma}, \end{array}\right\} \tag{6.6.3}$$

以及

$$\frac{\partial^2 \psi}{\partial r^2} + \frac{(1-\mu^2)}{r^2}\frac{\partial^2 \psi}{\partial \mu^2} = 0 \ (\text{球坐标}),$$

$$v_r = \frac{1}{r^2 \sin\theta}\frac{\partial \psi}{\partial \theta} = -\frac{1}{r^2}\frac{\partial \psi}{\partial \mu},$$

$$v_\theta = -\frac{1}{r\sin\theta}\frac{\partial \psi}{\partial r} = -\frac{1}{r\sqrt{1-\mu^2}}\frac{\partial \psi}{\partial r}.$$

$$\quad\quad\quad(6.6.4)$$

需要指出的是,势函数 φ 的方程(6.6.1),(6.6.2)和流函数 ψ 的方程(6.6.3)或(6.6.4)之间不能像平面无旋流那样利用复速度势来求解,因为轴对称流中的 φ 与 ψ 都不是平面调和函数.在轴对称流动中一般常用的方法有两种:一种是**分离变量法**,二是**奇点法**.

势函数应满足一定的边界条件.当无穷远处流体静止时

$$\nabla\varphi \to 0 \ \text{或者} \ \varphi \to \text{const}, \quad \text{当}\ r \to \infty\ \text{时}. \quad\quad (6.6.5)$$

在物体表面要满足无穿透条件,即

$$\boldsymbol{n}\cdot\nabla\varphi = \boldsymbol{n}\cdot\boldsymbol{U}, \quad\quad (6.6.6)$$

其中 $\boldsymbol{U} = \boldsymbol{U}(t)$ 是物体的瞬时速度.

流函数应满足的边界条件是,当无穷远流体静止时,应有

$$\frac{1}{r}\,|\nabla\psi| \to 0, \quad \text{当}\ r \to \infty\ \text{时}. \quad\quad (6.6.7)$$

当坐标系与无穷远静止流体固结在一起时,要确定运动物体表面上 ψ 应满足的边界条件比较麻烦,由图 6.30 表示的几何关系有

$$\sin\alpha = \frac{\mathrm{d}\sigma}{\mathrm{d}s}.$$

设物体沿 z 轴的负方向运动,速度为 $\boldsymbol{U}$,物体表面的运动速度的法向分量为

$$\boldsymbol{U}\cdot\boldsymbol{n} = U\sin\alpha = U\frac{\mathrm{d}\sigma}{\mathrm{d}s}. \quad\quad (6.6.8)$$

另一方面,通过 AB 旋成面流体的流量为

$$2\pi\sigma\Delta s\cdot v_n = -2\pi(\psi_B - \psi_A),$$

所以

$$v_n = \boldsymbol{v}\cdot\boldsymbol{n} = -\frac{1}{\sigma}\frac{\partial \psi}{\partial s}. \quad (6.6.9)$$

在物面上 $\boldsymbol{v}\cdot\boldsymbol{n} = \boldsymbol{U}\cdot\boldsymbol{n}$,联立式(6.6.8)和式(6.6.9)得

$$\psi = -\frac{1}{2}U\sigma^2 + \text{const}. \quad (6.6.10)$$

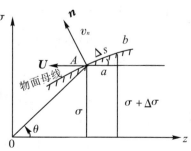

图 6.30　求 ψ 物面边界条件示意图

常数可以忽略掉.上式对柱坐标系成立.对于球坐标系,$\sigma = r\sin\theta$,表面边界条件写为

$$\psi = -\frac{1}{2}Ur^2\sin^2\theta. \tag{6.6.11}$$

如果坐标系与物体相固联在一起,物体表面应是瞬时流线,于是在物面上,

$$\psi = \text{const}, \tag{6.6.12}$$

而在无穷处则有

$$\psi = \frac{1}{2}U\sigma^2 \quad 或 \quad \psi = \frac{1}{2}r^2\sin^2\theta.$$

6.6.2　用分离变量法解 φ 和 ψ 的控制方程

（1）球调和函数

若我们选用球坐标来求解问题,首先分离变量 $\varphi(r,\mu) = R(r)P(\mu)$,代入球坐标的势函数方程(6.6.2),分解后为

$$\frac{\mathrm{d}}{\mathrm{d}\mu}\left\{(1-\mu^2)\frac{\mathrm{d}P}{\mathrm{d}\mu}\right\} + \lambda P = 0 \tag{6.6.13}$$

及

$$\frac{\mathrm{d}}{\mathrm{d}r}\left\{r^2\frac{\mathrm{d}R}{\mathrm{d}r}\right\} - \lambda R = 0. \tag{6.6.14}$$

由二阶常微分方程理论可知,只有当特征值 $\lambda = n(n+1)$,$n = 0,1,2,\cdots$ 时,式(6.6.13)才有在 $\mu = 1$ 点正则的解.该方程称为勒让德(Legendre)方程,相应的解为 n 阶勒让德多项式

$$P_n(\mu) = \frac{1}{2^n\mu!}\frac{\mathrm{d}^n}{\mathrm{d}\mu^n}(\mu^2 - 1)^n, \tag{6.6.15}$$

其中 $P_0 = 1$,$P_1(\mu) = \mu$,$P_2(\mu) = \frac{1}{2}(3\mu^2 - 1)$,$P_3(\mu) = \frac{1}{2}(5\mu^3 - 3\mu)$,$\cdots$.

至于式(6.6.14)的解,对于非负整数 n,存在两组独立的解 $R = r^n$ 和 $R = r^{-(n+1)}$,故 φ 的通解为

$$\varphi = \sum_{n=0}^{\infty}(A_n r^{-(n+1)} + B_n r^n)P_n(\mu).$$

事实上,对于非负整数 n,

$$\varphi_n = r^n P_n(\mu) \quad 和 \quad \varphi_{-n} = r^{-(n+1)}P_n(\mu). \tag{6.6.16}$$

通常分别称为 n 阶和负 n 阶**球体调和函数**,它们都是拉普拉斯方程的基本解.

以一个半径为 a 的圆球,用速度 $U(t)$ 在无界流体中运动为例.设无穷远流体

静止,圆球球心的瞬时位置正好与静止坐标系原点重合,球坐标轴正方向与球运动方向一致.由式(6.6.6)得到球表面边界条件为

$$\left(\frac{\partial \varphi}{\partial r}\right)_{r=a} = U\cos\theta = U\mu.$$

在 $r \to \infty$ 处,φ 为有限值.满足无穷远和球面边界条件的解是

$$B_n = 0, \quad A_0 = A_2 = A_3 = \cdots = 0 \quad 及 \quad A_1 = -\frac{1}{2}Ua^3.$$

求得的解为

$$\varphi = -\frac{1}{2}Ua^3\frac{\cos\theta}{r^2}. \tag{6.6.17}$$

若想用流函数方程(6.6.4)求解问题.与上述方法类似,分离变量 $\psi = R(r)\Theta(\mu)$,代入方程(6.6.4),得

$$\frac{r^2}{R}\frac{\mathrm{d}^2 R}{\mathrm{d}r^2} = n(n+1),$$

其解为 r^{-n} 和 r^{n+1};而

$$(1-\mu^2)\frac{\mathrm{d}^2\Theta}{\mathrm{d}\mu^2} + n(n+1)\Theta = 0.$$

我们会发现第二个方程并不是勒让德方程.但是,容易验证:只要令 $\Theta_n(\mu) = (1-\mu^2)\frac{\mathrm{d}P_n}{\mathrm{d}\mu}$,$\Theta_n(\mu)$ 就能满足上面的 Θ 方程,故可得出 ψ 的通解为

$$\psi = \sum_{n=0}^{\infty}(A_n r^{-n} + B_n r^{n+1})(1-\mu^2)\frac{\mathrm{d}P_n}{\mathrm{d}\mu}. \tag{6.6.18}$$

仍以上述圆球运动为例,满足边界条件(6.6.7)和(6.6.11)的解为:$B_n = 0$,$A_0 = A_2 = \cdots = 0, A_1 = \frac{1}{2}Ua^3$,

$$\psi = \frac{1}{2}Ua^3\frac{1-\mu^2}{r}\frac{\mathrm{d}P_1}{\mathrm{d}\mu} = \frac{1}{2}Ua^3\frac{\sin^2\theta}{r}. \tag{6.6.19}$$

实际上,我们并不需要求解流函数方程,直接利用式(6.6.2)和(6.6.4)φ 和 ψ 的关系,立刻可以得到与 φ_n 和 φ_{-n} 对应的 ψ 的球体调和函数

$$\psi_n = \frac{1}{n+1}r^{n+1}(1-\mu^2)\frac{\mathrm{d}P_n(\mu)}{\mathrm{d}\mu} \quad 和 \quad \psi_{-n} = -\frac{1}{n}r^{-n}(1-\mu^2)\frac{\mathrm{d}P_n(\mu)}{\mathrm{d}\mu}. \tag{6.6.20}$$

在上述圆球运动的例子中,如果我们要从伯努利方程求出表面压力分布,应注意到 $U(t)$ 随时间变化时,运动是非定常的,必须要考虑到非定常效应项 $\partial\varphi/\partial t$.

一般情形下,圆球球心不与坐标系原点重合时,速度势式(6.6.17)应写成

$$\varphi = -\frac{1}{2}a^3\frac{\boldsymbol{U}\cdot(\boldsymbol{x}-\boldsymbol{x}_0)}{r^3}, \tag{6.6.17'}$$

其中 $\boldsymbol{x}_0$ 是球心坐标, $r = |\boldsymbol{x} - \boldsymbol{x}_0|$, $\boldsymbol{U}(t) = \dfrac{\mathrm{d}\boldsymbol{x}_0}{\mathrm{d}t}$ 是球运动速度. 若记 $\boldsymbol{x}' = \boldsymbol{x} - \boldsymbol{x}_0$,

则 $\dfrac{\partial\varphi}{\partial x_i} = \dfrac{\partial\varphi}{\partial x_i'}, \dfrac{\partial r}{\partial x_j'} = \dfrac{x_j'}{r}$. 所以

$$v_i = \frac{\partial\varphi}{\partial x_i} = \frac{1}{2}\frac{a^3}{r^3}\left(\frac{3x_i'x_jU_j}{r^2} - U_i\right), \tag{6.6.21}$$

$$\frac{\partial\varphi}{\partial t} = -\frac{1}{2}a^3\frac{x_i'}{r^3}\frac{\mathrm{d}U_i}{\mathrm{d}t} - \frac{1}{2}a^3\frac{U_i}{r^3}\frac{\partial x_i'}{\partial t} + \frac{1}{2}a^3\frac{3U_ix_i'}{r^4}\frac{\partial r}{\partial t}.$$

因为 $\dfrac{\partial x_i'}{\partial t} = -\dfrac{\mathrm{d}x_{0i}}{\mathrm{d}t} = -U_i, \dfrac{\partial r}{\partial t} = -\dfrac{x_j'}{r}U_j$, 代入上式后得

$$\frac{\partial\varphi}{\partial t} = -\frac{1}{2}a^3\frac{x_i'}{r^3}\frac{\mathrm{d}U_i}{\mathrm{d}t} - \frac{1}{2}\frac{a^3}{r^3}\left(\frac{3x_i'x_j'U_j}{r^2} - U_i\right)U_i.$$

将式(6.6.21)入上式得到

$$\frac{\partial\varphi}{\partial t} = -\frac{1}{2}a^3\frac{x_i'}{r^3}\frac{\mathrm{d}U_i}{\mathrm{d}t} - v_iU_i, \tag{6.6.22}$$

考虑到式(6.6.17′), 上式又可写成

$$\frac{\partial\varphi}{\partial t} = \frac{\partial\varphi}{\partial\boldsymbol{U}}\dot{\boldsymbol{U}} - \boldsymbol{U}\cdot\nabla\varphi. \tag{6.2.22′}$$

将 $\dfrac{\partial\varphi}{\partial t}$ 和 v_iv_i 表达式代入非定常伯努利方程(5.2.13), 整理后得

$$p = p_\infty + \frac{1}{8}\rho U^2(9\cos^2\theta - 5) + \frac{1}{2}\rho a\boldsymbol{n}\cdot\frac{\mathrm{d}\boldsymbol{U}}{\mathrm{d}t}. \tag{6.6.23}$$

(2) 柱调和函数

对于非圆球形轴对称流动问题, 用柱坐标系有时较方便. 柱坐标下拉普拉斯方程为式(6.6.1), 应用分离变量, 令

$$\varphi = \mathrm{e}^{\pm kz}\chi(\sigma),$$

则 χ 满足零阶贝塞尔(Bessel)方程

$$\frac{\mathrm{d}^2\chi}{\mathrm{d}\sigma^2} + \frac{1}{\sigma}\frac{\mathrm{d}\chi}{\mathrm{d}\sigma} + k^2\chi = 0. \tag{6.6.24}$$

当 $\sigma\to 0$ 时的有界解是零阶贝塞尔函数 $\mathrm{J}_0(k\sigma)$. 于是, 柱坐标下拉普拉斯方程的两个基本解为

$$\varphi = \mathrm{e}^{\pm kz}\mathrm{J}_0(k\sigma), \tag{6.6.25}$$

常称之为**柱调和函数**. 利用速度分量中 φ 和 ψ 的关系, 可得到相应的流函数 ψ 为

$$\psi = \mp\sigma\mathrm{e}^{\pm kz}\mathrm{J}_0'(k\sigma) = \pm\sigma\mathrm{e}^{\pm kz}\mathrm{J}_1(k\sigma). \tag{6.6.26}$$

此处 $\mathrm{J}_0'(x) \equiv \dfrac{\mathrm{d}}{\mathrm{d}x}[\mathrm{J}_0(x)]$.

(3)* 椭球调和函数

关于椭球在流体中的运动,采用椭球坐标比较方便,但是这个问题相当复杂.这里只讨论一个最简单情形:椭球沿对称轴线方向运动时产生的轴对称无旋流动.此处椭球是椭圆以长轴为对称轴线旋转形成的旋成体.

在 6.2 节中我们曾给出过椭圆绕流的复速度势表达式(6.2.16),如果我们把那里的 x 和 y 改成柱坐标(z,σ)由 ψ 和 φ 形成新的正交曲线坐标(ξ,η),它们之间的变换是保角的,于是有

$$z = (a^2 - b^2)^{1/2}\mathrm{ch}\xi\cos\eta, \atop \sigma = (a^2 - b^2)^{1/2}\mathrm{sh}\xi\sin\eta. \qquad (6.6.27)$$

ξ 等于常数是一族共焦椭圆,其中 a,b 分别为椭圆的长半轴和短半轴.所以(ξ,η)称为椭圆坐标.利用这种坐标,椭球上的边界条件容易处理.

将柱坐标的流函数方程(6.6.3)变换成以(ξ,η)为自变量后,方程变成

$$\frac{\partial}{\partial\xi}\left(\frac{1}{\sigma}\frac{\partial\psi}{\partial\xi}\right) + \frac{\partial}{\partial\eta}\left(\frac{1}{\sigma}\frac{\partial\psi}{\partial\eta}\right) = 0, \qquad (6.6.28)$$

其中 $\sigma(\xi,\eta)$ 由式(6.6.27)给出.引入分离变量

$$\psi = F(\xi)\sin^2\eta,$$

上式化为一个二阶常微分方程

$$\frac{\mathrm{d}}{\mathrm{d}\xi}\left(\frac{F'}{\mathrm{sh}\xi}\right) - \frac{2F}{\mathrm{sh}\xi} = 0. \qquad (6.6.29)$$

它的两个积分常数由无穷远条件式(6.6.7)和物体表面条件式(6.6.10)定出,在椭圆坐标(ξ,η)下,式(6.6.10)化为

$$\psi = \frac{1}{2}U(a^2 - b^2)\mathrm{sh}^2\xi_0\sin^2\eta, \qquad (6.6.30)$$

其中 ξ_0 是椭球表面坐标

$$\mathrm{e}^{\xi_0} = \left(\frac{a+b}{a-b}\right)^{1/2}. \qquad (6.6.31)$$

最后,符合内外边界条件的解为

$$\psi = -\frac{\frac{1}{2}Ub^2(a^2-b^2)\sin^2\eta}{a(a^2-b^2)^{1/2} + b^2\ln\left\{\frac{a-(a^2-b^2)^{1/2}}{b}\right\}}\left(\mathrm{ch}\xi + \mathrm{sh}^2\xi\ln\mathrm{th}\frac{\xi}{2}\right).$$

而

$$\varphi = \frac{Ub^2\cos\eta}{a(a^2 - b^2)^{\frac{1}{2}} + b^2\ln\left\{\dfrac{a - (a^2 - b^2)^{\frac{1}{2}}}{b}\right\}}\left(1 + \text{ch}\,\xi\,\ln\text{th}\,\frac{\xi}{2}\right)$$

可称为轴对称流情形下的椭球调和函数.

6.6.3　奇点法(反问题)

在2.6节中已给出过空间无旋流的几个满足拉普拉斯方程的基本解,如点源和偶极子.有时我们也把它们称为奇点.与平面无旋流一样,也可以由基本解迭加得到空间无旋流.如果我们先给定奇点的分布,再寻找这种流动与什么样的物体绕流问题相对应,这称为**反问题**.如果是给定物体外形,求找相应的奇点分布,称为**正问题**.一般地说,反问题局限性较大,但也并非没有意义.

(1) 兰金(Rankine)卵头体(均匀流与点源迭加)

在坐标原点有一个点源,均匀来流平行于 x 轴从左向右流动.这两种简单流迭加的流函数为

$$\psi = \frac{1}{2}Ur^2\sin^2\theta - \frac{q}{4\pi}\cos\theta + \text{const}, \tag{6.6.32}$$

以及速度为

$$\left.\begin{aligned} v_r &= \frac{1}{r^2\sin\theta}\frac{\partial\psi}{\partial\theta} = U\cos\theta + \frac{q}{4\pi r^2}, \\ v_\theta &= -\frac{1}{r\sin\theta}\frac{\partial\psi}{\partial r} = -U\sin\theta. \end{aligned}\right\} \tag{6.6.33}$$

可以发现,在 x 轴上,$x = -\sqrt{q/4\pi U}$ 处是一个驻点.令过驻点的流线为 $\psi = 0$,定出常数等于 $-q/4\pi$.式(6.6.32)成为

$$\psi = \frac{1}{2}Ur^2\sin^2\theta - \frac{q}{4\pi}(1 + \cos\theta). \tag{6.6.32'}$$

零流线在驻点形成的分支流线是来流与点源流出的流体的分界面.我们把该分界面看成是物面,称为兰金卵头体(图6.31),其物形方程为

$$\left.\begin{aligned} X(\theta) &= \left[\frac{q}{2\pi U}(1 + \cos\theta)\right]^{1/2}\cot\theta, \\ Y(\theta) &= \left[\frac{q}{2\pi U}(1 + \cos\theta)\right]^{1/2}. \end{aligned}\right\} \tag{6.6.34}$$

在无穷远下游,廓线的渐近线为(图6.32)

$$Y(\theta) \to h = \left(\frac{q}{\pi U}\right)^{1/2}, \qquad \text{当 } r \to \infty, \theta \to 0 \text{ 时}. \tag{6.6.35}$$

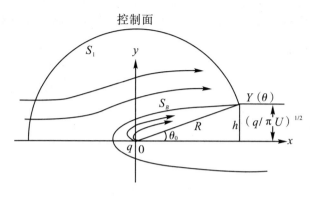

图 6.31 兰金卵头体

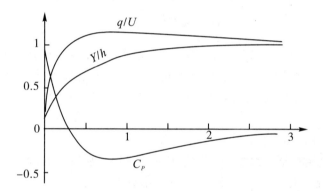

图 6.32 兰金卵头体型线,表面速度和压强分布

物面压强分布由伯努利方程求出,为

$$C_P = 1 - \left\{ \left(\frac{v_r}{U}\right)^2 + \left(\frac{v_\theta}{U}\right)^2 \right\} = -2\cos\theta\sin^2\frac{\theta}{2} - \sin^4\frac{\theta}{2}. \quad (6.6.36)$$

从图 6.32 可见,在 $x/h \geqslant 3$ 以后,压强已基本恢复到来流压力.这就是为什么皮托管的静压孔要开在离头部 $3 \sim 8$ 倍直径的道理.

若以原点为球心作一个半径为 R 的球面,记流体中的那部分球面为 S_1,球面切割出的物体那部分表面为 S_B.以 S_1 和 S_B 为控制面,流出控制面的流体 x 方向的动量通量为

$$M_x = \rho \int_{\theta_0}^{\pi} u(u\cos\theta + v\sin\theta) \cdot 2\pi R^2 \sin\theta \mathrm{d}\theta.$$

对于充分大的 R,$u \approx U + \dfrac{q}{4\pi R^2}\cos\theta$,$v \approx \dfrac{q}{4\pi R^2}\sin\theta$,代入上式后得到 $M_x \approx$

$\dfrac{1}{3}\rho qU$，因为当 $R \to \infty$ 时，$R\sin\theta_0 \to h = (q/\pi U)^{\frac{1}{2}}$．控制面外流体作用在 S_1 面上的 x 方向的分力为

$$F_x = \int_\pi^{\theta_0} \left\{ p_\infty + \frac{1}{2}\rho U^2 - \frac{1}{2}\rho(u^2 + v^2) \right\}\cos\theta \cdot 2\pi R^2 \sin\theta \mathrm{d}\theta$$

$$\approx \frac{p_\infty q}{U} + \frac{1}{3}\rho qU,$$

依据动量定理，

$$\frac{1}{3}\rho qU = F_x + R_x = \frac{p_\infty q}{U} + \frac{1}{3}\rho qU + R_x.$$

R_x 是物面 S_B 对控制面流的 x 方向作用力，所以物体受到的阻力为

$$D = \frac{p_\infty q}{U} = p_\infty A.$$

由式(6.6.35)知，$A = \pi h^2 = q/U$ 是半无穷长体远下游的横截面积．若把该半无穷长物体放在静止流体中时，它也受到同样大小的作用力．换句话说，流体流动对它没有施加附加的力，流动引起的纯阻力为零！这个结论对其他外形半无穷长体也是正确的．

(2) 兰金卵球体(均匀流 + 点源 + 点汇)

在 x 轴上相距原点为 $\mp d$ 的位置分别有一个点源和点汇，均匀来流平行于 x 轴，其他参数见图 6.33，这种复合流动的流函数为

$$\psi = \frac{1}{2}Ur^2\sin^2\theta - \frac{q\cos\theta_1}{4\pi} + \frac{q\cos\theta_2}{4\pi}. \tag{6.6.37}$$

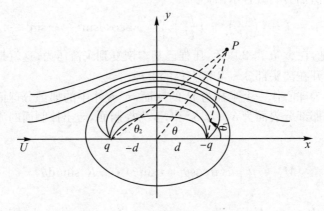

图 6.33 兰金卵球体的其他参数

与问题(1)相同,可确定出 $\psi = 0$ 的一条流线,它由对称轴线上 $|x| \geqslant d$ 的部分及从驻点分叉的流线组成,本例的分支流线是封闭的,它们在 x 轴上另一个驻点处汇合.以该封闭流线为母线的旋成体,称为兰金卵球体,其型线方程为

$$\cos\theta_1 - \cos\theta_2 = \frac{2\pi U d^2}{q} \frac{r^2}{d^2}\sin^2\theta.$$

对应于不同的 Ud^2/q 值,有一族卵球面.我们可以发现,当点汇移向无穷远下游时,卵球体趋近于兰金卵头体.当源和汇无穷接近时,即变成一个偶极子时,卵球体变成了圆球.均匀来流绕圆球流动的流函数和势函数为

$$\psi = \frac{1}{2}Ur^2\left(1 - \frac{a^3}{r^3}\right)\sin^2\theta, \tag{6.6.38}$$

$$\varphi = Ur\left(1 + \frac{a^3}{2r^3}\right)\cos\theta. \tag{6.6.39}$$

球面压强分布为

$$C_p = 1 - \frac{9}{4}\sin^2\theta. \tag{6.6.40}$$

在 $\theta = \pi/2$ 处,球面上压强最小,$C_{p\min} = -5/4$,与二维圆柱相比($C_{p\min} = -3$),球面上压强较高,这是由于在球绕流时,空间较大,流速较慢的原因.

(3) 连续分布的源汇

更一般情形,在 x 轴有连续分布的源汇.设在 x 至 $x + \delta x$ 微元段内源强度为 $q(x')\mathrm{d}x'$,它对空间任一点 P 的速度势为

$$\varphi_P(\boldsymbol{x}) = -\frac{1}{4\pi}\int_a^b \frac{q(x')\mathrm{d}x'}{(r^2 + x'^2 - 2rx'\cos\theta)^{1/2}}, \tag{6.6.41}$$

其中 (a, b) 是源分布区间,$r = |x|^{1/2}$.由球函数理论可知,被积函数的分母是勒让德多项式的母函数.式(6.6.41) 可改写成

$$\varphi_P(\boldsymbol{x}) = \sum_{n=0}^{\infty} k_n \frac{1}{r^{n+1}}\mathrm{P}_n(\cos\theta), \tag{6.6.42}$$

其中

$$k_n = -\frac{1}{4\pi}\int_a^b x'^n q(x')\mathrm{d}x'.$$

为了得到封闭的流线,它应满足

$$k_0 = -\frac{1}{4\pi}\int_a^b q(x')\mathrm{d}x' = 0.$$

这意味着在 (a, b) 段上不可能全部分布着源或汇,而应是部分分布源,部分分布

汇,源、汇总强度为零.这种在轴线上布置奇点以得到所需物体外形的方法,在后来发展起来的数值方法中被广泛应用.

6.7* 无界流体中运动物体引起的无旋流动

6.4节中我们已讨论过柱体在均匀来流定常无旋绕流中受到的作用力问题.本节将在更一般的情形下讨论三维物体在无界流体中作平动和转动时引发的无旋流动的流场和流体动力特性.

6.7.1 流体的动能和动量

假设有限体积的物体在无穷远处静止的无界不可压缩流体中运动,流动是无旋的.由2.6节已知,$1/r$ 及其对坐标的各阶偏导数都是拉普拉斯方程 $\nabla^2\varphi = 0$ 的解.由于物体的运动使流体获得动能,我们首先讨论一下动能的表达式.2.5节表明,三维单连通区域内流体的动能为

$$T = \int \frac{1}{2}\rho \boldsymbol{v} \cdot \boldsymbol{v}\,\mathrm{d}V$$
$$= \lim_{R\to\infty} \frac{\rho}{2}\int_{r=R}(\varphi - \varphi_{(\infty)})\boldsymbol{v}\cdot\boldsymbol{n}_2\mathrm{d}A_2 - \frac{\rho}{2}\int_{A_1}(\varphi - \varphi_{(\infty)})\boldsymbol{v}\cdot\boldsymbol{n}_1\mathrm{d}A_1$$
$$= \frac{-\rho}{2}\int_{A_1}(\varphi - \varphi_{(\infty)})\boldsymbol{v}\cdot\boldsymbol{n}_1\mathrm{d}A_1,$$

其中 R 是外边界球面的半径,A_1 是物体边界,在无穷远处外边界上 $\varphi \to \varphi_{(\infty)}$,第一个面积分趋于零.如果物体是个刚体,通过物体表面上的质量流量为零 $\int\rho\boldsymbol{v}\cdot\boldsymbol{n}_1\mathrm{d}A_1 = 0$.所以,流体的动能为

$$T = -\int_{A_1}\frac{\rho}{2}\varphi\boldsymbol{v}\cdot\boldsymbol{n}\mathrm{d}A. \tag{6.7.1}$$

可见流体的动能只与物体表面的运动状况有关.物体表面无穿透条件为

$$\boldsymbol{n}\cdot\nabla\varphi = \boldsymbol{n}\cdot(\boldsymbol{U} + \boldsymbol{\Omega}\times(\boldsymbol{x} - \boldsymbol{x}_0)), \tag{6.7.2}$$

其中 $\boldsymbol{U}$ 和 $\boldsymbol{\Omega}$ 分别为刚体的平动速度和转动角速度.因为 φ 满足一个线性方程,边界条件又仅线性地依赖于 $\boldsymbol{U}$ 和 $\boldsymbol{\Omega}$,因此可以把速度势 φ 分解成

$$\varphi(\boldsymbol{x}) = \boldsymbol{U} \cdot \boldsymbol{\Phi} + \boldsymbol{\Omega} \cdot \boldsymbol{\Theta} \qquad (6.7.3)$$

的线性迭加. 函数 $\boldsymbol{\Phi}$ 和 $\boldsymbol{\Theta}$ 具有简单的物理意义, Φ_i 为物体以平行于 i 轴的单位速度平动时产生的速度势. Θ_i 是物体以单位角速度绕 i 轴转动时产生的速度势. 将式 (6.7.3) 代入式(6.7.2), 边界条件化为

$$(\boldsymbol{n} \cdot \nabla)\boldsymbol{\Phi} = \boldsymbol{n}, \qquad (\boldsymbol{n} \cdot \nabla)\boldsymbol{\Theta} = -\boldsymbol{n} \times (\boldsymbol{x} - \boldsymbol{x}_0). \qquad (6.7.4)$$

将式(6.7.2) 和(6.7.4) 代入式(6.7.1), 于是我们有

$$T = -\frac{1}{2}\rho \int_{A_1} \varphi \boldsymbol{U} \cdot \boldsymbol{n} \mathrm{d}A_1 - \frac{1}{2}\rho \int_{A_1} \varphi \{\boldsymbol{\Omega} \times (\boldsymbol{x} - \boldsymbol{x}_0)\} \cdot \boldsymbol{n} \mathrm{d}A_1.$$

将 $\varphi(\boldsymbol{x})$ 的表达式(6.7.3) 代入上式, 经过一番运算可得

$$T = \frac{1}{2}\rho V_B (\alpha_{ij} U_i U_j + \beta_{ij} U_i \Omega_j + \gamma_{ij} \Omega_i \Omega_j), \qquad (6.7.5)$$

其中 V_B 是物体的体积, 以及

$$\left.\begin{aligned}
\alpha_{ij} &= -\frac{1}{V_B} \int_{A_1} \Phi_i n_j \mathrm{d}A_1, \\
\beta_{ij} &= -\frac{1}{V_B} \left(\int_{A_1} \Theta_j n_i \mathrm{d}A_1 - \int_{A_1} \varepsilon_{jkl} \Phi_i (x_l - x_{0l}) n_k \mathrm{d}A_1 \right), \\
\gamma_{ij} &= \frac{1}{V_B} \int_{A_1} \varepsilon_{jkl} \Theta_i (x_l - x_{0l}) n_k \mathrm{d}A_1,
\end{aligned}\right\} \qquad (6.7.6)$$

如果把 $\boldsymbol{U}, \boldsymbol{\Omega}$ 理解为广义"速度", 张量 α_{ij}, β_{ij} 和 γ_{ij} 称为"附加惯性系数", 它们与物体的形状有关.

当物体只有平动时, $\boldsymbol{\Omega} = 0$, 式(6.7.5) 简化为

$$T = \frac{1}{2}\rho V_B \alpha_{ij} U_i U_j. \qquad (6.7.7)$$

另一方面, 将物体平动时, 动能的上述积分表达式与前面式(2.6.11) 比较, 可得物体平动时流体动能的另一表达形式

$$T = -\frac{\rho}{2} \int \varphi U_j n_j \mathrm{d}A = \frac{\rho}{2} \cdot 4\pi c_j^{(1)} U_j - \frac{\rho}{2} \int_{A_1} U_i x_i U_j n_j \mathrm{d}A_1$$

$$= \frac{\rho}{2} \cdot 4\pi c_j^{(1)} U_j - \frac{\rho}{2} U_i U_j \int \frac{\partial x_i}{\partial x_j} \mathrm{d}V = \frac{\rho}{2} (4\pi U_j c_j^{(1)} - U_j U_j V_B). \quad (6.7.8)$$

其中 $c_j^{(1)}$ 由式(2.6.11) 表示, 比较式(6.7.7) 和(6.7.8), 我们得到

$$4\pi c_j^{(1)} = V_B U_i (\delta_{ij} + \alpha_{ij}). \qquad (6.7.9)$$

然而, 流体的动量却不能从对整个流体的体积积分 $\int_v \rho v \mathrm{d}V$ 得到, 因为直接积分

是不收敛的,但它可以从动能的变化关系式得到确定的值.作一个大圆球面把运动物体包围在内,在大球面内流体动能的变化为

$$\frac{\mathrm{d}T}{\mathrm{d}t} = \frac{\mathrm{d}}{\mathrm{d}t}\int_v \frac{1}{2}\rho v_i v_i \mathrm{d}\tau.$$

利用雷诺输运公式(3.1.6)和动量方程,上式可写成

$$\frac{\mathrm{d}T}{\mathrm{d}t} = -\int_{A_2}\left(\frac{1}{2}\rho v_k v_k + p\right)v_i n_i \mathrm{d}A_2 + \int_{A_1}\frac{1}{2}pv_k v_k(v_i - U_i)n_i \mathrm{d}A_1 + \int_{A_1}pU_i n_i \mathrm{d}A_1.$$

当 $R \to \infty$ 时,上式右边第一个积分趋于零,在物面上 $(v_i - U_i)n_i = 0$ 第二个积分也为零.所以

$$\frac{\mathrm{d}T}{\mathrm{d}t} = + U_i\int_{A_1}pn_i \mathrm{d}A_1 = \boldsymbol{U}\cdot\boldsymbol{F}. \qquad (6.7.10)$$

这表明流体动能的变化等于物体运动时克服阻力对流体做的功.同时,物体对流体的作用力也必将引起流体动量的变化,由动量变化定理,

$$\frac{\mathrm{d}\boldsymbol{P}}{\mathrm{d}t} = \boldsymbol{F}, \qquad (6.7.11)$$

其中 $\boldsymbol{P}$ 是流体的动量,于是,$\boldsymbol{U}\cdot\mathrm{d}\boldsymbol{P} = \mathrm{d}T$.由式(6.7.7)可得

$$F_i = \rho V_B \alpha_{ij}\dot{U}_j, \qquad \dot{U}_j = \frac{\mathrm{d}U_j}{\mathrm{d}t} \qquad (6.7.12)$$

及

$$P_i = \int F_i \mathrm{d}t = \rho V_B \alpha_{ij}U_j = \rho(4\pi c_i - V_B U_i). \qquad (6.7.13)$$

这里物体给予流体的动量可以缓变方式,也可以突变方式进行,P_i 也称为流体的冲量.

6.7.2 作用于平动物体上的流体动力

现在来进一步分析流体作用在物体上的力,它是流体对物体作用的反作用力,$\boldsymbol{F}' = -\boldsymbol{F}$,

$$\boldsymbol{F}' = -\int_{A_1}p\boldsymbol{n}\mathrm{d}A_1.$$

将非定常伯努利方程 $\frac{\partial\varphi}{\partial t} + \frac{1}{2}v^2 + \frac{p}{\rho} = $ 常数代入上式,

$$\boldsymbol{F}' = \rho\int_{A_1}\frac{\partial\varphi}{\partial t}\boldsymbol{n}\mathrm{d}A_1 + \frac{1}{2}\rho\int_{A_1}v^2\boldsymbol{n}\mathrm{d}A_1.$$

注意到现在的坐标系是与无穷远处静止流体固结在一起的,在式(6.7.3)中 $\boldsymbol{\Phi}$ 是坐

标 $\boldsymbol{x} - \boldsymbol{x}_0$ 的函数,而 $\boldsymbol{x}_0$ 是物体参考中心的瞬时位置,$\dfrac{\mathrm{d}\boldsymbol{x}_0}{\mathrm{d}t} = \boldsymbol{U}(t)$,所以

$$\frac{\partial \varphi}{\partial t} = \dot{U}_i \Phi_i + \frac{\mathrm{d}(x_j - x_{0j})}{\mathrm{d}t} U_i \frac{\partial \Phi_i}{\partial x_j}$$

$$= \dot{U}_i \Phi_i - U_j \frac{\partial \varphi}{\partial x_j} = \dot{U}_i \Phi_i - U_i v_i,$$

则

$$F'_i = \rho \dot{U}_j \int \Phi_j n_i \mathrm{d}A_1 + \rho \int \left(\frac{1}{2} v^2 - U_j v_j \right) n_i \mathrm{d}A_1. \qquad (6.7.14)$$

其中第一项是物体加速度的贡献,第二项是定常流动下的作用力.我们分别来讨论它们.

(1) 定常流体动力

作一个大球面 A_2 把物体包围在内,由高斯(Gauss)公式,

$$\int_{A_1} \frac{1}{2} v_j v_j n_i \mathrm{d}A_1 = \int_{A_2} \frac{1}{2} v_j v_j n_i \mathrm{d}A_2 - \int_V \frac{\partial}{\partial x_i} \left(\frac{1}{2} v_j v_j \right) \mathrm{d}V,$$

因为流动是无旋无源的,有 $\dfrac{\partial}{\partial x_i} \left(\dfrac{1}{2} v_j v_j \right) = \dfrac{\partial(v_j v_i)}{\partial x_j}$,再用高斯公式,

$$\int_{A_1} \frac{1}{2} v_j v_j n_i \mathrm{d}A_1 = \int_{A_2} \left(\frac{1}{2} v_j v_j n_i - v_i v_j n_j \right) \mathrm{d}A_2 + \int_{A_1} v_i v_j n_j \mathrm{d}A_1.$$

上式右边第一个积分,当大球面半径 $R \to \infty$ 时趋于零.所以,定常流部分对力的贡献为

$$F_i^{(s)'} = \rho U_j \int_{A_1} (v_i n_j - v_j n_i) \mathrm{d}A_1$$

$$= \rho U_j \int_{A_2} (v_i n_j - v_j n_i) \mathrm{d}A_2 - \rho U_j \int \left(\frac{\partial v_i}{\partial x_j} - \frac{\partial v_j}{\partial x_i} \right) \mathrm{d}V. \qquad (6.7.15)$$

由于无旋流,最后一项为零.

对于三维流动,流体在远场的速度 $|v_i| \sim r^{-3}$,而球表面面积正比于 r^2,故当 $r \to \infty$ 时有

$$F_i^{(s)'} = 0. \qquad (6.7.16)$$

这表明,在定常无旋流动中,三维物体既不受到升力也不受到阻力,作用在物体上的合力恒为零,这就是著名的**达朗贝尔佯谬**.

(2) 加速度响应

把物体加速运动对流体动力的贡献记为

$$F_i^{(a)'} = \rho \dot{U}_j \int \Phi_j n_i \mathrm{d}A_1 = -\rho V_B \alpha_{ij} \dot{U}_j. \qquad (6.7.17)$$

如果我们着眼于研究物体的运动,假设作用在质量为 M 的物体上使它产生加速度 $\dot{U}_i$ 的主动力是 R_i,同时它还受到来自周围流体的作用力 F_i'. 于是

$$M\dot{U}_i = R_i + F_i' = R_i - F_i.$$

由式(6.7.12),上式可写成

$$R_i = (M\delta_{ij} + \rho V_B \alpha_{ij}) \dot{U}_j. \qquad (6.7.18)$$

此式可看成是在流体中的物体的运动方程. 它表明,物体在流体中作变速运动时,表征其惯性大小的物理量似乎是由其原有的质量 M(标量) 变成了一个张量 $M\delta_{ij}$ $+ \rho V_B \alpha_{ij}$. $M\delta_{ij} + \rho V_B \alpha_{ij}$ 称为流体中运动物体的**表观质量**,其中 M 为物体**真实质量**,$\rho V_B \alpha_{ij}$ 是**虚拟的附加质量张量**,它可理解为周围无界流体附加于物体的一种惯性,这种附加惯性可用 $\rho V_B \alpha_{ij}$ 表示,故 α_{ij} 又称为**无量纲附加质量张量**.

6.7.3 有环量的二维无旋流情形

对于二维无环量的流动,以上对于三维流动的结论,如物体平动时流体的动能式(6.7.8) 及物体受到的流体动力式(6.7.12) 等都可直接用到二维无环量流动,只需用式(2.6.25) 中的 $-2\pi c_i$ 去代换式(6.7.8) 和(6.7.8) 中的 $4\pi c_i$.

对于有环量的二维流动,φ 是与环量常数 Γ 有关的多值函数. 我们可以将 φ 分解成两部分

$$\varphi = \varphi_1 + \varphi_2,$$

其中 φ_1 是无环量的单值速度势,满足物面边界条件式(6.7.2). φ_2 具有环量 Γ,满足边界条件 $\boldsymbol{n} \cdot \nabla \varphi_2 = 0$,$\varphi_2$ 可写作

$$\varphi_2(\chi) = \Gamma\left(\frac{\theta}{2\pi} + \chi(\boldsymbol{x} - \boldsymbol{x}_0)\right), \qquad (6.7.19)$$

其中 χ 与 Γ 无关,是只决定于物体形状和位置的单值函数. 二维流速度势应改写成

$$\varphi = \boldsymbol{U} \cdot \boldsymbol{\Phi} + \boldsymbol{\Omega} \cdot \boldsymbol{\Theta} + \Gamma\left(\frac{\theta}{2\pi} + \chi(\boldsymbol{x} - \boldsymbol{x}_0)\right). \qquad (6.7.20)$$

至于二维有环量流动的动能,由于远场速度大小是 $O(1/r)$,理论上流体有无穷大的动能. 通常可以将动能也分成两部分

$$T = \frac{1}{2}\rho \int_{A_1} \varphi_1 \boldsymbol{n} \cdot \nabla \varphi_1 \mathrm{d}A_1 + 与环量有关的部分动能.$$

右边第一部分动能可直接应用前面无环量的结果. 关于与环量有关的那一部分动能的奇性,那是二维流假设和流场无界假设所导致. 实际流动的三维性和远场有界

性会消除这种奇性;二维流的动能还取决于远场边界的大小和形状.

关于物体所受流体的动力,式(6.7.15)对有环量情形也是正确的.但是在此情形下,由于远场速度约是 $1/r$ 量级,速度首项是环量诱导速度,

$$| \nabla \varphi | \sim \left| \frac{\Gamma}{2\pi} \nabla \theta \right| = \frac{\Gamma}{2\pi r}.$$

在大球面 A_2 上的积分不趋于零.如果物体以速度 U 沿 x 方向运动,则积分为

$$F_y^{(S)'} = \rho U \frac{\Gamma}{2\pi} \int_0^{2\pi} \left(\frac{\partial \theta}{\partial y} \cos\theta - \frac{\partial \theta}{\partial x} \sin\theta \right) r \, \mathrm{d}\theta = \rho U \Gamma. \qquad (6.7.21)$$

这表明物体受到一个升力作用,大小为 $\rho U \Gamma$.另一方面,对式(6.7.15)两边点乘 U_i,则有 $U_i F_i = 0$,这表明,物体受力方向与来流方向垂直,物体没有受到阻力.这就完全与6.4节中的结果(达朗贝尔佯谬)一致.

6.7.4　非定常绕流阻力和附加质量举例

从前面讨论中我们知道,在不可压缩无旋流中三维物体运动既不受到阻力也不产生升力,二维物体没有阻力只有升力(达朗贝尔佯谬).所以,不可压缩无旋流中物体所受到的流体阻力只能来自于物体的加速运动.在非定常流中引入了"附加质量"的概念,但是附加质量系数张量本身只与物体的形状有关,并不依赖于速度和加速度的大小.任意形状物体"附加质量系数张量"的计算是件困难的工作,但对于球对称或轴对称的物体,则较容易求出它们,下面举几个实例.

例1　球加速运动时的附加质量系数.

在与无穷远处静止流体固结的绝对坐标系中,球以速度 $U(t)$ 运动,取直角坐标系 $\{x_1, x_2, x_3\}$,坐标原点瞬时与球心重合,x_1 轴与瞬时 $U(t)$ 方向一致.流动的速度势已由式(6.6.17)给出,再由式(6.7.3)的分解可得到

$$\varphi = -\frac{1}{2} U_1 a^3 \frac{\cos\theta}{r^2} = \boldsymbol{U} \cdot \boldsymbol{\Phi} = U(t)\Phi_1, \quad \Phi_1 = -\frac{1}{2} a^3 \frac{\cos\theta}{r^2} \text{ 是 } \boldsymbol{\Phi} \text{ 的 } x_1 \text{ 分量.}$$

由球的对称性,球的附加质量系数张量为一各向同性张量,可表示为 $\alpha_{ij} = \alpha_{11}\delta_{ij}$.由式(6.7.6)有 $\alpha_{11} = -\frac{1}{V_B} \oint_B \Phi_1 n_1 \mathrm{d}A$,其中 $n_1 = \cos\theta, \mathrm{d}A = a^2\sin\theta\mathrm{d}\theta\mathrm{d}\varphi$,故

$$\alpha_{11} = \frac{a^3}{2V_B} \int_0^{2\pi} \mathrm{d}\varphi \int_0^{\pi} \mathrm{d}\theta\cos^2\theta\sin\theta = \frac{2}{3} \frac{\pi a^3}{V_B} = \frac{1}{2}. \qquad (6.7.22)$$

于是,求得球的附加质量为

$$M' = \frac{2}{3}\rho\pi a^3. \qquad (6.7.22')$$

物体的运动方程由(6.7.18)式写为

$$\boldsymbol{R} = \frac{4}{3}\pi a^3 \left(\rho_B + \frac{\rho}{2}\right)\frac{\mathrm{d}\boldsymbol{U}}{\mathrm{d}t}, \tag{6.7.23}$$

其中 $\boldsymbol{R}$ 为主动力, ρ_B, ρ 分别为物体和流体的密度. 由此可见, 球的附加质量等于被排开的流体质量的一半.

例2 圆柱的附加质量系数.

在绝对坐标系中沿 x_1 轴正方向运动的圆柱诱导的速度势为

$$\varphi = -Ua^2\frac{\cos\theta}{r}, \tag{6.7.24}$$

所以 $\varPhi_1 = -a^2\frac{\cos\theta}{r}, n_1 = \cos\theta$, 代入式(6.7.17), 得

$$\alpha_{11} = -\frac{1}{\pi a^2}\int_0^{2\pi}\left(-a^2\frac{\cos\theta}{a}\right)\cdot\cos\theta\cdot a\,\mathrm{d}\theta = 1, \tag{6.7.25}$$

于是, $\alpha_{ij} = \delta_{ij}$, 附加质量为

$$M' = \rho\pi a^2. \tag{6.7.25'}$$

这意味着圆柱的附加质量等于被它排开的流体质量.

例3 椭圆柱平动时的附加质量系数.

这个计算比较复杂. 由第 6 章平面无旋流可知. 椭圆柱在无穷远静止的流体中平动的复速度势可写成

$$W(\zeta) = (U - \mathrm{i}V)\frac{c^2}{\zeta} - (U + \mathrm{i}V)\frac{a^2}{\zeta}, \tag{6.7.26}$$

以及

$$z = \zeta + \frac{c^2}{\zeta}, z = x + \mathrm{i}y, \zeta = r\mathrm{e}^{\mathrm{i}\theta} \quad \text{和} \quad c = \frac{1}{2}\sqrt{a_1^2 - b_1^2}, a = \frac{1}{2}(a_1 + b_1).$$

其中 a 是变换平面中圆的半径, a_1, b_1 分别是物理平面上椭圆的长半轴和短半轴. $\varphi(x,y) = \varphi(r,\theta)$ 是 $W(\zeta)$ 的实部, 计算得到

$$\varphi = -U\frac{b_1(a_1 + b_1)}{2r}\cos\theta - V\frac{a_1(a_1 + b_1)}{2r}\sin\theta. \tag{6.7.27}$$

单位长柱体外的流体的动能为

$$T = -\frac{\rho}{2}\oint_L \varphi\frac{\partial\varphi}{\partial n}\mathrm{d}l = -\frac{\rho}{2}\int_0^{2\pi}\left(\varphi\frac{\partial\varphi}{\partial r}\right)_{r=a}a\,\mathrm{d}\theta,$$

式中第一个积分是沿椭圆面的周线积分, 第二个积分是在变换平面内沿圆的周线积分, 经计算得

$$T = \frac{1}{2}\pi\rho(b_1^2 U^2 + a_1^2 V^2).\tag{6.7.28}$$

与式(6.7.7)比较,立刻可知

$$\alpha_{11} = \frac{b}{a}, \quad \alpha_{22} = \frac{a}{b}, \quad \alpha_{12} = \alpha_{21} = 0.\tag{6.7.29}$$

6.8* 自由流线理论

迄今为止,我们讲述的平面无旋流动都是附体流动,即在物面上流动没有分离.但是,在自然界中还有一大类流动是属于分离流动的,如钝物体绕流在背风面总要发生流动分离.分离流动本质上是属于黏性流范畴.但是,一种粗糙的近似可以在无黏流动框架内来研究,称为"自由流线理论"或"自由边界问题".最典型的两类自由边界问题一是射流,一股流体撞击壁面(图6.34(a)),或者流体从小孔中喷射(图6.34(b)),都是射流的例子.另一种是钝体分离后的尾迹(图6.34(c)).把射流或迹与周围流体的交界线看成是一根自由流线,在这条流线上压强处处与周围环境的流体压强相等,并且为一常数.根据定常伯努利定理,在自由流线上速度应处处相等,而自由流线的形状却是未知的.另一方面在固体边界上,我们可以知道流体的方向,而不知道流速的大小.

自由流线理论是复变函数论方法在平面无旋流动中的另一重要应用.

鉴于自由流线问题的上述特点,用速度的大小和方向作为自变量是比较方便的.设平面无旋流动的复速度势为 $W = \varphi + \mathrm{i}\psi$,共轭复速度为 $\frac{\mathrm{d}W}{\mathrm{d}z} = q\mathrm{e}^{-\mathrm{i}\theta}$,$q$ 和 θ 分别为速度大小和方向.如果定义复函数 Q,

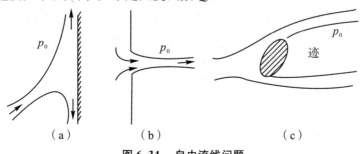

图 6.34 自由流线问题

$$Q = \ln\left(\frac{U}{\mathrm{d}W/\mathrm{d}z}\right) = L + \mathrm{i}\theta, \qquad L = \ln\frac{U}{q}, \tag{6.8.1}$$

其中 U 为自由流线上的流动速度, Q 应该是 $z = x + \mathrm{i}y$ 的解析函数, W 也是 z 的解析函数, 所以, W 和 Q 应互为解析函数, $W = W(Q)$, 在 Q 平面上, 流函数满足

$$\frac{\partial^2 \psi}{\partial L^2} + \frac{\partial^2 \psi}{\partial \theta^2} = 0.$$

由 L 和 θ 构成的 Q 平面称之为"速度图平面". 在 Q 平面上, 自由流线是条 L 等于常数的直线. 如果固壁是由分段直线组成, 则固壁面由 θ 为常数的直线段决定. 固壁面和从它发出的自由边界都是在一条流线上, 它们在 W 平面上是 ψ 为常数的直线.

借助于速度图平面和保角变换, 若能找到 $W = W(Q)$ 的具体表达式, 我们就能找到物理平面上的复速度势, 这就是自由流线理论的处理方法.

6.8.1 平面小孔射流

图 6.35 所示平面射流, 充满上半平面的流体从宽为 $2a$ 的缝中射出, 射流介于 $y < 0, -f(y) < x < f(y)$ 之间, $f(0) = a, f(\infty) = h$. 射流边界上压强处处相等, 由伯努利方程 $p_0 = p_a + \frac{1}{2}\rho U^2$ 可确定出射流边界上的速度 U, 其中 p_0 和 p_a 分别为流体滞止压强 (即容器内静止流体时的压强) 和自由流线周围环境的背景压强 (如大气压力). 流体的体积流量为 $2Uh$, 若规定 y 轴线上是零流线, $A'B'C'$ 流线上 $\psi = -Uh$, ABC 流线上 $\psi = +Uh$. 它们在 W 平面上变换为宽为 $2Uh$ 的无穷长条带. 在 Q 平面上变换成宽为 π 的半无穷长条带. 由流体的速度方向可以确定在 $A'_\infty B'$ 上 $\theta = 0$, C'_∞ 和 C_∞ 处 $\theta = -\pi/2$, 而在 $B'C'$ 和 BC 上, $L = 0$, 在 $BA\infty$ 上 $\theta = -\pi$ (图 6.35 (b)). 现在如果我们能找到 W 平面和 Q 平面之间的关系, 问题就能得到解决. 这可借助于施瓦兹-克里斯托费尔变换做到这一点. 即把 W 平面的无穷长条带和 Q 平面上的半无穷长条带同时变换成 ζ 平面上的上半平面 (图 6.35 (d)). 因此, ζ 平面是联系 W 和 Q 平面的纽带.

由施瓦兹-克里斯托费尔变换, 这两个变换为

$$W = -\frac{2hU}{\pi}\ln\zeta + \mathrm{i}hU, \tag{6.8.2}$$

$$Q = \operatorname{arch}\zeta - \mathrm{i}\pi; \tag{6.8.3}$$

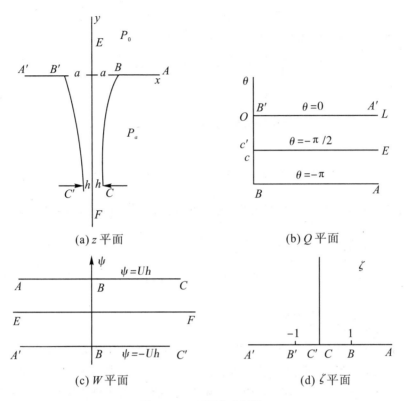

图 6.35 平面小孔射流

或者

$$\zeta = \mathrm{i}\, \exp\!\left(-\frac{\pi W}{2hU}\right), \tag{6.8.4}$$

$$\zeta = -\,\mathrm{ch}Q. \tag{6.8.5}$$

所以

$$\zeta = \mathrm{i}\, \exp\!\left(-\frac{\pi W}{2hU}\right) = -\,\mathrm{ch}Q = -\frac{1}{2}\left(U\,\frac{\mathrm{d}z}{\mathrm{d}W} + \frac{1}{U}\,\frac{\mathrm{d}W}{\mathrm{d}z}\right). \tag{6.8.6}$$

由上式原则上可求出 $W(z)$,但做起来相当复杂. 如果我们仅对自由流线形状感兴趣,问题可以变得简单一些. 例如,要求出 $B'C'_\infty$ 的曲线形状,在 $B'C'_\infty$ 上 $\psi = -hU$,$L = 0$,$Q = \mathrm{i}\theta(0 > \theta > -\pi/2)$ 及 $W = \varphi - \mathrm{i}hU$,所以,由式(6.8.6) 可得

$$-\frac{\pi\varphi}{2hU} + \mathrm{i}\,\frac{\pi}{2} = \ln(\mathrm{i}\,\mathrm{ch}(\mathrm{i}\theta)) = \mathrm{i}\,\frac{\pi}{2} + \ln(\cos\theta). \tag{6.8.7}$$

另一方面,由于

$$Ue^{-i\theta} = \frac{dW}{dz} = \frac{d\varphi}{dz} = \frac{d\varphi}{d\theta}\frac{d\theta}{dz}, \tag{6.8.8}$$

将式(6.8.7) 中 φ 对 θ 微商后代入式(6.8.8) 得

$$\frac{dz}{d\theta} = +\frac{2h}{\pi}\mathrm{tg}\theta(\cos\theta + i\sin\theta),$$

积分上式,并考虑到当 $z = -a$ 时, $\theta = 0$,所以

$$\left.\begin{array}{l} x = -a + \dfrac{2h}{\pi}\displaystyle\int_0^\theta \cos\theta\,\mathrm{tg}\theta\,d\theta = -a + \dfrac{2h}{\pi}(1 - \cos\theta), \\[4mm] y = \dfrac{2h}{\pi}\displaystyle\int_0^\theta \sin\theta\,\mathrm{tg}\theta\,d\theta = \dfrac{2h}{\pi}\left(\dfrac{1}{2}\ln\dfrac{1 + \sin\theta}{1 - \sin\theta} - \sin\theta\right). \end{array}\right\} \tag{6.8.9}$$

这是以参数 θ 形式给出的曲线方程.对于无穷远处 C'_∞ 和 C_∞, $\theta \to -\dfrac{\pi}{2}$, $x \to -a + \dfrac{2h}{\pi}$.射流的收缩比为

$$\frac{h}{a} = \frac{\pi}{\pi + 2} \approx 0.611. \tag{6.8.10}$$

6.8.2 绕垂直平板的分离流

无穷远均匀来流垂直地绕过平板流动,从平板两缘有两条分离流线,在平板背风面两条分离流线之间是迹流区,如图6.36所示, A 为驻点. ABC_∞ 和 $AB'C'_\infty$ 两分支流线上都是 $\psi = 0$.在 W 平面上 $C'_\infty B'A$ 和 ABC_∞ 变成负实轴的上下两侧,所以负实轴是根割线.除此以外,流场占满整个 W 平面.在 Q 平面上, AB 段流速方向是 $\theta = 0$,在 BC_∞ 上逐渐转到无穷远的 $\theta = -\dfrac{\pi}{2}$ 方向,在 AB' 段上流向是 $\theta = -\pi$.

将 W 和 Q 平面变换成 ζ 上半平面.为此,作变换(6.3.13)

$$\frac{dW}{d\zeta} = K\zeta, \qquad W = \frac{1}{2}K\zeta^2 + L. \tag{6.8.11}$$

当 $\zeta = 0$, $W = 0$,所以 $L = 0$,系数 K 将在后面确定.

为了使 Q 平面上的半无穷条带变换成 ζ 上半平面,同时使 A 点变成零点, $B' \to -1$, $B \to 1$, C_∞, C'_∞ 变成无穷远,可以先作变换

$$Q = \mathrm{arch}\,\zeta_1 - i\pi. \tag{6.8.12}$$

然后,再作变换 $\zeta = -\dfrac{1}{\zeta_1}$,所以,我们有变换

$$Q = \mathrm{arch}\,\frac{1}{\zeta} = \ln\left(\frac{1}{\zeta} + \sqrt{\frac{1}{\zeta^2} - 1}\right). \tag{6.8.13}$$

由于 $Q = \ln\left(U\,\dfrac{\mathrm{d}z}{\mathrm{d}W}\right)$，故有

$$U\,\frac{\mathrm{d}z}{\mathrm{d}W} = \frac{1}{\zeta} + \sqrt{\frac{1}{\zeta^2} - 1}. \qquad (6.8.14)$$

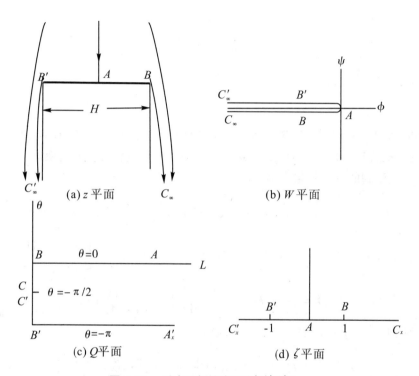

(a) z 平面   (b) W 平面

(c) Q 平面   (d) ζ 平面

图 6.36 垂直平板分离流（空泡流）

为了确定 K 值，由式(6.8.11)有 $\dfrac{\mathrm{d}W}{\mathrm{d}\zeta} = K\zeta$，同时

$$U\,\frac{\mathrm{d}z}{\mathrm{d}W} = U\,\frac{\mathrm{d}z}{\mathrm{d}\zeta}\,\frac{\mathrm{d}\zeta}{\mathrm{d}W}.$$

所以

$$U\,\frac{\mathrm{d}z}{\mathrm{d}\zeta} = \left(U\,\frac{\mathrm{d}z}{\mathrm{d}W}\right)\cdot\frac{\mathrm{d}W}{\mathrm{d}\zeta} = K(1 + \sqrt{1 - \zeta^2}).$$

在平板上从 B' 到 B 积分上式，ζ 从 -1 到 $+1$，

$$\int_{B'}^{B} U\mathrm{d}z = UH = K\int_{-1}^{1}(1 + \sqrt{1 - \zeta^2})\mathrm{d}\zeta.$$

令 $\zeta = \sin\alpha$,有

$$UH = K \int_{-\frac{\pi}{2}}^{\frac{\pi}{2}} (1 + \cos\alpha)\cos\alpha\,\mathrm{d}\alpha = K\left(2 + \frac{\pi}{2}\right),$$

从而得到

$$K = \frac{2UH}{\pi + 4}. \tag{6.8.15}$$

代入式(6.8.11),

$$W = \frac{UH}{\pi + 4}\zeta^2. \tag{6.8.16}$$

这表明当 W 平面上 B' 和 B 点变换到 ζ 平面上 -1 和 1 点时,K 值不是任意的,只能由式(6.8.15)确定.式(6.8.14)和(6.8.16)就是我们要找的变换式.

平板受到的流体的阻力为

$$D = \int_{B'}^{B} (p - p_\infty)\mathrm{d}x = \frac{\rho}{2}\int_{B'}^{B}(U^2 - q^2)\mathrm{d}x = \frac{\rho}{2}U^2 H - \frac{\rho}{2}\int_{B'}^{B}q^2\mathrm{d}x.$$

在平板上,$\mathrm{d}x = \mathrm{d}z = \mathrm{d}\bar{z}$,$\mathrm{d}W = \mathrm{d}\overline{W} = \mathrm{d}\varphi$,$q^2 = \dfrac{\mathrm{d}W}{\mathrm{d}z}\cdot\dfrac{\mathrm{d}\overline{W}}{\mathrm{d}\bar{z}} = \left(\dfrac{\mathrm{d}W}{\mathrm{d}z}\right)^2$,所以

$$D = \frac{\rho}{2}U^2 H - \frac{\rho}{2}\int_{-1}^{1}\left(\frac{\mathrm{d}W}{\mathrm{d}z}\right)^2\cdot\frac{\mathrm{d}z}{\mathrm{d}W}\frac{\mathrm{d}W}{\mathrm{d}\zeta}\mathrm{d}\zeta.$$

将式(6.8.14)与(6.8.16)代入上式,得

$$D = \frac{\rho}{2}U^2 H - \frac{\rho}{2}U\int_{-1}^{1}K(1 - \sqrt{1 - \zeta^2})\mathrm{d}\zeta = \frac{\pi\rho U^2 H}{\pi + 4}. \tag{6.8.17}$$

如果平板不是垂直于来流,而是成一倾角 α,可以算得平板阻力为

$$D = \rho U^2 H\frac{\pi\sin\alpha}{4 + \pi\sin\alpha}. \tag{6.8.18}$$

6.9* 二维薄翼理论

用复变函数方法解平面无旋流问题归结为寻找要求的复速度势.一般说来,这个方法可以得到精确解.然而对于复杂外形寻找复速度势不是件容易的事情.薄翼

理论给定翼型形状,求解相应的奇点分布,即所谓的正问题.它是一种近似方法,在现代翼型设计中有重要应用.所谓薄翼是指翼型的厚度和弯度与弦长相比是个小量,而且要求来流攻角也是小量.将坐标系固结在翼型上,x 轴与翼弦一致,引进一个扰动速度势 φ',使得

$$\varphi = V_\infty x \cos\alpha + V_\infty y \sin\alpha + \varphi'(x,y). \tag{6.9.1}$$

代入速度势方程后,φ' 仍满足拉普拉斯方程

$$\nabla^2 \varphi' = 0. \tag{6.9.2}$$

翼面上的无穿透条件此时为

$$\frac{V_\infty \sin\alpha + \dfrac{\partial \varphi'}{\partial y}}{V_\infty \cos\alpha + \dfrac{\partial \varphi'}{\partial x}} = \left(\frac{\mathrm{d}\eta}{\mathrm{d}x}\right)_w.$$

其中 $\eta = \eta(x)$ 是翼面物型方程.在薄翼、小攻角假设下,$\sin\alpha \approx \alpha$,$\cos\alpha \approx 1$,扰动速度相对于来流速度也是个小量,即 $u' = \dfrac{\partial \varphi'}{\partial x} \ll V_\infty$,$v' = \dfrac{\partial \varphi'}{\partial y} \ll V_\infty$.于是上式可近似化为

$$\frac{v'(x,\eta)}{V_\infty} \approx \left(\frac{\mathrm{d}\eta}{\mathrm{d}x}\right)_w - \alpha. \tag{6.9.3}$$

无穷远处,扰动速度衰减为零,所以

$$|\nabla \varphi'| \to 0, \qquad \text{当 } r \to \infty \text{ 时}. \tag{6.9.4}$$

控制方程(6.9.2)和边界条件(6.9.3)及(6.9.4)都是线性的.所以薄翼问题可进一步分解成(1) 对称翼型的厚度问题;(2) 中弧线翼型的弯度问题和(3) 平板攻角问题的迭加.如图 6.37 所示.但通常常把弯度和攻角问题合在一起求解.为此,先将翼型型线分解成

$$\left.\begin{array}{l} \eta_t(x) = \eta_u(x) - \eta_l(x), \\ \eta_c(x) = (\eta_u + \eta_l)/2. \end{array}\right\} \tag{6.9.5}$$

其中 η_u 和 η_l 分别为上、下翼面的 y 坐标,$\pm\eta_t$ 和 η_c 为对称翼型表面和中弧线的 y 坐标.扰动速度势也分解成

$$\varphi' = \varphi_t + \varphi_a,$$

其中 φ_t 和 φ_a 分别为对称翼型厚度以及中弧线弯度加攻角引起的扰动速度势,前者和后者形成所谓"对称问题"和"反对称问题".

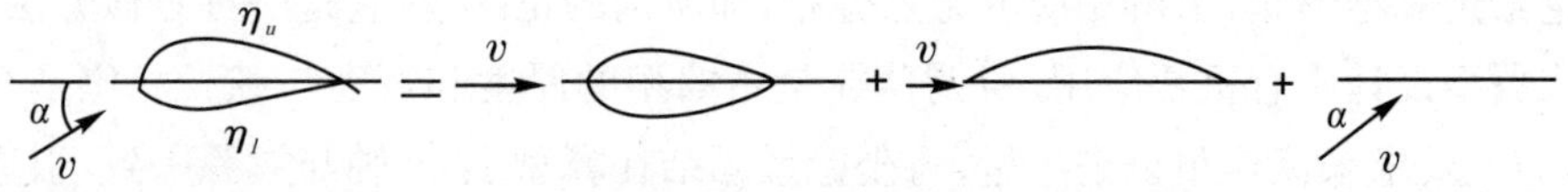

图 6.37　薄翼问题

（1）对称问题

方程：$\nabla^2 \varphi_t = 0$,

边界条件：$v_t(x, 0^{\pm}) = \left(\dfrac{\partial \varphi_t}{\partial y}\right)_{y=0^{\pm}} = \pm \dfrac{1}{2} V_{\infty} \dfrac{\mathrm{d}\eta_t}{\mathrm{d}x}$（当 $0 \leqslant x \leqslant l$ 时）;

$\left. \dfrac{\partial \varphi_t}{\partial y} \right|_{y=0} = 0$（当 $x < 0$ 和 $x > l$ 时），

$|\nabla \varphi_t| \to 0$（当 $r \to \infty$ 时）.

$$\text{(6.9.6)}$$

由此,在整个 (x, y) 平面上有 $\varphi_t(x, y) = + \varphi_t(x, -y)$,只要在 $y \geqslant 0$ 的半平面上求解问题(6.9.6)即可,故称为"对称问题".在弦长 $(0, l)$ 段上强度分布为 $q(x)$ 的源引起的速度势为

$$\varphi_t(x, y) = \frac{1}{2\pi} \int_0^l q(x') \ln\left[(x - x')^2 + y^2\right]^{1/2} \mathrm{d}x'. \tag{6.9.7}$$

扰动速度为

$$
\begin{aligned}
u'_z(x, y) &= \frac{1}{2\pi} \int_0^l \frac{q(x')(x - x')}{(x - x')^2 + y^2} \mathrm{d}x', \\
v'_t(x, y) &= \frac{1}{2\pi} \int_0^l \frac{q(x') y}{(x - x')^2 + y^2} \mathrm{d}x'.
\end{aligned}
\right\} \tag{6.9.8}
$$

可以证明,当 $y \to 0^{\pm}$ 时

$$\lim_{y \to 0^{\pm}} v_t(x, 0^{\pm}) = \pm \frac{q(x)}{2} \ (0 < x < l),$$

代入边界条件(6.9.6)得

$$q(x) = V_{\infty} \frac{\mathrm{d}\eta_t}{\mathrm{d}x}. \tag{6.9.9}$$

这表明由对称翼面的形状就能确定弦线上的源分布.

（2）反对称问题

$$\nabla^2 \varphi_a = 0,$$

$$\left. v_a(x,0) = \left(\frac{\partial \varphi_a}{\partial y}\right)_{y=0^{\pm}} = V_\infty\left(\frac{\mathrm{d}\eta_c}{\mathrm{d}x} - \alpha\right)(0 \leqslant x \leqslant l); \varphi_a|_{y=0} = 0 \text{ (当 } x < 0, x > l \text{ 时).} \right\}$$

$$|\nabla \varphi_a| \to 0 \text{ (当 } r \to \infty \text{ 时).}$$

$$(6.9.10)$$

于是,在(x,y)平面上有$\varphi_a(x,y) = -\varphi(x,-y)$,方程(6.9.6)也只需在$y \geqslant 0$半平面上求解,称为"反对称问题". 弯度和攻角问题可以用弦线上的涡分布表示. 在$(0,l)$段上强度为$\gamma(x)$的涡分布引起的速度势为

$$\varphi_a(x,y) = -\frac{1}{2\pi}\int_0^l \gamma(x')\mathrm{arctg}\frac{y}{x-x'}\mathrm{d}x'. \tag{6.9.11}$$

可以证明,当$y \to 0^{\pm}$时

$$\left. \begin{aligned} u_a(x,0^{\pm}) &= \pm\frac{1}{2}\gamma(x), \\ v_a(x,0^{\pm}) &= -\frac{1}{2\pi}\fint_0^l \frac{\gamma(x')}{x-x'}\mathrm{d}x'. \end{aligned} \right\} \tag{6.9.12}$$

代入边界条件式(6.9.10),得

$$\frac{1}{2\pi V_\infty}\fint_0^l \frac{\gamma(x')}{x-x'}\mathrm{d}x' = \alpha - \frac{\mathrm{d}\eta_c}{\mathrm{d}x}. \tag{6.9.13}$$

由此可见,解决弯度和攻角问题要比厚度问题复杂得多,因为确定涡分布$\gamma(x)$要解一个积分方程,而且积分在$x = x'$处是奇异的. 符号$\fint_0^l$表示该积分应取柯西主值

$$\fint_0^l (\cdot)\mathrm{d}x' = \lim_{\varepsilon \to 0}\left(\int_0^{x-\varepsilon} (\cdot) + \int_{x+\varepsilon}^l (\cdot)\right)\mathrm{d}x'.$$

要解这个积分方程,可先将$\gamma(x)$展开成三角级数

$$\gamma(\theta) = 2V_\infty\left(A_0\cot\frac{\theta}{2} + \sum_{n=1}^{\infty} A_n\sin n\theta\right), \tag{6.9.14}$$

其中θ由下列变换给出

$$x = \frac{l}{2}(1 - \cos\theta) \quad (0 \leqslant x \leqslant l).$$

之所以展开成这种级数形式,是基于以下两个方面考虑:一方面在前缘附近速度分

布型式为

$$u(x, 0^{\pm}) \sim \pm V_{\infty} \sqrt{\frac{l-x}{x}} \quad (\text{见式}(6.5.25)).$$

所以前缘($\theta = 0$)附近 $\gamma(x)$ 分布应有如下形式的奇性

$$\gamma(\theta) \sim V_{\infty} \cot(\theta/2) \quad (\text{前缘附近}).$$

另一方面,在后缘($\theta = \pi$)应满足库塔条件,即在 $x = l$ 处,$\gamma(l) = 0$ 或 $\gamma(\pi) = 0$.
这就提示我们应将 $\gamma(\theta)$ 展开成形为式(6.9.14)的函数,

将式(6.9.14)代入式(6.9.13),得到

$$\frac{1}{\pi}\int_0^{\pi} \frac{A_0(1 + \cos\theta') + \frac{1}{2}\sum_{n=1}^{\infty} A_n[\cos(n-1)\theta' - \cos(n+1)\theta']}{\cos\theta' - \cos\theta} d\theta'$$

$$= \alpha - \frac{d\eta_c}{dx}.$$

因为

$$I_n = \int_0^{\pi} \frac{\cos n\theta'}{\cos\theta' - \cos\theta} d\theta' = \pi \frac{\sin n\theta}{\sin\theta}, \qquad n = 1, 2, \cdots.$$

所以

$$\alpha - \frac{d\eta_c}{dx} = \frac{1}{\pi}\left\{A_0 I_1 + \frac{1}{2}\sum_{n=1}^{\infty} A_n(I_{n-1} - I_{n+1})\right\}$$

$$= A_0 - \sum_{n=1}^{\infty} A_n \cos n\theta. \tag{6.9.15}$$

其中 $A_0, A_1, \cdots, A_n$ 由翼型形状确定.

$$A_0 = \alpha - \frac{1}{\pi}\int_0^{\pi} \frac{d\eta_c}{dx} d\theta', \quad \cdots, \quad A_n = \frac{2}{\pi}\int_0^{\pi} \frac{d\eta_c}{dx} \cos n\theta' d\theta'. \tag{6.9.16}$$

代入式(6.9.14)后,涡量分布随之确定.

升力系数

$$C_L = \frac{\rho V_{\infty} \Gamma}{\frac{1}{2}\rho V_{\infty}^2 l} = 2\pi\alpha - 2\int_0^{\pi} \frac{d\eta_c}{dx}(1 - \cos\theta) d\theta. \tag{6.9.17}$$

对前缘力矩系数

$$C_{m\text{LE}} = \frac{M_{\text{LE}}}{\frac{1}{2}\rho V_{\infty}^2 l^2} = -\frac{\pi}{2}\left[\alpha + \int_0^{\pi} \frac{d\eta_c}{dx}\cos\theta(1 - \cos\theta) d\theta\right]. \tag{6.9.18}$$

为了验证薄翼理论精度,可与儒可夫斯基翼型的精确解比较.

(1) 有攻角平板

$$\frac{\mathrm{d}\eta_c}{\mathrm{d}x} = 0, \quad A_0 = \alpha, \quad A_1 = A_2 = \cdots = 0.$$

涡分布

$$\gamma(x) = 2V_\infty \alpha \cot\frac{\theta}{2} = 2V_\infty \alpha \sqrt{\frac{l-x}{x}}, \tag{6.9.19}$$

$$\Gamma = \int_0^l \gamma(x)\mathrm{d}x = \pi V_\infty l\alpha, \qquad C_L = 2\pi\alpha. \tag{6.9.20}$$

这与小攻角下由精确解得到的结果完全相同.

(2) 圆弧翼型

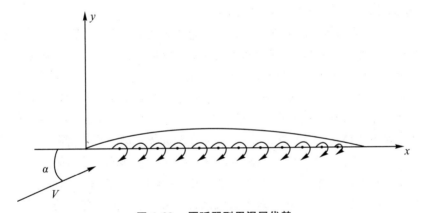

图 6.38 圆弧翼型用涡层代替

由儒可夫斯基变换得到的圆弧型线,将坐标原点移至前缘,求出$\dfrac{\mathrm{d}\eta_c}{\mathrm{d}x}$后代入式

(6.9.17),得

$$C_L = 2\pi\alpha - 2\sin2\beta \int_0^\pi \frac{\cos\theta - \cos^2\theta}{(1 - \sin^2 2\beta\cos^2\theta)^{1/2}}\mathrm{d}\theta$$

$$\approx 2\pi(\alpha + \beta) + 3\pi\beta^3. \tag{6.9.21}$$

其中 β 为 6.5 节中圆弧的弯度参数. 与式(6.5.15)相比,当 $\beta \ll 1$ 时两者十分
接近.

6.10　非定常二维薄翼理论

以上,我们用大量篇幅讨论了不可压缩流体中由刚体运动引发的无旋流动问题.其中,定常绕流运动又占据了主要篇幅;仅在 6.7 节中一般地讨论了非定常无旋绕流问题,并介绍了附加质量张量这一重要概念.

应当指出,前面讨论的固体无旋绕流问题,无论是定常流或非定常流,都假设了固体外部的无界流场是处处连续和光滑的函数.由此导致一个重要结论:固体在无界不可压缩流体中运动所诱导的外部无旋流场,仅由当时物体的运动状态,即当时的平动速度 $U(t)$ 和转动速度 Ω 唯一确定,而和该物体以前的运动历史无关.有时,这样的非定常流动也被称为准定常流动.

事实上,上述分析方法及其所引出的结论并非处处适用的.即使对于二维翼型这样具有简单外形的物体,当其运动状态发生变化时,其外部无界流场中的流动变量就可能不再是处处光滑连续的场函数了.特别地,当机翼具有尖锐后缘时,机翼运动参数的变化会导致机翼环量 Γ 随时间变化;同时,后缘处会不断地有涡层脱泻到下游流场中去.此时,速度将在涡层面上产生不连续,并且,某一时刻的流场也不再由该时刻的固体运动状态所决定了,而是还和固体运动的历史情况有关.用数学语言讲,流场变量 $F(x,t)$ 将不再是 $U(t)$ 和 $\Omega(t)$ 的函数,而成为 $\{U(\tau)$ 和 $\Omega(\tau), -\infty < \tau \leqslant t\}$ 的历史泛函.这才是真正意义上的非定常流动.

下面,我们将通过非定常二维薄翼绕流这一例子来说明这类流动的特性.

6.10.1　小攻角平板的突然起动问题

假设在无界不可压缩流体中有一个二维平板,从某一时刻 $t = t_0$ 开始,该平板以不变的攻角 $\alpha(\alpha \ll 1)$ 和不变的速度 U 在流体中运动,由此形成二维无旋绕流的无界流场.我们要研究从 $t = t_0$ 往后,该流场随时间变化的过程.这类问题称为突然起动问题.

前文已经阐明,这种无旋绕流有两个基本特点:(a) 在前缘 $x = 0^+$ 处,板面上的切向速度有 $x^{-\frac{1}{2}}$ 的奇性;(b) 在后缘 $x = l$ 处,必须满足 Kutta 条件,即上下表面的流线在此处合成一条流线向下游伸出.为此,在翼面上必须形成一个环量 Γ. 现在的情况是,在 $t = t_0 + 0^-$ 时,物体与流体都处于静止状态,如果在离物体远处作

一封闭物质曲线 C，则沿该曲线的环量为零.而在 $t = t_0 + \Delta t_1$ 时刻，已出现来流速度为 U、攻角为 α 的无旋绕流，为满足后缘 Kutta 条件，就必须有一个绕平板的速度环量 Γ_1 出现.假使平板外部流场仍保持无旋特性，则由 Stokes 定理，绕曲线 C 的环量必须为 $-\Gamma_1$.但 Kelvin 环量守恒定理告诉我们，这是不可能的，绕曲线 C 的环量必须仍为零.于是，唯一可能的是，在 Δt_1 的小时间间隔内，从后缘脱泄了一个强度为 $-\Gamma_1$ 的涡；并且，必须由绕平板的环量 Γ_1 和脱泄到下游流场中的强度为 $-\Gamma_1$ 的涡来共同保证后缘处 Kutta 条件成立.这样，就必须回答：此时的机翼环量值 Γ_1 是多大？后缘脱泄的 $-\Gamma$ 涡处于什么位置？注意：此时的 Γ_1 值并不由式(6.5.3)确定，该式只对全流场处处无旋的情况成立，不适用于当前的问题.

接下来的过程是，当 $t = t_0 + \Delta t_1 + \Delta t_2$ 时，已经从后缘脱落到流场中的涡，经过又一小段时间 Δt_2，从它 $t = t_0 + \Delta t_1$ 所处的位置，在来流和机翼环量流的诱导作用下，又飘流到一个新的位置.这样，处于新位置的 $-\Gamma_1$ 涡与机翼环量 Γ_1 又不再能保证后缘 Kutta 条件成立了，机翼的环量必须调整到一个新的值 $\Gamma_2 \neq \Gamma_1$；相应地，在 Δt_2 时间段又会从后缘脱落一个新生涡，其强度应为 $-(\Gamma_2 - \Gamma_1)$.于是，为了使 Kutta 条件成立，又必须回答 $\Gamma_2 = ?$ 新生涡在 $t = t_0 + \Delta t_1 + \Delta t_2$ 时，位置应在何处？如此等等.显然，在每一小步 Δt 时间中，机翼的环量要作一次小量的调整，同时从后缘脱泄一个新生涡.直至机翼环量 Γ 趋于定常值(6.5.3)，后缘就不再脱泄新的尾涡了.之前脱泄的尾涡层也会随来流被不断地带向远下游的无穷远处，对机翼绕流再无影响.此时，可以认为流场中已不存在旋涡，处处连续的定常绕流最终被建立起来了.由此可见，定常绕流实际上是机翼起动后，保持其运动状态不变，当时间充分长 ($t \to \infty$) 以后，所出现的一种渐近状态.

以上由二维平板突然起动所引发的非定常流动演化过程，还不能用完全解析的数学方法得到精确的描述.但是，我们可以用半解析的奇异解迭加和保角变换方法，获取足够准确的数值结果.下面，对此方法作一扼要叙述.

取一固连于平板的直角坐标系 $\{x, y\}$，使平板处于 x 轴上的 $-c \leqslant x \leqslant c$ 线段.应用保角变换

$$z = \zeta + \frac{c^2}{4\zeta}, \tag{6.10.1}$$

将平板外部区域变换到 ζ 平面上圆周 $|\zeta| = \frac{c}{2}$ 的外部区域(图 6.39)；特别地，物理平面上的后缘 $z = c$，变换成了 ζ 平面上 $\zeta = \frac{c}{2}$.

首先，按线性迭加原理，将复速势 W 分解为由无环量连续绕流复速度势 W_n

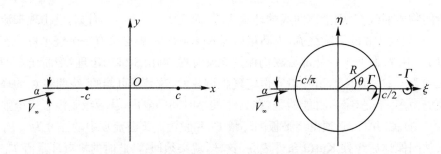

图 6.39 平板外部区域变换到圆周外部区域

和平板环量 Γ 诱导复速势加上脱泻涡诱导速势 W_c 两部分迭加而成的复速度势,也即

$$W = W_n + W_c \qquad (6.10.2)$$

其中单独的 W_n 在后缘不满足 Kutta 条件,故后缘处对应的复速度 $\mathrm{d}W_n/\mathrm{d}z$ 具有奇性,该奇性项通过 $\mathrm{d}W_c/\mathrm{d}z$ 加以消除,从而使后缘满足 Kutta 条件.

因为无环量绕流 W_n 已经在圆周 $|\zeta| = \dfrac{c}{2}$ 满足了不穿透条件,故 W_c 必须使

圆周 $|\zeta| = \dfrac{c}{2}$ 成为一条流线. 于是,按照圆定理,环量 Γ 在 ζ 平面诱导的流场必定

相当于脱泻涡 $-\Gamma$ 在圆周 $|\zeta| = \dfrac{c}{2}$ 内部的镜像涡所诱导的流场. 另一方面,由于

$$\frac{\mathrm{d}W}{\mathrm{d}z} = \frac{\mathrm{d}W}{\mathrm{d}\zeta} \bigg/ \frac{\mathrm{d}z}{\mathrm{d}\zeta},$$

而在后缘处,$\zeta = \dfrac{c}{2}$,故有 $(\mathrm{d}z/\mathrm{d}\zeta)_{\zeta=\frac{c}{2}} = 0$. 于是,我们得知,要消除 $\mathrm{d}W/\mathrm{d}z$ 在后缘处的奇性,必须有 $(\mathrm{d}W/\mathrm{d}\zeta)_{\zeta=c/2} = 0$;也就是

$$\left(\frac{\mathrm{d}W_n}{\mathrm{d}\zeta} + \frac{\mathrm{d}W_c}{\mathrm{d}\zeta} \right)_{\zeta=c/2} = 0, \qquad (6.10.3)$$

这就是在脱泻情形下 Kutta 条件的数学表达式. 由于 $\mathrm{d}W_n/\mathrm{d}\zeta$ 是一个已知函数,上式实际上给出了决定 W_c 的一个复方程,而决定 W_c 的是两个参数:一个是涡强度 Γ_1,二是涡的位置 ζ_c,

$$\zeta_c = c/2 + \delta$$

于是,可以定出第一时刻 $t_1 = t_0 + \Delta t_1$ 时的 Γ_1 与 ζ_c. 当时间推进到 $t_2 = t_0 + \Delta t_1 + \Delta t_2$ 时,$-\Gamma$ 涡在 $\mathrm{d}W_n/\mathrm{d}z$ 和圆内镜像涡的共同诱导下移到一个新的位置,同时,$-\Gamma_1$ 的镜像涡在圆内也变到一个新的位置. 这时,只需求出在 $t_1 \to t_2$ 过程中新生涡的强度 $-(\Gamma_2 - \Gamma_1)$ 和新生涡的位置. 这和上一时刻的算法完全相同,只不过此

时代替 $\mathrm{d}W_n/\mathrm{d}z$ 的已知函数是 $\mathrm{d}W_n/\mathrm{d}z$ 加上 $-\Gamma_1$ 及其镜像在 $t=t_2$ 时刻的诱导复速度.按此逻辑,作 $t_1=t_0+\sum_{n=1}^{N}\Delta t_n$ 的时间推进,就可算出带有涡脱泻的平板突然起动所引发的非定常流演化过程.实际上,这是一个涡层脱泻连续演变过程的离散化描述,并且可以计算出尾涡层演化中的卷起并飘向下游的过程(见图 6.40).

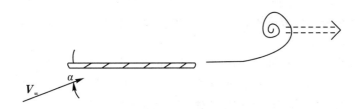

图 6.40 二维平板翼突然起动后的尾涡脱泻

($|\boldsymbol{V}_\infty|$ = 常数,α = 常数 $\ll 1$)

6.10.2 二维平板机翼的谐振运动问题

假设二维平板翼在以不变速度 U 前飞的同时,还在垂直平板的方向上作平移振动并围绕机翼上某定点作旋转振动,这两种振动都是小幅度的.这时,在固连于无穷远处流体的直角坐标架 $\{x,y\}$ 中,机翼表面上的点因振动而引起的速度的 y 分量就有平动和转动两部分的贡献,前者的振幅为一常量,后者则是 x 的线性函数.此处,坐标架的 x 轴取成机翼平飞速度的反方向.

如图 6.41,机翼上某点 $x=ac$ 的瞬时 y 坐标近似为

$$y_a(x,t)=-h(t)-\alpha(t)(x-ac).\tag{6.10.4}$$

它在 y 方向的运动速度则为

$$V_a(x,t)=\frac{\partial}{\partial t}y_a(x,t)=-\dot{h}(t)-\dot{\alpha}(t)(x-ac).\tag{6.10.5}$$

设 $\varphi(x,y,t)$ 是在固连于无穷远处流体坐标系中观察到的无旋流动的速度势.再取一个相对于此"绝对坐标系"沿 x 方向以速度 U 运动的动惯性系(下面仍记为 $\{x,y\}$ 坐标系),则在此坐标系中来流速度为 $U\boldsymbol{e}_x$,在物面上有

$$(U\boldsymbol{e}_x+\nabla\varphi)\cdot\boldsymbol{n}=V_a\boldsymbol{e}_y\cdot\boldsymbol{n},$$

其中

$$\boldsymbol{n}=\sin\alpha\,\boldsymbol{e}_x+\cos\alpha\,\boldsymbol{e}_y.$$

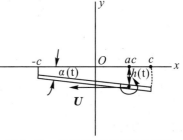

图 6.41 二维平板机翼的谐振动

小扰动线化问题的物面边界条件可近似地在 $-c \leqslant x \leqslant c, y = 0$ 的 x 轴上成立,并有 $\sin\alpha \approx \alpha, \cos\alpha \approx 1$,于是

$$\frac{\partial\varphi}{\partial y}\bigg|_{y=0} = -\dot{h}(t) - \dot{\alpha}(t)(x - ac) - U_{\alpha(t)} \quad (|x| \leqslant c, y = 0).$$

$$(6.10.6)$$

此时,由于 $\partial\varphi/\partial y$ 中有随 x 线性变化的分量,前面提到的绕流复速度势的无环量部分 W_n 就不可能写成复变量 $z = x + \mathrm{i}y$ 的简单函数了,下面,要借助源汇迭加的方法求取 $W_n(z)$ 的表达式.

前已阐明,由小攻角引起的无旋绕流问题是一个反对称问题,场函数具有 $F(x,y) = -F(x,-y)$ 的性质.现在,我们用在平板上下表面分布源汇的方法来求解无环量绕流部分 W_n.利用反对称问题的性质,设上表面的源分布密度为 "$H(x,t)$",则下表面的源密度应为"$-H(x,t)$".

用保角变换(6.10.1)将 z 平面的平板外部域变换到 ζ 平面的圆外域,平板后缘 $x = c, y = 0$ 变换到了平面上的 $\xi = c/2, \eta = 0$ 或 $r = \frac{c}{2}, \theta = 0$.同样,我们要由后缘涡层脱泻和

$$\frac{\mathrm{d}W}{\mathrm{d}\zeta}\bigg|_{r=\frac{c}{2}, \theta=0} = 0, \qquad W = W_n + W_c$$

来保证物理平面上的流动满足后缘 Kutta 条件;为此,必须先求出 $W_n(\zeta)$ 的表达式.

首先,我们要找出表面上分布的源的密度函数 $H(x,t)$ 的表达式.因为源的强度就是单位时间内源所排出的体积流量,在平板上表面微元线段 $(x, x + \mathrm{d}x)$ 上的分布源的强度为 $H(x,t)\mathrm{d}x$,该微源有一半流量向上半平面流出,而另一半则通过平板"裂缝"流入下表面分布的汇中.同样,该段下表面的分布源 $-H(x,t)\mathrm{d}x$ 要从下半平面流场和上表面的分布源各吸收一半流量进入汇中.而向上半平面排出和被吸入下半平面汇中的流量应相等,且都为 $v(x,0,t)\mathrm{d}x$,故有

$$H(x,t) = 2v(x,0,t), \qquad\qquad (6.10.7a)$$

其中

$$v(x,0,t) = \frac{\partial\varphi}{\partial y}\bigg|_{y=0} = -\dot{h}(t) - \dot{\alpha}(t)(x - ac) - U\alpha(t). \qquad (6.10.7b)$$

通过保角变换(6.10.1),物理平面上的无旋流变换到 ζ 平面上的无旋流,分布在平板上下表面的源汇也就变换到 $|\zeta| = c/2$ 的圆周上的源汇 $H(\theta,t)$,并由反对称性得知 $H(\theta,t) = -H(-\theta,t)$.另一方面,平板上长度为 $|\mathrm{d}x|$ 的微元线段变换成了平面上长度为 $\mathrm{d}s = c|\mathrm{d}\theta|/2$ 的圆弧,而平板到圆周的变换式为

第6章 不可压缩无旋流动

$$x = c \cdot \cos\theta. \qquad (6.10.8)$$

故有

$$| \, \mathrm{d}x \, | = | \, c\sin\theta\mathrm{d}\theta \, | = | \, 2\sin\theta\mathrm{d}s \, |.$$

点源的强度在变换中不应变化,即

$$H(x,t) \, | \, \mathrm{d}x \, | = H(\theta,t)\mathrm{d}s.$$

从而得到

$$H(\theta,t) = H(x,t) \, | \, \mathrm{d}x/\mathrm{d}s \, | = 2H(x,t) \, | \, \sin\theta \, |.$$

利用反对称性和式(6.10.7),就得到 $H(\theta,t)$ 的统一表达式

$$H^{\pm}(\theta,t) = -4[h(t) + \dot{\alpha}(t)(x - ac) + U\alpha(t)]\sin\theta \ (-\pi \leqslant \theta \leqslant \pi).$$
$$(6.10.9)$$

我们最终关心的是算出平板翼上下表面的压力分布,为此,我们要利用非定常势流的伯努利方程

$$\frac{\partial\varphi}{\partial t} + \frac{p}{\rho} + \frac{1}{2}[(U + \partial\varphi/\partial x)^2 + (\partial\varphi/\partial y)^2] = \frac{P_\infty}{p} + \frac{U^2}{2}.$$

在小扰动假设下,线化近似式写为

$$p - p_\infty = -\rho\left(\frac{\partial\varphi}{\partial t} + U\frac{\partial\varphi}{\partial x}\right), \qquad (6.10.10)$$

其中 φ 包括了无环量绕流与环量加脱泻涡产生的小扰动速度势. 下面,先讨论无环量流速度势 φ_N 的计算方法. 由于式(6.10.10)中的 φ_t 与 φ_x 都是平板表面上的值,我们只要找出这些表面上势函数值就足够了.

因为反对称问题中,在 x 轴的 $x < -c$ 部分满足边界条件 $\varphi = 0$(见式(6.9.10)),故 ζ 平面圆周 $| \, \zeta \, | = c/2$ 上的扰动速度势可写成

$$\varphi\left(\frac{c}{2},\theta\right) = \int_\pi^\theta q_\theta(\theta,t)\frac{c}{2}\mathrm{d}\theta,$$

其中 q_θ 是 ζ 平面上复速度 $\mathrm{d}\overline{w}/\mathrm{d}s$ 的"θ 分量". 下面,我们就来计算无环量绕流部分 $q_\theta = \dfrac{2}{c}\dfrac{\partial\varphi_n}{\partial\theta}$ 的表达式. 为此,我们要在 ζ 平面上,计算圆周 $| \, \zeta \, | = c/2$ 上的分布源汇在圆周上任意点 $P\left(\dfrac{c}{2},\theta\right)$ 处的诱导速度 θ 分量.

考察处于圆周对称点 $\theta' = \varphi$ 和 θ'

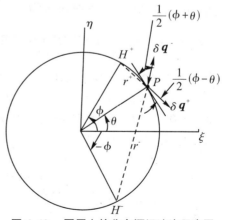

图 6.42 圆周上的分布源汇速度示意图

· 231 ·

$=-\varphi$ 两处微元点源 $H^{\pm}(\varphi,t)\dfrac{c}{2}\mathrm{d}\theta$ 在圆周一定点 $P\left(\dfrac{c}{2},\theta\right)$ 处产生的诱导速度. 利

用二维点源的诱导速度公式, $H^{\pm}(\varphi,t)\dfrac{c}{2}\mathrm{d}\varphi$ 在 P 点的诱导速度分别为

$$|\delta \boldsymbol{q}^{+}|=\frac{H^{+}(\varphi,t)\frac{c}{2}\mathrm{d}\varphi}{2\pi r^{+}}=\frac{H^{+}(\varphi,t)\frac{c}{2}\mathrm{d}\varphi}{2\pi c\sin[\frac{1}{2}(\varphi-\theta)]},$$

$$|\delta \boldsymbol{q}^{-}|=\frac{H^{-}(\varphi,t)\frac{c}{2}\mathrm{d}\varphi}{2\pi r^{-}}=\frac{H^{-}(\varphi,t)\frac{c}{2}\mathrm{d}\varphi}{2\pi c\sin[\frac{1}{2}(\varphi+\theta)]}.$$

将式(6.10.9)和(6.10.7b)代入, 即得

$$|\delta \boldsymbol{q}^{\pm}|=\frac{v(x,0,t)\sin\varphi\mathrm{d}\varphi}{\pi\sin[\frac{1}{2}(\varphi\mp\theta)]}.$$

将 $\delta \boldsymbol{q}^{\pm}$ 分别投影到 θ 方向并取代数和得到

$$\delta q_{\theta}=-|\delta \boldsymbol{q}^{+}|\cos[\tfrac{1}{2}(\varphi-\theta)]-|\delta \boldsymbol{q}^{-}|\cos[\tfrac{1}{2}(\varphi+\theta)]$$

$$=\frac{2V(x,0,t)\sin^{2}\varphi\mathrm{d}\varphi}{\pi(\cos\varphi-\cos\theta)}.$$

于是求得无环量绕流在 $|\zeta|=c/2$ 圆周上的周向速度分量为

$$q_{\theta}(\theta,t)=\frac{2}{\pi}\int_{0}^{\pi}\frac{v(c\cdot\cos\varphi,0,t)\sin^{2}\varphi\mathrm{d}\varphi}{\cos\varphi-\cos\theta}. \qquad (6.10.11)$$

进而得出上表面的无环量速度势为

$$\varphi_{n}^{u}(\theta,t)=-\frac{c}{\pi}\int_{\theta}^{\pi}\int_{0}^{\pi}\frac{v(c\cos\varphi,t)\sin^{2}\varphi\mathrm{d}\varphi\mathrm{d}\theta}{\cos\varphi-\cos\theta'}\quad(0\leqslant\theta\leqslant\pi). \qquad (6.10.12)$$

其中 $\theta=\arccos(x/c)$. 下表面无环量绕流速度势为

$$\varphi_{n}^{l}(-\theta,t)=-\varphi_{n}^{u}(\theta,t).$$

将 $\varphi_{n}(x,0^{\pm},t)$ 的表达式(6.10.12)代入压强表达式(6.10.10), 利用 $v(x,0,t)$ 的表达式(6.10.7b)和公式

$$\int_{0}^{\pi}\frac{\cos m\varphi\mathrm{d}\varphi}{\cos\varphi-\cos\theta}=\frac{\pi\sin m\theta}{\sin\theta},$$

最终算得平板的载荷分布为

$$l_n(x,t) = (p_n^l - p_n^u) = 2\rho \left\{ -\dot{h}U\cot\theta + \ddot{h}c\sin\theta - \alpha U^2\cot\theta + \dot{\alpha} \cdot Uc \right.$$

$$\left[\sin\theta - \cot\theta\left(\frac{1}{2}\cos\theta - a\right) + \frac{1}{2}\sin\theta \right] + \ddot{\alpha}c^2\sin\theta\left(\frac{1}{2}\cos\theta - a\right) \right\}. \quad (6.10.13)$$

平板升力为

$$L_n = \int_{-c}^{c} l_n(x,t)\mathrm{d}x = \pi\rho c^2(\ddot{h} + U\dot{\alpha} - ac\ddot{\alpha}). \quad (6.10.14)$$

围绕转轴 $x = ac$ 的俯仰力矩为(抬头为正)

$$M_n = \pi\rho c^2\left[U\dot{h} + ac\ddot{h} + U^2\alpha - c^2\left(\frac{1}{8} + a^2\right)\ddot{\alpha} \right], \quad (6.10.15)$$

$(\quad)_n$ 皆表示无环量绕流部分.

现在,我们转向求解由机翼环量和尾涡层所诱导的速度场及其对非定常气动力的贡献.为获得解析解,我们作如下假设

1. 平板翼除以恒定速度平飞外,作简谐的俯仰振动和沉浮振动,即

$$\left.\begin{array}{l} \alpha(t) = \alpha^* \mathrm{e}^{\mathrm{i}wt}, \\ h(t) = h^* \mathrm{e}^{\mathrm{i}wt}. \end{array}\right\} \quad (6.10.16)$$

此处,复变量理解为其实数部分.

2. 振动是微幅的,即

$$\alpha^* \ll 1, h^* \ll c, \qquad 从而 |\nabla\varphi| \ll U.$$

于是,问题可以线性化:板面上成立的边界条件可以近似地令其在板面平均位置 $y = 0$ 处成立;并且,脱得的尾涡层也可以看做是处于 $x \geqslant c, y = 0$ 处的平面涡层.

3. 假设平板已经振动了很长时间,流场达到稳定的简谐周期状态,尾涡平面也从后缘伸展到下游无穷远处.

首先,我们关心的是为保证后缘 Kutta 条件时的满足,尾涡层的涡强分布 $\gamma(x,t), x \geqslant c$,应取何种数学形式.利用

$$\frac{\mathrm{d}w}{\mathrm{d}z} = \frac{\mathrm{d}w}{\mathrm{d}\zeta} \Big/ \frac{\mathrm{d}z}{\mathrm{d}\zeta}$$

和 $\mathrm{d}w/\mathrm{d}z = u - \mathrm{i}v, \mathrm{d}w/\mathrm{d}\zeta = q_\xi - \mathrm{i}q_\eta$,易知在平板上下表面上有

$$|u - \mathrm{i}v| = |(q_\xi - \mathrm{i}q_\eta)/2\sin\theta|.$$

将变换速度 (q_ξ, q_η) 分别投影到 r 和 θ 方向,即可得到

$$q_r = 2v\sin\theta, \quad q_\theta = -2u\sin\theta \; (r = c/2, 0 \leqslant \theta \leqslant \pi). \quad (6.10.17)$$

由此可知,要在后缘 $(c/2, \theta = 0)$ 处保持平板切向速度 u 为有界,必须保证该处 $q_\theta = 0$.于是,由无环量绕流 $q_\theta^{(n)}$ 的表达式(6.10.11),得到旋涡系流场所满足 Kutta

条件的数学方程式

$$q_{\theta}^{(c)}(\theta = 0, t) + \frac{2}{\pi} \int_{0}^{\pi} \frac{v(c\cos\varphi, 0, t)\sin^2\varphi}{\cos\varphi - 1} \mathrm{d}\varphi = 0. \qquad (6.10.18)$$

进一步要做的,就是从式(6.10.18)导出尾涡层强度 $\gamma(x, t)$ 所满足的数学方程式.

前已阐明,机翼环量实为变换平面上尾涡在圆周 $|\zeta| = c/q$ 内的镜像涡所产生的环量.设在变换平面上 $(\xi > c/2, \theta = 0)$ 直线段 $\xi = \sigma$ 处的变换尾涡强度为 $\Gamma_w \mathrm{d}\xi$,它在圆内的镜像涡位于 $\xi = c^2/4\sigma$ 处,两者涡量大小相等方向相反(图6.43).将尾涡元和镜像涡元所诱生的 P 点的速度分别记为 δq_e 和 δq_i, $|\delta q_e| = \Gamma_w \mathrm{d}\xi/2\pi r_2$, $|\delta q_i| = \Gamma_w \mathrm{d}\xi/2\pi r_1$.则由几何关系可知

$$r_2 \cos(\theta_2 - \theta) = \frac{c}{2} - \sigma\cos\theta,$$

$$r_1 \cos(\theta_1 - \theta) = \frac{c}{2} - \frac{c^2\cos\theta}{4\sigma},$$

$$\angle(\delta q_i, \delta q_{\theta}^{(c)}) = \theta_1 - \theta,$$

$$\angle(\delta q_e, \delta q_{\theta}^{(c)}) = \pi - (\theta_2 - \theta),$$

于是得出

$$\delta q_{\theta}^{(c)} = -|\delta q_{\theta}^{(c)}| = -\frac{\Gamma_w \mathrm{d}\xi}{\pi c}\left(\frac{\sigma^2 - c^2/4}{\sigma^2 + c^2/4 - c\sigma\cos\theta}\right). \qquad (6.10.19)$$

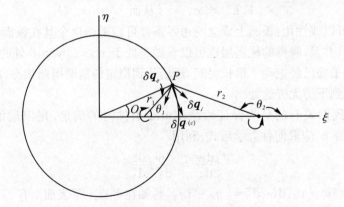

图 6.43　尾涡层强度示意图

当 $\theta = 0$ 时,有

$$\delta q_{\theta}^{(c)}\big|_{\theta=0} = -\frac{\Gamma_w \mathrm{d}\xi}{\pi b}\left(\frac{\sigma + c/2}{\sigma - c/2}\right).$$

利用物理平面与变换平面之间的涡量对应关系

$$\Gamma_w \mathrm{d}\xi = -\gamma(x,t)\mathrm{d}x \quad 及 \quad \frac{\sigma + c/2}{\sigma - c/2} = \sqrt{\frac{x+c}{x-c}},$$

并令式(6.10.19)中 $\theta = 0$,代入式(6.10.18),进行积分 $\int_{c/2}^{\infty}(\cdots)\mathrm{d}\xi$ 计算后,即得积分方程

$$q_{\theta}^{(c)}(0,t) = \frac{1}{\pi c}\int_{c}^{\infty}\sqrt{\frac{x+b}{x-b}}\gamma(x,t)\mathrm{d}x = -\frac{2}{\pi}\int_{0}^{\pi}\frac{v(c\cos\varphi,t)\sin^2\varphi\,\mathrm{d}\varphi}{\cos\varphi - 1}.$$

$$(6.10.20)$$

注意到在简谐振动问题中,$\gamma(x,t)$ 应当是 x 和 t 的简谐函数,振动周期 $T = 2\pi/\omega$,脱泻的尾涡以速度 U 沿 x 方向移向下游,在一个周期中该涡平移长度为 $UT = 2\pi U/\omega$. 显然,这就是尾涡的波长 λ,波数则为 $k = 2\pi/\lambda = \omega/U$. 所以

$$\gamma = (x,t) = \gamma^* \exp\{\mathrm{i}\omega(t - x/U)\}. \qquad (6.10.21)$$

将式(6.10.21)代入式(6.10.20),再将 x,t,ω 等量以 $c,c/U$ 和 U/c 无量纲化,即可求得

$$\gamma^* \mathrm{e}^{\mathrm{i}wt} = -\left[\dot{h} + U\alpha + \dot{\alpha}c\left(\frac{1}{2} - a\right)\right]\Big/\frac{1}{2\pi}\int_{1}^{\infty}\sqrt{\frac{x+1}{x-1}}\mathrm{e}^{-\mathrm{i}kx}\mathrm{d}x, \qquad (6.10.22)$$

其中 $k = \omega c/U$,分母中的积分是某种 Bessel 函数,因为

$$\int_{1}^{\infty}\sqrt{\frac{x+1}{x-1}}\mathrm{e}^{-\mathrm{i}kx}\mathrm{d}x = \int_{1}^{\infty}\frac{x\mathrm{e}^{-\mathrm{i}kx}}{\sqrt{x^2-1}}\mathrm{d}x + \int_{1}^{\infty}\frac{\mathrm{e}^{-\mathrm{i}kx}}{\sqrt{x^2-1}}\mathrm{d}x,$$

而

$$\int_{1}^{\infty}\frac{\mathrm{e}^{-\mathrm{i}kx}}{\sqrt{x^2-1}}\mathrm{d}x = \frac{\pi}{2\mathrm{i}}H_0^{(2)}(k), \qquad \int_{1}^{\infty}\frac{x\mathrm{e}^{-\mathrm{i}kx}}{\sqrt{x^2-1}}\mathrm{d}x = -\frac{\pi}{2}H_1^{(2)}(k),$$

其中 $H_{\nu}^{(2)}$ 表示第二类 ν 阶汉克尔(Hankel)函数. 引入西奥道森(Theodorson)函数

$$c(k) = \frac{\displaystyle\int_{1}^{\infty}\frac{x}{\sqrt{x^2-1}}\mathrm{e}^{-\mathrm{i}kx}\mathrm{d}x}{\displaystyle\int_{1}^{\infty}\sqrt{\frac{x+1}{x-1}}\mathrm{e}^{-\mathrm{i}kx}\mathrm{d}x} = \frac{H_1^{(2)}(k)}{H_1^{(2)}(k) + \mathrm{i}H_{\nu}^{(2)}(k)}. \qquad (6.10.23)$$

最后可得出谐振尾涡对非定常气动力的贡献如下:

非定常载荷分布

$$l_c(x,t) = 2\rho U\left[\dot{h} + U\alpha + \dot{\alpha}c\left(\frac{1}{2} - a\right)\right]\left[\cot\theta + c(k)\left(\frac{1 - \cos\theta}{\sin\theta}\right)\right];$$

非定常升力

$$L_c = 2\pi c\rho U\left[\dot{h} + U\alpha + \dot{\alpha}c\left(\frac{1}{2} - a\right)\right]c(k);$$

力矩

$$M_{yc} = 2\pi\rho c^2 U\left[\dot{h} + U\alpha + \dot{\alpha}c\left(\frac{1}{2} - a\right)\right]\left(a + \frac{1}{2}\right)c(k). \quad (6.10.24)$$

注意到 $c(k)$ 是 k 的复函数,故 $l_c(x,t)$,$L_c(t)$ 和 $M_{yc}(t)$ 并不简单地与 $U(t)$,$\dot{h}(t)$,$\dot{\alpha}(t)$ 等运动变量成正比(即同位相)关系,而是在非定常气动力与机翼运动变量之间存在某种位相差.稳态谐振问题中的这种位相差表示了无环量绕流的非定常气动力响应与尾涡脱得的非定常气动力响应有质的差别,后者的位相差正是非定常流"历史效应"在谐振问题中的表现.

谐振平板翼的上述解析解是西奥道森在 1935 年求得的,这一问题的解决为动态气动弹性力学奠定了理论基础.

第 7 章　　不可压缩流体的波动

　　流体的波动理论是流体力学的重要内容,也是物理学中一般波动理论的重要组成部分,在各种工程科学中有着广泛的应用.大家知道,"波动"这一术语,通常有两方面的含义:一是指某种物理讯号在空间的传播;另一方面,它常和振动或周期性过程相联系.流体中有各种不同类型的波动,如声波、激波、水波、大气和海洋内部的波、磁流体波等等.就物理机制而言,它们总是由于流体受到的某种扰动,而后又在某种力的作用下,使运动具有恢复平衡的倾向.这样,在流体惯性和恢复力的相互制约下,就产生了流体的波动.比如,流体中声波和激波的恢复力是可压缩流体的体积弹性力;对于重力场作用下的流体表面波和内波,恢复力就是重力;磁流体波的恢复力则是电磁力等等.本章讨论不可压缩流体中的重力波,声波和激波将在"可压缩流动"一章中研究.本书将不讨论磁流体波和其他类型的流体波动.

7.1　　表面重力波

7.1.1　引言

　　我们知道,对于重力场中处于静力平衡的流体,同一高度上流体的密度相同,这个高度称为这批流体质点的平衡位置.如果因为某种扰动,处于高度 z 的质点离开了平衡位置而到达另一高度 $z + \zeta$(设 $\zeta > 0$),并假定流体是不可压缩的,这个质点的密度 $\rho(z)$ 和新高度上平衡流体的密度 $\rho(z + \zeta)$ 就会有差别.若 $\rho(z) > \rho(z + \zeta)$,该质点会受到一个指向其平衡位置的合力;反之,若 $\rho(z) < \rho(z + \zeta)$,就有

一个使它进一步远离平衡位置的合力. 由此可见, 对于不可压缩流体来说, 当重流体在下轻流体在上时, 平衡处于稳定状态. 稳定平衡的流体受到扰动后, 重力和浮力的合力将起恢复力的作用, 使得流体中发生波动. 轻流体在下重流体在上的平衡是不稳定的, 任何小扰动都会导致平衡的破坏, 从而产生流体的对流运动. 这种对流将使流体质量重新分布, 直至建立起新的平衡.

密度均匀分布的不可压缩流体处于中性稳定的平衡状态, 一般地说, 扰动不会在其内部产生波动. 但是, 如果均匀液体有自由表面, 情况将会不同. 在均匀密度液体的自由表面上, 有可能出现波动. 事实上, 因为自由面两侧流体的密度不相等, 它恰恰可以看成是流体密度分布不均匀的一种极端情形. 自由表面的扰动, 使得表面一侧的流体穿过平衡分界面而进入另一侧, 从而在原先平衡自由面的位置上就有两种流体存在. 处在这种位置上的液体的重力和浮力显然不可能达到平衡, 这就产生一个恢复力, 从而为自由面附近的流体发生波动提供了条件. 同时, 自由面的变形也引起流体内部同一水平面上出现压强波动, 它不仅能诱发表面以下流体的运动, 而且也会将波动从扰源传播到运方. 这就形成了人们常见的**表面重力波**. 现在, 我们就来介绍关于小振幅表面波的流体力学理论 —— 线性水波理论.

7.1.2　水波的控制方程

假设水波的振幅为 a, 它比波长 λ 要小得多, 即

$$a \ll \lambda. \tag{7.1.1}$$

这种水波就称为**小振幅波**. 对于水波问题, 略去黏性效应, 通常是一种合理的近似. 此时, 液体的运动方程写成

$$\frac{\partial \boldsymbol{v}}{\partial t} + (\boldsymbol{v} \cdot \nabla) \boldsymbol{v} = -\frac{1}{\rho} \nabla p + \boldsymbol{g}.$$

现在, 我们来对方程中两个惯性力项的量级作一比较. 因为水波为一种周期性的运动, 我们有下面的量级估计

$$|\boldsymbol{v}| \sim a/T, \quad |\partial \boldsymbol{v}/\partial t| \sim a/T^2, \quad |(\boldsymbol{v} \cdot \nabla) \boldsymbol{v}| \sim a^2/(\lambda T^2).$$

其中 T 为水波的周期. 于是, 我们得知

$$|(\boldsymbol{v} \cdot \nabla) \boldsymbol{v}| / |\partial \boldsymbol{v}/\partial t| \sim a/\lambda \ll 1,$$

故可近似地略去方程中的非线性项, 从而得到

$$\frac{\partial \boldsymbol{v}}{\partial t} = -\frac{1}{\rho} \nabla p + \boldsymbol{g}. \tag{7.1.2}$$

下面, 我们再来考察在水波问题中可否采用不可压缩流假设. 对于非定常流, 需要检验 4.1 节中提出的三个判据是否同时满足. 首先, 我们写出水波传播的相速

度 $c = \dfrac{\lambda}{T}$. 于是, 流体质点速度和波速之比在量级上为

$$\frac{a}{T} \bigg/ \frac{\lambda}{T} = a/\lambda \ll 1,$$

从而有 $v \ll c$. 将水中的声速记为 v_s, 非定常不可压缩流的判别条件之一为

$$\tau \gg L/v_s. \tag{7.1.3}$$

即将看到, 小振幅水波的波速只依赖于波长 λ; 当 λ 增大时, c 单调上升并有一个上确界 $\sqrt{gh}$. 这里, h 是水域的深度. 常温常压下水中的声速约为 $1400\ \mathrm{m/s}$, 经过简单的验算可知, 对于地球上的水域, 式(7.1.3) 总是能成立的. 另一方面, 前面已经证明过, 在小振幅水波中, 有 $v \ll c$. 由此, 立刻可导致另一个不可压缩流判据成立, 即有

$$v \ll v_s. \tag{7.1.4}$$

还要检查重力波在铅直方向的尺度是否满足

$$L \ll v_s^2/g. \tag{7.1.5}$$

容易算得, 水波的 v_s^2/g 值约为 $200\ \mathrm{km}$, 而地球上最深的水域也就是 $10\ \mathrm{km}$ 左右的深度, 何况一般的水波根本达不到这样的深度(参看 7.2 节). 所以, 条件(7.1.5) 的满足也是没有问题的.

由此可知, 水波是一种不可压缩流动, 连续方程为

$$\nabla \cdot \boldsymbol{v} = 0. \tag{7.1.6}$$

再将方程(7.1.2) 两边取旋度, 就得到

$$\frac{\partial \boldsymbol{\omega}}{\partial t} = \boldsymbol{0}. \tag{7.1.7}$$

这表明, 小幅波的涡量场是一个定常场. 如果按照 2.3 节中的方法, 将液体的流动分解为涡量诱导的速度场和无源无旋速度场两部分的迭加, 则流动的定常部分对应于旋涡流; 流动的非定常部分(即波动部分) 对应于无源无旋流. 因此, 若只研究波动的规律性, 不妨假设 $\boldsymbol{\omega} \equiv \boldsymbol{0}$. 于是, 我们可以引进速度势 φ, 并由连续方程(7.1.6) 得到水波的控制方程

$$\nabla^2 \varphi = 0. \tag{7.1.8}$$

7.1.3　边界条件

为了写出相应的边界条件, 我们取一个笛卡儿坐标系, 使 z 轴沿铅直方向. 把液体自由面的方程写作(参看图 7.1)

$$f(x, y, z, t) = z - \zeta(x, y, t) = 0. \tag{7.1.9}$$

并假设表面张力可以忽略不计,自由面上的运动学边界条件和动力学边界条件就分别写成

$$\frac{\mathrm{d}f}{\mathrm{d}t} = \frac{\partial f}{\partial t} + (\boldsymbol{v} \cdot \boldsymbol{\nabla})f = \frac{\partial \varphi}{\partial z} - \frac{\partial \zeta}{\partial t} - \varphi_x \frac{\partial \zeta}{\partial x} - \varphi_y \frac{\partial \zeta}{\partial y} = 0 \quad (7.1.10)$$

和

$$p = p_0, \quad (7.1.11)$$

其中常数 p_0 为大气压强. 把水域的底面方程写为

$$z = -h(x, y), \quad (7.1.12)$$

底部边界条件就是

$$\varphi_z + \varphi_x h_x + \varphi_y h_y = 0. \quad (7.1.13)$$

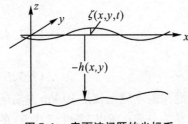

图 7.1   表面波问题的坐标系

此处应注意 $\zeta(x, y, t)$ 是问题中的一个待求函数,因而自由面边界条件为一非线性条件. 下面,我们将在小幅波假设下,将它近似地写成一个线性边界条件,从而使小幅水波问题化简为一个完全线性的问题.

引进一个静力平衡压强

$$p_s = p_0 - \rho g z, \quad (7.1.14)$$

流体压强就可以改写成

$$p = p_s + p_e. \quad (7.1.15)$$

这里 p_e 称为**波动压强**. 方程(7.1.2) 也可以简化成

$$\frac{\partial \boldsymbol{v}}{\partial t} = -\nabla \left(\frac{p_e}{\rho}\right).$$

以 $\boldsymbol{v} = \nabla \varphi$ 代入上式,积分得到

$$p_e = -\rho \frac{\partial \varphi}{\partial t}. \quad (7.1.16)$$

这就是线性化的伯努利方程. 同时,由式(7.1.11),(7.1.14) 和(7.1.15),可以得到自由面上波动压强的另一个表达式

$$p_e \mid_{z=\zeta} = \rho g \zeta. \quad (7.1.17)$$

于是,自由面上的动力学边界条件就可以写成

$$\zeta = -\frac{1}{g}\left(\frac{\partial \varphi}{\partial t}\right)_{z=\zeta}. \quad (7.1.18)$$

将上式和自由面运动学边界条件,以及式

$$\frac{\partial \zeta}{\partial t} = \frac{\partial \varphi}{\partial z} - \varphi_x \frac{\partial \zeta}{\partial x} - \varphi_y \frac{\partial \zeta}{\partial y}$$

联立,注意到 $\dfrac{\partial \zeta}{\partial x}, \dfrac{\partial \zeta}{\partial y} \ll 1$,在线性近似下就可以消去 ζ,而得到关于 φ 的自由面边界条件的一个线性表达式

$$\left(\frac{\partial \varphi}{\partial z}\right)_{z=0} = -\frac{1}{g}\left(\frac{\partial^2 \varphi}{\partial t^2}\right)_{z=0}. \tag{7.1.19}$$

方程(7.1.8)和边界条件(7.1.13),(7.1.19),就构成小振幅水波的数学模型.

7.2 平面单色波

重力场中的液体表面波,总是沿着水平方向传播.如果水域很宽广,即其水平尺度远远大于水波的波长,我们就可以不去考虑水域边界上波的反射,而将水域看成是水平无界的.在无界水域中,自由面的扰动将以波的形式向远处传播,这种水波称为**行进波**.反之,在水平有界的水域中,由于界面的反射,入射波和反射波迭加后,使水波呈现出**驻波**的特征.驻波具有固有的波长,它取决于边界的几何形状.

7.2.1 平面单色波的一般解

现在,我们来研究水面上沿一定方向传播的表面波,即**平面波**,其速度势方程为

$$\frac{\partial^2 \varphi}{\partial x^2} + \frac{\partial^2 \varphi}{\partial z^2} = 0. \tag{7.2.1}$$

这里水波的传播方向已被取为 x 轴的方向.

下面,考虑方程(7.2.1)的稳定行波解,这种水波对应于水波传播的后期情况.一般的水波是各种波长简谐波的迭加,其中的每一种简谐成分称为波的**傅里叶分量或单色分量**.但我们即将知道,由于波的色散效应,实际上在任何局部水面上,后期传播的水波总很接近于某种波长的简谐周期波,它的数学表达式为

$$\varphi(x, z, t) = \mathscr{R}e\{f(z)\mathrm{e}^{\mathrm{i}(kx-\omega t)}\}. \tag{7.2.2}$$

这种波也称为**平面单色波**.单色波表达式中,$k = 2\pi/\lambda$ 称为**波数**,$\omega = 2\pi/T$ 称为**圆频率**,$\theta = kx - \omega t$ 称为**位相角**.这里,我们已通过适当选择时间原点将 $x = 0$ 处的初位相取为零,只是为了书写的方便.波阵面的运动方程由

$$\theta(x, t) = 常数 \tag{7.2.3}$$

确定,它的传播速度为

$$c = \left(\frac{\mathrm{d}x}{\mathrm{d}t}\right)_\theta = -\frac{\theta_t}{\theta_x} = \frac{\omega}{k},$$ (7.2.4)

这个传播速度称为水波的**相速度**,它是一个**标量**.

将速度势表达式(7.2.2)代入方程(7.2.1),可得到 $f(z)$ 所满足的常微分方程

$$\frac{\mathrm{d}^2 f}{\mathrm{d}z^2} - k^2 z = 0.$$ (7.2.5)

它的一般解为

$$f(z) = A\mathrm{e}^{kz} + B\mathrm{e}^{-kz}.$$ (7.2.6)

7.2.2 深水波

当水深 h 远远大于水波的波长时,数学上可以取 $h \to \infty$ 作为近似. 此时,式(7.1.13)变为

$$z \to -\infty, \qquad \nabla\varphi = 0.$$

此时,一般解式(7.2.6)中的常数 $B = 0$,从而有 $f(z) = A\mathrm{e}^{kz}$,由此得到**深水平面单色波**的速度势为

$$\varphi(x,z,t) = A\mathrm{e}^{kz}\cos(kx - \omega t).$$ (7.2.7)

其中 A 是一个常数.将式(7.2.7)代入上节的式(7.1.19),可以得到 ω 和 k 之间的一个重要关系式

$$\omega^2 = gk.$$ (7.2.8)

容易算得深水波中流体质点的速度为

$$\left. \begin{aligned} u &= \varphi_x = -Ak\mathrm{e}^{kz}\sin(kx - \omega t), \\ w &= \varphi_z = Ak\mathrm{e}^{kz}\cos(kx - \omega t). \end{aligned} \right\}$$ (7.2.9)

可是,流体质点速度的量值 $v = \sqrt{u^2 + w^2} = Ak\mathrm{e}^{kz}$,它只依赖于该质点离自由面的铅直距离,并随质点所在深度增大成指数律衰减.因此,在水面下深度为一个波长处,v 已衰减到

$$v(\lambda) = v(0)\mathrm{e}^{-k\lambda} = v(0)\mathrm{e}^{-2\pi} \approx \frac{v(0)}{535}.$$

这一结果表明,均匀密度流体自由面的波动只存在于表面附近的一个薄层内,这一层的厚度比水波的波长小得多,故称之为**表面波**.由式(7.1.18)还可求出自由面的形状

$$\zeta(x,t) = -\frac{1}{g}\left(\frac{\partial\varphi}{\partial t}\right)_{z=0} = a\sin(kx - \omega t).$$ (7.2.10)

· 242 ·

其中 $a = A\omega/g$ 是波动表面的位移振幅.

水波中流体质点的轨迹方程为

$$\left.\begin{array}{l} \dfrac{\mathrm{d}x}{\mathrm{d}t} = - Ak\mathrm{e}^{kz}\sin(kx - \omega t), \\[3mm] \dfrac{\mathrm{d}z}{\mathrm{d}t} = Ak\mathrm{e}^{kz}\cos(kx - \omega t). \end{array}\right\} \tag{7.2.11}$$

可见,质点在 x 与 z 两个方向上都作简谐振动并且位相差为 $90°$.记质点在两个方向上的平衡位置分别为 $x = x_0$ 和 $z = z_0$,则在一阶近似下,方程(7.2.11)可以写成

$$\left\{\begin{array}{l} \dfrac{\mathrm{d}x}{\mathrm{d}t} = - Ak\mathrm{e}^{kz_0}\sin(kx_0 - \omega t), \\[3mm] \dfrac{\mathrm{d}z}{\mathrm{d}t} = Ak\mathrm{e}^{kz_0}\cos(kx_0 - \omega t). \end{array}\right.$$

这组常微分方程容易积分得

$$\left.\begin{array}{l} x - x_0 = - a\mathrm{e}^{kz_0}\cos(kx_0 - \omega t), \\ z - z_0 = - ak\mathrm{e}^{kz_0}\sin(kx_0 - \omega t), \end{array}\right\} \tag{7.2.12}$$

或写成

$$(x - x_0)^2 + (z - z_0)^2 = a^2\mathrm{e}^{2kz_0}. \tag{7.2.13}$$

于是可知,在一阶近似下,深水表面波质点的轨迹为一个圆,圆的半径与质点在 z 方向的平均深度 z_0 有关.当 $|z_0|$ 增大时,轨迹圆半径以指数方式迅速衰减(见图7.2).

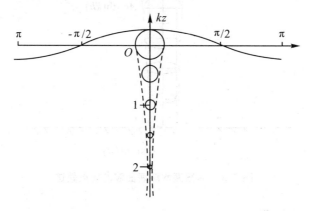

图 7.2　深水表面波的质点轨迹

7.2.3　有限深水域的表面波

按照相同的步骤,我们也可以分析有限深度($h \sim \lambda$)平底($h = $ 常数)水域中

的平面单色波. 此时, 底部边界条件为

$$z = -h \text{ 时}, \quad \partial \varphi / \partial z = 0. \tag{7.2.14}$$

利用这个条件, 可知在方程(7.2.5)的一般解

$$f(z) = Ae^{kz} + Be^{-kz}$$

中, $B = Ae^{-2kh}$. 于是有

$$\varphi(x, z, t) = A' \mathrm{ch}[k(z + h)]\cos(kx - \omega t). \tag{7.2.15}$$

其中 $A' = 2Ae^{-kh}$. 水波中质点速度为

$$\left.\begin{array}{l} u = -A'k\,\mathrm{ch}[k(z + h)]\sin(kx - \omega t), \\ \omega = A'k\,\mathrm{sh}[k(z + h)]\cos(kx - \omega t). \end{array}\right\} \tag{7.2.16}$$

相应地, 可求得流体质点的轨迹为一簇椭圆

$$\frac{(x - x_0)^2}{\mathrm{ch}^2[k(z_0 + h)]} + \frac{(z - z_0)^2}{\mathrm{sh}^2[k(z_0 + h)]} = a'^2. \tag{7.2.17}$$

其中 $a' = A'k/\omega$. 轨迹椭圆具有水平长轴和铅直短轴. 长短半轴之比为 $\coth[k(z_0 + h)]$. 随着 $z_0 \to -h$, 该比值趋于无限大. 此时, 椭圆轨迹退化为重叠在一起的两条水平直线(图7.3).

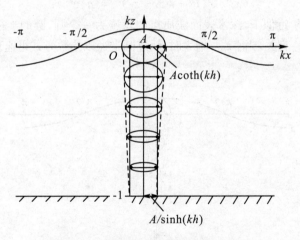

图 7.3　有限深水域表面波的质点轨迹

7.2.4　水波的能量

下面, 我们来考察水波的能量.

水波中, 流体能量超过其静力平衡状态能量的那一部分, 称为**波动能量**. 对于重力波, 波动能量包括流体的动能和超额的重力势能两部分. 设静止状态的流体自

由面(规定为 $z = 0$) 为势能基准面,重力位势就是 gz. 从水域底部到自由面作一单位水平截面积的液体柱,柱体内流体的总势能为

$$\int_{-h}^{\zeta} \rho g z \cdot 1 \cdot \mathrm{d}z = \frac{1}{2}\rho g(\zeta^2 - h^2).$$

由于静止状态时,该液柱的势能为 $-\rho g h^2/2$,其波动势能就是

$$P = \frac{1}{2}\rho g \zeta^2, \qquad (7.2.18)$$

并称之为水波的**势能密度**.可见,不论 ζ 为正值还是负值,波动势能密度总大于零.这并不难理解:当 $\zeta > 0$ 时,水柱高出平衡位置,增加的流体自然带来正势能;而当 $\zeta < 0$,水柱低于平衡位置,减少的那部分流体带走了负势能,也就相当于增加了正的势能.

我们更感兴趣的是水波势能的时间平均值.大家知道

$$\frac{1}{T}\int_0^T \sin^2(kx - \omega t)\mathrm{d}t = \frac{1}{2},$$

其中 $T = 2\pi/\omega$ 为水波周期.所以,势能平均密度是

$$\overline{P} = \frac{1}{2}\rho g \,\overline{\zeta^2} = \frac{1}{4}\rho g a^2. \qquad (7.2.19)$$

这一结果对水深为任何值的表面波都是成立的.

关于水波的**动能密度**,我们这里按深水域情况来计算,此时有

$$K = \int_{-\infty}^{\zeta} \frac{1}{2}\rho v^2 \mathrm{d}z = \frac{\rho}{2}\int_{-\infty}^{\zeta}(Ak\mathrm{e}^{kz})^2\mathrm{d}z$$
$$= \frac{\rho}{4}A^2 k(1 + 2k\zeta). \qquad (7.2.20)$$

注意到 $\overline{\zeta} = 0$ 和 $A^2 k = a^2 g$,就可得到

$$\overline{K} = \frac{1}{4}\rho g a^2 = \overline{P}. \qquad (7.2.21)$$

这是一个可以预期到的结果,因为一般动力学中已经证明,线性振动系统的动能与势能在平均意义上是均分的.由此可见,式(7.2.21)同样适用于有限深度水域的小幅表面波.读者不妨用有限深水波解(7.2.15)直接计算验证之.

最后,我们得到小幅平面单色波的**平均能量密度**表达式

$$\overline{E} = \overline{P} + \overline{K} = \frac{1}{2}\rho g a^2. \qquad (7.2.22)$$

7.3 水波的色散和群速度

7.3.1 水波的色散现象

我们曾经得到了深水波的一个关系式(7.2.8),

$$\omega^2 = gk.$$

它在水波动力学中具有重要的物理意义. 该式表示波频与波数之间存在着单值函数关系,尤其是表示波的相速度将随波长而变化. 深水波相速度为

$$c = \frac{\omega}{k} = \sqrt{\frac{g\lambda}{2\pi}}. \tag{7.3.1}$$

由此可见,不同波长的单色表面波以不同的相速度传播;波长愈长,波速愈大. 式 (7.2.8) 和 (7.3.1) 都称为深水波的**色散关系式**.

深水波解只是 $\lambda \ll h$ 情况下的一种近似结果. 当水深为有限值时,由线性理论的精确解式(7.2.16),可以得出表面重力波色散关系的一般表达式

$$\omega^2 = gk\,\mathrm{th}(kh), \tag{7.3.2}$$

或者写成

$$c = \left[\frac{g\lambda}{2\pi}\mathrm{th}\left(\frac{2\pi h}{\lambda}\right)\right]^{1/2}. \tag{7.3.3}$$

由式(7.3.3) 给出的色散关系曲线表示在图 7.4 上,其中的虚曲线是式(7.3.1) 给出的深水波近似曲线. $h \ll \lambda$ 是另一种极限情形,这种波称为**长波**或**浅水波**. 由于此时 $\mathrm{th}(kh) \approx kh$,我们有

$$\omega^2 = ghk^2,$$

或者写成

$$c = \frac{\omega}{k} = \sqrt{gh}. \tag{7.3.4}$$

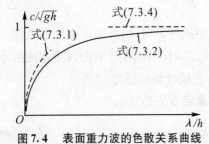

图 7.4 表面重力波的色散关系曲线

由式(7.3.4) 可知,在线性近似下,浅水波的相速度不随波长变化,即浅水波不存在色散效应. 顺便说一下,这里我们也回答了 7.1 节中提到过的一个重要问题:表面重力波的传播速度随波长增大而增大,但有一个上限值

$\sqrt{gh}$.

从表面重力波的色散关系,我们还可以引出下面一系列重要的物理结果.假设由于某种扰动而产生了表面重力波,初始时刻的波都集中在扰动源的附近,一般是含有各种单色分量的复杂波系.在线性理论框架下,这些单色分量将按照对应波长单色波的传播速度行进,它们之间不发生能量的相互传递.由于不同波长的单色波传播速度不同,随着时间推移,原先重叠在一起的单色波就会逐渐分散开来.这种现象就叫做**色散**.因此,经过一定时间的传播,在沿着波传播方向的不同位置上,就会出现波长不同的波.于是,从任何局部水域来看,水波总接近于单色的正弦波.这就是说,单色波不仅是波的一个傅里叶分量,而且也是实际存在的水波形态.

另一方面,假如我们忽略水波的黏性耗散,水波的总能量将保持不变.但是,初期的水波是集中在扰动源附近的一个小区域上,因而波的能量密度高,波幅也较大.由于色散,水波在后期要散布到一个大面积区域上,波能密度也就大大降低,以致波幅变得很小.所以,小振幅波是波传播后期的一种状态,具有重要的实际意义.

7.3.2　波的群速度

和波的色散效应相联系,我们还可以提出这样一个问题:假如有一个人在观察水面上一定波长 λ 的平面单色波,他在 t_1 时刻看到这种波出现在 $x = x_1$ 的位置上,试问在后来的另一时刻 t_2,此人又将在何处看到同一波长的单色波?如果不分析色散效应,很可能的回答是:此人将在 $x_2 = x_1 + c(\lambda)(t_2 - t_1)$ 的地方再看到波长为 λ 的单色波.但是,这个答案却是不对的,原因是它没有考虑到与色散有关的波的相干效应.应当指出的是,实际上并不存在有限强度的纯粹单色波.我们曾说过局部水域的水波很接近单色波,实际上是指那里的波处于一个很狭窄的波谱内.而当这种波长相近的波在一起传播时,会出现相干现象.让我们先用两列波长相近的正弦波迭加来说明这一事实.

考察两列平面单色行波,它们的自由面方程分别为

$$\zeta_1 = a\sin(k_1 x - \omega_1 t)$$

和

$$\zeta_2 = a\sin(k_2 x - \omega_2 t),$$

其中 $k_1 - k_2$ 和 $\omega_1 - \omega_2$ 都是很小的量.当这两列波在同一水面上传播时,合成的波形为

$$\zeta = \zeta_1 + \zeta_2 = 2a\cos(\Delta k \cdot x - \Delta\omega \cdot t)\sin(\bar{k}x - \bar{\omega}t), \tag{7.3.5}$$

其中 $\Delta k = (k_1 - k_2)/2, \Delta\omega = (\omega_1 - \omega_2)/2, \bar{k} = (k_1 + k_2)/2, \bar{\omega} = (\omega_1 + \omega_2)/2.$

因为 Δk 和 $\Delta\omega$ 都是小量, 上面的式(7.3.5)可以写成

$$\zeta = 2a\cos[\Delta k(x - Ut)]\sin[\bar{k}(x - ct)]. \tag{7.3.6}$$

并且有

$$U = \frac{\Delta\omega}{\Delta k} \approx \frac{\mathrm{d}\omega}{\mathrm{d}k}, \qquad c = \frac{\bar{\omega}}{\bar{k}}. \tag{7.3.7}$$

在式(7.3.6)中, 我们可以把因子 $2a\cos[\Delta k(x - Ut)]$ 看成是波的振幅, 而把短波长部分 $\sin[\bar{k}(x - ct)]$ 看做"载波". 所不同者, 只是现在的波幅也是一个行波函数——波长很大、频率很低的行波, 我们称之为**波包**(参看图7.5), 而波包的传播速度为 U. 利用式(7.3.7), 可以算出 U 的值为

$$U = \frac{\mathrm{d}\omega}{\mathrm{d}k} = \frac{1}{2}\sqrt{\frac{g}{k}} = \frac{c}{2}. \tag{7.3.8}$$

所以, 对深水波而言, 波包的行进速度只是载波传播速度(相速度)的一半. 波包的传播速度称为波的**群速度**.

由图7.5, 我们可以描绘出相近波长两波相干的一幅流动图画: 每一波包就像一列车厢装载着一群行波, 这些载波相对于波包运动, 其相对速度为 $c/2$; 同时波包本身也以群速度 $U = c/2$ 向前传播. 因此, 波包也称为一个**波群**. 波群中的载波在传播时不断地改变其波幅: 从左节点开始, 载波的波幅先是增长, 后来减小, 直到在右节点消失. 因此, 波群中的波峰和波谷只是一种状态, 而不是实体, 它们可生可灭. 只有波群才是实体. 一定波长的波总是依附于波包而存在, 并被波包携带前进. 了解到以上事实后, 让我们再回到前面提出的问题上来, 这就不难给出正确的答案, 它应当是 $x_2 = x_1 + U(\lambda)(t_2 - t_1)$. 对深水波来说, 这个行进距离比前面的估值减少了一半.

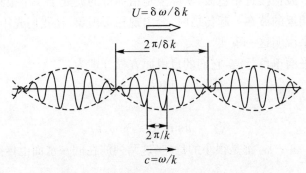

图7.5 波长接近的两列单色波的相干效果

群速度是波动理论中一个十分重要的物理量, 我们将要从各个不同的侧面来

阐明其深刻的物理意义.首先,我们要指出:和相速度不同,波的群速度是一个**矢量**.为了说明这个问题,要建立波在三维空间中传播的一般概念.

7.3.3 空间非均匀波列的群速度

三维空间中传播的一般波系,可以分解为具有不同波长并沿各种不同方向传播的平面单色波的迭加.一个沿空间某一方向传播的平面单色波,可借助**波矢量**进行数学描述.波矢量是这样一个矢量,它的大小

$$k \equiv \mid \boldsymbol{k} \mid = \frac{2\pi}{\lambda}$$

是单位长度上位相角的变化,或称"位相密度";$\boldsymbol{k}$ 的方向就是波传播的方向.

空间平面单色波的数学表达式是

$$\varphi(\boldsymbol{r}, t) = A\mathrm{e}^{\mathrm{i}(k \cdot r - \omega t)}, \tag{7.3.9}$$

其中 $\boldsymbol{r}$ 是场点的矢径,A 可以是一个复数振幅,式(7.3.9) 应理解为取右边的实数部分.任何具有连续谱分布的空间波系可以写成傅里叶积分式

$$\varphi(\boldsymbol{r}, t) = \iiint_{-\infty}^{\infty} f(\boldsymbol{k})\mathrm{e}^{\mathrm{i}(k \cdot r - \omega t)} \mathrm{d}\boldsymbol{k}. \tag{7.3.10}$$

这里 $\mathrm{d}\boldsymbol{k} = \mathrm{d}k_1 \mathrm{d}k_2 \mathrm{d}k_3$ 是波矢空间中的微元体积.

空间波系色散关系的一般形式是

$$\omega = \omega(k_1, k_2, k_3). \tag{7.3.11}$$

由于色散效应,在每一小局部域上,只传播着在波矢量 $\boldsymbol{k}_0$ 附近的某狭窄谱域中的平面单色波.将该狭小谱域记成 ε,局部的波系就可以表示为

$$\varphi(\boldsymbol{r}, t) = \iiint_{\varepsilon} f(\boldsymbol{k})\mathrm{e}^{\mathrm{i}(k \cdot r - \omega t)} \mathrm{d}\boldsymbol{k}.$$

作变量置换

$$\boldsymbol{k} = \boldsymbol{k} - \boldsymbol{k}_0, \tag{7.3.12}$$

再将色散函数 $\omega(\boldsymbol{k})$ 在 $\boldsymbol{k} = \boldsymbol{k}_0$ 处展开,有

$$\omega(\boldsymbol{k}) = \omega(\boldsymbol{k}_0) + \frac{\partial \omega}{\partial \boldsymbol{k}} \cdot \boldsymbol{k} + O(\mid \boldsymbol{k} \mid^2), \tag{7.3.13}$$

其中 $\partial\omega/\partial k_1, \partial\omega/\partial k_2, \partial\omega/\partial k_3$ 是矢量 $\partial\omega/\partial\boldsymbol{k}$ 的三个分量.于是,波动速度势可写成

$$\varphi(\boldsymbol{r}, t) = \mathrm{e}^{\mathrm{i}(k_0 \cdot r - \omega_0 t)} \iiint_{\varepsilon} \bar{f}(\boldsymbol{k})\mathrm{e}^{\mathrm{i}k \cdot (r - \frac{\partial\omega}{\partial k} t)} \mathrm{d}\boldsymbol{k}$$

$$= g\left(\boldsymbol{r} - \frac{\partial\omega}{\partial\boldsymbol{k}} t\right) \mathrm{e}^{\mathrm{i}(k_0 \cdot r - \omega_0 t)}. \tag{7.3.14}$$

这里 $\bar{f}(\boldsymbol{k}) = f(\boldsymbol{k} + \boldsymbol{k}_0), \omega_0 = \omega(\boldsymbol{k}_0)$,

$$g\left(\boldsymbol{r} - \frac{\partial \omega}{\partial \boldsymbol{k}}t\right) = \iiint_{\varepsilon} \bar{f}(\boldsymbol{k}) \mathrm{e}^{\mathrm{i}\boldsymbol{k}\cdot\left(\boldsymbol{r} - \frac{\partial \omega}{\partial \boldsymbol{k}}t\right)} \mathrm{d}\boldsymbol{k}. \tag{7.3.15}$$

对比式(7.3.14)和(7.3.6),我们不难看出,$g\left(\boldsymbol{r} - \frac{\partial \omega}{\partial \boldsymbol{k}}t\right)$就对应于两列单色波的波包函数 $2a\cos[\Delta k(x - Ut)]$,它是空间波系的波包函数. 波包的运动速度为

$$\boldsymbol{U} = \left(\frac{\mathrm{d}\boldsymbol{r}}{\mathrm{d}t}\right)_g = \frac{\partial \omega}{\partial \boldsymbol{k}}. \tag{7.3.16}$$

这就是空间波系群速度的一般表达式,是平面波公式(7.3.7)的推广形式. 于是,我们得知,对于空间波系,群速度是一个矢量. 一般而言,群速度不仅在大小上可以不同于相速度,它的方向也可以不同于波矢量的方向. 在后面讨论分层流的内波时,将看到这种各向异性的色散现象.

7.3.4　群速度的另一种物理诠释

我们曾经指出,从局部来看,色散后期的小幅水波接近于正弦波. 但是,整个波系仍是由各种单色成分组成的,是一个非均匀波列. 为了描写非均匀波列,我们可以把水波自由面的形状写成如下形式的函数

$$\zeta(x,t) = A(x,t)\mathrm{e}^{\mathrm{i}\theta(x,t)}, \tag{7.3.17}$$

其中 $A(x,t)$ 表示波包的形状,通常是一个随着 x 和 t 缓慢变化的函数,$\theta(x,t)$ 是波的位相,$\cos\theta$ 随 x 和 t 的变化要比 $A(x,t)$ 大得多. 假如波沿着 x 的正方向传播,$\theta(x,t)$ 则应随 x 单调递增并随 t 单调递减,对于重力波来讲,由于长波行进的速度大于短波,所以长波在前,短波在后,波形大体如图7.6所示.

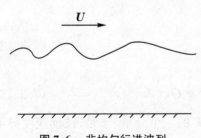

U

当波列用式(7.3.17)描写时,在任何确定的时刻,波峰处的 θ 值是 π 的偶数倍,波谷处的 θ 值是 π 的奇数倍. 我们知道,波长这个物理量本来是从正弦波的特性引进来的,它描写给定距离上波形变化的快慢程度,一个完整波形(即位相改变 2π)的长度称为波长. 换句话说,当 $\Delta\theta = 2\pi$ 时,对应的 $\Delta x = \lambda$ 定义为波长,于是有 $\Delta\theta/\Delta x = 2\pi/\lambda = k$. 从这

图 7.6　非均匀行进波列

一点出发,我们可以将波长这一概念推广到非均匀的波列. 为此,我们引入**当地波长**或**当地波数**的概念,它定义为

$$\frac{\partial \theta}{\partial x} \equiv k = \frac{2\pi}{\lambda}. \tag{7.3.18}$$

这里 k 和 λ 已不是常数,而是 (x, t) 的函数. 如前所述,波数 $k(x, t)$ 即是 t 时刻在 x 位置上的波相密度.

按照同样的推理,我们还可以引入**瞬时频率**,它定义为

$$-\frac{\partial \theta}{\partial t} \equiv \omega = \frac{2\pi}{T}. \tag{7.3.19}$$

波频是单位时间内通过空间某一点的波的**位相变化**,可以看做位相通量. 由式 (7.3.18) 和 (7.3.19),立即可以得出一个方程

$$\frac{\partial k}{\partial t} + \frac{\partial \omega}{\partial x} = 0. \tag{7.3.20}$$

我们把这个方程和一维流的连续方程

$$\frac{\partial \rho}{\partial t} + \frac{\partial}{\partial}(\rho v) = 0$$

作一对比,可知质量密度 ρ 对应于位相密度 k,质量通量 ρv 对应于位相通量 $\omega = kc$. 于是,我们不妨把方程 (7.3.20) 看成是波相连续方程,从而函数 c 就是波相的速度.

利用色散关系 $\omega = \omega(k)$,可以将方程 (7.3.20) 中的 $\partial \omega / \partial x$ 写成

$$\frac{\partial \omega}{\partial x} = \frac{\mathrm{d}\omega}{\mathrm{d}k} \frac{\partial k}{\partial x} = U \frac{\partial k}{\partial x},$$

从而得到

$$\frac{\partial k}{\partial t} + U \frac{\partial k}{\partial x} = 0. \tag{7.3.21}$$

注意到在非均匀波列中,$k(x, t) = $ 常数或 $\lambda(x, t) = $ 常数代表具有一定波长的波阵面,由方程 (7.3.21) 就可以确定出这种波长的波的运动速度

$$\left(\frac{\mathrm{d}x}{\mathrm{d}t}\right)_{k=常数} = -\frac{(\partial k/\partial t)_x}{(\partial k/\partial x)_t} = U. \tag{7.3.22}$$

因而,我们就再一次证明了,在非均匀波系中,各种波长的波是以自己的群速度值传播的.

7.3.5　水波的能量传播

以上是从运动学的角度讨论了波的群速度概念,下面我们还要阐明群速度的动力学意义. 大家知道,在线性振动系统中,能量是以一定的谱密度分布的. 同样,小振幅水波的各个频率段,也携带着固定份额的波能量. 由于波系中各种波长(或

频率)的分量以其相应的群速度传播.所以,水波的能量也一定以群速度传播,引入**能量通量**的概念.取一个垂直于波传播方向的单位宽度的铅直截面,该截面波后一侧流体对波前流体做功的平均功率为

$$Q = \int_{-h}^{0} \overline{p_e \varphi_x} \mathrm{d}z, \tag{7.3.23}$$

我们把这个功率定义为水波的**平均能量通量**.对于平面单色波,由式(7.1.16)和(7.2.2)有

$$p_e = -\rho \frac{\partial \varphi}{\partial t} = \rho c \frac{\partial \varphi}{\partial x}.$$

平均能量通量又可以表示为

$$Q = 2c \int_{-h}^{0} \frac{1}{2} \rho \overline{\varphi_x^2} \mathrm{d}z. \tag{7.3.24}$$

它是水平动能平均密度和相速度乘积的两倍.

另一方面,水波能量传播的速度可定义为

$$U = \frac{平均能量通量}{平均能量密度} = \frac{Q}{E}. \tag{7.3.25}$$

而我们知道,在线性振动系统中,平均势能和平均动能是相等的.因此,将式(7.3.24)代入(7.3.25),就得到

$$U = \frac{水平动能平均密度}{平均动能密度} \times c. \tag{7.3.26}$$

首先考察深水波,由于

$$水平动能平均密度 = 铅直动能平均密度 = \frac{1}{2} 平均动能密度,$$

我们立刻有

$$U = \frac{c}{2} = \frac{\mathrm{d}\omega}{\mathrm{d}k}. \tag{7.3.27}$$

其次,对于浅水波,由于铅直速度为零,就有

$$U = c = \frac{\mathrm{d}\omega}{\mathrm{d}k}. \tag{7.3.28}$$

一般地,对于有限深域水波,由式(7.3.20)和(7.2.16),也可得到

$$U = \frac{\int_{-h}^{0} \mathrm{ch}^2[k(z+h)]\mathrm{d}z}{\int_{-h}^{0} \{\mathrm{ch}^2[k(z+h)] + \mathrm{sh}^2[k(z+h)]\}\mathrm{d}z} xc$$

$$= \frac{1}{2}\Big[1 + \frac{2kh}{\mathrm{sh}(2kh)}\Big] \times c = \frac{\mathrm{d}\omega}{\mathrm{d}k}. \tag{7.3.29}$$

并由此可知,$c/2 \leqslant U \leqslant c$. 于是,这就从定量计算上证明了我们在前面所作的结论:水波的能量按群速度传播.

7.4　表面张力波

前面几节所讨论的水波问题,都是由于流体受到重力和浮力的联合作用,使得受扰动的液面有恢复平衡的趋向,从而产生波动. 其实,能使液面恢复平衡的并不只是重力,表面张力也可以起同样的作用.

图 7.7 分别截取了一段上凸的液体表面层和一段下凹的液体表面层. 由该图可见,与这些表面层相邻接的其余水波表面层,在每一端将各作用一个表面张力在所截取的层段上,而其合力总有使表面层变平的趋向. 下面就来分析表面张力在自由面恢复平衡的运动中所起的作用.

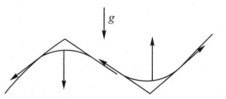

图 7.7　表面张力的恢复力作用

设液体自由面上的表面张力系数为 α,它就是在表面层上取单位长线段所受的表面张力. 现在仍考虑平面单色波,它的自由面方程为

$$\zeta(x, t) = a\sin(kx - \omega t). \tag{7.4.1}$$

在线性近似下,图 7.7 上表面层左端单位宽度边缘线所受表面张力的铅直分量为 $\Big(-\alpha\frac{\partial\zeta}{\partial x}\Big)_x$,右端表面张力的同一分量写作 $\Big(\alpha\frac{\partial\zeta}{\partial x}\Big)_{x+\mathrm{d}x}$,$\mathrm{d}x$ 为微元表面层长度. 在铅直方向两边表面张力的合力是

$$\alpha\frac{\partial\zeta}{\partial x}\Big|_{x+\mathrm{d}x} - \alpha\frac{\partial\zeta}{\partial x}\Big|_x = \alpha\frac{\partial^2\zeta}{\partial x^2}\mathrm{d}x.$$

于是,该微元表面层在 z 方向的力的平衡方程式就应写成

$$(p - p_0)\mathrm{d}x + \alpha\frac{\partial^2\zeta}{\partial x^2}\mathrm{d}x = 0,$$

即有

$$p_0 = p(x, \zeta, t) + \alpha \frac{\partial^2 \zeta}{\partial x^2}. \tag{7.4.2}$$

其中 p_0 为大气压强,p 为表面上液体的压强.将式(7.1.14),(7.1.15),以及

$$p(x, \zeta, t) = p_0 - \rho g \zeta + p_e(x, \zeta, t)$$

代入式(7.4.2),我们得到

$$p_e(x, \zeta, t) = \rho g \zeta - \alpha \frac{\partial^2 \zeta}{\partial x^2}. \tag{7.4.3}$$

对于平面单色波,由于 $\partial^2 \zeta / \partial x^2 = -k^2 \zeta$,上式又可以写成

$$p_e(x, \zeta, t) = \rho \left(g + \frac{\alpha k^2}{\rho} \right) \zeta. \tag{7.4.4}$$

对比式(7.4.4)和(7.1.17),我们可以看出,当考虑了表面张力的作用后,表面波理论所需进行的唯一修正,是将各种表达式中的 g 因子代换为 $g + \alpha k^2 / \rho$.特别是,对于色散效应,考虑表面张力作用的深水波色散关系应当改成

$$\omega^2 = (g + \alpha k^2 / \rho) k \tag{7.4.5}$$

或

$$c^2 = (g + \alpha k^2 / \rho)/k. \tag{7.4.6}$$

式(7.4.6)表明,在表面张力波中,重力和表面张力对应的色散效应是分别以 $g\lambda/(2\pi)$ 和 $2\pi\alpha/(\rho\lambda)$ 的形式起作用的.在长波段,由于 $g\lambda \gg \alpha/(\rho\lambda)$,重力起主要

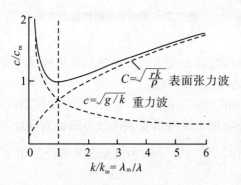

图 7.8 表面张力波的色散关系曲线

的作用,表面张力的作用可以忽略不计;而在短波段,表面张力则起主要作用,重力作用可以忽略不计.当 $k^2 = \rho g/\alpha$ 时,两者的作用达到势均力敌.因此,当 $\lambda = O(\sqrt{\alpha/(\rho g)})$ 时,重力与表面张力必须同时考虑.这种一般情况称为**表面张力波**或**涟波**;而前面两种情况,分别称为**重力波**和**毛细波**.图 7.8 给出了一般情况的表面张力波色散关系曲线(实线),也给出了两种极端情况下色散关系的近似曲线(虚线).

不难证明,$k^2 = \rho g/\alpha$ 时所对应的深水表面波的波长 λ_m,正好对应于相速度的一个极小值

$$c_{\min} = \sqrt{g\lambda_m/\pi}, \tag{7.4.7}$$

其中

$$\lambda_m = 2\pi \sqrt{\alpha/(\rho g)}. \tag{7.4.8}$$

常温下,水的表面张力系数为 $\alpha = 0.074$ N/m,其相应的 λ_m 和 c_{min} 分别为 $\lambda_m = 1.7$ cm 和 $c_{min} = 0.23$ cm/s.

我们还可以写出毛细波的色散关系式

$$\omega^2 = \alpha k^3/\rho \quad \text{和} \quad c^2 = 2\pi\alpha/(\rho\lambda). \tag{7.4.9}$$

由此可见,毛细波与重力波相反,波长愈短,相速度愈大.毛细波的群速度是

$$U = \frac{d\omega}{dk} = \frac{3}{2}\sqrt{\frac{2\pi\alpha}{\rho\lambda}} = \frac{3}{2}c. \tag{7.4.10}$$

于是 $U > c$,这也是和重力波相反的.

关于有限深水域的表面张力波问题,处理的方法是类似的.有限深水域表面张力波的色散关系式,只要在式(7.4.5)的右边乘以一个 $\text{th}(kh)$ 因子即可得出,故用不着再作详细讨论了.

7.5　分层流体中的重力内波

我们已经详细研究了液体自由面附近的小振幅表面波.本章一开始就已说明,流体内部能够产生重力波的条件是,重力场作用下的流体原先处于稳定的力学平衡状态.对于不可压缩流体,这要求流体的密度随高度递减.这种流体称为**分层流体**.具有确定分界面的密度不同的两种均匀流体,属于分层流体的特殊情况.相应的表面重力波问题已进行过讨论.本节将要讨论连续分层流体内部的重力波,称为**重力内波**.重力内波是海洋和大气中流体运动的一种重要现象.海水密度的不均匀主要是由于含盐量的浓度不同,大气的分层则主要是由于上下层受热不均.研究这些内波对掌握海洋流动规律和进行天气分析预报等人类实践活动具有重要意义.

7.5.1　小振幅重力内波的数学模型

现在,我们来研究不可压缩分层流体的重力内波.假设流体原先处于静力平衡时的密度分布为 $\rho_0(z)$,并设这种平衡是稳定的,故有 $d\rho_0/dz < 0$.静力平衡方程为

$$\nabla p_0 = \rho_0 \boldsymbol{g}. \tag{7.5.1}$$

当流体发生小扰动后,我们把扰动速度记为 $\boldsymbol{v}$,而把压强和密度写作

$$p = p_0 + p_e, \qquad \rho = \rho_0 + \rho_e. \tag{7.5.2}$$

这里设 $p_e \ll p_0, \rho_e \ll \rho_0$,分别称之为**波动压强**和**波动密度**.

不可压缩流的连续方程为

$$\nabla \cdot \boldsymbol{v} = 0. \tag{7.5.3}$$

在无黏流动量方程

$$\rho \left[\frac{\partial \boldsymbol{v}}{\partial t} + (\boldsymbol{v} \cdot \nabla) \boldsymbol{v} \right] = - \nabla p + \rho \boldsymbol{g}$$

中,将式(7.5.2)代入;略去二阶以上小量后,方程简化为

$$\rho_0 \frac{\partial \boldsymbol{v}}{\partial t} = - \nabla p_e + \rho_e \boldsymbol{g}. \tag{7.5.4}$$

在同样的近似程度下,不可压缩流体假设在数学上可写为

$$\frac{\mathrm{d}\rho}{\mathrm{d}t} = \frac{\partial \rho_e}{\partial t} + w \frac{\partial \rho_0}{\partial z} = 0. \tag{7.5.5}$$

其中 w 是铅直速度分量,方程(7.5.3) $\sim$ (7.5.5)是小振幅重力内波的主控方程,称为**布辛涅斯**(Boussinesq)**近似**.

7.5.2　小振幅内波的近似分析

我们先作较简单的静态分析.

假设一块小体积 τ 的流体在某种扰动之下由原来的平衡高度 z,到达新的高度 $z + \zeta$,这里 ζ 是一个小位移.这块流体在此新高度上受到一个浮力为 $\tau \rho_0(z + \zeta)g$,它本身的重量为 $\tau \rho_0(z)g$,因此,就有一个沿 z 方向的合力

$$\tau [\rho_0(z + \zeta) - \rho_0(z)]g.$$

当 ζ 很小时,上式可以近似地写为 $\tau (\mathrm{d}\rho_0/\mathrm{d}z)\zeta g$.如果我们不计流体运动引起的压强变化,这块流体的运动方程就是

$$\rho_0 \tau \frac{\mathrm{d}^2 \zeta}{\mathrm{d}t^2} = \tau \left(\frac{\mathrm{d}\rho_0}{\mathrm{d}z} \right) \zeta g,$$

或写成

$$\frac{\mathrm{d}^2 \zeta}{\mathrm{d}t^2} - \frac{g}{\rho_0} \frac{\mathrm{d}\rho_0}{\mathrm{d}z} \zeta = 0. \tag{7.5.6}$$

从常微分方程理论可知,如果 $\mathrm{d}\rho_0/\mathrm{d}z < 0$,方程(7.5.6)就有周期振动解;若 $\mathrm{d}\rho_0/\mathrm{d}z > 0$,方程有发散的指数解.这和我们以前所作的定性分析一致.在前一种情况下,流体的振动频率为

$$N = \sqrt{- \frac{g}{\rho_0} \frac{\mathrm{d}\rho_0}{\mathrm{d}z}}, \tag{7.5.7}$$

它称为**伐萨拉-布隆**(Yäisälä-Brunt) **频率**,在分层流体的波动理论中是一个重要的物理量.即将知道,分层流体中内波的频率以 N 为上限.

下面,我们来研究方程组(7.5.3) ~ (7.5.5) 的化简问题.首先,应当注意到,当对方程式(7.5.4) 取旋度后,可得

$$\rho_0 \frac{\partial \boldsymbol{\omega}}{\partial t} = \nabla \rho_e \times \boldsymbol{g} - \nabla \rho_0 \times \frac{\partial \boldsymbol{v}}{\partial t},$$

其中 $\boldsymbol{\omega} = \nabla \times \boldsymbol{v}$ 为涡量.一般情况下,该式的右方不等于零,即内波中的涡量场是一个非定常场,我们不能像均匀密度流体表面波理论中那样,把波动看做是无旋运动.这一点,大大增加了内波问题的复杂性.

为了简化运动方程组(7.5.3) ~ (7.5.5),我们先将方程(7.5.3) 改写成

$$\nabla \cdot \boldsymbol{v} = \frac{1}{\rho_0} \nabla \cdot (\rho_0 \boldsymbol{v}) - \frac{w}{\rho_0} \frac{\mathrm{d}\rho_0}{\mathrm{d}z} = 0. \qquad (7.5.8)$$

然后,从式(7.5.4),(7.5.5) 和(7.5.8) 中消去速度 $\boldsymbol{v}$,得到方程

$$\frac{\partial^2 \rho_e}{\partial t^2} = \nabla^2 p_e + g \frac{\partial \rho_e}{\partial z}. \qquad (7.5.9)$$

引入一个新变量

$$q = \rho_0 w.$$

则式(7.5.4) 的 z 分量方程可写成

$$\frac{\partial q}{\partial t} = -\frac{\partial p_e}{\partial z} - \rho_e g.$$

借助于式(7.5.9),又可以消去 p_e 而得到

$$\frac{\partial}{\partial t}(\nabla^2 q) + \frac{\partial^2}{\partial t^2}\left(\frac{\partial \rho_e}{\partial z}\right) = g \frac{\partial^2 \rho_e}{\partial z^2} - g \nabla^2 \rho_e.$$

再由上式和方程(7.5.5) 消去 ρ_e,即有

$$\frac{\partial^2}{\partial t^2}(\nabla^2 q) - \frac{\partial^2}{\partial t^2}\left[\frac{\partial}{\partial z}\left(w \frac{\mathrm{d}\rho_0}{\mathrm{d}z}\right)\right] = g\left(\frac{\partial^2}{\partial x^2} + \frac{\partial^2}{\partial y^2}\right)\left(w \frac{\mathrm{d}\rho_0}{\mathrm{d}z}\right).$$

然后,将 $w\mathrm{d}\rho_0/\mathrm{d}z$ 写成

$$w \frac{\mathrm{d}\rho_0}{\mathrm{d}z} = \left(\frac{g}{\rho_0} \frac{\mathrm{d}\rho_0}{\mathrm{d}z}\right)\frac{q}{g} = -\frac{N^2}{g}q,$$

我们就得到关于未知量 q 的一个线性偏微分方程

$$\nabla^2\left(\frac{\partial^2 q}{\partial t^2}\right) + \frac{1}{g} \frac{\partial^2}{\partial t^2}\left[\frac{\partial}{\partial z}(qN^2)\right] + N^2\left(\frac{\partial^2 q}{\partial x^2} + \frac{\partial^2 q}{\partial y^2}\right) = 0. \qquad (7.5.10)$$

这就是小幅度重力内波的基本方程.它虽是一个线性方程,但却具有可变的系数.因此要得到该方程的精确解通常是很困难的.不过,我们仍然能通过对某些特殊情

况的分析,了解重力内波传播的一些基本特性.例如,我们可以假设

$$\frac{1}{\rho_0}\frac{\mathrm{d}\rho_0}{\mathrm{d}z} = -\alpha = 常数. \tag{7.5.11}$$

这种平衡密度分布对应于等温大气或含盐量随深度线性分布的海水情况.此时,N 为常数,方程(7.5.10)就化成一个常系数的线性方程

$$\nabla^2\left(\frac{\partial^2 q}{\partial t^2}\right) + \frac{N^2}{g}\frac{\partial}{\partial z}\left[\frac{\partial^2 q}{\partial t^2}\right] + N^2\left(\frac{\partial^2 q}{\partial x^2} + \frac{\partial^2 q}{\partial y^2}\right) = 0. \tag{7.5.12}$$

因而就能用傅里叶方法分析重力内波问题.

7.5.3 色散关系和群速度

方程(7.5.12)具有平面单色波解

$$q = q_0\mathrm{e}^{\mathrm{i}(k\cdot r - \omega t)}. \tag{7.5.13}$$

将式(7.5.13)代入(7.5.12),我们得到它的色散关系式

$$k^2\omega^2 - \frac{\mathrm{i}k_z N^2}{g}\omega^2 - (k_x^2 + k_y^2)N^2 = 0. \tag{7.5.14}$$

其中 $k^2 = k_x^2 + k_y^2 + k_z^2$.由上式解出的

$$\omega = \omega(k_x, k_y, k_z)$$

是一个复函数,其实数部分才是波动的频率,而虚数部分则构成一个衰减指数.通常有

$$\frac{N^2 k_z}{g} \ll k^2,$$

即有

$$\left|\frac{1}{\rho_0}\frac{\mathrm{d}\rho_0}{\mathrm{d}z}\right| \ll \frac{k^2}{k_z} = \frac{2\pi}{\lambda\cos\theta}. \tag{7.5.15}$$

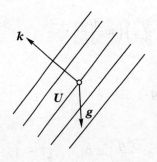

图 7.9　重力内波中的波矢量和群速度

这里 θ 为波矢量 k 与 z 轴的夹角(图7.9).该式表示,平衡流体密度沿 z 方向发生显著改变的尺度 L,远远大于内波的波长 λ.对于海水来说,含盐量变化引起的密度铅直梯度很小,这个条件易得到满足.对于等温大气,已经知道其密度在铅直方向发生显著变化的尺度约为 10^4 m 的量级,故在波长不是太大的情况下,式(7.5.15)也能成立.因此,我们可以略去式(7.5.14)中的虚数项,从而得到

$$\omega = N\frac{(k_x^2 + k_y^2)^{1/2}}{k} = N\sin\theta. \tag{7.5.16}$$

由此有 $\omega \leqslant N$，即内波频率以 N 为上限.特别地，当 $\theta = 0$ 时，解式(7.5.13)中的 $e^{-i\omega t}$ 因子消失，流动成为一种定常运动而非波动.可见分层流体中不可能存在沿重力方向传播的内波.这一结果并不难理解.事实上，就平面单色波来说，速度矢量可以表示成

$$\boldsymbol{v} = \boldsymbol{v}_0 e^{i(\boldsymbol{k}\cdot\boldsymbol{r}-\omega t)}. \tag{7.5.17}$$

由连续方程可以得出

$$\nabla \cdot \boldsymbol{v} = i\boldsymbol{k} \cdot \boldsymbol{v} = 0. \tag{7.5.18}$$

因此，内波是一种横波，流体质点在波阵面内振动.如果内波沿重力方向传播，即波阵面与重力方向垂直，则重力就不可能提供流体质点振动所需的恢复力，也就是说，不可能发生波动.

色散关系式(7.5.16)还表明一个重要事实：相速度

$$c = \frac{\omega}{k} = \frac{N}{k}\sin\theta \tag{7.5.19}$$

不仅与波长有关，还和波矢量的方向 θ 有关.就是说，在连续分层流体中，重力内波的色散具有各向异性的特征.这和前面表面波中色散情况不同，那里表面波总是沿水平方向传播，因而波矢量总是和重力方向垂直，波速与波矢的方向无关，此种色散称为各向同性色散.内波是三维波，波矢量可以和重力方向成任意角度，这就破坏了问题的对称性.从数学上看，在控制方程(7.5.12)中，两个水平方向二阶导数和铅直方向的导数以不同的数学形式出现，这也表明波动物理过程的各向异性.由色散关系式(7.5.16)，可以计算出内波群速度的三个分量

$$\left.\begin{array}{l} U_x = \dfrac{\partial\omega}{\partial k_x} = \dfrac{k_x k_z^2 N}{k^3 \sqrt{k_x^2 + k_y^2}}, \\[3mm] U_y = \dfrac{\partial\omega}{\partial k_y} = \dfrac{k_y k_z^2 N}{k^3 \sqrt{k_x^2 + k_y^2}}, \\[3mm] U_z = \dfrac{\partial\omega}{\partial k_z} = -\dfrac{k_z(k_x^2 + k_y^2)N}{k^3 \sqrt{k_x^2 + k_y^2}}. \end{array}\right\} \tag{7.5.20}$$

由此不难看出

$$\boldsymbol{U} \cdot \boldsymbol{k} = 0, \tag{7.5.21}$$

即群速度和波矢量相互垂直，因而内波的能量不是沿波矢方向传播，而是沿着波阵面内的某个方向传播，事实上，$\boldsymbol{U}$，$\boldsymbol{k}$ 和 $\boldsymbol{g}$ 三个矢量是共面的，$\boldsymbol{U}$ 的方向就是波面上的最陡下降线方向(参看图7.9).

7.6　非线性水波理论简介

线性水波理论只对无限小振幅的水波才是精确的,实际的水波总是有限大振幅;要考虑有限大振幅引起的效应,必须发展非线性的水波理论.

7.6.1　斯托克斯波

非线性水波理论的最早研究,可以追溯到 1847 年斯托克斯的开创性工作. 虽然,他当时仍限于考虑小幅度的水波问题,但却巧妙的处理了 a/λ 的高阶效应,并得出了一些十分重要的结论. 我们下面首先介绍的,就是斯托克斯的早期非线性波理论.

我们假设,所考虑的水波是由静止流体受到扰动而产生的,根据开尔文定理,水波就可以看做无旋流动. 此时,平面波的运动方程是二维的拉普拉斯方程

$$\frac{\partial^2 \varphi}{\partial x^2} + \frac{\partial^2 \varphi}{\partial z^2} = 0. \tag{7.6.1}$$

当不计表面张力时,非线性的边界条件是:

在自由表面上,

$$z = \zeta(x, t), \quad \varphi_z = \zeta_t + \varphi_x \zeta_x, \quad p = p_0. \tag{7.6.2a}$$

在水域底部(假设为水平面),

$$z = -h, \quad \varphi_z = 0. \tag{7.6.2b}$$

我们知道,方程(7.6.1)有下列形式满足底部边界条件的解

$$\varphi(x, z, t) = A\,\mathrm{ch}[k(z + h)]\sin\theta. \tag{7.6.3}$$

其中 $\theta = kx - \omega t$ 是波的相位函数. 应用伯努利方程和自由面动力学条件,有

$$\zeta = -\frac{1}{g}\left[\varphi_t + \frac{1}{2}(\varphi_x^2 + \varphi_y^2)\right]_{z=\zeta}$$

(对比式(7.1.18)),或写成

$$\zeta = \frac{\omega A}{g}\mathrm{ch}[k(\zeta + h)]\cos\theta - \frac{A^2 k^2}{2g}\{\mathrm{ch}^2[k(\zeta + h)]\cos^2\theta + \mathrm{sh}^2[k(\zeta + h)]\sin^2\theta\}.$$

上式表明, ζ 是 θ 的周期性偶函数,因而可以写成傅里叶余弦级数的形式

$$\zeta = \sum_{n=0}^{\infty} \alpha_n \cos n\theta. \tag{7.6.4}$$

在小幅波情况下,可以用逐次逼近的方法求出前面几个系数 α_n,从而给出非线性波的波形表达式.为此,我们假设水域为无限深,于是式(7.6.3)化简成

$$\varphi(x,z,t) = A\mathrm{e}^{kz}\sin\theta. \tag{7.6.5}$$

进一步,不妨考察水流中的一种定常表面波.这种水波可以由匀速水流中固体障碍物的扰动所产生,也可以是随同水中运动物体(如船)一起前进的观察者所看到的物体兴波.定常表面波传播的相速度应和水流速度相等,而波阵面传播的方向与水流速度方向相反.这是日常生活中可以见到的一种波动.

均匀流中定常单色表面波的速度势可写作

$$\varphi(x,z) = -cx + c\beta\mathrm{e}^{kz}\sin kx, \tag{7.6.7}$$

其中 c 为波的相速,β 为一小量.不难看出,对应的流函数为

$$\psi(x,z) = -cz + c\beta\mathrm{e}^{kz}\cos kx. \tag{7.6.7'}$$

于是,就可以由流线 $\psi = 0$ 给出自由方程

$$z = \zeta(x) = \beta\mathrm{e}^{k\zeta}\cos kx. \tag{7.6.8}$$

再用逐次迭代法就能求出式(7.6.4)中的各项系数 α_n.

首先,取一阶近似,即有

$$\zeta_0(x) = \beta\cos kx.$$

接着做下去,有

$$\zeta(x) = \beta\cos kx \cdot \mathrm{e}^{k\zeta_0(x)} = \beta\cos kx(1 + k\beta\cos kx)$$

$$= \frac{1}{2}k\beta^2 + \beta\cos kx + \frac{1}{2}k\beta^2\cos 2kx,$$

$$\zeta_2(x) = \beta\cos kx \cdot \mathrm{e}^{k\zeta_1} = \beta\cos kx\left(1 + k\zeta_1 + \frac{1}{2}k^2\zeta_1^2 + \cdots\right)$$

$$= \frac{1}{2}k\beta^2 + \beta\left(1 + \frac{9}{8}k^2\beta^2\right)\cos kx + \frac{1}{2}k\beta^2\cos 2kx$$

$$+ \frac{3}{8}k^2\beta^2\cos 3kx + O(\beta^4),$$

$$\cdots\cdots\cdots$$

准确到三阶小量,我们得到水波自由面的方程是

$$z - \frac{1}{2}ka^2 = a\cos kx + \frac{1}{2}ka^2\cos 2kx + \frac{3}{8}k^2a^3\cos 3kx, \tag{7.6.9}$$

其中

$$a = \beta\left(1 + \frac{9}{8}k^2\beta^2\right). \tag{7.6.10}$$

可以看做水波的振幅,波形如图 7.10 所示.自由面波形函数(7.6.9)表明,存在波

形为非简谐的周期性变化的有限振幅表面波.

图 7.10 斯托克斯波的自由面形状

我们再来考察这种非线性水波的色散特性.为此,仍然要应用自由表面上的边界条件.首先写出水波中流体质点的速度分量

$$u = -c + c\beta k e^{kz} \cos kx,$$
$$w = c\beta k e^{kz} \sin kx.$$

速度大小的平方值为

$$v^2 = c^2 [1 - 2k\beta e^{kz} \cos kx + k^2 \beta^2 e^{2kz}].$$

由表面流线应用伯努利方程

$$\left(\frac{p}{\rho} + gz + \frac{v^2}{2}\right)_{z=\zeta} = 常数$$

和动力学边界条件 $z = \zeta$ 时,$p = p_0$,就得到

$$\frac{p_0}{\rho} = 常数 - g\zeta - \frac{c^2}{2}[1 - 2k\beta e^{k\zeta} \cos kx + k^2 \beta^2 e^{2k\zeta}].$$

注意到其中的 c 为常数和 $\beta e^{k\zeta} \cos kx = \zeta$,上式可写成

$$\frac{p_0}{\rho} = 常数 + (kc^2 - g - k^3 c^2 \beta^2)\zeta + \cdots. \tag{7.6.11}$$

因为 ζ 为变量,从而应有

$$kc^2 - g - k^3 c^2 \beta^2 = 0.$$

这样,我们就得到斯托克斯波的色散关系

$$c^2 = \frac{g}{k} + k^2 c^2 \beta^2,$$

或者写为

$$c^2 = \frac{g}{k}(1 - k^2\beta^2)^{-1} = \frac{g}{k}(1 + k^2 a^2). \tag{7.6.12}$$

这一结果表明,非线性波的传播速度不仅依赖于波长,而且和振幅有关.

由式(7.6.10)和(7.6.12)引出的两点结论,是斯托克斯关于水波研究的主要贡献,在非线性水波理论中至今依然具有极其重要的价值.

细致地考察一下图 7.10 中的波面形状可以发现:在波峰附近,波形变化比较陡急,而在波谷附近则相对平缓.振幅越大,这种特征越为突出.当振幅增大到一定程度时,波峰就会蜕变成为一个尖角形状的曲线.这是在水波面上不难看到的一种情况. 有趣的是,我们可以用很简单的分析确定出这种极限状态下波峰附近的波形曲线(图 7.11).

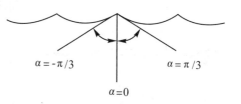

取极坐标系 (r, α),将波峰顶点作为原点,铅直向下的直线作为极轴($\alpha = 0$),波峰附近无限小角形域内势流的流函数就可写为

图 7.11　临界状态下斯托克斯波的波峰形状

$$\psi(r, \alpha) = cr^m \cos ma, \qquad (7.6.13)$$

其中 m 为一待定常数. 令自由面流线方程为 $\psi = 0$,由此可得 $ma = \pm \pi/2$. 另一方面,该邻域内质点的速度为

$$U = \sqrt{\psi_0^2/r^2 + \psi_r^2} = mcr^{m-1}.$$

再由伯努利方程,对自由面上两点应有

$$\frac{p_0}{\rho} + gz_0 + \frac{v_0^2}{2} = \frac{p_0}{\rho} + gz + \frac{v^2}{2},$$

其中下标 0 表示角点,故有 $v_0 = 0$. 于是得到自由面上角点附近质点的速度为

$$v = \sqrt{2g(z - z_0)} = \sqrt{2g}\, r^{1/2} \cos^{1/2}(\pi/2m).$$

对比 v 的两个表达式,可得 $m = 3/2$. 因此,角域的两边应为

$$\alpha = \pm \pi/3. \qquad (7.6.14)$$

这表明,极限条件下,波峰附近的自由面形成 $120°$ 的张角,这一结果和实验观测值大体符合. 当超过振幅的极限条件时,波峰附近就会有浪花溅出,此时,斯托克斯的非线性水波理论就不再适用了.

7.6.2　非线性浅水波·孤立波

非线性波理论的另一个重要领域是浅水波理论,这方面的研究工作近年来获得了重大的进展. 在线性水波理论中,我们已经知道浅水波没有色散效应. 但是,严格讲来,这种说法只是在 a/h 和 h/λ 同时趋于无限小的情况下才成立;而实际上,无论 a/h 还是 h/λ 总是有限大的,所以,在非线性的浅水波理论中必须考虑水波的色散效应.

设浅水波的自由表面为

$$z = \zeta(x, t) + h. \qquad (7.6.15)$$

流体质点的速度为 $u(x, t)$. 我们曾在线性近似下将欧拉方程写成

$$\rho \frac{\partial u}{\partial t} = -\frac{\partial p_e}{\partial x}. \qquad (7.6.16)$$

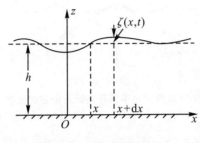

图 7.12　非线性浅水波

将式(7.1.17) 代入上式,有

$$\frac{\partial u}{\partial t} = -g\frac{\partial \zeta}{\partial x}. \qquad (7.6.17)$$

另一方面,浅水平面波中的连续方程可表示为(参看图 7.12)

$$\frac{\partial}{\partial t}\big[(\zeta + h)\mathrm{d}x\big] = -\frac{\partial}{\partial x}\big[(\zeta + h)u\big]\mathrm{d}x,$$

略去二阶以上的小量后,就得到

$$\frac{\partial \zeta}{\partial t} + \frac{\partial}{\partial x}(hu) = 0. \qquad (7.6.18)$$

从式(7.6.17) 和(7.6.18) 消去速度 u,可得出波面方程

$$\frac{\partial^2 \zeta}{\partial t^2} - c_0^2\frac{\partial^2 \zeta}{\partial x^2} = 0, \qquad (7.6.19)$$

其中 $c_0 = \sqrt{gh}$ 是线性近似下浅水波的相速度.方程(7.6.19) 的一般解是

$$\zeta(x,t) = f(x - c_0 t) + g(x + c_0 t). \qquad (7.6.20)$$

上式右边第一项表示右行波,第二项表示左行波.这两项分别满足**简单波**方程

$$\zeta_t \pm c_0 \zeta_x = 0. \qquad (7.6.20')$$

现在,我们来考虑水域的有限深度和有限振幅所引起的非线性色散效应.首先,我们考察有限深水域中小幅线性波的相速度表达式

$$c = \sqrt{\frac{g}{k}\mathrm{th}(kh)}.$$

当 $h \ll \lambda$ 时,上式的一阶近似就是无色散的相速度公式 $c_0 = \sqrt{gh}$.如果进一步计及 h/λ 的三阶效应,则得到另一个相速度表达式

$$c = c_0\Big(1 - \frac{1}{6}k^2 h^2\Big). \qquad (7.6.21)$$

不难验证,具有上述色散性质的右行简单波方程是

$$\zeta_t + c_0\zeta_x + \frac{1}{6}c_0 h^2 \zeta_{xxx} = 0. \qquad (7.6.22)$$

我们现在要解决的问题是,当振幅为有限小时,在三阶浅水近似下计及振幅非线性效应的水波问题应采用何种数学模型?也就是说,我们要寻求与式(7.6.22) 相对应的非线性浅水波方程.

为此,我们须从非线性浅水波的欧拉方程组出发.考察方程

$$\left.\begin{aligned} &\zeta_t + \big[u(\zeta + h)\big]_x = 0,\\ &u_t + uu_x + g\zeta_x = 0. \end{aligned}\right\} \qquad (7.6.23)$$

直接验证可知,该方程组有一个积分

$$u(x,t) = 2\sqrt{g(\zeta+h)} - 2\sqrt{gh}. \tag{7.6.24}$$

将式(7.6.24)代入式(7.6.23)中的连续方程,得到

$$\zeta_t + \left[3\sqrt{g(h+\zeta)} - 2\sqrt{gh}\right]\zeta_x = 0.$$

将上式按小量 ζ/h 展开,并取到 ζ/h 的一阶项,得到一个近似方程

$$\zeta_t + c_0\left(1 + \frac{3}{2}\frac{\zeta}{h}\right)\zeta_x = 0. \tag{7.6.25}$$

对比方程(7.6.22)和(7.6.25)并注意到前者是在 h/λ 的展开式中多考虑了一项,后者则是在 ζ/h 的展开式中多考虑了一项.因此,若同时考虑浅水波的高阶色散效应和非线性效应,就应将方程写作

$$\zeta_t + c_0\left(1 + \frac{3}{2}\frac{\zeta}{h}\right)\zeta_x + \frac{1}{6}c_0 h^2 \zeta_{xxx} = 0. \tag{7.6.26}$$

这个方程称为 K-dV 方程,是考特威和狄弗里斯(Korteweg-de Vries)在 1895 年建立的.

现在,我们来寻求 K-dV 方程具有不变波形和不变传播速度的解.设它的数学形式为

$$\zeta(x,t) = hf(X), \tag{7.6.27}$$

这里 $X = x - Ut$,U 是波的行进速度.将式(7.6.27)代入方程(7.6.26),就得到 f 满足的常微分方程

$$\frac{1}{6}h^2 f''' + \frac{3}{2}ff' - \left(\frac{U}{c_0} - 1\right)f' = 0.$$

积分两次可得

$$\frac{1}{3}h^2 f'^2 + f^3 - 2\left(\frac{U}{c_0} - 1\right)f^2 + 4Gf + H = 0,$$

其中 G 和 H 为两个积分常数.如果将 f 函数在 $X \to \pm\infty$ 时的边界条件取为 $f(\infty) = 0$ 和 $f'(\infty) = 0$,则可确定 $G = H = 0$.此时,方程简化为

$$\frac{1}{3}h^2 f'^2 = f^2(\alpha - f),$$

其中 $\alpha = 2(U/c_0 - 1)$.显然,当 $f = \alpha$ 时,出现 $f(X)$ 的一个极值.我们取坐标系使极值处为 $X = 0$,从而可确定出 K-dV 方程的解为

$$\zeta(x,t) = \zeta_0 \text{sech}^2\left[\left(\frac{3\zeta_0}{4h^3}\right)^{1/2}(x - Ut)\right], \tag{7.6.28}$$

其中

$$\zeta_0 = 2h\left(\frac{U}{c_0} - 1\right). \tag{7.6.29}$$

这个解就是有名的**孤立波**,它的波形如图 7.13 所示.该孤立波具有一个波峰,它的运动不表现周期性,波形和波速也不随时间改变.在 19 世纪中叶,英国学者斯考特·鲁塞尔(Scott Russel)首先发现了这种孤立波,后来陆续有许多著名学者对此进行了研究.近年来,由于许多其他学科也发现了孤立子,再一次兴起了研究孤立波的热潮.孤立波在技术领域中的应用价值也受到了人们越来越大的关注,成为非线性波研究中一个十分活跃的领域.

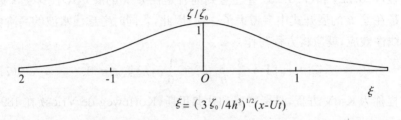

图 7.13　孤立波的波形

第 8 章　　旋 涡 运 动

在上述几章中,我们着重从流体动力学方程出发分析速度场和压强场的变化,并用惯性力、压强差、重力和黏性力等来阐述流体运动的根源.在这一章里,我们将扩展自己的视野,从涡量动力学和旋涡运动规律的角度来描述流体的运动.在很多情况下,用涡量更能揭示流体运动的本质特征,特别是当流体做大雷诺数运动时,黏性作用很弱,涡量通常集中在流场有限的区域中,这时用涡量来描述流体的运动更显示出其优越性.

我们知道,涡量 $\boldsymbol{\omega} = \nabla \times \boldsymbol{v}$ 是有严格的数学定义的.但旋涡一词却并非如此,可以粗略地说,**旋涡**就是一群绕公共中心旋转的流体微团.按照这种说法,我们立刻就会从观察中得出结论:整个自然界充满了旋涡.从直径为 10^{-8} cm 液氦中的量子涡,直到直径为 5 万光年的旋涡星云,都是旋涡运动的例子.飓风、台风、气旋以及大气和海洋中的环流是地球周围常见的旋涡,在飞行器、发动机燃烧室、离心机、锅炉、桥梁以及各种水利设施等所涉及的流动中同样会观察到千姿百态的旋涡运动.研究涡量动力学和旋涡运动对天体物理、大气、海洋、地学、能源、交通、航空和航天、生物工程、建筑等各个方面都有重要的应用价值.显而易见,涡量和旋涡运动在流体力学中占据着重要的位置,著名的流体力学家柯奇曼(Kucheman)曾经说过:"旋涡是流体运动的肌腱".这一章的学习,将使我们领会到这一名言的真谛.

在本章我们首先从涡量动力学方程出发,分析涡量产生的物理机理,然后介绍几种典型的旋涡运动,如兰金涡、奥森(Oseen)涡、希尔(Hill)球涡、涡环、涡列和涡街,以及机翼的涡系等.最后讨论地转运动.

8.1　涡量场演化的物理机制

涡量 $\boldsymbol{\omega} = \nabla \times \boldsymbol{v}$ 表征着流体微团的旋转运动,其值为该流体微团瞬时角速度的两倍.在流体运动过程中,涡量场的变化为涡量动力学方程所制约.在第5章,我们已经推导出斜压黏性流体的涡动力学方程

$$\frac{\mathrm{d}\boldsymbol{\omega}}{\mathrm{d}t} = (\boldsymbol{\omega} \cdot \nabla)\boldsymbol{v} - \boldsymbol{\omega}(\nabla \cdot \boldsymbol{v}) + \frac{1}{\rho^2}\nabla\rho \times \nabla p + \nu\nabla^2\boldsymbol{\omega} + \nabla \times \boldsymbol{F}. \qquad (8.1.1)$$

该方程又称作**弗里德曼-赫姆霍兹**(Хридман-Helmholtz)**方程**,它是研究涡动力学的基本方程,在流体力学中具有和动力学方程同样的重要性.涡量动力学方程右端的五项分别揭示了流体质点在运动过程中涡量发生变化的各种物理机制.我们现在就来逐项地进行考察.

第一项:$(\boldsymbol{\omega} \cdot \nabla)\boldsymbol{v}$.为了考察这一项的物理意义,我们取流场中任一点 P,过该点作一条瞬时涡线 PA(图8.1).再取涡线上和 P 点邻近的另一点 Q,Q 点相对于 P 点的速度为 $\delta\boldsymbol{v}$,它可分解为平行和垂直于 $\boldsymbol{\omega}$ 的两个分量 $\delta\boldsymbol{v}_{/\!/}$ 和 $\delta\boldsymbol{v}_{\perp}$.于是

$$(\boldsymbol{\omega} \cdot \nabla)\boldsymbol{v} \approx |\boldsymbol{\omega}| \lim_{PQ \to 0}\frac{\delta\boldsymbol{v}}{PQ} = |\boldsymbol{\omega}| \lim_{PQ \to 0}\frac{\delta\boldsymbol{v}_{/\!/}}{PQ} + |\boldsymbol{\omega}| \lim_{PQ \to 0}\frac{\delta\boldsymbol{v}_{\perp}}{PQ}.$$

容易看出,$\delta\boldsymbol{v}_{/\!/}/PQ$ 是 P 点上沿涡线方向在单位时间内的相对伸长(或缩短).当该项不等于零时,涡管将拉伸或缩短,转动惯量将减小或变大,转动角速度随之变大或减小.因此,这一项是由于涡管拉伸引起的涡量变化.由于第二项 $\delta\boldsymbol{v}_{\perp}/PQ$ 的存在,垂直于涡线的质点速度分量将沿涡线方向发生变化(图8.2),使原来的涡线发生扭曲,从而也导致该涡线上的涡矢量随时间发生变化.

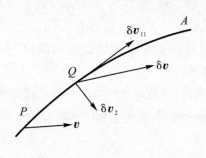

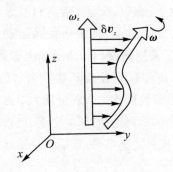

图8.1　瞬时涡线 PA　　　　图8.2　涡线方向的变化

这两项结合起来表明,由于流场速度空间分布不均匀,涡线将会发生拉伸和扭曲,导致涡量场的变化.

第二项:$-(\nabla \cdot \boldsymbol{v})\boldsymbol{\omega}$,称作散度项.流体质点在流动过程中其体积的收缩($\nabla \cdot \boldsymbol{v} < 0$)或膨胀($\nabla \cdot \boldsymbol{v} > 0$),将使涡量发生变化.这是由于流体质点体积的变化改变了它的转动惯量.当流体体积增加时,转动惯量增加.因此,转动角速度减小,即涡量减小;反之亦然.体积的变化仅改变转动角速度的大小,而涡量的方向并不变化.

第三项:$\dfrac{1}{\rho^2}\nabla\rho \times \nabla p$.该项不等于零表示热力学变量中有两个独立变量,具有这种性质的流体称作**斜压流体**;反之,只有一个独立热力学变量的流体称为**正压流体**.关于正压流体的性质,前几章中曾多次讨论过.对于斜压流体,由于密度不是压强的单值函数,于是等密度面和等压面不重合而斜交,$\nabla\rho \times \nabla p \neq 0$对涡量的产生就有贡献.地球周围的大气和海洋都是斜压流体.我们知道,大气的压强和密度都随着距地面高度的增加而减小,但若考虑到温度和湿度对密度的影响,等压面和等密度面并不重合,因此,大气通常是斜压流体.海水随着深度的增加,压强和密度都在增加.若考虑到海水中盐分分布不均匀,等压面和等密度面也不重合.严格说来,海水也是斜压流体.著名的气象学家伯耶克内斯(Bjerknes)分析了斜压性和涡量(环量)产生之间的关系,被称作**伯耶克内斯定理**.他指出:由于等压面与等容面不重合,相差单位值的等压面和等容面就围成一个"等压等容管".取一个该管的正截面,截出两条等压线和等容线.图8.3中用箭头标出了$\nabla(\rho^{-1})$和∇p的方向.又根据涡量动力学方程,由$\nabla(\rho^{-1}) \times \nabla p$形成的力偶矩就使得在该管内有顺时针方向的涡量产生,并且

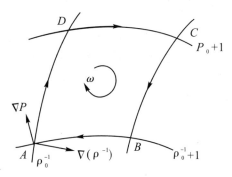

图8.3 等压等容线

单位时间内沿该管的周线$ABCD$的环量将有单位值的变化.

应用伯耶克内斯定理,可以说明地球周围大气和海洋环流的产生以及许多气象现象.例如赤道国家的贸易风就可以用这种方法来分析.考虑环绕地球的大气层,设大气是干燥的,压强p、密度ρ和温度T满足完全气体状态方程$p = \rho RT$,并假定地球是圆球,近地面处赤道与北极的压强相同,地面附近等压面是以地心为中心的球面.由于北半球不同纬度的地方受到太阳照射不同,同一高度下,赤道要比北极温度高.因此,大气密度由北极向赤道逐渐减小,等密度面将自赤道开始向上

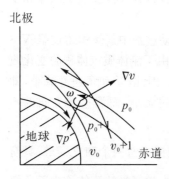

图 8.4　贸易风的形成

倾斜直至北极(图 8.4). 同时,由于极地与赤道大气密度不同,压强随高度的递降率也不同,随着远离地面,等压面也要发生自极地开始到赤道的向上倾斜,因而,等压面和等密度面不重合. 按照伯耶克内斯定理,随着时间推移,将产生涡量,伴随着涡量将出现逆时针方向的大气环流,空气从大气底层由北纬流至赤道附近,在那里上升;然后再从大气上层流回北极. 这就是气象学中在赤道国家出现的贸易风. 同样地,我们可以分析在冬天和夏天由于大陆及海洋的不均匀加热引起的季风,海边上白天和黑夜地面与水面不均匀加热产生的海陆风等现象. 对于海洋环流,可以举出地中海的例子. 由于地中海海水的盐分比黑海的大,它将沿着海水下部从爱琴海穿过达达尼尔海峡和波斯普鲁斯海峡进入黑海;同时黑海海水沿着海水上层经海峡流入地中海. 这些都是由于流体的斜压性而产生的环流.

导致涡量发生变化的第四项是: $\nu \nabla^2 \boldsymbol{\omega}$,它是黏性扩散项. 我们在第 4 章中已经提到过由于流体的黏性引起的涡量扩散,即涡量因流体的黏性而产生,因黏性而扩散,最终又因黏性而耗散. 在本章 8.2 节中还将详细讨论黏性的作用.

导致涡量发生变化的第五项: $\nabla \times \boldsymbol{f}$. 如果体积力 $\boldsymbol{f}$ 有势, $\boldsymbol{f} = -\nabla \varphi$,则该项为零,因此这一项的物理意义表征着非保守体积力对涡量的贡献:当运动流体受到非保守的体积力作用时,就会有涡量产生. 非保守的体积力通常出现在非惯性坐标系的运动方程中,例如旋转的地球坐标系. 在本章最后一节我们再详细地讨论这个问题.

8.2　涡量沿壁面的产生和黏性扩散

对于不可压缩正压流体绕物体流动的情形,若体积力有势,则物体表面是涡量的唯一来源. 这个重要的事实直接和黏性流体壁面上的无滑移边界条件相联系,即和壁面附近流体的黏性剪切应力有关. 为了便于分析,考虑平板附近的流动,设 P 点是平板上一点, x 轴取做沿流线方向, y 轴沿法线方向. 根据无滑移边界条件,在壁面上有

$$u = 0, \quad v = 0, \quad w = 0;$$

$$\frac{\partial u}{\partial x} = \frac{\partial v}{\partial x} = 0, \quad \frac{\partial w}{\partial z} = 0, \quad \frac{\partial v}{\partial y} = 0.$$

这是根据连续性方程得到的.此时壁面上剪切应力为 $\tau_w = \mu \dfrac{\partial u}{\partial y}$.按照涡量的定义,

在壁面上的涡量为 $\omega_z = -\dfrac{\partial u}{\partial y}$.因此

$$\tau_w = -\mu\omega_z.$$

一般情形下,对于不可压缩流动有

$$\tau_w = -\mu \boldsymbol{n} \times \boldsymbol{\omega}. \tag{8.2.1}$$

由此可见,壁面上的涡量直接和壁面的剪切应力联系着.壁面剪切应力的大小是由黏性流体的无滑移边界条件所制约.我们可以这样来设想物面产生涡量的过程:设在 $t = t_0$ 时刻流场无旋,则可用无旋流方程求解流场,所得到的无旋场唯一地由物面法向速度的边界条件所决定,而无滑移边界条件一般不能得到满足,结果在物面上会形成非零的相对切向速度以及伴随的极大剪切力,必然会在物面上"搓"出足够大的涡量,使它诱导的速度与无旋解组合起来恰好能消除相对切向速度.可见,物面是通过黏性流体的无滑移物面边界条件而产生涡量的,又由于黏性,这些产生了的涡量将扩散到流体内部,并因对流而带往下游.因此,可以说,流体质点在壁面上没有平动速度,但具有"旋转"角速度.

我们已经得到了壁面上的涡量,但壁面的涡量只有在黏性作用下,才能进入流体内部.为了确定有多少涡量从壁面上产生并进入流体中,我们定义一个新的物理量,称为**涡量通量**,记作 $\boldsymbol{\sigma}$.类似于以前定义过的质量通量、能量通量,涡量通量的定义是

$$\boldsymbol{\sigma} = -\frac{\partial}{\partial \boldsymbol{n}}(\mu\boldsymbol{\omega}), \tag{8.2.2}$$

其中 $\boldsymbol{n}$ 是物面的单位法向矢量,负号的意义是沿外法线方向离开物面时,涡量绝对值将减小,它的最大值发生于物面.

考虑不可压缩流体的纳维-斯托克斯方程

$$\frac{\partial \boldsymbol{v}}{\partial t} + (\boldsymbol{v} \cdot \nabla)\boldsymbol{v} = -\frac{1}{\rho}\nabla p - \nu \nabla \times \boldsymbol{\omega}. \tag{8.2.3}$$

在壁面上,$\boldsymbol{v} = \boldsymbol{0}$,则

$$\nabla p = -\mu \nabla \times \boldsymbol{\omega}, \tag{8.2.4}$$

用矢量 $\boldsymbol{n}$ 对上式两边作矢量积

$$\boldsymbol{n} \times \nabla p = -\boldsymbol{n} \times \nabla \times (\mu\boldsymbol{\omega}),$$

将右端展开,并注意到 $\nabla \cdot \boldsymbol{\omega} = 0$,则有

$$\boldsymbol{\sigma} = -\boldsymbol{n} \times \nabla p. \tag{8.2.5}$$

因此,壁面压强梯度的存在是壁面涡量进入流体的必要条件.为什么涡量通量会和沿壁面的压强梯度联系在一起呢?由流体动力学方程可以看出,在壁面上,动力学方程中含有速度的项皆为零,只余下压强梯度和黏性剪切应力平衡.

当涡量进入流体以后,由于黏性作用,它将扩散,黏性输运总是减小物理量分布的不均匀程度,结果是使涡量趋于均衡分布;同时,如果将带涡量的流动看做流体的旋转运动,这种运动的动能也会因黏性作用而耗散成热能,直至旋涡"最终"消失为止.总之,涡量因黏性流体的无滑移边界条件而产生,因黏性而扩散,又因黏性而耗散.这就是我们的结论.

8.3　几种基本的旋涡流动

8.3.1　位势涡和兰金涡

在第 6 章无黏流体位势流理论中,我们曾讨论过最简单的旋涡模型 —— 二维位势涡,即一条无穷长的直线涡.在垂直于涡线的平面上看,它是一个二维点涡,其诱导速度为

$$v = \Gamma/2\pi r. \tag{8.3.1}$$

二维位势涡是既满足欧拉方程同时又满足纳维-斯托克斯方程的一个环量守恒解.这是因为既然存在速度势 φ 使得 $\boldsymbol{v} = \nabla \varphi$,且 $\nabla^2 \varphi = 0$,则也有 $\nabla^2 \boldsymbol{v} = 0$,从而不可压 N-S 方程中的黏性项总是消失的.

二维位势涡虽然简单,但具有基本的重要性,在大雷诺数的情形下,只要涡核足够细,它对 $r \neq 0$ 处的速度分布就是一个很好的近似.但这个解在 $r \to 0$ 附近离真实物理情形太远,完全不能表示实际旋涡运动中最重要的涡核结构,尤其是按式 (8.3.1) 计算出来的流场总动能为无穷大,显然是不现实的.对二维位势涡模型的最简单的改进模型是**兰金复合涡模型**.

在第 4 章中已经介绍过兰金复合涡,它是一个简化的有核旋涡模型.涡核是半径为 a 的刚性旋转圆柱,在涡核内部假设涡量分布是均匀的,在涡核外部周向速度遵从位势涡的规律.a 称为**涡核半径**.兰金涡的速度分布为

$$v = \begin{cases} \dfrac{\omega}{2}\,r, & r \leqslant a, \\[2ex] \dfrac{\omega}{2}\,\dfrac{a^2}{r}, & r > a. \end{cases} \tag{8.3.2}$$

在图8.5中描绘出兰金涡的速度分布.在半径为 a 的圆内,流体以 $\omega/2$ 的角速度作刚体旋转,圆外,其速度相当于强度 $\Gamma = \omega\pi a^2$ 的位势涡诱导出的速度.

兰金涡具有 $r = 0, v = 0, \Gamma = 0$ 以及涡心附近 $v(r)$ 线性增长的特性,这是固体涡核乃至任何黏性流体涡核的共同特征,因此是真实旋涡的一个既简单又能反映涡核特征的模型.例如,自然界中热带气旋(飓风,台风)是大尺度圆柱形旋涡的例子,其直径可达 $200 \sim 800$ km.在大范围内,风力可达飓风程度,但是却存在一个直径为 $20 \sim 40$ km 的中心区域,称为"暴风眼",在那里大气运动是相当平缓

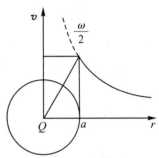

图 8.5　兰金涡的速度分布

的.但是兰金涡本质上仍然是一个无黏旋涡模型,并未真正涉及黏性效应,只是巧妙地利用了无黏刚性旋涡也是 N-S 方程的解这个事实.所以涡核半径 a 只能由实验或经验加以确定.

设想在具有自由面的不可压缩流体中产生一兰金涡,自由面上大气压设为 P_a,我们来计算兰金涡内的压强分布及自由面形状.

已知定常有旋流的欧拉方程可写为

$$\nabla\left(\frac{p}{\rho} + \frac{1}{2}v^2 + gz\right) = \boldsymbol{v} \times \boldsymbol{\omega}. \tag{8.3.3}$$

在二维流动情形下,$\boldsymbol{v}$ 和 $\boldsymbol{\omega}$ 垂直,$\boldsymbol{v}$ 可以用流函数 ψ 来表示,且 $\boldsymbol{v} \times \boldsymbol{\omega} = \omega \nabla \psi$,因此二维有旋流伯努利方程可以写成

$$p + \frac{\rho}{2}v^2 + \rho g z + \rho\int\omega\,\mathrm{d}\psi = C. \tag{8.3.4}$$

将式(8.3.4)应用到兰金涡,为此把式(8.3.2)和 $\mathrm{d}\psi = -v\mathrm{d}r$ 代入到方程(8.3.4)中,经过积分,得到压强分布

$$p(r,z) = \begin{cases} P_a - \rho g z - \dfrac{a^2\omega^2\rho}{4}\left(1 - \dfrac{r^2}{2a^2}\right), & r < a, \\[2ex] P_a - \rho g z - \dfrac{\omega^2 a^4\rho}{8r^2}. & r > a. \end{cases} \tag{8.3.5}$$

自由面上,$p(r,z) = P_a$,由此可以得到自由面形状

$$z = \begin{cases} -\dfrac{\omega^2}{8g}(2a^2 - r^2), & r < a, \\ -\dfrac{\omega^2}{8g}\,\dfrac{a^4}{r^2}, & r > a \end{cases} \tag{8.3.6}$$

是等压面,即自由面的形状见图 8.6. 旋转角速度愈大,涡核处自由面下陷得愈厉害,足够大的角速度会形成空心涡. 兰金涡的速度及压强分布与气象学中的台风旋涡非常相似,因而经常将兰金涡作为台风的初步近似的理论模型.

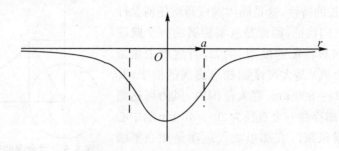

图 8.6   兰金涡引起的自由面变化

8.3.2   奥森(Oseen)涡和泰勒(Taylor)涡

二维位势涡和兰金涡是无黏定常旋涡. 当考虑到黏性作用时,它们都是不现实的. 因为黏性的耗散作用,要维持定常涡,必须持续向旋涡输送能量. 特别是二维位势涡,当 $r \to 0$ 时有无穷大的耗散,要维持这种定常的旋涡运动更是不可想象的. 总之,考虑到黏性效应,实际旋涡运动都是非定常的,其中最简单的模型是奥森涡和泰勒涡.

奥森涡是奥森于 1912 年提出的. 问题可以表述为:一个二维位势点涡从 $t = 0$ 时开始遵从黏性流体运动的规律演化,如何确定 $t > 0$ 时旋涡的行为. 不难看出,这就是我们在第 4 章中讨论过的二维位势涡在黏性流体中的耗散问题. 直接引用式 (4.4.29),就给出奥森涡的周向速度分布为

$$v = \frac{\Gamma_0}{2\pi r}[1 - \exp(-r^2/4\nu t)]. \tag{8.3.7}$$

奥森涡又称兰姆(Lamb)涡. 从速度分布可见,当 $t = 0$ 时或 $\nu = 0$ 时,我们回到了位势涡;当 $r^2 \gg 4\nu t$ 时,解的远场渐近行为也接近位势涡. 当 $r \to 0$ 时,有 $v \sim \dfrac{\Gamma}{8\pi\nu t}r$,近似呈现固体旋转的行为. 因此,奥森涡提供了一个非定常外部势流向固体状涡核的光滑过渡. 这两个区域在 $r_0 \sim \sqrt{4\nu t}$ 附近会合,因此可以认为 r_0 是涡核尺

度的度量.

事实上,奥森涡是一簇满足纳维-斯托克斯方程二维旋涡解中最简单的一个. 泰勒(Taylor G I)发现的另一个旋涡解的速度分布为

$$v = \frac{H}{4\pi} \frac{r}{\nu^2 t^2} \exp(-r^2/4\nu t), \tag{8.3.8}$$

称作**泰勒涡**. 式中 H 是常数,其物理意义为旋涡的角动量 M,因为

$$M = \int_0^\infty 2\pi r \rho v r \, \mathrm{d}r = \rho H.$$

相比较,奥森涡的角动量都为无穷大.泰勒涡的涡量分布满足关系

$$\omega = \frac{H}{4\pi \nu t^2} \left(1 - \frac{r^2}{4\nu t}\right) \exp(-r^2/4\nu t). \tag{8.3.9}$$

实际上,将奥森涡的涡量分布对时间求一次导数,就得到该式.泰勒涡当 $t = 0$ 时环量为零,但总能量、总角动量和能量耗散都是有限的,而奥森涡的总能量、角动量、能量耗散都是无穷大,因此,泰勒涡要比奥森涡来得更接近实际情形.

8.3.3　希尔(Hill)球涡

现在来分析轴对称流动情形.取圆柱坐标系 (r, θ, z),其中 z 为对称轴.由于是轴对称流动,$v_\theta = 0$,因此涡量 $\omega = \omega(0, \omega_\theta, 0)$,它总是和速度矢量相垂直.此时涡线不是直线,而是以 z 轴为中心的一族同心圆.先考虑无黏流体的旋涡运动,它满足赫姆霍兹涡量保持定理.设某一无限小截面涡管的半径为 r,涡管截面积为 δS,由环量守恒定理有 $\delta \Gamma = \omega \delta S = $ 常数;又因为涡管中的流体为一物质体系,由质量守恒定律应有 $2\pi r \delta S \cdot \rho = $ 常数.所以,对轴对称不可压缩旋涡运动,圆形涡线上的涡量与圆半径成正比,即

$$\omega/r = 常数 = -K. \tag{8.3.10}$$

利用 8.1 节涡动力学方程,我们来分析一下这种旋涡运动中涡量的变化特点. 由于是定常运动,涡量的变化仅有对流项,即

$$\frac{\mathrm{d}\omega_\theta}{\mathrm{d}t} = v_r \frac{\partial \omega_\theta}{\partial r} = -Kv_r.$$

故对于不可压缩轴对称流动,无黏定常流涡量方程简化为

$$(\omega \cdot \nabla) v \,|_\theta = \omega_\theta \frac{v_r}{r} = -Kv_r. \tag{8.3.11}$$

如果计算一下这种流动的涡量扩散,则有

$$\nu \nabla^2 \omega_\theta = \nu \frac{\mathrm{d}}{\mathrm{d}r} \left(\frac{1}{r} \frac{\mathrm{d}}{\mathrm{d}r}(r\omega_\theta)\right) = 0.$$

因此,即使考虑黏性,涡量的扩散效应也不存在. 涡量的对流导致涡线的伸缩,涡量的增减是涡线伸缩的结果. 在上述分析中,并未对 v_r 作任何限制,任意圆形涡线运动都会有此结果,仅要求涡量与半径成正比.

引进斯托克斯流函数 ψ,其中

$$v_z = \frac{1}{r}\frac{\partial \psi}{\partial r}, \qquad v_r = -\frac{1}{r}\frac{\partial \psi}{\partial z},$$

则流函数 ψ 和涡量 ω 之间为下列方程所制约

$$\frac{\partial^2 \psi}{\partial r^2} - \frac{1}{r}\frac{\partial \psi}{\partial r} + \frac{\partial^2 \psi}{\partial z^2} = rw. \tag{8.3.12}$$

希尔(1894)曾指出该方程存在着在球面 $r^2 + z^2 = a^2$ 上 $\psi = 0$ 的解

$$\psi = \frac{1}{10}Kr^2(r^2 + z^2 - a^2). \tag{8.3.13}$$

式(8.3.13)描述了在半径为 a 的球内部,涡量分布与半径 r 成正比的旋涡运动,通常称作**希尔球涡**. 由式(8.3.13)可得球面上的速度分布

$$v = (v_r^2 + v_z^2)_{r=a}^{1/2} = \frac{K}{5}ar. \tag{8.3.14}$$

假设沿 z 轴有一均匀来流绕过该球,无穷远处速度为 U,由无黏流体的绕球运动解,球面上速度为 $v = \frac{3}{2}U\frac{r}{a}$. 令其与式(8.3.14)相等,可以把常数 K 定下来,$K = \frac{15}{2}U/a^2$. 此时球外是无旋流体运动,球内是涡量分布为 $\omega = -Kr$ 的有旋流体运动. 图 8.7 是球涡内外流线和涡线的示意图.

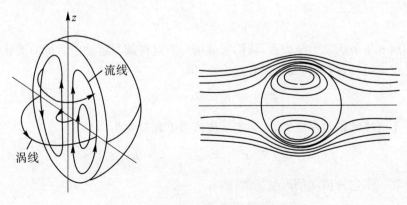

图 8.7　希尔球涡内外流线和涡线示意图

8.4　二维点涡系运动

N 个二维点涡在一起构成了一个点涡系. 研究不可压缩流体二维点涡系的运动是流体力学的经典内容之一, 但是, 近年来这个问题又重新引起了研究者的强烈兴趣, 并且有了许多重要的新发展. 这是因为最近十几年来发展起来的模拟大雷诺数二维运动的离散涡方法正是以点涡系动力学为基础的, 而计算中发现的问题又迫使人们更深入地探索点涡系的动力学性质. 当点涡系涡的数目增加时出现的混乱性质(混沌现象), 或许可以成为模拟湍流现象一种新的有前途的方法. 事实上, 二维点涡系提供了一个具有强烈非线性的哈密顿(Hamilton) 系统的例子, 对研究动力学系统和混沌现象有十分重要的意义.

我们知道, 二维点涡是纳维-斯托克斯方程, 也是欧拉方程的一个环量守恒解.

考虑由 N 个点涡组成的二维点涡系, 第 i 个涡的位置为 $z_i(x_i, y_i)$, 强度为 Γ_i. 该流动的复势为

$$W = \varphi + \mathrm{i}\psi = \frac{1}{2\pi\mathrm{i}} \sum_{n=1}^{N} \Gamma_n \ln(z - z_n). \qquad (8.4.1)$$

涡系中第 m 个涡受到涡系中其他涡的诱导而得到的复速度为

$$\frac{\mathrm{d}z_m^*}{\mathrm{d}t} = u_m - \mathrm{i}v_m = \frac{\mathrm{d}}{\mathrm{d}z}\left[W - \frac{\Gamma}{2\pi\mathrm{i}}\ln(z - z_m) \right]\Big|_{z = z_m}$$

$$= \frac{1}{2\pi\mathrm{i}} \sum_{\substack{n=1 \\ n \neq m}}^{N} \frac{\Gamma_n}{z_m - z_n} \quad (m = 1, 2, \cdots, N), \qquad (8.4.2)$$

利用式(8.4.2) 就可以研究点涡系因相互诱导而产生的运动.

类似于质点系动力学, 对于二维点涡系存在着哈密顿函数和几个不变量.

首先定义点涡系的哈密顿函数

$$H = -\frac{1}{4\pi} \sum_{n \neq m} \sum \Gamma_m \Gamma_n \ln r_{mn}, \qquad (8.4.3)$$

其中 $r_{mn} = |z_m - z_n| = ((x_m - x_n)^2 + (y_m - y_n)^2)^{1/2}$ 及 $\displaystyle\sum_{n \neq m}\sum = \sum_{m=1}^{N}\sum_{\substack{n=1 \\ n \neq m}}^{N}$.

引入 z_m, z_n 的共轭值 z_m^*, z_n^*, 则式(8.4.3) 为

$$H = -\frac{1}{8\pi} \sum_{n \neq m}\sum \Gamma_m \Gamma_n \ln(z_m - z_n)(z_m^* - z_n^*)$$

$$= -\frac{1}{4\pi}\sum_{m<n}\sum \Gamma_m\Gamma_n\ln(z_m - z_n)(z_m^* - z_n^*), \tag{8.4.4}$$

其中 $\sum_{m<n}\sum = \sum_{m=1}^{N}\sum_{n=m+1}^{N}$. 由式 (8.4.4), 有

$$\frac{\partial H}{\partial z_m} = -\frac{\Gamma_m}{4\pi}\sum_{\substack{n=1\\n\neq m}}^{N}\frac{\Gamma_n}{z_m - z_n},$$

与式 (8.4.2) 相对照, 可知点涡系的运动方程式可以用哈密顿函数表示为

$$\Gamma_m\frac{\mathrm{d}z_m^*}{\mathrm{d}t} = 2\mathrm{i}\frac{\partial H}{\partial z_m}. \tag{8.4.5}$$

将上式的实部和虚部分开, 并且注意到

$$\frac{\partial}{\partial z} = \frac{1}{2}\left(\frac{\partial}{\partial x} - \mathrm{i}\frac{\partial}{\partial y}\right),$$

可以得到一组形式优美的方程

$$\left.\begin{array}{l}\Gamma_m\dfrac{\mathrm{d}x_m}{\mathrm{d}t} = \dfrac{\partial H}{\partial y_m},\\[2mm]\Gamma_m\dfrac{\mathrm{d}y_m}{\mathrm{d}t} = -\dfrac{\partial H}{\partial x_m}.\end{array}\right\} \tag{8.4.6}$$

方程 (8.4.6) 与经典力学中的哈密顿正则方程

$$\left.\begin{array}{l}\dfrac{\mathrm{d}p_k}{\mathrm{d}t} = -\dfrac{\partial H}{\partial q_k},\\[2mm]\dfrac{\mathrm{d}q_k}{\mathrm{d}t} = \dfrac{\partial H}{\partial p_k}\end{array}\right\} \tag{8.4.7}$$

有相同的形式, 这里 p_k, q_k 是正则共轭的广义动量和广义坐标, $H(p,q,t)$ 是系统的哈密顿函数. 现在, 对于二维点涡系, 量 $\Gamma_m x_m$ 和 y_m 分别相当于广义坐标和广义动量. 因此式 (8.4.6) 称为**点涡系的哈密顿正则方程**, 成为研究点涡系运动的基础. 给定点涡系初始位置和点涡强度, 即可由哈密顿正则方程的解确定点涡系的运动规律, 早在 100 年以前, 克希霍夫 (Kirchhoff) 和庞加莱 (Poincare) 就指出这一点.

由哈密顿正则方程可以导出点涡系的几个不变量.

从式 (8.4.3) 很容易知道, H 只是 r_{mn} 的函数, 即它由点涡之间的相对位置唯一地决定着. 因此, 若点涡系整体地作平移运动, H 应保持不变. 特别地, 整个点涡系沿 x 轴平动, 应该有

$$\delta H = \sum_m\frac{\partial H}{\partial x_m}\delta x = -\delta x\sum_m\Gamma_m\frac{\mathrm{d}y_m}{\mathrm{d}t} = -\delta x\frac{\mathrm{d}}{\mathrm{d}t}\sum_m\Gamma_m y_m = 0,$$

因此, $\sum_m\Gamma_m y_m = $ 常数. 同理可得 $\sum_m\Gamma_m x_m = $ 常数, 写成复变量形式则有

$$\sum_m \Gamma_m z_m = 常数. \tag{8.4.8}$$

这是我们得到的点涡系的第一个守恒关系,表示点涡系的"质量矩"守恒.

若点涡系的 $\sum \Gamma_m \neq 0$,可以定义该系统的重心 z_0,

$$z_0 = \sum_m \Gamma_m z_m \Big/ \sum_m \Gamma_m. \tag{8.4.9}$$

比较式(8.4.8),(8.4.9),可见上述守恒关系表示着点涡系的重心位置不变.对于 $\sum \Gamma_m = 0$ 的情形,虽然不能定义系统的重心,可以将系统分成任意两个子系统,分别定义重心位置 z_{01}, z_{02},则上述守恒关系表示两个子系统重心的相对位置 $z_{01} - z_{02}$ 保持不变.

假设点涡系整体地旋转一个小角度 $\delta\theta$,哈密顿函数仍应保持不变,此时

$$\delta x_m = -y_m \delta\theta, \qquad \delta y_m = x_m \delta\theta,$$

则有

$$\begin{aligned}
\delta H &= \sum_m \left(\frac{\partial H}{\partial x_m} \delta x_m + \frac{\partial H}{\partial y_m} \delta y_m \right) \\
&= \delta\theta \sum_m \left(-y_m \frac{\partial H}{\partial x_m} + x_m \frac{\partial H}{\partial y_m} \right) \\
&= \delta\theta \sum_m \left(\Gamma_m y_m \frac{\mathrm{d} y_m}{\mathrm{d} t} + \Gamma_m x_m \frac{\mathrm{d} x_m}{\mathrm{d} t} \right) \\
&= \frac{1}{2} \delta\theta \frac{\mathrm{d}}{\mathrm{d} t} \sum_m \Gamma_m (x_m^2 + y_m^2) = 0.
\end{aligned}$$

因此,得到点涡系第二个不变量

$$\sum_m \Gamma_m (x_m^2 + y_m^2) = 常数, \tag{8.4.10}$$

该守恒关系表明点涡系的惯性矩守恒.

现在,我们考虑点涡系所有涡的矢径长度都扩大 λ 倍,即 $r'_{mn} = \lambda r_{mn}$,(x'_m, y'_m) 为 $(\lambda x_m, \lambda y_m)$.取 $\lambda = 1 + \delta\lambda$,其中 $\delta\lambda$ 为一小量,则

$$\delta x_m = x_m \delta\lambda, \qquad \delta y_m = y_m \delta\lambda,$$

此时哈密顿函数的变化为

$$\begin{aligned}
\delta H &= -\frac{1}{4\pi} \sum_{m \neq n} \sum \Gamma_m \Gamma_n (\ln\lambda r_{mn} - \ln r_{mn}) \\
&= -\frac{1}{4\pi} \sum_{m \neq n} \sum \Gamma_m \Gamma_n \ln(1 + \delta\lambda) \\
&= -\frac{\delta\lambda}{4\pi} \sum_{m \neq n} \sum \Gamma_m \Gamma_n.
\end{aligned}$$

另一方面,由式(8.4.6),有

$$\delta H = \sum_m \left(\frac{\partial H}{\partial x_m} \delta x_m + \frac{\partial H}{\partial y_m} \delta y_m \right) = \delta \lambda \sum_m \left(- \Gamma_m x_m \frac{dy_m}{dt} + \Gamma_m y_m \frac{dx_m}{dt} \right),$$

所以

$$\sum_m \Gamma_m \left(x_m \frac{dy_m}{dt} - y_m \frac{dx_m}{dt} \right) = \frac{1}{4\pi} \sum_{m \neq n} \Gamma_m \Gamma_n = 常数. \qquad (8.4.11)$$

该式表示,点涡系相对于原点的"角动量"守恒.

最后,考虑哈密顿函数对时间的导数,

$$\frac{dH}{dt} = \sum_m \frac{\partial H}{\partial x_m} \frac{dx_m}{dt} + \frac{\partial H}{\partial y_m} \frac{dy_m}{dt}$$

$$= \sum_m \left(- \Gamma_m \frac{dy_m}{dt} \frac{dx_m}{dt} + \Gamma_m \frac{dx_m}{dt} \frac{dy_m}{dt} \right) = 0.$$

所以,点涡系的哈密顿函数本身也是一个守恒量.特别地,对两个点涡的情况,有

$$H = -\frac{1}{2\pi} \Gamma_1 \Gamma_2 \ln r_{12} = 常数. \qquad (8.4.12)$$

因此,对这个系统,$r_{12} = d = $ 常数,即无论系统如何运动,两个点涡之间的相对距离保持不变.当 $\Gamma_1 + \Gamma_2 \neq 0$ 时,重心坐标

$$z_0 = \frac{\Gamma_1 z_1 + \Gamma_2 z_2}{\Gamma_1 + \Gamma_2} \qquad (8.4.13)$$

位于 z_1 和 z_2 的连线上.当 Γ_1,Γ_2 同号时,重心将 r_{12} 内分,当 Γ_1,Γ_2 异号时,重心将 r_{12} 外分.两个涡以一定的角速度绕重心旋转(图 8.8(a)).现将坐标原点移到点涡系的重心处,计算点涡的旋转速度.设点涡在新的坐标系中的坐标为 $\bar{x}_1$,$\bar{y}_1$;$\bar{x}_2$,$\bar{y}_2$.由式(8.4.13) 有

$$\bar{x}_1 = \frac{(x_1 - x_2)\Gamma_1}{\Gamma_1 + \Gamma_2}; \qquad \bar{y}_1 = \frac{(y_1 - y_2)\Gamma_2}{\Gamma_1 + \Gamma_2}.$$

因为 $\delta \bar{x}_1 = - \bar{y}_1 \delta \theta$,即 $\frac{d\bar{x}_1}{dt} = - \bar{y}_1 \frac{d\theta}{dx} = - \bar{y}_1 \Omega$,这里 Ω 是旋转角速度.引用式(8.4.6),则

$$\Gamma_1 \frac{d\bar{x}_1}{dt} = \frac{\partial H}{\partial \bar{y}_1} = - \Gamma_1 \bar{y}_1 \Omega,$$

从而得到旋转角速度为

$$\Omega = \frac{\Gamma_1 + \Gamma_2}{2\pi d^2}.$$

对于 $\Gamma_1 + \Gamma_2 = 0$ 的情形,$\Gamma_1 = - \Gamma_2 = \Gamma$,由正则方程可知,两个涡以相同的速度平移(图 8.8(b)).

$$\frac{\mathrm{d}z_1}{\mathrm{d}t} = \frac{\mathrm{d}z_2}{\mathrm{d}t} = \frac{1}{2\pi\mathrm{i}}\frac{\Gamma}{z_2^* - z_1^*},$$

速度的值为 $U = \Gamma/2\pi d$.

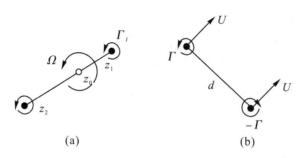

图 8.8　两个共涡的运动

前已指出,二维点涡系是一个哈密顿系统,它具有哈密顿系统的一般特点.由哈密顿系统的理论可以证明,对于二维点涡系存在着一个临界点涡数 N_c,当 $N \leqslant N_c$ 时,涡系的运动是可积的;当 $N > N_c$ 时,系统的动力学行为显示出混沌现象,运动是非周期的,对初始条件十分敏感.理论上已证明,对于无界流体,$N_c = 3$.在出现固壁或背景势流的情形下,N_c 将减小.已发现在半平面或圆边界中 $N_c = 2$,而对一般回路内的涡,可能 $N_c = 1$.值得注意的是 N_c 值竟如此之小.因此会想到,当 $N \gg N_c$ 时,多自由度的点涡系动力学行为将很快具有混沌性质,这种涡系,可以看做是对湍流的一种简化模拟.在这种情形下,引入统计方法是必要的.

8.5　涡列和卡门(Karman)涡街

8.5.1　单排涡列

流体绕钝物体作大雷诺数流动时,在物体背风面流动将发生分离.在分离点附近,壁面上的流体从物体表面脱开,射入到附近流体中形成剪切层.不稳定的剪切层很快卷成旋涡,向下游运动.1908 年贝纳德(Bénard)在实验中首次发现当雷诺数达到一定数值以后,在流体中运动的圆柱体后面,分离出的旋涡将交错、反向地向下游拖出,形成**涡列**.开始时,涡列大体上以来流速度移开,以后速度逐渐减小,但旋涡间距离保持不变.涡列与涡列间的距离 h 与柱体的运动速度无关,只决定于柱体的直径.后来,冯·卡门又对该现象进行了深入的理论分析,研究了涡列的稳定性及涡列所携带的动量与阻力的关系.因此,柱体后的涡列通常称作**卡门涡街**.

当我们的研究兴趣在于涡列本身时,可以不考虑柱体的存在,并将涡列设成沿直线排列的无穷长涡列,这就是本节要讨论的内容.

考虑强度均为 Γ 的二维点涡系,以相同的间距 l 排列在一条无穷长的直线上,构成一个单一涡列(图 8.9).此时流动的复位势为

$$
\begin{aligned}
W &= \frac{\Gamma}{2\pi i} \sum_{n=-\infty}^{\infty} \ln(z - nl) \\
&= \frac{\Gamma}{2\pi i} \ln\left[\frac{\pi z}{l}\left(1 - \frac{z^2}{l^2}\right)\left(1 - \frac{z^2}{4l^2}\right)\cdots\left(1 - \frac{z^2}{n^2 l^2}\right)\cdots\right] + \frac{\Gamma}{2\pi i}\ln\left(\frac{l}{\pi}l^2 \cdot 4l^2 \cdots \cdot n^2 l \cdots\right) \\
&= \frac{\Gamma}{2\pi i}\ln \sin\left(\frac{\pi z}{l}\right).
\end{aligned}
\tag{8.5.1}
$$

图 8.9 单排涡列

这里利用了复变函数中无穷乘积公式(并略去了式(8.5.1)中的常数项)

$$
\sin\pi z = \pi z \prod_{n=1}^{\infty}\left(1 - \frac{z^2}{n^2}\right).
$$

现在来计算涡列中任一涡受到其他涡诱导的速度.由于是无穷长涡列,涡列中每一旋涡所受的诱导速度是相同的,故取 $n = 0$ 的旋涡来计算.在复速度势中扣除 $n = 0$ 旋涡自身的复势,求一次导数,得到 $n = 0$ 这个旋涡受到其他旋涡诱导的复速度.

$$
\begin{aligned}
q_0 &= \frac{d}{dz}\left(W - \frac{\Gamma}{2\pi i}\ln z\right)\Big|_{z=0} \\
&= \frac{\Gamma}{2\pi i}\left(\frac{\pi}{l}\cot\left(\frac{\pi z}{l} - \frac{1}{z}\right) - \frac{1}{z}\right)\Big|_{z=0} = 0.
\end{aligned}
\tag{8.5.2}
$$

因此,每一个涡受到涡列其他涡的诱导速度为零,整个涡列是不动的.

图 8.10 绘出单一涡列的流线图,在每一个涡附近,由于受到这个涡的诱导作用最大,流线是封闭的,呈"猫眼"状,称为**凯尔文"猫眼"**.在两个"猫眼"之间,流线交叉,称为**涡瓣**.外部流线是不封闭的,上下的诱导速度方向相反.距涡列垂直距离无穷远处,复速度为

$$
q = \frac{dW}{dz} = \frac{\Gamma}{2\pi i}\frac{\pi}{l}\cot\left(\frac{\pi z}{l}\right)\Big|_{z\to\pm\infty} = \mp\frac{\Gamma}{2l}.
\tag{8.5.3}
$$

这样,从无穷远处看,可以将涡列当做是一个无限大平面涡层.

无穷长单一涡列是不稳定的.假定单一涡列受到小扰动,使 $n=0$ 的涡从 $z=0$ 移到 $z=z_0$.这时

$$\frac{\mathrm{d}z_0^*}{\mathrm{d}t} = \frac{\mathrm{d}}{\mathrm{d}z}\Big(W - \frac{\Gamma}{2\pi\mathrm{i}}\ln z\Big)\Big|_{z=z_0}$$

$$= \frac{\Gamma}{2\pi\mathrm{i}}\Big(\frac{\pi}{l}\cot\Big(\frac{\pi z_0}{l}\Big) - \frac{1}{z_0}\Big)\Big|_{z_0\to 0} \approx -\frac{\pi\Gamma}{6l^2\mathrm{i}}z_0,$$

图 8.10 单一涡列流线图

式中使用了余切函数的泰勒展开以得到上述近似结果.计算出二次导数,并取共轭值,则有

$$\frac{\mathrm{d}^2 z_0}{\mathrm{d}t^2} = \sigma^2 z_0, \qquad \sigma^2 = \frac{\pi\Gamma}{6l^2}.$$

该方程的解为

$$z_0 = c_1\exp(\sigma t) + c_2\exp(-\sigma t).$$

因为 $\sigma > 0$ 时,z_0 随着时间指数增长,受扰动的涡离平衡位置将越来越远,故单一涡列是不稳定的.

8.5.2 双排涡列和卡门涡街

现在来研究双排涡列情形,其中,一排涡列的每个涡强度为 Γ,另一排与之平行的涡列每个涡强度为 $-\Gamma$(图 8.11),每排涡列涡与涡之间间距均为 l,上下排相邻的涡在 x 方向错开一个距离为 a,两排涡列之间的距离为 b,即

下一列涡的位置:$z = nl, n = 0, \pm 1, \pm 2, \cdots$;

上一列涡的位置:$z = h + nl, n = 0, \pm 1, \pm 2, \cdots; h = a + \mathrm{i}b.$

流动的复速度势为

$$W = \frac{\Gamma}{2\pi\mathrm{i}}\ln\sin\Big(\frac{\pi z}{l}\Big) - \frac{\Gamma}{2\pi\mathrm{i}}\ln\sin\Big(\frac{\pi}{l}(z-h)\Big). \tag{8.5.4}$$

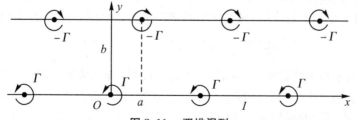

图 8.11 双排涡列

单排涡列是不动的,双排平行涡列会怎样呢?每一列涡受到同一涡列其他涡的

诱导速度应该仍为零,我们现在要计算的是另一涡列对它的诱导速度,仍以 $z = 0$ 的涡为计算对象,有

$$q_0 = \frac{\mathrm{d}}{\mathrm{d}z}\left(-\frac{\Gamma}{2\pi\mathrm{i}}\ln\sin\left(\frac{\pi}{l}(z-h)\right)\right)\Big|_{z=0}$$

$$= +\frac{\Gamma}{2l\mathrm{i}}\cot\left(\frac{\pi h}{l}\right).$$

由于 $q_0 \neq 0$,第一排涡列受到第二排涡列的诱导,将以 q_0 的复共轭速度平移.

同样,第二排涡列由于受到第一排涡列的诱导也要产生平移速度

$$q_1 = \frac{\mathrm{d}}{\mathrm{d}z}\left(\frac{\Gamma}{2\pi\mathrm{i}}\ln\sin\left(\frac{\pi z}{l}\right)\right)\Big|_{z=h} = +\frac{\Gamma}{2l\mathrm{i}}\cot\left(\frac{\pi h}{l}\right) = q_0.$$

即第二排涡列的平移速度和第一排是相同的.这样,双排平行涡列在移动过程中相对位置保持不变,平移速度为

$$q = u - \mathrm{i}v = +\frac{\Gamma}{2l\mathrm{i}}\cot\left(\frac{\pi h}{l}\right)$$

$$= -\frac{\Gamma}{2l}\frac{\sinh(2\pi b/l) + \mathrm{i}\sin(2\pi a/l)}{\cosh(2\pi b/l) - \cos(2\pi a/l)}. \tag{8.5.5}$$

一般来说,q 是复数,平行涡列将沿着与涡列自身斜交的某个方向移动.只有当 $\sin(2\pi a/l)$ 等于零时,q 为实数,涡列沿自身平面运动.$\sin(2\pi a/l) = 0$ 有两种可能的情形:$a = 0$;$a = \dfrac{l}{2}$.$a = 0$ 时双排涡列为对称排列;$a = \dfrac{l}{2}$ 时为交错排列.此时的诱导速度为

$$q = \begin{cases} -\dfrac{\Gamma}{2l}\coth(\pi b/l) & (a = 0), \\[2mm] -\dfrac{\Gamma}{2l}\tanh(\pi b/l) & \left(a = \dfrac{l}{2}\right). \end{cases} \tag{8.5.6}$$

速度方向指向 x 负方向(逆时针旋转定义 $\Gamma > 0$).

冯·卡门(1911)从理论上深入地研究了双排涡列的稳定性.他指出,双排涡列在一般情形下也是不稳定的,只有两排涡交错排列且间距 l 和 b 之间满足

$$\cosh\left(\frac{\pi b}{l}\right) = \sqrt{2} \quad \text{即} \quad \frac{b}{l} = 0.2806 \tag{8.5.7}$$

时,双排涡列才是中性稳定的.本来是贝纳德(1908)首先从实验观测到交错排列的尾涡.但由于冯·卡门对此从理论上进行了分析,并且得到了上述结论,人们将柱状物体后交错排列的涡列称为**卡门涡街**.上述理论分析假设流体是无黏的.只要旋涡涡核比较清晰,实验观测的涡街的 b/l 比值与理论值很接近.后来进一步的理论工作又表明,即使满足条件(8.5.7),双排交错涡列也不稳定,只不过它是最小不稳

定的情形. 然而, 既然实验已观察到卡门涡街确实十分接近 $b/l = 0.28$ 这一数值, 我们可以认为, 当考虑真实旋涡的黏性涡核时, 卡门涡街事实上是稳定的.

8.6 三维涡丝的自诱导运动

我们已经较为仔细地讨论过二维点涡, 或者说无穷长直线涡的运动规律. 但是, 旋涡运动从本质上来说是三维的, 三维旋涡运动远比二维旋涡运动复杂, 其主要原因是二维无穷长直线涡对自身并不产生诱导作用, 然而三维曲线涡上的每一点都将受到该线涡自身的诱导作用, 称作三维线涡的**自诱导作用**. 在这种自诱导作用下, 即使是一条孤立的线涡也要发生位移、扭曲和拉伸, 涡量和线涡的形状随时间将不断地变化.

8.6.1 涡丝的自诱导运动

现在分析无黏流体中的一条三维线涡, 并设涡线是无限细的, 即不考虑涡核结构, 流体充满无穷大空间, 没有内部固体边界. 在上述假定下, 三维线涡的诱导速度可以用毕奥-萨瓦公式计算:

$$v(r) = -\frac{\Gamma}{4\pi} \oint \frac{s \times dl(r')}{s^3}. \tag{8.6.1}$$

其中 $s = r - r'$, dl 是涡线的微元段. 从这个公式很显然地可以看出, 式(8.6.1)右边是一个奇异积分, 当 r 落在线涡上时, 在那里将诱导出无穷大速度. 如果线涡具有有限尺度的涡核(例如兰金涡), 就会消除速度的奇性. 应当指出, 我们刚刚分析的线涡附近趋向无穷大的速度是周向速度, 它使流体质点围绕着涡线旋转, 并不改变涡线的形状. 我们现在的任务是先从式(8.6.1)中排除周向旋转速度, 然后进一步仔细地考察线涡附近的诱导速度, 指示出自诱导运动的规律.

我们考虑线涡附近的一点, 计算它受到线涡的诱导速度, 再令该点趋于线涡, 分析诱导速度的极限值. 在线涡上取一点 O, 过 O 点作线涡的局部正交坐标架, 三个坐标的方向分别为主法向 n, 切向 t 和副法向 b(图8.12). 在法平面(x_2, x_3)上 P 点的坐标可以写成

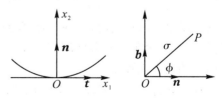

图 8.12 线涡的坐标系

$$x = x_2 n + x_3 b.$$

现在来检验当 $\sigma = (x_2^2 + x_3^2)^{1/2} \to 0$ 时，P 点的极限诱导速度. 在 O 点附近，沿着线涡的切线取一小段，$L \geqslant l \geqslant - L$，线涡上点的坐标近似地为

$$x' \approx l t + \frac{1}{2} c l^2 n,$$

其中 l 是该点的 x_1 坐标，c 是线涡在 O 点的曲率. 这样，在 O 点附近有

$$\delta l(x') \approx (t + c l n)\delta l$$

和

$$\frac{(x - x') \times \delta l}{|x - x'|^3} \approx \frac{- x_3 c l t + x_3 n - \left(x_2 + \frac{1}{2} c l^2\right) b}{\left(x_2^2 + x_3^2 + l^2(1 - x_2 c) + \frac{1}{4} c^2 l^4\right)^{3/2}} \delta l.$$

这部分线涡对 P 点 $(0, x_2, x_3)$ 速度的贡献是

$$\frac{\Gamma}{4\pi} \int_{-L/\sigma}^{L/\sigma} \frac{- cm\sin\varphi\, t + (b\cos\varphi - n\sin\varphi)\sigma^{-1} + \frac{1}{2} cm^2 b}{\left(1 + m^2(1 - c\sigma\cos\varphi) + \frac{1}{4} c^2 m^4 \sigma^2\right)^{3/2}} \mathrm{d}m,$$

其中 $\sigma = \sqrt{x_2^2 + x_3^2}, m = l/\sigma$. 当 $\sigma \to 0$ 时，分母趋向于 $(1 + m^2)^{3/2}$，上述积分可以得到显式结果

$$v = \frac{\Gamma}{2\pi}\left\{ - (1 + m^2)^{-1/2} c\sin\varphi\, t + \sigma^{-1} m(1 + m^2)^{-1/2} (b\cos\varphi - n\sin\varphi) \right.$$

$$\left. + \frac{1}{2} cb\left[- m(1 + m^2)^{-1/2}\right]\right\}\Big|_{-L/\sigma}^{L/\sigma} + 2\ln(m + (1 + m^2)^{1/2}) \big|_0^{L/\sigma}.$$

考虑到

$$2\ln(m + \sqrt{1 + m^2}) \big|_0^{L/\sigma} \sim 2\ln\left(2\frac{L}{\sigma}\right) = 2\ln\frac{L}{\sigma} + 常数.$$

整个积分的渐近形式为

$$v = \frac{\Gamma}{2\pi\sigma}(b\cos\varphi - n\sin\varphi) + \frac{\Gamma c}{4\pi} b \ln\frac{L}{\sigma} + 常矢量. \tag{8.6.2}$$

从这个结果可以看出，当 $\sigma \to 0$ 时，O 点附近 $L \leqslant l \leqslant - L$ 的线涡部分对速度的贡献是主要的，而在 $\pm L$ 以外那部分线涡的影响可以不必考虑，这就是分析线涡自诱导运动的局部化假设.

现在来分析一下式 (8.6.2) 给出的结果，第一项当 $\sigma \to 0$ 时具有 σ^{-1} 的奇性，它代表了绕线涡的周向旋转，并不改变线涡的位置和形状，这正是我们在本节开始时已经指出的事实. 第二项当 $\sigma \to 0$ 时亦有奇性，但和第一项相比，是较弱的对数奇

性,它和线涡在该点的曲率有关,方向指向副法线方向 $\boldsymbol{b}$. 我们感兴趣的正是这一项,它反映了由于线涡自身的诱导作用而使线涡发生运动,导致线涡的变形和拉伸. 对于数学意义上无限细的线涡,诱导速度将是无穷大的. 但当我们考虑到线涡的涡核结构时,式(8.6.2)中的 σ 相当于涡核半径,这就消除了自诱导中的奇性. 由此可见,线涡若愈细,曲率愈大,自诱导速度就愈大.

式(8.6.2)还告诉我们,在几种特殊情形下,虽然存在着自诱导运动,但线涡的形状并不发生变化. 首先,当 cb 沿线涡是常矢量时,线涡将沿垂直于线涡自身平面的方向匀速前进,从而不发生变形. 符合这种条件有两种情形,一是 $c = 0$,即无穷长直线涡;另一种情形是圆形线涡. 除了 cb 是常矢量的情形下,还有两种特殊情形. 一是螺旋状线涡,线涡绕螺旋涡的轴线旋转同时沿轴向前进. 另一种是平面线涡

$$x_2 = A\sin\alpha x_1, \quad x_3 = 0 \quad \text{且} \quad \alpha A \ll 1.$$

它的曲率是

$$c = \frac{-\alpha^2 x_2}{(1 + \alpha^2 A^2 \cos^2 \alpha x_1)^{3/2}} \approx -\alpha^2 x_2.$$

所以,这种线涡将绕着 x_1 轴刚体般地旋转,形状不变. 但若考虑到上述结果的近似性,线涡形状实际上在缓慢地变化.

8.6.2　圆涡环

三维旋涡中最普通也最有意义的是自行封闭的圆形线涡,称作**涡环**. 获得涡环的基本条件是一束轴对称流体相对于它周围的流体运动. 比如,一圆盘在流体中沿其法线方向往返运动,就会产生涡环. 一滴液体垂直地落入具有自由面的同种静止液体也会产生涡环. 原子弹爆炸形成的蘑菇云则是一个巨大的涡环. 在实验室中获得涡环的方法是将流体用活塞从一个圆管中迅速推出,沿管口就会形成一个清晰可见(用染色液)的涡环,沿管轴方向离开管口向外移动. 均匀流体中涡环运动最引人注意的特征是它的运动速度基本不变. 由于黏性作用,涡环运动速度略有衰减,但衰减速度很小. 这表明当雷诺数非常大时,其运动速度确实是不变的. 我们从上述自诱导公式已经知道,圆形涡丝是以不变速度前进的,虽然这个速度趋向于无穷大. 但对于涡环来说,它是一个具有一定截面的圆形涡管,有明显的涡核结构,其运动速度是有限大的. 计算具有涡核结构的涡环运动速度在数学上很麻烦. 我们首先来计算一个圆形涡丝的流场.

考虑半径为 a 的圆形涡丝(图 8.13). 取直角坐标系 $Oxyz$,涡丝所在平面为 xy 平面,z 轴通过圆心 O,同时取柱坐标系 (ρ, θ, z),两坐标系之间的关系为

$$x = \rho\cos\theta, \qquad y = \rho\sin\theta.$$

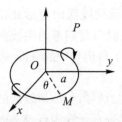

图 8.13 圆形涡丝环

由于轴对称性,通过 Oz 轴的所有子午面上的运动都是一样的.因此不失普遍性,可考察平面 $\theta = 0$ 内流体的运动.圆形涡丝对 $\theta = 0$ 平面上任一点 $(\rho, 0, z)$ 所诱导的速度为

$$v = \nabla \times A, \qquad A = \frac{\Gamma}{4\pi} \int \frac{\mathrm{d}l}{r}. \tag{8.6.3}$$

其中 A 称作矢量位势,r 是场点与涡丝上积分动点 $M(\xi, \eta, \zeta)$ 之间的距离.设 OM 与 Ox 轴的夹角为 α,则

$$\xi = a\cos\alpha, \qquad \eta = a\sin\alpha, \qquad \zeta = 0.$$

于是

$$r = \sqrt{(\rho - a\cos\alpha)^2 + (- a\sin\alpha)^2 + z^2}$$
$$= \sqrt{\rho^2 + a^2 + z^2 - 2a\rho\cos\alpha}.$$

而

$$\mathrm{d}l = (- a\sin\alpha\,\mathrm{d}\alpha, a\cos\alpha\,\mathrm{d}\alpha, 0),$$

从而 A 在直角坐标系中的三个分量为

$$A_x = \frac{\Gamma}{4\pi} \int_0^{2\pi} \frac{- a\sin\alpha\,\mathrm{d}\alpha}{r} = 0,$$

$$A_y = \frac{\Gamma}{4\pi} \int_0^{2\pi} \frac{a\cos\alpha\,\mathrm{d}\alpha}{r} = A(\rho, z),$$

$$A_z = 0.$$

将上述结果转换到柱坐标系中,考虑到流动的轴对称性,于是有

$$A_\rho = A_z = 0,$$

$$A_\theta = A(\rho, z) = \frac{\Gamma a}{4\pi} \int_0^{2\pi} \frac{\cos\alpha\,\mathrm{d}\alpha}{\sqrt{\rho^2 + a^2 + z^2 - 2a\cos\alpha}}.$$

根据式(8.6.3),速度为

$$v_\rho = - \frac{\partial A}{\partial z}, \quad v_\theta = 0, \quad v_z = \frac{1}{\rho} \frac{\partial(\rho A)}{\partial \rho}. \tag{8.6.4}$$

将 A 的表达式转换一下,令 $\alpha = \pi + 2\beta$,并引进

$$k^2 = \frac{4a\rho}{z^2 + (\rho + a)^2},$$

我们得到

$$A(\rho, z) = \frac{\Gamma a}{4\pi} \int_{-\pi/2}^{\pi/2} \frac{-2\cos 2\beta \mathrm{d}\beta}{\sqrt{a^2 + \rho^2 + z^2 + 2a\rho(1 - 2\sin^2\beta)}}$$

$$= -\frac{\Gamma a}{\pi} \int_0^{\pi/2} \frac{(1 - 2\sin^2\beta)\mathrm{d}\beta}{\sqrt{z^2 + (a + \rho)^2}\sqrt{1 - k^2\sin^2\beta}}$$

$$= \frac{\Gamma}{2\pi}\sqrt{\frac{a}{\rho}}\left[\left(\frac{2}{k} - k\right)K(k) - \frac{2}{k}E(k)\right], \tag{8.6.5}$$

其中

$$K(k) = \int_0^{\pi/2} \frac{\mathrm{d}\beta}{\sqrt{1 - k^2\sin^2\beta}}, \qquad E(k) = \int_0^{\pi/2} \sqrt{1 - k^2\sin^2\beta}\,\mathrm{d}\beta$$

分别为第一类和第二类完全椭圆积分. 根据上述结果,将圆涡环流场流线图画在图 8.14 中. 由式 (8.6.4) 可知,涡丝附近的流体质点速度以 $[(\rho - a)^2 + z^2]^{-\frac{1}{2}}$ 阶次趋向无穷,圆形涡丝本身则以 $\ln[(\rho - a)^2 + z^2]$ 阶次的无穷大速度向前运动. 值得注意的是,尽管圆涡丝以无穷大速度前进,它附近的流线仍为封闭曲线. 这是因为绕涡丝旋转运动的速度以 $[(\rho - a)^2 + z^2]^{-\frac{1}{2}}$ 阶次趋于无穷,而涡丝本身运动速度则是 $\ln[(\rho - a)^2 + z^2]$ 阶次,与 $[(\rho - a)^2 + z^2]^{-\frac{1}{2}}$ 相比是高阶小量,因而起主要作用的仍是旋转运动,流线呈封闭状.

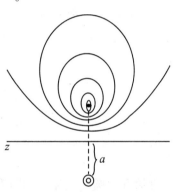

图 8.14 圆涡环的流线图

对于有一定涡核结构的涡环,若涡核内涡量分布均匀,涡核半径 ε 与涡环半径 a 相比是小量时,涡环的运动速度为

$$v \approx \frac{\Gamma}{4\pi a}\ln a/\varepsilon.$$

因此,若不关心涡核内部的流动(它取决于涡核内部的涡量分布),可以用 Γ, a, ε 三个参数来描述细长涡环的运动,而这三个参数又和涡环的动量及动能有关. 至于它们之间具体的关系形式,则和产生涡环的方式有关. 例如对一个半径为 R 的圆盘,以速度 V 推动流体产生的涡环,有

$$\Gamma = 4RV/\pi, \quad a = \sqrt{\frac{2}{3}}R, \quad \varepsilon = a\exp\left(-\frac{1}{2}\pi^2/\sqrt{6}\right) = 0.13a.$$

随着 ε/a 的增加,定常涡环诱导的流场发生变化,它携带的同涡环一起运动的流体质量也显著增加(图 8.15). 我们可以将圆形涡丝和希尔球涡视做是参数 ε/a 取两

种极限值的结果.

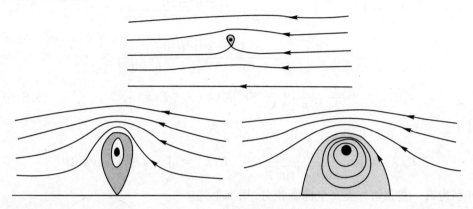

图 8.15   有核涡环的流线图

8.7   机翼的涡系

在第 5 章圆柱绕流中,我们已经指出,无黏流体有环量的圆柱绕流会产生升力.儒可夫斯基升力定理给出了升力与旋涡强度 —— 环量之间的定量关系.没有旋涡就没有升力.夸张一点说,整个空气动力学的发展史就是一部向旋涡索取升力并抑制旋涡造成阻力的历史.航空的发展,创造了更加绚丽多姿的旋涡运动.这里要介绍机翼运动产生的几种典型的旋涡.

8.7.1   翼型绕流的起动涡

儒可夫斯基升力定理指出,作用在翼型上的升力与绕翼型的环量成正比.那么作用在翼型上的环量究竟是如何产生的呢?考察一个翼型,它的前缘是圆钝的,后缘是尖头的.假设翼型突然之间从静止达到一个不变的平动速度,在翼型起动的一瞬间,流体的运动仍处处无旋.这是因为流体原来是静止的,涡量仅能从运动翼型的表面借助于无滑移边界条件产生,而黏性使涡量向外扩散以及对流将涡量带走都需要一定的时间,所以在起动的瞬间,流动是无旋的.按照凯尔文环量定理,这个无旋的初始运动环量为零.由翼型无环量绕流理论可知,对于一个给定的翼型绕流(给定翼型几何形状以及来流方向),在翼型表面某处将有一个后驻点,对于无环量无旋绕流来说,它的位置一般并不与后缘重合.这样,当流体绕过尖锐后缘时,无旋流将产生速度的奇性,这在物理上是不可能的;物面黏性边界条件造成的强剪切应力使后缘处上下翼面流体搓成一个很强的速度剪切面 —— 涡层,从后缘脱泻的涡层接着就卷成螺旋状并影响着后缘附近的流动.图8.16描绘了后缘涡层卷起的演变过程.后缘卷起的涡层刚好产生一个诱导速度抵消原来无旋绕流绕过后缘的速度,使后缘变成一个驻点.这个旋涡是在翼型起动瞬间形成的,因此称之为"起动涡".它在形成之后,被流体带向下游.就在起动涡形成的同时,表面上的后驻点也立即向下游移动并与后缘重合.此后,又有新的涡层从后缘生成并脱出.从后缘脱落并被流体带到下游的起动涡,它的旋转方向是和初始无旋绕流绕过后缘的方向一样的(在图8.16中是顺时针方向).显然,在翼型表面将留下反方向旋转的环量.为说明这一点,可以考虑一个物质周线 *ABCD*.将翼型包围起来(图8.17).*ABCD*要足够大,能够将翼型初始位置和当前位置都封闭在其内,绕 *ABCD* 的环量初始值为零,在其后时间也应为零.这样,环绕 *ABEF* 的环量应和环绕 *EFCD* 的环量大小相

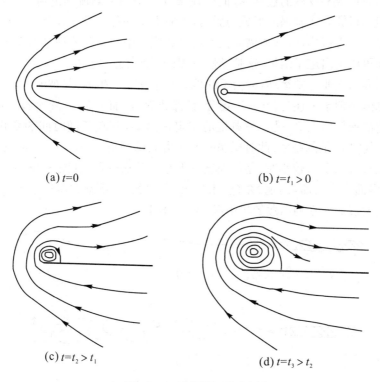

(a) $t=0$ (b) $t=t_1 > 0$

(c) $t=t_2 > t_1$ (d) $t=t_3 > t_2$

图8.16 后缘涡层的卷起

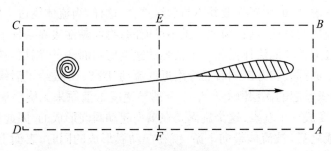

图 8.17　起动涡的形成

等且符号相反.该环量实际上应该是翼型从起动到当前瞬时这段时间从后缘脱落的全部涡量.实验观察表明,当翼型前进了二倍至三倍弦长以后,其速度已经达到定常值,即涡量的脱落过程已完成了.这样,封闭在周线 $ABEF$ 之内流体的运动就是无旋的(除去翼型表面很薄的一层边界层),绕 $ABEF$ 的环量就是翼型上的环量.这种起动涡形成和发展的过程,我们已在第 6 章中用无黏流理论给出了数字上的处理;但是,机翼后缘旋涡的形成与脱泻,本质上是一种强黏性效应.无黏流的数学理论只是一种近似描述,这种描述在大雷诺数绕流中与实际流动基本符合.而无黏流理论却可以给出定量结果,这是黏性流理论当前无法达到的结果.

　　如果翼型作非定常运动,就会不断地有涡量从后缘生成,并被流体从后缘带到下游.因此,类似于上述"起动涡",还会有"滞止涡","加速涡","减速涡"等.翼型绕其前缘作简谐俯仰振荡,是一种典型的非定常运动,其攻角随时间的变化为 $\alpha = \alpha_0 \sin\omega t$,其中 ω 是圆频率.此时尾涡的形状由无量纲折合频率 $\nu = \omega c/U$ 决定(c 为翼型弦长).当 ν 值较小时,尾涡面基本上是正弦振荡形式(图 8.18(a)).当 ν 较大时,尾涡面发生卷曲,出现"并合"和"缠绕"现象,局部地方涡量集中,连续的涡量最终将发展成一系列离散的集中涡(图 8.18(b)).

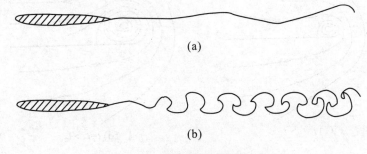

(a)

(b)

图 8.18　振荡翼型尾涡的卷起

8.7.2 大展弦比有限翼展机翼的涡系

真正的飞机机翼当然是有限翼展的,称为**三维机翼**,研究二维机翼理论是为了奠定三维机翼理论的基础.我们在第5章中已经指出,当无黏均匀流体绕三维物体作连续的无旋运动时,物体既不受到升力也不受到阻力作用,即著名的达朗贝尔(d'Alembert)佯谬.可见为了获得升力,机翼上和尾流中涡层的存在是何等的重要!

三维机翼和二维机翼一样,从静止开始起动到进入定常飞行状态以后,在机翼上将产生环量,并获得升力.对于二维机翼,一旦进入定常运动以后,就不再有涡量从后缘脱落出来.但是对于三维机翼,情形就不同了.为了简单起见,以一有攻角的平直机翼为例来说明.观察到的实验事实告诉我们:在机翼下表面,压强要大于上表面(或称为"吸力面")的压强,才能产生净升力.由于上下翼面压强差的作用,下翼面流体将分别从两翼尖向上翼面翻卷.因此,下翼面流体除了沿弦向的流动外,还有一个沿展向向外流动的分速度;同样,上翼面流体除了沿弦向的流动外,有一个沿展向向中心流动的分速度.这样,在机翼后缘处就会形成一个沿展向的切向速度间断层,后缘处涡层涡量的方向是顺气流方向,该涡层被主流带向下游,称之为**尾涡层**.这个尾涡层在两个翼尖处强度最大,并在翼尖处向下游卷成两个旋转方向相反的"喇叭涡".在翼中央剖面下游的尾涡强度最小.尾涡层的示意图见图 8.19.由此可以看出,绕三维机翼流动图像和二维时有本质上的不同.从能量的观点,三维机翼做定常运动时持续地有涡量从翼尖和翼后缘脱落出来,势必要有相应的能量带进尾流,这就要求机翼对流体持续做功,这表明三维机翼在前进中要克服阻力.这个阻力是为了获得升力所必须付出的代价,空气动力学中称之为"**诱导阻力**".

当机翼飞行攻角较小,边界层没有从翼面上分离时,我们可以用无黏流理论来计算机翼的升力和诱导阻力.对于大展弦比机翼,在空气动力学发展早期,朗彻斯特(Lanchest)和普朗特(Prandtl)曾提出"升

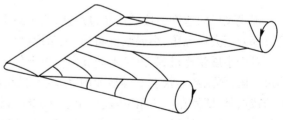

图 8.19 尾涡层的示意图

力线"理论.该理论基于两个基本假设:第一,由于是大展弦比机翼,可以不考虑截面之间的影响,认为每个截面都可局部地看成二维机翼;第二,认为尾涡面是平面,且平行于飞行方向.只要飞行攻角较小,这是一个很好的近似.如果我们感兴趣的是

总体的空气动力特征,例如总升力和诱导阻力,而不是机翼附近流场的细致结构,我们可以用一条强度为 Γ 的展向线涡来代替机翼(图 8.20),称之为"附着涡".自然,Γ 的大小沿翼展是变化的,而它的变化和尾涡强度直接联系着.按照凯尔文环量守恒定理,从 z 到 $z + \delta z$ 微元段上尾涡强度应为 $\left(\dfrac{\mathrm{d}\Gamma}{\mathrm{d}z}\right)\delta z$,即尾涡层的涡强密度为 $\dfrac{\mathrm{d}\Gamma}{\mathrm{d}z}$.因此,整个机翼可以想象成一条直线"附着涡"和从它拖出的许多半无穷长尾涡构成的涡系.利用这样涡系模型即可以计算机翼的升力和诱导阻力.

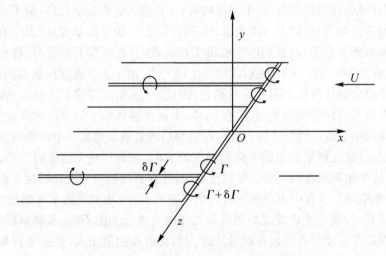

图 8.20　大展弦比机翼的升力线模型

8.7.3　小展弦比机翼的涡系

现代飞机的速度会接近或超过声速.为了减少因空气可压缩性而形成的波阻,机翼都采用大后掠角、小展弦比布局.三角形机翼就是一种典型的外形.

对于小展弦比机翼,由于不同展向位置上气动特性变化很大,升力线理论已经不再适用,尾涡系形状也不再是如图 8.19 所描绘的那样.小展弦比机翼绕流最突出的特点是,即使在小攻角下,流体也会从侧缘(对于三角翼,也是前缘)分离.从侧缘分离出来的流体形成涡层,一般都会卷起从前缘端点伸至后缘的螺旋状旋涡.图8.21 表示一个三角翼涡层卷起的例子,并画出了涡层上的一条涡线.图 8.22 给出了表面上的极限流线和截面流动的示意图.一部分流体被卷入自身不断扩大的脱体前缘涡层中,另一部分没有被卷入,近似直线地向后流去.由于受螺旋涡层的影响,在翼上还会出现二次涡,但二次涡一般较弱.前缘拖出的分离涡层与后缘拖出的尾涡层在机翼后面会合在一起,随运动流体向下游伸展.绕小展弦比机翼的这种流动是定常的、稳定的,它为机翼提供了非线性的涡流升力.小展弦比机翼的出现和大攻角分离流的利用标志着飞行器空气动力学已经从附体流型发展到脱体涡流型,成为空气动力学发展史上的一个里程碑.

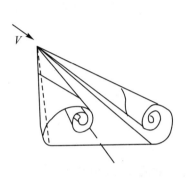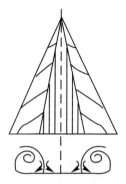

图 8.21　三角翼的前缘分离涡　　　图 8.22　极限流线和横截面流动

8.8　地 转 运 动

前面已指出,当流体受到非保守体积力作用时会产生涡量.非惯性坐标系中的某些惯性力就是非位势的体积力,其中尤以旋转坐标系中的科氏力最有重要意义.相对于一个以常角速度旋转的转动坐标系中的流体运动,称为**旋转流体运动**.地球大气、海洋和地核运动,宇宙星体和星系的运动,关心的都是相对于某个旋转坐标系的运动,因此,研究旋转流体运动对地球物理和天体物理有很重要的意义.旋转流体运动由于受到科氏力的作用,产生涡量,会使运动出现一系列饶有兴趣的新现象.这里,我们只准备给出旋转流体运动的基本方程,然后简单地讨论一下地转运动.

8.8.1　旋转流体运动的基本方程

在第5章中,我们已经讨论了非惯性坐标系下的流体运动问题,并给出了非惯性系无黏流的运动方程.我们知道在常角速度旋转坐标系中,流体的相对运动将受到两个惯性力作用,一个是离心力,另一个是科氏力.离心力是有势的,其位势为 $-\dfrac{1}{2}(\boldsymbol{\Omega}\times r)^2$,其中 $\boldsymbol{\Omega}$ 为坐标系旋转角速度,r 为相对于动坐标系原点的矢径.科氏力表达式为 $-2\boldsymbol{\Omega}\times v$.这样,在转动坐标系中不可压缩黏性流体运动的方程为

$$\frac{\partial v}{\partial t}+(v\cdot\nabla)v=-\frac{1}{p}\nabla p-\nabla\psi-\nabla\left(\frac{1}{2}(\boldsymbol{\Omega}\times r)^2\right)-2\boldsymbol{\Omega}\times v+\nu\nabla^2 v,$$

$$(8.8.1)$$

其中 ψ 为外场力的位势.我们可以把各种位势力项合并,为此引入 $P=p+\rho\psi+\dfrac{\rho}{2}(\boldsymbol{\Omega}\times r)^2$,则式(8.8.1)变成

$$\frac{\partial v}{\partial t}+(v\cdot\nabla)v=-\frac{1}{\rho}\nabla P-2\boldsymbol{\Omega}\times v+\nu\nabla^2 v. \qquad (8.8.2)$$

这就是旋转流体运动的基本方程.

分析式(8.8.2)可以看出,旋转流体与一般流体运动的本质不同在于受到了科氏力的作用.离心力作用已经合并到位势体积力中,相当于对重力加速度的一个修正.对于地球流体运动,$\Omega=7.29\cdot10^{-5}\ \text{s}^{-1}$,离心力中的 r 大约为几公里至几百公里.因此,离心力对重力加速度的修正很小,对流体运动并不造成和惯性系运动的重大区别.重要的是科氏力,它是一种"偏向力",垂直于 $\boldsymbol{\Omega}$ 和 v 共有的平面,因此对流体并不做功,而只是改变速度的方向.如图 8.23 所示,x 轴为旋转轴,(y,z) 为与 $\boldsymbol{\Omega}$ 正交的"横截平面",则科氏力 $\boldsymbol{F}_C$ 落在该平面内.设 v 在横截平面内投影为 v_l,则 $v_l\perp\boldsymbol{F}_C$,所以科氏力只能改变其方向而不改变其大小.又因为 $|\boldsymbol{F}_C|$ 正比于 $|v_l|$,所以,造成 v_l 方向改变的向心加速度在 y-z 平面上是处处相同的,也就是说,如果横截平面内只有 $\boldsymbol{F}_C$ 一个力作用,则 $\boldsymbol{F}_C$ 的作用将使流体质点轨迹在横截平面内的投影为一个圆,即在 y 和 z 两个方向上作往复运动.在这个意义上,科氏力有使质点在横截平面内的投影点恢复到平衡位置的作用,因而可以认为科氏力是一种恢复力.正是因为这个道理,在旋转流体运动中会产生波动,称之为罗斯比(Rossby)波.

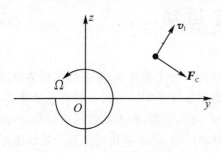

图 8.23 科氏力的方向

现在定义一个无量纲参数来度量科氏力作用的大小.设旋转流体运动的特征长度和速度分别为 L 和 U,旋转角速度为 Ω,惯性力的特征尺度可以用加速度 $\dfrac{\mathrm{d}v}{\mathrm{d}t}$

中的对流项来度量(认为运动的非定常度不太大),即

$$| (\boldsymbol{v} \cdot \nabla)\boldsymbol{v} | \sim \frac{U^2}{L},$$

而科氏力的量级为

$$| \boldsymbol{F}_{\mathrm{C}} | \sim \Omega U,$$

因此

$$\frac{惯性力量级}{科氏力量级} \sim \frac{U^2/L}{\Omega U} = \frac{U}{\Omega L} = R_0.$$

这个无量纲参数 $R_0 = U/\Omega L$ 称为**罗斯比数**,它是衡量旋转效应的一个重要参数. 当 $R_0 \gg 1$ 时,科氏力的作用很小,可以不必考虑旋转效应. 当 $R_0 \ll 1$ 时,流动中惯性力比科氏力小得多,旋转作用对流体运动具有主导作用. 当 $R_0 \sim 1$ 时,惯性力和科氏力同量级,科氏力将和其他力耦合在一起,使流体运动出现许多复杂现象.

对于固定在旋转地球上的参考系,角速度 $\Omega = 7.29 \cdot 10^{-5}\ \mathrm{s}^{-1}$,若取 $L = 10^3\ \mathrm{m}$, $U \sim 10\ \mathrm{m/s}$,则有 $R_0 \sim 100 \gg 1$. 所以一般自然界和工程技术中的流动,以及实验室中的流动,均可近似不计地球旋转效应. 但是,当我们研究近地球表面大气和海洋的大尺度运动时,L 的量级为数千公里. 此时,尽管 Ω 很小,罗斯比数仍然很小,可以将惯性力忽略不计. 这种运动称为**地转运动**.

8.8.2　地转运动

对于近地球表面大气和海洋的运动,由于空间尺度大,雷诺数很大而罗斯比数很小,旋转流体运动因科氏力与压力梯度力配平而达到平衡状态,基本方程 (8.8.2) 简化为

$$\nabla P + 2\rho \boldsymbol{\Omega} \times \boldsymbol{v} = \boldsymbol{0}. \tag{8.8.3}$$

P 中含有离心力 $\frac{1}{2}\Omega^2 r^2$,它比重力项 gz 小得多,可以略去不计. 如图 8.24 所示,取固定在旋转地球表面上的局部笛卡儿坐标,其 x 轴与纬度圈相切,正向指向东,y 轴与经圈相切,正向指向北,z 轴与地面垂直,正向指向天顶(此处考虑北半球). 旋转角速度在该坐标系中为

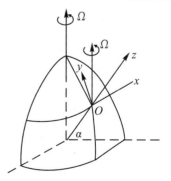

$$\boldsymbol{\Omega} = \boldsymbol{j}\Omega\cos\alpha + \boldsymbol{k}\Omega\sin\alpha,$$

其中 α 为纬度角,由于 $P = p + \rho gz$,式(8.8.3)展开成

图 8.24　地转运动示意图

$$\frac{\partial p}{\partial x} = 2\rho\Omega\sin\alpha v - 2\rho\Omega\cos\alpha w,$$

$$\frac{\partial p}{\partial y} = -2\rho\Omega\sin\alpha u,$$

$$\frac{\partial p}{\partial z} = -\rho g + 2\rho\Omega\cos\alpha u. \qquad (8.8.4)$$

在地面上 w 必须为零,因此近地层 w 通常为小量,并且 $2\rho\Omega\cos\alpha u \ll \rho g$,可以略去,式(8.8.4)就可以有以下近似形式

$$\frac{\partial p}{\partial x} = 2\rho\Omega\sin\alpha v, \qquad (8.8.5a)$$

$$\frac{\partial p}{\partial y} = -2\rho\Omega\sin\alpha u, \qquad (8.8.5b)$$

$$\frac{\partial p}{\partial z} = -\rho g. \qquad (8.8.5c)$$

该方程组中式(8.8.5c)是流体沿铅垂方向的静力平衡方程,式(8.8.5a),(8.8.5b)是气象学中常用的地转运动方程,它是天气分析预报的基础,也是大气动力学的一个基本关系式,在气象学中具有十分重要的意义.

由式(8.8.5a)～(8.8.5c)可以有

$$\nabla_2 p = \frac{\partial p}{\partial x}\boldsymbol{i} + \frac{\partial p}{\partial y}\boldsymbol{j} = -2\rho\Omega\sin\alpha\boldsymbol{k}\times\boldsymbol{v}, \qquad (8.8.6)$$

即矢量$\nabla_2 p$与$\boldsymbol{v}$互相正交,它表明在等高面上($z = $ 常数),等压线与流线平行,这种高空风在气象学上称为"地转风".如图8.25所示,如果顺着风向看,则高压出现在右方,低压出现在左方,特别是当流线封闭时,顺时针流线包围一个高压中心,称为**反气旋**,逆时针流线包围一个低气压,称为**气旋**.中纬度气旋和反气旋的产生发展和迁移对分析全球大气环流及中长期天气预报具有基本的重要性.

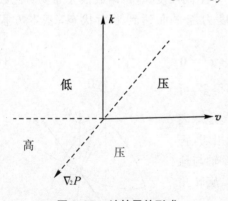

图 8.25　地转风的形成

第 9 章　　层流边界层理论

无黏流理论虽然在大雷诺数情形下可以得到与实际接近的流动图像.但它因不能解释运动物体受到的环境流体阻力以及流动从物面的分离而陷入严重的困境.普朗特(Prandtl)指出,这是由于忽略掉黏性影响的结果.他指出,不管 Re 数是多么的大,在物面附近总是存在一层**黏性边界层**.普朗特的这一光辉思想后来发展成完整的边界层理论,把流体力学推进到一个新阶段.

本章将着重讲述定常二维不可压缩层流边界层理论.

但为了使读者能更深入地理解大 Re 数下边界层理论与无黏流近似的关系,9.5 节中专门讲述了匹配渐近展开方法的主要思想.在 9.8 节中专门介绍了非定常边界层的一般理论.

本章除特别申明以外,在提到边界层时是专指**层流边界层**而言的.

9.1　　层流边界层方程

根据普朗特边界层的思想,认为在 $Re \gg 1$ 的流动中,流场在远离物面的大部分区域内,黏性可忽略不计,而在固壁表面附近的薄层内黏性起着重要作用.在这一薄层内,流动从外部无黏流速度迅速过渡到壁面无滑移速度,这一层就被称为边界层.普朗特假设,整个流场可以分开成两部分处理:在外区是无黏流动问题,在内区是边界层内的黏性流动,并且求解边界层流动时把无黏外流的解作为边界层外缘的已知边界条件.这样的分开处理大大地简化了问题.虽然普朗特当初提出这一思想时,只是以观察实验事实为依据而提出的一种假设,并没有严格的数学证明,但是后来流体力学的发展已证明这是正确的.

为了阐明边界层概念,我们先看一个简单的数学例子,考虑一个二阶常微分方程

$$\left.\begin{array}{l} \varepsilon \dfrac{\mathrm{d}^2 y}{\mathrm{d} x^2} + \dfrac{\mathrm{d} y}{\mathrm{d} x} = a, \\[2mm] y(0) = 0, y(1) = 1. \end{array}\right\} \tag{9.1.1}$$

其中ε是个小量.这个方程可以类比成小黏性时的 N-S 方程.如果忽略掉含ε的项,则问题简化为

$$\frac{\mathrm{d} y}{\mathrm{d} x} = a, \qquad y(1) = 1 \text{(或 } y(0) = 0). \tag{9.1.2}$$

它可类比于忽略黏性项后的欧拉方程.因为忽略掉高阶项后,边界条件也要相应减少一个.方程(9.1.1)有精确解

$$y = \frac{1-a}{1-\mathrm{e}^{-1/\varepsilon}}(1 - \mathrm{e}^{-x/\varepsilon}) + ax. \tag{9.1.3}$$

对于$0 < a < 1$,$y(x)$曲线如图 9.1 所示.方程(9.1.2)的解是条直线

$$y = a(x-1) + 1. \tag{9.1.4}$$

从图中可见,当ε为小值时,在$x > \varepsilon$区域内,两个解十分接近,但在$[0, \varepsilon]$区间内,

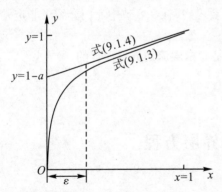

两个解有本质的差别.ε愈小,$[0, \varepsilon]$区间愈狭,但不管该区域多狭,在$x = 0$处两个解总存在最大差值.这是因为式(9.1.2)的解不满足$x = 0$处的边界条件,即使$\varepsilon \to 0$时这个差别也存在.数学上也把$[0, \varepsilon]$区间就称为边界层.

另一方面,如果从物理上考虑:流体总是有黏性的.无黏流只是一种近似假设,适用于某些大雷诺数流动.设想物体从静止开始运动,对于无黏流动,只要不存在尖锐边缘处的涡层脱泻,以后的流动将仍保持

图 9.1　数学上边界层的一个例子

是无旋的.而对于黏性流动,在壁面上将产生涡量,并将扩散和对流到流场中去.在黏性流动中,壁面是个涡量源.在 4.3 节中曾讲过无穷大平板的突然起动问题.涡量扩散方程的解由式(4.3.7)可知为

$$\omega(y, t) = \frac{U}{\sqrt{\pi \nu t}} \mathrm{e}^{-y^2/4\nu t} = \omega_0(t) \mathrm{e}^{-y^2/4\nu t}. \tag{9.1.5}$$

如果对一个相对于平板静止的观察者看来,他将看到两种过程,一是壁面涡量在垂直于平板方向上的黏性扩散;另一是涡量随流体质点以接近于 U 的速度沿平板方向被携带到下游.从而可以估计出,壁面涡量产生后 t 秒内向外扩散的距离约为

$$\delta \sim \sqrt{\nu t},$$

另一方面,涡量同时被流体质点携带的距离约为 $x \sim Ut$,因此有

$$\frac{\delta}{x} \sim \frac{\sqrt{\nu t}}{x} \sim \sqrt{\frac{\nu}{Ux}} = Re_x^{-1/2}, \quad Re_x = \frac{Ux}{\nu}. \tag{9.1.6}$$

这个结果可看做半无穷长二维平板平行置于来流中,平板前缘产生的涡量在距前缘下游 x 处横向扩散的距离,即 $\delta \sim \sqrt{\nu x/U}$,这也是平板边界层厚度的量级.在 δ 范围以内是涡量集中的区域.在 δ 范围以外涡量近似为零.由此可见,边界层与外区无黏流动之间并没有严格的界限,而是一个渐近的过渡过程.

以下我们将介绍如何通过对各物理量的量级估计,把 N-S 方程简化为边界层方程.为简单起见,先以不可压缩二维平板边界层方程为例. x 与 y 轴分别沿物面流动方向和与物面垂直,坐标原点与物面前缘重合. N-S 方程(4.1.4)可写成

$$\frac{\partial u}{\partial t} + u\frac{\partial u}{\partial x} + v\frac{\partial u}{\partial y} = -\frac{1}{\rho}\frac{\partial p}{\partial x} + \nu\left(\frac{\partial^2 u}{\partial x^2} + \frac{\partial^2 u}{\partial y^2}\right), \tag{9.1.7a}$$

$$\frac{\partial v}{\partial t} + u\frac{\partial v}{\partial x} + v\frac{\partial v}{\partial y} = -\frac{1}{\rho}\frac{\partial p}{\partial y} + \nu\left(\frac{\partial^2 v}{\partial x^2} + \frac{\partial^2 v}{\partial y^2}\right). \tag{9.1.7b}$$

连续性方程

$$\frac{\partial u}{\partial x} + \frac{\partial v}{\partial y} = 0.$$

以平板长度 L 和来流速度 U 分别为特征长度和特征速度,则边界层内 x 方向的尺度为 $x \sim L$, y 方向为 $y \sim \delta$, x 方向的速度分量的量级为 $u \sim U$. 式(9.1.7a)中各项量级可估计如下

$$\frac{\partial u}{\partial x} \sim \frac{U}{L}, \quad \frac{\partial u}{\partial y} \sim \frac{U}{\delta}, \quad \frac{\partial^2 u}{\partial x^2} \sim \frac{U}{L^2}, \quad \frac{\partial^2 u}{\partial y^2} \sim \frac{U}{\delta^2}, \tag{9.1.8}$$

在连续性方程中各项量级应相等,于是 $\dfrac{\partial v}{\partial y} \sim \left|\dfrac{\partial u}{\partial x}\right| \sim \dfrac{U}{L}$,所以

$$v \sim \frac{U}{L}\delta, \quad \frac{\partial v}{\partial x} \sim \frac{U\delta}{L^2}, \quad \frac{\partial^2 v}{\partial x^2} \sim \frac{U\delta}{L^3}, \quad \frac{\partial^2 v}{\partial y^2} \sim \frac{U}{L\delta}. \tag{9.1.9}$$

从以上两式可见,在黏性项中,总有

$$\left|\frac{\partial^2 u}{\partial x^2}\right| \ll \left|\frac{\partial^2 u}{\partial y^2}\right|, \qquad \left|\frac{\partial^2 v}{\partial x^2}\right| \ll \left|\frac{\partial^2 v}{\partial y^2}\right|.$$

若假设非定常项 $\dfrac{\partial u}{\partial t}$ 的量级不会超过惯性项 $u\dfrac{\partial u}{\partial x}$ 的量级,则可认为局部速度发生

显著变化的时间量级为 L/U,于是有

$$\frac{\partial u}{\partial t} \sim u\,\frac{\partial u}{\partial x} \sim \frac{U^2}{L}, \qquad \frac{\partial v}{\partial t} \sim \frac{U^2}{L^2}\delta. \tag{9.1.10}$$

压力项总是与惯性项同量级,即 $\dfrac{\partial p}{\partial x} \sim \dfrac{\rho U^2}{L}$.边界层内黏性项与惯性项有相同的量

级,即 $\dfrac{U^2}{L} \sim \dfrac{\nu U}{\delta^2}$,由此得到

$$\frac{\delta}{L} \sim \sqrt{\frac{\nu}{UL}} = Re^{-1/2}. \tag{9.1.11}$$

因此,为使 $\delta \ll L$,必须有 $Re \gg 1$,这时边界层理论才能成立.

根据上述量级估计,可以引入下列无量纲量

$$\left.\begin{array}{l} x' = x/L, \quad y' = Re^{1/2}y/L, \quad t' = Ut/L, \\[2mm] u' = u/U, \quad v' = Re^{1/2}v/U, \quad p' = \dfrac{p-p_0}{\rho U^2}. \end{array}\right\} \tag{9.1.12}$$

这些无量纲量及其导数都是同一量级的.将它们代入式(9.1.7)后,无量纲化的方程为

$$\left.\begin{array}{l} \dfrac{\partial u'}{\partial t'} + u'\,\dfrac{\partial u'}{\partial x'} + v'\,\dfrac{\partial u'}{\partial y'} = -\dfrac{\partial p'}{\partial x'} + \dfrac{1}{Re}\dfrac{\partial^2 u'}{\partial x'^2} + \dfrac{\partial^2 u'}{\partial y'^2}, \\[3mm] \dfrac{1}{Re}\left(\dfrac{\partial v'}{\partial t'} + u'\,\dfrac{\partial v'}{\partial x'} + v'\,\dfrac{\partial v'}{\partial y'}\right) = -\dfrac{\partial p'}{\partial y'} + \dfrac{1}{Re^2}\dfrac{\partial^2 v'}{\partial x'^2} + \dfrac{1}{Re}\dfrac{\partial^2 v^2}{\partial y'^2}, \\[3mm] \dfrac{\partial u'}{\partial x'} + \dfrac{\partial v'}{\partial y'} = 0. \end{array}\right\}$$

$$\tag{9.1.13}$$

当 Re 数是大数时,忽略掉 $O\left(\dfrac{1}{Re}\right)$ 以上的高阶小量,就得到近似的层流边界层方程为

$$\left.\begin{array}{l} \dfrac{\partial u'}{\partial t'} + u'\,\dfrac{\partial u'}{\partial x'} + v'\,\dfrac{\partial u'}{\partial y'} = -\dfrac{\partial p'}{\partial x'} + \dfrac{\partial^2 u'}{\partial y'^2}, \\[3mm] \dfrac{\partial p'}{\partial y'} = 0, \\[3mm] \dfrac{\partial u'}{\partial x'} + \dfrac{\partial v'}{\partial y'} = 0. \end{array}\right\} \tag{9.1.14}$$

上述无量纲方程组的一个显著特点是,方程中不显含 Re 数.以后可以看到,在无量纲边界条件中也不显含 Re 数.这意味着它们的解将不依赖于 Re 数.因此,对于两个不同 Re 数,具有相同无量纲边界条件的流动,在边界层内流场图像满足一个相

似变换关系. 在这种变换中, x 方向的距离和速度不变, 但横向 y 方向距离和速度却与 Re 数的平方根成反比. 换句话说, Re 数的作用只是决定边界层的厚度. 根据式(9.1.12)作变换后, 若求得某个 Re 数下的解, 则这个解对其他 Re 数也有效. 这个原则称为 Re 数相似原理.

式(9.1.14)第二式表明, $\partial p / \partial y$ 是个 δ 量级的小量, 所以有

$$p(x, y, t) = p_w(x, y, t) + O(\delta^2), \tag{9.1.15}$$

即对于平直表面, 边界层内的压强与同一地点壁面压强的差只是 δ 的二阶小量. 于是, 可以认为穿过边界层压强沿 y 方向不变, $p \approx p_e(x)$, $\dfrac{\partial p}{\partial x} \approx \dfrac{\partial p_e}{\partial x}$. 由于外流为无黏流动, 欧拉方程在物面上满足

$$\frac{\partial U_e}{\partial t} + U_e \frac{\partial U_e}{\partial x} = -\frac{1}{\rho} \frac{\partial p_e}{\partial x}. \tag{9.1.16}$$

U_e 和 p_e 分别取作边界层外缘的速度和压强, 在边界层计算中认为它们是个已知量.

最后, 我们回到有量纲的二维边界层方程, 它们可写为

$$\frac{\partial u}{\partial t} + u \frac{\partial u}{\partial x} + v \frac{\partial u}{\partial y} = \frac{\partial U_e}{\partial t} + U_e \frac{\partial U_e}{\partial x} + \nu \frac{\partial^2 u}{\partial y^2}, \tag{9.1.17}$$

$$\frac{\partial u}{\partial x} + \frac{\partial v}{\partial y} = 0, \tag{9.1.18}$$

边界条件是

$$\left.\begin{array}{l} x > 0, y = 0 : u = v = 0(\text{固壁无滑移条件}), \\ x > 0, y \to \infty : u(x, y, t) \to U_e(x, t)(\text{外流无黏条件}), \\ x = x_0 : u = u_0(y, t)(\text{上游条件}), \end{array}\right\} \tag{9.1.19}$$

对于非定常流还需增加初始条件

$$t = 0, \quad u = u(x, y, 0) = f(x, y).$$

当物面是曲面时, 可以采用一种边界层坐标系, 它是这样一组正交曲线坐标, 其 x 方向沿曲面, y 方向沿物面法线(图9.2). 在边界层坐标系下, 仿照前面量级估计的方法, 可以证明, 只要边界层厚度 δ 远小于物面曲率半径 R_c, 且曲率变化不太急剧, $dR_c/dx \sim 1$, 则 x 向动量方程与式(9.1.17)完全相同, y 方向动量方程简化成

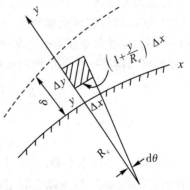

图 9.2 边界层坐标系示意图

$$\frac{\partial p}{\partial y} = \rho u^2 / R_c(x). \tag{9.1.20}$$

只要曲率半径不是小量,$R_c \sim L$,则 $p_e(x, \delta, t) - p_w(x, 0, t) \approx \rho u^2 / R_c(x)$ $\cdot \Delta y \sim O(\delta)$,略去 $O(\delta)$ 项,仍有

$$p_e(x, t) \approx p_w(x, t).$$

这样,方程(9.1.17)无论对于平直还是曲边界都是成立的.

9.2 平板边界层

边界层方程解的一个最典型的例子,是均匀定常来流沿半无穷长平板的流动. 在这种情形下,$\frac{\partial}{\partial t} = 0$,$\frac{\partial U_e}{\partial x} = 0$,式(9.1.17) 简化成

$$\left. \begin{array}{l} u \dfrac{\partial u}{\partial x} + v \dfrac{\partial u}{\partial y} = \nu \dfrac{\partial^2 u}{\partial y^2}, \\[2mm] \dfrac{\partial u}{\partial x} + \dfrac{\partial v}{\partial y} = 0. \end{array} \right\} \tag{9.2.1}$$

为减少变量,再引入流函数 ψ,则上式变成为

$$\frac{\partial \psi}{\partial y} \frac{\partial^2 \psi}{\partial x \partial y} - \frac{\partial \psi}{\partial x} \frac{\partial^2 \psi}{\partial y^2} = \nu \frac{\partial^3 \psi}{\partial y^3}, \tag{9.2.2}$$

它是一个三阶偏微分方程. 与完全的 N-S 方程相比,该方程降低了一阶.

注意到方程(9.1.14)中不含雷诺数,它的解应与雷诺数无关. 由此可知,当雷诺数改变时,边界层流动像经历一个相似变换:流向距离和速度分量保持不变,而横向距离和速度分量按 $Re^{-1/2}$ 倍改变. 无量纲量(9.1.12)正是反映了这一事实. 于是,我们可以构造一个无量纲的相似变量 η,使得

$$\eta = Re_x^{1/2}\left(\frac{y}{x}\right), \qquad Re_x = Ux/\nu, \tag{9.2.3}$$

且

$$u = U\varphi_1(\eta), \qquad v = URe_x^{-1/2}\varphi_2(\eta),$$

其中 φ_1 和 φ_2 是待求函数. 进一步分析可知,它们不是独立的,借助于连续性方程可找出它们的关系. 根据以上的定性分析,我们不妨试令

$$\psi = \sqrt{\nu U x}\, f(\eta),$$

则有

$$u = Uf'(\eta), \qquad v = \frac{1}{2}\left(\frac{\nu U}{x}\right)^{1/2}(\eta f' - f), \tag{9.2.4}$$

代入方程(9.2.1)得到

$$ff'' + 2f''' = 0, \tag{9.2.5}$$

以及边界条件为

$$\left.\begin{aligned}\eta = 0 &: f = 0, f' = 0, \\ \eta \to \infty &: f' \to 1.\end{aligned}\right\} \tag{9.2.6}$$

这是一个非线性常微分方程,难以找出封闭形式的解析解.求解该方程一般有两种方法,一种是级数解,另一种是数值解.前者是早期发展的一种方法,我们把它放到高阶理论一节去讲述.后者是直接用式(9.2.5)数值积分,需注意的是它是一个两点边值问题,比初值问题困难.但是,对于这个问题可以有个巧妙的办法把边值问题化为初值问题求解.我们可设一个新因变量 $F(\eta)$,使得

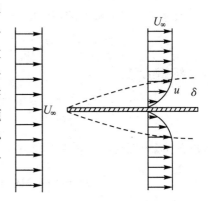

图9.3 平板边界层

$$f(\eta) = \alpha^{1/3} F(\alpha^{1/3}\eta) \ (\alpha \text{ 为正常数}),$$

这样,$F(\eta)$ 满足与 $f(\eta)$ 同样的微分方程及 $\eta = 0$ 时的边界条件,即

$$\left.\begin{aligned}FF'' + 2F''' &= 0, \\ F(0) = F'(0) &= 0.\end{aligned}\right\} \tag{9.2.7}$$

因为 $f'(\eta) = \alpha^{2/3} F'(\alpha^{1/3}\eta)$,故

$$f'(\infty) = \lim_{\eta \to \infty} f'(\eta) = \alpha^{2/3} \lim_{\eta \to \infty} F'(\alpha^{1/3}\eta) = \alpha^{2/3} F'(\infty).$$

由式(9.2.6),$f'(\infty) = 1$,得到

$$\alpha = \left[F'(\infty)\right]^{-3/2}. \tag{9.2.8}$$

如果在式(9.2.7)中补充一个边界条件

$$F''(0) = 1,$$

则方程(9.2.7)可进行从 $\eta = 0$ 起的初值数值积分,当积分至充分大 η 值后得到 $F'(\infty)$,α 值随之可确定,这样得到的函数 $f(\eta) = \alpha^{1/3} F(\alpha^{1/3}\eta)$ 就是满足式(9.2.5)及边界条件的解.用这个办法只需进行一次数值积分.经计算得到 α 的准确值为

$$\alpha = 0.33206. \tag{9.2.9}$$

因为 $f''(\eta) = \alpha F''(\alpha^{1/3}\eta)$，所以

$$f''(0) = \alpha F''(0) = \alpha. \tag{9.2.10}$$

布拉修斯(Blasius)首先推得了方程(9.2.5)，并且用级数解法求出了它的解。所以半无穷长平板边界层的解常称为布拉修斯解，它是早期边界层理论的一项重要成果。我们从布拉修斯解可以得到边界层内流动的许多重要特性。应当指出：由于边界层方程为抛物型方程，某 $x = x_1$ 处下游的流动对其上游 $x < x_1$ 处并无影响，故此解也适用于有限长平板边界层。

(1) 平板上的摩阻

流体作用在平板上的切向应力为

$$\tau_w = \mu\left(\frac{\partial u}{\partial y}\right)_0 = \rho U^2 \left(\frac{Ux}{\nu}\right)^{-1/2} f''(0) = 0.332\rho U^2 \left(\frac{Ux}{\nu}\right)^{-1/2}, \tag{9.2.11}$$

或局部摩阻系数

$$c_f = \frac{\tau_w}{\frac{1}{2}\rho U^2} = 0.664/\sqrt{Re_x}, \qquad Re_x = \frac{Ux}{\nu}. \tag{9.2.12}$$

长度为 L、单位宽度平板上的总摩擦阻力(双面)为

$$D = 2\int_0^L \tau_w \, \mathrm{d}x = 1.328\rho U^2 L \left(\frac{UL}{\nu}\right)^{-1/2}, \tag{9.2.13}$$

或总摩阻系数

$$c_D = \frac{D}{\frac{1}{2}\rho U^2 \cdot 2L} = 1.328/\sqrt{Re}, \qquad Re = UL/\nu. \tag{9.2.13'}$$

(2) 边界层厚度

工程上，多少有些人为规定的是，把边界层内速度等于 $0.99U_e$ 时的 y 值，定义为边界层"厚度"。数值解表明此时 $\eta = 4.9$，所以

$$\delta \approx 4.9\left(\frac{\nu x}{U}\right)^{1/2} = 4.9x Re_x^{-1/2}. \tag{9.2.14}$$

(3) 边界层内速度分布

图 9.4 是数值计算得到的层内速度分布及实验结果，从图中可见理论与实验是极为吻合的。从图中还可看出，当 $\eta \to \infty$ 时

$$\frac{v_\infty}{U} = \frac{1}{2}\sqrt{\frac{\nu}{Ux}}(\eta f' - f) \sim 0.861\left(\frac{Ux}{\nu}\right)^{-1/2}. \tag{9.2.15}$$

这表明在 $y \to \infty$ 处 v 不趋近于零。这个原因在下面再解释。

(4) 涡量

壁面涡量为

$$\omega_0 = -\left(\frac{\partial u}{\partial y}\right)_0 = -\frac{\tau_0}{\mu},$$

但是,流场中的涡量为

$$\omega = U\sqrt{\frac{U}{\nu x}}\left[-f'' + \frac{1}{4Re_x}(f - \eta f' - \eta^2 f'')\right],$$

在任一 x 位置上涡量的总量为

$$\int_0^\infty \omega \mathrm{d}y \approx -\int_0^\infty \frac{\partial u}{\partial y}\mathrm{d}y = -U.$$

这表明在边界层的每个横剖面上总涡量是常数.这意味着进入边界层的净涡量为零.在第8章中曾讲过,仅当沿壁面存在压力梯度时才有涡量流从壁面进入流场.平板边界层中 $\frac{\partial p}{\partial x} = 0$.所以不应有涡量从壁面进入流场.但是在前缘附近,$\frac{\partial p}{\partial x} \neq 0$,那里边界层假设不成立.进入流场中的涡量主要来自前缘附近,那里是个强涡量源.

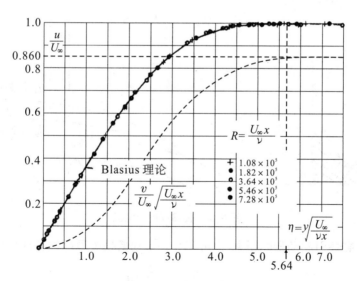

图9.4 由布拉修斯解得到的平板边界层的速度分布

(5) 位移厚度和动量损失厚度

一个比上述边界层厚度的定义更确切更有物理意义的定义是**位移厚度**.由于黏性阻滞影响,边界层内的速度 u 要小于外流速度 U.因此,要通过由来流速度确定的同样大小的质量流量,与无黏流相比,黏性流的流线要向外偏移.在物面边界层的任一横剖面 x 上,设 $\overline{RQ}$ 是无黏流的流管宽度,通过 RQ 的质量流量为 $\rho_e U_e \overline{RQ}$,在黏性流时为了通过同样的质量流量,流线偏移到 Y,所以

$$\int_0^Y \rho u \, \mathrm{d}y = \rho_e U_e \overline{RQ}.$$

流线偏离量 $\delta^*(x, Y) = Y - \overline{RQ}$,它的大小与离壁面距离有关,当 $Y \to \delta$,接近边界层外缘时,偏离量接近最大,所以,流线的总偏离量为

$$\delta^*(x) = \lim_{Y \to \infty} \int_0^Y \left(1 - \frac{\rho u}{\rho_e U_e}\right) \mathrm{d}y = \int_0^\infty \left(1 - \frac{\rho u}{\rho_e U_e}\right) \mathrm{d}y, \qquad (9.2.16)$$

对不可压流动,

$$\delta^*(x) = \int_0^\infty \left(1 - \frac{u}{U_e}\right) \mathrm{d}y, \qquad (9.2.17)$$

它定义为**位移厚度**.形象地说,对于无黏流动,由于边界层的存在好像使物体增加了 $\delta^*(x)$ 的厚度.

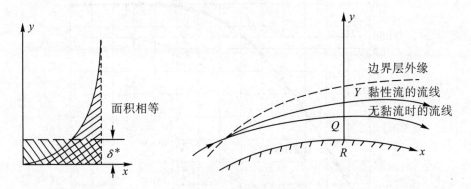

图 9.5 位移厚度示意图

同样,黏性引起动量的损失,也可定义一个**动量损失厚度**(或简称动量厚度)

$$\theta = \int_0^\infty \frac{u}{U}\left(1 - \frac{u}{U}\right) \mathrm{d}y. \qquad (9.2.18)$$

对于不可压缩平板边界层,由式(9.2.3)及(9.2.4)知

$$\delta^* = \int_0^\infty \left(1 - \frac{u}{U}\right) \mathrm{d}y = \sqrt{\frac{\nu x}{U}} \int_0^\infty (1 - f') \mathrm{d}\eta$$

$$= \sqrt{\frac{\nu x}{U}} \lim_{\eta \to \infty} (\eta - f(\eta)) = 1.721 \sqrt{\frac{\nu x}{U}}, \qquad (9.2.19)$$

$$\theta = \int_0^\infty \sqrt{\frac{\nu x}{U}} f'(1 - f') \mathrm{d}\eta = 2\sqrt{\frac{\nu x}{U}} f''(0)$$

$$= 0.664 \sqrt{\frac{\nu x}{U}}. \qquad (9.2.20)$$

由式(9.2.19)可得

$$\frac{\mathrm{d}\delta^*}{\mathrm{d}x} = \frac{v(x, \infty)}{U} = 0.861 \left(\frac{Ux}{\nu}\right)^{-1/2}. \qquad (9.2.21)$$

正是由于位移厚度使得无穷远处 $v(x, \infty)$ 不为零,δ, δ^* 和 θ 有同样量级大小,δ 大约为 δ^* 的三倍.

9.3 相似性解

9.3.1 费克勒-史凯(Falkner-Skan)方程和相似性解

从 η 的定义式(9.2.3)和 u 表达式(9.2.4)可见,当 η 为常数,即沿任意抛物线 $x = cy^2$,u 也是常数,所以对于不同 x 处的速度剖面,只要按 η 为自变量画曲线,则所有速度剖面变成一根曲线(如图9.4).在这个意义上,我们称速度剖面是自相似的.这种相似解的存在是因为可以把边界层方程化为常微分方程.一个自然的想法是,除了平板边界层以外,其他流动是否也存在自相似解?在什么样条件下可以存在自相似解?下面来研究这个问题.

设存在某个函数 $U_e(x)$ 使得速度具有自相似性,即

$$\frac{u(x, y)}{U_e(x)} = f'(\eta), \qquad (9.3.1)$$

其中

$$\eta(x, y) = \frac{y}{\delta(x)}, \qquad (9.3.2)$$

$\eta(x, y)$ 是 y 和 x 的某种组合后的无量纲变量.此时 $U_e(x)$ 和 $\delta(x)$ 暂时是未确定的函数.于是,由连续性方程有

$$v = -\int_0^y \frac{\partial u}{\partial x} \mathrm{d}y = -\frac{\mathrm{d}}{\mathrm{d}x}(U_e\delta)\int_0^\eta f'\mathrm{d}\eta + U_e\frac{\mathrm{d}\delta(x)}{\mathrm{d}x}\eta f'.$$

因为当 $y = 0$ 时 $\eta = 0$，$f(0)$ 同壁面流函数的值 $\psi(0)$ 有关，所以不妨设 $\psi(0) = 0$，则 $f(0) = 0$，上式化为

$$v = \frac{\mathrm{d}}{\mathrm{d}x}(U_e\delta)f + U_e\frac{\mathrm{d}\delta}{\mathrm{d}x}\eta f'. \tag{9.3.3}$$

将式 (9.3.1)，(9.3.2) 和上式代入边界层方程 (9.1.17)，对于定常流动得到下列方程

$$f''' + \alpha ff'' + \beta(1 - f'^2) = 0, \tag{9.3.4}$$

其中

$$\alpha = \frac{\delta(x)}{\nu}\frac{\mathrm{d}}{\mathrm{d}x}(U_e\delta), \tag{9.3.5}$$

$$\beta = \frac{\delta^2(x)}{\nu}\frac{\mathrm{d}U_e(x)}{\mathrm{d}x}. \tag{9.3.6}$$

因此，要使得式 (9.3.4) 成为常微分方程，α, β 一定不能依赖于 x，这就意味着 $U_e(x)$ 不能任意，仅对某些特殊形式的外流，换句话说，仅对某些特殊物面形状才存在自相似解.

由式 (9.3.5) 和 (9.3.6)，有

$$2\alpha - \beta = \frac{1}{\nu}\frac{\mathrm{d}}{\mathrm{d}x}(\delta^2 U_e),$$

积分后得

$$(2\alpha - \beta)(x - x_0) = \frac{1}{\nu}\delta^2 \cdot U_e,$$

其中积分常数 x_0 可这样确定，选择 $x_0 = 0$，把 x 坐标原点放在 $\delta(0) = 0$ 处（例如平板边界层），或者原点放在 $U_e(0) = 0$ 的地方（例如驻点附近流动），则

$$\delta(x) = \sqrt{\frac{(2\alpha - \beta)\nu x}{U_e}}. \tag{9.3.7}$$

代入式 (9.3.6) 解得

$$U_e(x) = cx^{\frac{\beta}{2\alpha - \beta}} = cx^m. \tag{9.3.8}$$

$\delta(x)$ 中 $2\alpha - \beta$ 数值是无关紧要的，可令 $2\alpha - \beta = 1$，方程最后化为

$$\left.\begin{array}{l} f''' + \dfrac{1}{2}(m + 1)ff'' + m(1 - f'^2) = 0, \\[2mm] f(0) = f'(0) = 0, f'(\infty) = 1, \\[2mm] \delta = \sqrt{\dfrac{\nu x}{U_e}}, \eta = \dfrac{y}{\delta} = \left(\dfrac{c}{\nu}x^{m-1}\right)^{1/2}y. \end{array}\right\} \tag{9.3.9}$$

该方程称为费克勒-史凯（Falkner-Skan）方程.

我们知道 $U_e = cx^m$ 代表物理上的绕楔流动（见6.2节），表9.1给出了几种典型的相似解例子.图9.6给出了不同 m 时的速度剖面.参数 m 可以度量压力梯度

表9.1　几个典型的相似性解

流 动 类 型		外流速度分布	常微分方程
驻点附近流动 （Hiemenz，1911）		$U_e = cx$ $m = 1$	$f''' + ff'' + (1 - f'^2) = 0$ $f(0) = f'(0) = 0$ $f'(\infty) = 1$
绕楔角流动 （Falkner & Skan，1930）		$U_e = cx^m$ $0 < m < 1$ $0 < \theta < \dfrac{\pi}{2}$ $m < 0$	$f''' + \dfrac{1}{2}(m + 1)ff''$ $+ m(1 - f'^2) = 0$ $f(0) = f'(0) = 0$ $f'(\infty) = 1$
二维收缩槽 （Pohlhausen，1921）		$U_e = -\dfrac{c}{x}$ $m = 1$	$f''' + f'^2 - 1 = 0$ $f'(0) = 0$ $f'(\infty) = 1,$ $f''(\infty) = 0$

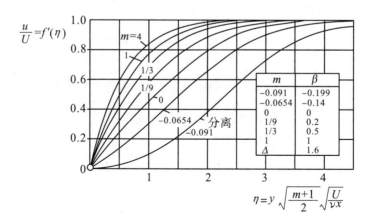

图9.6　外流为 $U_e = cx^m$ 时边界层内的相似速度分布

的大小. 当 $m > 0$ 时，代表绕凹角流动，角点下游沿 x 方向加速，方程有唯一解. 当 $m < 0$ 时代表绕凸角流动，角点下游是减速的，即处于逆压梯度作用下. 数值积分表明，减速时速度分布有拐点. 在 $-1 < m < 0$ 时数值积分还有一个特殊困难，就是方程 (9.3.9) 的解不唯一，有无穷多解满足边界条件. 为了得到物理上有意义的解，需作另外的假定，例如选择 f' 以最快速度趋于 1 及 $m < 0$ 的解应与 $m > 0$ 的解光滑连接等. 费克勒-史凯相似解的一个重要结论在于，它得到使边界层内没有回流发生的最大减速流动，相应于 $m = -0.0904$ 情形，此时在壁上速度法向梯度消失，壁摩擦力在所有 x 处为零. 这是一种临界情形，外层流体施加给壁面附近流体向前的摩擦力正好与逆压梯度相平衡，阻止了产生逆向流动.

表 9.1 中最后一例是二维收缩槽的流动，这是边界层方程能得到封闭形式解析解的一个罕见的例子.

9.3.2 非相似性流动

能找到相似解的流动毕竟是极少数. 绝大多数流动不存在自相似解. 处理非相似流动，常用两种方法，一种是级数方法，这在边界层理论发展的早期，起过重要作用，现在已不多用. 这里仅介绍其主要思想. 另一种是直接进行数值解，如差分法，这是目前流行的方法.

(1) 幂级数法
当外流关于驻点对称时，把外流速度展开成 x 的奇幂级数

$$U_e(x) = U_1 x + U_3 x^3 + U_5 x^5 + \cdots, \qquad (9.3.10)$$

其中 $U_1, U_3, \cdots$ 与物体外形有关. 流函数写成

$$\psi = \sqrt{\frac{\nu}{U_1}}(U_1 x f_1(\eta) + 4U_3 x^3 f_3(\eta) + 6U_5 x^5 f_5(\eta) + \cdots), \quad (9.3.11)$$

其中 $\eta = y\sqrt{\frac{U_1}{\nu}}, f_1, f_3, \cdots$ 仅是 η 的函数，将 ψ 代入边界层方程 (9.1.17)，令 x 同次幂相等，得到 $f_1, f_3, \cdots$ 的常微分方程，然后逐次求解.

(2) 用相似变量处理非相似流动
引入变换

$$\xi = \int_0^x U_e \mathrm{d}x, \quad \eta = yU_e/\sqrt{2\nu\xi}, \quad \psi = \sqrt{2\nu\xi}f(\xi,\eta),$$

代入边界层方程 (9.1.17) 得到

$$f''' + ff'' + \beta(1 - f'^2) = 2\xi\left(\frac{\partial^2 f}{\partial\xi\partial\eta} f' - \frac{\partial f}{\partial\xi} \cdot f''\right),$$

$$\beta = \frac{2\xi}{U_e} \frac{\mathrm{d}U_e}{\mathrm{d}\xi}, \qquad\qquad\qquad (9.3.12)$$

$$f(\xi,0) = f'(\xi,0) = 0, f'(\xi,\infty) = 1.$$

其中"$'$"表示对 η 的微商. 当 $f(\xi,\eta)$ 及 $\beta(\xi)$ 与 ξ 无关时,上式蜕化为费克勒-史凯方程(9.3.9). 这是目前计算二维边界层较通用的方程形式. 可用差分法直接求解.

9.4 边界层方程的近似解法

9.4.1 动量积分方程

边界层方程的解仍旧是很麻烦的. 在工程上往往不一定要知道边界层内流动的细节,感兴趣的主要是物面黏性力、边界层厚度,以及摩擦阻力等. 为此,卡门(Karman)首先提出了一种工程上实用的近似方法 —— **动量积分方程**方法. 定常边界层方程在数学上是属于抛物型方程,不像定常 N-S 方程是椭圆型的,这使得动量积分方程有可能从上游一站一站往下游计算. 这是它方便之处.

对式(9.1.17)两边求 y 的积分,假定流动是定常的,得

$$\nu\left(\frac{\partial u}{\partial y}\right)_{y=0} = \int_0^\infty \left(U_e \frac{\mathrm{d}U_e}{\mathrm{d}x} - u \frac{\partial u}{\partial x} - v \frac{\partial u}{\partial y}\right)\mathrm{d}y. \qquad (9.4.1)$$

右手边被积函数第一、第二项可改写成

$$\int_0^\infty \left\{(U_e - u) \frac{\mathrm{d}U_e}{\mathrm{d}x} + u \frac{\partial(U_e - u)}{\partial x}\right\}\mathrm{d}y = \frac{\mathrm{d}U_e}{\mathrm{d}x}\int_0^\infty (U_e - u)\mathrm{d}y + \int_0^\infty u \frac{\partial(U_e - u)}{\partial x}\mathrm{d}y.$$

又由于 $U_e = U_e(x), \frac{\partial v}{\partial y} = -\frac{\partial u}{\partial x}$,第三项积分可改写为

$$\int_0^\infty v \frac{\partial(U_e - u)}{\partial y}\mathrm{d}y = \int_0^\infty \frac{\partial}{\partial y}\{(U_e - u)v\}\mathrm{d}y - \int_0^\infty (U_e - u) \frac{\partial v}{\partial y}\mathrm{d}y$$

$$= \int_0^\infty (U_e - u) \frac{\partial u}{\partial x}\mathrm{d}y.$$

将上两式代入式(9.4.1),并考虑到 $\delta^* = \int_0^\infty \left(1 - \dfrac{u}{U_e}\right)\mathrm{d}y, \theta = \int_0^\infty \dfrac{u}{U_e}\left(1 - \dfrac{u}{U_e}\right)\mathrm{d}y$,

二维动量积分方程写为

$$\frac{\tau_0}{\rho} = \delta^* U_e \frac{\mathrm{d}U_e}{\mathrm{d}x} + \frac{\mathrm{d}}{\mathrm{d}x}(U_e^2 \theta), \tag{9.4.2}$$

或者

$$\frac{\tau_0}{\rho U_e^2} = \frac{\mathrm{d}\theta}{\mathrm{d}x} + (H + 2)\frac{\theta}{U_e}\frac{\mathrm{d}U_e}{\mathrm{d}x}. \tag{9.4.3}$$

式中 $H = \delta^*/\theta$ 称为**形状因子**,因为它是表示边界层内速度分布形状的参数. H 值越小,速度剖面越呈凸形,H 值变大,速度剖面变得近于凹状. 用上式计算,必须事先假设一个速度分布函数 u/U_e,因此,这种方法的精度就取决于速度分布假设得是否合适.

若假设速度分布是相似性的,

$$\frac{u}{U_e} = f(\eta), \qquad \eta = y/\delta(x),$$

则可算出

$$\delta^* \approx \int_0^\delta \left(1 - \frac{u}{U_e}\right)\mathrm{d}y = \alpha_1 \delta,$$

$$\theta \approx \int_0^\delta \frac{u}{U_e}\left(1 - \frac{u}{U_e}\right)\mathrm{d}y = \alpha_2 \delta,$$

$$\tau_0/\rho = \nu\left(\frac{\partial u}{\partial y}\right)_0 = \beta_0 \frac{\nu U_e}{\delta}$$

及

$$H = \delta^*/\theta = \alpha_1/\alpha_2.$$

其中 $\alpha_1 = \int_0^1 (1 - f)\mathrm{d}\eta, \alpha_2 = \int_0^1 f(1 - f)\mathrm{d}\eta, \beta_0 = f'(0)$ 都是些常数. 代入式(9.4.3)后成为一个关于 θ(或 δ^*,或 δ) 的常微分方程

$$\frac{\mathrm{d}\theta^2}{\mathrm{d}x} + p(x)\theta^2 = q(x), \tag{9.4.4}$$

其解为

$$\theta^2(x) - \theta_0^2 = \mathrm{e}^{-\int_0^x p(x)\mathrm{d}x}\left(\int_0^x q(x)\mathrm{e}^{\int_0^x p(x)\mathrm{d}x}\,\mathrm{d}x\right), \tag{9.4.5}$$

其中

$$p(x) = 2\left(2 + \frac{\alpha_1}{\alpha_2}\right)\frac{1}{U_e}\frac{\mathrm{d}U_e}{\mathrm{d}x}, \qquad q(x) = 2\alpha_2\beta_0\nu/U_e.$$

以平板边界层解为例,此时 $U_e = \mathrm{const}, p(x) = 0$,代入式(9.4.5)得解为

$$\theta = \sqrt{2\alpha_2\beta_0}\sqrt{\frac{\nu x}{U_e}}, \tag{9.4.6}$$

其中 α_2, β_0 由速度分布函数确定.表9.2中列出了对于不同速度分布的结果,并与布拉修斯精确解进行了比较.可以发现,即使对最简单的线性分布,也能得到定性合理的结果,如用高次曲线分布,黏性阻力可做到足够精确,误差小于 3%.

表9.2　不同速度分布的平板边界层的近似结果

$f(\eta)$	$\delta\sqrt{\dfrac{U}{\nu x}}$	$\delta^*\sqrt{\dfrac{U}{\nu x}}$	$\theta\sqrt{\dfrac{U}{\nu x}}$	$\dfrac{\tau_0}{\rho U^2}\sqrt{\dfrac{Ux}{\nu}}$	$H = \delta^*/\theta$
η	3.46	1.73	0.577	0.289	3.00
$2\eta - \eta^2$	5.48	1.83		0.365	
$\dfrac{3}{2}\eta - \dfrac{1}{2}\eta^3$	4.64	1.74	0.646	0.323	2.69
$2\eta - 2\eta^3 + \eta^4$	5.84	1.75	0.685	0.343	2.55
$\sin\left(\dfrac{\pi}{2}\eta\right)$	4.79	1.74	0.655	0.328	2.66
精确解	4.9	1.72	0.664	0.332	2.59

9.4.2　卡门-波尔豪森(Karman-Pohlhausen)方法

对于曲面边界层,外流中存在切向压力梯度.速度分布一般说来不是相似的.卡门-波尔豪森最先提出了一种有压力梯度时的近似解法.后来又有许多人作过若干改进.这里简要地介绍一下该方法的主要思想.

边界层内的速度分布采用四次式

$$\frac{u}{U_e} = a(x) + b(x)\eta + c(x)\eta^2 + d(x)\eta^3 + e(x)\eta^4, \quad \eta = y/\delta(x). \tag{9.4.7}$$

其中 a, b, c, d 和 e 由五个边界条件确定

$$\left.\begin{array}{l} y = 0 : u = 0, \nu\dfrac{\partial^2 u}{\partial y^2} = \dfrac{1}{\rho}\dfrac{\mathrm{d}p_e}{\mathrm{d}x} = -U_e\dfrac{\mathrm{d}U_e}{\mathrm{d}x}; \\[3mm] y = \delta : u = U_e, \dfrac{\partial u}{\partial y} = 0, \dfrac{\partial^2 u}{\partial y^2} = 0. \end{array}\right\} \tag{9.4.8}$$

进一步引进参数 $\Lambda = \dfrac{\delta^2}{\nu}\dfrac{\mathrm{d}U_e}{\mathrm{d}x}$,上面的速度分布可改写成

$$\frac{u}{U_e} = (2\eta - 2\eta^3 + \eta^4) + \frac{\Lambda}{6}\eta(1-\eta)^3. \tag{9.4.9}$$

动量积分方程(9.4.2)变成

$$\left.\begin{aligned}\frac{\mathrm{d}z}{\mathrm{d}x} &= \frac{g(\Lambda)}{U_e} + U_e'' h(\Lambda) z^2,\\ z &= \frac{\delta^2}{\nu}.\end{aligned}\right\} \tag{9.4.10}$$

其中 $g(\Lambda)$ 和 $h(\Lambda)$ 不直接依赖于 x,可一劳永逸事先计算出来.将 $\Lambda = z\dfrac{\mathrm{d}U_e}{\mathrm{d}x}$ 代入式(9.4.10)即可解出 $\delta(x)$,从而求得 $u(x,y)$. $\Lambda(x)$ 是影响速度分布的形状参数,代表外流压力梯度对边界层的影响. $\Lambda > 0$,顺压梯度,流动加速; $\Lambda < 0$,逆压梯度,流动减速(图9.7).

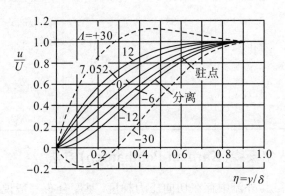

图 9.7　由式(9.4.10)解出的不同 Λ 参数下的速度分布

在计算中有物理意义的流动限于在 $-12 \leqslant \Lambda \leqslant 12$ 之间,当 $\Lambda > 12$ 时,边界层内出现 $u/U_e > 1$,在定常流中这是不可能的.在 $\Lambda = -12$ 时,$\left(\dfrac{\partial u}{\partial y}\right)_0 = 0$,$\Lambda < -12$ 以后发生边界层分离,事实上,当接近边界层分离时,边界层迅速增厚,边界层方程不再正确.所以,波尔豪森方法在逆压梯度(减速)区,特别是在分离点附近是算不准的.当计算中出现 $\Lambda = -12$,计算必须停止.

9.5* 高阶边界层理论
—— 匹配渐近展开简介

在前面讲解中我们曾不止一次的强调过无黏流动与边界层理论都是完全的 N-S 方程在大 Re 数下的近似，它们是有机联系着的两个方面. 为了进一步阐明这个观点，本节将利用匹配渐近展开这一数学上有力工具，在一个统一的框架内研究这两种近似，使它们建立在更严格的理论基础上.

我们的任务是求解完全的 N-S 方程. 为了简单起见，我们限于研究定常、无分离流动问题. 在大 Re 数下，匹配渐近展开的总的思想是把流场分解成内解和外解两个部分，并且：

第一步，先求以物面外形为内边界的无黏流动的外解.

第二步，因为无黏流动的外解无法满足壁面无滑移条件，因此要用内解来表述物面附近边界层内的流动.

第三步，边界层内的流动产生位移厚度，使流线向外飘移. 因此，需进一步计算位移厚度影响，对一阶外解作出修正.

第四步，修正了的外解又改变了边界层内的流动，需要再次修正边界层内解.

因此，匹配渐近展开是个从外向内又从内向外的逐步逼近过程. 如此往复下去逐步逼近 N-S 方程的精确解.

下面，以二维半无穷长零攻角平板流动为例，具体地讲述这一方法.

用流函数表示的完全的(有量纲的)N-S 方程可写成

$$\left(\frac{\partial\psi^*}{\partial y^*}\frac{\partial}{\partial x^*}-\frac{\partial\psi^*}{\partial x^*}\frac{\partial}{\partial y^*}\right)(\nabla^2\psi^*)=\nu\,\nabla^2(\nabla^2\psi^*) \tag{9.5.1}$$

及

$$\nabla^2\psi^*=-\omega,\quad u^*=\frac{\partial\psi^*}{\partial y^*},\quad v=-\frac{\partial\psi^*}{\partial x^*}.$$

边界条件为

$$\left.\begin{array}{l}\psi^*(x^*,0)=0,\dfrac{\partial\psi^*(x^*,0)}{\partial y^*}=0\text{(物面上)},\\[2mm]\psi^*(x^*,y^*)=Uy^*\text{(远场)}.\end{array}\right\} \tag{9.5.2}$$

由前面我们对边界层性质的了解，根据内外场的量级估计，可引入下述无量纲量：

外解
$$x = x^*/L, \quad y = y^*/L, \quad \psi = \psi^*/UL;\qquad(9.5.3)$$
内解
$$X = x^*/L, \quad Y = Re^{1/2}y^*/L, \quad \Psi = Re^{1/2}\psi^*/(UL) \text{（见式(9.1.12)）}.$$
$$(9.5.4)$$
这样做实际上是把边界层横向尺度放大，而同时保持流向尺寸不变. 于是，可得到内外区的无量纲方程分别为:

外解
$$\left(\frac{\partial\psi}{\partial y}\frac{\partial}{\partial x} - \frac{\partial\psi}{\partial x}\frac{\partial}{\partial y}\right)\nabla^2\psi = \frac{1}{Re}\nabla^2(\nabla^2\psi);\qquad(9.5.5)$$

内解
$$\left(\frac{\partial\Psi}{\partial Y}\frac{\partial}{\partial X} - \frac{\partial\Psi}{\partial X}\frac{\partial}{\partial Y}\right)\left(\frac{1}{Re}\frac{\partial^2\Psi}{\partial X^2} + \frac{\partial^2\Psi}{\partial Y^2}\right) = \left(\frac{1}{Re^2}\frac{\partial^4\Psi}{\partial X^4} + \frac{2}{Re}\frac{\partial^4\Psi}{\partial X^2\partial Y^2} + \frac{\partial^4\Psi}{\partial Y^4}\right).$$
$$(9.5.6)$$

以 $Re^{-1/2}$ 为小参数，把内外解渐近展开成如下形式:

外解
$$\psi = \psi_1 + Re^{-1/2}\psi_2 + \cdots;\qquad(9.5.7)$$
内解
$$\Psi = \Psi_1 + Re^{-1/2}\Psi_2 + \cdots.\qquad(9.5.8)$$
依据上述求解步骤，我们先求一阶外解.

(1) 一阶外解　将式(9.5.7)代入式(9.5.5)，忽略掉 $Re^{-1/2}$ 以上的项，得到
$$\left(\frac{\partial\psi_1}{\partial y}\frac{\partial}{\partial x} - \frac{\partial\psi_1}{\partial x}\frac{\partial}{\partial y}\right)\nabla^2\psi_1 = 0,\qquad(9.5.9)$$
对于无攻角平板的无黏绕流，全流场显然仍为均匀来流，故
$$\nabla^2\psi_1 = 0,\qquad(9.5.10)$$
其解为
$$\psi_1(x,y) = y.\qquad(9.5.11)$$
(2) 一阶内解　控制方程为
$$\left(\frac{\partial\Psi_1}{\partial Y}\frac{\partial}{\partial X} - \frac{\partial\Psi_1}{\partial X}\frac{\partial}{\partial Y}\right)\frac{\partial^2\Psi_1}{\partial Y^2} = \frac{\partial^4\Psi_1}{\partial Y^4}.\qquad(9.5.12)$$
对 Y 积分后
$$\left(\frac{\partial\Psi_1}{\partial Y}\frac{\partial^2\Psi_1}{\partial X\partial Y} - \frac{\partial\Psi_1}{\partial X}\frac{\partial^2\Psi_1}{\partial Y^2}\right) = \frac{\partial^3\Psi_1}{\partial Y^3} + F(X),\qquad(9.5.13)$$
边界条件为

$$\Psi_1(X,0) = 0, \qquad \frac{\partial \Psi_1(X,0)}{\partial Y} = 0 \text{（物面）.} \qquad (9.5.14)$$

内解的外边界条件,要从与外解匹配求得.这里不拟详述具体的匹配过程.但我们从物理意义上可以理解到,外解在物面的速度应作为内解的外流速度,因此

$$\frac{\partial \Psi_1(X,\infty)}{\partial Y} = \frac{\partial \psi_1(x,0)}{\partial y} = 1, \qquad (9.5.15)$$

代入式(9.5.13)后得到 $F(X) = 0$.它正是我们以前得到过的边界层方程(9.2.2),引入 $\Psi_1(X,Y) = \sqrt{X}f(\eta)$,$\eta = Y/\sqrt{X}$,式(9.5.13)化为布拉修斯方程(9.2.5).因此,9.2 节中有关布拉修斯解的结果可以拿来应用.

为便于内外解匹配,有必要研究 $f(\eta)$ 在 $\eta = 0$ 和 $\eta = \infty$ 时的渐近性质.为此,可将 $f(\eta)$ 在 $\eta = 0$ 附近展开成级数

$$f(\eta) = \sum_{n=0}^{\infty} \frac{A_n}{n!} \eta^n. \qquad (9.5.16)$$

由 $\eta = 0$ 的边界条件得到 $A_0 = A_1 = 0$,将上式代入式(9.2.5),得

$$2A_3 + 2A_4\eta + (A_2^2 + 2A_5)\frac{\eta^2}{2!} + (4A_2 A_3 + 2A_6)\frac{\eta^3}{3!} + \cdots = 0.$$

对于任意 η 等式成立,所以必有

$$A_3 = 0, A_4 = 0, A_5 = -A_2^2/2, \cdots, A_{3n} = 0, A_{3n+1} = 0,$$

$$A_{3n+2} = -\frac{(3n-1)!}{2} \sum_{i=1}^{n} \frac{A_{3(i-1)} A_{3(n-i)+2}}{[3(i-1)]![3(n-i)+2]!}, n = 2,3,\cdots,$$

即除去 A_{3n+2} 以外,其余系数全为零.上面的递推公式只与 A_2 有关.若重新令 $\alpha = A_2 = f''(0)$,递推公式可改写成

$$f(\eta) = \sum_{n=0}^{\infty} \left(-\frac{1}{2}\right)^n \frac{\alpha^{n+1} c_n}{(3n+2)!} \eta^{3n+2}, \qquad (9.5.17)$$

其中 $c_0 = 1, c_1 = 1, c_2 = 11, \cdots, c_n = \sum_{i=0}^{n-1} c_{3n-1}^{3i} c_{n-i-1} c_i$.

至此,求解 $f(\eta)$ 的问题归结为确定常数 α.现在剩下唯一未用的边界条件是 $f'(\infty) = 1$.但是,我们不能直接用它确定 α,因为级数展开式(9.5.17)只在 $\eta = 0$ 附近有限的半径内收敛.为了克服这一困难,可根据式(9.2.5)在无穷远特性求出 $f(\eta)$ 在 $\eta \gg 1$ 时的渐近表达式.然后再设法将两端的解在中间"接"起来.

考虑到 $f'(\infty) \to 1$,当 $\eta \gg 1$ 时,$f(\eta)$ 应有形式

$$f(\eta) = \eta - \beta + \varphi(\eta), \qquad (9.5.18)$$

其中 β 是个常数,$\varphi(\eta)$ 是个修正函数,$\varphi(\eta) \ll f(\eta)$,代入式(9.2.5)得到

$$2\varphi''' + (\eta - \beta + \varphi)\varphi'' = 0.$$

φ 与 $\eta - \beta$ 相比是小量,可以略去,上式简化为

$$2\varphi''' + (\eta - \beta)\varphi'' = 0, \left.\begin{array}{l}\\[6pt]\varphi(\infty) = \varphi'(\infty) = \varphi''(\infty) = 0.\end{array}\right\} \tag{9.5.19}$$

其解可以找到. 于是,在 $\eta \gg 1$ 时,$f(\eta)$ 的渐近解为

$$f(\eta) = \eta - \beta + \gamma \iint_{\infty}^{\eta}{}_{\infty}^{\eta} \exp\left\{ -\frac{1}{4}(\eta'' - \beta)^2 \right\} \mathrm{d}\eta'' \mathrm{d}\eta' = \eta - \beta + \mathrm{EST},$$

$$\tag{9.5.20}$$

其中 EST 表示指数小项,γ 是积分常数. 选择一个适当的 η_1,使式(9.5.17) 与 (9.5.20) 在此处 $f(\eta_1)$,$f'(\eta_1)$ 和 $f''(\eta_1)$ 分别相等,可定出 α,β,γ 三个常数. 目前公认的数值是

$$\alpha = 0.33206, \qquad \beta = 1.721. \tag{9.5.21}$$

上述解法就是布拉修斯方程的级数解.

(3) 二阶外解　　将 $\psi = y + Re^{-1/2}\psi_2(x, y) + \cdots$ 代入式(9.5.5),得二阶外解的控制方程为

$$\frac{\partial}{\partial x}(\nabla^2 \psi_2) = 0,$$

即有

$$\nabla^2 \psi_2 = -\omega_2(y) = -\omega_2(\psi_1).$$

因上游是无旋流,$\omega_2(\psi_1) = 0$. 所以,控制方程变成

$$\nabla^2 \psi_2 = 0, \tag{9.5.22}$$

边界条件为

$$\psi_2(x, y) = 0 \quad (y \to \infty, x \to -\infty). \tag{9.5.23}$$

确定二阶外解在壁面的边界条件比较困难,需要仔细研究. 我们知道,由于边界层产生一个位移厚度,把流线外移,这时的外流好像是在绕一个增厚了的物体的流动. 具体地说,由一阶内解得

$$\Psi_1 = \sqrt{X}f(\eta) = \sqrt{X}f\left(\frac{Re^{1/2}y}{\sqrt{X}}\right)$$

$$\approx \sqrt{x}\left(\frac{Re^{1/2}y}{\sqrt{x}} - \beta + \mathrm{EST}\right), \quad 当 Re \to \infty.$$

可以发现,当 $y = \beta\sqrt{\dfrac{x}{Re}}$,即 $y^* = \beta\sqrt{\dfrac{\nu x^*}{U}}$ 时,$\Psi_1 = 0$. 而 $\beta\sqrt{\dfrac{\nu x^*}{U}}$ 正是边界层位移厚度. 即是说,当 y^* 等于位移厚度时是条零流线,所以二阶外解的内边界条件为

$$\psi = \beta\sqrt{\frac{x}{Re}} + Re^{-1/2}\psi_2\left(x, \beta\sqrt{\frac{x}{Re}}\right) + \cdots = 0,$$

$$\psi_2\left(x, \beta\sqrt{\frac{x}{Re}}\right) = -\beta\sqrt{x}.$$

当 $Re \to \infty$ 时,将 ψ_2 泰勒展开并取一阶近似,最后得到壁面上边界条件为

$$\psi_2(x,0) = -\beta\sqrt{x}. \tag{9.5.24}$$

由复变函数理论知,方程(9.5.22)连同边界条件式(9.5.23)和(9.5.24)的解为

$$\psi_2(x,y) = -\beta\mathscr{Re}\left\{(x + \mathrm{i}y)^{1/2}\right\}, \tag{9.5.25}$$

其中 $\mathscr{Re}(\cdot)$ 表示实部.所以近似到二阶的外流解为

$$\psi = y - Re^{-1/2}\beta\mathscr{Re}\left\{(x + \mathrm{i}y)^{1/2}\right\}. \tag{9.5.26}$$

这是均匀来流绕流一个抛物柱面的势流解.

(4)二阶内解 它应该是以修正的二阶外解为外流条件的修正的边界层解.由于过于复杂,我们不准备叙述下去了.

综上所述,大 Re 数下半无长平板绕流的一阶外解是均匀流,一阶内解是平板边界层的布拉修斯解.边界层把零流线推成抛物柱面,所以,二阶外解为绕抛物柱面的无旋解.如此往复下去,得到更高阶的解.由此我们可以知道,第8章中的无黏无旋解可看成是 N-S 方程大 Re 数下的一阶外解,普通边界层的解可看成是 N-S 方程大 Re 数下的一阶内解.

应该指出,边界层内各物理量的量级估计在前缘附近是不对的,在前缘点附近大小为 $|\boldsymbol{x}|/L = O(Re^{-1})$ 的范围内,得用 N-S 方程的解.但也有人用小 Re 数的斯托克斯展开研究过前缘问题.在平板后缘附近也要重新进行量级估计.目前流行的是所谓"三层结构理论".在后缘附近区域内流场存在三层结构(图9.8):

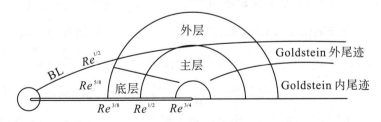

图9.8 平板后缘流场的"三层结构"示意图

(1)底层 $|\boldsymbol{x} - \boldsymbol{x}_t|/L \sim O(Re^{-5/8})$,边界层;

(2)主层 $|\boldsymbol{x} - \boldsymbol{x}_t|/L \sim O(Re^{-1/2})$,有旋无黏流;

（3）上层 $|x-x_t|/L \sim O(Re^{-3/8})$，无旋流.

三层之间的匹配是非常麻烦的，这里不予讨论. 计及后缘影响的高阶修正，得到有限长平板的阻力系数为

$$c_D = \frac{1.3282}{\sqrt{Re}} + \frac{2.661}{Re^{7/8}} + \cdots, \tag{9.5.27}$$

三层理论也用于分析分离点附近的流动结构.

9.6　二维定常边界层分离

日常生活经验告诉我们，当流体流过一个钝体（如桥墩）障碍物时，流体一般能沿迎着来流的那部分物面光滑地流过，但在钝体后部的流场就变得相当复杂，有时会存在一个回流区，有时是一片混乱的尾迹，随着 Re 数高低有所不同. 这种现象称为流动分离. 分离流是一种常见的流动现象，实用上极其重要，理论上则是当今流体力学中最富挑战性的问题之一.

这里关心的问题是，什么原因引起流动分离？怎样判断分离的发生以及分离流动的特性等.

9.6.1　普朗特定常流动分离准则

分离总是大 Re 数下的流动特性. 所以，这里讨论的是边界层内的分离现象. 如前所述，边界层内的流动，其动力过程由惯性力、压力梯度和黏性力之间的相互平衡所决定，其中黏性力总是对流动起阻滞作用，使流动减速. 边界层内压力梯度的方向则决定于外流的情况：当顺压梯度时 $\left(\dfrac{\mathrm{d}p}{\mathrm{d}x}<0\right)$，它可使边界层内流动加速，增加边界层内流体质点的动能，从而保证层内流体质点有足够动能克服黏性摩擦，能顺利地流向下游. 反之，当在逆压梯度 $\left(\dfrac{\mathrm{d}p}{\mathrm{d}x}>0\right)$ 作用下，此时层内流体质点受到"逆压"和"黏性"两方面的阻滞，使动能迅速损失，就会在某处耗尽所有动能而滞止下来. 又由于愈靠近物面，流速愈小，所以这种情形总是在物面附近首先发生. 一旦这种情形发生，根据连续性要求，下游流体便在"逆压"梯度作用下发生倒流. 两股流体相汇的结果是回流流体把从上游来的流体"挤"出物面，使边界层内流体进

入流体深处. 这种现象称为**边界层分离**.

图 9.9 是边界层分离区附近的示意图. 我们可以把紧贴物面的那层流体中顺

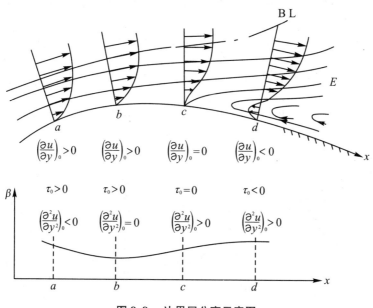

$$\left(\frac{\partial u}{\partial y}\right)_0 > 0 \qquad \left(\frac{\partial u}{\partial y}\right)_0 > 0 \qquad \left(\frac{\partial u}{\partial y}\right)_0 = 0 \qquad \left(\frac{\partial u}{\partial y}\right)_0 < 0$$

$$\tau_0 > 0 \qquad \tau_0 > 0 \qquad \tau_0 = 0 \qquad \tau_0 < 0$$

$$\left(\frac{\partial^2 u}{\partial y^2}\right)_0 < 0 \quad \left(\frac{\partial^2 u}{\partial y^2}\right)_0 = 0 \quad \left(\frac{\partial^2 u}{\partial y^2}\right)_0 > 0 \quad \left(\frac{\partial^2 u}{\partial y^2}\right)_0 > 0$$

图 9.9　边界层分离示意图

流和倒流的分界点规定为分离点. 在分离点上游, $u(x,y) > 0$, $\left(\frac{\partial u}{\partial y}\right)_0 > 0$; 在分离点下游, 壁面附近 $u(x,y) < 0$, $\left(\frac{\partial u}{\partial y}\right)_0 < 0$, 所以分离点处应有

$$\left(\frac{\partial u}{\partial y}\right)_0 = 0. \tag{9.6.1}$$

这就是普朗特的**二维定常边界层分离判据**. 因为 $\tau_0 = \mu\left(\frac{\partial u}{\partial y}\right)_0$, 同时, 在分离点上游, 壁面切应力 $\tau_0 > 0$, 在分离点下游, $\tau_0 < 0$, 所以在分离点上应同时有

$$\tau_0(x,0) = 0 \quad 及 \quad \left.\frac{\partial \tau_0}{\partial x}\right|_{y=0} < 0. \tag{9.6.2}$$

边界层定常分离点一定发生在逆压梯度区, 这是因为在静止物面上定常边界层方程简化为

$$\mu\left(\frac{\partial^2 u}{\partial y^2}\right)_0 = \frac{dp}{dx} = -\rho U_e \frac{dU_e}{dx}. \tag{9.6.3}$$

在顺压梯度区, $\frac{dp}{dx} < 0$, 因而 $\left(\frac{\partial^2 u}{\partial y^2}\right)_0 < 0$. 但在整个边界层横向剖面上 $\frac{\partial u}{\partial y} > 0$. 在

边界层外缘附近,$\dfrac{\partial u}{\partial y} \to 0$. 于是,在整个顺压区内处处有 $\dfrac{\partial^2 u}{\partial y^2} < 0$. 速度剖面是凸

的,没有拐点. 但是在逆压梯度区,$\dfrac{\mathrm{d}p}{\mathrm{d}x} > 0$,从而 $\left(\dfrac{\partial^2 u}{\partial y^2}\right)_0 > 0$. 但在接近边界层外缘

时,仍旧有 $\left(\dfrac{\partial^2 u}{\partial y^2}\right)_{\mathrm{e}} < 0$,这就是说 $\dfrac{\partial^2 u}{\partial y^2}$ 在边界层内要变号,速度剖面一定有一个拐

点. 另一方面,在分离点上,$\left(\dfrac{\partial u}{\partial y}\right)_0 = 0$,同时在外缘 $\left(\dfrac{\partial u}{\partial y}\right)_{\mathrm{e}} = 0$,所以在分离点处的

速度剖面上必有一点 $\dfrac{\partial^2 u}{\partial y^2} = 0$,即必有一个拐点. 由此表明,分离点一定发生在逆

压梯度区(见图 9.10).

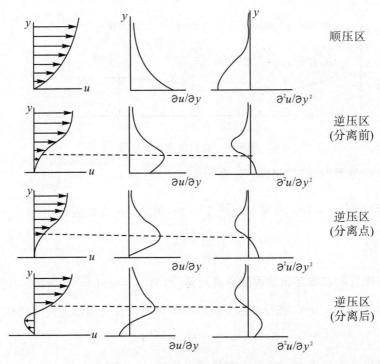

图 9.10　分离点前后速度剖面特性分析

在图 9.9 中 c 表示分离点,cE 表示分离流线,在 cE 线两侧,两股来自不同方向的流体相遇,一般说来两侧流体的速度是不相等的. 在 cE 线附近存在着大的切向速度梯度,这一薄层称为自由剪切层. 它是一个涡量集中的区域,上游边界层内的涡量沿该剪切层脱泻到下游. 自由剪切层是不稳定的,任何小扰动会使它畸变,卷

成许多旋涡,自由剪切层的演化和尾迹流场的结构是很复杂的.

分离常常给工程上带来很大危害.例如造成机翼表面失速,阻力剧增.又如叶轮机械或扩压器若发生分离,不仅带来大的机械能损失,更严重的会引起剧烈的喘振和旋转失速,甚至造成结构破坏.因此,分离流的研究和控制在理论和实用上都很有价值.

还应指出,分离还可分为大尺度的**整体分离**和小尺度的**局部分离**.在大尺度分离发生后,流动的特性已完全不同于边界层流动.但像分离泡那样的小尺度分离(图 9.11),在分离泡内虽有回流发生,但分离泡外边界层仍存在.这实际上是嵌在边界层内的一种局部分离.

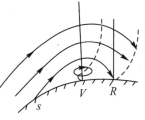

图 9.11　分离泡

另外,以上的分离准则是对光滑物面上的分离而言的.如果物面上有凸折角,在折角处几乎立刻发生分离,这种情形分离点位置是固定的,所以分离又可分为**光滑分离**和**强迫分离**(图 9.12).

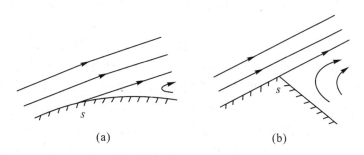

(a)　　　　　　　　　(b)

图 9.12　光滑分离和强迫分离

9.6.2　分离点的预估

可以用边界层方程也可以用 N-S 方程来预测分离,后者不是这里讨论的重点.就前者而言,用边界层方程预测分离大致有以下几种方法:有限差分数值解;微分方程的级数解;动量积分方程的卡门-波尔豪森近似解及其他改进方法;以及各种半经验方法.

圆柱绕流及线性减速流动是用边界层方程研究分离位置的两个著名例子.事实上,这两个例子已被用来作为检验和比较各种计算方法优劣的典型算例.

关于圆柱及线性减速流动的主要结果列在表 9.3.

表 9.3　圆柱及线性减速流动分离点的各种计算结果

外　　　流	结　　果	方　　　法
圆柱(势流) $U_e = 2\dfrac{U_\infty x}{\alpha}\left(1 - \dfrac{x^2}{3!\,a^2} + \dfrac{x^4}{5!\,a^4} + \cdots\right)$	$104.5°$	数值解
	$108.5°$	级数解(截断至 x^{11} 项)
	$109.5°$	波尔豪森法
圆柱(实验压力分布)	$80°$	数值解
	$83°$	级数解(截断至 19 项)
	$81.5°$	波尔豪森法
线性减速流 $U_e = U_\infty(1 - x/L)$	$x^* = 0.1199$	精确解
	0.120	级数解
	0.1545	波尔豪森法

　　实验结果表明,圆柱的层流分离发生在 $\theta_s \approx 80.5°$ 处(从前驻点量起).从表中可见,用势流和实验压力分布作为外流差别很大,这是由于分离后宽阔的尾迹把外流向外排挤,改变了外部势流的速度分布.所以,用无分离的势流解作为外流条件,算出的结果误差很大.

　　当以边界层方程为出发点计算时,我们知道它是一个抛物型方程,虽然它允许从上游往下游推进计算.但计算表明,当外流是顺压梯度区时,各种方法没有什么困难,精度也好.进入逆压梯度区后,特别在分离点附近,计算精度与收敛性迅速变坏.例如级数解,即使在 x^{11} 项上截断,在分离点处精度仍嫌不够.更糟糕的是在增加截断项的 x 幂以后,不但增加了方程的个数,而且必须先提高低幂次项的计算精度才能使得高幂次项有足够精度.用波尔豪森方法计算时,在逆压梯度区,由该方法确定的壁面速度梯度 $\left(\dfrac{\partial u}{\partial y}\right)_0$ 总大于真实值;越靠近分离点,滞后越严重,预测的分离点比实际发生的晚.对一个 $a/b = 2.96/1$ 的椭圆柱,实验测得分离点为 $x/b = 1.99$ 处,但用该法竟算不出分离点!因此有人认为在分离点附近速度分布不是能用单参数因子 Λ 所能表示的,于是出现了双参数法和其他方法等.这里不再赘述.

　　一旦分离点被计算求出,计算必须中止,分离以后边界层方程不再适用.所以,用边界层方程只能求出分离点,而不能得到分离后流场的情形,要计算出分离后的流场,必须借助于 N-S 方程.

　　在分离点附近计算的困难,究其原因是边界层方程的解在分离点处的奇性造成的,数学研究表明,边界层理论给出分离点附近摩擦力变化规律为

$$\tau_0 = \mu\left(\frac{\partial u}{\partial y}\right)_0 = c_s(x_s - x)^{1/2}, \quad x < x_s, \tag{9.6.4}$$

因而

$$\left.\frac{\partial \tau_0}{\partial x}\right|_{x_s} \sim (x_s - x)^{-1/2} \to \infty \quad \text{及} \quad \left.\frac{\partial \delta}{\partial x}\right|_{x_s} \to \infty. \tag{9.6.5}$$

这种奇性称为**戈德斯坦**(Goldstein)**奇性**. 但是需要指出, 这种奇性是由边界层方程的性质引起的. 如果用完全的 N-S 方程研究分离点附近流动, 就不存在戈德斯坦奇性.

9.6.3　圆柱分离和阻力

圆柱分离流动图像随 Re 数的变化是分离流研究中最典型的例子, 至今还有许多机理并未被人们认识清楚.

图 9.13 和 9.14 是不同 Re 数时圆柱流动图像和阻力变化曲线. 随着 Re 数从 $Re \ll 1$ 到 $Re \gg 1$, 流动图像明显地可以分成几个阶段:

(1) **斯托克斯型流动**, $Re \ll 1$. 流动上、下游前后对称, 黏性影响在圆柱四周广阔范围内存在. 当 Re 数稍有增加, 上、下游流动渐渐显出不对称性来, 但仍保持为无分离的绕流. 这种流态大约一直维持到 $Re < 4$(图 9.13(a)).

(2) $4 < Re < 40$. 在圆柱体后部, 分离出两个对称的"驻涡", 稳定地附着在圆柱的后部. 涡的大小随 Re 数基本是线性地增大(图 9.13(b)).

(3) **卡门涡街阶段**. $Re > 40$, 尾迹内流动变成不定常的, 尾迹中振荡的振幅加大, 最终卷起成许多集中涡. 它们在流场中形成两排反向旋转, 交错排列有序的涡列, 这就是著名的卡门涡街. 在这个流态阶段又可细分成几个阶段: 在 $40 < Re < 60 \sim 130$ 时, 在圆柱后部仍附着一对对称的涡, 在此下游是卡门涡街(图 9.13(a)). 在 $60 \sim 130 < Re < 200$, 附着涡开始周期性地从柱体上交替脱落, 形成涡街中的涡(图 9.13(b)). 直到这个 Re 数下, 涡街可认为都是层流的. 表示涡脱落的频率的斯脱罗哈(Strouhal) 数稳定在 0.2 左右.

$$St = \frac{fd}{U_0} \approx 0.2.$$

在 $200 < Re < 400$ 时, 卡门涡街变得不稳定, 扰动的三维性增强, 旋涡脱落的规律性减小, St 数在此范围内很分散(图 9.13(e)). 在 $Re > 400$ 后, 涡街向湍流转变, 最终变成湍流涡街, 集中的旋涡越来越变得模糊不清(图 9.13(f)).

(4) **亚临界区和超临界区**. 在 $Re \approx 2.5 \times 10^5$ 附近边界层内流态发生显著变化. 在 $Re < 2.5 \times 10^5$ 时, 圆柱边界层是层流的, 层流分离发生在 $80°$ 左右. $2.5 \times$

$10^5 \leqslant Re < 3.5 \times 10^6$, 圆柱边界层从层流向湍流转变, 这时边界层转变情形比较复杂, 会出现先层流分离, 立刻又湍流再附到柱面上形成分离泡, 然后再在湍流下分

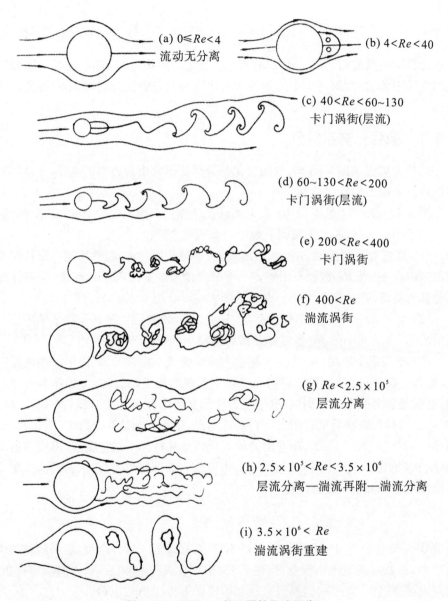

图 9.13　不同 Re 数下圆柱绕流图像

离(图 9.13(h)).$3.5 \times 10^6 < Re$ 边界层及其分离都是湍流的.通常把 $Re \sim 2.5 \times 10^5$ 称为**临界 Re 数**.低于这个 Re 数称为**亚临界区**,高于它则称为**超临界区**,当 $Re > 2.5 \times 10^5$ 以后,尾迹已完全变成湍流的了,尾迹中已分辨不出明显的涡街.同时在超临界区后湍流尾迹的宽度明显比层流边界层分离时狭窄.大 Re 数下的圆柱绕流也已不是单纯的二维流动,沿轴向发生了周期性的结构变化.

(5) **高超临界区**,$3.5 \times 10^6 < Re$.在该区中,尾迹中的旋涡明显的再现(或称重组).这种现象的物理机制还有待进一步研究(图 9.13(i)).

圆柱阻力系数随 Re 数的变化由图 9.14 表示.在曲线左端,是小 Re 数情形,那里阻力系数很高,摩阻与压差阻力大体各占一半,并随 Re 增高而下降,这个区域对应于斯托克斯流动.在 $10^2 < Re < 2.5 \times 10^5$ 范围,阻力曲线变化缓慢.在 $Re \approx 2.5 \times 10^5$ 时阻力曲线有个突然下降,这个现象称为**阻力危机**.阻力下降的原因主要是因为这时由层流分离转变为湍流分离.虽然湍流边界层的摩阻比层流的大,但尾迹比层流分离时狭窄,所以压差阻力反而比层流分离的小,总的阻力降低了.

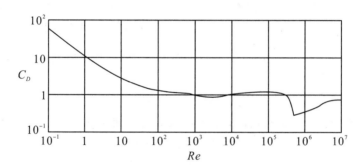

图 9.14 圆柱阻力系数随 Re 数的变化

9.7　二维层流射流·自由剪切层·迹

除了在固壁附近,在大 Re 数流动中可应用边界层理论以外,射流、自由剪切层和迹是无固壁存在而能应用边界层理论的三种典型的流动,可把它们看做是"自由的"边界层.

9.7.1　二维小孔射流

流体从喷嘴或狭缝中向静止流体中的喷射叫自由射流.实际的射流场结构是

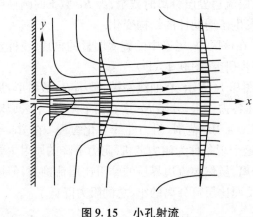

很复杂的,但在进行理论分析时,可以假设狭缝或小孔无限小,狭缝处流速无限大,而保持有限的质量通量和动量通量.由于射流与周围流体之间存在很大的横向速度梯度,以及黏性作用,射流与周围流体之间进行动量交换,并把周围流体不断"卷吸"到射流中去,使射流宽度沿流向向外扩展,其理论上的流动图像如图9.15所示.

图 9.15　小孔射流

本节仅研究二维射流,对于轴对称射流可作类似分析.

根据射流的特性,作类似于平板边界层的量级估计可知,$v \ll u$,$\left|\dfrac{\partial u}{\partial y}\right| \gg$ $\left|\dfrac{\partial u}{\partial x}\right|$,且自由射流的压强等于周围流体的压强,故 $\dfrac{\partial p}{\partial x} = 0$.这里 u,v 分别为流向(x 方向)和横向(y 方向)的速度分量.于是定常二维射流的控制方程简化为

$$u \frac{\partial u}{\partial x} + v \frac{\partial u}{\partial y} = \nu \frac{\partial^2 u}{\partial y^2}, \tag{9.7.1}$$

$$\frac{\partial u}{\partial x} + \frac{\partial v}{\partial y} = 0. \tag{9.7.2}$$

边界条件为

$$\left.\begin{array}{l} y = 0 \text{ 时}: u = U_m, v = 0, \dfrac{\partial u}{\partial y} = 0, \tau_0 = \mu\left(\dfrac{\partial u}{\partial y}\right)_0 = 0, \\[3mm] y \to \infty \text{ 时}: u = 0, v = -v_e, \dfrac{\partial u}{\partial y} = 0, \tau_\infty = \mu\left(\dfrac{\partial u}{\partial y}\right)_\infty = 0. \end{array}\right\} \tag{9.7.3}$$

这里须注意的是,在无穷远处 v 不等于零.这是由于周围流体不断被"卷吸"到射流中并沿 x 方向流动后,按连续性方程可知,必定有流体从外缘向射流中心补充,v_e 称为卷吸速度.这与平板边界层中位移厚度对外流的排斥效应正好相反.

对连续性方程积分,并考虑到 v 的边界条件,有

$$v_e = -\int_0^\infty \frac{\partial v}{\partial y}\mathrm{d}y = \frac{\mathrm{d}}{\mathrm{d}x}\int_0^\infty u\,\mathrm{d}y = \frac{1}{2}\frac{\mathrm{d}Q}{\mathrm{d}x}, \tag{9.7.4}$$

其中 $Q = \int_{-\infty}^\infty u\,\mathrm{d}y$ 是截面 x 处单位时间内通过的体积通量.

对动量方程沿 y 方向积分,

$$\rho\int_0^\infty u\,\frac{\partial u}{\partial x}\mathrm{d}y + \rho\int_0^\infty v\,\frac{\partial u}{\partial y}\mathrm{d}y = \int_0^\infty \mu\,\frac{\partial^2 u}{\partial y^2}\mathrm{d}y. \tag{9.7.5}$$

由边界条件可知上式右端项积分为零.左端第二项利用分部积分和连续性方程后,

积分化为 $\rho\int_0^\infty u\,\frac{\partial u}{\partial x}\mathrm{d}y$,所以上式最终变为

$$\frac{\mathrm{d}}{\mathrm{d}x}\int_0^\infty \rho u^2\,\mathrm{d}y = 0.$$

我们知道, $\int_{-\infty}^\infty \rho u^2\,\mathrm{d}y = 2\int_0^\infty \rho u^2\,\mathrm{d}y$ 正好是单位时间内通过 x 截面处的 x 向动量通量.

所以,有

$$J = \int_{-\infty}^\infty \rho u^2\,\mathrm{d}y = \mathrm{const}, \tag{9.7.6}$$

表明射流的动量守恒,这是射流的一个重要特征量.

射流问题也可以找到自相似解.设速度分布为 $u = f\left(\dfrac{y}{b(x)}\right), b(x)$ 是适当定义的射流宽度.一般地,我们可假设 b 正比于 x^q,并将流函数写成

$$\psi(x, y) \sim x^p f\left(\frac{y}{x^q}\right),$$

其中 p, q 是待定常数.利用式(9.7.6)中 J 是常量的特性,它与 x 无关.将上式代入式(9.7.6),令 x 的指数为零,有

$$2p - q = 0,$$

另一方面,式(9.7.1)中黏性项应与惯性项同量级,得到

$$2p - 2q - 1 = p - 3q,$$

由此可得 $p = 1/3, q = 2/3$.于是,可以令

$$\left.\begin{array}{l} \psi = 6\nu x^{1/3} f(\eta), \eta = y/x^{2/3}; \\ u = 6\nu x^{-1/3} f', v = 2\nu x^{-2/3}(2\eta f' - f). \end{array}\right\} \tag{9.7.7}$$

代入式(9.7.1)后,得到关于 f 的常微分方程

$$f''' + 2ff'' + 2f'^2 = 0, \\ \text{当 } \eta = 0 \text{ 时}: f(0) = 0, f''(0) = 0, \\ \text{当 } \eta \to \infty \text{ 时}: f'(\infty) = 0. \tag{9.7.8}$$

满足边界条件,并考虑到对称性条件 $f'(\eta) = f'(-\eta)$ 的解为

$$f(\eta) = \alpha \tanh(\alpha\eta), \qquad \eta = y/x^{2/3}. \tag{9.7.9}$$

α 的值可由动量流量决定:

$$J = 36\rho\nu^2\alpha^4 \int_{-\infty}^{\infty} \operatorname{sech}^4(\alpha\eta) \mathrm{d}\eta = 48\rho\nu^2\alpha^3 \tag{9.7.10}$$

或

$$\alpha = 0.275\left(\frac{J}{\rho\nu^2}\right)^{1/3}.$$

于是

$$u = 0.4543\left(\frac{J^2}{\rho^2\nu x}\right)^{1/3}(1 - \tanh^2(\alpha\eta)), \\ v = 0.5503\left(\frac{J\nu}{\rho x^2}\right)^{1/3}\{2\alpha\eta[1 - \tanh^2(\alpha\eta)] - \tanh(\alpha\eta)\}. \tag{9.7.11}$$

"卷吸"速度为

$$v_e = -0.5503\left(\frac{J\nu}{\rho x^2}\right)^{1/3}. \tag{9.7.12}$$

体积通量为

$$Q = \int_{-\infty}^{\infty} u\,\mathrm{d}y = 3.3019\left(\frac{J}{\rho}\nu x\right)^{1/3}. \tag{9.7.13}$$

可以发现,$x = 0$ 处是个奇点,$Q = 0$,而 $\frac{\mathrm{d}Q}{\mathrm{d}x} = \infty$.同时,$x > 0$ 时,$\mathrm{d}Q/\mathrm{d}x > 0$,表明射流的体积通量沿 x 方向逐渐增加.这是因为有更多的流体被卷吸到射流中去.实际的射流小孔有一定宽度,在足够远下游,从小孔射出的体积通量只占其中很小一部分.对二维射流的测量表明,在充分远下游实验和理论十分符合(图9.16).

如果定义 x 处的射流 Re 数为

$$\frac{\text{最大速度 } U_m \times \text{射流宽度 } b}{\nu},$$

最大速度 $U_m \sim b\nu x^{-1/3}\alpha^2$,$b \sim x^{2/3}/\alpha$.故可用 $\left(\frac{Jx}{\rho\nu^2}\right)^{1/3}$ 代表射流 Re 数.于是射流边界层成立的条件是

$$\left(\frac{Jx}{\rho\nu^2}\right)^{1/3} \gg 1. \tag{9.7.14}$$

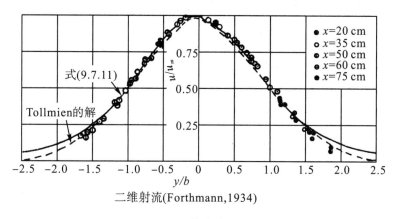

二维射流(Forthmann,1934)

图 9.16　射流速度分布

9.7.2　自由剪切层

　　假设有两股不同速度由于的无黏平行流流过平板后缘以后会合,接触点上存在切向速度间断,接触后由于黏性作用,速度不可能保持间断,在一薄层内从一方迅速光滑地过渡到另一方.这一层流体称为**自由剪切层**(图 9.17).[*] 在自由剪切层

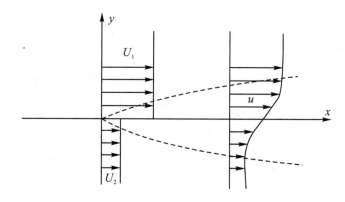

图 9.17　自由剪切层

内,横向速度 v 远小于流向速度 u,速度横向的梯度 $\partial u/\partial y$ 很大,纵向压强梯度 $\mathrm{d}p/\mathrm{d}x$ 则为零.控制方程仍为式(9.7.1).如果更一般化些,可认为上下层流体是不

---

[*]　其实,这实际上还是一个简化数学模型.平板两侧的平行剪切流在后缘接触后,并不存在速度间断,而只是其一阶导数的间断. 为简化数学分析,采用上述简化模型.

同类的,即 $\rho_1 \neq \rho_2, \mu_1 \neq \mu_2$. 引入变量

$$\eta_i = \left(\frac{U_1}{\nu_i x}\right)^{1/2} y, \qquad \psi_i = \sqrt{\nu_i U_1 x} f_i(\eta_i). \tag{9.7.15}$$

代入式(9.7.1),得控制方程

$$2 f_i''' + f_i' f_i'' = 0 \quad (i = 1\text{上层}, i = 2\text{下层}), \tag{9.7.16}$$

$$\left.\begin{array}{l} \eta_2 \to \infty: f_1'(\infty) = 1, \\ \eta_2 \to -\infty: f_2'(-\infty) = U_2/U_1. \end{array}\right\} \tag{9.7.17}$$

交界面上 u 和 v 应分别相等,则

$$f_1(0) = f_2(0) = 0, \qquad f_1'(0) = f_2'(0) \tag{9.7.18}$$

及剪切应力相等

$$f''_1(0) = \left(\frac{\rho_2 \mu_2}{\rho_1 \mu_1}\right)^{1/2} f''_2(0). \tag{9.7.19}$$

上述问题没有解析解. 图 9.18 是数值计算的结果,实线是流体介质相同, U_2/U_1 分别为 0 和 0.5 时的速度剖面. 虚线表示 $U_2/U_1 = 0, \rho_2\mu_2/\rho_1\mu_1 = 10, 100$ 和 5.97×10^4 情形的速度剖面. 在最后一种情形对应于上层是空气,下层是水,空气从静止的水面上方流过. 由于水的密度和黏性系数比空气大得多,这种情形水面犹如固壁,所以解与布拉修斯解极相近.

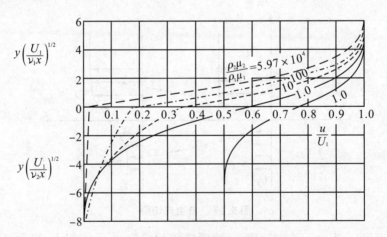

图 9.18　自由剪切层内速度剖面

剪切层是不稳定的,任意的小扰动会使剪切层失稳,卷起一系列涡,最终演化成湍流,这将在第 10 章中讲述.

9.7.3　尾迹

从物体脱泻到流场中的剪切层,经过复杂的混合过程形成尾迹.虽然形成尾迹的物体形状可以各种各样,但在物体的远下游,尾迹内的速度分布却是相似的.由于动量损失,在尾迹中速度分布是亏损型的,中心线上速度最小,远离中心线恢复到主流速度 U_0,这正好与射流速度分布相反(图 9.19).

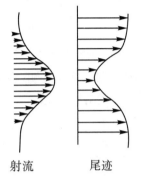

图 9.19　尾迹

引进亏损速度

$$u_1 = U_0 - u \ll U_0,$$

其中 u 和 U_0 分别为尾迹内速度和主流速度(图 9.20).于是用亏损速度表示的边界层方程为

$$U_0 \frac{\partial u_1}{\partial x} = \nu \frac{\partial^2 u_1}{\partial y^2}, \qquad (9.7.20)$$

边界条件为

$$\text{当 } y \to \infty \text{ 时} : u_1 \to 0, \quad \partial u_1 / \partial y \to 0,$$

其解为

$$u_1(x, y) = c x^{-1/2} \exp(-\eta^2), \qquad \eta = y \sqrt{\frac{U_0}{4\nu x}}. \qquad (9.7.21)$$

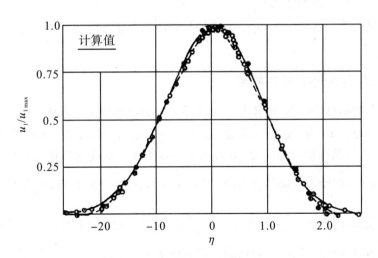

图 9.20　尾迹内速度分布

其中 c 为常数,它可由作用在物体上的阻力确定.可以证明,作用在物体上的阻力等于尾迹中动量的亏损

$$D = \rho \int_{-\infty}^{\infty} u(U_0 - u)\mathrm{d}y \approx \rho U_0 \int_{-\infty}^{\infty} u_1 \mathrm{d}y, \qquad (9.7.22)$$

于是有

$$u_1 = U_0 - u = \left(\frac{D}{4\pi\rho^2 U_0 \nu x}\right)^{1/2} \exp(-\eta^2). \qquad (9.7.23)$$

它表明速度亏损以 $x^{-1/2}$ 衰减,尾迹的宽度按 $x^{1/2}$ 律增加,这个结果已为实验证实(图 9.20).实验表明,在离物体后约三倍物体长度的下游以后,压力已基本恢复均匀,上述结果成立.

9.8* 非定常层流边界层

迄今为止,我们研究的都是定常边界层问题.近年来,非定常流动,特别是非定常旋涡分离流动的研究十分活跃.为适应流体力学发展的新趋势,介绍一些非定常边界层的知识是必要的和有益的.

最常见的非定常问题有两大类:一类是物体从静止突然起动;另一类是周期性振荡.

9.8.1 物体从静止突然起动

假设在初始时刻以前,流体及其浸没于其中的物体均处于静止状态.然后物体突然以恒定速度 U_0 运动.在运动刚刚开始的一个小时间尺度内,可看成是涡量从物面产生,通过黏性扩散和对流作用,边界层在物面上形成的演化过程.当物体突然起动后不久,初始边界层是极薄的.当 $t \to 0$ 时,在方程(9.1.17)中黏性项 $\nu \frac{\partial^2 u}{\partial y^2}$ 远大于对流项 $u\frac{\partial u}{\partial x}$ 和 $v\frac{\partial u}{\partial y}$,对非定常项 $\frac{\partial u}{\partial t}$ 的贡献主要来自黏性项及压力项,为了更清楚地阐明这一点,我们可对初始阶段 N-S 方程中各项的量级作如下估计.

设 U_0,L 和 t_0 分别为特征速度,主流方向物体的特征长度和特征时间.其中 t_0 是我们关注的运动开始段的一个时间尺度,$\sqrt{\nu t_0}$ 是涡量横向扩散距离量级.引入无量纲量

$$y^* = \frac{y}{\sqrt{\nu t_0}}, \quad t^* = t/t_0, \quad x^* = x/L, \quad u^* = u/U_0,$$

$$v^* = \frac{v}{U_0}\sqrt{\frac{L^2}{\nu t_0}}, \quad U^* = U_e/U_0, \quad p^* = \frac{p t_0}{\rho L U_0}.$$

由 4.3 节中平板突然起动问题,涡量扩散的穿透厚度正比于 $\sqrt{\nu t}$ 可知,$\sqrt{\nu t_0}$ 代表了初始边界层厚度的量级. 无量纲化后的 N-S 方程和连续性方程为

$$\frac{\partial u^*}{\partial t^*} + \frac{U_0 t_0}{L}\left(u^* \frac{\partial u^*}{\partial x^*} + v^* \frac{\partial u^*}{\partial y^*}\right) = -\frac{\partial p^*}{\partial x^*} + \left(\frac{\nu t_0}{L^2}\right)\frac{\partial^2 u^*}{\partial x^{*2}} + \frac{\partial^2 u^*}{\partial y^{*2}},$$

$$(9.8.1)$$

$$\frac{\partial v^*}{\partial t} + \frac{U_0 t_0}{L}\left(u^* \frac{\partial v^*}{\partial x^*} + v^* \frac{\partial v^*}{\partial y^*}\right) = -\left(\frac{L^2}{\nu t_0}\right)\frac{\partial p^*}{\partial y^*} + \left(\frac{\nu t_0}{L^2}\right)\frac{\partial^2 v^*}{\partial x^{*2}} + \frac{\partial^2 v^*}{\partial y^{*2}},$$

$$(9.8.2)$$

$$\frac{\partial u^*}{\partial x^*} + \frac{\partial v^*}{\partial y^*} = 0.$$

在上述方程组中有两个无量纲相似参数 $\pi_1 = \frac{\nu t_0}{L^2}$ 和 $\pi_2 = \frac{U_0 t_0}{L}$,我们假设 t_0 充分小,使得 $t_0 \ll L/U$ 并且 $\delta = \sqrt{\nu t_0} \ll L$,注意到 $\frac{\pi_2}{\pi_1} = \frac{U_0 L}{\nu} = Re$,边界层近似要求 $Re \gg 1$,故 π_1 应是高阶小量. 于是,在式(9.8.1)中就可以忽略含 π_1 的项. 在式(9.8.2)中压强梯度项是最高阶项,忽略其他项以后,有 $\frac{\partial p^*}{\partial y^*} = 0$. 这样,$\frac{\partial p^*}{\partial x^*}$ 可用边界层外缘速度表示(式(9.1.16)). 简化后的式(9.8.1)为

$$\frac{\partial u^*}{\partial t^*} - \frac{\partial^2 u^*}{\partial y^{*2}} - \frac{\partial U_e^*}{\partial t^*} = \frac{U_0 t_0}{L}\left(U_e^* \frac{\partial U_e^*}{\partial x^*} - u^* \frac{\partial u^*}{\partial x^*} - v^* \frac{\partial u^*}{\partial y^*}\right).$$

$$(9.8.3)$$

这就是突然起动问题的非定常边界层方程,它在 $Re = \frac{U_0 L}{\nu} \gg 1$ 和 $t_0 \ll \frac{L}{U_0}$ 时成立. 因此,可以用 $\frac{U_0 t_0}{L}$ 作为小参数,逐次近似求解.

(1) 一阶近似

还原到有量纲的方程

$$\frac{\partial u}{\partial t} = \nu \frac{\partial^2 u}{\partial y^2} + \frac{\partial U_e}{\partial t}.$$

$$(9.8.4)$$

对于物体从静止突然以速度 U_0 运动,并在以后时间保持不变,则

$$U_e(x,t) = \begin{cases} 0, & t < 0, \\ U_e(x), & t > 0. \end{cases} \tag{9.8.5}$$

$\frac{\partial U_e}{\partial t} = 0$. 关于 u 的有量纲的一级近似方程为

$$\left. \begin{array}{l} \frac{\partial u_1}{\partial t} = \nu \frac{\partial^2 u_1}{\partial y^2}, \\ u_1(x,y,0) = 0, \\ u_1(x,0,t) = 0, \\ u_1(x,\infty,t) = U_e(x). \end{array} \right\} \tag{9.8.6}$$

这是一个线性方程,其解为

$$u_1(x,y,t) = U_e(x)\frac{2}{\sqrt{\pi}}\int_0^\eta e^{-\eta^2}d\eta = U_e(x)\mathrm{erf}(\eta). \tag{9.8.7}$$

由连续方程有,$v_1 = 2\sqrt{\nu t}\frac{dU_e}{dx}\times\int_0^\eta \mathrm{erf}(\eta)d\eta$,其中 $\eta = \frac{y}{(2\sqrt{\nu t})}$,$\mathrm{erf}(\eta)$ 为误差函数.

(2) 二阶近似

它反映了对流项贡献对解的修正.

$$\left. \begin{array}{l} \frac{\partial u_2}{\partial t} - \nu\frac{\partial^2 u_2}{\partial y^2} = U_e\frac{dU_e}{dx} - u_1\frac{\partial u_1}{\partial x} - v_1\frac{\partial u_1}{\partial y}, \\ u_2(x,y,0) = 0, \\ u_2(x,0,t) = 0, \\ u_2(x,\infty,t) = 0. \end{array} \right\} \tag{9.8.8}$$

这是一个线性非齐次方程,右边具有 $U_e\frac{dU_e}{dx}\times g(\eta)$ 的形式.所以式(9.8.8)的解可写成 $tU_e\frac{dU_e}{dx}f'(\eta)$ 形式,代入式(9.8.8)后,有

$$f'' - \frac{1}{2}\eta f''' - \frac{f}{4} = g(\eta). \tag{9.8.9}$$

边界条件为

$$f(0) = f'(0) = 0, \qquad f''(\infty) = f'''(\infty) = 0.$$

此方程精确到二阶近似的解为

$$u = u_1 + u_2 = U_e\mathrm{erf}(\eta) + tU_e\frac{dU_e}{dx}f'(\eta) + O(t^2). \tag{9.8.10}$$

研究上式所表示的速度剖面,可以发现 $\mathrm{erf}(\eta)$ 和 $f'(\eta)$ 是处处非负的,且 $f'(\eta)$ 与 $\mathrm{erf}(\eta)$ 比值在 $\eta = 0$ 处最大.因此可以得出结论,若边界层内有回流发生,只能发生在外流减速的区域内,并且首先在壁面上($\eta = 0$) 发生.

对式(9.8.10) 求 $\left(\dfrac{\partial u}{\partial y}\right)_{y=0} = 0$,得到

$$\frac{\mathrm{d}}{\mathrm{d}\eta}(\mathrm{erf}(\eta))\Big|_{\eta=0} + t_s\frac{\mathrm{d}U_e}{\mathrm{d}x}f''(0) = 0.$$

因为 $\dfrac{\mathrm{d}}{\mathrm{d}\eta}\mathrm{erf}(\eta)\Big|_{\eta=0} = \dfrac{2}{\sqrt{\pi}}$,由式(9.8.9) 的解得到 $f''(0) = \dfrac{2}{\sqrt{\pi}}\left(1 + \dfrac{4}{3\pi}\right)$,所以

$$t_s \approx -\frac{0.7}{\left(\dfrac{\mathrm{d}U_e}{\mathrm{d}x}\right)} > 0. \tag{9.8.11}$$

t_s 是物体从突然起动到发生分离所需的延迟时间,由此可见,边界层内回流是在运动开始后一段时间才发生的,最初产生回流的时间和地点与外流速度分布 $\dfrac{\mathrm{d}U_e}{\mathrm{d}x}$ 有关,它又与物体形状有关.

以圆柱绕流为例,外流速度分布为

$$U_e(x) = 2U_\infty\sin\left(\frac{x}{a}\right) \quad \text{及} \quad \frac{\mathrm{d}U_e}{\mathrm{d}x} = 2\frac{U_\infty}{a}\cos\frac{x}{a},$$

其中 x 是从前驻点沿物面的距离,a 为圆柱半径.代入式(9.8.11),可知回流出现时间 $t_s \approx 0.35\dfrac{a}{U_\infty}$,也就是说,圆柱从静止突然起动后约 $0.35\dfrac{a}{U_\infty}$ 时刻,在后驻点首先产生回流.在后继时间内,回流点沿物面向上游圆柱肩部移动(图 9.21),回流点沿柱面移动距离为

$$\frac{x_s}{a} \approx \arccos\left(-\frac{0.35a}{t_sU_\infty}\right). \tag{9.8.12}$$

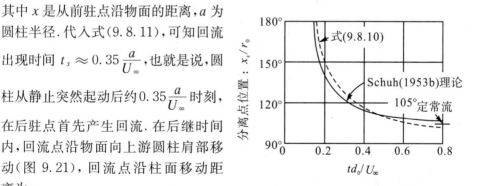

图 9.21　圆柱面上回流点随时间的变化

9.8.2　振荡边界层

另一类重要的非定常边界层问题是流动作周期性变化的情形.设物体作小振幅的往复振动,如果把坐标系固结于物体上,则边界层外部流动是周期性振荡流

$$U(x,t) = U_0(x)e^{i\omega t}, \tag{9.8.13}$$

其中 ω 是圆频率,边界条件为

$$\left.\begin{array}{l} u = 0, v = 0,\text{当 } y = 0, \\ u \to U_0 e^{i\omega t},\text{当 } y \to \infty. \end{array}\right\} \tag{9.8.14}$$

若我们限于研究非定常项远大于惯性项情形,即

$$\left|\frac{\partial u}{\partial t}\right| \gg |(u \cdot \nabla)u|.$$

用 U_0, L 和 $1/\omega$ 分别表示运动的特征速度、特征长度和特征时间,上式成立的条件意味着流动的斯特劳哈(Strouhal)数远大于 1,

$$St = \left(\frac{\omega L}{U_0}\right) \gg 1. \tag{9.8.15}$$

若 a 是物体振动的振幅,特征速度 U_0 的量级为 $a\omega$,代入上式得

$$a \ll L. \tag{9.8.16}$$

这表示在大 Re 数下,振动的振幅远小于物体的线尺度时,式(9.8.5)的逐次求解方法在振荡边界层中也适用,小参数 $\dfrac{t_0 U_0}{L}$ 由 $\dfrac{U_0}{\omega L}$ 代替.

于是,解可展开成以 $\varepsilon = \omega^{-1}$ 为小参数的级数形式

$$u(x,y,t) = u_1(x,y,t) + \frac{1}{\omega}U_0 \frac{\mathrm{d}U_0}{\mathrm{d}x}u_2(x,y,t) + O(\omega^{-2}). \tag{9.8.17}$$

其一阶近似和二阶近似方程分别为

$$\left.\begin{array}{l} \dfrac{\partial u_1}{\partial t} = \dfrac{\partial}{\partial t}(U_0 e^{i\omega t}) + \nu \dfrac{\partial^2 u_1}{\partial y^2}, \\ u_1 \to U_0 e^{i\omega t},\text{当 } y \to \infty, \\ u_1 = 0,\text{当 } y = 0; \end{array}\right\} \tag{9.8.18}$$

以及

$$\frac{\partial u_2}{\partial t} - \nu \frac{\partial^2 u_2}{\partial y^2} = U_e \frac{\partial U_e}{\partial x} - u_1 \frac{\partial u_1}{\partial x} - v_1 \frac{\partial u_1}{\partial y}. \tag{9.8.19}$$

一阶近似解为

$$u_1(x,y,t) = U_0 e^{i\omega t}(1 - e^{-(1-i)y/\delta_s}),$$

$$v_1 = -\int_0^y \frac{\partial u_1}{\partial x}\mathrm{d}y = -e^{i\omega t}\frac{\mathrm{d}U_0}{\mathrm{d}x}\left(y - \frac{\delta_s}{1+i} + \frac{\delta_s}{1+i}e^{-(1+i)y/\delta_s}\right), \tag{9.8.20}$$

其中 $\delta_s = \left(\dfrac{2\nu}{\omega}\right)^{1/2}$. 从 u_1 可知,这在 y 方向上是一个行波解,相速度为 $\sqrt{2\nu\omega}$. 由于黏性效应,流体振荡的振幅和位相角都随远离壁面而衰减. 厚度为 δ_s 的薄层称为

斯托克斯层.

壁面摩擦力为

$$\tau_w = \mu \left(\frac{\partial u_1}{\partial y} \right)_0 = \mu(1 - \mathrm{i}) \frac{U_0}{\delta_s} \mathrm{e}^{\mathrm{i}\omega t}. \tag{9.8.21}$$

式(9.8.20)和(9.8.21)中,u_1, v_1 和 τ_w 都应取实部.研究壁面摩擦力表达式可发现,它的相角较外部振荡流的相角要超前 $\pi/4$.这个事实表明,物体在每个周期内要克服摩擦力做功.或者说,物体要受到一个阻尼力作用.

二阶近似解比较麻烦,因为式(9.8.19)中含 u_1 和 v_1 的对流项是非线性的,该项中含有 $\sin(\omega t)$ 与 $\cos(\omega t)$ 的二次乘积项,它又可化为含 $\cos(2\omega t)$ 和 $\sin(2\omega t)$ 的倍频项和与时间无关的定常项.于是二阶近似解的一般形式为

$$u_2(x, y, t) = f_c(\eta)\mathrm{e}^{\mathrm{i}2\omega t} + f_s(\eta), \tag{9.8.22}$$

其中 $\eta = y/\delta_s$,$f_c(\eta)$ 和 $f_s(\eta)$ 分别表示周期性部分和定常态部分.将它们代入式(9.8.19)后,得到关于二阶近似 u_2 的解为

$$f_c(\eta) = -\frac{\mathrm{i}}{2}\mathrm{e}^{-(1+\mathrm{i})\sqrt{2}\eta} + \frac{\mathrm{i}}{2}\mathrm{e}^{-(1+\mathrm{i})\eta} - \frac{\mathrm{i}-1}{2}\eta\mathrm{e}^{-(1+\mathrm{i})\eta}, \tag{9.8.23}$$

$$f_s(\eta) = -\frac{3}{4} + \frac{1}{4}\mathrm{e}^{-2\eta} + 2\mathrm{e}^{-\eta}\sin\eta + \frac{1}{2}\mathrm{e}^{-\eta}\cos\eta - \frac{1}{2}\eta\mathrm{e}^{-\eta}(\cos\eta - \sin\eta). \tag{9.8.24}$$

研究式(9.8.23)和(9.8.24)可以发现,当 $\eta = 0$ 时,切向分速度 u_2 的周期性部分 $f_c(0)$ 和定常态部分 $f_s(0)$ 是满足壁面边界条件的.但是,当 $\eta \to \infty$ 时,只有周期性部分 $f_c(\infty) \to 0$,而定常态部分却趋于一个有限值,即

$$u_{2s}(x, \infty) = -\frac{3}{4}. \tag{9.8.25}$$

这个事实是振荡边界层中最有趣也是最重要的现象了.它表明一个在静止流体中作微幅振荡的物体,尽管它只作单纯的周期性振动,但它传递给整个流体的是在远离物面处诱导了一个二次定常流动,其大小由式(9.8.25)给出,它与外部势流的速度平方的梯度成正比,也就是同压强梯度成正比,与圆频率成反比,并与黏性系数无关.这种二次定常流迭加在外部作周期运动的势流上的现象,称为振荡边界层的**定常漂流效应**(steady streaming).

图 9.22 是对一个振荡圆柱计算得到的定常漂流效应的流谱.由于定常漂流效应使外部势流流线变形,当圆柱在水平方向上振荡时,外部流线从上方和下方流向圆柱,然后沿水平方向向两边反向离开圆柱.漂流效应又使得在贴近壁面附近的斯托克斯层内出现四条闭合流线,它们在垂直于振荡方向上有两个波节,在振荡方向上有两个反波节.理论结果与实验十分相似.

定常漂流效应在声学中也有重要应用,它可以用来解释声音在昆特(Kundt)管中形成驻波时的粉尘图形.

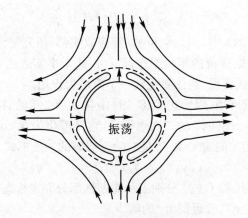
振荡

图 9.22　圆柱振荡流动流谱

那么,什么是产生漂流效应的原因呢?我们知道,在一阶近似解中是没有漂流效应的,只有在二阶近似中,出现了非周期项才产生出漂流效应,漂流起源于对流项的非线性作用.对式(9.8.19)在一个周期内作时间平均,可得

$$-\nu\frac{\partial^2 \bar{u}_2}{\partial y^2} = \overline{U_e\frac{\mathrm{d}U_e}{\mathrm{d}x}} - \overline{u_1\frac{\partial u_1}{\partial x}} - \overline{v_1\frac{\partial u_1}{\partial y}} = G(x,y),$$

其中 $G(x,y)$ 可看成是单位质量流体 x 方向的体力,正是这个力导致了定常漂流运动.比如在 $G(x,y)$ 中有这样的项 $\frac{\partial}{\partial y}\overline{\rho u_1 v_1}:\overline{\rho u_1 v_1}$,它表示穿过垂直于 y 方向的单位面积上的 x 方向的时均动量流,正是这些非零的动量流产生了定常漂流,在振荡流中它们起着与湍流中雷诺应力类似的作用.

第 10 章　　流动稳定性

本章以线性稳定性理论为主,介绍了平行流不稳定性、离心不稳定性和热不稳定性失稳的主要机理,也简略地介绍了弱非线性、分叉和混沌等概念以及从层流向湍流转捩的主要现象.

10.1　　流动稳定性的一般表述

关于稳定性的一般概念,可以用图 10.1 简单解释.图 10.1(a) 中处于谷底的圆球是稳定的,因为任意使圆球偏离平衡位置的扰动,圆球最终会回到原始状态.与此相反,图 10.1(b) 中处于峰顶的圆球是不稳定的,任意小的扰动都会使其下落,越来越远地偏离原始状态.处于图10.1(c)位置的圆球,对于小扰动是稳定的,对

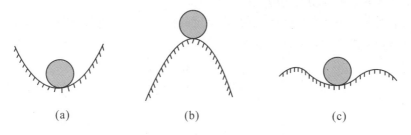

|(a)|(b)|(c)|

图 10.1　圆球的稳定性

(a) 稳定;(b) 不稳定;(c) 对小扰动稳定,对有限大扰动不稳定

于超过一定阀值的有限大扰动是不稳定的.因此,稳定性问题是研究处于平衡态的物理系统对于外部扰动的响应特性,能回到原始状态的,是稳定的;否则,是不稳定的.

迄今为止,本书以前讲述的都是在一定的流动控制方程和某些典型的初始和边界条件下,数学上适定问题的层流解.我们把这些特定流体力学问题的解称之为**基本流**.但是,真实的情形与数学上理想的情形是不同的,真实的流动,如自然界和实验室内的流动,流场中和边界上总会出现这样那样的扰动,如果随时间的发展,任何扰动最终都被衰减掉,流场恢复到原来的基本流态,称该基本流是稳定的(stable),反之,如果初始扰动最终被放大,基本流不能恢复到原来的流动状态,则称它是不稳定的(unstable).现在,用数学语言可表述如下.

我们研究以边界 A 包围的流体体积 D 内的不可压缩黏性流动.若在给定初始条件

$$t = 0, \quad U(x,0) = U_0(x), \quad \nabla \cdot U_0 = 0, \quad x \in D, \qquad (10.1.1a)$$

以及边界条件

$$t \geqslant 0, \quad U(x,t) = U_B(x,t), \quad x \in \partial D. \qquad (10.1.1b)$$

其基本流的速度场 $U(x,t)$ 和压力场 $P(x,t)$ 是以下列 N-S 方程为控制方程的一个层流解

$$\left. \begin{array}{l} \dfrac{\partial U}{\partial t} + (U \cdot \nabla)U = -\nabla P + \dfrac{1}{Re}\nabla^2 U, \\[2mm] \nabla \cdot U = 0. \end{array} \right\} \qquad (10.1.2)$$

对于不同的流动有各自的基本流,其中少数简单流动可以容易地得到显式的解析解(如平面 Poiseuille 流),而对于复杂的流动要得到精确解是很困难的.在实际应用中可以用实验或数值解得到的数据,拟合一个数学表达式近似地表示基本流,例如,用 $u(z) = \tanh z$ 表示平面混合层的速度分布.总之,流动稳定性研究的对象就是基本流对扰动的响应特性.

如果基本流出现某种初始扰动,在给定的初始条件为 $u(x,0) = u_0(x)$ 时,相应的 $u(x,t)$ 和 $p(x,t)$ 满足 N-S 方程

$$\left. \begin{array}{l} \dfrac{\partial u}{\partial t} + (u \cdot \nabla)u = -\nabla p + \dfrac{1}{Re}\nabla^2 u, \\[2mm] \nabla \cdot u = 0. \end{array} \right\} \qquad (10.1.3)$$

而在边界 ∂D 上仍满足式(10.1.1b).定义扰动量 $u' = u - U$ 及 $p' = p - P$,把它们代入式(10.1.3)并减去式(10.1.2),就得到扰动量的控制方程

$$\left.\begin{array}{l} \dfrac{\partial \boldsymbol{u}'}{\partial t} + (\boldsymbol{u}' \cdot \nabla)\boldsymbol{U} + (\boldsymbol{U} \cdot \nabla)\boldsymbol{u}' + (\boldsymbol{u}' \cdot \nabla)\boldsymbol{u}' = -\nabla p' + \dfrac{1}{Re}\nabla^2 \boldsymbol{u}', \\[2mm] \nabla \cdot \boldsymbol{u}' = 0. \end{array}\right\} \qquad (10.1.4)$$

满足初始条件

$$\boldsymbol{u}'(\boldsymbol{x},0) = \boldsymbol{u}_0(\boldsymbol{x}) - \boldsymbol{U}_0(\boldsymbol{x}), \qquad (10.1.5a)$$

以及边界条件

$$\boldsymbol{u}'_B = 0. \qquad (10.1.5b)$$

流动稳定性就是要研究扰动是如何随时间演化的. 我们首先定义一个平均扰动动能为

$$E(t) = \int_D \frac{1}{2}\boldsymbol{u}' \cdot \boldsymbol{u}' \mathrm{d}\boldsymbol{x} \bigg/ \int_D \mathrm{d}\boldsymbol{x}. \qquad (10.1.6)$$

Joseph(1976) 从能量的观点出发, 定义: 如果

$$\lim_{t \to \infty} \frac{E(t)}{E(0)} \to 0, \qquad (10.1.7)$$

则称基本流对于扰动是稳定(stable)的. 但是, 有时流动是否是稳定或不稳定, 还取决于初始扰动能的大小. 因此, 如果存在某个阈值 $\delta > 0$, 基本流对所有满足条件 $E(0) < \delta$ 的扰动都是稳定的, 则称是条件稳定的(conditionally stable). δ 称为"吸引半径". 如果阈值能量无穷大, 即 $\delta \to \infty$, 则称基本流为整体稳定的(global stable). 如果在所有时间内扰动能量都是衰减的, 即 $\mathrm{d}E(t)/\mathrm{d}t < 0$, 则称为"单调稳定"的(monotonically stable), 这是一种限制更严格的稳定性条件. 从稳定性定义式(10.1.7) 可见, 它考察的是在 $t \to \infty$ 时流动的渐近行为. 如果初始扰动在某个时间段内先增长, 最终还是衰减掉, 则称扰动存在瞬态增长(transient growth). 有的情形下, 瞬态增长值超过一定的阈值, 也会引起基本流的不稳定. 瞬态增长这种行为特性已引起研究者日益增加的关注.

图 10.2 定性地解释了稳定和不稳定概念. 图的左列是在 (u,v) 平面上表示扰动量的变化, 右列是相应扰动动能的时间演化. 图 10.2(a), (b) 内曲线 1 表示单调稳定, 曲线 2 是非单调稳定, 其中存在一段瞬态增长. 图 10.2(c), (d) 是条件稳定, 初始扰动落在三角形灰色区内流动是稳定的; 反之, 流动是不稳定的.

关于流动稳定性, 除上述基于扰动能定义的稳定性外, 还存在其他的定义, 其中最常用的是 Lyapounov 稳定性定义.

如果对任意给定的 $\varepsilon > 0$, 存在 $\delta(\varepsilon)$, 使得, 若

$$\|\boldsymbol{u}'(\boldsymbol{x},0)\|, \qquad \|p'(\boldsymbol{x},0)\| < \delta, \qquad (10.1.8)$$

则在所有时间 $t > 0$, 有

$$\| u'(x,t) \|, \qquad \| p'(x,t) \| < \varepsilon, \tag{10.1.9}$$

称基本流是稳定的.

条件数(或称范数)$\| \cdot \|$可以有不同的选择,例如,我们可选择$\| u'(x,t) \| = \sup\limits_{x \in D} | u'(xt) |$,也可选择$\| u'(x,t) \| = \left[\int_D u'^2 dx \right]^{1/2}$. 就是说若初始扰动是小的,在以后所有时间内所有扰动仍旧保持是小的,就认为流动是稳定的. 特别是,当$t \to \infty$时,

$$\| u'(x,t) \|, \| p'(x,t) \| \to 0, \tag{10.1.10}$$

称流动是渐近稳定的(asymptotically stable). 由此可见,Joseph 给出的式(10.1.7)是渐近稳定的定义.

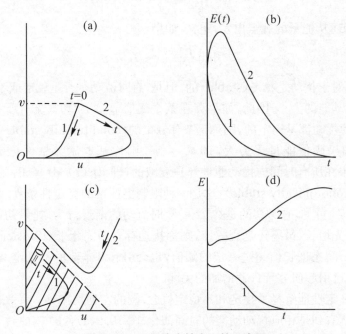

图 10.2　不同稳定性定义的示意图

(a),(b) 单调稳定和非单调稳定,点(0,0) 是稳定的;

(c),(d) 条件稳定,点(0,0) 是条件稳定的,当初始条件

处于阴影区外时,点(0,0) 是不稳定的

10.1.1　临界雷诺数

从方程(10.1.4)可见,当初边值条件确定以后,流动的性态还取决于流体黏性

系数的大小,即流动雷诺数的大小.从 Joseph 能量观点可以定义出如下几种**临界雷诺数**.并以示意图形式表示在图 10.3 中.

当 $Re < Re_e$,流动是单调稳定的,即这时对于任意大小的所有扰动,随时间的增大,总是单调地衰减到零(见图 10.3 的 I 区).而在 II 区,$Re_e < Re < Re_g$,流动是整体稳定但不一定是单调稳定的,意即有一些扰动有可能开始时先是增大的, 最终才衰减的. 例如, 在 Reynolds 管流实验中(见后面 11.1 节),Re_g 近似等于 2000.III 区是条件稳定的,表示当扰动能处于 III 区与 IV 区的分界曲线以下时,扰动是衰减的.当扰动能在分界线以上,流动变成不稳定的.曲线与

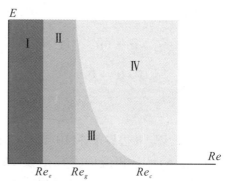

图 10.3　临界 Reynolds 数示意图

I 区单调稳定; II 区整体稳定但不一定单调稳定;
III 区条件稳定, $Re > Re_c$ 不稳定

横轴的交点是 Re_c,它是由无穷小扰动的线性稳定性理论确定的临界雷诺数. $Re > Re_c$,流动是线性不稳定的.

10.1.2　用正则模方法的线性稳定性分析

我们应注意到扰动量方程(10.1.4)是非线性的,我们也没有限制扰动量是小量.同样,稳定性的定义式(10.1.7) ~ (10.1.9)对有限大扰动的非线性稳定性也适用.然而,对于非线性,特别是强非线性流动的不稳定性现象还没有很好的分析手段,目前主要依赖于实验研究和直接数值模拟.现在人们一般认为,用正则模态方法的线性稳定性理论和以 Landau 方程为代表的弱非线性理论已发展得较为成熟.线性稳定性理论可以帮助我们确定一种流动对于无穷小扰动的响应特性,它是稳定的还是不稳定的,以及开始失稳的流动参数(如临界雷诺数),但是,它并不能告诉我们失稳后的流动是如何演化的,以及最终演化为何种新的流动形态.

若初始扰动是无限小的,在方程(10.1.4)中忽略掉小扰动的非线性项 $(u' \cdot \nabla)u'$ 后,可以得到线化小扰动方程

$$\left.\begin{array}{l} \dfrac{\partial u'}{\partial t} + (u' \cdot \nabla)U + (U \cdot \nabla)u' = - \nabla p' + \dfrac{1}{Re} \nabla^2 u', \\[2mm] \nabla \cdot u' = 0. \end{array}\right\} \tag{10.1.11}$$

如果基本流是定常的,$U = U(x)$,则上述方程的系数不依赖于时间 t,于是可以分离变量成正则模(normal mode)形式

$$u'(\boldsymbol{x}, t) = e^{\sigma t} \hat{u}(\boldsymbol{x}), \qquad p'(\boldsymbol{x}, t) = e^{\sigma t} \hat{p}(\boldsymbol{x}). \tag{10.1.12}$$

$\hat{u}, \hat{p}$ 及 σ 是复数,求得的复数解 u', p' 应取其实部. 将式(10.1.12)代入方程(10.1.11),得到

$$\left.\begin{aligned} \sigma\hat{u} + (\hat{u} \cdot \nabla)U + (U \cdot \nabla)\hat{u} &= -\nabla\hat{p} + \frac{1}{Re}\nabla^2\hat{u}, \\ \nabla \cdot \hat{u} &= 0, \end{aligned}\right\} \tag{10.1.13}$$

以及在边界上

$$\hat{u} = \boldsymbol{0}. \tag{10.1.14}$$

方程(10.1.13)及边界条件(10.1.14)构成一个求解偏微分方程的本征值问题. σ 是本征值,$\hat{u}, \hat{p}$ 是相应的本征函数,Re 数是问题的参数. 应该注意的是方程 (10.1.11)中 u', p' 是实数,时间增长率正比于 $e^{\mathcal{R}e(\sigma)t}$,$\mathcal{R}e$,$\mathcal{I}m$ 分别表示实部和虚部. 如果求得的本征值是离散的,我们可以按其实部大小序列排列

$$\mathcal{R}e(\sigma_1) \geqslant \mathcal{R}e(\sigma_2) \geqslant \cdots.$$

线性稳定性方程的解是所有本征解的线性迭加. 一般地说,任意的扰动将包含所有 Fourier 分量,若对于所有的本征值存在 $\mathcal{R}e(\sigma) < 0$,表明所有的扰动的幅值随时间指数衰减,于是我们才能说基本流是线性稳定的. 这是稳定的一个必要条件. 反之,如果至少存在一个本征值有 $\mathcal{R}e(\sigma_1) > 0$,就表明相应的本征扰动的幅值随时间指数增长,流动是线性不稳定的. 这是不稳定的一个充分条件. 若 $\mathcal{R}e(\sigma_1) = 0$,其余本征值都是衰减的,则称流动是中性稳定的(neutrally stable). 本征值与流动的参数(例如黏性流的雷诺数)有关,使得 $\mathcal{R}e(\sigma_1) = 0$ 的最小雷诺数定义为临界雷诺数 Re_c. 当 $Re \leqslant Re_c$ 时,对所有的本征值有 $\mathcal{R}e(\sigma) \leqslant 0$. 当 $Re > Re_c$ 时,至少有一个本征值 $\mathcal{R}e(\sigma_1) > 0$.

流动的线性稳定性理论,在边界层,平面 Poiseuille 流、同心圆筒间旋转 Couette 流和 Rayleigh-Bénard 对流等许多流动的稳定性分析中,用于预测它们不稳定开始的临界参数等方面都获得了成功. 我们将在下面几节中分别予以介绍. 然而,根据线性稳定性理论,Hagen-Poiseuille 管流和平面 Couette 流在任何 Re 数下都是稳定的,这显然与实验和观察的结果不符合,这表明还存在线性稳定性理论所不能预测的其他因素在影响流动的稳定性,例如,超过一定阈值的有限振幅扰动引起的非线性失稳等.

引起流动不稳定的物理因素可以是各种各样的,如重力、浮力、表面张力、剪切应力和惯性力等,电磁力也会造成流动不稳定. 平行剪切流、同轴旋转圆柱之间的流动和热对流的不稳定性是其中最重要的几类问题,我们将分别在以下几节中介绍. 流动稳定性问题的内容十分丰富,数学处理又很困难,不可能在本教程中详细

讲述. 这里只准备扼要地介绍其主要物理概念和主要结果, 而不展开讨论复杂的数学处理方法.

10.2 Kelvin-Helmholtz 不稳定性

作为流动不稳定性一个典型例子, 让我们先从最简单的 Kelvin-Helmholtz 不稳定性开始讨论, 同时也用这个例子具体说明用正则模方法的分析步骤.

在流体运动中经常会遇到切向速度在很薄一层里发生剧烈变化的现象. 例如, 大气中冷热空气的接触面就是切向风速发生剧烈变化的一个薄层. 当气流绕过飞机机翼的上下翼面, 以不同的速度在尖后缘处汇合后, 在翼型下游也会形成一个速度剪切层. 如果略去剪切层厚度不计, 这种切向速度发生剧烈变化的薄层被称作为**切向速度间断面**或**涡层**. 实验观察和理论分析都已表明这种切向速度的间断面是不稳定的, 这种不稳定现象文献上称为 Kelvin-Helmholtz(简称 K-H) 不稳定性. 图 10.4 是实验室内观察到的 K-H 不稳定性现象. 在一个水平矩形槽道内下层是染色

图 10.4 在两层流体交界面上 K-H 不稳定性的发展

的盐水,上层是淡水,起初处于静止的密度分层的平衡状态.然后突然将槽倾斜一个角度,在重力和浮力作用下,重的盐水沿倾斜槽道向下运动,上层轻的水却向上运动,随后,就能发现盐水/淡水的交界面因扰动而变形,又因不稳定使变形增大,最终卷起周期排列的涡.

10.2.1 正则模分析方法和 Kelvin-Helmholtz 不稳定性

不失一般性,可以把上述问题抽象为下面的理想模型.设有两层均匀流体,速度和密度分别为 U_1, U_2 和 ρ_1, ρ_2(图 10.5),在未受扰动之前它们以 $z = 0$ 为分界面并分别占有上下两个半空间.这样,基本流为

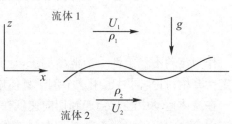

图 10.5　K-H 和 R-T 不稳定性示意图

$$U(z) = \begin{cases} U_1 e_x, \\ U_2 e_x, \end{cases}$$

$$\rho(z) = \begin{cases} \rho_1, & z > 0, \\ \rho_2, & z < 0. \end{cases} \tag{10.2.1}$$

我们看出,交界面是一个速度的切向间断面,这意味着现在分析的是该流动的无黏稳定性(因为黏性的存在会光滑掉任何间断,使之成为一定厚度的剪切层).在未受扰动之前流动是**无旋**的,根据无黏正压流体 Helmholtz 涡定理,在受到扰动后流动仍旧应是无旋的.令 Φ_1, Φ_2 分别为上层和下层流体的速度势,它们满足的流动控制方程为

$$\left. \begin{array}{ll} \nabla^2 \Phi_1 = 0, & z > \eta, \\ \nabla^2 \Phi_2 = 0, & z < \eta. \end{array} \right\} \tag{10.2.2}$$

其中 η 是交界面的位移.交界面方程为

$$z = \eta(x, y, t) \quad \text{或} \quad F(x, y, z, t) = z - \eta(x, y, t) = 0. \tag{10.2.3}$$

我们规定 $F > 0$ 一边的流体为流体1, $F < 0$ 一边的流体为流体2.交界面法线的正方向指向流体1, $n = \dfrac{\nabla F}{|\nabla F|} = \dfrac{1}{|\nabla F|}(-\eta_x, -\eta_y, 1)$,并认为交界面两边的流体是互不混溶的.

边界条件(见式(3.5.17),(3.5.18))包括:

(1) 无穷远处

$$\left. \begin{array}{ll} \nabla \Phi_1 \to U_1, & z \to \infty, \\ \nabla \Phi_2 \to U_2, & z \to -\infty. \end{array} \right\} \tag{10.2.4}$$

（2）交界面的运动学条件.在 $z = \eta$ 处

$$\left.\begin{aligned}\frac{\partial \Phi_1}{\partial z} &= \frac{\partial \eta}{\partial t} + \left(\frac{\partial \Phi_1}{\partial x}\right)_{z=\eta}\frac{\partial \eta}{\partial x} + \left(\frac{\partial \Phi_1}{\partial y}\right)_{z=\eta}\frac{\partial \eta}{\partial y}, \\ \frac{\partial \Phi_2}{\partial z} &= \frac{\partial \eta}{\partial t} + \left(\frac{\partial \Phi_2}{\partial x}\right)_{z=\eta}\frac{\partial \eta}{\partial x} + \left(\frac{\partial \Phi_2}{\partial y}\right)_{z=\eta}\frac{\partial \eta}{\partial y}.\end{aligned}\right\} \tag{10.2.5}$$

（3）交界面上的动力学条件.在 $z = \eta$ 处

$$p_2 = p_1. \tag{10.2.6}$$

交界面两侧流体的非定常伯努利方程为

$$p_1 = -\rho_1\left(\frac{\partial \Phi_1}{\partial t} + \frac{1}{2}(\nabla\Phi_1)^2 + gz - C_1(t)\right),$$

$$p_2 = -\rho_2\left(\frac{\partial \Phi_2}{\partial t} + \frac{1}{2}(\nabla\Phi_2)^2 + gz - C_2(t)\right). \tag{10.2.7}$$

其中常数 C_1, C_2 不是独立的,它们可由未受扰动时基本流在界面上满足的动力学边界条件得到,即

$$\rho_1\left(C_1 - \frac{1}{2}U_1^2\right) = \rho_2\left(C_2 - \frac{1}{2}U_2^2\right). \tag{10.2.8}$$

当基本流场受到一个小扰动后,将速度势分解为

$$\Phi_1 = U_1 x + \varphi_1, \quad z > \eta,$$
$$\Phi_2 = U_2 x + \varphi_2, \quad z < \eta.$$

其中 φ_1, φ_2 是扰动速度势.略去二阶以上的小扰动量,并且把交界面上的物理量在 $z = 0$ 处 Taylor 展开

$$f(x,y,\eta,t) = f(x,y,0,t) + \eta\frac{\partial f}{\partial z}\Big|_{z=0} + O(\eta^2).$$

从而可以得到小扰动速度势的线化控制方程

$$\left.\begin{aligned}\nabla^2\varphi_1 &= 0,\ z > 0, \\ \nabla^2\varphi_2 &= 0,\ z < 0,\end{aligned}\right\} \tag{10.2.9}$$

以及其线化边界条件:

① 无穷远条件(在 $z = 0$ 处)

$$\left.\begin{aligned}\nabla\varphi_1 &\to 0,\ z \to \infty, \\ \nabla\varphi_2 &\to 0,\ z \to -\infty;\end{aligned}\right\} \tag{10.2.10}$$

② 运动学条件(在 $z = 0$ 处)

$$\left.\begin{aligned}\frac{\partial \varphi_1}{\partial z} &= \frac{\partial \eta}{\partial t} + U_1\frac{\partial \eta}{\partial x}, \\ \frac{\partial \varphi_2}{\partial z} &= \frac{\partial \eta}{\partial t} + U_2\frac{\partial \eta}{\partial x};\end{aligned}\right\} \tag{10.2.11}$$

③ 动力学条件(在 $z = 0$ 处)

$$\rho_1\left(\frac{\partial\varphi_1}{\partial t} + U_1\frac{\partial\varphi_1}{\partial x} + g\eta\right) = \rho_2\left(\frac{\partial\varphi_2}{\partial t} + U_2\frac{\partial\varphi_2}{\partial x} + g\eta\right). \quad (10.2.12)$$

为简单起见暂先忽略掉重力 g，假设扰动是二维的，具有如下正则模(normal mode)形式

$$\{\eta, \varphi_1, \varphi_2\} = \{\hat{\eta}, \hat{\varphi}_1(z), \hat{\varphi}_2(z)\}e^{i(\alpha x - \omega t)}, \quad (10.2.13)$$

其中 α 为 x 方向的波数，取为实数. ω 是复频率，$\omega = \omega_r + i\omega_i$. 上式左边的量是实数，因此右手边的量应理解为取其实部. 将式(10.2.13)代入控制方程(10.2.9)，并考虑到无穷远条件，得到解为

$$\left.\begin{array}{l}\hat{\varphi}_1(z) = A_1 e^{-\alpha z}, \\ \hat{\varphi}_2(z) = A_2 e^{\alpha z}.\end{array}\right\} \quad (10.2.14)$$

将上式解再代入边界条件(10.2.11)，(10.2.12). 我们可以得到关于常量 $\hat{\eta}, A_1, A_2$ 的齐次代数方程组，写成矩阵形式为

$$\begin{bmatrix} i(\alpha U_1 - \omega) & \alpha & 0 \\ i(\alpha U_2 - \omega) & 0 & -\alpha \\ 0 & i(\alpha U_1 - \omega)\rho_1 & -i(\alpha U_2 - \omega)\rho_2 \end{bmatrix}\begin{bmatrix}\hat{\eta} \\ A_1 \\ A_2\end{bmatrix} = \mathbf{0}.$$

上述代数方程组要有非零解，其系数矩阵的行列式必须为零. 由此可得到色散关系

$$\omega = \alpha\frac{\rho_1 U_1 + \rho_2 U_2}{\rho_1 + \rho_2} \pm i\alpha\left[\frac{\rho_1\rho_2(U_1 - U_2)^2}{(\rho_1 + \rho_2)^2}\right]^{1/2}. \quad (10.2.15)$$

从上式可见只要 $U_1 \neq U_2$，不管密度分层是 $\rho_1 < \rho_2$ 还是 $\rho_1 > \rho_2$，流动对所有波长的扰动总是不稳定的($\omega_i \neq 0$).

式(10.2.15)的一个重要的特例是均质不可压缩平面剪切流的情形. 即 $\rho_1 = \rho_2, U_1 > U_2$，式(10.2.15)简化为

$$\omega = \frac{U_1 + U_2}{2}\alpha \pm i\frac{U_1 - U_2}{2}\alpha. \quad (10.2.16a)$$

若记 $\Delta U = U_1 - U_2, \overline{U} = \frac{U_1 + U_2}{2}, R = \frac{\Delta U}{2\overline{U}}$，上式写为

$$\omega = \overline{U}\alpha \pm i\overline{U}R\alpha. \quad (10.2.16b)$$

图 10.6 是它的时间增长率和相速度. 由于这种切向速度间断剪切层没有特征长度，增长率正比于 $e^{\omega_i t} = e^{\overline{U}R\alpha t}$，没有极值. 波长越短，增长越快. 相速度等于平均速度，$c = \omega_r/\alpha = \overline{U}$ 是个常数.

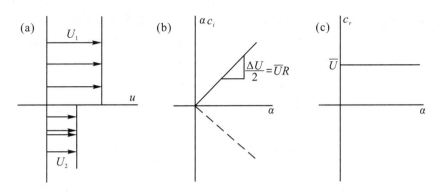

图 10.6　涡层 K-H 不稳定特性

(a) 基本流；(b) 时间增长率；(c) 相速度

10.2.2　涡层 K-H 不稳定性机理 ——Batchelor 的涡动力学的解释

Batchelor 对于涡层的不稳定性机理曾用涡动力学观点给予了解释，现简述如下. 为了简单起见，令 $U_1 = U$，$U_2 = -U$. 在基本流未受扰动时，在 $z = 0$ 处是一层强度为 $\Omega j = 2U\delta(z)j$ 的均匀涡层（图 10.7(a)）. 假设涡层受到正弦型扰动（如图

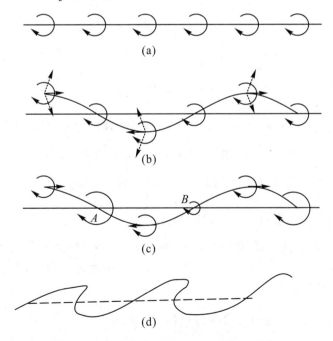

图 10.7　涡层 K-H 不稳定机理解释的示意图

10.7(b)),我们先来考察处于波峰位置的流体质点受到的诱导速度.由于对称性,波峰两边邻近的涡层在波峰处诱导的速度产生出一个 x 正方向的水平方向速度分量(图中实箭头所示).同理,在波谷处产生一个负向的水平分速.这样,无黏流体中涡量随流体质点一起运动就导致了涡量在 A 点积累和在 B 点减小.这种过程一旦产生,反过来又会加剧界面的变形,这种"恶性循环"就导致了无黏涡层的绝对不稳定性.

我们还可进一步作如下定量分析.由涡层强度的定义,扰动涡量强度为

$$\zeta = u^+ \big|_{0^+} - u^- \big|_{0^-} = \frac{\partial \varphi_1}{\partial x}\bigg|_{0^+} - \frac{\partial \varphi_2}{\partial x}\bigg|_{0^-}. \tag{10.2.17}$$

利用式(10.2.12)~(10.2.14),得到

$$\frac{\partial \varphi_1}{\partial x}\bigg|_0 = i\alpha A_1 e^{i(\alpha x - \omega t)} = -i\frac{\partial \varphi_1}{\partial z}\bigg|_0 = (\alpha U_1 - \omega)\eta = (\alpha U - \omega)\eta$$

和

$$\frac{\partial \varphi_2}{\partial x}\bigg|_0 = i\alpha A_2 e^{i(\alpha x - \omega t)} = -(\alpha U_2 - \omega)\eta = (\alpha U + \omega)\eta.$$

再考虑到由式(10.2.16)得到 $\omega = \pm iU\alpha$,则 $\eta = \hat{\eta} e^{\frac{2\pi U}{\lambda}t} e^{i\frac{2\pi x}{\lambda}}$,代入式(10.2.17)后得到

$$\zeta = -2\omega\eta = \frac{4\pi U}{\lambda}\hat{\eta} e^{\frac{2\pi U}{\lambda}t} e^{i\frac{2\pi}{\lambda}(x - \frac{\lambda}{4})}.$$

取其实部得

$$\zeta = \frac{4\pi U}{\lambda}\hat{\eta} e^{\frac{2\pi U}{\lambda}t} \cos\left(\frac{2\pi}{\lambda}\left(x - \frac{\lambda}{4}\right)\right).$$

我们将它与涡层的位移 $\left(\eta = \hat{\eta} e^{\frac{2\pi U}{\lambda}t} \cos\frac{2\pi x}{\lambda}\right)$ 比较,容易发现,扰动涡量沿界面的分布与界面位移正好相差 $\pi/2$ 的相位.处于 $x = \lambda/4$ 上的 A 点,界面位移为零($\eta = 0$, $\frac{\partial \eta}{\partial x} < 0$),扰动涡量有正的最大值.而处于 $x = 3\lambda/4$ 上的 B 点,界面位移也为零 $\left(\eta = 0, \frac{\partial \eta}{\partial x} > 0\right)$,但有负的最大扰动涡量.在波峰和波谷处扰动涡量为零(见图10.7(c)).表明涡量在 A 点积累和在 B 点减小,并导致波峰被抬升并向流动方向倾斜,而波谷被抑制.扰动增大到一定程度以后,非线性效应开始起作用,最终导致涡层卷起成周期排列的涡.

10.2.3 Rayleigh-Taylor 不稳定性

若把上述的分析稍作推广,除切向速度间断和密度分层外,还可考虑包括重力

(g) 和界面上表面张力 (σ) 的作用. 运用与上述相同的分析方法, 我们可以得到

$$\omega = \frac{\alpha(\rho_1 U_1 + \rho_2 U_2)}{\rho_1 + \rho_2} \pm i\alpha \left[\frac{\rho_1 \rho_2 (U_1 - U_2)^2}{(\rho_1 + \rho_2)^2} - \frac{g}{\alpha} \frac{\rho_2 - \rho_1}{\rho_1 + \rho_2} - \frac{\sigma\alpha}{\rho_1 + \rho_2} \right]^{1/2}.$$

(10.2.18)

现在我们来逐一分析它的一些特殊情形. 如果 $U_1 = U_2 = 0$, 由式 (10.2.18) 得到

$$\omega = \pm \alpha \left[\frac{g}{\alpha} \frac{\rho_2 - \rho_1}{\rho_1 + \rho_2} + \frac{\sigma\alpha}{\rho_1 + \rho_2} \right]^{1/2}.$$

(10.2.19)

这种处于静止状态的分层流体的稳定性称为 **Rayleigh-Taylor 稳定性问题**.

(1) 当 $\rho_1 < \rho_2$, 即轻流体在上, 重流体在下时, 不管是否计及表面张力, 上式方括号内数值总为正数 (因为总有 $\sigma > 0$, 表面张力的存在不改变方括号内为正数的事实), 所以 $\omega_i = 0$, 扰动不会增长, 基本态是稳定的. 一个特殊情形是 $\rho_1 = 0, \sigma = 0, \omega^2 = g\alpha$, 这正是无限深水波的色散关系式 (7.2.8).

(2) 当 $\rho_1 > \rho_2$, 即轻流体在下, 重流体在上时, 同时不计表面张力 ($\sigma = 0$) 时

$$\omega = \pm i\alpha \left[\frac{g}{\alpha} \frac{\rho_1 - \rho_2}{\rho_1 + \rho_2} \right]^{1/2}.$$

(10.2.20)

方括号中的值总大于零, 表明对所有波长总存在 $\omega_i > 0$ 的扰动, 基本态总是 R-T 不稳定的.

当存在表面张力时, 存在一个临界波数

$$\alpha_c = \sqrt{\frac{g(\rho_1 - \rho_2)}{\sigma}}.$$

(10.2.21)

当 $\alpha < \alpha_c$ 时, 式 (10.2.19) 右手方括号内为负值, ω 为纯虚数, 基本流是 R-T 不稳定的; 反之, $\alpha > \alpha_c$, 是 R-T 稳定的. 表面张力抑制了短波波长的扰动, 起到致稳的作用.

以上介绍的是在重力作用下密度均匀的分层流体的稳定性, Taylor (1950) 认识到如果在式 (10.2.20) 中用一个表观重力加速度 g' 代替重力加速度 g,

$$\omega = \pm i\alpha \left[\frac{g'}{\alpha} \frac{\rho_1 - \rho_2}{\rho_1 + \rho_2} \right]^{1/2},$$

其中 $g' = g - f$, f 是一个垂直于界面向上的加速度. 从上式可见, 当仅当 $g' < 0$ 时, 对于重流体在下轻流体在上 ($\rho_1 < \rho_2$) 的分层流体也可以存在 R-T 不稳定. 这种稳定性问题在现代空间飞行器中具有实际意义, 那里的惯性力 f 通常与重力 g 方向相反, 而量值接近 (比如, 航天器绕地球飞行时的离心力). 此时, 就会出现 $g' < 0$ 的情况.

最后, 我们回到 $|U_1 - U_2| \neq 0$ 的式 (10.2.18) 的一般情形, 可以发现: 若 R-T

不稳定判据,即式(10.2.20)中 ω 为纯虚数成立,则流动也是 K-H 不稳定的.但是,即使是 R-T 稳定的,只要 $|U_1 - U_2|$ 足够大,流动仍可能是 K-H 不稳定的,只不过不像式(10.1.15)那样是无条件不稳定的.由于重力和表面张力的致稳作用,这时的 K-H 不稳定是有条件的.当 $|U_1 - U_2| < U_m$ 时,对所有波长的扰动是稳定的.当 $|U_1 - U_2| > U_m$ 时,在某个波数 α 区间内是 K-H 不稳定的. U_m 是最小速度差,对于 $\rho_2 > \rho_1$ 有

$$U_m^2 = \frac{2(\rho_1 + \rho_2)}{\rho_1 \rho_2}[\sigma g(\rho_2 - \rho_1)]^{\frac{1}{2}},$$

对应的波数为

$$\alpha_m = \left[\frac{g}{\sigma}(\rho_2 - \rho_1)\right]^{\frac{1}{2}}.$$

10.3 平行剪切流的稳定性

平行剪切流是广泛存在的一类流动的总称,包括平面 Couette 流、平面 Poiseuille 流、Hagen-Poiseuille 管流、边界层、平面混合层、射流和迹等(图 10.8),

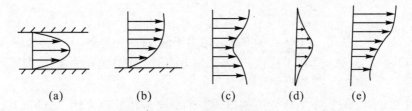

图 10.8 多种平行剪切流
(a) 管流或槽道流;(b) 边界层;(c) 迹;(d) 射流;(e) 自由平面混合层

它们常见于自然界和工程技术的许多流动中,其中,前三种流动是严格的平行流,其余的四种流动,在大 Re 数下流向速度远大于横向速度分量,是一种慢扩张的空间发展流,基本流可以看成是近似平行的或局部平行的;另一方面,后三种是在无界空间内的流动,故称为**自由剪切流**.前四种流动或存在于壁面之间(如槽流和管流)或一边受到壁面的制约(如边界层),故称为**壁剪切流**.平行剪切流稳定性研究,具有重要的理论意义和实际应用价值.边界层稳定性的理论和实验研究在稳定性

理论的发展上具有里程碑的意义,它还是研究边界层控制、减阻降噪等实际应用中不可或缺的分析方法.

10.3.1 平行剪切流的线性稳定性 ——Orr-Sommerfeld(O-S) 方程

现在我们来考虑两平行平板($z_1 \leqslant z \leqslant z_2$)之间的平行剪切流动.设在直角坐标($x, y, z$) 内,$x$ 沿流动方向 (streamwise),z 是垂直于平板的法向方向 (normalwise),$\{x, y, z\}$ 构成右手系.基本流为平面平行流

$$\boldsymbol{U} = (U, V, W) = (U(z), 0, 0) \quad 和 \quad P = P(x) \tag{10.3.1}$$

是某个满足 N-S 方程和连续性方程的解.分解瞬态流场为基本流和扰动之和

$$\begin{cases} \boldsymbol{u} = U(z)\boldsymbol{e}_x + \boldsymbol{u}'(x, y, z, t), \\ p = P(x) + p'(x, y, z, t). \end{cases}$$

线化小扰动方程(10.1.11) 简化为

$$\frac{\partial \boldsymbol{u}'}{\partial t} + U \frac{\partial \boldsymbol{u}'}{\partial x} + w' \frac{\mathrm{d}U}{\mathrm{d}z} \boldsymbol{e}_x = -\nabla p' + \frac{1}{Re} \nabla^2 \boldsymbol{u}'. \tag{10.3.2a}$$

$$\nabla \cdot \boldsymbol{u}' = 0. \tag{10.3.2b}$$

在 $z = z_1, z_2$ 处的边界条件为

$$\boldsymbol{u}' = \boldsymbol{0}. \tag{10.3.3}$$

方程(10.3.2)是四个因变量($\boldsymbol{u}', p'$) 的方程组,我们可以设法把它变换成关于法向速度分量 w' 的单一方程.为此首先对方程求旋度,$\boldsymbol{\zeta} = \nabla \times \boldsymbol{u}'$,得到扰动涡量的线化方程,

$$\frac{\partial \zeta_x}{\partial t} + U \frac{\partial \zeta_x}{\partial x} - \frac{1}{Re} \nabla^2 \zeta_x = \frac{\mathrm{d}U}{\mathrm{d}z} \frac{\partial v'}{\partial x}, \tag{10.3.4a}$$

$$\frac{\partial \zeta_y}{\partial t} + U \frac{\partial \zeta_y}{\partial x} - \frac{1}{Re} \nabla^2 \zeta_y = \frac{\mathrm{d}U}{\mathrm{d}z} \frac{\partial v'}{\partial y} - \frac{\mathrm{d}^2 U}{\mathrm{d}z^2} w, \tag{10.3.4b}$$

$$\frac{\partial \zeta_z}{\partial t} + U \frac{\partial \zeta_z}{\partial x} - \frac{1}{Re} \nabla^2 \zeta_z = \frac{\mathrm{d}U}{\mathrm{d}z} \frac{\partial w'}{\partial y}. \tag{10.3.4c}$$

因为 $\nabla^2 \boldsymbol{u}' = -\nabla \times \boldsymbol{\zeta}$,它的 z 向分量是 $\nabla^2 w' = \dfrac{\partial \zeta_x}{\partial y} - \dfrac{\partial \zeta_y}{\partial x}$,于是分别对式(10.3.4a) 求 y 的导数和对式(10.3.4b) 求 x 的导数,相减后可以得到关于单一变量 w' 的偏微分方程

$$\left[\left(\frac{\partial}{\partial t} + U \frac{\partial}{\partial x} \right) \nabla^2 - \frac{\mathrm{d}^2 U}{\mathrm{d}z^2} \frac{\partial}{\partial x} - \frac{1}{Re} \nabla^4 \right] w' = 0. \tag{10.3.5}$$

因为上述方程的系数 $U(z)$ 仅是 z 的函数,因此,它的解可以表示成正则模的线性迭加形式

$$w'(x,y,z,t) = \hat{w}(z)\mathrm{e}^{\mathrm{i}(\alpha x + \beta y - \omega t)}. \tag{10.3.6}$$

其中 α,β 分别是扰动的流向和展向波数，ω 是频率. 代入方程(10.3.5)，得到如下常微分方程，称为三维 Orr-Sommerfeld(O-S) 方程

$$(U - c)\big[D^2 - (\alpha^2 + \beta^2)\big]\hat{w} - U''\hat{w} = \frac{1}{\mathrm{i}\alpha Re_{3D}}\big[D^2 - (\alpha^2 + \beta^2)\big]^2\hat{w},$$

$$\tag{10.3.7}$$

$D^2 = \mathrm{d}^2/\mathrm{d}z^2, U'' = \mathrm{d}^2 U/\mathrm{d}z^2, c = \omega/\alpha, Re_{3D}$ 中下标 $3D$ 是表示三维扰动时的流动雷诺数. 式(10.3.7) 是一个四阶线性常微分方程. 相应的边界条件是，在 $z = z_1, z_2$ 处

$$\hat{w} = D\hat{w} = 0. \tag{10.3.8}$$

(1) Squire 变换和 Squire 定理

在式(10.3.7) 中基本流尽管是二维的，扰动却是三维的. Squire(1933) 发现，经过一个简单的变换

$$\tilde{\alpha} = \sqrt{\alpha^2 + \beta^2} \quad \text{及} \quad \tilde{\alpha} Re_{2D} = \alpha Re_{3D}. \tag{10.3.9}$$

代入式(10.3.7) 后，得到

$$(U - c)(D^2 - \tilde{\alpha}^2)\hat{w} - U''\hat{w} = \frac{1}{\mathrm{i}\tilde{\alpha} Re_{2D}}(D^2 - \tilde{\alpha}^2)^2\hat{w}. \tag{10.3.10}$$

它在形式上就与二维扰动的 O-S 方程完全相同. 对于严格的二维扰动，$v' = 0$，$\beta = 0, \tilde{\alpha} = \alpha$，代入上式就容易证实这一点. 这就是说，三维扰动问题完全可以化为等价的二维问题求解. 在 Squire 变换(10.3.9) 中，$c = \omega/\alpha$ 在二维和三维问题中是一样的. 而 $\alpha \leqslant \tilde{\alpha}, Re_{2D} \leqslant Re_{3D}$，即对于每一个三维 O-S 问题的解，一定存在一个较低 Re 数下相应的二维 O-S 问题的解. 反之，如果给定 $\tilde{\alpha}, Re_{2D}$ 确定了二维问题的解，通过一个逆变换，我们就能确定真实的 α(给定 β) 和雷诺数 Re_{3D} 下三维扰动问题的解. 因此，我们只需求解一个二维扰动问题就够了.

根据 Squire 变换可以证明：对于一个二维平行流的基本流，如果其在一 Re 数下存在着不稳定的三维扰动，那就可能在更小的 Re 数下，存在不稳定的二维扰动. 如果我们不是为了求完全解，而只是为了确定最小临界雷诺数 Re_c，使得 $Re < Re_c$ 时，对一切无穷小扰动是衰减的，这时，我们仅考虑二维扰动($\beta = 0$) 就足够了. 换句话说，对一定的基本流(平行剪切流)，当增大 Re 数时，最先出现的不稳定扰动是二维不稳定扰动. 这便是著名的 **Squire 定理**.

Squire 定理仅适用于基本流是平行流情形，对更复杂的基本流，如三维流或有曲率的流动，研究三维小扰动是必要的.

(2) 二维 O-S 方程的本征解

鉴于上述讨论，下面我们将限于讨论二维扰动问题，即 $v' = 0, \beta = 0$. 对于二

维扰动,可以方便地引入扰动流函数 $\psi'(x,z,t)$,使得 $u' = \dfrac{\partial \psi'}{\partial z}, w' = -\dfrac{\partial \psi'}{\partial x}$,并将 ψ' 写成正则模形式

$$\psi'(x,z,t) = \phi(z)e^{i\alpha(x-ct)}. \tag{10.3.11}$$

这样,二维 O-S 方程(10.3.9)又可写成

$$(U - c)(D^2 - \alpha^2)\phi - U''\phi = \frac{1}{i\alpha Re}(D^2 - \alpha^2)^2\phi, \tag{10.3.12a}$$

$$\phi = D\phi = 0, \qquad \text{在 } z = z_1, z_2 \text{ 处.} \tag{10.3.12b}$$

这是个四阶线性常微分方程,未知函数 $\phi(z)$ 的求解需要找到四个线性独立的特解,记作 $\phi_1, \phi_2, \phi_3, \phi_4$,则通解为

$$\phi = a_1\phi_1 + a_2\phi_2 + a_3\phi_3 + a_4\phi_4, \tag{10.3.13}$$

其中 $\phi_i = \phi_i(z; c, \alpha, Re), i = 1,2,3,4$. 将式(10.3.13)代入边界条件(10.3.12b),得到

$$a_1\phi_1(z_1) + a_2\phi_2(z_1) + a_3\phi_3(z_1) + a_4\phi_4(z_1) = 0,$$
$$a_1\phi_1'(z_1) + a_2\phi_2'(z_1) + a_3\phi_3'(z_1) + a_4\phi_4'(z_1) = 0,$$
$$a_1\phi_1(z_2) + a_2\phi_2(z_2) + a_3\phi_3(z_2) + a_4\phi_4(z_2) = 0,$$
$$a_1\phi_1'(z_2) + a_2\phi_2'(z_2) + a_3\phi_3'(z_2) + a_4\phi_4'(z_2) = 0.$$

这是关于待定系数 a_1, a_2, a_3, a_4 的齐次线性代数方程组,它要有非平凡解,其系数行列式必须为零,即有

$$F(c,\alpha,Re) = \begin{vmatrix} \phi_1(z_1) & \phi_2(z_1) & \phi_3(z_1) & \phi_4(z_1) \\ \phi_1'(z_1) & \phi_2'(z_1) & \phi_3'(z_1) & \phi_4'(z_1) \\ \phi_1(z_2) & \phi_2(z_2) & \phi_3(z_2) & \phi_4(z_2) \\ \phi_1'(z_2) & \phi_2'(z_2) & \phi_3'(z_2) & \phi_4'(z_2) \end{vmatrix} = 0. \tag{10.3.14}$$

方程(10.3.14)是线性齐次常微分方程(10.3.12a)在线性齐次边界条件(10.3.12b)下的本征关系式,它是一个复方程,含两个实方程

$$F_r = (c_r, c_i, \alpha; Re) = 0, \qquad F_i(c_r, c_i, \alpha; Re) = 0,$$

其中 $c = c_r + ic_i$. 由 $F_r = 0$ 和 $F_i = 0$ 消去 c_r,可得到实数的本征关系 $f(c_i, \alpha; Re) = 0$. 扰动量 q 的正则模写为

$$q' \sim e^{\alpha c_i t}\cos[\alpha(x - c_r t)],$$

于是,$c_i < 0, c_i > 0$ 和 $c_i = 0$ 分别表示稳定、不稳定和中性模态. 在 (α, Re) 平面上,中性曲线

$$f(0,\alpha,Re) = 0 \quad \text{或} \quad c_i(\alpha,Re) = 0 \tag{10.3.15}$$

将平面分为稳定区和不稳定区两个区域,而中性曲线上的 Re 数最小值就是临界雷

诺数 Re_c；当 $Re < Re_c$ 时，所有小扰动都是衰减的.

类似地，也可以将式(10.3.11)改写为

$$\psi'(x,z,t) = \phi(z)e^{i(\alpha x - \omega t)},$$

且给定 ω 为实数，$\alpha = \alpha_r + i\alpha_i$ 为复数，则方程(10.3.12a)中的 c 应改为 ω/α，此种本征值问题称为空间模(spatial mode)的稳定性分析. 空间模稳定性分析较之时间模分析更为复杂，此处不拟详述. 在本章以后的内容中，如不特别申明，只研究**时间模**的稳定性.

在历史上，寻找 O-S 方程(10.2.18)的解遇到过很大困难，曾吸引过像 Heisenberg、Tollmien 这样的大科学家为之努力. 其解析方法在数学上十分复杂；但是，随着高速计算机的发展和数值方法的进步，求 O-S 方程(10.2.18)的数值解已经不是特别困难的事，常用的方法有打靶法和配置点谱方法等. 这些内容都超出本书范围，不能一一介绍. 下面，着重讨论几个问题.

10.3.2 无黏平行剪切流的线性稳定性

在多数实际问题中，Re 数是很大的，因此，无黏流的稳定性分析在许多场合也是很有用的. 忽略掉式(10.3.12)中的黏性项，得到

$$\phi'' - \alpha^2\phi - \frac{U''}{U-c}\phi = 0, \tag{10.3.16a}$$

以及边界条件

$$\phi(z_1) = \phi(z_2) = 0, \tag{10.3.16b}$$

称为 Rayleigh 线性稳定性方程，其中 $U''(z) = \mathrm{d}^2U/\mathrm{d}z^2$. 从数学上讲，这是要求解一个二阶常微分方程的本征值问题，即求满足色散关系

$$D(c,\alpha) = 0$$

的本征值和相应的本征函数. 如前所述，对于时间(temporal)稳定性，是给定波数 α 为实数，求本征值 c，$c = c_r + ic_i$. 我们可以看出，在方程(10.2.7)中仅含有 α^2 项，就是意味着，如果对于给定的一个 α，c 和 ϕ 是它的一个本征解(本征值及其相应的本征函数)，那么它们也一定是 $-\alpha$ 对应的本征解. 因此，不失一般性，以后只要求 $\alpha \geqslant 0$ 时的本征解即可. 另外，由方程(10.3.16)显而易见，对于同样给定的 α，本征解 c 和 ϕ 的复共轭 $c^* = c_r - ic_i$ 和 $\phi^* = \phi_r - i\phi_i$ 也是一个本征解. 本征值 c 和它的复共轭 c^* 总是成对出现的，即一个不稳定的解($c_i > 0$)总对应一个衰减的解($c_i < 0$)，反之亦然，所以只要 $c_i \neq 0$，流动总是不稳定的. 因此，对于无黏稳定性问题，只有中性稳定的模($c_i = 0$)才是稳定的. 这是平行剪切流的无黏稳定性的一个重要特点.

对于中性稳定模，$c_i = 0$，c 是实数，在流场中可能存在 $U(z_c) - c = 0$ 的点．它是 Rayleigh 的方程的一个奇点，$z = z_c$ 的平面称为临界层．临界层的存在对黏性失稳机制有重要的物理意义（见后面的解释）．

对于平行剪切流的无黏不稳定性，存在三个主要定理，根据这些定理，我们不需要求解 Rayleigh 方程，只要根据基本流的形状就可以定性地判断出它们的稳定性特性．现在，我们不予证明地叙述如下：

（1）Rayleigh(1880) 拐点定理：无黏平行剪切流线性不稳定性的必要条件（不是充分条件）是 $U''(z)$ 在流场某处改变符号．因为基本流的涡量 $\Omega = \mathrm{d}U/\mathrm{d}z$，$U''(z_c) = 0$ 的点就是基本流涡量导数为零的点，即 $\mathrm{d}\Omega(z_c)/\mathrm{d}z = 0$ 的点．基本流涡量在此处有极值．于是，Rayleigh 拐点定理也可以表述为：无黏平行剪切流存在不稳定的必要条件是基本流涡量在某处存在极值．

70 年后，Fjϕrtoft 进一步提出一个更强限制条件的定理．

（2）Fjϕrtoft(1950) 定理：无黏剪切流线性不稳定性的必要条件是基本流速度型在流场的某个子区间有 $U''(U - U_S) < 0$，其中 U_S 是在拐点 $z = z_s$ 处的速度．

图 10.9 绘出四种基本流的速度型，其中图（a）和（b）无拐点，根据 Rayleigh 和

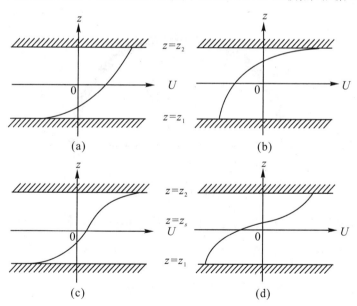

图 10.9　用 Rayleigh-Fjϕrtoft 不稳定必要条件判别不同速度型的稳定性特性
(a) 处处 $U'' < 0$，稳定；(b) 处处 $U'' > 0$，稳定；(c)$U''(z_s) = 0$，$U''(U - U_s) \geqslant 0$，稳定；
(d)$U''(z_s) = 0$，$U''(U - U_s) \leqslant 0$，可能不稳定

Fjϕrtoft 判据,流动是无黏稳定的.图(c)和(d)有拐点,根据 Rayleigh 判据可能都是不稳定的,然而根据 Fjϕrtoft 判据只有图(d)才可能是不稳定的,而图(c)却是稳定的.进一步分析可知,满足 Fjϕrtoft 不稳定判据是要求涡量绝对值在拐点处是极大值,而 Rayleigh 判据只要求涡量在拐点处是极值即可.Fjϕrtoft 定理要求的条件比 Rayleigh 定理更强一些.所以,有的文献上称 Rayleigh 定理是无黏不稳定存在的局部必要条件,称 Fjϕrtoft 定理为整体必要条件.遗憾的是上述两个定理都只是不稳定性的必要条件,而非充分条件.后来,Tollmein(托尔明)指出,对于槽道流中的速度对称分布和边界层型流动的单调速度型,上述判据的确也是不稳定的充分条件.

(3) Howard(1961)半圆定理:除上述两个稳定性判据以外,Howard 证明,对于不稳定模 $c_i > 0$,下列不等式成立

$$\left[c_r - \frac{1}{2}(U_{\min} + U_{\max})\right]^2 + c_i^2 \leqslant \left[\frac{1}{2}(U_{\max} - U_{\min})\right]^2, \quad (10.3.17)$$

其中 $U_{\min}$,$U_{\max}$ 分别是 $U(z)$ 在区间 $z_1 \leqslant z \leqslant z_2$ 内的最小值和最大值.图 10.10

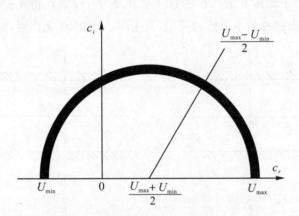

图 10.10 Howard 半圆定理

是半圆定理的示意图.该定理对定性估计不稳定模的增长率和相速度大小很有用处.该定理告诉我们,本征值 c 一定处于以 $c_r = \frac{1}{2}(U_{\min} + U_{\max})$ 和 $c_i = 0$ 为圆心,以 $\frac{1}{2}(U_{\max} - U_{\min})$ 为半径的上半个复平面的半圆内.这就给出了估计 c 大小的一个边界.特别是当 $c_i \to 0^+$ 时,中性稳定模的相速度处于 $U_{\min} \leqslant c_r \leqslant U_{\max}$ 之间,因此,在流场中存在这样一点 z_c,使 $U(z_c) - c = 0$,如果同时 $U''(z_c) \neq 0$,z_c 就是 Rayleigh 方程中的一个奇点.$z = z_c$ 的平面称为**临界层**.关于临界层的概念和重要

作用稍后再行讨论.

10.3.3　典型流动稳定性特性的主要结果

　　对各种平行剪切流已进行过细致的研究. 典型的中性曲线形状如图 10.11 所示. 典型流动的临界 Re_c 数和相应临界波数列于表 10.1. 如图所示, 中性曲线将 (Re, α) 平面分成两个区域, 在中性曲线以外, 一切的小扰动将被衰减掉, 是稳定区. 在中性曲线以内是不稳定区, 扰动将被放大. 在曲线左端存在一个临界 Re_c 数, 当 $Re < Re_c$ 时对所有波数 α, 流动是稳定的; 当 $Re > Re_c$ 时, 在一定波数范围内, 总存在不稳定的扰动模 ($c_i > 0$ 或 $\omega_i > 0$). 在边缘曲线右端有两种情形. 图 10.11(a) 对应于没有拐点的速度剖面, 如平面 Poiseuille 流、Blasius 平板边界层等. 根据 Rayleigh 拐点定理, 当 $Re \to \infty$ 时, 流动对所有的 α 是稳定的. 因此, 当 $Re \to \infty$ 时, 曲线的上分枝与下分枝在右端都趋于 $\alpha = 0$ 的横轴. 图 10.11(b) 对应于有拐点的速度剖面, 如有逆压梯度时的边界层. 根据 Fjørtoft 不稳定判据, 当 $Re \to \infty$ 时, 它们应趋于无黏不稳定极限, 所以, 曲线上分枝右端 α 值趋于 α_s, α_s 是无黏不稳定的截断波数, 在 $0 < \alpha < \alpha_s$ 区间是无黏不稳定的.

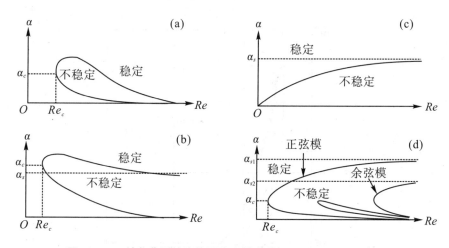

图 10.11　某些典型的边缘不稳定性曲线 $c_i(\alpha, R) = 0$ 示意图

　　平板层流边界层. 其稳定性的理论研究可以追溯到海森堡 (Heisenberg) 和托尔明 (Tollmien) 的工作. 是 Tollmien(1929) 和 Schlichting(1933) 首先利用 O-S 方程, 研究了 Blasius 边界层的稳定性, 但是, 在理论确立后很长一段时间内没有得到实验证实. 直到 1940 年在美国国家标准局的低湍流度风洞内, 利用振动片技术人为引入给定振幅和频率的扰动, 在下游终于观测到了不稳定扰动波, 并验证了

Blasius 边界层的中性稳定曲线. 后人就将在 Blasius 边界层内小扰动引起的波动称为 Tollmien-Schlichting 波(T-S 波). 这是线性稳定性理论的一次重大成功. 图 10.12 是中性稳定性曲线实验和理论的比较, 虚线是 Schlichting(1933) 用近似方

表 10.1　某些重要的平行基本流的稳定性特性

流动类型	$U(z)/U_0$	Re_c $= UL/\nu$	α_c $= \alpha_c^* L$	α_s 无黏	注
Blasius B L	$U = f'(\eta), z \geqslant 0$	520	0.30	0	$L = \delta^*$, 图 10.11(a)
Plane Poiseuille	$U = 1 - z^2, -1 \leqslant z \leqslant 1$	5772	1.02	0	$L = $ 半宽, 图 10.11(a)
Shear Layer	$U = \tanh z, -\infty < z < \infty$	0	0	1.0	图 10.11(c)
Jet or wake	$U = \mathrm{sech}^2 z, -\infty < z < \infty$	4.02	0.17	2.0	偶数模, 图 10.11(d)
Plane Couette	$U = z, -1 < z < 1$	∞	0		stable
Hagen-Poiseuille	$U = 1 - r^2, 0 \leqslant r \leqslant 1$	∞	0		stable

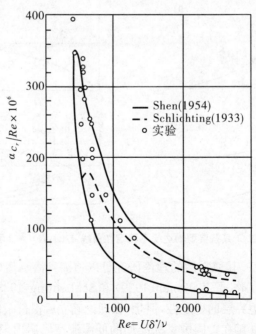

图 10.12　Blasius 边界层中性稳定性曲线、理论与实验的比较

法得到的原始中性曲线,实线是沈申甫(1954)改进的计算,○ 是 Schubauer 和 Skramstad(1947)实验结果.理论结果表明,临界雷诺数为 $Re_c = U\delta^*/\nu = 520$, $\alpha_c\delta^* = 0.3$,相应的波长为 $\lambda = 2\pi/\alpha_c = 2\pi\delta^*/0.3 \approx 18\delta^* \approx 6\delta$,其中 δ^*, δ 分别为边界层位移厚度和边界层厚度.可见边界层首次失稳的 T-S 波有很大的波长,对于短波则是稳定的.

平面 Poiseuille 流.平面 Poiseuille 流是常压力梯度驱动的两平行平板间的流动,是严格的平行剪切流,N-S 方程的精确解.它的线性稳定性理论分析类似于平板边界层.根据数值计算结果(Orszag,1971),$Re_c = 5772.22, \alpha_c = 1.02056$,临界相速度 $c = 0.2640$.它的中性曲线的上下分支在 $Re \rightarrow \infty$ 时趋于 $\alpha = 0$,这表明在 $Re \gg 1$ 时,平面 Poiseuille 流仅对长波扰动是不稳定的.图 10.13 是中性稳定性曲线实验和理论的比较.实线是 Itoh(1974)计算的稳定性边界.Nishioka(1975)的实验点用空心圆 ○ 表示衰减的扰动,实心圆 ● 表示增长的扰动,半空心圆表示近中性扰动.由图可见,理论和实验符合得很好.但是实验还发现,只有在流向速度脉动小于中心线速度的 1%,且在演化的早期阶段,实验才与线性理论符合.但是若来流扰动大于某个阈值后,流动在雷诺数低至 1000 时就变成不稳定的了.非线性理论分析表示平面 Poiseuille 流是亚临界分叉的,经过亚临界分叉后流动迅速转变成湍流.关于分叉的概念见 10.5 节.

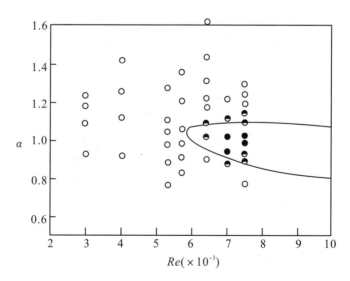

图 10.13　平面 Poiseuille 流中性稳定性曲线、理论和实验的比较

对于无界的**自由剪切流**,如 $U = \tanh z$,它有一个拐点,其不稳定性特性基本

由无黏理论确定. 有计算表明,黏性的影响在 $Re < 50$ 时才显现出来,但没有临界雷诺数存在(图 10.11(c)). 对于射流和迹(如 $U = \mathrm{sech}^2 y$,图 10.11(d)),有两个拐点,是无黏不稳定的. 它的临界 Re 数非常低,约为 4,相应的波数为 0.17. 黏性约在 $Re < 100$ 才显现出来,起稳定作用. 像自由剪切流、射流和迹这样无黏不稳定的流动,往往关心的是它们的扰动最大增长率,而不是临界 Re 数,因为当 Re 数很小时,平行流假设已不适用.

然而,根据线性理论,圆管 Hagen-Poiseuille 流,平面 Couette 流,在任意 Re 数下总是稳定的. 这与实验结果不一致,反映了线性稳定性理论的局限性.

在图 10.11(b)～(d) 中,基本流速度剖面有拐点,当 $Re \to \infty$ 时它们是无黏不稳定的,只有在 $Re < Re_c$ 后所有扰动被抑制,流动变成稳定的. 在这里黏性主要起稳定作用,但是,对于图 10.11(a) 中的流动,当 $Re < Re_c$ 和 $Re \to \infty$ 时都是无黏稳定的,但由中性曲线可看出,对于某些较大和中等 Re 数,在一定的波数带内流动是失稳的. 这一事实充分表明,这时黏性有双重作用:在小 Re 数时主要起稳定作用,但在中等到大 Re 数时黏性又促进了流动失稳.

10.3.4　平行剪切流失稳机理:黏性的双重性

我们可以从能量的观点定性地分析平行剪切流失稳的机理. 在二维线化小扰动方程(10.3.2(a)) 两边点乘 $\boldsymbol{u}$,再考虑到 $\boldsymbol{\zeta} = \nabla \times \boldsymbol{u}, \nabla^2 \boldsymbol{u} = -\nabla \times \boldsymbol{\zeta}$,可以得到扰动动能方程

$$\left(\frac{\partial}{\partial t} + U\frac{\partial}{\partial x}\right)\left(\frac{|\boldsymbol{u}|^2}{2}\right) + \nabla \cdot (p\boldsymbol{u}') = -U'(z)u'w' + \frac{1}{Re}\nabla \cdot (\boldsymbol{u}' \times \boldsymbol{\zeta}) - \frac{1}{Re}\boldsymbol{\zeta} \cdot \boldsymbol{\zeta}.$$

上式各量在一个波长内取平均,即

$$\langle q \rangle(z, t) = \frac{\alpha}{2\pi}\int_0^{2\pi/\alpha} q(x, z, t)\mathrm{d}x.$$

代入上式,再从 z_1 到 z_2 积分,得到平均扰动动能的平衡方程

$$\frac{\partial K}{\partial t} = M - \frac{1}{Re}N, \tag{10.3.18}$$

其中

$$K = \int_{z_1}^{z_2}\left\langle \frac{1}{2}|\boldsymbol{u}|^2 \right\rangle \mathrm{d}z, \tag{10.3.18a}$$

$$M = -\int_{z_1}^{z_2} U'\langle u'w' \rangle \mathrm{d}z, \tag{10.3.18b}$$

$$N = \int_{z_1}^{z_2} \left\langle \left(\frac{\partial u}{\partial z} - \frac{\partial w}{\partial x} \right)^2 \right\rangle \mathrm{d}z. \qquad (10.3.18c)$$

方程(10.3.18)左边项是扰动能量(K)的时间增长率,右边第一项(M)是雷诺应力和平均速度梯度的乘积的积分,表示雷诺应力做功的生成项,是基本流和扰动之间通过雷诺应力的能量输运. 它可正可负,如果是正的($M > 0$),能量从基本流输运到扰动,为扰动供给能量;而如果是负的($M < 0$),能量从扰动被抽吸到基本流. 右边第三项(N)是扰动动能的耗散项,它总是正的,使扰动能量耗散成热. 显然,要使流动失稳,扰动增长,首先必须有 $M > \dfrac{1}{Re}N$,这里雷诺数起到重要作用,在小雷诺数时,能量耗散项是支配地位,流动是稳定的. 当雷诺数超过临界雷诺数时,生成项大于了耗散项,流动变成失稳.

从式(10.3.18)乍看起来,黏性仅出现在耗散项中,总是稳定作用的. 但是实际上黏性可以通过 Reynolds 应力对生成项也起重要作用. 这就使得我们有必要讨论一下临界层和 Reynolds 应力的作用.

将正则模形式的 u,w(式(10.3.11))代入 Reynolds 应力的定义,$\tau = -\langle u'w' \rangle = -\dfrac{\alpha}{2\pi} \displaystyle\int_0^{2\pi/\alpha} u'w' \mathrm{d}x$,可得到

$$\tau = \frac{\mathrm{i}\alpha}{4} \left[\phi\phi'^* - \phi^* \phi' \right] \mathrm{e}^{2\alpha c_i t}, \qquad (10.3.19)$$

其中 ϕ^* 是 ϕ 的复共轭. 对上式求 z 的微商,并利用无黏 Rayleigh 方程(10.3.16(a))消去 ϕ'',ϕ''^* 后得到

$$\frac{\mathrm{d}\tau}{\mathrm{d}z} = \frac{\alpha c_i}{2} \frac{U''}{\mid U - c \mid^2} \mid \phi \mid^2 \mathrm{e}^{2\alpha c_i t}. \qquad (10.3.20)$$

由上式可知,对于无黏中性稳定模($c_i = 0$,c 是实数),只要在 $U \neq c$ 的地方,总有 $\mathrm{d}\tau/\mathrm{d}z = 0$,$\tau$ 是常数或零. 而穿过临界层($U = c$)时,可以证明(从略),对于中性稳定模,Reynolds 应力在临界层处有间断,即:

当 $c_i \to 0^+$,

$$[\tau] = \frac{\alpha \pi U_c''}{U_c'} \mid \phi_c \mid^2, \qquad (10.3.21)$$

其中$[\tau] = \tau(z_c^+) - \tau(z_c^-)$. 因此,对于无黏中性稳定模,在两个临界层之间 Reynolds 应力是常数. 另一方面,为了满足在边界上 $\tau(z_1) = \tau(z_2) = 0$(由速度无穿透条件得到),穿过所有临界层的 Reynolds 应力间断之和应为零. 如果基本流速度是单调的,流场中只存在一个临界层,我们立刻可知在全流场中 $\tau \equiv 0$.

Reynolds 应力还可以写成另一种表达式

$$\tau = -\langle uw \rangle = -\frac{1}{2} \mid \hat{u}(z) \mid \mid \hat{w}(z) \mid \cos(\varphi_u(z) - \varphi_w(z)) e^{2\alpha c_i t},$$

(10.2.22)

其中 $\hat{u}(z) \equiv \mid \hat{u}(z) \mid e^{i\varphi_u(z)}, \hat{w}(z) \equiv \mid \hat{w}(z) \mid e^{i\varphi_w(z)}$. 可见 Reynolds 应力大小是受扰动速度的相位差 $\varphi_u(z) - \varphi_w(z)$ 控制的. 对于具有单一临界层的无黏中性稳定模, $\tau \equiv 0$ 就意味着必须有 $\varphi_u - \varphi_w = \pm \pi/2$, 两相位正交. 以上说的是无黏中性稳模的情形. 但是, 在大且有限的 Re 数范围内, 临界层附近黏性作用是不能忽略的, 任何的强间断终被黏性光滑掉. 由于黏性作用, 会使 u, w 之间的相位差有一个飘移, 不再正交, 致使可能产生足够大的雷诺应力和正的 $U'\tau$, 克服黏性耗散. 这就是黏性失稳机理.

10.4　离心不稳定性和热不稳定性

我们在这一节中继续介绍另外两类流动的不稳定性现象, 即同轴圆柱之间旋转 Couette 流和两加热平行平板之间 Rayleigh-Bernard 对流的不稳定. 它们产生不稳定的机理不同, 前者是由于离心力, 后者是由于浮力引起的不稳定. 与前节介绍的开式流(open flows)不同, 它们是典型的闭式流(closed flows). 所谓闭式流是指流体质点总是在一个封闭的区域内运动.

10.4.1　离心不稳定性

(1) Rayleigh 稳定性判据

在对旋转 Couette 流作稳定性分析之前, 我们首先通过简单的物理论证, 给出一个对旋转流适用的无黏稳定性判据, 这是 Rayleigh 于 1916 年首先给出的.

设在柱坐标(r, θ, z)内, 平面轴对称基本流速度剖面为$(0, V(r), 0)$, 它是无黏 Euler 方程的解. 对于定常流动, 在任意半径 r 上流体质点的离心力必须被一个指向圆心的径向压力梯度力平衡, 即 $V^2(r)/r = -dP/\rho dr$. 现在考虑原始位于 r_1 处速度为 $V_1(r_1)$ 的流体微元, 受到径向小扰动位移到 $r_2, r_2 > r_1$. 在忽略黏性力条件下, 流体质点的角动量守恒, 即 $V(r)r = \text{const}$, 所以有 $V_1(r_1)r_1 = V_1'(r_2)r_2, V_1'(r_2)$ 是原来在 r_1 处的流体元在新位置 r_2 处的速度, 而它在新位置所

受到的离心力等于 $V_1'^2(r_2)/r_2 = (V_1(r_1)r_1)^2/r_2^3$. 同时它在 r_2 处还受到大小为 $-\mathrm{d}P(r_2)/\rho\mathrm{d}r = V_2^2(r_2)/r_2$ 压力梯度力的作用, 如果 $V_1'^2(r_2) < V_2^2(r_2)$, 亦即 $V_1^2 r_1^2 < V_2^2 r_2^2$ 或者 $V_1 r_1 < V_2 r_2$(同向旋转), 这意味着, 原处于 r_1 处的流体微元在 r_2 处 $(r_2 > r_1)$ 的离心力小于它受到的向内的径向压力梯度力, 故它将被推回到原来的位置, 流动是稳定的. 反之, 是不稳定的. 因为角动量又相当于速度环量 $\Gamma(r) = 2\pi r V(r)$, 故流动稳定的条件又可写成 $\Gamma_1(r_1) < \Gamma_2(r_2)$, $r_1 < r_2$.

Rayleigh 稳定性判据可表述为

基本流速度为 $(0, V(r), 0)$ 的轴对称运动流体, 对于无黏、轴对称扰动, 当且仅当在流场中处处有 $\dfrac{\mathrm{d}\Gamma^2(r)}{\mathrm{d}r} > 0$ 时, 基本流是稳定的. 这是一个稳定的充分必要条件. 反之, 只要在流场中某些区域有 $\dfrac{\mathrm{d}\Gamma^2(r)}{\mathrm{d}r} < 0$, 流动是不稳定的.

但是, 这只是一个对轴对称扰动适用的稳定性判据, 对于非轴对称扰动, 即使处处有 $\dfrac{\mathrm{d}\Gamma^2(r)}{\mathrm{d}r} > 0$ 成立, 流动也可能是不稳定的.

(2) 旋转 Couette 流的不稳定性

两同轴圆柱之间旋转 Couette 流的不稳定性是离心不稳定的一个最经典例证. 图 10.14 是其示意图. 在内外半径分别为 R_1 和 R_2 的同轴圆柱间充满运动黏性系

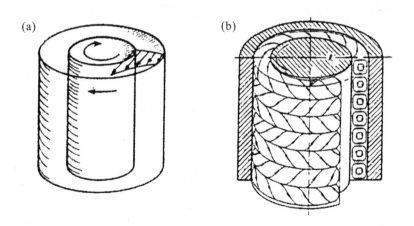

图 10.14　(a) 同心旋转圆柱间的 Couette 流; (b) Taylor 涡示意图

数为 ν 的不可压缩流体, 内外柱分别以 Ω_1 和 Ω_2 等角速度旋转. 如果圆柱的长度远大于圆柱间的缝隙, 圆柱上下底的影响可忽略不计, 圆柱可近似地看成无穷长. Taylor(1923) 是最早研究圆柱间旋转 Couette 流稳定性的人. 他实验观察到, 只有

在无量纲参数 T_a（见后面的定义）小于某个临界值时流动才是稳定的，超过这个临界值，旋转Couette流失稳，转变到一种新流动形态，这种流态在子午面内出现一系列环形二次流，后人称为"Taylor 涡".

　　Taylor 在做稳定性分析时，根据实验观察的结果作了如下简化假设：(i) 在中性边界附近，轴对称扰动是最不稳定的，(ii) 在中性稳定曲线上不但增长率为零，而且扰动频率也为零，这意味着不稳定开始后的流动仍旧是无振动的定常流.(iii) 狭缝假设，$d = R_2 - R_1 \ll R_1$.

　　为简单起见，我们现在来讨论在 Taylor 假设下的旋转 Couette 流的线性稳定性，特别关注失稳开始时的临界参数界限.

(3) 线性稳定性方程

　　在圆柱坐标系 (r, θ, z) 下，旋转 Couette 流 $u = (0, V(r), 0)$ 是 N-S 方程的精确解式 (4.4.5)，

$$\left. \begin{aligned} V(r) &= Ar + \frac{B}{r}, A = \frac{\Omega_2 R_2^2 - \Omega_1 R_1^2}{R_2^2 - R_1^2}, \\ B &= \frac{\Omega_1 - \Omega_2}{R_1^{-2} - R_2^{-2}}, \text{当 } R_1 \leqslant r \leqslant R_2 \text{ 时.} \end{aligned} \right\} \tag{10.4.1}$$

　　小扰动的三个分量记为 (u', v', w')，由假设 (i)，对于轴对称扰动，它们只是 r, z 的函数，即 $\partial/\partial\theta = 0$. 瞬时流场分解为

$$(u_r, u_\theta, u_z)(r, z, t) = (u'(r, z, t), V(r) + v'(r, z, t), w'(r, z, t))$$

和

$$p(r, z, t) = P(r) + p'(r, z, t),$$

代入 N-S 方程后得到线化小扰动方程为

$$\frac{\partial u'}{\partial t} - \frac{2Vv'}{r} = -\frac{1}{\rho} \frac{\partial p}{\partial r} + \nu \left(\nabla^2 u' - \frac{u'}{r^2} \right), \tag{10.4.2a}$$

$$\frac{\partial v'}{\partial t} + u' \frac{\mathrm{d}V}{\mathrm{d}r} + \frac{u'V}{r} = \nu \left(\nabla^2 v' - \frac{v'}{r^2} \right), \tag{10.4.2b}$$

$$\frac{\partial w'}{\partial t} = -\frac{1}{\rho} \frac{\partial p}{\partial z} + \nu \nabla^2 w', \tag{10.4.2c}$$

$$\frac{1}{r} \frac{\partial(ru')}{\partial r} + \frac{\partial w'}{\partial z} = 0, \tag{10.4.2d}$$

$$\nabla^2 = \frac{\partial^2}{\partial r^2} + \frac{1}{r} \frac{\partial}{\partial r} + \frac{\partial^2}{\partial z^2}.$$

根据狭缝假设 (iii)，我们可估计出上面方程中各项的量级

$$\frac{\partial^2 u'}{\partial r^2} = O\left(\frac{u'}{d^2} \right), \frac{1}{r} \frac{\partial u'}{\partial r} = O\left(\frac{u'}{R_1 d} \right), \frac{u'}{r^2} = O\left(\frac{u'}{R_1^2} \right), \cdots.$$

略去高阶小量,方程可进一步化简为

$$\left(\frac{\partial}{\partial t} - \nu \widetilde{\nabla}^2\right)u' - \frac{2Vv'}{r} = -\frac{1}{\rho}\frac{\partial p'}{\partial r}, \tag{10.4.3a}$$

$$\left(\frac{\partial}{\partial t} - \nu \widetilde{\nabla}^2\right)v' + 2Au = 0, \tag{10.4.3b}$$

$$\left(\frac{\partial}{\partial t} - \nu \widetilde{\nabla}^2\right)w' = -\frac{1}{\rho}\frac{\partial p}{\partial z}, \tag{10.4.3c}$$

$$\frac{\partial u'}{\partial r} + \frac{\partial w'}{\partial z} = 0, \tag{10.4.3d}$$

$$\widetilde{\nabla}^2 = \frac{\partial^2}{\partial r^2} + \frac{\partial^2}{\partial z^2}.$$

对式(10.4.3a)和(10.4.3b)分别求 z 和 r 的偏导数,消去 p,再用式(10.4.3d)消去 w,得到

$$\left(\frac{\partial}{\partial t} - \nu \widetilde{\nabla}^2\right)\widetilde{\nabla}^2 u = 2\frac{V}{r}\frac{\partial^2 v}{\partial z^2}. \tag{10.4.4}$$

再将轴对称扰动量写成正则模形式

$$\left.\begin{array}{l} u' = \hat{u}(r)e^{\sigma t + i\alpha z}, \\ v' = \hat{v}(r)e^{\sigma t + i\alpha z}. \end{array}\right\} \tag{10.4.5}$$

对于时间模式,轴向波数 α 是实数,$\sigma = \sigma_r + i\sigma_i$,$\sigma_r, \sigma_i$ 分别是扰动增长率和圆频率,$\sigma_r > 0$ 流动不稳定.将式(10.4.5)代入(10.4.3b)和(10.4.4)得到用 $\hat{u}, \hat{v}$ 表示的线性稳定性方程

$$\left.\begin{array}{l} [\nu(D^2 - \alpha^2) - \sigma]\hat{v} = 2A\hat{u}, \\ [\nu(D^2 - \alpha^2) - \sigma](D^2 - \alpha^2)\hat{u} = 2\dfrac{V}{r}\alpha^2\hat{v}, \end{array}\right\} \tag{10.4.6}$$

其中 $D = \mathrm{d}/\mathrm{d}r$. $V/r = \Omega(r)$ 是流体质点的基本流角速度,如果我们假设内外圆柱的旋转角速度 Ω_1, Ω_2 相差不大,在狭缝假设下,狭缝内速度接近线性分布,$\Omega(r)$ 可近似等于 Ω_1 或 Ω_2 或它们的平均 $\bar{\Omega} = (\Omega_1 + \Omega_2)/2$,这样,在式(10.4.6)右边的系数是常数,我们可以进一步消去 $\hat{v}$,得到对于单一变量 $\hat{u}$ 的六阶常微分方程,

$$[\nu(D^2 - \alpha^2) - \sigma]^2(D^2 - \alpha^2)\hat{u} = 4A\bar{\Omega}\alpha^2\hat{u}. \tag{10.4.7}$$

边界条件是在 $r = R_1, R_2$ 处速度黏附条件,$u = v = w = 0$,现在需要用单变量 $\hat{u}$ 表示这些条件.由连续性方程,在边界上 $\partial w/\partial z = 0$ 条件得到 $\partial u/\partial r = 0$,所以

$$\hat{u} = D\hat{u} = 0, \qquad 在 \ r = R_1, R_2 \ 处. \tag{10.4.8a}$$

而 $\hat{v} = 0$ 使得式(10.4.6b)给出

$$D^4 \hat{u} - \left(2\alpha^2 + \frac{\sigma}{\nu}\right)D^2 \hat{u} = 0, \qquad 在 \ r = R_1, R_2 \ 处. \qquad (10.4.8b)$$

这样把问题化简为求解一个常微分方程的本征值问题. 本征值 σ 应满足

$$F(\sigma, \alpha; \nu, \Omega_1, \Omega_2, R_1, R_2) = 0.$$

我们进一步可求出中性曲线, 由 Taylor 假设条件(ii), 中性稳定时不但有 $\sigma_r = 0$ 而且有 $\sigma_i = 0$, 因此在式(10.4.7)中令 $\sigma = 0$, 引入无量纲坐标 $x = (r - R_1)/d$ 和无量纲轴向波数 $a = \alpha d$, 就得到无量纲性稳定性控制方程

$$\left(\frac{\mathrm{d}^2}{\mathrm{d}x^2} - a^2\right)^3 \hat{u} = -\mathrm{T}_a a^2 \hat{u}, \qquad (10.4.7')$$

以及边界条件

$$\hat{u} = \frac{\mathrm{d}\hat{u}}{\mathrm{d}x} = \frac{\mathrm{d}^4 \hat{u}}{\mathrm{d}x^4} - 2a^2 \frac{\mathrm{d}^2 \hat{u}}{\mathrm{d}x^2} = 0, \qquad 当 \ x = 0,1 \ 时, \qquad (10.4.8c)$$

其中 T_a 是无量纲 Taylor 数

$$\mathrm{T}_a = -\frac{4A \bar{\Omega} d^4}{\nu^2} = \frac{2(\Omega_1 R_1^2 - \Omega_2 R_2^2)\bar{\Omega} d^3}{\nu^2 R_1}. \qquad (10.4.9)$$

方程(10.4.7)也是个本征值问题, a, T_a 是两个参数, 中性曲线由

$$F(a, \mathrm{T}_a) = 0$$

确定, $\mathrm{T}_a = \mathrm{T}_a(a)$, 临界 Taylor 数是其中的最小值, 数值结果给出

$$\mathrm{T}_c = 1708, \qquad a_c = \alpha_c d = 3.13. \qquad (10.4.10)$$

上述结果表明, 当 $\Omega_2 R_2^2 > \Omega_1 R_1^2$ 时, 总有

$$\mathrm{T}_a < 0 < \mathrm{T}_c,$$

因而, 无黏稳定性的充分条件($\Omega_2 R_2^2 > \Omega_1 R_1^2$)对于黏性流仍是适用的. 但是, 当 $\Omega_1 R_1^2 > \Omega_2 R_2^2$ 时, 旋转 Couette 流动却未必都是不稳定的; 当 ν 值较大, 以致 $0 < \mathrm{T}_a < \mathrm{T}_c$ 时, 流动仍是稳定的. 只有 ν 值小致使 $\mathrm{T}_a > \mathrm{T}_c$ 时, 才出现不稳定.

图 10.15 是 Taylor 得到的中性边界曲线. 理论和实验两者符合得如此之好, 是线性稳定性理论的一大成功, 从此奠定了线性稳定性理论的基础. 图中虚线是根据 Rayleigh 无黏稳定性判据得出的中性曲线, $\dfrac{\mathrm{d}\Gamma^2}{\mathrm{d}r} = \dfrac{\mathrm{d}(Ar^2 + B)^2}{\mathrm{d}r} = 0$, 即 $\Omega_2 R_2^2 - \Omega_1 R_1^2 = 0$. 根据无黏 Rayleigh 判据, 对于两同轴圆柱间的旋转 Couette 流, 当外柱旋转、内柱静止时流动总是稳定的. 当内柱旋转、外柱静止时流动总是不稳定的. 当两柱反向旋转时, 近内柱区域是不稳定的, 近外柱区域是稳定的. 但从图中实验结果可见, 当外柱静止时 $\Omega_2 = 0$, 由于黏性的影响, 只有当内柱旋转速度大于某个最小旋转速度后, 流动才是不稳定的. 这表明黏性是起稳定作用.

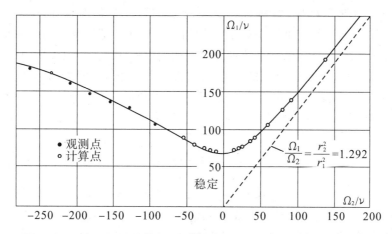

图 10.15 由 Taylor 计算和实验的旋转 Couette 流的边缘稳定性曲线

10.4.2 Rayleigh-Bénard 热不稳定性问题

浮力引起的热不稳定性也是流体中基本的不稳定性现象之一. 早在 1900 年, Bénard 就进行了关于热不稳定性导致对流的著名实验, 而在 1916 年 Rayleigh 首先提出了关于热对流的线性稳定性理论分析方法, 这条路线一直指导了近百年来对对流涡胞的分析和研究, 即所谓的 Rayleigh-Bénard 对流.

如图 10.16(a) 两块无穷大水平平板相距为 d, 上下板温度分别为常温 T_2 和

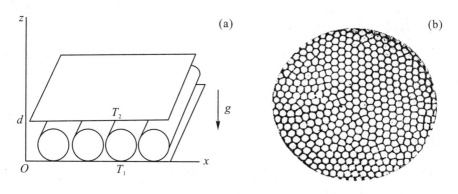

图 10.16 (a) 平板间 Rayleigh-Bénard 对流的示意图;

(b) Rayleigh-Bénard 对流产生的六角形涡胞

T_1, 且 $T_1 > T_2$, 板间充满静止流体. 此时流体在重力作用下处于静力平衡态. 但是, 由于重的冷流体位于轻的热流体之上, 根据 Rayleigh-Taylor 不稳定准则(10.2

节),这种平衡是不稳定的,因此这种不稳定的第一个条件是 $T_1 > T_2$. 不过,Rayleigh-Taylor 不稳定准则是对无黏流体而言的,由于流体黏性的作用是抑制不稳定的发生,导热作用又力图减小两板之间的温度差,因此,可以预期,只有当下热上冷的两板温度差大到足够强的程度,才可能克服上述两种阻尼作用,使流体在小扰动作用下从静止转为运动,即发生对流. 这个不稳定需要满足的第二个条件可以由线性稳定性理论得到:可以证明存在一个称为 Rayleigh 数(瑞利数)的无量纲参数

$$Ra = \frac{g\beta\Delta T d^3}{\nu\kappa}, \tag{10.4.11}$$

其中 $\Delta T = T_1 - T_2$,β 为热膨胀系数,ν 为运动黏性系数,κ 为热扩散系数($\kappa = k/\rho c_p$,k 和 c_p 分别为导热系数和定压比热). 当 $Ra < Ra_c$ 时对所有波数 α 平衡是稳定的,Ra_c 称为临界 Rayleigh 数,它类似于平行剪切流中临界 Reynolds 数 Re_c.

(1) Bénard 问题的线性稳定性方程

线性稳定性分析的方法与前一节类似,但是需要强调的是,研究热对流问题常用 Boussinesq 近似方程来代替 N-S 方程. 关于 Boussinesq 近似的概念已在 7.5 节中介绍过. 选取 d,κ/d,d^2/κ 和 $\rho_1\kappa^2/d^2$ 分别为长度、速度、时间和压强的特征尺度,以及令 $\theta = (T - T_1)/\Delta T$,Boussinesq 近似方程可写为:

连续性方程

$$\nabla \cdot \boldsymbol{u} = 0, \tag{10.4.12a}$$

动量方程

$$\frac{\partial \boldsymbol{u}}{\partial t} + (\boldsymbol{u} \cdot \nabla)\boldsymbol{u} = -\nabla p + Pr\,\nabla^2\boldsymbol{u} + Pr \cdot Ra\theta\boldsymbol{e}_z, \tag{10.4.12b}$$

能量方程

$$\frac{\partial \theta}{\partial t} + \boldsymbol{u} \cdot \nabla\theta = \nabla^2\theta \tag{10.4.12c}$$

和状态方程

$$\frac{\rho(z)}{\rho_1} = 1 - \beta\Delta T\theta, \tag{10.4.12d}$$

边界条件在 $z = 0,1$ 处

$$\boldsymbol{u} = 0 \tag{10.4.13a}$$

及

$$\theta(0) = 0, \qquad \theta(1) = -1. \tag{10.4.13b}$$

式中有两个无量纲参数,Prandtl 数 $Pr = \nu/\kappa$ 和 Rayleigh 数 $Ra = \beta g d^3 \Delta T/\kappa\nu$. 从

上式可见,Boussinesq 近似是指密度的变化主要是由热膨胀引起的,从而忽略了压力变化引起的密度改变.并且也略去了密度和压力变化的二阶小项.与此相适应的是,仍取不可压缩流动的连续方程,以及能量方程中忽略掉黏性耗散函数项(3.5.3a).

从式(10.4.12) 和(10.4.13) 可得静止基本态的解为

$$U_0 = 0, \theta_0(z) = -z, \rho_0(z)/\rho_1 = [1 + \beta\Delta Tz],$$
$$P_0(z) = p_1 - \frac{1}{2}Pr \cdot Raz^2, \qquad\qquad (10.4.14)$$

其中下标"0" 表示基本态.令 $u = u'$, $\theta = \theta_0(z) + \theta'$, $p = P_0(z) + p'$,代入式(10.4.12) 得到线化小扰动方程

$$\nabla \cdot u' = 0, \qquad\qquad (10.4.15a)$$

$$\frac{\partial u'}{\partial t} = -\nabla p' + Pr\,\nabla^2 u' + Pr \cdot Ra\theta' e_z, \qquad (10.4.15b)$$

$$\frac{\partial \theta'}{\partial t} - w' = \nabla^2 \theta', \qquad\qquad (10.4.15c)$$

$$\rho' = -\rho_1\beta\Delta T\theta'. \qquad\qquad (10.4.15d)$$

对式(10.4.15b) 求两次旋度运算,并利用矢量公式

$$\nabla\times(F\times G) = (G\cdot\nabla)F - (F\cdot\nabla)G + F\nabla\cdot G - G\nabla\cdot F,$$
$$\nabla^2 F = \nabla(\nabla\cdot F) - \nabla\times(\nabla\times F),$$

得到

$$\frac{\partial(\nabla^2 u')}{\partial t} = RaPr\left(\nabla^2\theta' e_z - \nabla\frac{\partial\theta'}{\partial z}\right) + Pr\,\nabla^2\nabla^2 u'.$$

取上式的 z 方向分量,得到

$$\frac{\partial(\nabla^2 w')}{\partial t} = RaPr(\nabla_1^2\theta') + Pr\,\nabla^2\nabla^2 w', \qquad (10.4.16)$$

其中 $\nabla_1^2 = \frac{\partial^2}{\partial x^2} + \frac{\partial^2}{\partial y^2}$ 是水平 Laplace算子.再将上式与(10.4.15c) 联立,消去 θ,可以得到一个仅关于法向速度分量 w' 的偏微分方程

$$\left(\frac{\partial}{\partial t} - \nabla^2\right)\left(\frac{1}{Pr}\frac{\partial}{\partial t} - \nabla^2\right)\nabla^2 w' = Ra\,\nabla_1^2 w'. \qquad (10.4.17)$$

由壁面上无滑移条件 $u' = v' = w' = 0$,可知在壁面上有 $\frac{\partial u'}{\partial x} = 0, \frac{\partial v'}{\partial y} = 0$,由连续性方程得 $\frac{\partial w'}{\partial z} = 0$,所以在 $z = 0,1$ 的上下平面上的边界条件以及等温壁条件(对于固壁) 分别是

$$w' = \frac{\partial w'}{\partial z} = 0, \left.\begin{array}{c}\\\\\end{array}\right\}$$
$$\theta' = 0. \tag{10.4.18}$$

方程(10.4.17)中所有项的系数均为常数,所以存在正则模形式为 $w' = W(z)f(x,y)e^{\sigma t}$ 的解.其中分离变量后,$f(x,y)$ 满足 Helmholtz 方程

$$\nabla_1^2 f + a^2 f = 0, \tag{10.4.19}$$

且 $W(z)$ 满足方程

$$(D^2 - a^2)(D^2 - a^2 - \sigma)(D^2 - a^2 - \sigma/Pr)W = -a^2 RaW. \tag{10.4.20}$$

在 $z = 0,1$ 处的边界条件为

$$W = DW = T = 0 \quad (刚性壁) \tag{10.4.21}$$

其中 a 为分离变量引进的本征值参数,$D = \mathrm{d}/\mathrm{d}z$, $T = (a^2 Ra)^{-1}(D^2 - a^2)(D^2 - a^2 - \sigma/Pr)W$.这里需要说明的是,方程(10.4.17)是关于 w' 单一变量的微分方程,所以 $\theta' = 0$ 的边界条件应换成对于 w' 的边界条件.在固壁上由 $\theta' = 0$,可得 $\nabla_1^2 \theta' = 0$,于是从方程(10.4.16)得到 $T = 0$.式(10.4.20)和(10.4.21)是最终得到的正则模形式的线性稳定性方程及边界条件,它是一个六阶线性常微分方程的本征值问题.

如果我们把方程(10.4.20)和(10.4.7)作一比较,会发现这两个问题的稳定性控制方程在数学上形式是一致的,这就是 Taylor 问题和 Bénard 问题的"等价性",Taylor 问题中的离心力"等价"于 Bénard 问题中的浮力.以下的处理便与 Taylor 问题完全一样了.

(2) Bénard 问题稳定性特性

可以严格证明(从略),Bénard 问题有一个重要的稳定性特性:中性曲线上一定有 $\sigma = 0$,即**所谓的稳定性交换原理**.这意味着,如果 $Ra < 0$,必有 $\mathscr{R}e(\sigma) < 0$. 而 $Ra < 0$ 表示 $\Delta T = T_1 - T_2 < 0$,故当两平板下冷上热时系统肯定是稳定的.同时,如果 $Ra > 0$,则必有 $\mathscr{I}m(\sigma) = 0$,此时稳定与否由 $\mathscr{R}e(\sigma)$ 大小确定:若 $\mathscr{R}e(\sigma) < 0$ 稳定,反之则不稳定,中性稳定时 $\mathscr{R}e(\sigma) = 0$. 这个稳定性特性还表明,失稳后的流动是趋于另一个定常流态.

在方程(10.4.20)中令 $\sigma = 0$,立即可得到中性稳定性控制方程

$$(D^2 - a^2)^3 W = -a^2 RaW, \tag{10.4.22}$$

以及相应的边界条件

$$W = DW = T = 0 \quad (刚性壁), \tag{10.4.23}$$

其中 $T = (a^2 Ra)^{-1}(D^2 - a^2)^2(D^2 - a^2)W$.中性曲线由边界条件(10.4.23)给

出为

$$F(a, Ra) = 0.$$

在 Ra-a 平面上中性曲线上 $Ra = Ra(a)$ 的最小值就确定了临界 Ra_c 数,对于 $Ra < Ra_c$ 的任意初始的扰动在无穷长时间后都会被衰减掉,系统恢复到静止态.虽然方程(10.4.22)看似简单,要想得到解析形式的 $Ra = Ra(a)$ 关系确很困难,借助于数值解算得对于刚壁 — 刚壁情形可以得到

$$Ra_c = 1708, \qquad a_c = 3.117. \tag{10.4.24}$$

图 10.17 是稳定与不稳定之间的边缘曲线.

对流胞的水平形状可由解方程(10.4.19)确定. $f(x, y)$ 是与对流胞的水平图案有关的函数,而 a 则与对流胞的水平尺度有关,称为水平波数.可以找到方程(10.4.19)的以下特解:

对于长卷形对流胞

$$f(x, y) = \cos ax,$$

对于矩形网格状胞

$$f(x, y) = \cos a_1 x \cos a_2 y,$$

对于六角形胞

$$f(x, y) = \cos\left[\frac{1}{2}a(\sqrt{3}x + y)\right]$$
$$+ \cos\left[\frac{1}{2}a(\sqrt{3}x - y)\right] + \cos ay,$$

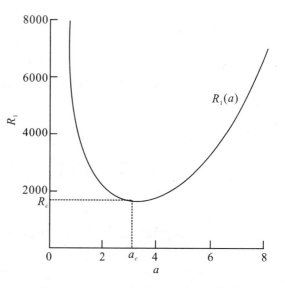

图 10.17 Bénard 对流的中性稳定曲线

图 10.18 是 Nusselt 数随 Rayleigh 数变化,实验是对不同的 Prandtl 数的流体介质做的.Nusselt 数定义为

$$Nu = \frac{Hd}{k(T_1 - T_2)},$$

其中 H 是单位面积的平板上传递给流体的实际热量. Nu 数是单位面积的平板上传递给流体的实际热量与没有对流时纯导热的热量之比,k 是导热系数.从图中可看到,当 $Ra < Ra_c$ 时 $Nu = 1$,表明此时不存在对流;当 $Ra > Ra_c$ 以后,随 Ra 数增大 Nu 数有显著的增加,表明对流换热的增强.理论预测的临界值与实验测量值

相比符合得很好.证明了线性稳定性理论可以正确地预测热对流的开始.

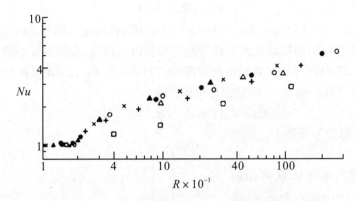

图 10.18 Nusselt 数随 Rayleigh 数的变化(实验数据)

10.5 非线性、分叉和混沌

 如何从层流演化到湍流,通过什么样的途径和方式转变到湍流,一直是流动稳定性和湍流理论研究中最具挑战性的一个问题. 早在 20 世纪 40 年代朗道(Landau)就提出了一种猜想,他认为从层流失稳发展到湍流是通过一系列逐次分叉完成的.并且他还给出了扰动振幅的非线性演化方程.线性稳定性分析告诉我们,对于一定的流动,存在一个临界雷诺数 Re_c(或其他临界参数),当 $Re < Re_c$ 时,N-S 方程有唯一稳定的定常解.朗道认为,当 $Re > Re_c$ 后,定常解变得不稳定,一般说来,首先出现一个频率为 ω_1 的周期性解.非线性微分方程在参数达到临界值时出现新解,这种现象数学上叫做"分叉"(bifurcation).朗道进一步设想,当 Re 数再增大,这种周期运动解又会变得不稳定,引起第二次分叉,产生一个频率为 ω_2 的周期解迭加在 ω_1 的周期性解上,且 ω_1 和 ω_2 一般是不可公约的.这样,随着雷诺数继续增大,就会不断引起新的分叉,并且产生新分叉的雷诺数增量变得愈来愈小,流动中含有的频率也就愈来愈多. 如果在多次分叉中相继出现的频率为 ω_1,ω_2,$\cdots$,ω_n,流动就变成为含有许多种频率的拟周期运动.朗道认为,无限多次的连续分叉,最终将导致湍流.

 分叉是非线性动力系统的一种内禀特性,下面我们以一维发展方程为例,介绍几种典型的分叉特性.

10.5.1　分叉

为了说明分叉的基本概念,我们考察下面的非线性常微分方程

$$\frac{\mathrm{d}x}{\mathrm{d}t} = F(x,\mu),\tag{10.5.1}$$

满足 $F(x,\mu)=0$ 的点 $x=x_e$ 称为平衡点, μ 是参数.此时, $x=x_e=$ 常数是方程 (10.5.1) 的一个解,对应于流体力学中的定常流解.当任意给定一个小扰动,即 $t=0$ 时,令 $x(0)=x_e+\varepsilon$,如果解曲线 $x=x(t)$ 随时间增大而远离 x_e,则平衡解 $x=x_e$ 是不稳定的;反之,如果 $x=x(t)$ 最终趋于 $x=x_e$,则解是稳定的.平衡点的位置取决于参数 μ 的值,解的稳定性,既取决于函数 $F(x,\mu)$ 的形式,也取决于 μ 的值.

随着函数 $F(x,\mu)$ 形式的改变,或者随着参数 μ 值的改变,方程(10.5.1)的解的结构或者解的稳定性都可能发生改变.对于给定的方程,即给定的 $F(x,\mu)$ 函数,当参数 μ 改变时,如果解的形式或解的稳定性发生突变,比如,由存在平衡点(定常解)到不存在平衡点,或者由稳定平衡解变成不稳定平衡解,都称为解的"分叉";发生分叉的参数 μ 的临界值,称为"分叉点"或"临界点".

下面介绍几类重要的分叉及其稳定性特性.

(1) 鞍结点分叉.考察一维系统

$$\frac{\mathrm{d}x}{\mathrm{d}t} = \mu - x^2.\tag{10.5.2}$$

此种情形下,平衡点方程 $F(x,\mu)=\mu-x^2=0$,当 $\mu<0$ 时,无解; $\mu=0$ 时有一个解, $x_e=0$; $\mu>0$ 时有两个解, $x_e=\pm\sqrt{\mu}$.并且

$$\frac{\partial\mu}{\partial x_e}=2x_e\begin{cases}<0, & x_e<0,\\ =0, & x_e=0,\\ >0, & x_e>0.\end{cases}$$

$\mu=0, x_e=0$ 称为转向点.现在来分析平衡解附近的稳定性特性.设 $x'=x-x_e$ 是在平衡解附近的小扰动,代入式(10.5.2)并线化得到线化小扰动方程

$$\frac{\mathrm{d}x'}{\mathrm{d}t}=-2x_ex', \qquad x'=x'(0)\mathrm{e}^{-2x_e t},$$

其中 $x'(0)$ 是小扰动的初始幅值.对于 $x_e=\sqrt{\mu}>0$ 分枝,当 $t\to\infty$ 时任意小扰动 $x'\to0, x\to x_e^+=\sqrt{\mu}$,所以是稳定的.而 $x_e=-\sqrt{\mu}<0$ 的分枝是不稳定的,取决于初值的符号,如果 $x'(0)<0$,当 $t\to\infty$ 时 $x\to-\infty$;如果 $x'(0)>0, x\to x_e^+=$

$\sqrt{\mu}$. 转向点又称为**鞍结点分叉**, 因为它在 $\mu > 0$ 时存在一个稳定平衡点(结点)和一个不稳定平衡点(鞍点). 随着 μ 的减小, 两种平衡点相互接近, 碰撞最后消失, 故将这种分叉过程称为"鞍结点分叉". 它的分叉及稳定性特性如图 10.19 所示, 实线表示稳定的平衡解, 虚线表示不稳定的平衡解(下同).

(2) 跨临界分叉. 考察一维系统

$$\frac{\mathrm{d}x}{\mathrm{d}t} = \mu x - x^2, \tag{10.5.3}$$

其平衡解 $F(x, \mu) = \mu x - x^2 = 0$ 有两个根 $x_e = 0$, $x_e = \mu$. 在 (μ, x_e) 平面上. 两支平衡解曲线均通过原点 $(\mu = 0, x = 0)$, 故原点是个分叉点. 由线化小扰动方程

$$\frac{\mathrm{d}x'}{\mathrm{d}t} = (\mu - 2x_e)x', \qquad x' = x'(0)\mathrm{e}^{(\mu - 2x_e)t}$$

可知, 对于平衡解 $x_e = 0$, 有 $x' = x'(0)\mathrm{e}^{\mu t}$, 当 $\mu < 0$ 时平衡解是稳定的, $\mu > 0$ 时平衡解是不稳定的. 对于平衡解 $x_e = \mu$, 有 $x' = x'(0)\mathrm{e}^{-\mu t}$. 当 $\mu < 0$ 时平衡解是不稳定的, $\mu > 0$ 时平衡解是稳定的. 由此可见当参数 μ 从负经过零变为正时, 它们的稳定性特性发生了交换. 分叉图见图 10.20.

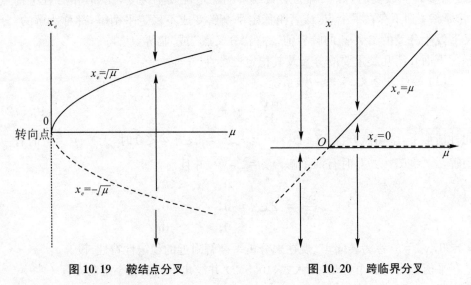

图 10.19　鞍结点分叉　　　　　　图 10.20　跨临界分叉

跨临界分叉不同于鞍结点分叉之处在于, 前者在通过临界点时, 平衡解不是消失, 而是发生了稳定性的改变.

(3) 叉式分叉. 考察一维系统

$$\frac{\mathrm{d}x}{\mathrm{d}t} = \mu x - lx^3. \tag{10.5.4}$$

当 $l > 0$ 时,其平衡解 $F(x,\mu) = \mu x - lx^3 = 0$ 有三个根 $x_1 = 0, x_{2,3} = \pm \sqrt{u/l}$ $(\mu > 0, l > 0)$.原点($\mu = 0, x = 0$)是个分叉点.线化小扰动方程是

$$\frac{\mathrm{d}x'}{\mathrm{d}t} = (\mu - 3lx_e^2)x', \qquad x' = x'(0)\mathrm{e}^{(\mu - 3lx_e^2)t}.$$

对于平衡解 $x_e = 0, x' = x'(0)\mathrm{e}^{\mu t}$,当 $\mu < 0$ 时平衡解是稳定的,$\mu > 0$ 时平衡解是不稳定的.

对于平衡解 $x_e = \pm \sqrt{\mu/l}(\mu > 0, l > 0), x' = x'(0)\mathrm{e}^{-2\mu t}$,即当 $l > 0, \mu > 0$ 时这两个分支的平衡解都是稳定的.此种情形称为超临界叉式分叉.

当 $l < 0$ 时,除 $x_e = 0$ 仍旧是一个平衡解外,也还有两平衡解 $x_e = \pm \sqrt{\mu/l}$($\mu < 0, l < 0$).利用同样的方法分析平衡解附近的稳定性特性可知,对于平衡解 $x_e = 0$,当 $\mu < 0$ 时稳定,$\mu > 0$ 时不稳定.对于平衡解 $x_e = \pm \sqrt{\mu/l}$($\mu < 0, l < 0$),$\mu < 0$ 时的平衡解不稳定,此种情形称为亚临界叉式分叉.超临界和亚临界分叉图见图10.21.图上平衡解曲线的形状像一把叉子,故称"叉式分叉".

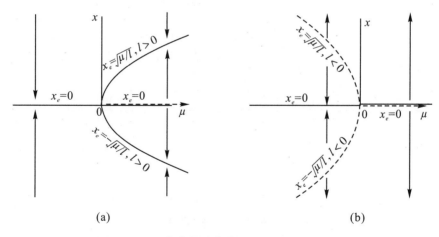

图 10.21　(a) 超临界叉式分叉;(b) 亚临界叉式分叉

以上几种分叉都是由一种平衡解转变为另一种平衡解,用流体力学语言即由一种定常流转变成另一种定常流,比如,由旋转 Couette 流动转变为 Taylor 涡结构.下面考察由平衡解分叉变为周期解的情形.

(4) Hopf 分叉.单变量常微分方程不可能产生周期性分叉.为此,我们考察一个一阶常微分方程组

$$\left.\begin{array}{l} \dfrac{\mathrm{d}x}{\mathrm{d}t} = -y - x(x^2 + y^2 - a), \\[3mm] \dfrac{\mathrm{d}y}{\mathrm{d}t} = x - y(x^2 + y^2 - a), \end{array}\right\} \tag{10.5.5}$$

在原点$(x = 0, y = 0)$处是该系统的平衡解,其线化小扰动方程是

$$\frac{\mathrm{d}}{\mathrm{d}t}\begin{pmatrix} x' \\ y' \end{pmatrix} = \begin{pmatrix} a & -1 \\ 1 & a \end{pmatrix}\begin{pmatrix} x' \\ y' \end{pmatrix}.$$

假设存在正则模形式的解 $x', y' \propto \mathrm{e}^{\sigma t}$,则 σ 是其系数矩阵的本征值,即 $D = \begin{vmatrix} a - \sigma & -1 \\ 1 & a - \sigma \end{vmatrix} = 0$ 的根,$\sigma = a \pm \mathrm{i}$,其解为

$$\begin{pmatrix} x' \\ y' \end{pmatrix} = \begin{pmatrix} x_0' \\ y_0' \end{pmatrix}\mathrm{e}^{(a \pm \mathrm{i})t}.$$

当 $a < 0$ 时,对于两个本征值,平衡解都是稳定的,本征解(x', y')的曲线呈螺旋线趋于原点.反之,$a > 0$,平衡解 $x = 0, y = 0$ 是不稳定的.

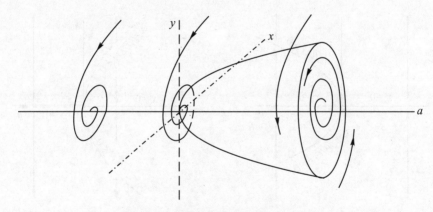

图 10.22　参数平面上超临界 Hopf 分叉图

事实上,我们若在极坐标下把方程(10.5.5)改写成

$$\left.\begin{array}{l} \dfrac{\mathrm{d}r}{\mathrm{d}t} = r(a - r^2), \\[3mm] \dfrac{\mathrm{d}\theta}{\mathrm{d}t} = 1, \end{array}\right\} \tag{10.5.6}$$

其中 $x = a\cos\theta, y = a\sin\theta$. 从式(10.5.6)可见,这时 r 和 θ 是解耦的,而且关于 r 的微分方程(10.5.6a)与叉式分叉方程(10.5.4)形式上一致.因此我们知道,除了原点是一个平衡解外,$r = \sqrt{a}$ 也是一个平衡解,而且是稳定的平衡解.所不同的

是，$r = \sqrt{a}$，$\theta = 2\pi t$ 不是一个定常解.对于所有的 $a > 0$，它是周期为 2π 的稳定的周期解.任意初值的解当 $t \to \infty$ 时，都从半径为 $r = a$ 的圆的内部或外部趋近于圆，这取决于初值 r_0 是小于还是大于 $\sqrt{a}$.该圆称为极限圈.参数 a 从小于 a_c 经 $a = a_c$ 点转到大于 a_c，从而平衡解（$x_e = y_e = 0$）失稳转变成稳定周期解（$x = \sqrt{a}\cos 2\pi t$，$y = \sqrt{a}\sin 2\pi t$）的分叉称为 **Hopf 分叉**.当系统发生 Hopf 分叉时，正则模的一对复共轭特征值（$\sigma = \alpha + i$）穿过虚轴，从负实部经过零变成正实部.

分叉是非线性系统演化的一种重要现象，还有一些重要分叉如倍周期分叉，间歇现象等就不一一介绍了，感兴趣读者可参阅非线性动力系统的教材或专著.运动的流体是一个多参数（如 Reynolds 数、Mach 数、Rayleigh 数等）的非线性系统.当控制参数越过临界值时，系统变得不稳定，产生许多复杂现象，如旋涡、激波乃至湍流等.本章介绍一点非线性系统演化的基本知识，希望对读者理解某些复杂流动现象有所帮助.

10.5.2　Landau 方程

线性稳定性理论确定的一次失稳只不过是这个复杂转捩过程的第一步.根据线性稳定性理论，失稳后的扰动将按指数随时间增长，但是事实上扰动不可能无限地增长，当扰动增大到一定振幅以后，非线性将起明显的作用，抑制指数增长达到一个饱和态.线性理论失效，必须考虑扰动的非线性对稳定性的影响.

Landau 认为，线化小扰动可以表达为正则模形式 $u' = \varepsilon[A(t)e^{i\alpha x}\hat{u}(y,z) + c.c.]$ 解的迭加其中 $c.c.$ 表示复共轭，ε 是个小量.在 Re 数刚刚超过临界 Re_c 数不大时，可近似地只考虑一个最不稳定的模，其他模是衰减的.当考虑到非线性效应时，由于 $(u' \cdot \nabla)u'$ 项，本征解的非线性相互作用可能产生的 ε^2 量级的项为 $|A|^2$，$A^2 e^{2i\alpha x} + c.c.$，可能产生的 ε^3 量级的项为 $|A|^2 A e^{i\alpha x} + c.c.$ 和 $A^3 e^{3i\alpha x} + c.c.$ 等.我们可以看到只有 ε^3 阶项中的 $|A|^2 A e^{i\alpha x} + c.c.$ 可以与基波 $A(t)e^{i\alpha x}\hat{u}(y,z) + c.c.$ 相互作用，使得指数增长率缓和，最后演为饱和的非线性波.所以，Landau 认为非线性振幅方程应具有形式

$$\frac{dA}{dt} = \sigma A - l|A|^2 A \tag{10.5.7}$$

或

$$\frac{d|A|}{dt} = \sigma_r|A| - l_r|A|^3, \tag{10.5.8a}$$

$$\frac{d\theta}{dt} = \sigma_i - l_i|A|^2, \tag{10.5.8b}$$

其中 $|A|$ 和 θ 是复振幅的大小和幅角，$A=|A|e^{i\theta}$；σ_r 和 σ_i 是由线性理论确定的增长率和频率，$\sigma=\sigma_r+i\sigma_i$；$l=l_r+il_i$ 称为 Landau 常数．这是一个重要的参数，它的符号对于流动的稳定性性质有决定性的影响．将 σ_r 在临界 Re_c 数附近作 Taylor 展开，近似地有 $\sigma_r=k(Re-Re_c)$，k 是个常数．

我们可以发现，Landau 方程(10.5.8)与(10.5.6)形式有些相似，所以关于 Hopf 分叉特性的讨论可以应用于式(10.5.8)，这里不作细述．幸运的是，式 (10.5.8a) 存在精确解，下面我们就从它的精确解直接分析它的稳定性特性．

$$|A|^2=\frac{A_0^2}{\dfrac{l_r}{\sigma_r}A_0^2+\left(1-\dfrac{l_r}{\sigma_r}A_0^2\right)e^{-2\sigma_r t}},\qquad(10.5.9)$$

其中 A_0 是初始振幅大小．这个解有如下特性：

(1) 对于 $l_r>0$ 和 $\sigma_r<0$(即 $Re<Re_c$)情形，当 $t\to\infty$ 时，一切初始扰动的振幅最终趋于零，即 $|A|\to0$，表示亚临界雷诺数下基本流是稳定的．

(2) 更重要的是，对于 $l_r>0$ 和 $\sigma_r>0$(即 $Re>Re_c$)情形，从式(10.5.9)可见，不管 A_0 值是多大，当 $t\to\infty$ 时总有 $|A|\to A_e=\sqrt{\dfrac{\sigma_r}{l_r}}=\sqrt{\dfrac{k(Re-Re_c)}{l_r}}$．这表明在超临界雷诺数情形，对初始扰动是线性不稳的基本流，逐渐演化成一种新的层流流动．新流动与初始扰动 A_0 无关，其振幅 A_e 是一个有限大的小量(因 $0<Re-Re_c\ll Re_c$)．同时，如果 $\sigma_i=0$，则新流动为一稳定的定常流；如果 $\sigma_i\neq0$，则新流动为一稳定的周期流．这种情形称为**超临界稳定**(见图 10.23(a))．当雷诺数从亚临界穿过 $Re=Re_c$ 变化到超临界时，基本流变成了一种新的流动，我们也称为流动在临界雷诺数处经历了**一次超临界分叉**．

在一定的更高雷诺数条件下，又会出现新的不稳定扰动，发生第二次、第三次分叉，如此等等(见图 10.23(a) 左边的示意图)．

(3) 对于 $l_r<0$ 和 $\sigma_r>0$(即 $Re>Re_c$)情形，此时 Landau 方程(10.5.8)第一式右边两项均为正号，因此 $|A|$ 随时间增长更快．从式(10.5.9)分母易知当

$$t=\frac{1}{2\sigma_r}\ln\left(1-\frac{\sigma_r/l_r}{A_0^2}\right),$$

$|A|^2$ 就已趋于 ∞，这在物理上是不可能的．这一方面说明此时非线性演化方程 (10.5.7)右边需包含更多的高阶项来平衡，另一方面似乎说明这种情形要比 $l_r>0$ 的情形更容易发展成湍流．

(4) 特别重要的是，对于 $l_r<0$ 和 $\sigma_r<0$(即 $Re<Re_c$)情形，此时 Landau 方程(10.5.8)第一式右边两项是反号的，这两项对于扰动振幅演化贡献的大小取决

于 $|A|$ 是否大于或小于阈值

$$A_e = \sqrt{\frac{-\sigma_r}{-l_r}}, \qquad \sigma_r < 0, l_r < 0.$$

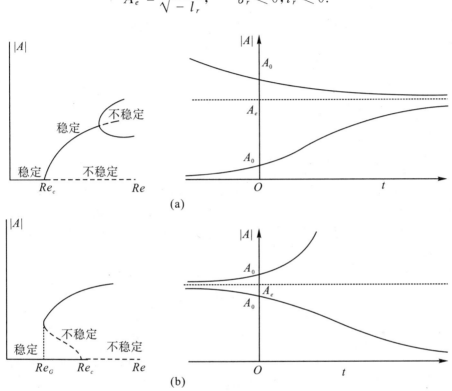

图 10.23   Lamdau 方程解

(a) 超临界分叉;(b) 亚临界分叉

如果 $A_0 < A_e$,当 $t \to \infty$ 时 $|A| \sim \dfrac{A_e \mathrm{e}^{\sigma_r t}}{\sqrt{A_e^2 - A_0^2}} \to 0$,表明基本流对于无限小扰动是稳定的. 而如果 $A_0 > A_e$,当 $t \to t^*$ 时 $|A| \to \infty$,其中 t^* 是一个有限值,$t^* = -\dfrac{1}{2\sigma_r}\ln\dfrac{A_0^2}{A_0^2 - A_e^2}$. 这表明在亚临界时,基本流动对于无穷小初始扰动是稳定的,而对于大于阈值的有限振幅的初始扰动是不稳定的,这种情形称为**亚临界不稳定** (见图 10.23(b)). Landau 指出,对于亚临界失稳,总存在一个更低的临界雷诺数 Re_G,Re_G 是亚临界分叉的转向点. 当 $Re_G < Re < Re_c$ 时,亚临界分叉有三个平衡解(见图 10.23(b) 右边的示意图,虚线代表不稳定). 当 $Re < Re_G$ 时基本流是整体渐近稳定的,一切扰动都将衰减.

例如,业已证实,对于二维圆柱绕流的一次失稳,是从定常流经历一次超临界分叉($l_r > 0$)变成卡门涡街,临界雷诺数 $Re_c \simeq 47$,临界无量纲频率 $St = \dfrac{fD}{U} \simeq 0.12$,$f$ 是涡脱落频率,D 圆柱直径.对于 Poiseuille 槽流和管流,一次失稳对应于亚临界分叉($l_r < 0$).

最初,Landau 方程只是基于他对物理问题的直观洞察力提出的一个模型方程的,后来 Stuart、Watson 等人对平面平行流、Bénard 热对流问题严格推导了扰动振幅的弱非线性演化方程,证明与 Landau 方程一致.现已证实,Landau 方程对于研究许多类流动的弱非稳定性是有效的.

10.5.3 洛伦兹(Lorentz)方程

在本节的最后有必要介绍一下 Lorentz 方程,它的导出与 Rayleigh-Bénard 对流有密切的关系,Lorentz 是一位气象学家,他在研究大气层对流和天气预报时,将原始的 Boussinesq 方程大胆地加以截断,简化后得到一组非线性常微分方程

$$\left.\begin{aligned}
\frac{\mathrm{d}X}{\mathrm{d}t} &= -\sigma X + \sigma Y, \\
\frac{\mathrm{d}Y}{\mathrm{d}t} &= rX - Y - XZ, \\
\frac{\mathrm{d}Z}{\mathrm{d}t} &= -bZ + XY.
\end{aligned}\right\} \tag{10.5.10}$$

这就是著名的 Lorentz 方程.$\sigma, r, b > 0$,其中 $\sigma = \nu/\kappa$ 是 Prandtl 数,$r = Ra/Ra_c$ 是瑞利数与它的临界值之比,b 是与水平波数有关的参数.这组方程看起来十分简单,却反映了非线性动力系统的丰富内涵,根据已有的研究结果,一些主要特性概述如下.

当 $r < 1$ 时,Lorentz 方程有一个稳定的平衡态,即 $X = 0, Y = 0, Z = 0$,它对应于无对流的热传导状态.

当 $r = 1$ 时出现第一次分叉,从稳定态过渡到不稳定态.$r > 1$ 以后产生两个新的定常态解,$X = Y = \pm\sqrt{b(r-1)}$,$Z = r - 1$.当 $r - 1$ 较小时,任何围绕定常态的扰动经过阻尼后归于消失,定态解是稳定的,这对应于定常对流胞阶段.

当 $r = r_c = \dfrac{\sigma(\sigma + b + 3)}{\sigma - (b+1)}$ 时出现另一次分叉,当 $r > r_c$ 以后没有任何稳定的定态解或周期解存在,解出现异常复杂的情形.Lorentz 曾选择参数 $\sigma = 10, b = 8/3, r = 28$ 进行了计算机数值模拟,此时 $r_c = 24.74$,$r/r_c = 1.13$.图 10.24 记录了长时间的 X 的变化特性,它交替地围绕一个正值或一个负值振荡,然而它从正

值变化到负值没有任何周期可言,在一个围绕正值(或负值)振荡的区间内,振荡次

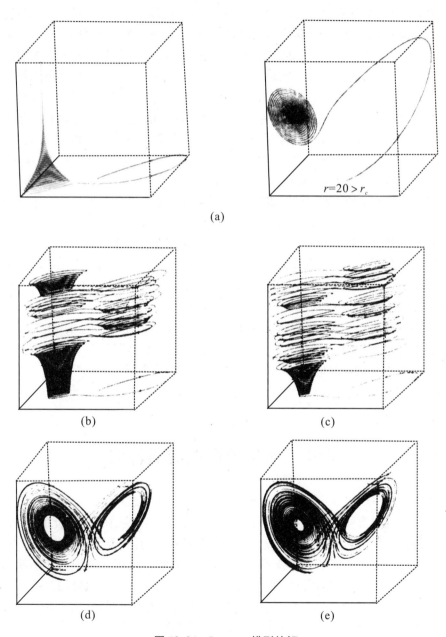

图 10.24　Lorentz 模型的解

(a) 阻尼振荡;(b) 过渡到非周期振荡;(c) 混沌

数在一个大范围内变化着,没有明显的规律.此时三维空间的解的轨道无限接近一个曲面,这个曲面由两片构成,先是在一片由外向内螺旋式地绕到某中心附近,然后随机地跳到另一片外缘,继续向内绕转,以后又再次突然跳回原来的一片,如此往复,但永远不趋于某个稳定的定态或周期解.Lorentz 方程解的轨道曲线总是落在三维空间中极薄的一层内,像蝴蝶的两翅,这一薄层翼形域后来被人称为怪引子(strange attractor).今天,人们将这种多次折叠的复杂曲面视作分数维空间,数值计算指出,Lorentz 怪引子的维数是 2.05.这种非周期的带有若干随机性的运动现象被称为"混沌(chaos)".但混沌现象不同于传统意义上的随机函数:首先,混沌现象是控制方程在给定初值条件下的确定性问题的解;但其解对初值条件极端敏感,初始条件的微小改变可以导致解的本质变化.这种高度敏感导致的某种不确定性,使解的结构带有了"有序"和"随机"双重特性,成为非线性复杂系统的一个重要特征.

精细的数值计算还发现,在 $1 < r < r_c$ 时还存在一个小区间

$$24.06 < r < 24.74 (= r_c).$$

在这个小窗口内,对于某些初值,解趋近于两个定态解之一.而对于其他初值,解的属性表现出与在 $r > r_c$ 时出现的那些属性相同.

有些学者把 Lorentz 方程解表现出的混沌现象与湍流联系起来,作为研究湍流的一种新方法,但也有的学者对这种混沌现象是否就是湍流表示怀疑.但不管怎样,Lorentz 方程的确开辟了一个值得关注的新的研究领域.

10.6　从层流向湍流的转捩

从层流到湍流的转变过程称为转捩(transition).转捩过程是如此的复杂,以致目前还没有任何一种理论可以统一地描述它的机理.经过数十年不懈的努力,特别是因为流动显示和流场诊断技术的提高,人们对转捩过程的认识也在不断深化和发展.这里,根据现有的资料,主要是若干重要实验结果,作一概要的介绍.

以下分别介绍边界层和槽道流、自由剪切层、同轴圆柱间旋转 Couette 流和 Rayleigh-Bénard 热对流等几种有代表性的流动的转捩过程.

10.6.1　边界层和平面 Poiseuille 流的转捩

研究边界层转捩的主要实验方法是振动带技术和流场显示技术. Klebanoff 等人(1962) 利用展向变化的振动带技术,人工控制边界层内的扰动,观察到从二维 T-S波是如何发展出三维扰动、再发展到湍流的. 图10.25是根据他们的测量画出

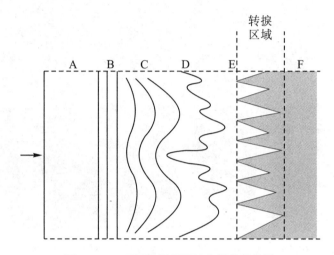

图 10.25　平面边界层层流向湍流的转捩

A. 稳定层流;B. 二维 T-S 波;C. 三维扰动增长;

D. 小尺度结构和尖峰信号;E. 端斑;F. 完全发展的湍流

的不稳定性发展的不同阶段的示意图. 这个过程大致有以下几个发展阶段,根据图中标记的 A ~ F 分别为:

A. 稳定的层流　振动带下游附近,近距离处的层流边界层稳定的.

B. 二维 T-S 波　根据平板边界层稳定性分析的结果知道,当 Re 数超过临界 Re_c 数以后,对足够长的扰动波,线性不稳定性将导致 T-S 波的增长.

C. 三维扰动波的增长和 Λ 涡的形成　事实上,如图10.11(a) 所示,一个给定波长的 T-S 波,随 Re_x 增大,从稳定区域穿过中性曲线进入不稳定区,再从中性曲线内部穿过上分支再次进入稳定区,T-S 波向下游发展过程中会经历一个增长 — 衰减过程. 但是,如果扰动在未衰减以前,振幅已增大到一个临界值(一般为均方根扰动速度与自由流速度之比达到 0.01 至 0.02),这时展向扰动产生二次失稳,流动呈现出展向周期性,Λ 型流向涡形成,见图 10.26. 图中浓烟集中处可明显看出 Λ 型结构,它实际上是在临界层附近涡量集中的地方. Λ 涡在边界层底层形成展向排列的涡系. 在一个 Λ 涡的两条"腿"之间,反方向旋转的涡丝诱导一个离开壁面的

二次流,瞬时速度使得在这个展向位置上的平均速度剖面上产生一个大速度梯度,

图 10.26　从 T-S 波到形成 Λ 涡的空间演化的烟流显示照片

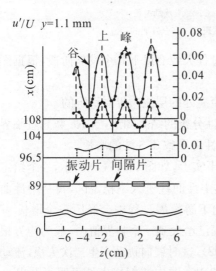

**图 10.27　振动片下游,流向脉动速度
沿展向的变化**

称为峰(peaks).相反地,在相邻涡之间诱导一个朝向壁面的二次流,使流向速度产生一个小速度梯度,称为谷(valleys).图 10.27 是 Klebanoff 的测量结果,横轴是展向(z)坐标,左纵轴是流向(x)坐标,y 是离开壁面的距离.右纵轴是流向扰动强度.从图中可明显看出展向峰谷周期性波型.

图 10.28 显示的 Λ 涡峰谷位置沿流向是一致的,称为 K 型(Klebanoff)涡.它与 T-S 波在流向有相同的波长和周期.它是常见的基本转捩型式.实验中还发现一种峰谷交错排列的 Λ 涡结构,是一种亚谐波转捩形式,称为 H 型(Herbert)涡,它的波长是 T-S 波长的两倍,见图 10.28.由此可见,虽然在此阶段流动图像由于扰动三维性变得相当

复杂,但脉动速度的时间尺度仍保持与 T-S 波周期相同的量级.

D. 小尺度结构和尖峰信号(spikes) 这些三维 Λ 涡往下游进一步发展,在流向剪切速度作用下,Λ 涡"腿"(leg)被拉伸成流向涡,Λ 涡头部被抬升(俗称发卡涡),这个过程大约持续有 5 个 T-S 波长的距离;最终仅仅在一个波长的短距离内迅速发生涡破碎(breakdown),其主要特征是:瞬时速度剖面的强剪切层,小尺度结构的出现和速度信号中高频脉动(spikes).

E. 湍流斑 这些小尺度高频扰动的出现,很快导致层流状态的崩溃和湍流的增长.起先,只在局部区域内形成湍斑,它是周围被层流包围的、有特定形状的局部湍流区域.图 10.29 是根据人工触发生成的一个湍斑绘制的湍斑形状,上图为俯视图,下图为侧视图.它在原点生成后,头部约以 0.9U,后部以 0.5U 往下游移动,同时向展向扩展,形成箭头状.与原生成点成 $\alpha = 11.3°$ 夹角,头部半夹角 $\theta = 15.3°$.湍斑的形成在空间上和时间上都是随机地、间歇地发生的,湍斑运动过后,流动又恢复到层流.

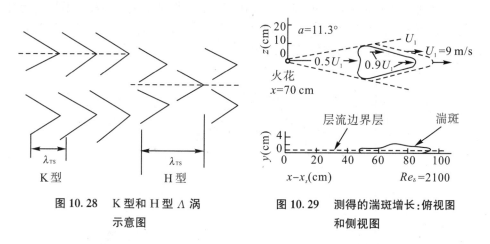

图 10.28　K 型和 H 型 Λ 涡示意图

图 10.29　测得的湍斑增长:俯视图和侧视图

F. 完全发展的湍流 湍斑区域扩大,互相重叠,间歇性消失,形成完全发展的湍流.

人们常把从三维扰动发展、层流态崩溃和湍流斑形成,至完全发展的湍流的整个过程称为"猝发"(burst).猝发从基本流中吸取能量并提供给湍流,成为使湍流能够维持并发展的必要条件.

平面 Poiseuille 流动入口段的转捩过程与平板边界层转捩大体相似.

10.6.2　自由剪切流的转捩

这里主要介绍平面自由剪切层的转捩.它是迄今为止了解得最清楚的一种转捩过程.

我们来考察尖后缘平板下游平面剪切层的空间演化过程.它大致划分为以下几个阶段.

A. 线性理论区　　后缘的紧下游,剪切层发展的初始阶段,首先出现二维不稳定的扰动波.在非强迫振动的剪切层中,初始扰动是含有各种不同放大率的白噪音,扰动的功率谱有宽的频谱,但有一个最大峰值,对应的频率称为自然频率 f_n,对应的无量纲 Strouhal 数为 $St_n = f_n\theta/\overline{U}$,$\theta$ 是剪切层的动量厚度.实验观察到 $St_n \approx 0.032$.图 10.30 是对双曲正切型基本流 $U = \overline{U}[1 + R\tanh(z/2\theta)]$ 用空间模式计算得到的空间增长率 $(-\alpha_i\theta/R)$ 随频率 $(f\theta/\overline{U})$ 的变化,其中 $R = (U_1 - U_2)/2\overline{U}$,$\overline{U} = (U_1 + U_2)/2$,图中 △、○、× 和阴影线是对不同 R 时的实验值,实线、虚线和点划线是对不同 R 时的理论值.由图可见,线性理论确定的最大增长率所对应的优势频率与自然频率 f_n 相符,理论与实验符合得很好.因此,人们有理由相信,此阶段可以用线性稳定性理论来分析.

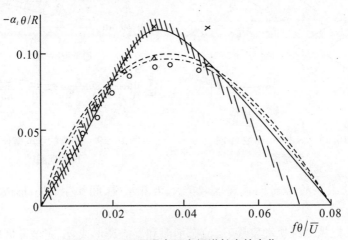

图 10.30　平面混合层空间增长率的变化

$$\left(R = \frac{\Delta U}{2\overline{U}}, \overline{U} = \frac{U_1 + U_2}{2}\right)$$

B. 剪切层卷起成涡　　当扰动按指数律增长到一定程度后,非线性效应开始起作用,使增长达到饱和,剪切层卷起成一列周期性排列的、同向旋转的展向

（spanwise）集中涡. 这个过程中仍旧是二维扰动占主导地位. 卷起涡的波长为 λ_n $= \bar{U}/f_n$, 并以主流平均速度 $\bar{U}$ 向下游运动.

　　C. 涡配对　　这是平面剪切层演化中最显著的一个特征. 图 10.31 是在一个强迫振动的剪切层中扰动能量随下游位置的演化. 为了排除噪音干扰, 实验时在剪切层上游施加了一个频率 f_F 的强迫振动, 图 10.31(a) 表明, 如果 $f_F \approx f_n$, 在初始阶段扰动能量主要集中在基频 f_F, 并在涡卷起位置达到极大值. 同时, 伴随有一个能量比基频波小得多的次谐波（subharmonic）分量（$f = f_F/2$）. 虽然最初时次谐波分量很小, 但在非线性效应下, f_F 和 $f_F/2$ 发生亚谐波共振, 促使亚谐波迅速增长, 在 x/λ_n 接近 10 时亚谐波 $f_F/2$ 的能量已基本与基频 f_F 的相等, 并迅速超过它. 在亚谐波 $f_F/2$ 具有最大能量时发生了相邻涡的配对（pairing）（图 10.31(a)）. 如果强迫振动频率为 $f_F \approx f_n/2$, 从图 10.31(b) 可看出, 在涡卷起时仍然是自然频率（$f_n = 2f_F$）的扰动占优, 当自然频率的亚谐波 $f_n/2 = f_F$ 达到最大值时发生涡合并. 但是

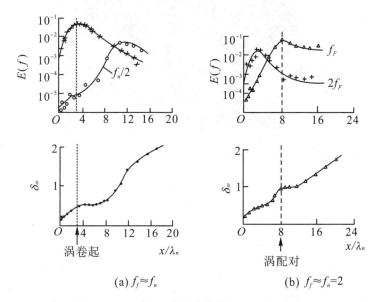

(a) $f_f \approx f_n$　　　　　　　(b) $f_f \approx f_n = 2$

图 10.31　　混合层扰动模能量 $E(f)$ 随无量纲
流向坐标 x/λ_n 的变化

图 10.31(b) 发生涡卷起和涡合并的位置比图 10.31(a) 明显前移了, 说明这时剪切层演化对外部强迫很敏感. 配对过程在向下游的演化过程中还可持续几次, 每次配对后波长增加一倍, 频率减小一半. 平均流中的涡量被逐次重新分配到越来越大的集中涡中去, 这是剪切层厚度增长的主要因素. 图 10.32 和 10.33 是一张显示涡配

对过程的照片.

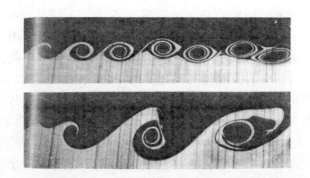

图 10.32　涡层的 K-H 不稳定性和卷起涡列,下图周期加倍

图 10.33　自由剪切的空间化,请注意下游的涡配对

　　D. 二次失稳和流向涡　　在三维扰动下,二维展向涡二次失稳,形成流向涡.图
10.34(a) 是在展向涡列上产生流向涡的概念图,流向涡被拉伸并缠绕在展向涡之
间.图 10.34(b) 是空间演化剪切层的数值模拟结果,从中可看出生成的流向涡.

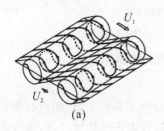

(a)　　　　　　　　　　　　　　(b)

图 10.34　(a) 平面混合层中流向涡生成的概念图;
　　　　　　(b) 平面混合层的空间发展(直接数值模拟)

E. 小尺度转捩　　展向涡与流向涡相互作用对小尺度转捩有重要影响,在展向涡卷起和合并的过程中,流向涡被不断拉伸、扭曲,当涡丝被拉伸时涡量增强,大尺度涡转化成小尺度涡,同时也增强了耗散,因此首先在流向涡核中发现小尺度湍流.像能量级串规律那样,逐次相互作用的结果,最终全部演变成湍流.

最后,应该指出,层流平面剪切层中的大涡结构在湍流剪切层中也可以观察到,它们与小尺度随机背景共存.这表明无论是层流还是湍流剪切层中,涡结构的演化是基本上受相同的动力学过程支配的.与边界层转捩不同的是,自由剪切层的扰动最大增长率要比T-S波大得多(大约要大 40 倍),在自由剪切层转捩过程中也未观察到边界层转捩时出现的高频信号和湍斑.图10.35 是湍流平面剪切层中的大涡结构.

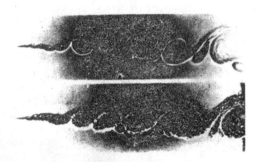

图 10.35　湍流平面混合层中大涡结构的空间增长

10.6.3　旋转 Couette 流的不稳定性特性

在旋转Couette流失稳后,经过一系列中间流态,最终转变成湍流.图10.36表

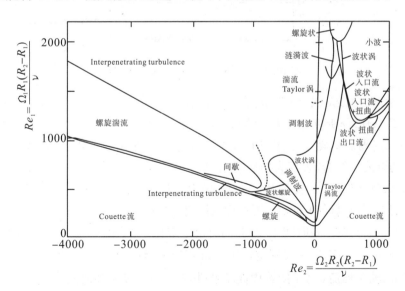

图 10.36　更细致的旋转流流型特性的区分(对于 $\eta = 0.88$)

示在$(Re_1 = R_1(R_2 - R_1)\Omega_1/\nu, Re_2 = R_2(R_2 - R_1)\Omega_2/\nu)$不同组合下出现的各种流动图像.我们仅考察外柱静止内柱旋转的特殊情形,随内柱旋转的速度增加,当Re_1穿过中性曲线,各种流态依次出现:

A. Taylor 涡　　第一次失稳后扰动增长,当弱非线性效应平衡了扰动增长后,首先出现的是等间距的、规则排列的螺旋管状的定常二次流,称为 Taylor 涡(图 10.37(a)).根据式(10.3.5),Taylor 涡的轴向波长 $\lambda = 2\pi/k \simeq 2d$,所以每个涡胞接近于正方形.实验观察证实了这一点.

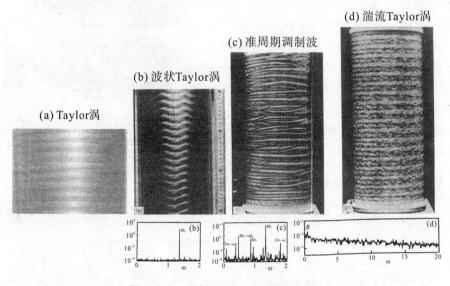

图 10.37　　旋转 Couette 流的不稳定性

B. 波状 Taylor 涡　　稳定的 Taylor 涡二次失稳,出现周向行波解,称波状 Taylor 涡.频谱分析仅含有单一的基频及其谐波(见图 10.37(b)).

C. 准周期调制波　　从图(10.37(c))可见,频谱中出现了两个不可公约的频率及它们的谐波的组合,表现为准周期流动.

D. 混沌和湍流　　表现为广谱(图 10.37(d)).

我们看到,在旋转Couette流失稳的演化过程中,基本流是定常轴对称的,因此在 $t \to t + t_0$ 变换中是时间不变的,同时也是旋转不变的($\theta \to \theta + \theta_0$)和轴向平动不变的($Z \to Z + Z_0$);发展到定常 Taylor 涡阶段,轴向平动不变性被破坏了,但仍旧是定常、轴对称流,仍保持着周向不变性($\theta \to \theta + \theta_0$)和时间不变性($t \to t + t_0$).在波状 Taylor 涡时,这三种对称性全被破坏了.可见,从层流向湍流过程中对称性被逐次破坏.

10.6.4 Rayleigh-Bénard 热对流的转捩

当 $Ra > Ra_c$ 流体静力平衡变成不稳定以后,无穷小扰动按指数增长,但同时非线性效应很快开始抑制这种增长,当 Ra 数超过临界值不大时,两者使流动达到一个新的平衡状态,就是定常对流阶段. 实验已经观察到各种不同形状的有规则图案(见图 10.16),最常见的有长卷状(long cell)的(图 10.16(a))和六边形的(图 10.16(b)),也有其他形状如矩形的等,其中每一个单元称作对流胞或贝纳德胞(Bénard cell).

随着 Ra 数增大,定常对流可再次失稳,导致新的不同的定常对流图案,在一个更高的 Ra 数下,流动从定常的变成非定常的. 已有的实验表明,从层流向湍流过渡的方式是复杂的,强烈地依赖于流体特性(如 Pr 数,μ 随温度的变化)以及侧壁边界形状等. 例如,在小长高比($L/d \sim O(1)$)的 Bénard 对流实验中,在 $Pr = 2.5$ 时观察到**周期加倍**(period doubling)现象,$Pr = 5$ 时观察到两个互不相约的频率组合的**准周期**(quasi-periodicity)现象,$Pr = 130$ 时观察到**间歇**(intermittency)现象. 这些不同的分叉方式最终都转变为湍流.

第 11 章 湍 流 概 论

11.1 Reynolds 的管流实验·层流和湍流

研究与介绍湍流要从 Reynolds(1883 年) 的那个开创性实验开始,是他首先发现并分辨出层流和湍流这两类完全不同性质的流动特性,从而促进了流动稳定性和湍流研究的发展. 现在,人们有理由相信从层流向湍流的转变,首先是从层流流动丧失稳定性开始的.

雷诺实验如图 11.1 所示,在一定的压力梯度作用下,流体沿着一根水平放置的圆管流动,在管流入口的中心线上使流体质点染色.

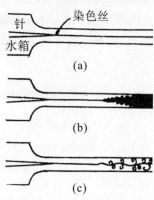

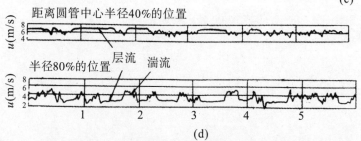

图 11.1 雷诺(1883) 经典的管流染色实验

(a) 低速层流;(b) 高速湍流;(c) 对(b)情况
用火花闪光拍摄的照片;(d) 管内转换区的脉动速度

利用不同的管径和流体介质做同样的实验,Reynolds 发现管中的流态只与一个后来被称之为 Reynolds 数的无量纲参数 Re 有关($Re = 2\rho Ua/\mu$,其中 U 是流速,a 是圆管半径,ρ 和 μ 是流体介质的密度和黏性系数),而与流速、管径大小和流体的其他属性无关.当 Re 数小于某个临界值 Re_c 数时(大约在 $Re = 2000$),染色线(streak line)是一条清晰的直线.而且从管截面上任一位置进入管中的每个流体质点都沿着一条平行于中心轴线的直线匀速运动,质点速度大小随离开中心线的距离而变化,符合 Hagen-Poiseuille 管流速度分布 $U/U_{max} = 1 - (r/a)^2$(U_{max} 是管中心线上的最大速度,见式(4.2.17)),这种流动状态称为**层流**(图 11.1(a)).当 Re 数超过 Re_c 数以后,中心染色线不再保持直线,在下游某处出现横向波动和扩散,并逐渐与周围未染色流体混合,管流中出现一段被染色的流体,它们与周围的层流有明显边界,被称为湍流栓(turbulent slugs).起初,湍流栓只是间歇地在管内随机地发生并漂流到下游.若用热线仪测量,当染色湍流栓流过探测仪时可以记录到高频的脉动.随着 Re 数增大,湍流栓变长,发生的几率也增大,最终,间歇性消失,使整个管内流体全被染色,这种运动状态称为**湍流**.湍流中流体质点在空间和时间上高度无规则地运动着,发生强烈的速度脉动和动量混合(图 11.1(b)).Reynolds 管流实验进一步发现,从层流转变为湍流的临界 Re_c 数的大小对于外部噪音以及管道入口的形状和来流品质密切关联.存在一个临界 Re_c 数的下限,大约为 $Re_c = 2000$,小于这个数,不论入口处管道形状怎样变化,壁面如何粗糙以及来流中的脉动强度如何,扰动都会被衰减掉,使管流保持层流状态.但是,实验并未发现临界 Re_c 数的上限,就是说如果极其精细地使得入口处管道形状变化尽量平缓而光滑,并将背景环境的扰动降到最低程度,甚至可以做到 $Re = 10^5$ 仍保持层流而不转变为湍流.但是这时的层流状态是极其脆弱的,轻微的扰动都可能破坏层流状态,使其转变为湍流.

11.2 雷 诺 方 程

11.2.1 雷诺平均

湍流中存在拟序结构是 20 世纪 60 年代对湍流认识的一大进步.在此之前,湍流被看成是流体的一种高度非定常的随机运动状态.在空间任一点湍流的压力和速度都随时间不断地无规则地变化着.对给定系统的任何两次测量都不可能是相同的.但是,实验证实,湍流量的统计平均却有确定性的规律可循.平均值在各次实验中是可重复实现的.例如,对于圆管中的湍流,我们测出了管内某点在某时刻的**瞬时**速度,并不能预测出另一时刻该点的瞬时速度,也不能预测同一时刻别的几何相似点处的瞬时速度.然而,只要外部条件不变时,圆管内湍流的平均速度剖面却是可以预测的.此外,湍流测量结果还表明,湍流脉动(或称涨落)的频率约在每秒 10^2 到 10^5 之间,而振幅一般不超过平均速度的 10%.

基于上述认识,雷诺首先提出把瞬时量分解成平均和脉动两个部分

$$u_i = U_i + u_i', \tag{11.2.1}$$
$$p = P + p', \tag{11.2.2}$$

其中 U_i 和 P 表示平均值,u_i' 和 p' 表示脉动值.

那么,应当如何取平均呢?常用的方法有三种:**时间**平均、**空间**平均和**整体**平均(或称系综平均).

(1) 时间平均

若用 $A(\boldsymbol{x},t)$,表示空间一点 $\boldsymbol{x}$ 处某物理量(如速度或压力)的瞬时值,则时间平均定义为

$$\bar{A}^{(\mathrm{t})}(\boldsymbol{x},t) = \lim_{T\to\infty} \frac{1}{T} \int_{t-T/2}^{t+T/2} A(\boldsymbol{x},t')\mathrm{d}t', \tag{11.2.3}$$

其中 T 为时均周期.

(2) 空间平均

在同一时刻,在空间某点 $\boldsymbol{x}_0$ 附近适当尺度体积上的平均,定义为

$$\bar{A}^{(\mathrm{s})}(\boldsymbol{x}_0,t) = \lim_{V\to\infty} \frac{1}{V} \int_{\delta\Omega} A(\boldsymbol{x}',t)\mathrm{d}\boldsymbol{x}', \tag{11.2.4}$$

其中 $\boldsymbol{x}_0 \in \delta\Omega$,$V$ 为空间域 $\delta\Omega$ 的体积.

(3) 整体平均(系综平均)

所谓整体平均是对同一系统在初边值条件不变的情形下多次测量的结果所作的平均

$$\bar{A}^{(\mathrm{e})}(\boldsymbol{x},t) = \lim_{N\to\infty} \frac{1}{N} \sum_{n=1}^{N} A_n(\boldsymbol{x},t), \tag{11.2.5}$$

其中 $A_n(\boldsymbol{x},t)$ 是第 n 次的测量值,N 是总试验次数,N 是个大数.湍流中的系综平均值实际上就是数理统计中的期望值(均值),即是以概率密度函数 $p(A)$ 为权的加权平均,$p(A)\mathrm{d}A$ 是随机变量 A 在区间 $(A_0, A_0+\mathrm{d}A)$ 之间出现的概率.

$$\bar{A}^{(\mathrm{e})} = \int_{-\infty}^{\infty} Ap(A)\mathrm{d}A, \tag{11.2.6}$$

$$\int_{-\infty}^{\infty} p(A)\mathrm{d}A = 1. \qquad (11.2.7)$$

严格地讲,时间平均应该用在定常湍流场,空间平均用于均匀湍流场.照理,当平均流场非定常、非均匀时,应该用整体平均.但由于实现整体平均比较困难,实践上可用"短"时间平均代替.这种情形下,周期 T 必须"适当"选择,它应远小于使 $\bar{A}$ 发生显著变化的时间,同时又须使它远大于湍流脉动的周期,使得 $\bar{A}$ 与 T 无关.在图 11.2(b) 中 T_1 和 T_2 选择不当,以致平均值与 T 有关.

在各态历经假设下,三种平均通常是等价的,

$$\bar{A} = \bar{A}^{(s)} = \bar{A}^{(t)} = \bar{A}^{(e)}.$$

所谓**各态历经假设**是指,一个随机变量在重复多次的试验中出现的所有可能状态,能够在一次试验的相当长时间或者相当大的空间范围内以相同概率出现.这样,在符合各态历经的前提下,时间平均也可用于非定常流场,只要平均流不是高频振荡.

容易证明,平均值服从如下运算法则

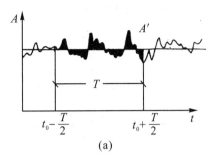

(a)

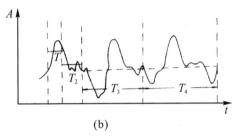

(b)

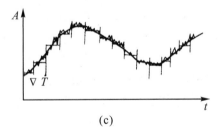

(c)

图 11.2　时间平均

$$\left.\begin{aligned}
&(1)\ \overline{aA} = a\bar{A}, a\ 为常值,\overline{A'} = 0;\\
&(2)\ \overline{A + B} = \bar{A} + \bar{B};\\
&(3)\ \overline{\bar{A}B} = \bar{A}\,\bar{B};\\
&(4)\ \overline{AB} = \overline{AB} + \overline{A'B'};\\
&(5)\ \overline{\left(\dfrac{\partial A}{\partial t}\right)} = \dfrac{\partial \bar{A}}{\partial t};\\
&(6)\ \overline{\int A\mathrm{d}s} = \int \bar{A}\mathrm{d}s.
\end{aligned}\right\} \qquad (11.2.8)$$

例如,对于(3),由定义有

$$\overline{\overline{A}B} = \frac{1}{T}\int_{t-T/2}^{t+T/2}\overline{A}B\mathrm{d}t' = \overline{A}\cdot\frac{1}{T}\int B\mathrm{d}t' = \overline{A}\cdot\overline{B}.$$

只要 $\overline{A}$ 在 T 内变化是可以忽略的.同样,对于(5) 有

$$\left(\overline{\frac{\partial A}{\partial t}}\right) = \frac{1}{T}\int_{t-\frac{T}{2}}^{t+\frac{T}{2}}\frac{\partial A(\boldsymbol{x},t')}{\partial t'}\mathrm{d}t' = \frac{1}{T}\left[A\left(\boldsymbol{x},t+\frac{T}{2}\right)-A\left(\boldsymbol{x},t-\frac{T}{2}\right)\right]$$

$$= \frac{\partial}{\partial t}\left\{\frac{1}{T}\int_{t-T/2}^{t+T/2}A(\boldsymbol{x},t')\mathrm{d}t'\right\} = \frac{\partial\overline{A}}{\partial t}.$$

(5),(6) 表明,微商和积分与求平均运算是可交换的.除了以上三种平均以外,近年来在测量上还发展了抽样平均、象限条件抽样等,这里不再介绍.

11.2.2 雷诺方程

雷诺提出湍流量上述分解及平均法则,是基于这样一种认识:对于充分发展的湍流,各种物理量都是空间位置 $\boldsymbol{x}$ 和时间 t 的随机函数,湍流最重要的统计特性则是这些随机量的数学期望或统计平均.而从工程应用的角度来看,它们也是最重要的信息.因此,求得平均量是湍流研究的重要任务.雷诺还认为,N-S 方程同样适用于描写湍流,并由此导出了统计平均满足的方程,称为**雷诺方程**.

假设流体是不可压缩的,瞬时量的连续性方程和 N-S 方程可写为

$$\left.\begin{aligned}&\frac{\partial u_i}{\partial x_i} = 0,\\&\frac{\partial u_i}{\partial t} + u_j\frac{\partial u_i}{\partial x_j} = -\frac{1}{\rho}\frac{\partial p}{\partial x_i} + \nu\frac{\partial^2 u_i}{\partial x_j\partial x_j}.\end{aligned}\right\} \tag{11.2.9}$$

对 u_i 和 p 进行雷诺分解后,对上面方程组取平均值,就得到平均量满足的方程,即雷诺方程为

$$\frac{\partial U_i}{\partial t} + U_j\frac{\partial U_i}{\partial x_j} = -\frac{1}{\rho}\frac{\partial P}{\partial x_i} + \frac{1}{\rho}\frac{\partial}{\partial x_j}\left(\mu\frac{\partial U_i}{\partial x_j} - \rho\overline{u_i'u_j'}\right) \tag{11.2.10}$$

及连续性方程

$$\frac{\partial U_i}{\partial x_i} = 0. \tag{11.2.11}$$

再从瞬时量的 N-S 方程中减去平均量的方程,就得到脉动量方程

$$\frac{\partial u_i'}{\partial x_i} = 0, \tag{11.2.12}$$

$$\frac{\partial u_i'}{\partial t} + U_j \frac{\partial u_i'}{\partial x_j} + u_j' \frac{\partial u_i'}{\partial x_j} + u_j' \frac{\partial U_i}{\partial x_j} - \frac{\partial}{\partial x_j} \overline{u_i' u_j'} = -\frac{1}{\rho} \frac{\partial p'}{\partial x_i} + \nu \frac{\partial^2 u_i'}{\partial x_j \partial x_j}.$$

$$(11.2.13)$$

11.2.3 雷诺应力

将雷诺方程(11.2.10)与N-S方程(11.2.9)比较会发现,在形式上雷诺方程多出了一项 $-\frac{\partial}{\partial x_j} \overline{u_i' u_j'}$. 这一项是由于动量方程中对流项 $u_j \frac{\partial u_i}{\partial x_j}$ 的非线性引起的. 如果说对流项 $U_j \frac{\partial U_i}{\partial x_j}$ 表示湍流平均流的动量输运的话,与它类比, $\overline{u_j' \frac{\partial u_i'}{\partial x_j}}$ 就表示由湍流脉动速度所产生的动量的平均输运. 它代表了脉动速度对平均流的影响. 事实上,正是由于这一项的存在,脉动流与平均流之间会发生动量交换,致使湍流的平均速度分布与相同外界条件下的层流速度分布大不相同. 由3.2节知,流体的动量通量密度张量除了对流项的贡献外,还有应力项的贡献. 而湍流输运项 $\overline{u_j' \frac{\partial u_i'}{\partial x_j}}$ 也可看成是一种应力的散度 $\frac{\partial}{\partial x_j} \overline{u_i' u_j'}$. 从而可引入总平均应力张量

$$T_{ij} = -P\delta_{ij} + 2\mu \bar{e}_{ij} - \rho \overline{u_i' u_j'}, \qquad \bar{e}_{ij} = \frac{1}{2}\left(\frac{\partial U_i}{\partial x_j} + \frac{\partial U_j}{\partial x_i} \right), \qquad (11.2.14)$$

其中

$$\tau_{ij}^{(t)} = -\rho \overline{u_i' u_j'} \qquad (11.2.15)$$

称为**雷诺应力**或湍流应力. 由此可见,由于湍流脉动,在平均流中产生了一种新的应力,即在湍流中除了分子黏性应力引起动量交换外,还增加了速度脉动对动量输运的贡献. 这两者表现为不同的应力,并且在大多数情形下,湍流应力比分子黏性应力大得多.

雷诺应力是一个二阶对称张量. 它的对角线分量是湍流正应力,则湍流压力可定义为

$$p_t = \frac{\rho}{3} \overline{u_i' u_i'}.$$

在多数流动中,正应力对平均动量输运的贡献很小. 雷诺应力的非对角线分量是湍流剪切应力,在平均流动量的输运中它们起着主导作用. 雷诺应力张量也有三根相互垂直的主轴. 在特殊情形下,流场中各点主应力面上的主应力相等,剪切应力处处为零,这时湍流应力张量为一各向同性张量,这种湍流称为**各向同性湍流**.

雷诺应力张量表示为同一点处两个脉动速度分量乘积的平均的负号. 如果

$\overline{u'_i u'_j} \neq 0$,我们常称 u'_i 和 u'_j 是关联的;反之,若 $\overline{u'_i u'_j} = 0$,称之为不关联.为了阐明两个量关联的含义,详见图 11.3,脉动量 a 与 b 在大多数时间内符号基本上相同,这样使得 $\overline{ab} > 0$.另一方面,脉动量 c 与 a,b 相比,没有什么规律可循,它们是不相关的,$\overline{ac} = 0$,$\overline{bc} = 0$.为了量度关联的大小程度,可定义**关联系数**,

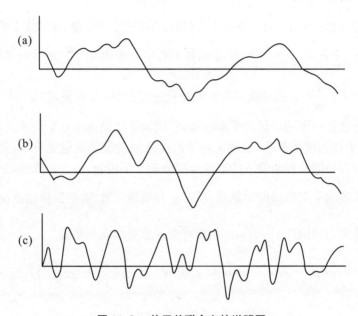

图 11.3　关于关联含义的说明图

$$R_{ij}(r,\tau) = \frac{\overline{u'_i(\boldsymbol{x},t)u'_j(\boldsymbol{x}+\boldsymbol{r},t+\tau)}}{\sigma_i(\boldsymbol{x},t)\cdot\sigma_j(\boldsymbol{x}+\boldsymbol{r},t+\tau)}, \tag{11.2.16}$$

其中 $\sigma_i = (\overline{u'^2_i})^{1/2}$,$\sigma_j = (\overline{u'^2_j})^{1/2}$,$\boldsymbol{x}$ 和 $\boldsymbol{x}+\boldsymbol{r}$ 分别是空间两点的径矢,t 和 $t+\tau$ 是两个不同时刻.这样

$$Q_{ij}(r,\tau) = \overline{u'_i(\boldsymbol{x},t)u'_j(\boldsymbol{x}+\boldsymbol{r},t+\tau)} \tag{11.2.17}$$

称为两点二阶空间-时间**关联矩**.如果取同一时刻两点的关联称为两点**空间关联**.同一点处不同时刻参数之间的关联,称之为**自关联**或**时间关联**.用于描述湍流统计特征的量,除了速度关联以外,还有压力和速度的关联,压力和温度的关联等等.并且除二阶关联以外,还有三阶、四阶等更高阶关系.关于关联的进一步解释在 11.5 节中阐述.

在图 11.4 中,平均速度梯度 $\partial U/\partial y$ 为正的剪切流中,流体质点从平均速度较小的区域跳到平均速度较大的区域时,有 $v' > 0$,另一方面,从几率上说,该质点的 x 分量速度要小于周围环境的平均速度,即 u' 为负的几率大于为正的几率.同理, 当流体质点从上方跳到下方时,负的 v' 值多半与正的 u' 相伴随.于是,统计平均的 结果就有 $\overline{u'v'} < 0$,或者雷诺应力 $\tau_{xy}^{(t)} = -\rho\,\overline{u'v'} > 0$.

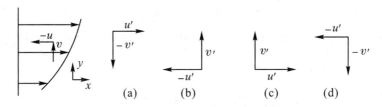

图 11.4　在湍流剪切流中,(a),(b) 出现的比(c),

(d) 更频繁,致使 $\overline{u'v'} < 0$

11.2.4　湍流脉动动能方程和平均动能方程

将 u'_j 乘以脉动量方程(11.2.13),然后将式(11.2.13) 下标 i 和 j 互相置换位 置,再乘以 u'_i,得到

$$u'_j\frac{\partial u'_i}{\partial t} + u'_j U_\alpha \frac{\partial u'_i}{\partial x_\alpha} + u'_j u'_\alpha \frac{\partial U_i}{\partial x_\alpha} + u'_j u'_\alpha \frac{\partial u'_i}{\partial x_\alpha} - u'_j \frac{\partial}{\partial x_\alpha} \overline{u'_i u'_\alpha}$$
$$= -\frac{1}{\rho} u'_j \frac{\partial p'}{\partial x_i} + \nu u'_j \frac{\partial^2 u'_i}{\partial x_\alpha \partial x_\alpha},$$
$$u'_i\frac{\partial u'_j}{\partial t} + u'_i U_\alpha \frac{\partial u'_j}{\partial x_\alpha} + u'_i u'_\alpha \frac{\partial U_j}{\partial x_\alpha} + u'_i u'_\alpha \frac{\partial u'_j}{\partial x_\alpha} - u'_i \frac{\partial}{\partial x_\alpha} \overline{u'_j u'_\alpha}$$
$$= -\frac{1}{\rho} u'_i \frac{\partial p}{\partial x_j} + \nu u'_i \frac{\partial^2 u'_j}{\partial x_\alpha \partial x_\alpha}.$$

上面两式相加后取平均,就得到一组关于**雷诺应力**的微分方程

$$\frac{\partial}{\partial t}\overline{u'_i u'_j} + U_\alpha \frac{\partial}{\partial x_\alpha}\overline{u'_i u'_j} = D_{ij} + \varphi_{ij} - \varepsilon_{ij} + P_{ij}, \qquad (11.2.18)$$

其中扩散项

$$D_{ij} = -\frac{\partial}{\partial x_\alpha}\left\{ \overline{u'_i u'_j u'_\alpha} + \overline{\frac{p'}{\rho}(\delta_{j\alpha} u'_i + \delta_{i\alpha} u'_j)} - \nu \overline{\frac{\partial \overline{u'_i u'_j}}{\partial x_\alpha}} \right\}, \quad (11.2.18a)$$

压力应变率项

$$\varphi_{ij} = \overline{\frac{p'}{\rho}\left(\frac{\partial u'_i}{\partial x_j} + \frac{\partial u'_j}{\partial x_i}\right)}, \qquad (11.2.18b)$$

耗散项

$$\varepsilon_{ij} = + 2\nu \overline{\frac{\partial u_i'}{\partial x_\alpha} \frac{\partial u_j'}{\partial x_\alpha}}, \tag{11.2.18c}$$

生成项

$$P_{ij} = -\left(\overline{u_i' u_\alpha'} \frac{\partial U_j}{\partial x_\alpha} + \overline{u_j' u_\alpha'} \frac{\partial U_i}{\partial x_\alpha} \right). \tag{11.2.18d}$$

它各项的物理意义已简单标记出来,详细的解释与湍流动能方程一并讨论.

如果令 $i = j$,对重复下标约定求和,并记 $k = \dfrac{1}{2} \overline{u_i' u_i'}$,则得到**湍流动能**方程(以下简称 k 方程)如下

$$\frac{\partial k}{\partial t} + U_\alpha \frac{\partial k}{\partial x_\alpha} = D - \varepsilon + P, \tag{11.2.19}$$

其中

$$D = -\frac{\partial}{\partial x_\alpha} \left[\overline{u_\alpha' \left(\frac{1}{2} u_i' u_i' + \frac{p'}{\rho} \right)} - \nu \frac{\partial k}{\partial x_\alpha} \right], \tag{11.2.19a}$$

$$\varepsilon = + \nu \overline{\frac{\partial u_i'}{\partial x_\alpha} \frac{\partial u_i'}{\partial x_\alpha}}, \tag{11.2.19b}$$

$$P = -\overline{u_i' u_\alpha'} \frac{\partial U_i}{\partial x_\alpha}. \tag{11.2.19c}$$

上式表示了湍流动能的平衡关系. 等式左边是单位质量流体的湍流动能的时间变化率. 对流项的作用表示湍流动能被平均流从一处输运到另一处. 扩散项包括湍流扩散和黏性扩散,它是仅使能量重新分布,并不增加或减少湍流的总动能. 将这两项合并在一起,利用散度定理可以清楚地看出这一点

$$\int_V \left[kU_\alpha + \overline{u_\alpha' \left(\frac{1}{2} u_i' u_i' + \frac{p'}{\rho} \right)} - \nu \frac{\partial k}{\partial x_\alpha} \right] \mathrm{d}V$$

$$= -\int_A n_\alpha \left[kU_\alpha + \overline{u_\alpha' \left(\frac{1}{2} u_i' u_i' + \frac{p'}{\rho} \right)} - \nu \frac{\partial k}{\partial x_\alpha} \right] \mathrm{d}A,$$

其中 V 是控制体积,A 是其界面,右边积分正是通过控制面的**能量通量**,它由三部分组成:由平均流速度携带通过界面的湍流动能;由分子黏性扩散以及由压强和速度脉动产生的能量输运. 如果把控制体取得无穷大,进入进出控制体的能流为零. 由此可知,这些项仅起到在体系内实现能量再分配的作用.

耗散项 ε 表示分子黏性把湍流动能转化为热. 因为 $\overline{\left(\dfrac{\partial u_i'}{\partial x_j} \right)^2}$ 总是正的,$-\varepsilon < 0$ 就表示该项总是使湍流动能减少.

右边最后一项称为生成项 P,它对于湍流是至关重要的,这一项表示了平均流

能量和脉动动能之间的交换.为了看清这一点,我们再写下平均流的动能方程.

将平均流的动量方程(11.2.10)各项遍乘以 U_i,再对下标 i 求和就得到平均动能方程

$$\frac{\partial}{\partial t}\left(\frac{1}{2}U_i^2\right) + U_\alpha \frac{\partial}{\partial x_\alpha}\left(\frac{1}{2}U_i^2\right)$$

$$= -\frac{\partial}{\partial x_\alpha}\left[U_i\overline{u_i'u_\alpha'} + \frac{P}{\rho}U_\alpha - 2\nu e\bar{e}_{i\alpha}U_i\right] - \frac{\Phi}{\rho} + \overline{u_i'u_\alpha'}\frac{\partial U_i}{\partial x_\alpha}, \qquad (11.2.20)$$

其中

$$\bar{e}_{i\alpha} = \frac{1}{2}\left(\frac{\partial U_i}{\partial x_\alpha} + \frac{\partial U_\alpha}{\partial x_i}\right), \qquad \Phi = \frac{\mu}{2}\left(\frac{\partial U_i}{\partial x_\alpha} + \frac{\partial U_\alpha}{\partial x_i}\right)^2.$$

将上式与式(11.2.19)比较,立刻发现生成项 P 在两个方程中正好反号.前面曾讲过,在剪切流中,一般情形下,当 $\dfrac{\partial U_i}{\partial x_\alpha}$ 是正时,$\overline{u_i'u_\alpha'}$ 多数情形下是负的.因此大多数情形下 $P = -\overline{u_i'u_\alpha'}\dfrac{\partial U_i}{\partial x_\alpha}$ 是正的(但要注意,$\overline{u_i'u_\alpha'}\dfrac{\partial U_i}{\partial x_\alpha} > 0$ 的情形有时也可能发生).扩散项是保守型的,它不是维持湍流脉动的能量来源.耗散项总是使脉动量减少.因此,湍流动能的唯一来源是雷诺应力克服平均速度梯度做的功,从这个功中,湍流获得了动能.所以,P 称为湍流动能生成项.湍流动能的获得是以平均流动能的损失为代价的.因此,一般说来,如果 $P > 0$,并大于湍流能量耗散,湍流将得到发展.如果 $P < 0$ 或小于湍流能量耗散,湍流将衰减,直至湮灭.稳定的湍流则是生成与耗散相平衡的情形.

11.3　湍流的半经验理论

在上节的雷诺方程(11.2.10)中,出现了一组新的未知变量 —— 雷诺应力 $(-\rho\overline{u_i'u_j'})$(共有六个).这样,连同三个速度分量 U_i 和压力 P,方程组共有十个未知量;而控制方程却只有四个(三个动量方程和一个连续性方程).所以,雷诺方程是不封闭的.如果我们引入雷诺应力方程,立刻会发现,方程中又出现了新的未知量 —— 三阶关联量.依此类推,不管取到哪一阶关联项的方程,方程中还会出现更高阶关联,控制方程数目总小于未知数的数目.这个问题一直困扰着流体力学工作

者和工程师们,成为一个著名的难题.虽然湍流理论和实验研究已取得不小的进展,但直至目前关于湍流的机理还未彻底搞清,还谈不上有一种湍流理论能普适而有效地应用于工程实际.另一方面,工程中有大量的湍流问题需要解决,不能束手等待理论的发展.于是使得根据实验数据建立起来的一些半经验理论方法得到了广泛的发展和应用.

最初的半经验理论是由布辛涅斯克、普朗特、泰勒和卡门等人发展起来的输运理论.他们的目标是建立雷诺应力与平均速度之间的关系,实际上是沿用或效仿黏性应力的处理方法.

首先,我们来考察二维平行剪切湍流.取平均流方向为 x 轴方向.假设平均速度 U 仅是 y 的函数,$U = U(y)$.由式(11.2.14),总剪切应力为

$$T_{xy} = \mu \frac{\partial U}{\partial y} - \rho \overline{u'v'}. \tag{11.3.1}$$

布辛涅斯克首先提出了涡黏性系数的假设,他仿照分子黏性力与当地应变率的线性关系,认为雷诺应力也与当地平均速度梯度呈线性关系

$$\tau_t = -\rho \overline{u'v'} = \rho \nu_T \frac{\partial U}{\partial y}, \tag{11.3.2}$$

其中 ν_T 称为**湍流黏性系数**或**涡(eddy)黏性系数**.这样看来似乎封闭问题已经解决,但实际上远非如此简单.实际指出,湍流黏性系数 ν_T 与分子黏性系数 ν 有着本质的差别.后者是一个物性参数,与流体宏观运动无关;而前者却与流动本身有关,它的数值在空间和时间上都会有很大变化,因而不是流体本身的物性.因此,严格地说,布辛涅斯克假设并未使问题前进一步,只是用一个未知量代替了另一个未知量,要了解雷诺应力与平均速度梯度的关系,还必须先找出 ν_T 的变化规律.

然而,布辛涅斯克的假设,经过普朗特发展为混合长理论,毕竟为湍流的半经验理论开辟了道路,对一些简单的流动,如管流、边界层等有着很大的应用价值.

混合长理论是借鉴了分子运动论中分子平均自由程的概念建立起来的.根据分子运动论,气体的运动黏性系数正比于分子热运动的平均速度 $\bar{c}$ 和分子平均自由程 λ,

$$\nu = 0.499\bar{c}\lambda \text{ (单原子气体)}.$$

从而联想到是否可以在湍流中也引入一个长度尺度?如图11.5所示的平行剪切流,假设平均速度 $\overline{U}$ 和物理量的平均值 $\bar{q}$ 都只是 y 的函数.由于 y 方向的脉动,流体团从原来 $y - l'$ 的位置被迁移到 y.假设流体团在 $y - l'$ 处的物理量值为 $\bar{q}(y - l')$,在迁移过程中保持不变,则在 y 层上,这个新

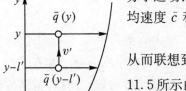

图 11.5   湍流输运理论

来的流体团就产生了 q 量的脉动,其脉动量的最可几值为

$$q' = \bar{q}(y - l') - \bar{q}(y) = - l' \frac{\mathrm{d}\bar{q}(y)}{\mathrm{d}y}. \tag{11.3.3}$$

脉动输运对应的 q 在 y 方向上的通量则为

$$j' = v'q' = - v'l' \frac{\mathrm{d}\bar{q}}{\mathrm{d}y}. \tag{11.3.4}$$

对来自 $y + l'$ 层上的流体团作类似分析,也有同样的结果.这里,l' 和 v' 都是随机变量.来自不同 $y \pm l'$ 层上的流体团不断通过 y 面跳上跳下,平均的净通量应等于 j' 的统计平均

$$j = \overline{j'} = - \overline{v'l'} \frac{\mathrm{d}\bar{q}}{\mathrm{d}y}. \tag{11.3.5}$$

基于上述分析,我们介绍下面三种半经验理论.

11.3.1 动量输运理论

被湍流脉动输运的守恒量可以是标量,如热量或组分的质量,也可以是矢量,如动量、角动量等.普朗特考虑的被输运量是 x 方向的动量,于是有

$$u' = U(y \mp l') - U(y) \approx \mp l' \frac{\mathrm{d}U}{\mathrm{d}y}. \tag{11.3.6}$$

则 u' 的统计均方根值为

$$\sqrt{\overline{u'^2}} = \sqrt{\overline{l'^2}} \left| \frac{\mathrm{d}U}{\mathrm{d}y} \right|.$$

另一方面,当湍流达到统计平衡后,由于连续性方程的要求,u' 和 v' 应是同量级的,则 $u' \sim v'$,

$$\sqrt{\overline{v'^2}} \sim \sqrt{\overline{l'^2}} \left| \frac{\mathrm{d}U}{\mathrm{d}y} \right|. \tag{11.3.7}$$

再引入 y 层上 v' 与 l' 的关联系数

$$R(y) = \frac{\overline{v'l'}}{\sqrt{\overline{v'^2}} \sqrt{\overline{l'^2}}}, \tag{11.3.8}$$

将式(11.3.7),(11.3.8)代入式(11.3.5),最后得到

$$\tau_t = - \rho \overline{u'v'} = \rho l_m^2 \left| \frac{\mathrm{d}U}{\mathrm{d}y} \right| \frac{\mathrm{d}U}{\mathrm{d}y}. \tag{11.3.9}$$

这里 l_m 是一个长度因子,它已将 $R(y)$,$\overline{l'^2}$ 等合并在一起,l_m 就称为**混合长**.

由式(11.3.2)可知,湍流黏性系数此时为

$$\nu_T = l_m^2 \left| \frac{\mathrm{d}U}{\mathrm{d}y} \right|. \tag{11.3.10}$$

11.3.2 涡量输运理论

泰勒认为,流体团在运动过程中要受到压力脉动的影响,从而导致它们的动量变化,因此动量不是一个很好的"保守"量.他认为涡量才是可输运的保守量.从而建立了涡量输运理论.

考虑二维流动

$$U = U(y), \qquad \tau_t = -\rho \, \overline{u'v'},$$

$$\frac{1}{\rho} \frac{\partial \tau_t}{\partial y} = -\frac{\partial}{\partial y} \overline{u'v'} = -\left(\overline{u' \frac{\partial v'}{\partial y}} + \overline{v' \frac{\partial u'}{\partial y}} \right)$$

$$= -\overline{v' \left(\frac{\partial u'}{\partial y} - \frac{\partial v'}{\partial x} \right)} + \frac{1}{2} \frac{\partial}{\partial x} (\overline{u'^2} - \overline{v'^2}).$$

在沿 x 方向流动均匀,等式右边第二项为零,因而

$$\frac{\partial \tau_t}{\partial y} = -\rho \, \overline{v'\omega'},$$

其中 $\omega' = \dfrac{\partial u'}{\partial y} - \dfrac{\partial v'}{\partial x}$ 是涡量脉动量.引入涡量的混合长 l_1',则

$$\frac{\mathrm{d}\tau_t}{\mathrm{d}y} = -\rho \, \overline{v'l_1'} \frac{\mathrm{d}\bar{\omega}}{\mathrm{d}y}.$$

类似于动量输运理论的分析,再考虑到 $\bar{\omega} = \dfrac{\partial U}{\partial y} - \dfrac{\partial V}{\partial x} = \dfrac{\mathrm{d}U}{\mathrm{d}y}$.代入上式得

$$\frac{\mathrm{d}\tau_t}{\mathrm{d}y} = \rho l_z^2 \left| \frac{\mathrm{d}U}{\mathrm{d}y} \right| \frac{\mathrm{d}^2 U}{\mathrm{d}y^2}, \tag{11.3.11}$$

式中 l_z 也是一种混合长,与混合长 l_m 有类似的意义.如果认为 l_z 与 y 无关,积分上式得到

$$\tau_t = \frac{1}{2} \rho l_z^2 \left| \frac{\mathrm{d}U}{\mathrm{d}y} \right| \frac{\mathrm{d}U}{\mathrm{d}y}. \tag{11.3.12}$$

与式(11.3.9)比较,可知 $l_z = \sqrt{2} l_m$.

混合长概念是类比分子运动论建立起来的,这种类比完全是形式上的.因为混合长的物理意义并不十分明确,它可以认为是流体团在还没有与周围流体掺混而失去原特性以前走过的距离.然而,流体团与周围流体之间的动量、能量交换是随时发生的,并不像分子运动论中那样只在分子碰撞时才发生.这一点要比分子平均自由程复杂得多.混合长大小与湍流结构有关.混合长实际上也还是个未知量.所

幸的是,对于许多简单流动,如边界层、管流、射流等,人们已进行了大量实验研究,建立起了混合长的经验公式.例如,在边界层和管流的近壁面附近有

$$l_m = \kappa y, \qquad \kappa = 0.41. \tag{11.3.13}$$

对自由剪切流有

$$l_m = \lambda y_e(x), \tag{11.3.14}$$

其中 $y_e(x)$ 是半射流宽度,射向静止环境中的平面射流 $\lambda = 0.09$,圆形射流 $\lambda = 0.075$ 等,一旦建立了混合长经验公式,计算就变得十分简单,所以混合长理论在工程上有很大的实用价值.

11.3.3 卡门相似理论

鉴于普朗特和泰勒理论中混合长与平均速度场的关系仍旧是未知的,卡门提出了湍流脉动速度场**局部运动相似假设**.他认为,在一个完全发展了的湍流中,每一点邻域内的脉动速度场彼此相似,所不同的仅是各点上特征长度和特征速度不一样.根据这个假设,就可以建立起混合长与平均速度之间的一般关系.

为了考虑流体质点 P_0 附近的脉动,采用随质点 P_0 以平均速度 U 一道运动的动坐标系.动坐标系下的涡量输运方程为

$$\frac{\partial \omega_i}{\partial t} + u_j \frac{\partial \omega_i}{\partial x_j} = \omega_j \frac{\partial u_i}{\partial x_j} + \nu \frac{\partial^2 \omega_i}{\partial x_j \partial x_j}, \tag{11.3.15}$$

式中所有量是在动坐标系下取值.若仍旧研究二维平行剪切流,并假设脉动速度也是二维的,对上式作雷诺分解

$$u(x, y, t) = U(y) + u'(x, y, t), \qquad v = v',$$
$$\omega = \bar{\omega} + \omega', \quad \bar{\omega} = dU/dy, \quad \omega' = -\nabla^2 \psi'.$$

其中 ψ' 为扰动流函数.将它们代入式(11.3.15),并忽略掉分子黏性项,得到

$$\frac{\partial}{\partial t}(\nabla^2 \psi') + \frac{\partial \psi'}{\partial y} \frac{\partial}{\partial x}(\nabla^2 \psi') - \frac{\partial \psi'}{\partial x} \frac{\partial}{\partial y}(\nabla^2 \psi') + U \frac{\partial}{\partial x}(\nabla^2 \psi) - \frac{\partial \psi'}{\partial x} \frac{d^2 U}{dy^2} = 0.$$

$$\tag{11.3.16}$$

现将相对平均速度 U 在 P_0 点作泰勒展开

$$U(y) = \left(\frac{dU}{dy}\right)_0 y + \frac{1}{2}\left(\frac{d^2 U}{dy^2}\right) y^2 + \cdots, \tag{11.3.17}$$

若用 l_p 和 $\bar{U}_p = l_p \cdot \left|\frac{\partial U}{\partial y_0}\right|$ 分别作为特征长度和速度,引入无量纲量为

$$\hat{x} = \frac{x}{l_p}, \quad \hat{y} = \frac{y}{l_p}, \quad \hat{t} = \frac{U_p}{l_p}t, \quad \hat{\psi}' = \frac{\psi'}{U_p l_p}.$$

代入式(11.3.16) 后得到

$$\hat{y}\frac{\partial}{\partial \hat{x}}(\nabla^2 \hat{\psi}) + \frac{l_p(\mathrm{d}^2 U/\mathrm{d}y^2)_0}{(\mathrm{d}U/\mathrm{d}y)_0}\left(\frac{1}{2}\hat{y}^2\frac{\partial}{\partial \hat{x}}\nabla^2 \hat{\psi}' - \frac{\partial \hat{\psi}'}{\partial \hat{x}}\right)$$

$$+ \left[\frac{\partial}{\partial \hat{t}} + \frac{\partial \hat{\psi}'}{\partial \hat{y}}\frac{\partial}{\partial \hat{x}} - \frac{\partial \hat{\psi}'}{\partial \hat{x}}\frac{\partial}{\partial \hat{y}}\right]\nabla^2 \hat{\psi}' = 0.$$

根据卡门相似性假设,上述无量纲方程是普适的,应与 $U_p, l_p, \left(\dfrac{\mathrm{d}U}{\mathrm{d}y}\right)_0$ 无关. 为此,必须有

$$l\,\frac{\mathrm{d}^2 U/\mathrm{d}y^2}{\mathrm{d}U/\mathrm{d}y} = 常数, \tag{11.3.18}$$

不失一般性,上式已经去掉了脚标. 所以,通用的混合长可写成

$$l = K\left|\frac{\partial U/\partial y}{\partial^2 U/\partial y^2}\right|. \tag{11.3.19}$$

实验测得 $K = 0.4 \sim 0.41$. 雷诺应力可表示为

$$\tau_t = -\rho\,\overline{u'v'} \sim \rho l^2\left(\frac{\mathrm{d}U}{\mathrm{d}y}\right)^2\overline{\frac{\partial \psi'}{\partial \hat{x}}\cdot\frac{\partial \hat{\psi}'}{\partial \hat{x}}}. \tag{11.3.20}$$

由于相似性, $\overline{\dfrac{\partial \psi'}{\partial \hat{x}}\dfrac{\partial \hat{\psi}'}{\partial \hat{y}}}$ 是个常数. 所以上式可写成

$$\tau_t = \rho l^2\left|\frac{\mathrm{d}U}{\mathrm{d}y}\right|\frac{\mathrm{d}U}{\mathrm{d}y}. \tag{11.3.21}$$

将式(11.3.19) 代入

$$\tau_t = \rho K^2\,\frac{\left(\dfrac{\partial U}{\partial y}\right)^3\left|\dfrac{\partial U}{\partial y}\right|}{\left(\dfrac{\partial^2 U}{\partial y^2}\right)^2}, \tag{11.3.22}$$

进一步有

$$\frac{\partial \tau_t}{\partial y} = \rho l^2\left(\frac{\mathrm{d}U}{\mathrm{d}y}\right)\left(\frac{\mathrm{d}^2 U}{\mathrm{d}y^2}\right). \tag{11.3.23}$$

式(11.3.21),(11.3.23) 表明,从卡门相似性理论可以推出动量输运和涡量输运理论得到的表达式.

这三种理论的一个明显的缺点是当 $\mathrm{d}U/\mathrm{d}y = 0, \mathrm{d}^2 U/\mathrm{d}y^2 = 0$ 时不能应用. 由这些理论表明当 $\mathrm{d}U/\mathrm{d}y = 0$ 时,湍流应力 τ_t 也为零. 但有些情形下并非如此. 现已发现,湍流中包含有大尺度拟序结构. 在复杂的湍流流动中,雷诺应力不仅仅取决

于局部速度梯度,而且和整体的湍流特性有关.现代的模式理论正是为克服这些缺点而发展起来的.

11.4 湍流边界层

本节将从实验得到的边界层内的湍流特性入手,介绍湍流边界层的分层结构,给出各层内的速度分布,最后介绍边界层内的湍流拟序结构,以期对各层内的特性有较深入的了解.

11.4.1 湍流特征量的分布

通过精细的测量,目前对湍流边界层内各特征量,如湍流强度的各分量 σ_i/U(其中 $\sigma_i = \sqrt{\overline{u_i'^2}}, i = 1,2,3$),雷诺应力 $-\rho\overline{u'v'}$ 等都有了基本的了解.图 11.6 是对充分发展的平板湍流边界层的测量结果.从图 11.6(a) 可见,近壁的湍流强度比外部的值大.靠近边界层外缘,湍流强度和雷诺应力都趋于零.图 11.6(b) 给出了近壁特性的放大图.在壁面附近,湍流强度特别是 σ_u/U 有一极大值,然后在壁面上迅速衰减到零.因为那里不存在湍流脉动.湍流强度的垂直分量比其他两分量衰减得更快,那是由于受到壁面抑制的缘故.同理,雷诺应力在壁面也趋于零.为了便于比较,图中还画出了黏性应力的变化,黏性应力在壁上有最大值,离开壁面迅速减小.因此,在紧靠壁面处,黏性应力占主导地位.在壁面附近一段区域内,总应力即雷诺应力和黏性应力之和基本保持不变.平均速度在壁面处有着非常大的梯度,一旦离开壁面不远,就变得很平坦,这种分布是与黏性应力分布情形相对应的.

图 11.7 是湍流能量的平衡图.这是对湍流动能方程(11.2.19) 各项仔细测量后得到的.在壁面附近,能量生成项(曲线(ⅰ))和耗散项(曲线(ⅱ))是主要的,对流项(曲线(ⅲ))和扩散项(曲线(ⅳ))的作用很小.大约在从黏性应力起主导作用转变为湍流应力起主导作用的位置,有一个生成项的峰值.在靠近边界层外缘,方程各项都很小.对流项(ⅲ)使湍流能量有小的损失,耗散项(ⅱ)也略大于生成项(ⅰ).我们知道,要使湍流不致湮灭,必须有维持它的能量,由于外区总损失大于生成项,它的湍流运动是依靠内壁湍流提供的能量才得以维持下去的.这从图中扩散项(ⅳ)在内壁为负在外缘附近转变为正值可看出这一点.综上所述,湍流强度、剪

切应力、能量平衡乃至湍流的动力学过程,在近壁和外缘各有不同的特点,同时它们之间也存在重要的相互作用和能量交换.大致情形是这样:在内区,有从外区来的平均流的能量通量流向壁面,并通过湍流应力做功转换为内区的湍流生成能.湍流生成能的大部分直接耗散掉,变成热,小部分通过湍流扩散又返回到外区,以维持那里的损耗.

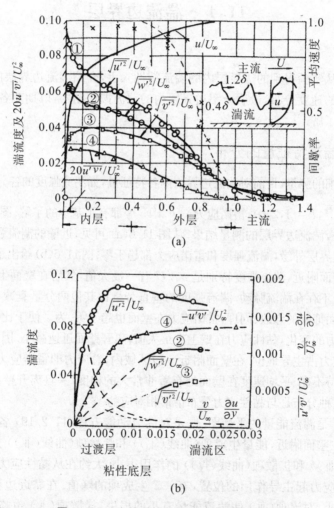

图 11.6 (a) 沿平板边界层的湍流特征量;
　　　　 (b) 平板边界层壁面附近的湍流特征量(放大图)

现在,我们来分析支配内外区速度分布的物理因素.

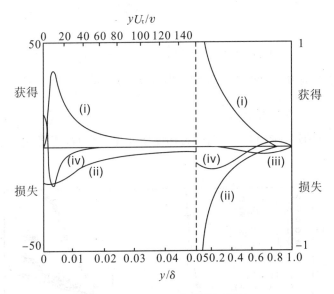

图 11.7　边界层内能量平衡图

（ⅰ）生成项；（ⅱ）耗散项；（ⅲ）对流项；（ⅳ）输运项

11.4.2　边界层内速度分布

以上分析表明,在**内区**,湍动能的生成和耗散之间达到局部平衡,内区的流动结构实质上与外区无关.由于流动沿流向变化缓慢,速度大小仅与离开壁面的距离 y 有关.因为在内区总应力不变,流动的特征速度可以由 $(\tau_\omega/\rho)^{1/2}$ 表征,它常称为**摩擦速度**即

$$u_* = \sqrt{\frac{\tau_\omega}{\rho}}. \tag{11.4.1}$$

此外,在近壁区,分子黏性作用是重要的.根据以上分析,平均速度可表示为

$$U = F(y, u_*, \nu, K), \tag{11.4.2}$$

其中 K 是壁面粗糙度.由量纲分析得出

$$U^+ = f(y^+, K^+), \tag{11.4.3}$$

其中 $U^+ = U/u_*$,$y^+ = yu_*/\nu$,$K^+ = Ku_*/\nu$,按近壁条件得到的上式称为**壁面定律**.实验表明,各种壁面附近的湍流,如边界层、管流和槽流等,都具有由壁面定律表示的相同的速度剖面.

在**外区**,流动的上游历史,压力梯度对外区流动有显著影响,内区对外区的影响也是通过 u_* 表示的.此外,外区分子黏性作用很小,可忽略.故外区速度分布可

写成

$$U_e - U(y) = G\left(y, \delta, u_*, \rho, \frac{\mathrm{d}p}{\mathrm{d}x}\right),$$ (11.4.4)

其中 U_e, δ 分别是边界层外流速度和边界层厚度. 由量纲分析得到

$$U_e^+ - U^+ = g\left(\eta, \frac{\delta}{\rho u_*^2} \frac{\mathrm{d}p}{\mathrm{d}x}\right), \quad U_e^+ = U_e/u_*, \quad \eta = \frac{y}{\delta},$$ (11.4.5)

该式称为**速度亏损律**(图 11.8). 当压力梯度项变化很小时,速度亏损分布存在着某种相似性.

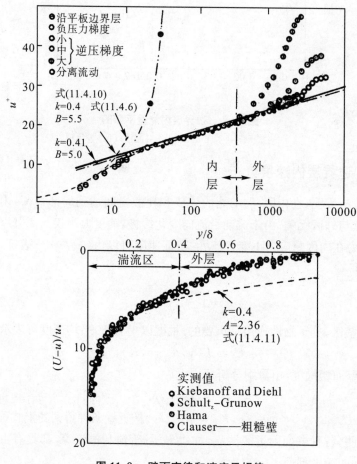

图 11.8 壁面定律和速度亏损律

内区又可仔细分成三个子区,它们是:

（1）黏性底层　　厚度约为 $0 \leqslant y^+ \leqslant 5 \sim 8$.

它是最贴近壁面的一层,这里湍流应力趋于消失,分子黏性起主导作用,于是有

$$\nu \left.\frac{\mathrm{d}U}{\mathrm{d}y}\right|_0 = \tau_\omega / \rho \quad 或 \quad \frac{\partial U^+}{\partial y^+} = 1,$$

则

$$U^+ = y^+. \tag{11.4.6}$$

表明平均速度随离壁面的距离线性增大.

（2）缓冲层　　$5 \sim 8 \leqslant y^+ \leqslant 30 \sim 50$.

该区内黏性应力变小,湍流应力增加,两者有相同量级.在该层顶部黏性应力趋于消失.该层是由黏性底层到完全发展湍流的过渡层.

（3）对数律层　　$(30 \sim 50)\nu / u_* \leqslant y < 0.2\delta$.

在内区和外区之间存在一个重叠区,在该区内壁面定律和速度亏损律同时成立.换句话说,两个速度律在该区匹配.若不考虑粗糙度和压力梯度,则速度分布可分别写成

$$U^+ = f(y^+) \quad 和 \quad U_\mathrm{e}^+ - U^+ = g(\eta), \tag{11.4.7}$$

从而有

$$U^+ = f(y^+) = U_\mathrm{e}^+ - g(\eta). \tag{11.4.8}$$

将外变量用内变量表示,则有

$$\eta = \left(\frac{\nu}{u_* \delta}\right) y^+. \tag{11.4.9}$$

对式(11.4.8)求 y^+ 的微商得

$$\frac{\mathrm{d}f}{\mathrm{d}y^+} = -\frac{\mathrm{d}\eta}{\mathrm{d}y^+} \cdot \frac{\mathrm{d}g(\eta)}{\mathrm{d}\eta} = -\frac{\eta}{y^+}\frac{\mathrm{d}g}{\mathrm{d}\eta}$$

或

$$y^+ \frac{\mathrm{d}f}{\mathrm{d}y^+} = -\eta \frac{\mathrm{d}g}{\mathrm{d}\eta}.$$

等式右边和左边分别只是 η 和 y^+ 的函数,所以它们应同时等于某个常数,记作 $\frac{1}{k}$,积分后得到

$$U^+ = \frac{1}{k}\ln y^+ + B \text{（用内变量）}, \tag{11.4.10}$$

$$U_\mathrm{e}^+ - U^+ = -\frac{1}{k}\ln \frac{y}{\delta} + A \text{（用外变量）}. \tag{11.4.11}$$

这就是著名的**对数律**. 常数 k, A 和 B 由实验确定. 对于光滑壁, $k = 0.41$, $B = 5.0$, 对于平板边界层, $A = 2.35$. 对数律已为大量实验所证实.

若将式(11.4.10)代入混合长公式(11.3.9). 立刻可得到

$$l = ky. \tag{11.4.12}$$

事实上, 普朗特是先假设了式(11.4.12), 而后才得出对数律公式的.

外区也可细分为两层: **尾迹律层**($0.2\delta \leqslant y \leqslant 0.4\delta$)和**黏性顶层**($0.4\delta < y < \delta$).

在尾迹律层流动虽然仍是完全湍流状态, 但湍流强度已明显减弱, 速度分布偏离对数律. 在黏性顶层内最显著的特征是湍流的间歇性, 间歇因子 γ 测量表明, 当 $y < 0.4\delta$ 时 $\gamma = 1$, $y > 1.2\delta$ 时 $\gamma = 0$, 在 $0.4\delta \leqslant y \leqslant 1.2\delta$ 中 γ 从 1 减小到 0. 这表明非湍流的外部流动可以深深嵌入到边界层内部, 湍流和非湍流交界面是犬牙交错很不规则的. 湍流和非湍流流体之间的掺混使湍流强度显著减弱, 湍流场特征有点像尾迹流场. 整个外区的速度分布可由下面的经验公式很好表示

$$U_e^+ - U^+ = -\frac{1}{k}\ln\frac{y}{\delta} + \frac{\Pi}{k}\left[2 - W\left(\frac{y}{\delta}\right)\right], \tag{11.4.13}$$

其中 W 称为迹函数

$$W = 2\sin^2\left(\frac{\Pi}{2}\frac{y}{\delta}\right), \tag{11.4.14}$$

Π 是压力梯度因子, 零压力梯度时 $\Pi = 0.5$. 实验结果表明, 该式的应用范围一直可以推广到内层对数律区, $40\nu/u_* < y < \delta$.

11.4.3 边界层中的拟序结构

近半个世纪来, 特别是 20 世纪 70 年代以后, 人们开始认识到湍流并非是完全随机的无序运动, 而是在紊乱中存在着相当程度的有序运动, 这种有组织的大尺度流动被称为**拟序结构**. 正像很难定义湍流一样, 也很难给拟序结构下一个很确定的定义. 但是, 我们可以说出拟序结构的若干特征. 拟序结构可以通过流动显示、条件抽样、图像辨别等测试手段辨认出来. 我们虽然不能肯定在何时何地会出现什么样的确定的流动结构, 但我们确实能预期在一定流动条件下某种流动结构出现的概率要大于其他的类型. 换句话说, 流动的形状和结构同特定的流动类型(如湍流边界层或自由剪切流等)有关. 正是这些结构迭加在高度随机的背景运动之上构成了湍流流动. 所以湍流是确定性和随机性过程的某种有机的统一. 另一方面, 各种拟序结构都有一个从产生到消失的平均周期, 一次生消过程之后, 经过一段随机的间歇, 拟序结构又会再次产生, 但它们的反复出现充其量也只不过是准周期的. 湍流

场中存在各种不同尺度的拟序结构,最大的可以与流动的横向尺度相当.人们还发现,湍流的拟序结构与从层流向湍流的转捩过程中出现的流动结构是非常相似的.

图11.9是几幅湍流边界层内的流场显示照片,生成氢气泡的金属丝垂直于流

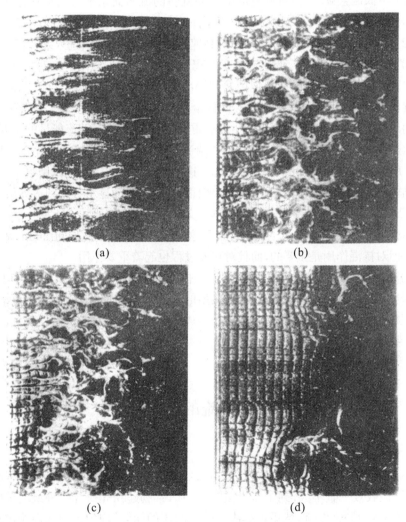

(a)   (b)

(c)   (d)

图 11.9　不同高度上的湍流结构(氢气泡显示实验)

(a)$y^+ = 4.5$;(b)$y^+ = 50.7$;(c)$y^+ = 101$;(d)$y^+ = 407$

动方向且与壁面平行.图11.9(a)是黏性底层情形,那里氢气泡形成条带,与层流向湍流转捩时的流向涡十分相像.图11.9(b)显示出在缓冲区内湍流强度在增强.

底层和缓冲层虽然在整个边界层厚度中只占百分之几,但在湍流应力和湍流能量的生成方面占有极重要的地位.换句话说,这里是壁湍流的发源地.在内层经常发生着下列几种典型的拟序结构:

(1) 高低速条带   由彼此相间的反向旋转的流向涡系形成高低速条带(与转捩情形的谷和峰对应),一对流向涡的横向尺度约为 $100y^+$,长约 $1000y^+$.

(2) 下刮(sweep)   从对数区来的高速流体朝向壁面运动进入缓冲区.

(3) 喷射(ejection)   低速流体突然离开缓冲区,朝外运动进入对数区.

(4) 猝发(burst)   慢速条带抬升到缓冲区,经历明显振荡后,以破碎成许多小尺度旋涡而告终,这些小涡组成的破碎区继续向外运动,整个过程称为猝发.

内层这些运动形式对雷诺应力生成有重要贡献,同时也是湍流能量的主要来源.这与前述能量平衡的测量结果是相应的.湍流边界层外区主要特征是存在大尺度运动和尺度约为边界层厚度量级的展向大涡.这些大尺度结构中黏性作用很小,可看成是无黏非定常有旋的运动,造成边界层表面很不规则.流动显示可看到边界层外缘有许多"凸块",这是由于湍流与非湍流流体的交界面犬牙交错所致."凸块"波浪式地向下游飘移,非湍流流体逐渐被湍流"污染",这个过程称为"**卷吸**"(entrainment).展向大涡不但对掺混作用是重要的,而且对猝发过程也起着重要作用.

湍流中背景小涡在整体湍流动能平衡中有重要作用,但对雷诺应力贡献很小.

研究湍流结构不仅要辨别和确定典型的拟序结构,而且要弄清它们的作用.目前对拟序结构的认识及理论解释还远未完成.

11.5   湍流的统计理论

自从雷诺方程(11.2.10)问世以后,人们就集中力量设法解决雷诺方程的封闭性问题,但收效一直不大.到了20世纪30年代,泰勒建议先研究一种最简单的湍流——均匀各向同性湍流,然后再解决非均匀湍流的问题.均匀各向同性湍流理论主要是研究湍流脉动场的统计规律和湍流内部的微结构,采用概率统计的观点和方法,故称为湍流的统计理论.从20世纪30年代以后的二三十年内,湍流研究的主要注意力集中在该理论的发展上.后来,发现了湍流的拟序结构,湍流研究就进入了一个新阶段.另一方面,计算机的发展,使封闭性问题又热门起来,提出了各种高阶湍流模式.需要指出的是,由于湍流统计理论是在拟序结构发现之前建立起来的,当然不可能考虑到拟序结构的理论描述.因此,如何把它与后来的理论结合起来解释湍流现象,仍是一个挑战性的任务.

11.5.1　各向同性湍流

所谓均匀各向同性湍流是指在流场中所有点上湍流的统计性质完全相同,并且湍流特性没有方向性.比如不存在某个方面上的脉动强度比其他方向大或小的情况.用数学语言表述,就是描写湍流的各种量和各种关系,其大小或数学表达式,与点的位置和坐标轴的选取方式无关 —— 在笛卡儿坐标系的任何旋转或反射变换中形式不变.根据上述要求,立刻可知,$\overline{u'^2} = \overline{v'^2} = \overline{w'^2}$;$u'$,$v'$ 和 w' 之间也不存在关联,$\overline{u'v'} = \overline{u'w'} = \overline{w'v'} = 0$ 等.

研究各向同性湍流的意义在于:首先,它是一种最简单的湍流,便于进行理论分析.再则,在各向异性湍流中,湍流的小尺度结构也表现出各向同性的性质,称为局部各向同性.因此,那些反映湍流微结构的量,可以由各向同性理论给出.人们还可以在实验室中构造出非常接近各向同性的湍流流场,进行各向同性湍流的实验研究和理论比较.

图 11.10 虽然是几何图案的各向同性和各向异性情况.但可以帮助我们理解什么是各向同性.

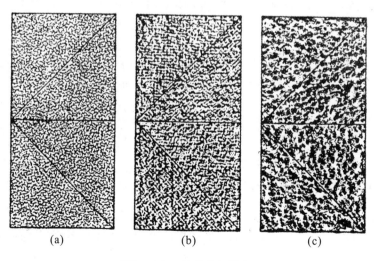

图 **11.10**　几种几何图案

(a) 各向同性;(b)、(c) 各向异性

11.5.2　关联系数

关联系数是重要的湍统计特征量之一,它可以反映出湍流涡团大小和空间结构.湍流统计理论中把湍流场看成是由各种不同尺度涡团(eddy)的随机运动所组成的.至于涡团则是一个比较含混和难以严格定义的概念,但用它来描写湍流却不失为一个有效的工具.在 11.2 节中我们曾给出过关联系数的定义.这里,我们特别关心的是同一时刻不同地点间脉动速度之关联,再较详细地解释一下有关的物理意义.

$$R_{ij}(\boldsymbol{x},\boldsymbol{r}) = \frac{\overline{u'_i(\boldsymbol{x})u'_j(\boldsymbol{x}+\boldsymbol{r})}}{\sigma_i(\boldsymbol{x})\sigma_j(\boldsymbol{x}+\boldsymbol{r})} \tag{11.5.1}$$

称为**空间关联**或欧拉关联.对于均匀各向同性湍流,空间关联可大大简化.此时可写成

$$\overline{u^2}R_{ij}(\boldsymbol{r}) = \overline{u'_i(\boldsymbol{x})u'_j(\boldsymbol{x}+\boldsymbol{r})}. \tag{11.5.2}$$

研究空间关联可以了解涡团在空间的结构,$R_{ij}(\boldsymbol{r})$ 依赖于 r 的大小和方向,不同方向上的 R_{ij} 可以给出湍流空间结构的信息.其中最重要的是同一速度分量的**纵向**和**横向**关联.

$$f(r) = \overline{u'(x)u'(x+r)}/\overline{u^2} \tag{11.5.3}$$

和

$$g(r) = \overline{v'(x)v'(x+r)}/\overline{u^2}, \tag{11.5.4}$$

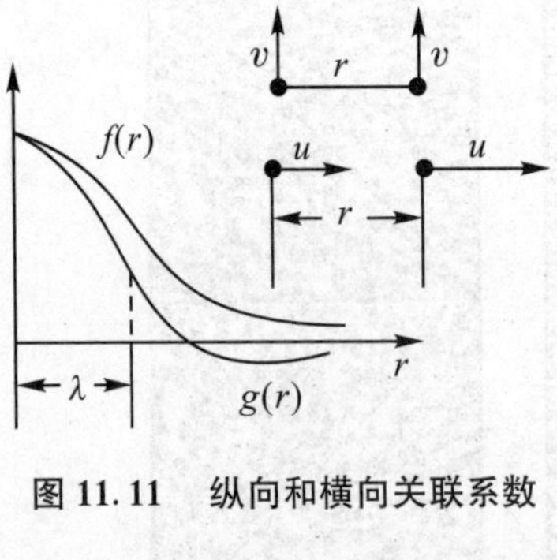

其中 r 是"测量"两点的连线之距离,x 轴沿该连线方向,u',v' 分别为同一子午面上平行与垂直 x 轴的速度分量.典型的 $f(r)$ 和 $g(r)$ 曲线形状如图 11.11 所示.在 $r = 0$ 时,$f(0) = g(0) = 1$;$r \to \infty$ 时,$f(\infty)$ 和 $g(\infty) \to 0$,且 $f(r)$,$g(r) \leqslant 1$.可以从关联曲线定义一个表示平均湍流尺度的量

图 11.11　纵向和横向关联系数

$$l_f = \int_0^\infty f(r)\mathrm{d}r. \tag{11.5.5}$$

它称为纵向**湍流积分尺度**.也可以定义一个湍流**微尺度** λ 来表示湍流中小尺度涡的大小,它是在 $r = 0$ 处与关联曲线有同样曲率的抛物线在横轴上的截距

$$\lambda = \left[-\frac{1}{2}\left(\frac{\partial^2 f}{\partial r^2}\right)_{r=0} \right]^{-1/2}. \tag{11.5.6}$$

式(11.5.2)是一个张量表达式.由于是均匀各向同性湍流,物理空间唯一的矢量就是 r,这时能组成二阶张量的只能是 $x_i x_j$ 及 δ_{ij},考虑到 $R_{ij}(r)$ 是个无量纲量,所以它只能取下列形式

$$R_{ij} = \frac{r_i r_j}{r^2} A(r,t) + B(r,t)\delta_{ij},$$

其中 A,B 是无量纲函数.由式(11.5.3)和(11.5.4)有

$$R_{11}(r) = f(r) = A(r,t) + B(r,t),$$
$$R_{22}(r) = g(r) = B(r,t),$$

所以

$$R_{ij}(r,t) = \frac{r_i r_j}{r^2}[f(r,t) - g(r,t)] + g(r,t)\delta_{ij}. \tag{11.5.7}$$

这表明,均匀各向同性湍流的二阶速度关联只要由两个标量函数就能表示.进一步,对于不可压缩流体,由连续性方程

$$\frac{\partial u_j'(\boldsymbol{x}+\boldsymbol{r})}{\partial x_j'} = 0,$$

两边乘以 $u_i(\boldsymbol{x})$,再取平均,有

$$u_i(\boldsymbol{x})\frac{\partial}{\partial x_j'}u'(\boldsymbol{x}+\boldsymbol{r}) = \frac{\partial}{\partial x_j'}\overline{u_i'(\boldsymbol{x})u_j'(\boldsymbol{x}+\boldsymbol{r})} = 0,$$

把 $x_j' = x_j + r_j$ 代入,变更自变量 x_j' 为 r_j,从而得到

$$\frac{\partial}{\partial r_j}R_{ij}(r) = 0. \tag{11.5.8}$$

因为 $\dfrac{\partial r}{\partial r_j} = \dfrac{r_j}{r}, \dfrac{\partial r_j}{\partial r_j} = 3, \dfrac{\partial r_i}{\partial r_j} = \delta_{ij}$,将式(11.5.7)代入上式得

$$g = f + \frac{r}{2}\frac{\partial f}{\partial r}. \tag{11.5.9}$$

这表明对于不可压缩流体均匀各向同性湍流的二阶速度关联只要一个标量函数就能确定,显得特别简单.实验验证了这一结果的正确性.同样可以证明,对于三阶速度关联也只要一个标量函数就能确定,这个标量函数可以选为三阶纵向速度关联 (R_{ijk}) 系数,其定义为

$$K(r) = \frac{\overline{u^2(\boldsymbol{x})u'(\boldsymbol{x}+\boldsymbol{r})}}{(\overline{u'^2})^{3/2}}.$$

从 N-S 方程出发,还可以推导出 f 满足的动力学微分方程(数学推导从略)

$$\frac{\partial}{\partial t}(\overline{u'^2}f) - (\overline{u'^2})^{3/2}\frac{1}{r^4}\frac{\partial}{\partial r}(r^4 K) = 2\nu\,\overline{u'^2}\frac{1}{r^4}\frac{\partial}{\partial r}\left(r^2\frac{\partial f}{\partial r}\right), \tag{11.5.10}$$

称为**卡门-霍华斯方程**.其中 f, K 分别为二阶和三阶纵向关联系数.这里,我们遇到了与雷诺方程同样的困难,即其中的三阶关联系数 K 也是个未知量,方程仍然是不封闭的.近似计算中往往假设某阶以上的各阶矩为零,使方程封闭,这种方法称为截断法.研究表明,采用截断法处理湍流问题很难像在气体分子运动论中那样获得巨大成功.

11.5.3 谱分析方法

谱分析法是湍流分析的重要方法之一.湍谱与关联函数是两种不同形式的湍流统计量,都是湍流测量的重要内容.为了提出合理的封闭性假设或确定模式方程中待定系数,往往需要依赖于对湍谱的认识.我们可以把测量的脉动速度 u_i' 看成是不同频率的谐波的迭加,因此可以利用傅氏分析法对湍流脉动进行频谱分析.例如,如果某个脉动量比如 u' 的谱测量是在一条直线方向上进行的,则称为一维谱. $\overline{u'^2(t)}$ 就是各种频率的随机谐波能量的总和.设 $E_1(n)$ 是统计意义上的能谱密度,则频率在 n 到 $n + \mathrm{d}n$ 之间的各谐波对湍能 $\overline{u'^2}$ 的贡献为 $E_1(n)\mathrm{d}n$,所有频率的波贡献的总和即为

$$\overline{u'^2} = \int_0^\infty E_1(n)\mathrm{d}n .$$

进一步,我们可以把湍谱函数与关联函数这两个统计特征量联系起来,定义

$$\overline{u'^2} R_{11}(\tau) = \int_{-\infty}^\infty E_1(n)\mathrm{e}^{\mathrm{i}2\pi n\tau}\mathrm{d}n , \tag{11.5.11}$$

以及其逆变换

$$E_1(n) = \frac{1}{2\pi} \overline{u'^2} \int_{-\infty}^\infty R_{11}(\tau)\mathrm{e}^{-\mathrm{i}2\pi n\tau}\mathrm{d}\tau , \tag{11.5.12}$$

则能谱密度就是时间关联系数的傅里叶变换.同样,也可对空间关联进行傅氏变换.以上是对一维湍谱而言的.通常,一维谱不能看成是湍流的适当描写,因为湍流结构是三维的.一维谱甚至可能给出三维湍流场的错误信息.为此,定义三维湍谱密度函数

$$\varphi_{ij}(\boldsymbol{k}) = \frac{1}{(2\pi)^3} \iiint_{-\infty}^\infty Q_{ij}(\boldsymbol{r})\mathrm{e}^{-\mathrm{i}\boldsymbol{k}\cdot\boldsymbol{r}}\mathrm{d}\boldsymbol{r} , \tag{11.5.13}$$

其中

$$Q_{ij}(\boldsymbol{r}) = \overline{u_i'(\boldsymbol{x}, t) u_j'(\boldsymbol{x} + \boldsymbol{r}, t)} \tag{11.5.14}$$

为空间二阶关联矩.由式(11.5.13)逆变换,则

$$Q_{ij}(\boldsymbol{r}) = \iiint\limits_{-\infty}^{\infty} \varphi_{ij}(\boldsymbol{k}) e^{i\boldsymbol{k}\cdot\boldsymbol{r}} d\boldsymbol{k}. \tag{11.5.15}$$

我们主要感兴趣的是湍流能谱 $E(k)$. 注意到 $\frac{1}{2}\varphi_{ii}(\boldsymbol{k}) = \frac{1}{2}(\varphi_{11} + \varphi_{22} + \varphi_{33})$, 它表示在一个给定波矢量 $\boldsymbol{k}$ 附近的谱空间单位体积中的湍流动能. 于是,由式 (11.5.15) 可看出湍流动能为

$$\frac{1}{2}Q_{ii}(0) = \frac{1}{2}\overline{u'_i u'_i} = \iiint \frac{1}{2}\varphi_{ii}(\boldsymbol{k}) d\boldsymbol{k} \quad (\text{对 } i \text{ 求和}).$$

要考虑某个波数 k 对湍能的贡献,可在波矢量空间内以 k 为半径的球面上积分,$d\sigma$ 是球面元面积,

$$E(k) = \frac{1}{2}\oiint \varphi_{ii}(\boldsymbol{k}) d\sigma, \qquad k = |\boldsymbol{k}|. \tag{11.5.16}$$

$E(k)$ 称为湍流能谱密度. 对所有 k 积分就是湍流动能

$$\int_0^{\infty} E(\boldsymbol{k}) d k = \frac{1}{2}\int_0^{\infty}\oiint [\varphi_{ii}(\boldsymbol{k}) d\sigma] d k = \frac{1}{2}\iiint \varphi_{ii}(\boldsymbol{k}) d\boldsymbol{k} = \frac{1}{2}\overline{u'_i u'_i}.$$

由式(11.5.15),纵向关联矩和横向关联矩为

$$\overline{u'^2} f(r) = Q_{11}(r,0,0) = \int_{-\infty}^{\infty} F_{11}(k_1) e^{ik_1 r} d k_1,$$

$$\overline{u'^2} g(r) = Q_{22}(r,0,0) = \int_{-\infty}^{\infty} F_{22}(k_1) e^{ik_1 r} d k_1$$

其中

$$\boldsymbol{r} = (r,0,0) \quad \text{及} \quad F_{ij}(k_1) = \int_{-\infty}^{\infty}\int_{-\infty}^{\infty} \varphi_{ij}(\boldsymbol{k}) d k_2 d k_3.$$

F_{11} 和 F_{22} 分别为纵向谱和横向谱. 一般说来,F_{11},F_{22} 与 E 的关系十分复杂,但在均匀各向同性湍流中,它们之间有相当简单的关系,其中最有用的两个关系式是

$$E(k) = k^3 \frac{d}{d k}\left(\frac{1}{k}\frac{dF_{11}}{d k}\right), \tag{11.5.17}$$

$$\frac{d}{d k_1} F_{22}(k_1) = -\frac{k_1}{2}\frac{d^2}{d k_1^2} F_{11}(k_1). \tag{11.5.18}$$

大多数测量给出的是一维谱,在高波数即小尺度时,湍流非常接近于各向同性,可以借助于式(11.5.17)由测量的 F_{11} 求出 $E(k)$.

11.5.4 能量级串与柯尔莫戈洛夫局部各向同性假设

图 11.12 是湍能谱曲线示意图,在定常状态下,湍能谱大体可分成三个区域:a 区是**大涡区**,这里湍流是各向异性的,大涡从基本流中得到能量;b 区是**含能涡区**,大尺度涡分裂成许多较小尺度的涡,把从低波数区获得的能量传递给高波数区,这里能量耗散仍很小;c 区是**平衡区**,由最小尺度的涡组成,该区获得的湍能与黏性耗散相平衡.较大的涡向较小的涡输运能量,再输运给更小的涡,最后耗散成热.这种能量输运方式称为能量传递的**级串原理**.

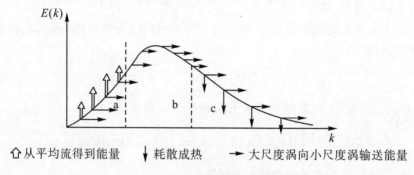

图 11.12　能谱密度示意图

关于级串输运的机理没有相应的精确理论,能量的逆传递有时也是可能的.能谱曲线的形状也缺少一般的理论说明.但是,柯尔莫高洛夫(Kolmogorov)提出的理论对小尺度湍流确是一个很好的描述.他认为在平衡区,基本上不受外界条件的直接影响,具有各向同性性质,即小尺度湍流是局部各向同性的.他通过量纲分析,巧妙地论证出下列重要结果:

(1)当雷诺数足够大时,在平衡区小尺度湍涡的统计特性只与能量耗散率 ε 和分子黏性系数 ν 两个特征量有关,称为柯氏第一相似性假设.则湍谱函数可写成

$$E = f(k, \varepsilon, \nu). \qquad (11.5.19)$$

其中 k 为波数,它们的量纲分别为 $[E] = L^3 T^{-2}$, $[k] = L^{-1}$, $[\varepsilon] = L^2 T^{-3}$, $[\nu] = L^2 T^{-1}$.由量纲分析得

$$\frac{E}{\varepsilon^{1/4} \nu^{5/4}} = \frac{E}{v^2 \eta} = \bar{f}(k\eta), \qquad (11.5.20)$$

其中

$$\eta = \left(\frac{\nu^3}{\varepsilon}\right)^{1/4}, \qquad v = (\nu\varepsilon)^{1/4}. \qquad (11.5.21)$$

η 是个重要的参数,称为**柯氏微尺度**,它是表征最小湍流尺度的特征长度.v 是平衡

区特征速度.

(2) 在含能区,只要雷诺数足够高,湍流运动与分子黏性无关.若以 u_0^2 表示湍涡动能的量级,则 u_0 可代表特征速度,湍涡特征长度可用 l 表示.进一步分析可知,特征速度又可由 ε 和 l 表征 $\varepsilon \sim u_0^3/l$.于是,湍谱函数为

$$E = F(k, u_0, l) = F(k, \varepsilon, l) \tag{11.5.22}$$

或

$$E/(\varepsilon^{2/3} l^{5/3}) = \overline{F}(kl). \tag{11.5.23}$$

含能区的小尺度端与平衡区的大尺度端存在一个重叠区.由式(11.5.20)和(11.5.23)可以有

$$E = \varepsilon^{1/4} \nu^{5/4} \overline{f}(k\eta) = \varepsilon^{2/3} l^{5/3} \overline{F}(kl). \tag{11.5.24}$$

整理后得

$$(k\eta)^{5/3} \overline{f}(k\eta) = (kl)^{5/3} \overline{F}(kl).$$

等式两边分别是 $k\eta$ 和 kl 的函数,所以应等于一个常数.代入式(11.5.20)后得到

$$E = A\varepsilon^{2/3} k^{-5/3}. \tag{11.5.25}$$

这就是著名的柯氏**湍谱 $-5/3$ 次律**.上式表明,在 $-5/3$ 律成立的波数段,分子黏性不起作用.能量输运中没有耗散.从而 $E = E(k, \varepsilon)$.故又称为**惯性子区**.这就是柯氏第二相似性假设.而把平衡区的其余部分称为**黏性耗散子区**.

由式(11.5.17)可知,当 $E \sim k^n$ 时,也有 $F_{11} \sim k^n$,$F_{22} \sim k^n$.图 11.13 是由

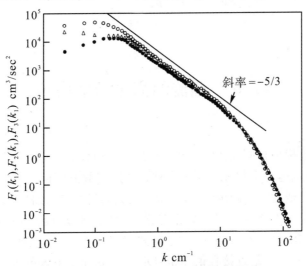

图 11.13 在一个湍射流中的速度涨落谱

● F_1(纵向);○ F_2(横侧向);△ F_3(横向),k_1 波数

实验测得的一维湍谱. 很好地证明了 $-5/3$ 律的正确性. 当 $E \sim k^{-5/3}$ 时，由式 (11.5.18) 得 $F_{22} = \dfrac{3}{4} F_{11}$，这个关系常被用来判断湍流是否是各向同性的.

科氏局部各向同性湍流假设把统计理论引向实际应用，因而获得很高评价.

最后，我们来分析一下柯氏微尺度 η，Taylor 微尺度 λ 和含能区尺度 l 之间的关系. 首先定义两个雷诺数 $Re_\lambda = \dfrac{u_0 \lambda}{\nu}$ 和 $Re_l = \dfrac{u_0 l}{\nu}$，$u_0 = \sqrt{\overline{u'^2}}$. 由式(11.5.21)，(11.5.22)，$\eta = (\nu^3/\varepsilon)^{1/4}$，$\varepsilon \sim u_0^3/l$，立刻可以得到

$$\frac{l}{\eta} \sim Re_l^{3/4}. \tag{11.5.26}$$

另一方面，可以证明（从略）

$$\varepsilon = 15\nu \frac{\overline{u'^2}}{\lambda^2}. \tag{11.5.27}$$

将 η 和上式的 ε 关系代入 λ/η，立刻可得到

$$\frac{\lambda}{\eta} \sim Re_\lambda^{1/2}. \tag{11.5.28}$$

柯氏微尺度是湍流中最小尺度涡的量度，它比 Taylor 微尺度还要小得多. 比较式 (11.5.26) 和(11.5.28) 得 $Re_l = Re_\lambda^2$. 要使平衡区存在的高雷诺数条件是 $l \gg \eta$，即要求满足

$$Re_l^{3/4} \gg 1 \quad 或 \quad Re_\lambda^{3/2} \gg 1.$$

11.6　湍流的高级数值模拟

湍流的数值模拟是同高速电子计算机的发展和数值方法的进步紧密结合在一起的. 没有大型高速计算机就不可能有现代的湍流数值模拟. 在现代，用数值模拟方法研究湍流已成为不可缺少的手段. 根据研究的目的和精细程度，湍流数值模拟大致可分为三个层次：一是基于雷诺平均 N-S 方程（Reynolds Averaged Navier-Stokes(RANS) Equations) 的模式理论；二是大涡模拟（Large Eddy Simulation(LES)）；三是直接数值模拟（Direct Numerical Simulation). 本节将分别概述如下.

11.6.1　基于 RANS 方程的模式理论

如前所述,利用雷诺分解得到的雷诺平均 N-S 方程最大的问题是它的不封闭性,为了封闭方程,在 11.3 节中介绍了以 Prandtl 混合长理论为代表的半经验理论,这就是早期的"模式"理论.20 世纪 60 年代以来新发展起来的"模式"理论大致可分成两大类型:

一类是仍旧采用 Bousinessq(布辛涅斯克)涡(湍流)黏性系数假设的框架,即假设

$$-\rho \overline{u'_i u'_j} = 2\mu_T S_{ij} - \frac{2}{3}\rho k \delta_{ij}, \qquad S_{ij} = \frac{1}{2}\left(\frac{\partial U_i}{\partial x_j} + \frac{\partial U_j}{\partial x_i}\right), \quad (11.6.1)$$

其中 μ_T 是涡(湍流)黏性系数,$k = \overline{u'_i u'_i}/2$ 是湍流动能.建立湍流模型的任务就是给出 μ_T 的计算方法.由 Bousinessq 假设,涡黏性系数 μ_T 可由湍流脉动的特征速度 v 和特征长度 l 的乘积表示

$$\mu_T = \rho v l. \qquad (11.6.2)$$

根据计算 μ_T 所需的微分方程数目,又将湍流模型分为零方程、一方程和二方程等不同层次.

另一类是放弃上述涡黏性系数假设,直接建立起雷诺应力的微分方程,称为雷诺应力方程模型或二阶矩模型.

零方程.零方程中 v 和 l 都由代数关系式给出,故又称代数湍流黏性模型.最典型的零方程模型是 Prandtl 混合长理论式(11.3.10),那里,$\mu_T = \rho l^2 \left|\frac{\partial U}{\partial y}\right|$,对于不同流动,$l$ 是由经验给定的.工程计算表明,只要根据实验或经验给出合理的混合长公式,对于比较简单的流动如边界层、管流和射流等可以得到相当好的结果.而且这种模型计算量少,适用于工程计算.然而,零方程模式局限性较大,没有普适性.一个明显的缺点是,湍流黏性系数只与当地的速度梯度有关,当 $\partial U/\partial y = 0$ 时就会得到湍流应力为零的结果,这与实验结果是不符的.零方程模型也不能计及湍流的历史效应.实践表明,零方程只适用于相对简单的二维流动,对于分离流和复杂的三维流动基本上是不适用的.

一方程.在式(11.6.2)中如果用湍流动能表示特征速度,$v = \sqrt{2k}$,湍流黏性系数就可以表示为

$$\mu_T = c_k \rho l k^{1/2}, \qquad (11.6.3)$$

其中 c_k 是一个经验常数,l 仍由代数关系式给出,而 k 通过求解湍流动能方程得到,故称为一方程模型.一方程模型应用的较少.

二方程.把表征涡黏性系数的两个特征量均由求解相应的微分方程给出,就称为二方程模型.通常是在湍流动能方程以外再增加一个关于湍流尺度的微分方程,但是直接构造的湍流尺度的微分方程,模型化有困难,效果也不好.通常是用一个与湍流尺度有关的因变量构造它的控制方程.其中最流行的是增加一个关于湍流能量耗散率 ε 的微分方程,因为 $l \sim k^{3/2}/\varepsilon$,所以 μ_T 又可表示为

$$\mu_T = c_\mu \rho \frac{k^2}{\varepsilon}. \tag{11.6.4}$$

这就是流行的 k-ε 二方程模式.除此之外,文献中也有用 kl, ω, τ 和 $k\tau$ 等作为第二个因变量的,其中 $\omega = \varepsilon/k$ 是比耗散率(注意,不是涡量也不是圆频率),$\tau = 1/\omega$ 是耗散时间.由量纲分析容易得到它们与 l 的关系,$l \sim k^{1/2}/\omega, l \sim k^{1/2}\tau$.本节不拟详细介绍各种模式,以下仅以 k-ε 模式为例说明二方程模型的一般原则和方法.

从 k 方程(11.2.19)可看出,方程中出现诸如 $\overline{u'_\alpha u'_i u'_i}$ 和 $\overline{p'u'_\alpha}$ 的湍流扩散项,它们是使得方程不封闭的根源.模式化的任务就是要给出这些高阶关联项与平均量之间的关系.这些关系不可能用纯理论方法推导出来,而是要根据对湍流特性的认识,加上必要的假设及逻辑推理得到.大体遵循以下一些原则.

(1)湍流量的扩散遵循局部梯度原则,即只与该物理量当地的梯度大小成正比.在式(11.2.19)中的扩散项被模型化成

$$- \frac{\rho}{2} \overline{u'_\alpha u'_i u'_i} + \overline{p'u'_\alpha} \approx \frac{\mu_T}{\sigma_k} \frac{\partial k}{\partial x_\alpha},$$

其中 σ_k 是湍流 Prandtl 数,其数值接近 1,

(2)耗散项主要是由小尺度的湍流起主导作用,而且认为小尺度湍流是各向同性的,于是 k 方程中出的耗散项为

$$\nu \overline{\frac{\partial u'_i}{\partial x_j} \frac{\partial u'_i}{\partial x_j}} = \varepsilon.$$

它由 ε 方程求解.

(3)生成项 $P = - \rho \overline{u'_i u'_j} \frac{\partial U_i}{\partial x_j} \approx \left(2\mu_T S_{ij} - \frac{2}{3}\rho k \delta_{ij}\right)\frac{\partial U_i}{\partial x_j}$.最后得到的 k 方程写成

$$\frac{\partial(\rho k)}{\partial t} + \frac{\partial(\rho U_j k)}{\partial x_j} = \frac{\partial}{\partial x_j}\left[\left(\mu + \frac{\mu_T}{\sigma_k}\right)\frac{\partial k}{\partial x_j}\right] + \left(2\mu_T S_{ij} - \frac{2}{3}\rho k \delta_{ij}\right)\frac{\partial U_i}{\partial x_j} - \rho\varepsilon.$$

$$\tag{11.6.5}$$

湍能耗散率 ε 的控制方程可由脉动量方程(11.2.13)各项对 x_j 求微商,再用 $2\nu \frac{\partial u'_i}{\partial x_j}$ 遍乘各项,取平均后得到.若分析 ε 方程各项的物理意义,与 k 方程一样,也是

由下列各项组成

$$\frac{\partial \varepsilon}{\partial t} + U_j \frac{\partial \varepsilon}{\partial x_j} = 生成项 + 扩散项 + 耗散项.$$

由于每一项的式子都过于复杂,这里就略去不写了.可以发现上述方程每一项都需要模型化,因此与 k 方程相比,模型化任务要困难得多.将 ε 方程每一项的模型化与 k 方程类比,经过若干物理的和量纲的分析,最后 ε 方程可写成

$$\frac{\partial(\rho\varepsilon)}{\partial t} + \frac{\partial(\rho U_j\varepsilon)}{\partial x_j} = \frac{\partial}{\partial x_j}\left[\left(\mu + \frac{\mu_T}{\sigma_\varepsilon}\right)\frac{\partial \varepsilon}{\partial x_j}\right] + c_{\varepsilon 1}\frac{\varepsilon}{k}\left(2\mu_T S_{ij} - \frac{2}{3}\rho k\delta_{ij}\right)\frac{\partial U_i}{\partial x_j} - c_{\varepsilon 2}\rho\frac{\varepsilon^2}{k}.$$

(11.6.6)

方程中的 $\sigma_\varepsilon, c_{\varepsilon 1}, c_{\varepsilon 2}$ 也是一些经验常数,常见的取值是

$$c_\mu = 0.09, \quad c_{\varepsilon 1} = 1.44, \quad c_{\varepsilon 2} = 1.92, \quad \sigma_k = 1.0, \quad \sigma_\varepsilon = 1.3. \qquad (11.6.7)$$

在 Bousinessq 涡黏性系数假设下,RANS 方程(11.2.10)与不可压缩 N-S 方程有相同的形式,只需用 $\mu + \mu_T$ 代替 μ 即可,而涡黏性系数 μ_T 通过式(11.6.4)由 k 方程(11.6.5)和 ε 方程(11.6.6)得到,再加上连续性方程(11.2.11),这样,在六个方程中有六个未知因变量 U_i, P, k, ε.至此,我们完成了用 k-ε 二方程使 RANS 方程封闭的任务.

11.6.2 雷诺应力模型(或称二阶矩模型)

虽然以标准的 k-ε 模式为代表的二方程模型在工程上已得到广泛的应用,可以用于比较复杂的湍流,但是在旋拧流(swirling flow)、流线有强曲率的流动和曲面产生的分离流等复杂湍流中,它的模拟能力却很差,得不到正确的结果.这是由于以上建立在涡黏性系数基础上的模型有重要的缺陷,在三维流中雷诺应力和应变率的关系不可能像涡黏性系数假设的如此简单,这表明,雷诺应力张量已不再是与平均流应变率张量 $\bar{S}_{ij}$ 成简单的线性关系,标量涡黏性系数的假设已不成立,而必须摒弃涡黏性系数假设,直接建立关于雷诺应力的微分方程,这就是雷诺应力模型(11.2.18).雷诺应力方程与 k 方程相比,除了生成项、扩散项和耗散项外,还多出了压力应变率项

$$\frac{\partial \overline{u_i'u_j'}}{\partial t} + U_\alpha \frac{\partial \overline{u_i'u_j'}}{\partial x_\alpha} = 生成项 + 扩散项 + 压力应变率项 + 耗散项.$$

其中出现了三阶速度关联项 $\overline{u_i'u_j'u_\alpha'}$ 和压力—速度关联项 $\overline{p'u_i'}$ 和 $\overline{p'\frac{\partial u_i'}{\partial x_i}}$ 等,这些都是需要模型化的.生成项、扩散项和耗散项的模式化与 k 方程类似,压力应变率项的功能是起到重新分配雷诺应力大小和方向的作用,使湍流趋于各向同性,该项

模型化的好坏对湍流计算的精度关系很大.通过适当的建模,目前已有的雷诺应力模型可以较好地计及湍流的历史效应,在上述如旋拧流(swirling flow)、流线有强曲率的流动和曲面产生的分离流等 k-ε 模式不能奏效的情况下,雷诺应力模型都可得到较好的结果.但是,雷诺应力模型除平均量 RANS 方程(11.2.10)和连续性方程(11.2.11)外,还需要增加六个雷诺应力的微分方程,要比二方程模型复杂许多,需要更大的计算机资源.由于太复杂,这里不再详述,有兴趣的读者可参考专门的文献.

11.6.3 大涡模拟(Large Eddy Simulation(LES))

正如前述,湍流含有各种大小的空间和时间尺度,其中大尺度运动可以大到与平均流尺度有同样的量级,小尺度运动可小到 Kolmogorov 微尺度.大尺度运动含有更多能量,并且能对动量、能量和标量等进行更有效的输运,而小尺度运动含有的能量和对这些特性的输运要比大尺度的弱的多.如果我们能精确地计算大尺度湍流脉动而对小尺度的影响采用建模的方法,显然是更有意义,这就是大涡模拟的思想.大尺度运动是各向异性的,与具体流动的边值条件紧密相关.而小尺度运动,基本上不受外界条件的直接影响,具有局部各向同性的性质.如果我们能把大尺度运动和小尺度运动区分开来,让大尺度运动的演化通过相关的控制方程直接计算;其中,小尺度脉动对大尺度的影响是通过建模使大尺度运动方程封闭,这样的湍流计算就比 RANS 方程模拟精确得多.因为小尺度脉动有局部各向同性,不受边界条件影响,它的建模比 RANS 模型容易得多,也具有普适性.但是,能进行大涡模拟的条件,首先必须有足够大的 Re 数,使湍流充分发展,能把大尺度运动和小尺度运动的作用分开来,存在明显的惯性子区.其次,要有适当方法把大尺度运动从湍流场中过滤出来,这是通过引入一种所谓"滤波"的局部空间平均的方法实现的.Leonard(1974) 引入了一种不同于雷诺时间平均的空间"滤波"平均方法,它们是

$$\bar{u}_i(x) = \int G(|x-x'|)u_i(x')\mathrm{d}x', \qquad (11.6.8)$$

其中 $G(|x-x'|)$ 称为滤波核函数,是个局部位置的函数.滤波后,我们需要的速度场仅含有速度场中的大尺度分量.在大涡模拟中常用的滤波核有盒式(box)或称方帽(top hat)滤波器,它表示为

$$G(|x-x'|) = \begin{cases} \dfrac{1}{\Delta_1\Delta_2\Delta_3}, & |x_j-x'_j| \leqslant \Delta_j/2, j=1,2,3, \\ 0, & |x_j-x'_j| > \Delta_j/2, \end{cases}$$

$$(11.6.9)$$

则滤波后的速度为

$$\bar{u}_i(x,t) = \frac{1}{\Delta^3} \int_{x_1-\Delta x_1/2}^{x_1+\Delta x_1/2} \int_{x_2-\Delta x_2/2}^{x_2+\Delta x_2/2} \int_{x_3-\Delta x_3/2}^{x_3+\Delta x_3/2} u_i(x_1-x_1', x_2-x_2', x_3-x_3') \mathrm{d}x_1' \mathrm{d}x_2' \mathrm{d}x_3',$$

式中 $\Delta = (\Delta_1 \Delta_2 \Delta_3)^{1/3}$, Δ_i 是 i 方向的滤波宽度. 除此之外, 常用的还有 Gauss 滤波器和截断波数滤波器. 图 11.14 是它们的一维示意图, 左图表示滤波器在物理空

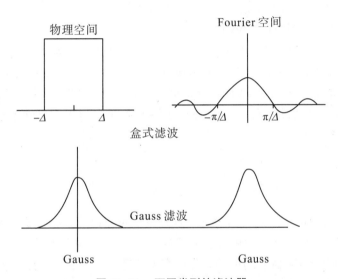

图 11.14　不同类型的滤波器

间的外形, 右图是相应的 Fourier 空间图形. 滤波与其选择的长度尺度 Δ 有关, 粗糙地说, 大于 Δ 的为大涡, 是可分辨(resolved) 的、需计算的部分. 小于 Δ 的是被滤掉的小涡, 是不可分辨的、需要模型化的部分. 将式(11.6.8) 代入 N-S 方程后得到滤波后的控制方程为

$$\frac{\partial(\rho \bar{u}_i)}{\partial t} + \frac{\partial(\rho \bar{u}_i \bar{u}_i)}{\partial x_j} = -\frac{\partial \bar{p}}{\partial x_i} + \frac{\partial}{\partial x_j}\left[\mu\left(\frac{\partial \bar{u}_i}{\partial x_j} + \frac{\partial \bar{u}_j}{\partial x_i}\right)\right] + \frac{\partial \tau_{ij}}{\partial x_j},$$

$$\frac{\partial(\rho \bar{u}_i)}{\partial x_i} = 0. \qquad\qquad\qquad\qquad\qquad\qquad \Biggr\}$$

$$(11.6.10)$$

该方程描述了三维非定常的大尺度运动的时 — 空演化, 最后一项反映了小尺度运动对大尺度动量输运的影响. τ_{ij} 称为亚网格尺度应力张量(subgrid scale stress), 是需要模型化的量. 形式上看, 滤波方程式(11.6.10) 与 RANS 方程相同, 它们基本的差别是用空间滤波平均代替了雷诺时间平均, 在滤波平均中, 一般地

$$\bar{u}_i\,\bar{u}_j \neq \overline{u_i u_j}, \qquad \overline{\bar{u}_j} \neq \bar{u}_i,$$

所以,根据亚网格应力 τ_{ij} 的定义,$\tau_{ij} = -\rho(\overline{u_i u_j} - \bar{u}_i\,\bar{u}_j)$,代入 $u_i = \bar{u}_i + u'_i$,$\bar{u}_i$ 是大尺度滤波后的速度,u'_i 是亚网格尺度的涨落速度,则

$$\tau_{ij} = -\rho(\overline{\bar{u}_i\bar{u}_j} - \bar{u}_i\bar{u}_j) - \rho(\overline{u'_i\bar{u}_j} + \overline{\bar{u}_i u'_j}) - \rho\,\overline{u'_i u'_j} \qquad (11.6.11)$$

右边三项分别是 Leonard 应力,交叉项应力和雷诺应力. 如果用 Reynolds 平均代替滤波平均,上式就仅剩下最后一项雷诺应力项了.

亚网格尺度模型(SGS model)

LES 亚网格尺度应力项(11.6.11)是需要模型化的. 因为被滤掉的小尺度运动是近似各向同性的. 因而,SGS 模型是接近普适的,引入一个相对简单的涡黏性模型就近乎是合理的. 最早提出的是 Smagorinsky 模型(1963),它类比于混合长和梯度扩散模型,取混合长为 $l_s = C_s \Delta$ 正比于滤波宽度 Δ,SGS 涡黏性系数 μ_T 及 SGS 应力张量可表示成

$$\mu_T = \rho(C_s\Delta)^2 \sqrt{S_{ij}S_{ij}}, \qquad (11.6.12)$$

$$\tau_{ij} = 2\mu_T S_{ij} + \frac{1}{3}\tau_{kk}\delta_{ij}, \quad S_{ij} = \frac{1}{2}\left(\frac{\partial\bar{u}_i}{\partial x_j} + \frac{\partial\bar{u}_j}{\partial x_i}\right), \qquad (11.6.13)$$

其中常数用各向同性湍流的能谱截断,从理论上可得出 $C_s = 0.18$. 但是,由于计算问题的 Re 数不同,滤波尺度也有主观任意性,这一取值也并不是普适的,它对不同 Re 数和不同流动要取不同的值,大约在 0.1 至 0.24 之间. 实际使用后发现,Smagorinsky 的 SGS 模型基本上是成功的,这个模型主要的缺点是耗散过大. 另外在壁面附近湍流仍是高度各向异性的,SGS 模型如何更好地适应壁剪切湍流,也需作相应的改进,比如,有人使用了"壁面律".

继 Smagorinsky 模型之后,先后提出的还有尺度相似模型、动力模型等,不过目前最流行使用的还是 Smagorinsky 模型.

应当指出,在大 Re 数下,对充分发展湍流要求很小的滤波尺度,即很大的计算网格数,所以,LES 计算量相当大,制约了 LES 方法的工程应用. 不过,由于超高速计算机的发展,用大涡模拟作为工具计算复杂湍流已越来越流行,可望在不久的将来它能像代数涡黏性模型那样,普遍地用于工程设计.

11.6.4 直接数值模拟(DNS)

不需要任何的模型化和人为的经验常数,直接利用 N-S 方程计算各种湍流流动,无疑是研究者们最渴望的理想. 然而,以目前世界上最先进的计算机而言,直接数值模拟也只能在 Reynolds 数不大时,应用于一些简单流动,如栅格后均匀湍流、

平面槽道流等.如果说在 21 世纪不久的将来大涡模拟(LES)可望应用于工程计算,那么 DNS 现在还看不到这种希望.目前 DNS 主要还是学者们用于研究湍流机理的工具,而不是工程师们用于工程设计的计算工具.其主要困难在于所需的计算机资源与现实计算机能力之间的巨大差异.我们以计算一个正立方体内的均匀各向同性湍流为例,为了准确计算湍流大尺度的运动,若以积分尺度 l 为大尺度湍流的量度,计算域在每个方向的线尺度 L 必须是积分尺度的若干倍.同时,DNS 计算还必须能捕捉到最小尺度的运动,因为动能耗散主要在最小尺度下发生,那里黏性起主导作用.因比,网格大小 Δ 必须要达到 Kolmogorov 微尺度 η.这样以均匀网格计算,每个方向上的网格数目 $N = L/\Delta$ 至少应大于 l/η.因为科氏微尺度 $\eta = (\nu^3/\varepsilon)^{1/4}$(见式(11.5.21)),而 $\varepsilon \sim u^3/l$,所以 $l/\eta = Re_L^{3/4}$,这样,每一个方向的网格数应大于 $Re_L^{3/4}$,三个方向的网格总数应为 $N^3 > Re_L^{9/4}$,再考虑到时间步长与网格大小有关,网格越小时间步长越小,所需计算机的内存是个天文数字.应注意,Re_L 是基于脉动速度大小 u 和积分尺度 l 为特征速度和特征长度的湍流雷诺数,它大约是工程上用于计算宏观流动 Re 数的 1%.目前,DNS 只能用于低湍流 Re 数(大约相当于工程上感兴趣的 Re 数范围的下端范围)的简单湍流.

　　尽管如此,DNS 仍可以获取到大量的湍流信息,这些信息是非常有用的,为湍流基础研究提供了数据库,可以用它们产生各种统计信息量,对湍流生成、能量输运、湍流耗散等进行机理分析,甚至可以进行数值流动显示,使我们能形象地了解湍流中的拟序结构,加深对湍流的物理了解,对改进已有的湍流计算模型或构造新模型也有很大帮助.

第 12 章　　无黏可压缩流动

迄今为止,我们讲述的绝大部分内容是有关不可压缩的流动.在本教程最后一章,我们引入可压缩性的概念.这里的可压缩性是指由于流体高速流动引起密度显著变化的那种可压缩性效应,而不是指由于流体高频振荡或者大气层内流体大尺度运动引起的可压缩性效应(见 4.1 节).另外,本章也仅限于讨论无黏流问题.

在可压缩流动中,密度的变化与压强及温度有关,热力学必须引进到流体力学中来,与连续性方程、动量和能量方程一起才能组成封闭的方程组.连续性方程现在也是一个非线性方程,运动学和动力学问题不再能分开处理.可压缩流动本质上讲是一个非线性问题.

度量可压缩性效应大小的主要相似参数是 M 数,$M = u/c$.在可压缩流中声速 c 是一个基本参数.所以我们首先介绍线性声学的有关内容.接着,推广到有限振幅扰动的传播问题及激波的形成.并用一节专门介绍了定常流激波和膨胀波.最后,介绍可压缩流不同层次的简化近似方程及其相似律.

12.1　声　　波

本节将着重研究物理量(如压力、密度等)的小扰动在流体中的传播问题.我们知道,在不可压缩流动中,流场中任一点的扰动都是以无穷大的速度瞬时地传播到流场各处的.所以,研究小扰动量的传播必须放弃不可压缩假设.

12.1.1 声波在静止流体中的传播

首先,我们讨论小扰动在静止的均匀流体中的传播.设 p_0, ρ_0 和 p', ρ' 分别为平衡状态下的压强和密度以及它们的偏离.所谓小扰动是指 $p' = p - p_0 \ll p_0$, $\rho' = p - p_0 \ll p_0$ 等.由于流体原来是静止的,压强和密度扰动引起的流体质点的运动速度 u 也是个小量.将这些量代入连续性方程(5.1.1)和欧拉量方程(5.1.2),忽略掉两个小扰动量的乘积这样的高阶小量,如 $u \cdot \nabla \rho'$, $\rho' \nabla \cdot u$ 等,得到一个线化动量方程

$$\rho_0 \frac{\partial u}{\partial t} = -\nabla p \tag{12.1.1}$$

及连续性方程

$$\frac{\partial \rho'}{\partial t} + \rho_0 \nabla \cdot u = 0. \tag{12.1.2}$$

从以上两式可见,速度的局部变化与压强梯度成正比,而密度的局部变化与速度的散度成正比.对式(12.1.1)两边取旋度,由于 ∇p 的旋度必为零,于是

$$\partial \omega / \partial t = 0. \tag{12.1.3}$$

上式意味着涡量场是定常场,由该涡量场产生的有旋部分的速度场也与时间无关.根据速度场的整体分解(见2.3节),速度场的其余部分是**无旋**的,所以小扰动量的传播仅仅与无旋部分的速度场有关.

引入速度势 φ,则 $u = \nabla \varphi$,代入式(12.1.1)得到

$$p - p_0 = -\rho_0 \frac{\partial \varphi}{\partial t}. \tag{12.1.4}$$

这实际上是忽略掉动能 $\frac{1}{2}\rho_0(\nabla\varphi)^2$ 项以后的无旋伯努利方程.将 $u = \nabla \varphi$ 代入式(12.1.2)以后得到

$$\partial \rho' / \partial t = -\rho_0 \nabla^2 \varphi. \tag{12.1.5}$$

实验已证实,在小扰动量的传播过程中,流动是绝热可逆的,也就是说流体质点的熵保持不变.如果处于平衡状态下的热力学关系式为

$$p = p(\rho, s). \tag{12.1.6}$$

则

$$p' = p - p(\rho_0) = \left(\frac{\partial p}{\partial \rho}\right)_s \rho' + \frac{1}{2}\left(\frac{\partial^2 p}{\partial \rho^2}\right)_s \rho'^2 + \cdots \approx c_0^2 \rho'. \tag{12.1.7}$$

利用式(12.1.7)将式(12.1.4)和(12.1.5)中的 p 和 ρ 消去,得到关于 φ 的偏微分方程

$$\nabla^2 \varphi - \frac{1}{c_0^2} \frac{\partial^2 \varphi}{\partial t^2} = 0. \tag{12.1.8}$$

其中 c_0 是个常数,具有速度量纲,称为声速,

$$c_0^2 = \left(\frac{\partial p}{\partial \rho} \right)_s. \tag{12.1.9}$$

可以证明,ρ', p' 和 u_i' 等小扰动量也同样满足(12.1.8)形式的方程,该方程常称为**声学方程**.

我们首先考虑最简单的空间一维运动,其中各物理量只与一个空间坐标,例如与 x 有关.这样,运动在 y-z 平面内都是相同的,所以称为**平面波**.此时式(12.1.8)简化为

$$\frac{\partial^2 \varphi}{\partial x^2} - \frac{1}{c_0^2} \frac{\partial^2 \varphi}{\partial t^2} = 0. \tag{12.1.10}$$

引入新变量 $\xi = x - c_0 t$, $\eta = x + c_0 t$,上式变成

$$\frac{\partial^2 \varphi}{\partial \xi \partial \eta} = 0, \tag{12.1.11}$$

通解为

$$\varphi = f(x - c_0 t) + g(x + c_0 t), \tag{12.1.12}$$

其中 f 和 g 是任意函数,由已知的初、边值条件确定,p', ρ' 和 u 的解具有同样的形式.$f(x - c_0 t)$ 代表沿 x 正轴传播的平面波(右行波),$g(x + c_0 t)$ 代表沿负 x 轴传播的平面波(左行波).当观察者跟随

$$\xi = x - c_0 t = 常数$$

的动坐标运动,$f(\xi)$ 的形状将不变.$g(\eta)$ 也是同样情形.所以,扰动总是以行波的形式,以声速 c_0 向 x 轴的两个方向传播.

由 $u = \nabla \varphi = \frac{\partial \varphi}{\partial x} i$ 可知,流体质点的运动方向与声波的传播的方向一致,所以声波是纵波.在平面波中 u 与 p', ρ' 之间具有简单的联系.以右行波为例,$\varphi = f(x - c_0 t)$,则 $u = \frac{\partial \varphi}{\partial x} = f'(x - c_0 t)$,其中 f' 表示 $\frac{\mathrm{d} f}{\mathrm{d} \xi}$.由式(12.1.4)和(12.1.7)得

$$p' = \rho_0 c_0 u, \tag{12.1.13}$$

$$\rho' = \frac{\rho_0}{c_0} u. \tag{12.1.14}$$

一般说来,$f(x - c_0 t)$ 和 $g(x + c_0 t)$ 可以分解成各种不同波数 k 和频率 ω 的平面单色波的迭加.用傅里叶积分表示有

$$f(x - ct) = \int_0^\infty A_k \mathrm{e}^{\mathrm{i}(kx - \omega t)} \mathrm{d} k,$$

其中 $\omega = c_0 k$,如果声波仅是一个单色波,则

$$\varphi = \mathscr{Re}\{A\mathrm{e}^{\mathrm{i}(kx-\omega t)}\}.$$

由于 $\dfrac{\mathrm{d}\omega}{\mathrm{d}k} = c_0 = \mathrm{const.}$ 可知声波是非色散波. 图 12.1 表示一个平面单色波传播的示意图.

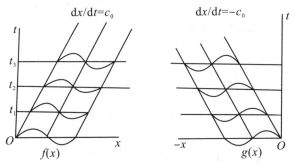

图 12.1　平面单色波的传播

除了平面波以外,另一类重要的传播方式是**球面波**. 在球对称情形下,$\varphi = \varphi(r, t)$,式(12.1.8) 可简化为

$$\frac{\partial^2}{\partial r^2}(r\varphi) - \frac{1}{c_0^2}\frac{\partial^2(r\varphi)}{\partial t^2} = 0. \tag{12.1.15}$$

其通解为

$$\varphi = \frac{1}{r}f(r - c_0 t) + \frac{1}{r}g(r + c_0 t), \tag{12.1.16}$$

其中 $f(r - c_0 t)$ 代表外行波,即从声源向外传播的发散波. $g(r + c_0 t)$ 代表内行波,即从声源向中心传播的汇聚波. 当原点是声源时,声源只发射外行波,

$$\varphi = \frac{1}{r}f(r - c_0 t). \tag{12.1.17}$$

f 的性质可根据声源强度决定. 若令 $Q(t)$ 是流体的体积通量. 于是有

$$Q(t) = \lim_{r \to 0} 4\pi r^2 \frac{\partial\varphi}{\partial r} = -4\pi f(-c_0 t). \tag{12.1.18}$$

令 $z = -c_0 t$,则 $f(-c_0 t) = f(z)$,$Q(t) = Q\left(-\dfrac{z}{c_0}\right)$,当 $z = r - c_0 t$ 时,解成为

$$\varphi(r, t) = -\frac{1}{4\pi}\frac{Q\left(t - \dfrac{r}{c_0}\right)}{r}. \tag{12.1.19}$$

由上式可知,观察者在距声源 r 的地方接受到的扰动信号将落后于声源信号一个

位相,因为信号是以声速 c_0 传播的,当传到 r 处时经历了时间延迟 $\dfrac{r}{c_0}$,所以 φ 又称为**延迟势**.这里顺便提一下,在不可压缩流中空间点源的势函数

$$\varphi(r,t) = -\frac{1}{4\pi}\frac{Q(t)}{r},$$

与式(12.1.19)比较,在不可压缩流动中,信号以无穷大的速度传播,在每一瞬时通过不同半径的球面上的总体积通量是一样的.这是不可压缩流与可压缩流动本质差别的地方.

外行波的扰动压强和密度由式(12.1.4)和(12.1.7)求得,

$$p' = p - p_0 = \frac{\rho_0 Q'\left(t-\dfrac{r}{c_0}\right)}{4\pi r}, \quad Q'(\xi)=\frac{\mathrm{d}Q}{\mathrm{d}\xi}, \tag{12.1.20}$$

$$\rho' = \frac{p'}{c_0^2} = \frac{1}{4\pi}\frac{\rho_0}{c_0^2}\frac{Q'\left(t-\dfrac{r}{c_0}\right)}{r}. \tag{12.1.21}$$

与平面波一样,扰动密度与扰动压强成正比.但是速度为

$$u = \frac{\partial\varphi}{\partial r} = \frac{1}{4\pi r^2}\left[Q\left(t-\frac{r}{c_0}\right)+\frac{r}{c_0}Q'\left(t-\frac{r}{c_0}\right)\right], \tag{12.1.22}$$

u 又可写成

$$u = \frac{1}{\rho_0 c_0}p' + \frac{Q\left(t-\dfrac{r}{c_0}\right)}{4\pi r^2}. \tag{12.1.22'}$$

上式与平面波公式(12.1.13)比较,球面波多出了右边第二项.由于这一项的存在,使得球面波的传播方式与平面波有很大不同.当一个压强或密度的扰动传播过去以后,压强、密度应恢复到原来状态,速度恢复为零.在平面波情形,因为 $u\sim p'\sim\rho'$,互成正比关系,这个条件可自然满足.但对于球面波,还必须要求多出的第二项在扰动区以后也等于零.即要求对 Q' 的总积分要等于零,由式(12.1.20)

$$Q\left(t-\frac{r}{c_0}\right)=\int Q'(\xi)\mathrm{d}\xi = -\frac{4\pi}{\rho_0 c_0}\int rp'\mathrm{d}r = 0.$$

由此可见,扰动压强(和密度)在扰动区不能全为正或全为负,p' 和 ρ' 在球面波中要改变符号.在一个压缩区以后应跟随一个稀疏区.这一点还可以从另一方面看出.对一个大半径 R 的球面求体积通量,由式(12.1.22)

$$4\pi R^2 u \sim \frac{R}{c_0}Q'\left(t-\frac{R}{c_0}\right).$$

如果 Q' 总为正值,那么当 $R\to\infty$ 时将会有无限大的体积通量流出,这是不可能的.

在一个大的向外的通量以后,马上紧接着有一个大的向内通量,使净通量为有限.

除了平面波、球面波以外还有柱面波.可以由球面波的解构造出柱面波的解.设声源沿 z 轴分布,单位长度上强度为 $q(t)$.则在空间一点 P 的总扰动势为(图 12.2)

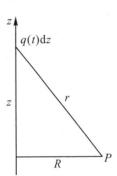

$$\Phi(R,t) = -\frac{1}{4\pi}\int_{-\infty}^{\infty}\frac{q\left(t-\dfrac{r}{c_0}\right)}{r}\mathrm{d}z$$

$$= -\frac{1}{2\pi}\int_{R}^{\infty}\frac{q(t-r/c_0)}{\sqrt{r^2-R^2}}\mathrm{d}r. \qquad (12.1.23)$$

对于单色外行波 $q = q_0\mathrm{e}^{-\mathrm{i}\omega t}$,柱面波的解为

$$\Phi(R,t) = -q_0 \mathrm{H}_0^{(1)}(kR)\mathrm{e}^{-\mathrm{i}\omega t}, \qquad (12.1.24)$$

图 12.2 柱面波

其中 $H_0^{(1)}$ 为第一类零阶汉克尔(Hankel)函数.当 $R\to 0$ 时,上式有对数奇点

$$\Phi \sim \frac{2\mathrm{i}}{\pi}\ln(kR)\mathrm{e}^{-\mathrm{i}\omega t}. \qquad (12.1.25)$$

式(12.1.24)在远场的性态,有渐近表达式

$$\Phi \sim \sqrt{\frac{2}{\pi}}\,\frac{\mathrm{e}^{\mathrm{i}(kR-\omega t-\frac{\pi}{4})}}{\pi\sqrt{kR}}. \qquad (12.1.26)$$

如果声源在有限时间 $t_1 \leqslant t \leqslant t_2$ 中发射柱面波,对于空间固定的 R 处,当 $t > t_2 + \dfrac{R}{c_0}$ 后扰动以下述渐近性态趋近于零,

$$\Phi \sim -\frac{1}{2\pi}\frac{Q}{t}, \qquad 当\ t\to\infty. \qquad (12.1.27)$$

其中 $Q = \displaystyle\int_{t_1}^{t_2}q_0(t)\mathrm{d}t$.

图 12.3 表示了扰动信号在平面、球面和柱面波传播中的差别.对于一个正的压力脉动,平面波可以产生一个正的速度和密度的扰动(图 12.3(a)).而在球面波中却产生一种十分不同情形,球面波有明显的前波阵面和后波阵面,当观察点处于这两个波阵面之间时,流体感受到扰动,而且在一个压缩波以后立刻会跟随一个稀疏波(图 12.3(c)).当观察点处于波阵面以前,扰动尚未到达;当观察点处于后波阵面以后,它立刻又恢复到静止状态.对于柱面波,从式(12.1.23)可发现,它只能有"前波阵面"而无"后波阵面".在 $t = 0$ 时刻 $R = 0$ 处瞬时扰动产生的信号,在 t 时刻最远可以传至 $R = c_0 t$ 位置.但在这以后,该点感受的扰动并不终止,而是以式(12.1.27)的性态趋近于零.这就是所谓"柱面波的尾巴"(图 12.3(b)).

最后,需要强调指出的是,可压缩的一维流动、二维流动和三维流动中小扰动的传播和平面声波、柱面声波及球面声波的传播方式在本质上是一回事.注意这种内在联系对于理解可压缩流动的物理本质是很重要的.但一般可压缩流中,还会出现有限大扰动的传播,即非线性声波问题.其内容极其丰富,本课程只能涉及其中的若干基本物理概念.至于流动致声等重要而有趣的问题,读者可阅读有关专著.

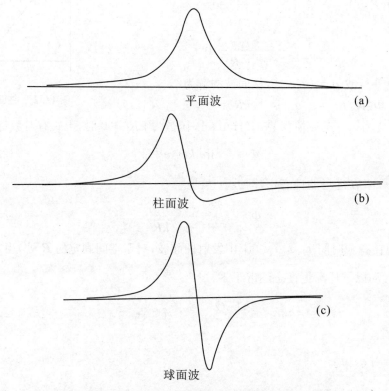

图 12.3　平面波、球面波和柱面波的传播

12.1.2　可压缩定常流中小扰动的传播

在了解了小扰动在**静止**流体中的传播以后,我们现在再研究一下小扰动在**运动**流体中的传播问题.在一个均匀流场中物体引起的小扰动,相当于物体以等速在静止流体中运动引起的扰动.为简单起见,设流场中某点 O 有一个点扰动源,流体在 O 点受到的小扰动将相对于流体以声速传播.一个随同流体一起运动的观察者将看到小扰动在某个空间方向 n 上的传播速度为 cn.因此,在动坐标系中,扰动在所有方向上都以 c 传播,就好像扰动在静止流体中传播一样(图 12.4(a)).但对于

与扰动源相对静止的坐标系而言就不一样了. 此时, 扰动一方面相对于流体以 cn 在某个方向上传播, 同时扰动还被气流以速度 u "携带"一道运动, 这样在各个方向上扰动的传播速度就显示出差异来, 传播速度应是合速度 $u + cn$. 不同的方向, 传播速度不同. 这里又分为两种完全不同的情形.

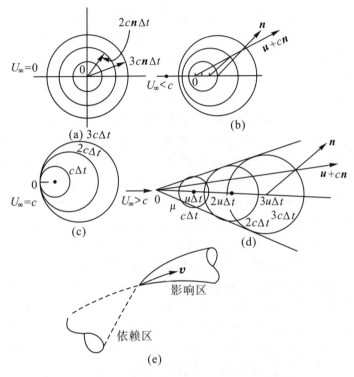

图 12.4　扰动在亚声速和超声速流中的传播

对于 $|u| < c$, **亚声速流**情形, 当 n 遍取空间所有方向时, $u + cn$ 也可遍取空间所有方向. 考察一个确定的流体质点和它发出的扰动. 在 $t = t_0$ 时刻该质点流经点扰动源, 以后它一面向下游运动, 一面把它发出的扰动波向外传, $\Delta t, 2\Delta t \cdots$ 以后, 质点分别位于 $x = u\Delta t, 2u\Delta t, \cdots$. 而球面波半径分别为 $c\Delta t, 2c\Delta t, \cdots$. 不同时刻球面在空间并不相交, 虽然波阵面在逆流方向受到"挤压", 但终归还是能逆流而上, 只要时间足够长, 扰动总能传遍整个空间 (图 12.4(b)).

但是, 当 $|u| > c$ 时, 即**超声速流**情形, 当 n 取遍空间所有方向时, $u + cn$ 只能被限制在一个以 μ 为半顶角的圆锥内, 其中

$$\sin\mu = \frac{c}{u} = \frac{1}{M}. \tag{12.1.28}$$

如果画出不同时刻扰动传播的波阵面,可发现这个圆锥面就是这些波阵面的包络面(图 12.4(d)).半顶角 μ 称为**马赫角**,包络面称为**马赫锥**.因此,小扰动声源发出的声波只能在该点下游的马赫锥区域内传播.

在二维流中,可以认为扰动是由一条与流动平面垂直的无穷长直线上发出的.我们知道这是柱面波.当 $u < c$ 时,在流动平面上扰动的波阵面是些不同半径的圆.当 $u > c$ 时,扰动只能在一个楔形区内传播,楔面是柱面波的包络面.在流动平面上,包络面变成两条直线,称为**马赫线**.

对于非均匀定常流场,按照惠更斯原理,声波传播介质中每一个受到声波影响的点,都可以看成是一个新的声波源,发出"次级子波".以上关于均匀流中扰动传播的分析,可以推广应用于非均匀流场的每个局部.扰动以当地声速传播.当流场中每一点流速均小于当地声速时,流场中每一点的扰动可以影响到全流场,称为亚声速流动.当流场中每一点流速大于当地声速时,称为超声速流动.超声速流中每一点都可划出两个区域:以该点为顶点,当地马赫角为半顶角的**前向**(逆流方向)和**后向**(顺流方向)马赫锥.在该点发出的扰动只能在它的后向马赫锥内传播,因此它又称为该点的**影响区**.反之,在前向马赫锥内的任一扰动都会波及到该点.因此前向马赫锥称为该点的**依赖区**.处于该点影响区以外的任何点,不受该点的影响.处于依赖区以外的任何扰动也影响不到该点.非均匀超声速流场中虽然每点也都有它自己的影响区和依赖区,不过此时的马赫锥已不是正圆锥,而是被扭曲了的锥面(图 12.4(e)).在数学上,双曲型方程存在特征面(二维时为特征线).今后我们会看到,马赫锥或马赫线正是超声速流中的两族特征面(线).超音速定常流中有所谓的马赫波,只有用非定常流观点解释才能理解其真实意义.

亚声速流与超声速流的本质差异,读者在学习可压缩流动的开始阶段,就必须首先搞清楚它,并指导今后的学习.

12.2 一维可压缩定常流

一维可压缩定常等熵流是一种简单的可压缩流动,但我们从中可以了解到可压缩流动的一些最重要的物理特性.本节将先讨论可压缩流动参数沿一条流线变化的特性,再讨论变截面喷管内的流动.

12.2.1 流动的特征参数:滞止值和临界值

首先我们从定常伯努利方程出发推出流动参数沿流线变化的一般特性.由 5.2 节可知,沿流线定常绝热的能量方程为(忽略体积力)

$$h_1 + \frac{1}{2}u_1^2 = h_2 + \frac{1}{2}u_2^2 = \text{const}（沿流线）. \tag{12.2.1}$$

这个常数可以有多种表示方法,一种是用**滞止**参量,如滞止焓 h_0 来表示.所谓**滞止**参量是指把沿该流线流动的速度绝热可逆地减少到零时,流体具有的热力学参量,又称为**驻点**参量.另一种是用**临界**参量来表示这个常数.所谓临界参量是指当流速等于局部声速时的值.今后我们用下标"0"和"∗"分别表示滞止值(驻点值)和临界值.滞止值和临界值之间有关系为

$$h_* + \frac{1}{2}c_*^2 = h_0. \tag{12.2.2}$$

该常数还可用最大速度表示.在绝热可逆过程中压强和焓取最小可能值时的流速为

$$u_{\max} = \sqrt{2h_0}. \tag{12.2.3}$$

对于完全气体,这些常量表示为

$$h_0 = c_p T_0 = \frac{\gamma}{\gamma-1}RT_0 = \frac{\gamma}{\gamma-1}\frac{p_0}{\rho_0} = \frac{1}{\gamma-1}c_0^2 \tag{12.2.4}$$

或者

$$h_0 = \frac{\gamma+1}{2(\gamma-1)}c_*^2 = \frac{1}{2}u_{\max}^2, \qquad u_{\max} = \sqrt{\frac{2}{\gamma-1}}c_0.$$

应该强调指出,式(12.2.1)对绝热的**不可逆**过程也是适用的,这在 12.4 节激波关系中要用到.对于沿流线的等熵流动,它就是定常等熵流的伯努利方程(5.2 节).

12.2.2 一维可压缩定常等熵流沿流线参数的变化特性

在一维定常等熵流中,沿一条流线上熵 s 不变,$s = s_0$.由于等熵,$T\mathrm{d}s = \mathrm{d}h - \frac{1}{\rho}\mathrm{d}p = 0$,则

$$\mathrm{d}h = \frac{1}{\rho}\mathrm{d}p, \tag{12.2.5}$$

另一方面沿流线动量方程,简化为

$$u\mathrm{d}u + \frac{1}{\rho}\mathrm{d}p = 0. \tag{12.2.6}$$

从以上两式消去 p 后就得到微分形式的能量方程 $\mathrm{d}\left(h + \frac{1}{2}u^2\right) = 0$. 所以在一维等熵流中,动量、能量和等熵关系三者是不独立的. 能量方程实际上是动量方程的一次积分. 首先,我们来定性地分析流动参量沿流线的变化. 从式(12.2.5)可见,由于 $\rho > 0$,焓和压强是同号变化的. 由式(12.2.6)可知

$$\frac{\mathrm{d}p}{\mathrm{d}u} = -\rho u < 0 \tag{12.2.7}$$

及

$$\frac{\mathrm{d}\rho}{\mathrm{d}u} = \left(\frac{\partial\rho}{\partial p}\right)_s\frac{\mathrm{d}p}{\mathrm{d}u} = -\frac{\rho u}{c^2} < 0. \tag{12.2.8}$$

这表明流线上的速度总是因压强(或密度)增加而减少,因压强(或密度)减小而增加. 此外,声速、马赫数与流速变化的关系有

$$\frac{\mathrm{d}c}{\mathrm{d}u} = \frac{1}{2c}\frac{\mathrm{d}c^2}{\mathrm{d}u} = \frac{1}{2c}\left(\frac{\partial c^2}{\partial\rho}\right)_s\frac{\mathrm{d}\rho}{\mathrm{d}u} = -\frac{\rho u}{2c^3}\left(\frac{\partial^2 p}{\partial\rho^2}\right)_s < 0 \tag{12.2.9}$$

及

$$\frac{\mathrm{d}M}{\mathrm{d}u} = \frac{\mathrm{d}}{\mathrm{d}u}\left(\frac{u}{c}\right) = \frac{1}{c} + \frac{\rho M^2}{2c^3}\left(\frac{\partial^2 p}{\partial\rho^2}\right)_s > 0, \tag{12.2.10}$$

对于所有实际已知气体,有 $\left(\dfrac{\partial^2 p}{\partial\rho^2}\right) > 0$,所以有上述不等式. 以上两式表明声速随流速增加而减小、马赫数正相反,随流速增加而增加.

沿流线的通过横截面上单位面积的质量通量密度为 ρu,$\mathrm{d}(\rho u) = u\mathrm{d}\rho + \rho\mathrm{d}u$,由式(12.2.8),有

$$\frac{\mathrm{d}(\rho u)}{\mathrm{d}u} = \rho\left(1 - \frac{u^2}{c^2}\right). \tag{12.2.11}$$

这个特性十分重要,它表明在亚声速流中,质量通量密度随速度增加而增加;但在超声速流中,正好相反,随速度增加而减小. 在局部声速点上,即 $u = c_*$ 时质量通量密度有极大值 $\rho_* c_*$.

对于完全气体,式(12.2.7)～(12.2.11)的这些定性规律可以用十分简单的代数关系式定量地表示. 因为在式(12.2.5)和(12.2.6)中有三个变量 p,ρ,u,变量数比方程数多一个,因此只能得到任意两个变量与第三个变量之间的关系. 通常是用 M 数作为参变量. 由式(12.2.1),两边除以 $\dfrac{\gamma}{\gamma-1}RT$ 及因为 $c^2 = \gamma RT$,所以

$$\frac{T_0}{T} = 1 + \frac{\gamma - 1}{2}M^2. \qquad (12.2.12)$$

由 $\left(\dfrac{p_0}{p}\right) = \left(\dfrac{T_0}{T}\right)^{\frac{\gamma}{\gamma-1}}$ 及 $\left(\dfrac{\rho_0}{\rho}\right) = \left(\dfrac{T_0}{T}\right)^{\frac{1}{\gamma-1}}$,有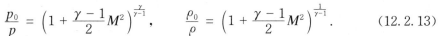

$$\frac{p_0}{p} = \left(1 + \frac{\gamma - 1}{2}M^2\right)^{\frac{\gamma}{\gamma-1}}, \qquad \frac{\rho_0}{\rho} = \left(1 + \frac{\gamma - 1}{2}M^2\right)^{\frac{1}{\gamma-1}}. \qquad (12.2.13)$$

图 12.5 画出了它们随 M 数的变化关系. 除了用滞止量做特征参量外,也可用临界量做特征参量,具体表达式读者可自己推导.

12.2.3 变截面积管道内流动

当管道的横截面积沿轴向变化缓慢时,管道内的流动可近似看成是一维流动.

变截面管道内的连续性方程为

$$\rho u A = \text{const.} \qquad (12.2.14)$$

它反映了各个横截面上总质量通量不变这一事实. 取它的微分形式

$$\frac{\mathrm{d}\rho}{\rho} + \frac{\mathrm{d}u}{u} + \frac{\mathrm{d}A}{A} = 0, \qquad (12.2.15)$$

将动量方程(12.2.6)代入,消去 ρ 后得到

$$(M^2 - 1)\frac{\mathrm{d}u}{u} = \frac{\mathrm{d}A}{A}. \qquad (12.2.16)$$

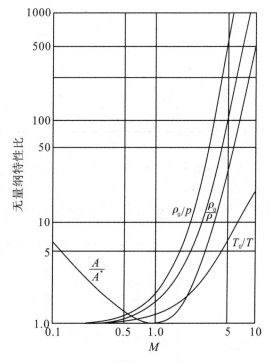

图 12.5 等熵关系 ($\gamma = 1.4$)

利用式(12.2.7)～(12.2.10),还有其他一些关系式

$$\frac{\mathrm{d}A}{A} = \frac{1 - M^2}{\gamma M^2}\frac{\mathrm{d}p}{p}, \qquad \frac{\mathrm{d}A}{A} = \frac{1 - M^2}{M^2}\frac{\mathrm{d}\rho}{\rho},$$

$$\frac{\mathrm{d}A}{A} = \frac{1 - M^2}{(\gamma - 1)M^2}\frac{\mathrm{d}T}{T}, \qquad \frac{\mathrm{d}A}{A} = \frac{M^2 - 1}{1 + \dfrac{\gamma - 1}{2}M^2}\frac{\mathrm{d}M}{M}, \quad \cdots,$$

分析这些表达式,可以发现亚、超声流动的本质差别. 表 12.1 形象地给出了流动参数随管道截面积变化的趋势.

表 12.1 变截面管道内亚声速和超声速流动参数的变化

		dA	dM	du	dP	dT	dρ
$M < 1$		−	+	+	−	−	−
		+	−	−	+	+	+
$M > 1$		−	−	−	+	+	+
		+	+	+	−	−	−

在亚声速流($M < 1$)中,收缩的管道($dA < 0$)使流速增加,压力、密度减小.扩张的管道($dA > 0$)使流速减小,压力、密度增加.但是在超声速流动中,收缩管道中流速反而减小;扩张管道中流速增加.超声速流中这种与直觉经验"反常"的特性反映了在超声速流加速过程中,密度的减小比流速的增加要快,致使质量通量密度 ρu 减小(见式(12.2.11)),为了使一定质量通量的气体通过,只有增加管道截面积才行.

从式(12.2.16)可见,当 $M = 1$ 时 $dA = 0$(图12.6),由于此时 ρu 有极大值,A 一定是一个极小值,称为**喉部**.这表明,如果流动中出现临界声速点,这一点一定在管道横截面积最小的地方.由此还可推论,来流为亚声速的气流在一

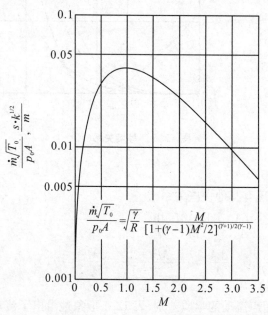

$$\frac{\dot{m}\sqrt{T_0}}{p_0 A} = \sqrt{\frac{\gamma}{R}} \frac{M}{[1+(\gamma-1)M^2/2]^{(\gamma+1)/2(\gamma-1)}}$$

图 12.6 质量通量 $\dot{m}\sqrt{T_0}/p_0 A$ 随 M 变化($\gamma = 1.4$)

个单纯收缩的管道内永远无法加速到超声速. 来流为超声速的气流在一个单纯收缩的管道内永远无法减速到亚声速. 因为, 质量通量密度 ρu 只能在最小截面积处达到极大值. 一旦在最小截面上达到了临界质量通量密度 $\rho^* c^*$, 管道内的总通量就不能增加, 总通量受临界通量所制约. 最大可能的通量为

$$m_{\max} = \rho^* c^* A^* = \sqrt{\frac{\gamma}{R}} \frac{p_0}{\sqrt{T_0}} \left(\frac{2}{\gamma + 1}\right)^{\frac{1+\gamma}{2(\gamma-1)}} A^*. \qquad (12.2.17)$$

质量通量随 M 数变化可见图 12.6.

若以 A^* 为参考面积, 喷管各个截面上的 M 数与截面积关系为

$$\frac{A}{A^*} = \frac{1}{M}\left[\frac{2}{\gamma + 1}\left(1 + \frac{\gamma - 1}{2}M^2\right)\right]^{\frac{\gamma+1}{2(\gamma-1)}}. \qquad (12.2.18)$$

从图 12.5 可见, 对于同一个比值 A/A^*, 对应有两个 M 数, 一个是亚声速, 另一个是超声速. 从图 12.5 中可以方便地查出各无量纲变量随 M 数的变化关系.

12.3 一维可压缩非定常流

如果流动不是小扰动的, 11.1 节的线化方法就不再适用, 需要计及非线性效应. 本节研究一维空间的可压缩流的非线性问题, 即有限振幅波的传播问题.

12.3.1 特征线和黎曼不变量

一维非定常等熵流的连续性方程和动量方程分别为

$$\frac{\partial \rho}{\partial t} + u\frac{\partial \rho}{\partial x} + \rho\frac{\partial u}{\partial x} = 0, \qquad (12.3.1)$$

$$\frac{\partial u}{\partial t} + u\frac{\partial u}{\partial x} + \frac{c^2}{\rho}\frac{\partial \rho}{\partial x} = 0, \qquad (12.3.2)$$

其中式 (12.3.2) 中已作了这样的代换: $\dfrac{\partial p}{\partial x} = c^2\dfrac{\partial \rho}{\partial x}$, $c^2 = \left(\dfrac{\partial p}{\partial \rho}\right)_s$ 称为当地声速, 因为这里 c 不再是常量, 而是空间和时间的变量. 在式 (12.3.1) 中各项遍乘以 c/ρ 再与式 (12.3.2) 分别相加减后, 可以得到

$$\left(\frac{\partial u}{\partial t} \pm \frac{c}{\rho}\frac{\partial \rho}{\partial t}\right) + (u \pm c)\left(\frac{\partial u}{\partial x} \pm \frac{c}{\rho}\frac{\partial \rho}{\partial x}\right) = 0.$$

若引进两个新变量

$$J_+ = u + \int \frac{c}{\rho}\mathrm{d}\rho \quad 及 \quad J_- = u - \int \frac{c}{\rho}\mathrm{d}\rho, \qquad (12.3.3)$$

上式可写成紧凑形式

$$\left(\frac{\partial}{\partial t} + (u \pm c)\frac{\partial}{\partial x}\right)J_\pm = 0. \qquad (12.3.4)$$

对于方程(12.3.1)和(12.3.2)的任意一组解 $u(x,t)$ 和 $c(x,t)$,微分方程

$$\left(\frac{\mathrm{d}x}{\mathrm{d}t}\right)_+ = u + c \ (沿\ C_+\ 上) \qquad (12.3.5)$$

描述了 x-t 平面上的一组曲线簇,记为 C_+.可以证明,沿 C_+ 的每一条曲线上 J_+ 是个不变量.这是因为,沿 C_+ 的一条曲线上,J_+ 的增量为

$$\mathrm{d}J_+ = \frac{\partial J_+}{\partial t}\mathrm{d}t + \frac{\partial J_+}{\partial x}\mathrm{d}x = \frac{\partial J_+}{\partial t}\mathrm{d}t + \frac{\partial J_+}{\partial x}(u+c)\mathrm{d}t$$

$$= \mathrm{d}t\left[\frac{\partial}{\partial t} + (u+c)\frac{\partial}{\partial x}\right]J_+ = 0.$$

此外,对于曲线族

$$\left(\frac{\mathrm{d}x}{\mathrm{d}t}\right)_- = u - c \ (沿\ C_-\ 上), \qquad (12.3.6)$$

同样可以证明,沿 C_- 的每一条曲线,J_- 是个不变量.曲线簇 C_+ 和 C_- 就称为**特征线**,J_+ 和 J_- 称为**黎曼不变量**,它们是沿特征线物理量应满足的相容关系.由式(12.3.5)和(12.3.6)表示的两族特征线 C_+ 和 C_- 在物理上可以理解为两种行波,C_+ 表示以速度 $u+c$ 运动的波,相对于以当地速度 u 运动的气体,该波以声速 c 沿 x 轴正方向传播,称为右行波.C_- 表示以速度 $u-c$ 运动的波,相对于当地气体,该波以声速 c 沿 x 轴负方向传播,称为左行波.换句话说,扰动波是沿着特征线传播的.通过下面对简单波的讨论,这一点可以理解得更清楚.因为此时 c 已不是常数,而是当时当地的热力学函数;它是非线性方程(12.3.1)和(12.3.2)解的一部分,所以 c 又称为**非线性声速**.

如果只考虑小扰动,$u = u_0 + u'$,$\rho = \rho_0 + \rho'$,且 u_0, c_0, ρ_0 等为常数,则

$$J_\pm \approx u' \pm \frac{c_0}{\rho_0}\rho' + 常数, \qquad \left(\frac{\mathrm{d}x}{\mathrm{d}t}\right)_\pm \approx u_0 \pm c_0.$$

这样沿着 $x = (u_0 \pm c_0)t + 常数$的直线,$u' \pm \frac{c_0}{\rho_0}\rho'$ 是常量,所以可表示成形式

$$u' + \frac{c_0}{\rho_0}\rho' = f(x - (u_0 + c_0)t),$$

$$u' - \frac{c_0}{\rho_0} \rho' = g(x + (c_0 - u_0)t).$$

那么,$u' = \frac{1}{2}(f + g)$,$\rho' = \frac{1}{2}\frac{\rho_0}{c_0}(f - g)$,$f$ 和 g 是行波形式的解.特别是如果 u_0 = 0,就蜕化回 12.1 节中的静止介质中线性声波的情形.

如果一维非定常流是绝热而非均熵的,则运动方程组还要补充一个绝热方程才能封闭.此时,除了 $C_\pm$ 两簇特征线以外,还存在第三簇特征线.由绝热方程可知

$$\frac{\mathrm{d}s}{\mathrm{d}t} = \left(\frac{\partial}{\partial t} + \boldsymbol{u} \cdot \nabla\right)s = 0,$$

则在 $\frac{\mathrm{d}x}{\mathrm{d}t} = u$ 上有

$$\frac{\mathrm{d}s}{\mathrm{d}t} = 0. \tag{12.3.7}$$

所以流体质点的迹线也是一条特征线,记为 C_0.沿 C_0 熵 s 不变.对于均熵流,s = 常数处处成立,式(12.3.7)可以略去.

12.3.2　一维非定常流的特征线解法

用特征线方法解一维非定常流是十分方便的.此时可用新变量 J_+ 和 J_- 代替老变量 u 和 c,再利用 $J_\pm$ 沿 $C_\pm$ 的不变量性质,u 和 c 就随之确定了.其方法大意如下:

设 x-t 平面上曲线段 AB 上每一点的 u 和 c 已知,AB 本身不是特征线.则由 A 点和 B 点发出的不同族特征线所包围的区域内的每一点上,u 和 c 能被唯一确定.具体地说,在等熵流中 c 是 ρ 的确定函数,$c = c(\rho)$,式(12.3.3)中积分也就是确定的,J 和 u,c 就有确定的关系.如果从 A,B 发出的特征线交于 P 点,设 AP 是 C_+ 簇的一条特征线,所以沿 AP 上有 $J_+(P) = J_+(A)$;同理,BP 是过 B 点 C_- 族的一条特征线,沿 BP 上有 $J_-(B) = J_-(P)$.这样在 P 点的 u 和 c 就可通过 $J_\pm(P)$ 由 $J_+(A)$ 和 $J_-(B)$ 的值求出.但是,问题在于我们事先不能确定 PA 和 PB 的形状.所以,在实际的计算中是将 AB 段分成若干小线段(如图 12.7),因为 AB 上每一点特征线的斜率是已知的,这样就可以用直线段组成的折线近似代替特征曲线.例如,由 A 和 D 点的 J_+ 和 J_- 及其特征线 C^+

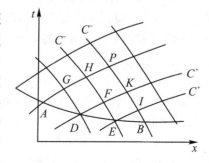

图 12.7　x-t 图上的特征线

和 C^- 的斜率可确定出 G 的位置和 G 点上的函数值. 同理, 由 G 和 F 点的值可确定 H 点的位置和函数值. 这样一步步推进到 P 点, 一旦计算到 P 点, 此计算便告终止. 这样得到的 P 点位置是近似的, 它的精度取决于 AB 上分段的粗细程度, 分段越细, 精度越高.

以完全气体为例, $p = \dfrac{p_0}{\rho_0^\gamma} \rho^\gamma$, $c^2 = \dfrac{\gamma p}{\rho} = \dfrac{p_0}{\rho_0^\gamma} \gamma \rho^{\gamma-1}$, 其中 p_0, ρ_0 是参考量. γ 是比热比, 则由式(12.3.3),

$$\text{沿 } C_+ : J_+ = u + \frac{2}{\gamma-1} c = \text{常数},$$

$$\text{沿 } C_- : J_- = u - \frac{2}{\gamma-1} c = \text{常数}.$$

图 12.7 中 F 点上应有

$$\left(u + \frac{2}{\gamma-1} c \right)_F = \left(u + \frac{2}{\gamma-1} c \right)_D,$$

$$\left(u - \frac{2}{\gamma-1} c \right)_F = \left(u - \frac{2}{\gamma-1} \right)_E.$$

由上两式可求出 u_F 和 c_F 之值. 再由特征线方程(12.3.5)和式(12.3.6)的差分形式得出

$$x_F - x_D = (u+c)_D \cdot (t_F - t_D);$$

$$x_F - x_E = (u-c)_E \cdot (t_F - t_E).$$

以上两式可定出 F 点的位置, 其他各点算法雷同. 我们常把过 P 点的两支不同簇特征线所含的上游区域称为 P 点的 **依赖区**, 因为该区域内的每一点对 P 点都有影响. 又把过 P 点的两支不同簇特征线所含的下游区域称为 P 点的 **影响区**, 因为在该区域中的每一点都受到 P 点的影响.

用特征线方法得到的解常被看成是一维非定常流的精确解. 因为我们在解方程组(12.3.12)过程中没有作任何简化. 一般地, 特征理论也给出了高维空间中双曲型偏微分方程组初值问题的求解方法.

12.3.3　简单波

如果流场只存在沿一个方向传播的扰动波, 这种情形称为简单波. 用数学语言来说, 简单波是指这样一种一维非定常等熵流: 两个黎曼不变量中有一个在全流场处处保持为常数, 或说两簇特征线中有一簇一定是直线. 一个典型的例子是在一根无限长管中, 活塞运动所产生的波.

如果我们假定不变量 J_- 在全流场是常量. 故有

$$J_- = u - \int \frac{c}{\rho} \mathrm{d}\rho = J_-^{(0)} \text{（全流场）}.$$

对于另一个不变量则有

$$J_+ = u + \int \frac{c}{\rho} \mathrm{d}\rho = 2u - J_-^{(0)} = \text{常数（沿一条 } C_+ \text{ 上）}.$$

由此可知，沿 C_+ 的一条特征线上

$$u = \frac{J_+ + J_-^0}{2} = \text{常数}, \tag{12.3.8}$$

因为等熵流中 $c = c(\rho)$，$\int \frac{c}{\rho} \mathrm{d}\rho$ 就是 ρ 的确定函数. 由此可以推知，沿每一条 C_+ 上. ρ, u, c 和 p 等都是常数，且互为单值函数，这样，在 C_+ 上有

$$\left(\frac{\mathrm{d}x}{\mathrm{d}t}\right)_+ = u + c(u) = \text{常数}. \tag{12.3.9}$$

这就证明了在简单波中有一簇特征线一定是直线. 将上式右首 u 视为常参数，积分后有

$$x = [u + c(u)]t + f(u). \tag{12.3.10}$$

同理，若是 C_- 簇是直线，则有

$$x = [u - c(u)]t + f(u). \tag{12.3.11}$$

由式(12.3.10)可见，p, ρ, u, c 等在气体中是沿着 x 轴以速度 $u + c(u)$ 传播. $f(u)$ 是一个积分产生的任意函数，$f(u)$ 的形式可由具体初始条件确定. 换句话说，其解是个右行波

$$u = f\{x - [u + c(u)]t\}, \quad c = g\{x - [u + c(u)]t\}, \quad \cdots. \tag{12.3.12}$$

以上表明，在简单波中，当 J_- 在全流场是常量时，C_+ 是直线簇，代表右行波，当 J_+ 在全流场不变时，C_- 是直线簇，代表左行波.

例1　右行稀疏波.

我们现在假定活塞从静止向左开始运动，活塞右方管道内气体为完全气体，活塞运动轨迹为 $x = X(t)$.

当活塞向左加速（含等速）运动时，活塞右侧空气变稀，扰动产生**右行稀疏波**，波前是活塞的初始扰动波，它以波前方静止气体的声速 c_0 向右传播，如图 12.8 OA 所示，OA 特征线斜率为 $\left(\frac{\mathrm{d}x}{\mathrm{d}t}\right) = c_0$. 在波阵面 OA 的前

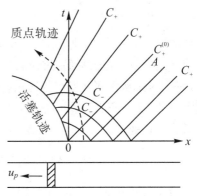

图 12.8　右行稀疏波

方,气体是均匀静止的,这个区域中的同族特征线是些互相平行的直线,其斜率分别为

$$\left(\frac{\mathrm{d}x}{\mathrm{d}t}\right)_+ = c_0, \qquad \left(\frac{\mathrm{d}x}{\mathrm{d}t}\right)_- = -c_0.$$

由此可知,在整个 x-t 平面上发自于静止均匀区域的特征线簇 C_- 上的黎曼不变量在整个流场保持不变.

$$J_-^{(0)} = u - \frac{2}{\gamma-1}c = -\frac{2}{\gamma-1}c_0. \tag{12.3.13}$$

而在波阵面 OA 后方从活塞表面发出的特征线簇 C_+ 是些发散的直线,在 C_+ 的一条特征线上,由上式及等熵关系各物理量为

$$\left.\begin{array}{l} c = c_0 + \dfrac{\gamma-1}{2}u, \\[2mm] \rho/\rho_0 = \left(1 \pm \dfrac{\gamma-1}{2}\dfrac{u}{c_0}\right)^{\frac{2}{\gamma-1}} \text{ 和 } p/p_0 = \left(1 + \dfrac{\gamma-1}{2}\dfrac{u}{c_0}\right)^{\frac{2\gamma}{\gamma-1}}. \end{array}\right\} \tag{12.3.14}$$

C^+ 的斜率为

$$\left(\frac{\mathrm{d}x}{\mathrm{d}t}\right)_+ = u + c = c_0 + \frac{\gamma+1}{2}u. \tag{12.3.15}$$

沿 C^+ 的一条线上 u 值不变,可由活塞表面的运动速度确定.进而,由式(12.3.14)可求出 c,ρ,p 等.具体地说,将式(12.3.14)代入式(12.3.10),得到

$$x = t\left(c_0 + \frac{\gamma+1}{2}u\right) + f(u). \tag{12.3.16}$$

在 τ 时刻由在活塞面上的边界条件可确定出 $f(u)$,上式变成

$$u = \dot{X}(\tau), \qquad X(\tau) = \tau\left(c_0 + \frac{\gamma+1}{2}\dot{X}(\tau)\right) + f(u). \tag{12.3.17}$$

于是函数 $f(u)$ 可由上两式以 τ 为参数表示出来.为了确定简单波区内任一条 C^+ 上的气流参数,首先要确定过该点 (x,t) 的 C^+ 线与活塞面的相交时刻 τ.换句话说,在 τ 时刻从活塞面发出的这条特征线在 t 时刻应正好通过 (x,t) 那一点.注意到沿一条 C^+ 上气流参数为常数,$\tau(x,t)$ 关系就可由式(12.3.16)和(12.3.17)以隐函数形式确定为

$$x = X(\tau) + \left(c_0 + \frac{\gamma+1}{2}\dot{X}(\tau)\right)(t - \tau). \tag{12.3.18}$$

由此可进一步从式(12.3.14)解得 $u(x,t) = \dot{X}(\tau)$,$c = c_0 + \frac{\gamma-1}{2}\dot{X}(\tau)$ 以及 p,ρ 等.

特例：如果活塞是等加速运动，$X(t) = -\dfrac{1}{2}at^2$，则

$$\dot{X}(t) = -at, \quad \ddot{X}(t) = -a, \quad a > 0.$$

由式(12.3.17)可得

$$f(-a\tau) = -c_0\tau + \gamma a\tau^2/2,$$

对上式改写成用 u 表示，$\tau = -\dfrac{a}{u}$，则

$$f(u) = \frac{c_0}{a}u + \frac{\gamma}{2a}u^2 = x - t\left(c_0 + \frac{\gamma+1}{2}u\right),$$

求解 u 得

$$u(x,t) = -\frac{1}{\gamma}\left(c_0 + \frac{\gamma+1}{2}at\right) + \frac{1}{\gamma}\sqrt{\left(c_0 + \frac{\gamma+1}{2}at\right)^2 - 2a\gamma(c_0 t - x)}.$$

例 2　*中心稀疏波*.

所谓**中心稀疏波**，即是活塞突然经 $\dot{X}(t) = -U_p$ 向左运动产生的. 流动分析表明，在 x-t 图上这时可分为三个区域（图 12.9），在 $x > c_0 t$ 内是未扰动静止区，在活塞表面附近是均匀流区，两者之间是个扇形膨胀区，在这扇形区内，由于 $t = 0$ 时，$x = 0$，方程(12.3.16)给出 $f(u) = 0$，

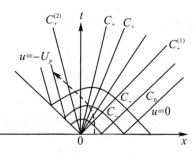

图 12.9　中心稀疏波

$$\left.\begin{array}{l} u = \dfrac{2c_0}{\gamma+1}\left(\dfrac{x}{c_0 t} - t\right), \\[3mm] c = c_0\left(\dfrac{\gamma-1}{\gamma+1}\dfrac{x}{c_0 t} + \dfrac{2}{\gamma+1}\right), \\[3mm] \text{当 } 1 - \dfrac{\gamma+1}{2}\dfrac{U_p}{c_0} < \dfrac{x}{c_0 t} < 1. \end{array}\right\} \quad (12.3.19)$$

在波前那条特征线上

$$u = 0, \quad \frac{x}{t} = c_0 \quad (\text{在 } C_+^{(1)} \text{ 上}).$$

在波后与均匀区接触的那条 $C_+^{(2)}$ 上

$$u = -U_p, \quad \frac{x}{t} = c_0 - \frac{\gamma+1}{2}U_p \quad (\text{在 } C_+^{(2)} \text{ 上}).$$

从式(12.3.19)可见，在中心稀疏波中，气流参数只是 x/t 的函数，这种情形又称为自相似解. 另外的气流参数是

$$\left.\begin{aligned}
\rho &= \rho_0\left[1 - \frac{\gamma-1}{2}\frac{|u|}{c_0}\right]^{\frac{2}{\gamma-1}}, \\
p &= p_0\left[1 - \frac{\gamma-1}{2}\frac{|u|}{c_0}\right]^{\frac{2\gamma}{\gamma-1}}, \\
u &< 0.
\end{aligned}\right\} \tag{12.3.20}$$

由上式可知,当 $|u| = U_p = \dfrac{2c_0}{\gamma-1}$ 时,$p=0$,就是说,如果 $U_p > \dfrac{2c_0}{\gamma-1}$,则活塞表面附近将出现真空区.因此,$|u| = \dfrac{2c_0}{\gamma-1}$ 是中心稀疏波的最大可能速度(逃逸速度).

如果活塞的运动方向改为向右,则使管内空气挤压变得更稠密($\rho' > 0$).这种扰动的传播称为右行压缩波.只要尚未形成激波,它也是一种简单波,可按同样方法分析,此处不再详述了.

12.3.4　激波的形成

前已述及,有关简单波的结果对于压缩波也是完全适用的.但是压缩波与稀疏波之间有一个重要区别,我们知道,简单波是以当地的速度 $u+c$(或 $u-c$)沿 x 轴正(或负)向传播的.对于稀疏波而言,因为扰动波后的气体密度和声速要降低,所以较晚发出的扰动波将以较慢的速度传播,这样晚些时候产生的扰动波总是赶不上它前面的扰动波,在 x-t 图上表现为从活塞迹线上发出的特征线是发散的(图 12.9),不同时刻发出的波之间的距离将随时间增大.但是,压缩波传播的情形正相反.压缩波后面的压力、密度、流速 u 和声速 c 等要增高,因此较晚发出的压缩波将比它前面发出的压缩波运动速度快,最终将导致后面的压缩波赶上前面的波.图 12.10 是活塞向右加速运动产生右行压缩波的例子.在 x-t 图上,从原点发出的一条特征线 C_+^0 把静止区和扰动区区分开来,在静

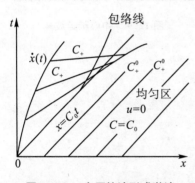

图 12.10　由压缩波形成激波

止区特征线 C_+ 是彼此平行的直线.在扰动区从活塞发出的特征线的斜率 $(\mathrm{d}x/\mathrm{d}t)_+$ 越来越陡,特征线簇 C_+ 是汇聚的.于是,势必在某一时刻同簇特征线要相交.在 x-t 图上形成一族相交特征线的包络线.

我们知道,一旦同簇特征线相交,意味着运动方程的解出现了多值性,这在物

理上是不可能的.这时流场中就形成
了所谓**激波**.当激波形成以前,简单
波解仍旧是适用的.激波形成后,简
单波解就不复正确.流场的解需要由
激波确定的关系来描述.

　　为了进一步阐明激波的形成,我
们再仔细研究一下简单压缩波的波
形畸变过程.图 12.11 表示某个时刻
右行波的密度剖面,密度不均匀可理
解成是由于活塞变速运动产生的.因
为简单波区内密度大的地方,质点速
度 u,声速 c 及压力 p 等也大,因此它
们的剖面与密度有类似的形状.分析
密度剖面的演化过程可以代表其他
流动参数的情形.右行简单波中密度
为一定值的波面将以当地声速相对
于流体质点传播,或以速度 $U = u +
c$ 在绝对坐标系中传播,波中各波面
的传播速度是不一样的.密度大处传
播速度大,密度小处传播速度小.图
12.11(b) 画出了几个波面相应的 C_+
簇特征线(即轨迹),图 12.11(c) 是 t_1
时刻剖面畸变后的情形.由于密度大
处运动得快,密度小处运动得慢,使
得剖面"前锋"变陡,"后尾"变得更平
坦,当达到这样一个时刻,$t = t_s$,前
锋变得无限陡,这时就形成了"激

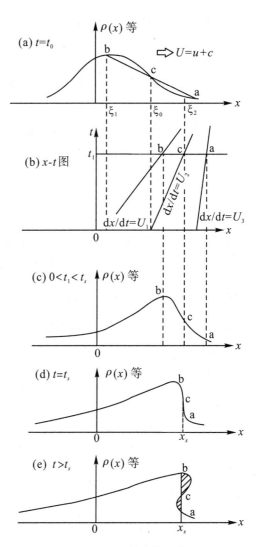

图 12.11　激波的形成

波"(图 12.11(d)).在 $t > t_s$ 以后,剖面上出现多值点,这在物理上是不可能的.从
物理上说,当 b,c,a 三点位置相当接近时,在 bca 段上出现了很陡的速度梯度和温
度梯度等,此时黏性和热传导效应就会增强,而黏性和热传导等耗散作用总是趋向
于阻止这些梯度进一步加大,所以,当非线性的畸变与黏性、热传导的耗散两种相
反效应达到平衡时,曲线 bca 维持在一定的陡度不再变化.这个陡度很大的区域是
极窄的,在无黏流模型中就用一个无厚度的间断面来处理,物理量在间断面前后发

生间断,而在流场其他地方则是处处单值连续的,这种间断面称为激波.

从简单压缩波演化成激波的时刻就是在简单波中第一次出现气流参数多值性的时刻. 在 x-t 图上可解释为,彼此相交的特征线具有一条包络线(也称极限线),包络线在 t 值较小的下端有一尖点,这便是激波最初形成的时间和地点. 因为激波形成前简单波理论仍旧成立,所以我们仍可用它来确定激波形成的时间和地点. 仍用图 12.11 来说明,在流场中第一次出现速度多值点之前,应有 $\left(\dfrac{\partial u}{\partial x}\right)_t \to \infty$;在 t_s 时刻,$u = u(x)$ 曲线应在垂直切线的两边. 所以,x_s 应是 $u(x)$ 的拐点. 由此两个条件可确定激波形成的时间 t_s 和地点 x_s.

$$\left(\frac{\partial x}{\partial u}\right)_t = 0, \qquad \left(\frac{\partial^2 x}{\partial u^2}\right)_t = 0. \tag{12.3.21}$$

对于完全气体,由式(12.3.16),当 $u = u(x_s, t_s)$ 时,上式化为

$$t_s = -\frac{2}{\gamma + 1}\frac{\mathrm{d}f(u)}{\mathrm{d}u}, \qquad \frac{\mathrm{d}^2 f(u)}{\mathrm{d}u^2} = 0. \tag{12.3.22}$$

如果在压缩波波锋前是静止气体,那里扰动为零,当激波在波锋处形成时,虽然 $\left(\dfrac{\partial u}{\partial x}\right)_t \to \infty$,但并不是 $u(x)$ 曲线的拐点,第二个条件应改为波锋上 $u = 0$. 式(12.3.21) 改为

$$\left(\frac{\partial x}{\partial u}\right)_t = 0 \quad \text{及} \quad x_s = \pm c_0 t_s + f(0). \tag{12.3.23}$$

对于完全气体,上式变成

$$t_s = -\frac{2}{\gamma + 1}\left\{\frac{\mathrm{d}}{\mathrm{d}u}f(u)\right\}_{u=0} \quad \text{及} \quad x_s = \pm c_0 t_s + f(0). \tag{12.3.24}$$

例3 如活塞等加速向右推进,$\dot{X}(t) = at$,活塞运动前气体静止. 求激波形成时间和地点.

由算例 1 可知,$f(u) = -\dfrac{c_0}{a}u - \dfrac{\gamma}{2a}u^2$,因此

$$t_s = \frac{2c_0}{(\gamma + 1)a},$$

$$x_s = \frac{2c_0^2}{(\gamma + 1)a}.$$

12.4　激波和膨胀波

激波(又称冲击波,shock wave)是超声速流动中特有的物理现象.飞行器的超声速飞行,强爆炸(如核爆)等都会产生激波.本节将讨论激波的主要特性,如激波前后参数的相容关系、激波绝热曲线、斜激波、激波与壁面相互作用等,至于激波的形成已在12.3节一维非定常流中讲过.

12.4.1　间断面

流体力学中所说的"间断面",是指三维流场中的一个曲面 S,在该曲面的两侧 S^+ 和 S^-,总存在某种物理量 q 的不连续,即 $q^+ \neq q^-$.

真实的激波是有一定厚度的,但厚度非常之薄,仅为几个分子平均自由程.气体在这样的薄层内受到剧烈的压缩,各物理量发生很大的变化,流速改变,压力、密度和温度增大.但是,在无黏可压缩气体流动中,必须把激波层看成是没有厚度的、数学上的间断面,而不涉及其内部的结构,因为在激波层内存在很大的黏性耗散,非无黏流理论所能描述.所以,无黏流近似下通过间断面物理量的变化是不连续的,但是仍旧应该满足质量、动量和能量守恒定律.下面,首先推导激波前后参数的相容关系.

考察间断面上的一个微元面积,将坐标架固结于该面元之上,如图 12.12 所示,使 x 轴与该面元的法线方向一致,yz 坐标平面与该面元相切,对于处于该坐标架内的观察者,间断面是静止

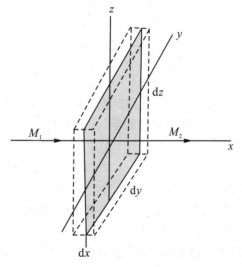

图 12.12　推导激波前后关系的示意图

的.然后取一个扁平长方形控制体包围该面元,并使 $\mathrm{d}x \ll \mathrm{d}y, \mathrm{d}z$.若将气体流入间断面的一侧记为 ①,流出间断面的另一侧记为 ②,间断面两侧的相对运动速度、压

力、密度和比焓分别为 v, p, ρ 和 h. 对控制体写出质量守恒关系

$$\frac{\partial \rho}{\partial t} dx dy dz = [(\rho v_x)_2 - (\rho v_x)_1] dy dz + 通过侧表面的质量流量. \quad (12.4.1)$$

以 $dy dz$ 除等式各项, 因为侧表面的流量分别与表面积 $dx dy$ 和 $dx dz$ 成正比, 当 $dx, dy, dz \to 0$ 的极限情形下, 同时有 $\dfrac{dx}{dy}, \dfrac{dx}{dz} \to 0$ 于是就得到

$$(\rho v_x)_2 - (\rho v_x)_1 = 0 \quad 或 \quad (\rho v_x)_1 = (\rho v_x)_2.$$

类似地, 由动量守恒原理可得到

$$(p + \rho v_x^2)_1 = (p + \rho v_x^2)_2,$$
$$(\rho v_x v_y)_1 = (\rho v_x v_y)_2,$$
$$(\rho v_x v_z)_1 = (\rho v_x v_z)_2.$$

由能量守恒原理可得

$$\left\{ \rho u_x \left(h + \frac{|\boldsymbol{v}|^2}{2} \right) \right\}_1 = \left\{ \rho u_x \left(h + \frac{|\boldsymbol{v}|^2}{2} \right) \right\}_2,$$

其中 $|\boldsymbol{v}|^2 = v_x^2 + v_y^2 + v_z^2$. 引入符号 $[\circ] = (\circ)_2 - (\circ)_1$, 表示参数在间断面两侧的跃变, 上面的守恒关系可以写成

$$[\rho v_x] = 0, \quad (12.4.2)$$

$$[p + \rho v_x^2] = 0, \quad (12.4.3)$$

$$[\rho v_x v_y] = 0, \quad [\rho v_x v_z] = 0, \quad (12.4.4)$$

$$\left[\rho v_x \left(h + \frac{|\boldsymbol{v}|^2}{2} \right) \right] = 0. \quad (12.4.5)$$

通过分析上述间断面两侧的相容关系, 可知存在两类不同性质的间断面:

一类称为**切向间断**. 此时有 $v_{1x} = v_{2x}$, 即间断面两侧法向速度分量连续. 于是有

$$[\rho] v_x = 0. \quad (12.4.6)$$

如果 $[\rho] \neq 0$, 或者 $[\rho v_y] \neq 0, [\rho v_z] \neq 0$, 则必有 $v_x = 0$. 或者 $[\rho v_y] v_x = [\rho v_z] v_x = 0$. 首先, 若 $[\rho] \neq 0$, 可知两种不同密度流体接触面形成的切向间断面一定是一个物质面. 另外, 也可以有 $v_{1x} = v_{2x} = 0$ 和 $\rho_1 = \rho_2$ 同时成立的切向间断面, 它只是同一种流体在大雷诺数下产生的极薄的速度剪切层的一个无黏近似模型. 因为严格讲, 黏性流体中是不应当有速度间断面的. 此时的切向间断面必须有 $v_{1y} \neq v_{2y}$ 或 $v_{1z} \neq v_{2z}$, 否则就不称其为间断面了. 再由式(12.4.3), 切向间断面上必须有

$$[p] = 0. \quad (12.4.7)$$

流体穿过切向间断面, 法向分速和压力是连续的, 密度和切向分速在间断面两侧可

以有任意的跃变值.切向间断面有时也称为**涡面**或**滑移面**.

另一类间断面称**激波**.它本身不是物质面,流体可以相对于它运动,质量通量不为零,$v_{1x} \neq 0$,$v_{2x} \neq 0$,$[\rho] \neq 0$,但式(12.4.2)必须成立.由式(12.4.4)可知必有

$$[v_y] = 0 \quad 和 \quad [v_z] = 0. \tag{12.4.8}$$

也就是说,切向分速在此类间断面两侧是连续的,而法向分速,压力、密度、焓等参量是间断的.这样的法向间断面就称为**激波**.从式(12.4.2)~(12.4.5),**激波**关系式可写为

$$[\rho v_n] = 0, \tag{12.4.9}$$

$$[p + \rho v_n^2] = 0, \tag{12.4.10}$$

$$[v_t] = 0, \tag{12.4.11}$$

$$\left[h + \frac{v_n^2}{2}\right] = 0. \tag{12.4.12}$$

这里已用垂直于激波面的法向分速 v_n 代替了 v_x,用切向分速 v_t 代替了 v_y 和 v_z,$v_t^2 = v_y^2 + v_z^2$,及 $\boldsymbol{v} = v_n\boldsymbol{n} + v_t\boldsymbol{t}$. $\boldsymbol{n}$ 是激波面的单位法向量,$\boldsymbol{t}$ 是位于激波面内的单位切向量.

现在,如果对于在静止坐标架内的观察者,间断面和气流运动的绝对速度分别为 u_s 和 u,在式(12.4.9)~(12.4.12)中只要用 $(\boldsymbol{u} - \boldsymbol{u}_s)\cdot\boldsymbol{n}$ 代替 v_n,就可得到在静止坐标架内的运动激波关系式.当 $v_t = 0$ 时,我们称为**正激波**,当 $\boldsymbol{u}_s = \boldsymbol{0}$ 时称为**驻激波**.气体通过激波,经历了一个绝热的不可逆热力学过程,根据热力学第二定律,立刻可知

$$s_2 > s_1. \tag{12.4.13}$$

一般地,在静止坐标架内运动间断面两侧的守恒关系可表示成

$$[\rho(\boldsymbol{u} - \boldsymbol{u}_s)\cdot\boldsymbol{n}] = 0, \tag{12.4.14}$$

$$[\rho\boldsymbol{u}(\boldsymbol{u} - \boldsymbol{u}_s)\cdot\boldsymbol{n} + p\boldsymbol{n}] = 0, \tag{12.4.15}$$

$$\left[\rho\left(\varepsilon + \frac{|\boldsymbol{u}|^2}{2}\right)(\boldsymbol{u} - \boldsymbol{u}_s)\cdot\boldsymbol{n} + p\boldsymbol{u}\cdot\boldsymbol{n}\right] = 0, \tag{12.4.16}$$

其中 ε 是比内能.

12.4.2 激波绝热曲线

为了进一步阐明激波的性质,本小节通过对激波绝热曲线的定性讨论,了解激波前后的一般规律性.

若用 j 表示单位时间内通过单位激波面上的质量通量,下标1,2分别表示激波

前后状态,$j = \rho_1 v_{2n} = \rho_2 v_{2n}$,式(12.4.9)可写成 $j^2 = \dfrac{p_2 - p_1}{V_1 - V_2}$,其中 V 是气体的比容($V = 1/\rho$),从而有

$$v_{1n}^2 = V_1^2 \frac{p_2 - p_1}{V_1 - V_2}, \quad v_{2n}^2 = V_2^2 \frac{p_2 - p_1}{V_1 - V_2}, \qquad (12.4.17)$$

$$v_{1n} - v_{2n} = \sqrt{(p_2 - p_1)(V_1 - V_2)}, \qquad (12.4.18)$$

若再从能量方程(12.4.12)中消去速度,得到

$$h_1 - h_2 + \frac{1}{2}(p_2 - p_1)(V_1 + V_2) = 0, \qquad (12.4.19)$$

或者

$$\varepsilon_1 - \varepsilon_2 + \frac{1}{2}(p_1 + p_2)(V_1 - V_2) = 0. \qquad (12.4.19')$$

上两式的一个显著特点是,其中不含有运动学量,是一个纯热力学关系式,它就是**激波绝热**的兰金-雨贡纽(Rankine-Hugoniot)方程(以下简称 R-H 方程). 它与坐标系选择无关,同时上述形式的 R-H 方程没有用到具体形式的气体状态方程,它对一切气体都适用.

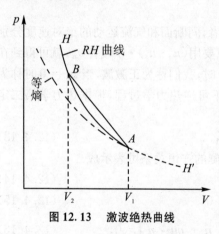

图 12.13　激波绝热曲线

如果激波前状态是已知的,方程(12.4.19)就以隐函数形式给出了波后 p_2 和 V_2 的关系

$$p = H(V; p_1, V_1), \qquad (12.4.20)$$

画在 $p\text{-}V$ 图上就是一组以 p_1 和 V_1 为双参数的曲线族,称为**激波绝热曲线**(R-H 曲线). 图 12.13 中 A 点代表波前状态 p_1,V_1,过 A 点的 R-H 曲线表示为 HH'. 它是条单调降的且处处下凹的曲线,即 $\left(\dfrac{\mathrm{d}p}{\mathrm{d}V}\right)_{\mathrm{RH}} < 0$ 和 $\left(\dfrac{\mathrm{d}^2 p}{\mathrm{d}V^2}\right)_{\mathrm{RH}} > 0$. 这对于所有已知的实际气体都是正确的. 为了比较,图中还画了一条过 A 点的**等熵绝热**曲线(又称泊松绝热曲线),由 $p = p(V, s)$ 可知它是组单参数曲线族.

首先我们来研究一下**弱激波**的性质. 为此可对 $h(p, s)$ 和 $V(p, s)$ 在 A 点附近作泰勒级数展开,并考虑到 $\mathrm{d}h = T\mathrm{d}s + V\mathrm{d}p$,$\left(\dfrac{\partial h}{\partial s}\right)_p = T$,$\left(\dfrac{\partial h}{\partial p}\right)_s = V$,所以

$$h_2 - h_1 = T_1(s_2 - s_1) + V_1(p_2 - p_1) + \frac{1}{2}\left(\frac{\partial V}{\partial p_1}\right)_s (p_2 - p_1)^2$$
$$+ \frac{1}{6}\left(\frac{\partial^2 V}{\partial p_1^2}\right)_s (p_2 - p_1)^3,$$

$$V_2 - V_1 = \left(\frac{\partial V}{\partial p_1}\right)_s (p_2 - p_1) + \frac{1}{2}\left(\frac{\partial^2 V}{\partial p_1^2}\right)_s (p_2 - p_1)^2 + \cdots.$$

将上式代入 R-H 方程(12.4.19)，于是有 $T_1(s_2 - s_1) = \frac{1}{2}(V_2 - V_1)(p_2 - p_1) - \frac{1}{2}\left(\frac{\partial V}{\partial p_1}\right)_s (p_2 - p_1)^2 - \cdots$，从而得到沿 HH' 曲线，在 A 点附近的熵增为

$$s_2 - s_1 = \frac{1}{12}\frac{1}{T}\left(\frac{\partial^2 V}{\partial p_1^2}\right)_s (p_2 - p_1)^3. \tag{12.4.21}$$

这表明在弱激波中熵增是压强增量的三阶小量，熵增的符号与 $\left(\frac{\partial^2 V}{\partial p_1^2}\right)_s$ 有关. 当 $\left(\frac{\partial^2 V}{\partial p_1^2}\right)_s > 0$ 或 $\left(\frac{\partial^2 p}{\partial V^2}\right)_s > 0$ 时，熵增($s_2 > s_1$) 必有压缩激波($p_2 > p_1$, $V_2 < V_1$)，这相当于曲线 HH' 中 A 的上分支 AH 部分. 在曲线下分支 AH' 部分，$p_2 < p_1$，则 $s_2 < s_1$. 这说明膨胀"激波"伴随着熵减，这是违反热力学第二定律的，所以在 HH' 曲线上有实际意义的只是 AH 上分支部分. 这也表明，实际气体总有 $\frac{\partial^2 V}{\partial p^2} > 0$，即气体密度越大，越难进一步压缩.

将激波绝热曲线与等熵绝热曲线比较可知，在 A 点处两条曲线相切，且曲率也相同. 同时可以知道，在 A 点上分支的 AH 曲线应位于等熵曲线 PA 之上. 即对于相同的横坐标 V_2，激波绝热曲线比等熵绝热曲线有更高的压力 p_2，熵增越大，压力就越高.

由 A 点附近激波绝热曲线的性质可以推论出许多重要结果. 在 AH 曲线上取一点 B，B 点表示经过激波压缩后波后的状态. 由式(12.4.17)可知，激波相对于波前气流的法向运动速度可由弦线 AB 的斜率确定. 波后压力越高，激波相对运动速度也越大. AB 弦的斜率大于在 A 点的激波绝热曲线的切线的斜率，即

$$j^2 = \frac{p_2 - p_1}{V_1 - V_2} > -\left(\frac{\partial p}{\partial V_1}\right)_s.$$

两边乘以 V_1^2，由式(12.4.17) 知

$$j^2 V_1^2 = v_{1n}^2 > -V_1^2\left(\frac{\partial p}{\partial V_1}\right)_s = \left(\frac{\partial p}{\partial \rho_1}\right)_s = c_1^2,$$

但是，AB 弦的斜率小于 B 点处激波绝热曲线的切线的斜率，故

$$j^2 V_2^2 = v_{2n}^2 < \left(\frac{\partial p}{\partial \rho_2}\right)_s = c_2^2.$$

而由 $j = v_{1n}/V_1 = v_{2n}/V_2$, $V_2 < V_1$ 又得到 $v_{2n} < v_{1n}$.

总之,在熵增条件下$(s_2 > s_1)$,从激波绝热曲线性质可以推断出

$$p_2 > p_1, V_2 < V_1(\text{或 } \rho_2 > \rho_1),$$
$$v_{1n} > c_1, v_{2n} < c_2 \text{ 及 } v_{2n} < v_{1n}.$$

$$(12.4.22)$$

对于完全气体,兰金-雨贡纽关系式(12.4.19) 的特殊形式为

$$\frac{p_2}{p_1} = \frac{\dfrac{\gamma + 1}{\gamma - 1}\dfrac{\rho_2}{\rho_1} - 1}{\dfrac{\gamma + 1}{\gamma - 1} - \dfrac{\rho_2}{\rho_1}}$$

或

$$\frac{\rho_2}{\rho_1} = \frac{\dfrac{\gamma + 1}{\gamma - 1}\dfrac{p_2}{p_1} + 1}{\dfrac{\gamma + 1}{\gamma - 1} + \dfrac{p_2}{p_1}}.$$

$$(12.4.23)$$

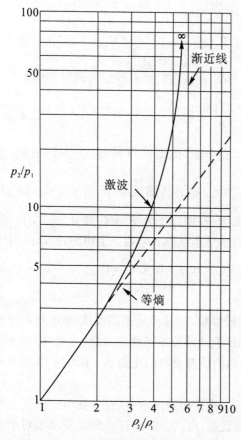

图 12.14　完全气体的兰金-雨贡纽曲线

图 12.14 中实线是对数坐标下的激波绝热曲线,虚线是等熵绝热曲线,即 $\dfrac{p_2}{p_1} = \left(\dfrac{\rho_2}{\rho_1}\right)^\gamma$. 由图可见,在同一 $\dfrac{\rho_2}{\rho_1}$ 值下,激波压缩的 $\dfrac{p_2}{p_1}$ 大于等熵压缩之值. 当 $\dfrac{p_2}{p_1} \to \infty$(强激波极限)时,$\dfrac{\rho_2}{\rho_1} \to \dfrac{\gamma + 1}{\gamma - 1}$. 对于双原子气体,$\gamma = 1.4$,$\dfrac{\rho_2}{\rho_1}$ ~ 6,若考虑真实气体效应,$\dfrac{\rho_2}{\rho_1}$ 可达 $15 \sim 16$ 倍.

12.4.3　完全气体驻正激波

把坐标系与激波面相连,并使某一坐标平面(比如,yz 平面)在激波面的某一点上与激波面相切,就在该点得到了驻正激波. 由式(12.4.9) ～ (12.4.12),完全

气体的驻正激波关系为(图 12.15)

$$\rho_1 v_1 = \rho_2 v_2, \qquad (12.4.24)$$

$$\rho_1 v_1^2 + p_1 = \rho_2 v_2^2 + p_2, \qquad (12.4.25)$$

$$\frac{\gamma}{\gamma-1}\frac{p_1}{\rho_1} + \frac{1}{2}v_1^2 = \frac{\gamma}{\gamma-1}\frac{p_2}{\rho_2} + \frac{1}{2}v_2^2. \qquad (12.4.26)$$

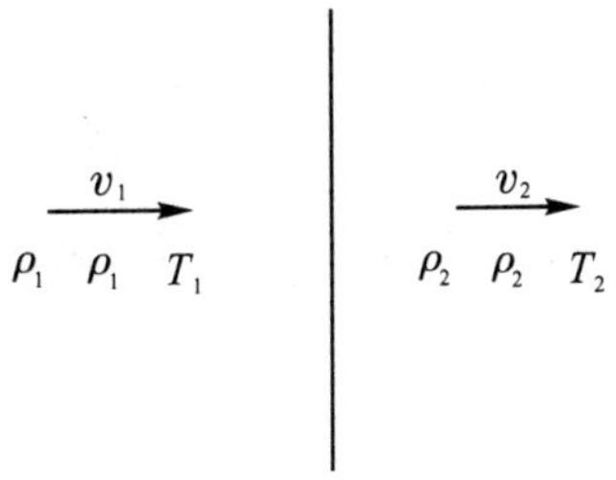

这里已使用了完全气体状态方程 $p = \rho RT$ 及热力学关系 $h = c_p T = \dfrac{\gamma}{\gamma-1}\dfrac{p}{\rho}$. 为得到物理上合理的唯一解,还需满足熵增条件

图 12.15 驻正激波

$$s_2 > s_1. \qquad (12.4.27)$$

从式(12.4.24) ~ (12.4.26)可知,有六个变量三个方程,如果激波前变量值为已知,则波后流动参量值就能确定. 通常是用激波前马赫数 $M_1 = \dfrac{v_1}{c_1}$ 作为已知参量,其他量都可用 M_1 来表示. 具体做法如下:

由能量方程出发,能量方程反映了激波前后总能量不变,所以 $T_{01} = T_{02}$,$h_{01} = h_{02}$,T_0 和 h_0 分别表示气流的滞止温度和滞止焓,或称总温和总焓. 由式(12.2.12)

$$\frac{T_{0i}}{T_i} = 1 + \frac{\gamma-1}{2}M_i^2, \qquad i = 1,2 \text{ 表示激波前后值},$$

有

$$\frac{T_2}{T_1} = \frac{1 + \dfrac{\gamma-1}{2}M_1^2}{1 + \dfrac{\gamma-1}{2}M_2^2}. \qquad (12.4.28)$$

再利用等熵关系 $\left(\dfrac{p_{0i}}{p_i}\right)^{\frac{\gamma-1}{\gamma}} = \left(\dfrac{\rho_{0i}}{\rho_i}\right)^{\gamma-1} = \dfrac{T_{0i}}{T_i}$,可以找出激波前后静参量 $\dfrac{p_2}{p_1}$ 作为 M_1 和 M_2 的函数关系

$$\frac{p_2}{p_1} = \frac{M_1}{M_2}\frac{\sqrt{1 + \dfrac{\gamma-1}{2}M_1^2}}{\sqrt{1 + \dfrac{\gamma-1}{2}M_2}}. \qquad (12.4.29)$$

另一方面,由动量方程(12.4.25)和 $\rho v^2 = \gamma p M^2$ 有 $\dfrac{p_2}{p_1} = \dfrac{1 + \gamma M_1^2}{1 + \gamma M_2^2}$. 这样就可得出 M_2 作为 M_1 的函数关系

$$M_2^2 = \frac{\dfrac{2}{\gamma - 1} + M_1^2}{\dfrac{2\gamma}{\gamma - 1} M_1^2 - 1}. \tag{12.4.30}$$

将此表达式代入 T_2/T_1 表达式(12.4.28),最后得

$$\frac{T_2}{T_1} = \frac{c_2^2}{c_1^2} = \frac{[2\gamma M_1^2 - (\gamma - 1)][(\gamma - 1)M_1^2 + 2]}{(\gamma + 1)^2 M_1^2}, \tag{12.4.31}$$

$$\frac{p_2}{p_1} = \frac{2\gamma}{\gamma + 1} M_1^2 - \frac{\gamma - 1}{\gamma + 1}, \tag{12.4.32}$$

$$\frac{\rho_2}{\rho_1} = \frac{v_1}{v_2} = \frac{(\gamma + 1)M_1^2}{(\gamma - 1)M_1^2 + 2}. \tag{12.4.33}$$

这些比值随来流 M_1 数的变化见图 12.16.

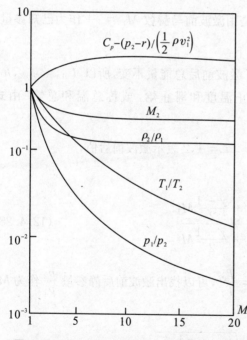

图 12.16　正激波前后参数比随 M_1 数的变化

激波前后的熵增,利用公式

$$s = c_V \ln\left(\frac{p}{\rho^\gamma}\right),\text{有}$$

$$s_2 - s_1 = -R \ln\frac{p_{02}}{p_{01}}.$$

其中 p_{01} 和 p_{02} 分别为激波前后的滞止压力,需要强调指出一点,虽然激波前后总能量不变($h_{01} = h_{02}$),但经过绝热不可逆过程后,波后机械能损失了,所以有 $p_{02} < p_{01}$. 考虑到 $\dfrac{p_{02}}{p_{01}} = \dfrac{p_{02}}{p_2} \cdot \dfrac{p_2}{p_1} \cdot \dfrac{p_1}{p_{01}}$,可得

$$\frac{s_2 - s_1}{R} =$$

$$\frac{\gamma}{\gamma - 1}\ln\left\{\frac{2}{(\gamma + 1)M_1^2} + \frac{\gamma - 1}{\gamma + 1}\right\}$$

$$+ \frac{1}{\gamma - 1}\ln\left\{\frac{2\gamma}{\gamma + 1}M_1^2 - \frac{\gamma - 1}{\gamma + 1}\right\}. \tag{12.4.34}$$

对于驻正激波必须有 $M_1 > 1$,激波相对于波前气体总是超声速传播的. 由式(12.4.30)知,当 $M_1 > 1$ 时必有 $M_2 < 1$,波后气流相对于激波总是亚声速的. 最后由式(12.4.31)～(12.4.33)和图 12.16 可见,正激波前后有

$$p_2 > p_1, \quad \rho_2 > \rho_1, \quad T_2 > T_1. \tag{12.4.35}$$

当 M_1 非常接近1时,是弱激波情形,此时 $p_2 - p_1/p_1 \ll 1$;当 $M_1 \gg 1$ 时是强激波情形,此时 $p_2 \gg p_1$,$T_2 \gg T_1$,

$$\frac{v_1}{v_2} = \frac{\rho_2}{\rho_1} \approx \frac{\gamma + 1}{\gamma - 1}, \qquad M_2^2 \approx \frac{\gamma - 1}{2\gamma}. \tag{12.4.36}$$

12.4.4 斜激波

如果驻激波前气流速度不和激波正交,则通常将激波面法线与波前气流速度矢量组成一个坐标平面,激波在此坐标系中成为斜激波.斜激波前后的速度的几何关系可由图 12.17 表示.在斜激波法向方向上,前面得到的正激波关系式 (12.4.30) ~ (12.4.34) 等完全成立,只需用 $M_{1n} = M_1\sin\beta$ 代替这些式子中的波前马赫数 M_1.所不同的是气流通过斜激波后有一个气流偏转角 θ,θ 与激波倾角 β 和 M_1 的关系由图 12.17 几何关系有

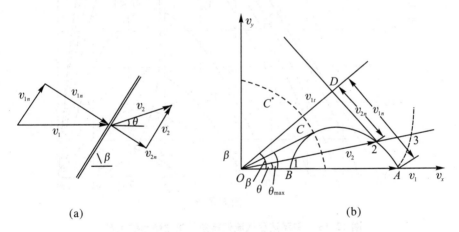

(a)   (b)

图 12.17 (a) 斜激波的几何关系;(b) 斜激波极曲线

$$\mathrm{tg}\beta = \frac{v_{1n}}{v_{1t}}, \qquad \mathrm{tg}(\beta - \theta) = \frac{v_{2n}}{v_{2t}}, \tag{12.4.37}$$

$$\frac{\mathrm{tg}(\beta - \theta)}{\mathrm{tg}\beta} = \frac{v_{2n}}{v_{1n}} = \frac{\rho_1}{\rho_2} = \frac{2 + (\gamma - 1)M_1^2\sin^2\beta}{(\gamma + 1)M_1^2\sin^2\beta}. \tag{12.4.38}$$

经过简单运算后得

$$\mathrm{tg}\theta = 2\cot\beta = \frac{M_1^2\sin^2\beta - 1}{M_1^2(\gamma + \cos2\beta) + 2}. \tag{12.4.39}$$

对于斜激波计算,除了给定 M_1 外,还须给定另一个参数 θ 或 β,才能定出波后的参数.以 θ 和 β 关系式作图可得图 12.18.分析图中曲线可知,当 $\beta = 90°$,$\cot\beta = 0$,θ

$= 0$,相当于正激波情形.当 $\sin\beta = 1/M$ 时,θ 也等于零,这相当于斜激波蜕化为马赫波.除此两种特例外,波后气流偏转角均不为零.考虑到波前法向分速应是超声速的,故 β 应限制在 $\arcsin \dfrac{1}{M_1} \leqslant \beta \leqslant \dfrac{\pi}{2}$ 之间.

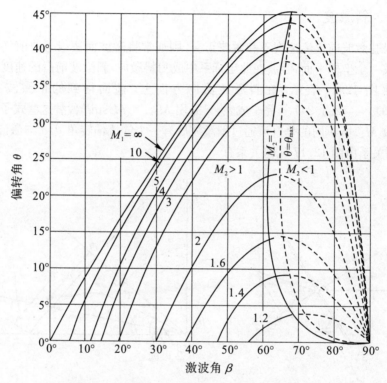

图 12.18 斜激波后气流偏转角与激波倾角的关系

从图中可见,对于每一个来流 M_1 数,θ 曲线上有一个极值 $\theta_{\max}(M_1)$.而对应于每一个 θ 值,β 有两个解.一个是弱解,以实线表示;一个是强解,以虚线表示.大体说来,强解波后的气流是亚声速的,弱解波后气流是超声速的.在 $\theta_{\max}$ 和 $M_2 = 1$ 之间的区域,一般相当罕见,可以不予考虑.

对于弱激波,θ 值很小,$\mathrm{tg}\theta \approx \theta$,

$$\mathrm{tg}\beta \approx \mathrm{tg}\mu = \frac{1}{\sqrt{M_1^2 - 1}}, \tag{12.4.40}$$

$$M_1^2\sin^2\beta - 1 \approx \frac{\gamma + 1}{2}\frac{M_1^2}{\sqrt{M_1^2 - 1}}\theta, \tag{12.4.41}$$

$$\frac{p_2 - p_1}{p_1} \approx \frac{\gamma M_1^2}{\sqrt{M_1^2 - 1}} \theta. \qquad (12.4.42)$$

利用正激波和斜激波关系式,我们就可分析许多复杂的流动,如钝头体的超声速绕流,激波与激波的相互作用等.以钝头体绕流为例,在钝头体前方形成一个道曲面激波(图 12.19).曲面激波上每个面元可近似看成是斜激波,在驻点附近,激波接近正激波,波后为亚声速,因此应取强解.声速线以后,波后气流为超声速的,应取弱解.远离头部的激波强度逐渐减弱,最后蜕化为马赫波.

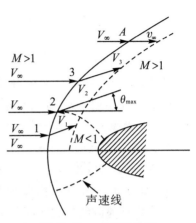

图 12.19　曲线激波面

由于曲面激波上各点强度不同,因此波后各条流线上熵增也不同.原来均熵的流动经过曲面激波后变成非均熵的.熵增与 β 关系为

$$T_s \frac{\mathrm{d}s}{\mathrm{d}\beta} = V_1^2 \sin\beta\cos\beta \left(1 - \frac{\rho_1}{\rho_2}\right)^2. \qquad (12.4.43)$$

由克罗柯定理(5.2 节),波后涡量为

$$\omega = \frac{\rho_2}{\rho_1} v_1 \left(1 - \frac{\rho_1}{\rho_2}\right)^2 \cos\beta / R_s,$$

其中 T_s 是波后静温,R_s 为激波曲率半径.

斜激波前后的速度关系也可以通过几何作图的方法直观地表示,就是所谓的**"激波极曲线"**(shock polar),它是在速度图平面(v_x, v_y)上由波后速度矢量 $\boldsymbol{v}_2$ 画出的一条矢端曲线.从图 12.17 几何关系可知

$$\frac{v_{2n}}{v_{1n}} = \frac{v_{2x}\sin\beta - v_{2y}\cos\beta}{v_1\sin\beta} = \frac{v_{2x}}{v_1} - \frac{v_{2y}}{v_1}\cot\beta.$$

用 $M_1\sin\beta$ 代替在式(12.4.33)中的 M_1 就可得到 v_{2n}/v_{1n} 的斜激波关系式,代入上式后得

$$\frac{v_{2x}}{v_1} - \frac{v_{2y}}{v_1}\cot\beta = \frac{\gamma - 1}{\gamma + 1} + \frac{2c_1^2}{(\gamma + 1)v_1^2}(1 + \cot^2\beta).$$

再用 $\cot\beta = \dfrac{v_{2y}}{v_1 - v_{1x}}$ 代换上式中的 $\cot\beta$,以及利用伯努利方程

$$c_1^2 = \frac{\gamma + 1}{2}c_*^2 - \frac{\gamma - 1}{2}v_1^2,$$

式中 c_* 是临界声速. 经整理得**激波极曲线**方程

$$v_{2y}^2 = (v_1 - v_{2x})^2 \frac{v_{2x} - \dfrac{c_*^2}{v_1}}{\dfrac{2}{\gamma + 1}v_1 + \dfrac{c_*^2}{v_1} - v_{2x}}.$$

它是 (v_{2x}, v_{2y}) 平面上以 v_1, c_* 为参数的一条次蔓叶线. 可以用作图法决定斜激波特性. 图 12.17(b) 中曲线与 v_x 轴交于 A, B 两点, 虚线圆表示声速线, 它把曲线分成两部分, 圆外为超声速, 圆内为亚声速. $\overline{OC}$ 线与极线相切, 表示最大气流偏转角 θ_{max}. 从**激波极线**可以得出若干重要特性:

(1) 若给定激波后气流偏转角 θ, 当 $\theta < \theta_{max}$ 时, 画出的一条射线交曲线于 1, 2, 3 点, $\overrightarrow{O1} = \boldsymbol{v}_2$ 及 $\overrightarrow{O2} = \boldsymbol{v}_2$ 就表示波后气流速度的大小和方向, 分别对应于强激波解和弱激波解. 至于 3 点相当于"膨胀激波"情形 $(v_2 > v_1)$, 这违反了热力学第二定律, 所以次蔓叶线的虚线部分是不真实的, 不予考虑.

(2) 当 $\theta > \theta_{max}$ 时, 不存在直线的斜激波, 只能产生曲线激波.

(3) 作 $\overline{OD}$ 垂直于 $\overline{A2D}$ 连线, 则 $\overline{OD} = v_{1t} = v_{2t}$, $\overline{AD} = v_{1n}$, $\overline{2D} = v_{2n}$, $\angle AOD = \beta$.

(4) 在点 A, B 点处 $\theta = 0$, 波后气流没有偏转, B 点表示正激波解: $\overline{OA} = v_1$, $\overline{OB} = v_2, v_1 v_2 = c_*^2$. 在 A 点, $v_1 = v_{2x}$, 斜激波蜕化为马赫线, 激波极线的切线与 v_x 轴夹角为 $\frac{\pi}{2} - \mu$, μ 为马赫角.

对于每一组 v_1, c_* 都可画出一条这样的曲线. 虽然现在很少用激波极线来定量计算斜激波, 但是用它定性地分析激波与物面, 激波 — 激波之间的相互作用十分方便.

12.4.5 激波与壁面相互作用

工程上经常发生激波 — 物面的相互作用, 这是一个相当复杂的物理现象. 这里仅就最基本的现象作如下介绍:

规则反射. 图 12.20 表示 $v_1 > c_1$ 的气体来流与半顶角为 θ 的楔面相互作用, 在顶角 A 处产生一道斜激波 AB, 并与上壁面交于点 B. 相对于上壁面而言, 把 AB 称为**入射激波**, 并把波前方记为 ① 区, 波后方记为 ② 区, 气流 $\boldsymbol{v}_2$ 偏转了角度 θ, 为满足上壁面速度滑移边界条件, 必须在点 B 处再产生另一道**反射激波**, 使得 ③ 区的气流 $\boldsymbol{v}_3$ 再反方向偏转角度 θ, 这样才能保证气流与壁面平行. 作图时, 以 v_1 为对称轴, 以 v_1 和 c_* 作为波前气流参数, 作入射激波的激波极线. 当 θ 给定时, 在激波极线上可定出 2 点,它是 ② 区的气流速度 v_2 的矢量端点,即 $\overrightarrow{O2} = v_2$.然后以 v_2 为对称轴,以 (v_2, c_*) 为波前参数,作反射激波的激波极线,与 v_1 轴交于 3 点,$\overrightarrow{O3} = v_3$ 是 ③ 区的气流速度,它相对于 v_2 偏转了角度 θ 后与上壁面平行.这种反射称为**规则反射**.

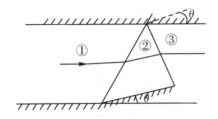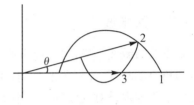

图 12.20　规则反射

马赫反射.从图 12.18 可知,对于每一个波前(来流)M 数,存在一个波后最大气流偏转角,如果 $M_2 < M_1$,则 $\theta_{2\max} < \theta_{1\max}$,其中 $\theta_{1\max}$,$\theta_{2\max}$ 是 $\theta_{\max}(M_1)$,$\theta_{\max}(M_2)$ 的简写.存在**规则反射**的条件是 $\theta < \theta_{2\max} < \theta_{1\max}$.如果 $\theta_{2\max} < \theta < \theta_{1\max}$,由于入射激波后 ② 区的气流偏转角 $\theta > \theta_{2\max}$,在上壁面不存在规则的斜激波解,为了满足上壁面速度滑移条件,在壁面处会产生一支与壁面垂直相交的、近似于正激波的曲线激波,并与入射激波相交,从交点再产生一支向下游传播的斜激波,以使得交点后流动具有相同的速度方向和压力.这种反射称为**马赫反射**,三支激波的交点称为**三波点**,近似的正激波有时简称为**马赫杆**.用激波极线作图,如图12.21 所示,因为 $\theta_{2\max} < 0$,以 v_2 为对称轴,以 (v_2, c_*) 为波前参数,作出的激波极线不能与 v_1 相交,即得不到规则反射的斜激波解.

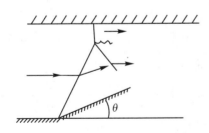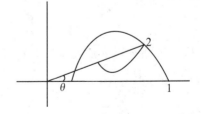

图 12.21　马赫反射

确定马赫反射区域内的流动,在数学上是件复杂的事.数学上可以证明,仅由三支激波不可能把空间划分成三个均匀流动区域.相同的来流先后通过两支斜激波,和只通过一次马赫杆以后,即使达到压力和速度方向相同,速度的大小、密度、温度和熵的变化也是不同的,在三波点下游还会产生一个滑移面(涡面),这个滑移面是绝对不稳定的,三波点区域的复杂流动图像和演化必须通过直接的数值计算解决.

激波还可能与流场中其他边界,如激波 —— 自由面、激波 —— 激波及激波 —— 膨胀波相互作用,就不一一介绍了.

12.4.6 膨胀波

膨胀波与激波一样,也是超声速流中常见的基本流动现象之一.当超声速气流绕过凸角流动时,气流受膨胀加速.可以把凸角看成是许多无限小角度的迭加,每个无限小角度都是对气流的一个小扰动.小扰动相对于当地流速以声速传播.这与12.3节中一维非定常流中的简单稀疏波类似.定常超声速膨胀波中的"凸角",相当于一维非定常中心稀疏波中的扰动流 —— 活塞面;凸角前方的均匀来流区,相当于非定常稀疏波前方的静止气体区;每一个小扰动波的轨迹是一条特征线(右行).在超声波凸角绕流中,它们是从凸角顶点发出的直线族.

同一维非定常流动一样,在超声速定常平面无旋流动中也存在特征线和相应的不变量.

从无黏欧拉方程出发,均熵定常平面无旋流动的控制方程可写成(详细推导见下节)

$$\left.\begin{array}{l} (c^2 - u^2)\dfrac{\partial u}{\partial x} - uv\left(\dfrac{\partial u}{\partial y} + \dfrac{\partial v}{\partial x}\right) + (c^2 - v^2)\dfrac{\partial v}{\partial y} = 0, \\[2mm] c^2 = c_0^2 - \dfrac{\gamma - 1}{2}(u^2 + v^2) \end{array}\right\} \tag{12.4.44}$$

及无旋条件

$$\frac{\partial u}{\partial y} - \frac{\partial v}{\partial x} = 0. \tag{12.4.45}$$

将式(12.4.45)乘以 σ 后与式(12.4.44)相加,得到

$$\left[(c^2 - u^2)\frac{\partial}{\partial x} + (\sigma - uv)\frac{\partial}{\partial y}\right]u + \left[(-\sigma - uv)\frac{\partial}{\partial x} + (c^2 - v^2)\frac{\partial}{\partial y}\right]v = 0.$$

如果令 $\sigma = \pm c\sqrt{q^2 - c^2}, q^2 = u^2 + v^2$,上式可改写成

$$\left(\frac{\partial}{\partial x} + \frac{-uv \pm c\sqrt{q^2 - c^2}}{c^2 - u^2}\frac{\partial}{\partial y}\right) \cdot \left(\int (c^2 - u^2)\mathrm{d}u - \int (uv \pm c\sqrt{q^2 - c^2})\mathrm{d}v\right) = 0.$$

$$\tag{12.4.46}$$

只要直接运算一下上式就能证明这一点.所以,与12.3节一样,存在两簇特征线

方程

$$\left(\frac{\mathrm{d}y}{\mathrm{d}x}\right)_{\mathrm{I},\mathrm{II}} = \frac{-uv \mp c\sqrt{q^2-c^2}}{c^2-u^2}. \qquad (12.4.47)$$

沿着特征线上相容关系为

$$(c^2-u^2)\mathrm{d}u - (uv \mp c\sqrt{q^2-c^2})\mathrm{d}v = 0 \qquad (12.4.48)$$

或

$$\int\{(c^2-u^2)\mathrm{d}u - (uv \mp c\sqrt{q^2-c^2})\mathrm{d}v\} = 常数.$$

由上式可见要使特征线是实的,必须是 $q>c$. 即流动应该是局部超声速的,方程 (12.4.44) 应是双曲型的. 因为

$$u = q\cos\theta, \qquad v = q\sin\theta,$$

其中 θ 是流线与 x 轴的夹角. 代入式(12.4.47),化简后特征线方程成为十分简洁的形式

$$\left(\frac{\mathrm{d}y}{\mathrm{d}x}\right)_{\mathrm{I},\mathrm{II}} = \mathrm{tg}(\theta\pm\mu), \qquad \mu = \arcsin\frac{1}{M}. \qquad (12.4.49)$$

上式表明流线与特征线夹角为 μ,特征线不是别的,正是马赫线,式(12.4.48)也简化为

$$(\sqrt{M^2-1}\mathrm{d}q \mp q\mathrm{d}\theta)\{\sqrt{M^2-1}\cos\theta \mp \sin\theta\} = 0, \qquad (12.4.50)$$

所以

$$\frac{\mathrm{d}q}{q} = \pm\frac{\mathrm{d}\theta}{\sqrt{(M^2-1)}} = \pm\mathrm{tg}\mu\mathrm{d}\theta, \qquad (12.4.51)$$

由伯努利方程 $\frac{1}{2}q^2 + \frac{1}{\gamma-1}c^2 = \frac{1}{\gamma-1}c_0^2$ 及 $\ln M = \ln q - \ln c$,可得

$$\frac{\mathrm{d}q}{q} = \frac{\mathrm{d}M}{M\left(1+\frac{\gamma-1}{2}M^2\right)}. \qquad (12.4.52)$$

代入式(12.4.51)中消去 q 后得到

$$\mathrm{d}\theta = \pm\frac{\sqrt{M^2-1}\mathrm{d}M^2}{2M^2\left(1+\frac{\gamma-1}{2}M^2\right)}. \qquad (12.4.53)$$

积分后得

$$\theta = \pm\left\{\sqrt{\frac{\gamma+1}{\gamma-1}}\mathrm{arctg}\sqrt{\frac{\gamma-1}{\gamma+1}(M^2-1)} - \mathrm{arctg}\sqrt{M^2-1}\right\} + \mathrm{const}$$

$$= \pm \, \nu(M) + \text{const.} \tag{12.4.54}$$

式(12.4.51)和(12.4.54)就是特征线方程和特征线上的相容关系."±"分别代表第 Ⅰ 簇和第 Ⅱ 簇特征线.这个相容关系与物理平面上特征线的几何位置无关,可以事先一劳永逸地算出来.用这种方法可以精确地解超声速平面无旋流问题,称为特征线法.

如图12.22所示简单波,从上游均匀区来的第 Ⅰ 族特征变量在全流场是常量,即有

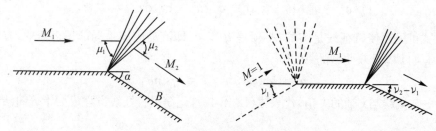

图 12.22 普朗特-迈尔膨胀波

$$\theta = + \, \nu(M) + \text{const.}$$

在上游处,$\theta = 0, M = M_1$,故 $\text{const} = - \, \nu(M)$,则沿第 Ⅱ 族特征线,

$$\theta = - \, \nu(M_1) - \nu(M).$$

气流偏转角可由曲壁形状确定.例如,在 B 点,$\theta = - \alpha$,所以在由 B 点发出的马赫线上 M 数为

$$\nu(M) = - \, \nu(M_1) + \alpha.$$

膨胀区任一点 M 数也就用同样方法定出.其余流动参数可由等熵关系求得,当曲壁变成一个折角时,膨胀区变成由一簇扇形马赫波组成.这种流动很像一维中心稀疏波,称为普朗特-迈尔(Prandtl-Meyer)流.

$\nu(M)$ 又称为普朗特-迈尔函数,其中常数值是任意规定的.最方便的是规定 $M = 1$ 时,$\nu = 0$.因此 $\nu(M)$ 代表 $M = 1$ 的来流膨胀到 M 时气流偏转的角度.所以来流 M_1 的气流膨胀至 M,气流偏转角 θ 等于 $M_1 = 1$ 的气流先膨胀至 M_1,再膨胀至 M,两次气流偏转角之差(图 12.22).

很容易计算出,气流从 $M = 1$ 膨胀到 ∞,最大偏转角

$$\nu_{\max} = \frac{\pi}{2} \left[\sqrt{\frac{\gamma + 1}{\gamma - 1}} - 1 \right].$$

对于 $\gamma = 1.4, \nu_{\max} = 130.45°$.

12.5　亚、跨、超声速小扰动势流近似方程及其相似律

本节以二维薄翼、小攻角绕流为例,介绍在不同速度条件下小扰动势流的简化近似方程,主要是**全速势方程**、**亚超声速小扰动线化方程**、**跨声速小扰动方程**等.这些近似方程是根据流场不同的特征进行简化得到的.图 12.23 是尖缘翼型的绕流图像特征.图 12.23(a),$M_\infty < M_{cl}$,在全流场中 $M < 1$,称为**亚声速流动**.图 12.23(b),$M_{cl} < M_\infty < 1$,虽然来流速度仍旧是亚声速的,但是在流场中出现局部的超声速区,往往还伴随有内嵌激波.图 12.23(c),$1 < M_\infty < M_{cu}$,虽然来流已是

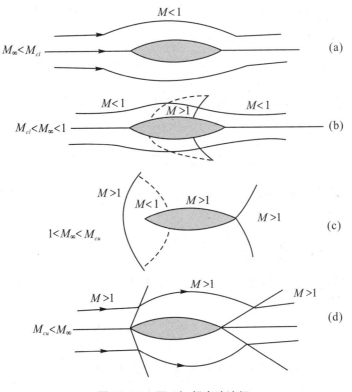

图 12.23　亚、跨、超声速流场

超声速,但是在翼前缘没有附体的斜激波,翼前缘前方是脱体曲线激波及它后面的局部亚声速流区,然后才过渡到下游超声速流. 图 12.23(b) 和(c) 统称为**跨声速流动**,M_{cl},M_{cu} 分别称为跨声速的**下临界马赫数**和**上临界马赫数**. 图 12.23(d),M_{cu} $< M_\infty$,此时全流场均是**超声速流动**. 在飞行器空气动力学中一般粗糙地认为 M_∞ < 0.8 是亚声速流,$0.8 < M_\infty > 1.2$ 是跨声速流,$M_\infty < 1.2$ 是超声速流,$M_\infty >$ 5 是高超声速流. 在不同的马赫数区域,流动具有不同的特征,由不同的空气动力学理论加以描述. 当然这样的划分只是近似的,M_{cl},M_{cu} 的大小要根据飞行器具体外形而定. 如果是大扰动问题,这种区分就没有多大意义了.

12.5.1　二维全速势方程

我们从无黏流体定常均熵条件下的欧拉运动方程出发,

$$\rho u_j \frac{\partial u_i}{\partial x_j} = -\frac{\partial p}{\partial x_i} = -c^2 \frac{\partial \rho}{\partial x_i}, \qquad c^2 = \left(\frac{\partial p}{\partial \rho}\right)_s. \tag{12.5.1}$$

两边点乘 u_i,再利用连续性方程

$$\frac{\partial}{\partial x_i}(\rho u_i) = \rho \frac{\partial u_i}{\partial x_i} + u_i \frac{\partial \rho}{\partial x_i} = 0, \tag{12.5.2}$$

消去 ρ 以后,得到

$$(c^2 \delta_{ij} - u_i u_j)\frac{\partial u_i}{\partial x_j} = 0, \qquad i,j = 1,2,3. \tag{12.5.3}$$

对于二维流,上式合并成为

$$(c^2 - u^2)\frac{\partial u}{\partial x} - uv\left(\frac{\partial v}{\partial x} + \frac{\partial u}{\partial y}\right) + (c^2 - v^2)\frac{\partial v}{\partial y} = 0. \tag{12.5.4}$$

如果流动是**无旋**的,可以引进速度势 Φ,使得 $u_i = \dfrac{\partial \Phi}{\partial x_i}$,代入上式后得到 Φ 满足的方程

$$\left(1 - \frac{u^2}{c^2}\right)\frac{\partial^2 \Phi}{\partial x^2} - 2\frac{uv}{c^2}\frac{\partial^2 \Phi}{\partial x \partial y} + \left(1 - \frac{v^2}{c^2}\right)\frac{\partial^2 \Phi}{\partial y^2} = 0. \tag{12.5.5}$$

将 x 轴坐标与无穷远来流方向一致,通常还可引入扰动速度势 φ,使得

$$\Phi = U_\infty x + \varphi, \qquad u' = \nabla \varphi, \tag{12.5.6}$$

则

$$u = U_\infty + u', \qquad v = v',$$

其中 u',v' 为扰动速度. 可压缩定常流的伯努利方程为

$$\frac{1}{2}\left[(U_\infty + u')^2 + v^2\right] + \frac{c^2}{\gamma - 1} = \frac{U_\infty^2}{2} + \frac{c_\infty^2}{\gamma - 1}$$

或

$$c^2 = c_\infty^2 - \frac{\gamma - 1}{2}(2u'U_\infty + u'^2 + v'^2), \tag{12.5.7}$$

其中 c_∞ 是无穷远处的声速. 将上式及式(12.5.6)代入式(12.5.5)后,整理后得到

$$\{(1 - M_\infty^2) + A\}\varphi_{xx} + B\varphi_{xy} + (1 + C)\varphi_{yy} = 0, \tag{12.5.8}$$

其中

$$A = -M_\infty^2\left[\frac{\gamma - 1}{2}\left(\frac{2u'}{U_\infty} + \frac{|q|^2}{U_\infty^2}\right) + \left(\frac{2u'}{U_\infty} + \frac{u'^2}{U_\infty^2}\right)\right],$$

$$B = -2M_\infty^2\left(1 + \frac{u'}{U_\infty}\right)\frac{v'}{U_\infty},$$

$$C = -M_\infty^2\left[\frac{\gamma - 1}{2}\left(2\frac{u'}{U_\infty} + \frac{|q|^2}{U_\infty^2}\right) + \frac{v'^2}{U_\infty^2}\right],$$

以及

$$|q|^2 = u'^2 + v'^2, \qquad M_\infty = U_\infty/c_\infty.$$

这就是**全速势**方程,它是一个非线性二阶偏微分方程. 以上方程虽然是仅对二维流动写出的,但对于三维流也可写出相应的方程,只不过更复杂一些罢了.

12.5.2　亚超声速小扰动线化方程及亚声速相似律

如果我们进一步假设流动是**小扰动**的,即 $\frac{u'}{U_\infty}$, $\frac{v'}{U_\infty}$ 和 $\frac{w'}{U_\infty} \ll 1$,在式(12.5.8)中可略去 $\frac{u'^2}{U_\infty^2}$, $\frac{u'v'}{U_\infty^2}$ 等高阶小量,但这样简化后的方程仍旧不能保证是线性的,如果进一步假设:

(1) $M_\infty^2\frac{u'}{U_\infty}$, $M_\infty^2\frac{v'}{U_\infty} \ll 1$, \hfill (12.5.9)

(2) $M_\infty^2\frac{u'}{U_\infty} \ll |1 - M_\infty^2|$ 或 $\frac{M_\infty^2}{|1 - M_\infty^2|} \cdot \frac{u'}{U_\infty} \ll 1$. \hfill (12.5.10)

分析条件(1),表明除了要满足小扰动条件外,来流 M_∞ 数不能太大,例如不能 M_∞ >5,即不能是高超声速流动. 条件(2)则表明 M_∞ 数不能接近于1,例如不能是0.8 < M_∞ < 1.2,当 $M_\infty \sim 1$ 时,$|1 - M_\infty^2|$ 是个小量,条件(2)就可能不能满足.

当上述所有假设条件均满足时,定常流全速势方程(12.5.8)线性化为

$$(1 - M_\infty^2)\frac{\partial^2\varphi}{\partial x^2} + \frac{\partial^2\varphi}{\partial y^2} = 0. \tag{12.5.11}$$

这就是**亚、超声速小扰动线化方程**. 对于亚声速流动,$1 - M_\infty^2$ >0,方程在数学上属椭圆型偏微分方程;对于超声速流动,$M_\infty^2 - 1$ >0,方程是双曲型的.

与线化小扰动控制方程相匹配的,还应有边界条件的线化和压力系数的线化,才构成完整的线化方程求解问题.分述如下:

线化边界条件.对于二维流动,设物面方程为 $y = y(x)$,在固壁面上应满足法向速度无穿透条件

$$\left(\frac{\mathrm{d}y}{\mathrm{d}x}\right)_B = \left(\frac{v'}{U_\infty + u'}\right)_B \approx \left(\frac{v'}{U_\infty}\right)_B,$$

下标 B 表示在物面上取值.对于薄物体和小攻角,物面离 x 轴很近,利用 Taylor 展开

$$v'(x,y) \approx v'(x,0) + \left(\frac{\partial v'}{\partial y}\right)_0 y + \cdots,$$

把在物面上取值改为 x 轴上取值,物面边界条件进一步简化为

$$\left(\frac{\mathrm{d}y}{\mathrm{d}x}\right)_B \approx \frac{v'(x,0)}{U_\infty} = \frac{1}{U_\infty}\left(\frac{\partial\varphi}{\partial y}\right)_{y=0}. \tag{12.5.12}$$

在无穷远处($x \to -\infty, y \to \infty$),边界条件为 $\varphi = $ 常数或 $\nabla\varphi = 0$.

线化压力系数.由压力系数的定义

$$C_p = \frac{p - p_\infty}{\frac{1}{2}\rho_\infty U_\infty^2} = \frac{2}{\gamma M_\infty^2}\left(\frac{p}{p_\infty} - 1\right), \tag{12.5.13}$$

利用等熵关系和式(12.5.7),得

$$\frac{p}{p_\infty} = \left(\frac{c^2}{c_\infty^2}\right)^{\frac{\gamma}{\gamma-1}} = \left\{1 - \frac{\gamma-1}{2}M_\infty^2\left(\frac{2u'}{U_\infty} + \frac{u'^2}{U_\infty^2} + \frac{v'^2}{U_\infty^2}\right)\right\}^{\frac{\gamma}{\gamma-1}}.$$

上式右边花括号内第二项是个小量,用二项式展开,略去二阶以上小量,代入式(12.5.13)得到

$$C_p = -\frac{2u'}{U_\infty}, \tag{12.5.14}$$

这称为线化压力系数.

Prantdl-Glaurt(普朗特-葛劳渥特)亚声速相似律.因为亚声速小扰动线化方程(12.5.11)与不可压速位势流方程(6.1.1)在数学上同属于椭圆型方程,在形式上也相近,因此有可能在二者之间建立某种变换关系,将不可压缩流的结果推广到亚声速流.Prantdl-Glaurt 相似律就是其中的一种相似律,它是研究同一翼型在亚声速流和不可压缩绕流之间的相似法则.

今设不可压缩绕流与可压缩绕流坐标之间存在下列相似变换关系

$$x_0 = x, \qquad y_0 = \beta y; \tag{12.5.15}$$

以及扰动速度势之间关系为

$$\varphi_0(x_0, y_0) = \beta\varphi(x, y), \tag{12.5.16}$$

其中 $\beta = \sqrt{1 - M_\infty^2}$，下标 0 代表不可压缩流.

将上两式代入可压缩小扰动线化方程(12.5.11)，利用链式微商法则 $\dfrac{\partial\varphi}{\partial x} = \dfrac{1}{\beta}\left(\dfrac{\partial x_0}{\partial x}\dfrac{\partial\varphi_0}{\partial x_0} + \dfrac{\partial y_0}{\partial x}\dfrac{\partial\varphi_0}{\partial y_0}\right), \dfrac{\partial x_0}{\partial x} = 1, \dfrac{\partial y_0}{\partial y} = \beta, \cdots$，得到

$$\frac{\partial^2\varphi_0}{\partial x_0^2} + \frac{\partial^2\varphi_0}{\partial y_0^2} = 0. \tag{12.5.17}$$

这说明 φ_0 满足不可压缩势流的 Laplace 方程. 下面再来看看边界条件. 对于可压缩翼型绕流的解 $\varphi(x, y)$，由线化边界条件式(12.5.12)，可得

$$U_\infty\left(\frac{\mathrm{d}y}{\mathrm{d}x}\right)_B = v' = \frac{\partial\varphi}{\partial y} = \frac{1}{\beta}\left(\frac{\partial\varphi_0}{\partial x_0}\frac{\partial x_0}{\partial y} + \frac{\partial\varphi_0}{\partial y_0}\frac{\partial y_0}{\partial y}\right) = \frac{\partial\varphi_0}{\partial y_0}.$$

令 $y = y(x)$ 和 $y_0 = y_0(x_0)$ 分别是可压缩和不可压缩流中的翼型线方程，若 $\left(\dfrac{\mathrm{d}y}{\mathrm{d}x}\right)_B = \left(\dfrac{\mathrm{d}y_0}{\mathrm{d}x_0}\right)_B$（意味着是同一翼型），可见，$\varphi_0(x_0, y_0)$ 又正符合不可压缩绕流边界条件

$$\frac{\partial\varphi_0}{\partial y_0} = U_\infty\left(\frac{\mathrm{d}y_0}{\mathrm{d}x_0}\right)_B.$$

上述推导表明式(12.5.15)和(12.5.16)满足对同一翼型在可压缩和不可压缩绕流之间的相似变换. 压力系数之间的关系由式(12.5.14)得

$$C_p = -\frac{2u'}{U_\infty} = -\frac{2}{U_\infty}\frac{\partial\varphi}{\partial x} = -\frac{2}{U_\infty}\frac{1}{\beta}\frac{\partial\varphi_0}{\partial x_0} = \frac{1}{\beta}C_{p0}$$

即

$$C_p = \frac{C_{p0}}{\sqrt{1 - M_\infty^2}}, \tag{12.5.18}$$

其中 C_{p0} 是同一翼型在不可压缩流中表面压力系数. 这就是著名的 **Prantdl-Glaurt（普朗特-葛劳渥特）相似律**，由此还可以证明

$$C_L = \frac{C_{L_0}}{\sqrt{1 - M_\infty^2}}, \qquad C_M = \frac{C_{M_0}}{\sqrt{1 - M_\infty^2}},$$

C_L, C_M 和 C_{L_0}, C_{M_0} 分别是机翼在可压缩和不可压缩流中的升力和力矩系数.

12.5.3　跨声速小扰动方程及相似律

如果流动 M_∞ 不能满足假设条件(2)，即式(12.5.10)，我们可以得到**跨声速小扰动方程**(TSP)

$$(1 - M_\infty^2) \frac{\partial^2 \varphi}{\partial x^2} + \frac{\partial^2 \varphi}{\partial y^2} = \frac{(\gamma+1)M_\infty^2}{U_\infty} \frac{\partial \varphi}{\partial x} \frac{\partial^2 \varphi}{\partial x^2}. \tag{12.5.19}$$

从图 12.23 可以看出,在跨声速流场中亚声速区、跨声速和超声速区共存,还存在内嵌激波或脱体头激波.这里,我们假设不存在激波.从数学上看,跨声速控制方程是混合型的,椭圆型和双曲型共存.即使在小扰动假设下,跨声速方程(12.5.19)仍旧是非线性的,得不到线化方程,这给解跨声速流动带来许多困难.上述方程成立的条件,要求流动是无旋的,这就意味着激波强度只能是弱的不妨看做等熵压缩波.我们知道,弱激波时波后熵增是压力增量的三阶小量(见式(12.4.21)),可以忽略不计.而由 Crocco 定理(5.2节),涡量与熵的梯度有关,当忽略熵增以后,流场就近似看成是无旋的了.

此处,我们无意具体地寻求跨声速流的解,而是建立它的某些相似法则.

方程(12.5.19)是有量纲的,我们先寻找它的无量纲形式的方程和边界条件,引进无量纲变量

$$\bar{x} = \frac{x}{c}, \quad \bar{y} = \frac{y}{c/\tau^p}, \quad \bar{\varphi} = \frac{\varphi}{cU_\infty \tau^q},$$

其中 $\tau = t/c$,t,c 分别是翼型的最大厚度和弦长,τ 是翼型的厚度比,对于小扰动情形 τ 是个小量.跨声速流动的一个特点是扰动在 y 方向(横向)可以传播到很远距离.为了使无量纲坐标 $\bar{x},\bar{y}$ 以及无量纲变量 $\bar{\varphi}$ 及其导数有相同的量级,引入尺度因子 τ^p,τ^q,p,q 是待定常数.将这三个无量纲量代入方程(12.5.19),得到

$$(1-M_\infty^2)\frac{\partial^2 \bar{\varphi}}{\partial \bar{x}^2} + \tau^{2p}\frac{\partial^2 \bar{\varphi}}{\partial \bar{y}^2} = (\gamma+1)M_\infty^2 \tau^q \frac{\partial \bar{\varphi}}{\partial \bar{x}}\frac{\partial^2 \bar{\varphi}}{\partial \bar{x}^2}. \tag{12.5.20}$$

另一方面,设翼型的型线方程是

$$y_B = tf\left(\frac{x_B}{c}\right), \tag{12.5.21}$$

物面上的边界条件

$$\frac{\partial \varphi}{\partial y}\bigg|_0 = U_\infty \left(\frac{dy}{dx}\right)_B = U_\infty \frac{t}{c}f'(\bar{x}_B),$$

将无量纲量代入后得到

$$\tau^{p+q}\frac{\partial \bar{\varphi}}{\partial \bar{y}}\bigg|_0 = \tau f'(\bar{x}).$$

为使不同流动的物面边界条件有相同的无量纲形式,上式应不显含 τ,于是要求 $p+q=1$.为使问题简化,对 p,q 追加的另一个约束条件是在方程(12.5.20)中令 $2p=q$,这样可确定出 $p=1/3$,$q=2/3$.于是,最终经整理后可给出无量纲量

$$\bar{x} = \frac{x}{c}, \quad \bar{y} = \frac{y\tau^{1/3}}{c}, \quad \bar{\varphi} = \frac{\varphi}{cU_\infty \tau^{2/3}}. \tag{12.5.22}$$

跨声速相似方程

$$\left[K - (\gamma + 1)M_\infty^2 \frac{\partial \bar{\varphi}}{\partial \bar{x}}\right]\frac{\partial^2 \bar{\varphi}}{\partial \bar{x}^2} + \frac{\partial^2 \bar{\varphi}}{\partial \bar{y}^2} = 0.$$

如果 M_∞ 接近于 1，上式进一步化简为

$$\left[K - (\gamma + 1)\frac{\partial \bar{\varphi}}{\partial \bar{x}}\right]\frac{\partial^2 \bar{\varphi}}{\partial \bar{x}^2} + \frac{\partial^2 \bar{\varphi}}{\partial \bar{y}^2} = 0. \qquad (12.5.23)$$

其中 K 是**跨声速相似参数**，定义为

$$K = \frac{1 - M_\infty^2}{\tau^{2/3}}. \qquad (12.5.24)$$

物面边界条件为

$$\left.\frac{\partial \bar{\varphi}}{\partial \bar{y}}\right|_0 = f'(\bar{x}_B). \qquad (12.5.25)$$

式 (12.5.22)～(12.5.25) 就是跨声速小扰动流的相似法则，K 值相同且满足上述无量纲方程及边界条件的跨声速流动之间是相似的.

压力系数由式 (12.5.14) 得

$$\frac{C_p}{\tau^{2/3}} = -2\left(\frac{\partial \bar{\varphi}}{\partial \bar{x}}\right)_0 = f(K, \bar{x}, \bar{y}). \qquad (12.5.26)$$

图 12.24 是圆弧形翼型压力系数分布，将实验结果和用方程 (12.5.23) 计算结

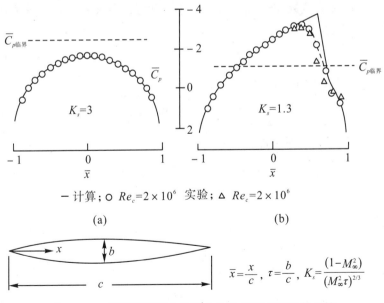

－计算；○ $Re_c = 2 \times 10^6$ 实验；△ $Re_c = 2 \times 10^6$

(a)　　　　　　　　　　　(b)

$$\bar{x} = \frac{x}{c}, \quad \tau = \frac{b}{c}, \quad K_s = \frac{(1 - M_\infty^2)}{(M_\infty^2 \tau)^{2/3}}$$

图 12.24　圆弧型翼型上的压力分布、理论与实验的比较

果的比较,其中用了修正的跨声速相似参数

$$K_s = \frac{1 - M_\infty^2}{(M_\infty^2 \tau)^{2/3}}.$$

从图可见,在 $K_s = 3$ 时,自由流 M 数在临界 M_{c1} 数以下,流动完全是亚声速的,翼面上压力分布是前后对称的,计算和实验符合得极好.在 $K_s = 1.3$ 时,自由流 M 数在临界 M_{c1} 数以上,翼面上出现局部超声速区,计算和实验结果除激波附近以外,符合得也非常好,这说明用简化的跨声速小扰动方程,当参数条件适当时,也可以得到很好的结果.

12.5.4　波形壁的亚超声速流

为了阐明亚超声速小扰动线化流的主要特点,我们来研究沿无穷长波形壁的流动.这种流动可以得到解析解.

(1) 亚声速流

二维亚声速流线化方程为

$$\beta^2 \frac{\partial^2 \varphi}{\partial x^2} + \frac{\partial^2 \varphi}{\partial y^2} = 0, \qquad \beta^2 = 1 - M_\infty^2. \tag{12.5.27}$$

设波形壁形状为

$$y_B = h \sin kx, \tag{12.5.28}$$

其中 h 为波幅,k 为波数,波长 $\lambda = 2\pi/k$.小扰动假设要求 $h/\lambda \ll 1$.壁面边界条件由式(12.5.12)得

$$\frac{v'(x,0)}{U_\infty} = \frac{2\pi h}{\lambda} \cos \frac{2\pi}{\lambda} x. \tag{12.5.29}$$

在无穷远处扰动速度衰减到零,

$$\frac{\partial \varphi}{\partial x}, \frac{\partial \varphi}{\partial y} \to 0, \qquad 当 \ y \to \infty.$$

方程(12.5.27)满足边界条件的解为

$$\varphi(x,y) = -\frac{U_\infty h}{\beta} e^{-k\beta y} \cos kx. \tag{12.5.30}$$

扰动速度

$$u'(x,y) = \frac{U_\infty hk}{\beta} e^{-k\beta y} \sin kx,$$

$$v'(x,y) = U_\infty hk \, e^{k\beta y} \cos kx. \tag{12.5.31}$$

压强系数

$$C_p = -\frac{2u'}{U_\infty} = -\frac{2hk}{\beta} e^{-k\beta y} \sin kx. \tag{12.5.32}$$

特别是,壁面压强系数

$$C_{pB} = -\frac{2hk}{\beta}\sin kx. \tag{12.5.33}$$

由此可见,扰动随 y 增加而指数衰减.当 M_∞ 增大时,衰减速度要减慢.换句话说,较高的 M_∞ 数,扰动在 y 方向上可传到更远的地方.

由流线方程

$$\frac{\mathrm{d}y}{\mathrm{d}x} = \frac{v'}{U_\infty + u'} \approx hk\mathrm{e}^{-k\beta y}\cos kx,$$

积分得

$$\left.\begin{array}{l} y \approx h\sin kx + y_0, \quad 当\ y_0 \ll 1/k\beta, \\ y \approx h\mathrm{e}^{-k\beta y_0}\sin kx + y_0, \quad 当\ y_0 \gg 1/k\beta. \end{array}\right\} \tag{12.5.34}$$

其中 y_0 是流线高度的平均值.可见当 $y \to \infty$ 时,流线振幅也按指数律衰减,但型线的位相与壁面相同(图 12.25).

(2) 超声速流

线化方程为波动方程

$$B^2\frac{\partial^2 \varphi}{\partial x^2} - \frac{\partial^2 \varphi}{\partial y^2} = 0, \quad B = \sqrt{M_\infty^2 - 1}. \tag{12.5.35}$$

满足壁面条件式(12.5.12)的解为

$$\varphi = \frac{U_\infty h}{B}\sin k(x - By). \tag{12.5.36}$$

压力系数为

$$C_p = -\frac{2hk}{B}\cos k(x - By), \tag{12.5.37}$$

$$C_{pB} = -\frac{2hk}{B}\cos kx. \tag{12.5.38}$$

远场($y \to \infty$)流线方程

$$y \approx h\sin k(x - By) + y_0. \tag{12.5.39}$$

比较超声速流和亚声速流的解可以发现几个本质差别:

首先,超声速线化流沿 $x - By = $ 常数的线上,u',v',p' 和 ρ' 等均保持不变.这些线正是马赫线,$\dfrac{\mathrm{d}y}{\mathrm{d}x} = \dfrac{1}{\sqrt{M^2 - 1}}$.扰动沿马赫线不衰减,所以流线的振幅也不随 y 衰减,同一条马赫线上流线同相位(图 12.25).

其次,由于以上特性使得物体在超声速流中产生了一种新阻力 —— 波阻,注意到在亚声速流中压力分布与壁面波形"同相位",压力分布对于波峰或波谷是对称的.流体对壁面作用力在 x 分量为零,即波形壁受到流体阻力为零.但在超声速流中,壁面压力分布与壁面波形的相位差为 $\pi/2$,压力分布在波峰或波谷两侧不对称,由此使壁面受到一个阻力,这就是**波阻**(图 12.25).

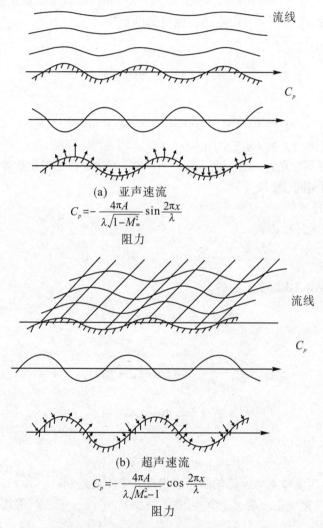

(a) 亚声速流

$$C_p = -\frac{4\pi A}{\lambda \sqrt{1-M_\infty^2}} \sin\frac{2\pi x}{\lambda}$$

阻力

(b) 超声速流

$$C_p = -\frac{4\pi A}{\lambda \sqrt{M_\infty^2-1}} \cos\frac{2\pi x}{\lambda}$$

阻力

图 12.25　波形壁流动的流线和压强分布

习　　题

第 1 章

1.1　已知流体中的应力分布为

$$\sigma_{xx} = 3x^2 + 4xy - 8y^2, \qquad \sigma_{xy} = -\frac{1}{2}x^2 - 6xy - 2y^2,$$

$$\sigma_{yy} = 2x^2 + xy + 3y^2, \qquad \sigma_{zz} = \sigma_{xz} = \sigma_{yz} = 0.$$

求平面 $x + 3y + z + 1 = 0$ 上,点$(1, -1, 1)$ 处的应力矢量 $\boldsymbol{T}$,及其在该平面的法向和切向的投影值.

1.2　小球在黏性流体中沿 x 轴方向平动,球面上的应力矢量分布为

$$T_x = \frac{x}{a}p_0 - \frac{3}{2}\mu\frac{U}{a}, \quad T_y = \frac{y}{a}p_0, \quad T_z = \frac{z}{a}p_0,$$

其中 a 为球的半径,U 为球的运动速度,p_0 是远场的压强,试求小球受到的流体阻力.

1.3　考察流场中任一定点上所有面元的应力矢量,将它们的起始端取为同一点,证明这些矢量末端的轨迹为一椭球面,椭球的轴长分别为 σ_1, σ_2 和 σ_3.

1.4　设流场中某点上的主应力值为 σ_1, σ_2 和 σ_3,$\tau^2(\boldsymbol{n})$ 为该点处法向单位矢为 $\boldsymbol{n}$ 的面元上的切应力,证明

$$\tau^2(\boldsymbol{n}) = n_1^2 n_2^2 (\sigma_1 - \sigma_2)^2 + n_2^2 n_3^2 (\sigma_2 - \sigma_3)^2 + n_3^2 n_1^2 (\sigma_3 - \sigma_1)^2.$$

1.5　设法向单位矢为 $\boldsymbol{n}$ 的面元承受最大(或最小) 的切应力,证明 $\boldsymbol{n}$ 与两根应力主轴成 $45°$ 夹角,而和第三根主轴正交.

1.6　应用动量矩定理于流体的一个任意小体积元,证明应力张量满足方程

$$\varepsilon_{ijk}\sigma_{jk} = 0,$$

并由此说明 σ_{ij} 为对称张量.

1.7　同时满足波意尔(Boyle) 定律

$$pV = \frac{R}{m}T \,(\text{其中 } m \text{ 为气体分子量})$$

和焦耳(Joule) 定律

$$\varepsilon = \varepsilon(T)$$

的气体称为**热完全气体**,证明在此种理想情形下有

$$\lambda \equiv \left(\frac{\partial T}{\partial V}\right)_\varepsilon = 0, \qquad \mu \equiv \left(\frac{\partial T}{\partial p}\right)_h = 0.$$

1.8　设完全气体的定压比热 C_p 和定容比热 C_v 之比 γ 为一常数,证明

$$C_p = \frac{R}{m(\gamma - 1)}, \qquad C_v = \frac{\gamma R}{m(\gamma - 1)},$$

并有

$$c^2 = \left(\frac{\partial p}{\partial \rho}\right)_s = \frac{\gamma RT}{m}.$$

其中 c 为声速.

1.9　试由表达式

$$\varepsilon_{ijk}\,\varepsilon_{lmn} = \begin{vmatrix} \delta_{il} & \delta_{im} & \delta_{in} \\ \delta_{jl} & \delta_{jm} & \delta_{jn} \\ \delta_{kl} & \delta_{km} & \delta_{kn} \end{vmatrix},$$

证明

$$\varepsilon_{ijk}\,\varepsilon_{lmk} = \delta_{il}\,\delta_{jm} - \delta_{im}\,\delta_{jl}.$$

1.10　用笛卡儿张量运算法则证明

$$(A \times B) \times (C \times D) = [A \cdot (B \times D)]C - [A \cdot (B \times C)]D,$$
$$[A \cdot (B \times C)]D = [D \cdot (B \times C)]A + [A \cdot (D \times C)]B + [A \cdot (B \times D)]C.$$

1.11　导出下列等式

$$\nabla \cdot (r^n r) = (n + 3)r^n,$$
$$\nabla \times (r^n r) = 0,$$
$$\nabla^2 r^n = n(n + 1)r^{n-2},$$
$$\nabla[f(r)] = f'(r) = \frac{r}{r},$$

其中 $r = x_i e_i, r = |r|$.

1.12　用张量运算法,导出下列场论公式

$$\nabla \cdot (\varphi a) = \nabla \varphi \cdot a + \varphi \nabla \cdot a,$$
$$\nabla \times (\varphi a) = \nabla \varphi \times a + \varphi \nabla \times a,$$
$$\nabla \cdot (a \times b) = (\nabla \times a) \cdot b - (\nabla \times b) \cdot a,$$
$$\nabla \times (\nabla \times a) = \nabla(\nabla \cdot a) - \nabla^2 a,$$
$$\nabla \times (a \times b) = a(\nabla \cdot b) - (a \cdot \nabla)b + (b \cdot \nabla)a - b(\nabla \cdot a),$$
$$\nabla(a \cdot b) = a \times (\nabla \times b) + (a \cdot \nabla)b + b \times (\nabla \times a) + (b \cdot \nabla)a.$$

第 2 章

2.1　二维流动的速度场为

$$u = 2xy^2, \qquad v = 2x^2 y.$$

求出流线簇并作图表示.

2.2　二维流动速度的绝对值为

$$|v| = \sqrt{2y^2 + x^2 + 2xy},$$

流线簇的方程为

$$y^2 + 2xy = 常数.$$

试找出速度分量 u 和 v 的表达式.

2.3　试确定 2.1 和 2.2 中流体质点的加速度 a.

2.4　设速度场为

$$v_i = \frac{x_i}{1+t},$$

证明任意时刻 t 过点 $x_i = \xi_i$ 的流线和 $t = 0$ 时刻从 $x_i = \xi_i$ 出发的质点的轨迹重合.

2.5　如果一个非定常流动的 $\dfrac{v_i}{|\boldsymbol{v}|}$ 与时间 t 无关,证明任何时刻的流线都和质点的轨迹重合.

2.6　某流动的速度分布为

$$\boldsymbol{v} = f(r)\,\frac{\boldsymbol{r}}{r}.$$

试问,若流动为无源的($\operatorname{div}\boldsymbol{v} = 0$),函数 $f(r)$ 应取何种形式?

2.7　设二维流的流线是以原点为公共中心的一族同心圆,速度的绝对值按下列方式随 r 变化

$$|\boldsymbol{v}| = cr^n,$$

试写出涡量 ω 的表达式.当 n 取何值时,该流动为无旋流动?

2.8　设 $\boldsymbol{\omega}_P$ 是 P 点的涡量,$\boldsymbol{n}$ 为过 P 点的某一确定的单位矢量,证明在过 P 点法向为 $\boldsymbol{n}$ 的微面元内,流体绕 $\boldsymbol{n}$ 轴旋转的平均角速度为 $\dfrac{1}{2}\boldsymbol{\omega}_P \cdot \boldsymbol{n}$.

2.9　证明流体质点的加速度可以写成

$$\boldsymbol{a} = \frac{\partial \boldsymbol{v}}{\partial t} + \frac{1}{2}\nabla(\boldsymbol{v}\cdot\boldsymbol{v}) + \boldsymbol{\omega}\times\boldsymbol{v}.$$

2.10　证明方程 $f(x_i,t) = 0$ 表示一个运动物质面的充分必要条件是

$$\frac{\mathrm{d}f}{\mathrm{d}t} = \frac{\partial f}{\partial t} + v_i\frac{\partial f}{\partial x_i} = 0,$$

其中 v_i 是该曲面上流体质点的瞬时速度.

2.11　如果 $f(x_i,t) = 0$ 不表示物质曲面,它的运动速度为 u,试证明

$$\frac{\mathrm{d}f}{\mathrm{d}t}\bigg/ |\nabla f| = (\boldsymbol{v} - \boldsymbol{u})\cdot\boldsymbol{n},$$

其中 $\boldsymbol{v}$ 是该曲面上流体质点的速度,$\boldsymbol{n}$ 为曲面的法向单位矢.

2.12　应变速率矩阵的特征方程

$$|e_{ij} - \lambda\delta_{ij}| = 0$$

可展开为

$$\Psi - \Phi\lambda + \Theta\lambda^2 - \lambda^3 = 0,$$

写出标量 Ψ,Φ,Θ 的表达式,并证明当三个主应变率相等时,有

$$\Psi^2 = \left(\frac{1}{3}\Phi\right)^3 = \left(\frac{1}{3}\Theta\right)^6.$$

2.13 证明

$$e_{ij}e_{ij} = \Theta^2 - 2\Phi,$$

从而对无源流动有 $\Phi < 0$.

2.14 证明

$$\oint_C \varepsilon_{ijk}a_i t_k \mathrm{d}l = \iint_a \left(n_i \frac{\partial a_i}{\partial x_j} - n_j \frac{\partial a_i}{\partial x_i} \right) \mathrm{d}S,$$

其中 C 为一封闭曲线,t 为 C 的切向单位矢量,S 是张在曲线 C 上的任意开曲面,n 为 S 的法向单位矢量(假设矢量场 a 充分光滑).

2.15 条件同 2.14,试证明

$$\oint_C (\nabla \times a) \cdot t \mathrm{d}l = \iint_s \left[\frac{\partial}{\partial n}(\nabla \cdot a) - n \cdot (\nabla^2 a) \right] \mathrm{d}S.$$

2.16 证明

$$\nabla \times a = \frac{\mathrm{d}\boldsymbol{\omega}}{\mathrm{d}t} - (\boldsymbol{\omega} \cdot \nabla)v + \boldsymbol{\omega}(\nabla \cdot v),$$

其中为流体质点的加速度.

2.17 已知某一流动的速度场为

$$u = -Ky, \quad v = Kx, \quad w = \left[\varphi(z) - 2K^2(x^2 + y^2) \right]^{1/2},$$

其中 K 为常数,$\varphi(z)$ 为任意函数,证明该流动的流线与涡线重合.

2.18 设在极坐标系中某二维无源流动的流线方程写为 $\theta = \theta(r)$,流体的速度仅依赖于 r 而与 θ 无关,证明此种情形下的涡量可以表示为

$$\omega = \frac{K}{r} \frac{\mathrm{d}}{\mathrm{d}r} \left(r \frac{\mathrm{d}\theta}{\mathrm{d}r} \right),$$

其中 K 为一常数.

2.19 一种平面无旋流动的速度势在极坐标中表示为

$$\varphi(r, \theta) = a\ln r + b\theta$$

其中 a 和 b 为常数,证明这是一种无源流动($r = 0$ 除外),求出其流函数,并作出流线图.

2.20 在平面环形域 $r_1 \leqslant r \leqslant r_2$ 中,某种二维无源流动的流线为同心圆,并且具有不变的涡量.已知当 $r = r_1$ 时,速度 $v = a$;当 $r = r_2$ 时,$v = 0$,试求此环域中的涡量.证明此时在圆心处应当放置一个点涡,给出该点涡的强度.

第 3 章

3.1 一个物质体系 V 分为 V_1 和 V_2 两部分,Σ 是 V_1 和 V_2 的分界面,S 是 V 的边界曲面.设交界面 Σ 以速度 u 运动,在 Σ 两侧物理量 F 有一个跃变,试导出推广的雷诺输运公式

$$\frac{\mathrm{d}}{\mathrm{d}t} \iiint_V F \mathrm{d}V = \iiint_V \frac{\partial F}{\partial t} \mathrm{d}V + \oiint_S FV \cdot n \mathrm{d}S + \iint_\Sigma (F_1 - F_2)u \cdot v \mathrm{d}S$$

其中 n 和 v 分别为 S 和 Σ 的法向单位矢量,其指向如题图3.1所示,$F_1 - F_2$ 为 Σ 两侧 F 函数的跳跃.

　　3.2　利用题3.2图所示的平面微元控制域,导出二维流在极坐标中的质量守恒方程式.

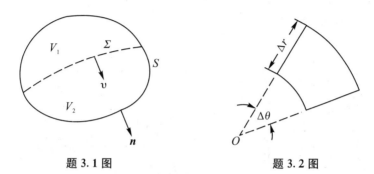

题 3.1 图　　　　　　　　　　　　　　题 3.2 图

　　3.3　试证明:对于可压缩的二维定常流动,可以引入一个流函数 $\psi(x,y)$,使得

$$u = \frac{1}{\rho} \frac{\partial \psi}{\partial y}, \qquad v = -\frac{1}{\rho} \frac{\partial \psi}{\partial x},$$

此时,涡量可以表示为

$$\omega = -\frac{\nabla^2 \psi}{\rho} + \frac{\nabla \psi \cdot \nabla \rho}{\rho}.$$

说明这种流函数的物理意义.

　　3.4　证明:对于可压缩的定常轴对称流动,也可以引进一个流函数 $\psi(r,z)$,使得

$$v_r = \frac{1}{\rho r} \frac{\partial \psi}{\partial z}, \qquad v_z = -\frac{1}{\rho r} \frac{\partial \psi}{\partial r},$$

这里柱坐标系 (r,θ,z) 中的 Z 轴取成流动的对称轴,涡量(θ 分量)可以表示为

$$\omega = \frac{1}{\rho r^2} \frac{\partial \psi}{\partial r} - \frac{1}{\rho r} \left(\frac{\partial^2 \psi}{\partial r^2} + \frac{\partial^2 \psi}{\partial z^2} \right) + \frac{\nabla \psi \cdot \nabla \rho}{r \rho^2},$$

说明这种流函数的物理意义.

　　3.5　$x_i = x_i(\xi_1, \xi_2, \xi_3, t), \rho = \rho(\xi_1, \xi_2, \xi_3, t), p = p(\xi_1, \xi_2, \xi_3, t)$ 是拉格朗日表述下的运动变量,试导出拉格朗日形式的连续方程(设初始密度分布 $\rho_0 = \rho(\xi_1, \xi_2, \xi_3, 0)$ 为已知函数).

　　3.6　证明:对于不可压缩流体,法向单位矢为 n 的面元上的应力矢量可以表示成

$$T(n) = -\rho n + \mu(2n \cdot \nabla v + n \times \omega),$$

进而证明,固体边界上的黏性应力总是切应力.

　　3.7　证明:某一时刻垂直于液体自由面的微元物质线,将始终保持与液面垂直.

　　3.8　设半径分别为 a_1 和 a_2 的两个肥皂泡合并为一个大泡,证明大泡的半径 R 将由下式确定

$$P_0 R^3 + 4\alpha R^2 = P_0(a_1^3 + a_2^3) + 4\alpha(a_1^2 + a_2^2),$$

其中 α 是肥皂泡的表面张力系数,P_0 是外部压强.

3.9 在一个具有铅垂轴线的圆柱容器中,装有四分之三容积的水.设圆柱容器的内半径为 10 cm,容器深为 20 cm,求出旋转容器中水不致溢出的最大转速是多少?

3.10 以一 U 形管作为加速度测量仪固连于作水平等加速运动的物体上,加速度 a 落在 U 形管平面内.若量得 U 形管两边的水位分别为 h_1 和 $h_2(h_1 < h_2)$,两管之间的距离为 L,试求物体的加速度.

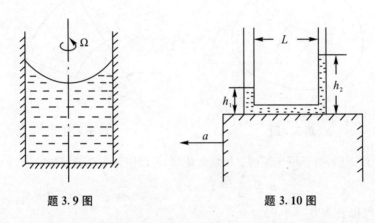

题 3.9 图   题 3.10 图

3.11 以万有引力凝聚的星球中,流体的密度分布为 $\rho = \rho_0(1 - \beta r^2)$;其中 ρ_0 为星球中心的密度.设 ρ_1 为星球表面密度,且 $\rho_0/\rho_1 = 3$,试问此时的中心压强是总质量和半径均相同的均质星球中心压强的几倍?

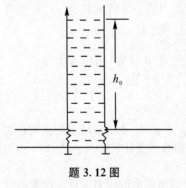

题 3.12 图

3.12 等截面的铅直管内装有高度为 h_0 的水,在 $t = 0$ 时刻打开阀门,让水流入两个水平岔管,岔管的截面积为铅直管截面的一半,略去水的黏性,试求铅直管中水面随时间下降的规律,和水全部流入水平岔管所需的时间.

3.13 假设在充满整个空间的无界静止流体中,突然形成一个半径为 R_0 的球形空腔,接着流体在背景压强 P_0 的作用下逐渐填入空腔.如果流体可视为不可压缩的,密度为 ρ,并且黏性作用可以略去不计,试求填满整个球形空腔所需的时间.

3.14 若上题中的真空腔换成一个高压空气腔,气腔从 $t = 0$ 起不断扩大,将任意时刻 t 的球腔半径记为 $R(t)$,并设气腔内的压强为 KR^{-3},其中 K 是常数,证明 $R(t)$ 满足下列微分方程

$$\rho R^3 \left(\frac{\mathrm{d}R}{\mathrm{d}t} \right)^2 = 2K \ln \frac{R}{R_0}.$$

第 4 章

4.1 证明
$$D = (\lambda + 2\mu)\Theta - 4\mu\Phi,$$
其中 D 是黏性耗散率，Θ 和 Φ 是应变率张量 e_{ij} 的第二和第三不变量(参看习题 2.12).

4.2 证明在不可压缩流体的无旋流动中，任意有界域 Ω 内流体机械能的耗散率可以表示为下面的边界曲面积分
$$\frac{dE}{dt} = -\mu \oiint_S (n \cdot \nabla)(\nabla\varphi \cdot \nabla\varphi)dS,$$
其中 φ 是速度势，S 是 Ω 的边界曲面.

4.3 一封闭容器内装满流体，如果流体在运动，而容器壁处于静止，证明：容器内流体机械能的耗散率为
$$\frac{dE}{dt} = \mu \iiint_\Omega \boldsymbol{\omega} \cdot \boldsymbol{\omega} dV,$$
这里，Ω 是容器包含的区域.试说明无旋流动是一种什么情形.

4.4 设有某种无旋的黏性流动，压强是密度的单值函数，证明：在此种情况下，N-S 方程有如下形式的首次积分
$$\frac{\partial\varphi}{\partial t} + \frac{1}{2}(\nabla\varphi \cdot \nabla\varphi) + \int\frac{dp}{\rho} - (\lambda' + 2\nu)\nabla^2\varphi = f(t).$$

4.5 如题 4.5 图，活塞在圆柱形油缸内运动，其两侧压强为 p_1 和 p_2，活塞与器壁的缝隙宽为 a，活塞的半径和长度分别为 R 和 L，油的黏性系数为 μ，若活塞运动非常缓慢，试求缝隙中油的泄漏率(设 $p_2 = 10$，$p_1 = \mathrm{N} \cdot \mathrm{m}^{-2}$，$a = 0.01\ \mathrm{cm}$，$R = 2\ \mathrm{cm}$，$L = 3\ \mathrm{cm}$，$\mu = 0.02\ \mathrm{kg} \cdot \mathrm{m}^{-1} \cdot \mathrm{s}^{-1}$.

4.6 圆柱形转轴长为 2 cm，直径为 4 cm，它和轴套之间隙宽为 0.05 cm.轴的转速为 3600 周/min，缝隙中润滑油的黏性系数为 0.01 kg·m⁻¹·s⁻¹，试求转轴所承受的摩擦力矩和消耗功率.

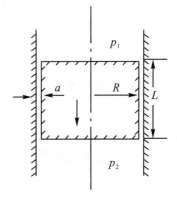

题 4.5 图

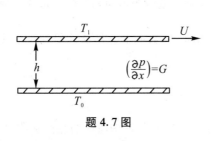

题 4.7 图

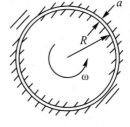

题 4.6 图

4.7 有两块无限大的平行平板,距离为 h.板间充满黏性系数为 μ 的流体,其中一板固定,另一板在自身平面内以恒定速度 U 运动.板面温度分别保持为 T_0 和 T_1,板间流体有沿运动方向的压强梯度 $G =$ 常数.试求流体的速度分布和温度分布,并作出速度剖面图和温度剖面图.

4.8 两个同轴的圆柱面之间充满黏性流体,圆柱半径分别为 a 和 b,其中一柱面静止,另一柱面沿轴向以常速 U 运动,求柱面间流体的定常速度分布,并给出 $a, b \to \infty$,但保持 $a - b = h =$ 常数时的极限形式.

4.9 在具有等截面的椭圆形直管内充满黏性流体,让流体在恒定的轴向压强梯度驱动下作定常运动,假设椭圆的长短轴分别为 a 和 b,压强梯度为 G,黏性系数为 μ,试求流体的速度分布,涡量分布和管道的流体通量.

4.10 两同轴圆柱面间的黏性流体在压强梯度 G 驱动下作定常运动,内外柱面的半径分别为 a 和 na,试证单位时间内通过环形截面的流体体积为

$$Q = \frac{\pi G a^4}{8\mu}\left[n^4 - 1 - \frac{(n^2 - 1)^2}{\ln n}\right].$$

4.11 一重物沿坡度为 α 的光滑斜面下滑,重物与斜面的间隙为 δ,接触面积为 S.设物体的质量为 M,间隙中黏性流体的黏滞系数为 μ,试求物体的最大下滑速度.

*4.12 假设外力场无旋,证明不可压缩定常黏性流满足

$$\omega^2 = \left(\nabla^2 - \frac{q}{\nu}\frac{\partial}{\partial s}\right)\left(\frac{p}{\rho} + \psi + \frac{q^2}{2}\right),$$

其中 $q = |\boldsymbol{v}|$,$\omega = |\boldsymbol{\omega}|$,$\psi$ 是外力场的位势,$\dfrac{\partial}{\partial s}$ 是沿流线方向的导数.

4.13 证明二维不可压缩黏性流满足方程

$$\left(\nu\nabla^2 - \frac{\partial}{\partial t}\right)\nabla^2\psi = \frac{\partial(\psi, \nabla^2\psi)}{\partial(x, y)},$$

其中 ψ 表示流函数.

*4.14 对具有同心圆流线族的二维黏性流,证明流函数满足扩散方程

$$\frac{\partial\psi}{\partial t} = \nu\left(\frac{\partial^2\psi}{\partial r^2} + \frac{1}{r}\frac{\partial\psi}{\partial r}\right),$$

进一步设 $\psi = f(\eta)$,$\eta = \dfrac{r^2}{t}$,试导出 f 所满足的常微分方程.

4.15 两无限大平行平板相距 h,其中一板固定,一板在其自身平面内作平移简谐振动,速度为 $u(t) = u_0\cos\omega t$,试求板间黏性流体的运动和作用在每块平板单位面积上的摩擦力.

4.16 两块固定的无限大平行平板,相距 h,其间的黏性流体受到一个简谐压强梯度的作用

$$\frac{\partial p}{\partial x} = G\cos\omega t,$$

试确定流体的速度分布和板上的摩擦力.

4.17 设有一固体小球,在重力作用下铅直下降,周围流体的黏性系数为 μ,球和

流体的密度分别为 σ 和 ρ,小球的半径为 R,求小球的最终下降速度 $u\left(设\ \dfrac{\rho u R}{\mu} \ll 1\right)$.

*4.18 一固体球在无界黏性流体中以一定的角速度 Ω 绕某一直径转动,已知 $\dfrac{\Omega R^2}{\nu}$ $\ll 1$,其中 R 是球的半径,ν 是流体的运动黏性系数,试确定流体的运动和球所受到的阻力矩.

第 5 章

5.1 对于等密度 ρ 的流体的定常二维无黏流动,试证明
$$\frac{p}{\rho} + \frac{q^2}{2} + F(\psi) + \pi = 常数,$$
其中 $F(\psi)$ 与涡量 ω 的关系为
$$\omega = F'(\psi),$$
ψ 是流函数,p 是压强,q 速度,π 为体积力的势函数.

5.2 对于等密度流体的定常轴对称无黏流动,证明
$$\frac{p}{\rho} + \frac{q^2}{2} + \pi + F(\psi) = 常数,$$
其中 ψ 是斯托克斯流函数.$F(\psi)$ 和 θ 方向涡量分量 ω_θ 的关系为
$$\omega_\theta = rF'(\psi).$$

5.3 证明对于旋转参考系是定常流动的不可压缩流体,伯努利方程为
$$\frac{p}{\rho} + \frac{v_R^2}{2} + \pi - \frac{1}{2}\Omega^2 r^2 = 常数(沿相对流线),$$
其中 Ω 是旋转参考系的角速度,v_R 是相对运动速度,r 是动系中一点至旋转轴的距离.

5.4 试证明相对于旋转参考系,涡量为常数的定常二维流动,伯努利方程为
$$\frac{p}{\rho} + \frac{v_R^2}{2} + \pi - \frac{1}{2}\Omega^2 r^2 + (\omega + 2\Omega)\psi = 常数.$$

5.5 若运动坐标系以角速度 $\boldsymbol{\Omega}$ 旋转,以速度 $\boldsymbol{U}_0$ 平移,证明在该动坐标系下的运动方程为
$$\left(\frac{\partial \boldsymbol{v}}{\partial t}\right)_r + \boldsymbol{\Omega} \times \boldsymbol{v} + \left[\left(\frac{\mathrm{d}\boldsymbol{r}}{\mathrm{d}t}\right)_r \cdot \nabla\right]\boldsymbol{v} = \boldsymbol{F} - \frac{1}{\rho}\nabla p,$$
其中 $\left(\dfrac{\mathrm{d}\boldsymbol{r}}{\mathrm{d}t}\right)_r = \boldsymbol{v} - \boldsymbol{U}_0 - \boldsymbol{\Omega} \times \boldsymbol{r}$,$\boldsymbol{r}$ 是在动坐标系中的径矢,并证明连续方程为
$$\frac{\partial \rho}{\partial t} + \nabla\left[\rho\left(\frac{\mathrm{d}\boldsymbol{r}}{\mathrm{d}t}\right)_r\right] = 0.$$

5.6 试证明在动坐标系中,涡量方程为
$$\frac{\partial \boldsymbol{\omega}}{\partial t} + \boldsymbol{\Omega} \times \boldsymbol{\omega} + (\boldsymbol{v}_r \cdot \nabla)\boldsymbol{\omega} = (\boldsymbol{\omega} \cdot \nabla)\boldsymbol{v},$$
其中 $\boldsymbol{v}_r = \boldsymbol{v} - \boldsymbol{v}_0 - \boldsymbol{\Omega} \times \boldsymbol{r}$,$\boldsymbol{U}_0$ 和 $\boldsymbol{\Omega}$ 为动坐标系平移速度和旋转角速度,$\boldsymbol{\Omega} = \mathrm{const}.$

5.7 证明

$$\frac{1}{2}\int_V \nabla v^2 \mathrm{d}V = \int_V [(\boldsymbol{v}\cdot\nabla)\boldsymbol{v} + \boldsymbol{v}\times\boldsymbol{\omega}]\mathrm{d}V,$$

并导出如下公式

$$\frac{1}{2}\int_A \boldsymbol{n}v^2 \mathrm{d}A = \int_A \boldsymbol{v}(\boldsymbol{n}\cdot\boldsymbol{v})\mathrm{d}A + \int_V \boldsymbol{v}(\nabla\cdot\boldsymbol{v})\mathrm{d}V - \int_V (\boldsymbol{v}\times\boldsymbol{\omega})\mathrm{d}V,$$

其中 V 是封闭表面 A 所包围的体积. 应用上述结果, 求出流体作用在物体上的力.

5.8 证明在不可压缩无旋流动中, 流体内部 $\nabla^2 v^2$ 总是正的, $\nabla^2 p$ 总是负的, 从而证明在流体内部速度不能有最大值, 压力不能有最小值. 假设体积力有势.

5.9 如果 Γ 是某一随流体一起运动的封闭回线上的速度环量, 试证在无黏、体积力有势条件下, 有

(1) $\dfrac{\mathrm{d}\Gamma}{\mathrm{d}t} = \oint p \mathrm{d}\left(\dfrac{1}{\rho}\right)$,

(2) $\dfrac{\mathrm{d}\Gamma}{\mathrm{d}t} = \oint T \mathrm{d}S$,

其中 T 是温度, S 是熵.

5.10 不可压缩无黏流体从静止开始运动, 若流体密度是不均匀的, 证明: 垂直于任一等密度面的涡量分量是零, 涡线将位于什么曲面上? (提示: 在等密度面上取一周线, 并对它应用开尔文速度环量定理.)

5.11 在有旋流动中流线上的任一点有一条涡线通过, 通过流线上所有点的涡线构成一个拉姆曲面. 对于无黏不可压缩或无黏正压流体, 证明: 若流动由静止开始, 等密度面或等熵面是拉姆面. 并且在拉姆面上对于定常流动, 不管流体是否均匀, 伯努利方程成立.

5.12 螺旋量定义为

$$H = \int_V \boldsymbol{u}\cdot\boldsymbol{\omega}\mathrm{d}V,$$

证明: 对于无黏正压体积力有势的流体, 如果在边界上 $\boldsymbol{u}\cdot\boldsymbol{\omega} = 0$. 则 H 是个时间的不变量.

5.13 给出无旋运动的定义. 并证明: 如果在某些条件下无黏流体运动是无旋的, 将总是保持无旋; 如果每个流体质点受到一个与其速度成正比的阻力的作用, 该结论也成立.

5.14 在任意半径的球内充满不可压缩流体, 证明流体作无旋运动时的总动量的主矢通过球心 (提示: 对球心的动量矩为零).

5.15 在一个固定在空间的控制面 A 包围的体积 V 内, 在有势体积力作用下, 证明不可压缩无旋流体的能量变化率为

$$\frac{\partial E}{\partial t} = -\rho\int_A \frac{\partial\varphi}{\partial t}\frac{\partial\varphi}{\partial n}\mathrm{d}A,$$

其中 E 是动能和体积力势能之和, n 为控制面的单位法线矢量.

5.16 水柱从水管中竖直下流, 若水离开管口时速度为零, 证明水柱在空中的质

心是在管口下水柱 1/3 长处.

5.17　有一圆锥形容器高为 h,顶部半径为 a,底部半径为 a/h,其中盛满水.在 $t = 0$ 时刻打开底面让水流出,求使容器中水降至 $h/2$ 高度所需的时间.

第 6 章

6.1　已知流体的平面运动中,流线方程为 $x^2 + y^2 = $ 常数,且 $|\boldsymbol{v}| = f(r)$,试问:

(1) 是否满足不可压缩流动的连续性方程?

(2) 当 $f(r) = r^2$ 及 $f(r) = r^{-1}$ 时分别写出流函数.

(3) 上述两种运动是否有势,若是求出速度势函数.

6.2　已知不可压缩平面运动的流函数 $\psi = 3x^2 y - y^3$,证明:流动是有势的,且流场中任一点速度大小只与该点到原点的距离有关.

6.3　不可压缩平面流动的流函数为 $\psi = a(x^2 - y^2)$,其中 a 是常数,证明流动有势,并求出势函数.

6.4　已知不可压缩平面无旋流的流函数 $\psi = 2x^2 + x - 2y^2$,求其复速度势.

6.5　已知复速度势 $W(z) = A(\sin kz + i \cos kz)$,其中 $z = x + iy$,A,k 是常数,求速度势和流函数.

6.6　不可压缩平面无界流场中有一对等强度 Γ 的点涡,方向相反,分别放在 $(0,h)$ 和 $(0,-h)$ 处.无穷远来流速度为 V_∞,恰好使这两个涡停留不动,求流线方程.

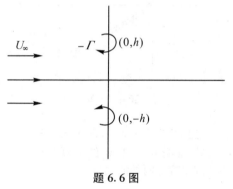

题 6.6 图

6.7　如题 6.7 图,OA,OB 及 1/4 圆弧构成固体边界,在 A 和 O 点分别放置强度相等的源和汇,求此运动的复速度势,并证明从 A 点发出的同 x 轴成 α 角的流线满足关系

$$r^2 \sin(\alpha + \theta) = a^2 \sin(\alpha - \theta),$$

其中 α 为半径,r 为 O 点至任一点距离,θ 为幅角.

6.8　如题 6.8 图,圆内 A 点有一强度为 q 的源,O 点有一同强度的汇.$\overline{OA} = f$,试写出复速度势,并证明作用在圆上的合力为

$$Y = 0, \qquad X = \frac{4\pi \rho q f^3}{2a^2(a - f^2)}.$$

6.9　在不可压缩流中,若流场中涡量大小和方向处处一样,证明速度分量 u,v,ω 是拉普拉斯方程的解.

6.10　如题 6.10 图,$\theta = \left(-\dfrac{\pi}{6}, \dfrac{\pi}{6}\right)$ 的角形域内在 $r = c$,$\theta = \alpha$ 点处有一源,原点处有一等强度汇.试求流函数,并证明 $\psi = 0$ 的流线是曲线 $r^3 \sin 3\alpha = c^3 \sin 3\theta$ 的一部分.

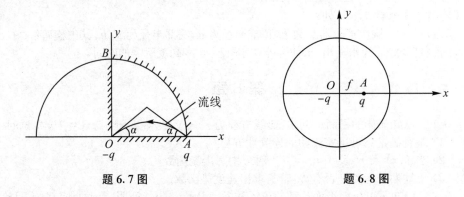

题 6.7 图   题 6.8 图

6.11 如题 6.11 图虚轴是固壁,在距虚轴 c 处有一强度为 q 的源,试求作用在固壁 $\overline{QQ'} = 2l$ 段上的流体压力.

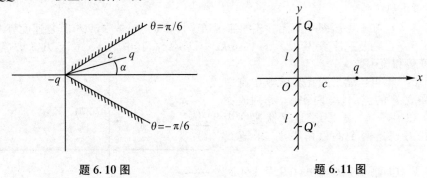

题 6.10 图   题 6.11 图

6.12 证明 $u = -\omega y, v = \omega x, w = 0$ 的无黏流动是可能的.试求出流函数和流线.另外,证明 $\varphi = A\ln r$ 的平面流动也是可能的($r^2 = x^2 + y^2$),其流函数和流线是怎样的?试比较这两种流动.

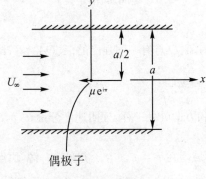

题 6.14 图

6.13 无界流体中半径为 a 的圆柱外 c 点处有一强度为 Γ 的涡,$c > a$.证明:该点涡绕圆柱作等速圆周运动,周期为

$$T = 4\pi^2 c^2 \frac{c^2 - a^2}{\Gamma a^2}.$$

6.14 求图示流动的复速度势.

6.15 证明:一对强度相等方向相反的点涡对称地放在半径为 a 的圆内,当点涡到圆心的距离为 $a(\sqrt{5}-2)^{1/2}$ 时,两涡保持静止.

6.16 如题 6.16 图,求点涡运动的轨迹.

6.17 求流场复速度势,流线及任意一点 P

的流体速度.(a 是距离,q 是强度).

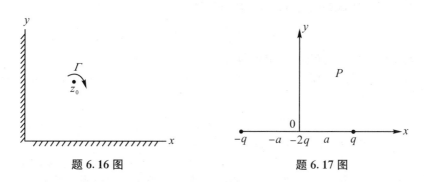

题 6.16 图   题 6.17 图

6.18   如题 6.18 图,求复速度势及点涡运动轨迹.

6.19   如题 6.19 图,求复速度势及点涡轨迹.

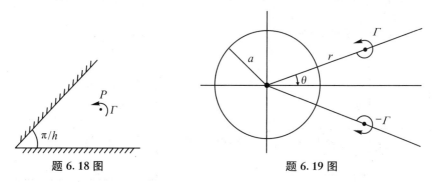

题 6.18 图   题 6.19 图

6.20 n 个等强度点涡均匀布置在半径为 a 的圆周上,证明所有涡将绕圆心均匀地运动,周期为 $\dfrac{8\pi^2 a^2}{n-1}\Gamma$.

6.21   半径为 a 的球在无界不可压缩流体中沿 x 轴加速运动,无穷远处流体静止,压强为零,证明在球心前方任一点 P 的压力为

$$p = \frac{1}{2}\rho a^3 \left[\frac{U}{x^2} + U^2 \left(\frac{2}{x^3} - \frac{a^3}{x^6} \right) \right].$$

6.22   半径为 R 的圆球在无界流体中沿 x 轴作直线运动,其速度为 $\boldsymbol{U}$,加速度为 $\boldsymbol{a}$.证明作用在圆球上的迎风面半球和背风面半球上的合力分别为

$$P_0 \pi R^2 \pm \frac{1}{4}Ma - \frac{3}{64R}MU^2,$$

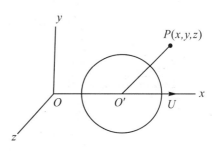

题 6.21,6.22 图

其中 ± 分别为迎风和背风半球，P_0 为无穷远压强，M 为球排开的流体质量．

6.23 设流体运动由以下速度势给定

$$\varphi = c\left\{\left(1+\frac{1}{n}\right)\frac{r^n}{a^{n-1}} + \frac{a^{n+2}}{r^{n+1}}\right\}P_n(\cos\theta),$$

其中 c 是常数，r 和 θ 是球坐标，求流函数．

6.24 把一固体球在不可压缩无黏流体中放开，以压强直接积分证明球表面上合力的方向是铅直的，且为

$$F = -\frac{1}{2}\rho V_0\frac{\mathrm{d}w}{\mathrm{d}t} + \rho g V_0,$$

其中 V_0 是球体积，w 为铅垂速度，g 为重力加速度，F 向上为正．

6.25 半径分别为 a 和 b 的同心圆柱体($b>a$)之间充满不可压缩流体，若在某一瞬时内柱体以速度 U 沿垂直方向运动，求该瞬时的流场的速度势 φ 和流函数 ψ．

6.26 半径分别为 a 和 b 的同心圆球($b>a$)之间的球壳内充满不可压缩流体，若某一瞬时内球以速度 U 运动，求该瞬时流场的速度势 φ 和流函数 ψ．

6.27 椭圆壳体内充满不可压缩流体，以 Ω 等角速度旋转，求图示位置时的速度势 φ 和流函数 ψ．

6.28 求题 6.28 图复速度势．

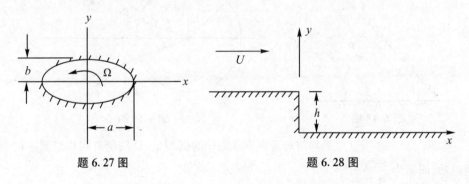

题 6.27 图   题 6.28 图

6.29 流速为 U，宽为 h 的定常二维不可压缩射流，垂直射向无穷长平面，求速度图平面(Q 平面)和物理平面(W 平面)之间的保角变换，并用参数方程(用 θ)表示射流边界．

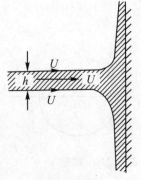

题 6.29 图

第 7 章

7.1 将坐标系取为随一列单色行波以相速度前进，证明：相对于此参考系，水波运动为一定常流动，写出此种二维定常流的复速度势 $w(z)$．

7.2 一狭长水池长为 L，两端为铅直固壁，静止时水

深为 h. 如果在水面上产生单色表面波,试求出各种可能的波长值,特别是最大的波长和最小的频率. 写出最大波长下单色波的复速度势 $W(z, t)$.

7.3 若在求解深水表面波的质点轨迹方程时准确到二阶小量,试证明质点的运动轨迹为

$$x - x_0 = - a\mathrm{e}^{kz_0} \cos(kx_0 - \omega t) + a^2 \omega k \mathrm{e}^{2kz_0} t,$$
$$z - z_0 = - a\mathrm{e}^{kz_0} \sin(kx_0 - \omega t).$$

绘出质点轨迹的示意图,说明所得结果的物理意义.

7.4 证明对于平面波,群速度 U 与相速度 c 之间存在如下一般关系

$$U = c - \lambda \frac{\mathrm{d}c}{\mathrm{d}\lambda}.$$

7.5 试导出 $kh \ll 1$ 时,涟波的近似色散关系

$$C^2 = gh + \left(\rho^{-1} \alpha h - \frac{1}{3} gh^3 \right) k^2 + O(k^4 h^4).$$

已知水的 α 值为 0.074 N/m,试求在满足所给条件时,能最好地消除色散效应的水深 h.

7.6 有上下两层液体,它们的密度和厚度分别为 (ρ', h') 和 (ρ, h). 流体的顶部和底部都以固体平板为边界. 如果在两层液体的交界面上产生小幅的重力波,当略去表面张力时,证明

$$\omega^2 = \frac{kg(\rho - \rho')}{\rho \coth(kh) + \rho' \coth(kh')}.$$

若 $\lambda \ll h, h'$,两种液体界面上的波速比自由画上的波速小多少(对同一波长)?

7.7 若上题中的上层流体相对于下层流体以速度 U 作等速水平运动,且 $\lambda \ll h$, h',试写出界面上重力波的色散关系式.

7.8 如果两层流体界面上的单色波满足条件:$\lambda \ll h$ 但 $\lambda \sim h'$,其他条件同 7.6 题,证明可能有两种界面重力波,其色散关系分别为

$$\omega^2 = gk \quad \text{和} \quad \omega^2 = gk \frac{\rho - \rho'}{\rho \coth(kh) + \rho'}.$$

*7.9 如果上层流体相对于下层流体以速度 U 运动,且界面上的表面张力不可忽略,其他条件同 7.6 题,试导出下列色散关系

$$\rho c^2 \coth(kh) + \rho' (U - c)^2 \coth(kh') = \alpha k + g \frac{\rho - \rho'}{k},$$

其中 c 是波的相速度,α 为表面张力系数.

*7.10 设一面旗帜在空气中以速度 U 高举前进,空气本来处于静止,证明:当旗帜以正弦波方式飘动时,其波长和波速之间满足下列关系

$$mc^2 - \alpha + \frac{\lambda \rho}{\pi} (U - c)^2 = 0.$$

其中 α 是旗帜的表面张力系数,m 是旗帜单位面积的质量,ρ 是空气的密度.

第 8 章

8.1 试推导黏性可压缩流体的涡量动力学方程,假设第一、第二黏性系数均为

常数.

8.2　一个运动坐标系以常速度 U 和常角速度 Ω 相对于静止的绝对坐标系运动,试写出在运动坐标系中的涡量动力学方程.假设流体是黏性、不可压缩正压流体.

8.3　在一封闭圆柱内,不可压缩流体在外力作用下,从静止开始绕 z 轴作旋转运动.若外力 $F = (\alpha x + \beta y, \gamma x + \delta y, 0)$,$(\alpha, \beta, \gamma, \delta$ 为常数),试写出其运动方程,并证明流体的旋转角速度 ω 满足下列关系

$$\frac{\mathrm{d}\omega}{\mathrm{d}t} = \frac{1}{2}(\gamma - \beta).$$

8.4　判断下列情形下会不会产生旋涡:

(a) 一桶水,下面为盐水,上面为淡水,桶从静止向上作加速运动;

(b) 一长水槽,下层加盐水,上层为淡水,在水槽一端用一直立平板推动流体运动.

8.5　Oseen 涡的速度分布为

$$v = \frac{\Gamma_0}{2\pi r}\left[1 - \exp\left(\frac{-r^2}{4\nu t}\right)\right],$$

其中 Γ_0, ν 为常数.求该流动的涡量分布,沿 $r = R$ 圆周的环量,以及通过全平面的涡通量,并讨论涡量 ω 和环量 Γ 随 r 和 t 的变化规律.

8.6　计算 Oseen 旋涡的压强分布.

8.7　考虑理想流体的绝热运动,设远前方来流条件是均匀的,证明在定常情形下,有

$$\frac{D}{Dt}\left(\frac{\omega}{\rho T}\right) = \frac{\omega}{\rho} \cdot \nabla\left(\frac{u}{T}\right),$$

因此,对二维流动,

$$\frac{\omega}{\rho T} = 常数（沿流线）.$$

8.8　黏性流体中,一个强度为 Γ 的简单直线旋涡,在 $t = 0$ 时刻沿 z 轴产生.求出时刻 t 离 z 轴的距离为 r 的任意流体质点的速度.如果一中心在 z 轴的圆向外膨胀,以致它包围的涡量不变,试确定圆的面积随时间的变化规律.

8.9　在 x, y 平面内有一以直线 $y = \pm c$ 为界的区域,在这区域内由于坐标原点有一旋涡而引起流体的二维运动.证明该流动的流函数为

$$\psi = \frac{\Gamma}{4\pi}\lg\left(\frac{1 - t}{1 + t}\right),$$

其中 $t = \cos\left(\frac{\pi y}{2c}\right)\mathrm{sech}\left(\frac{\pi x}{2c}\right)$.

8.10　假定在半径为 a 的圆柱内部或外部,在离圆柱轴线同样距离的地方,放强度相同,但旋转方向相反的一对直线涡,证明每一直线涡运动所描述的方程为

$$(r^2 - a^2)^2(r^2\sin^2\theta - b^2) = 4a^2 b^2 r^2\sin^2\theta,$$

其中 b 是常数.

8.11　三条强度为 m 的直线涡对称地放在半径为 a 的圆柱内,并且经过边长为 $\sqrt{3}b$ 的等边三角形由三个顶点.如果除去这些旋涡所产生的环量外在流体中没有环量,

证明这些涡线将以角速度

$$\frac{m}{b}\left(\frac{a^6 + 2b^6}{a^6 - b^6}\right)$$

绕圆柱轴线转动.

8.12　在无界流体中有一彼此相距为 a 的无穷点涡列,每一点涡的强度为 κ,但符号交替变化,假定坐标原点和其中一个正强度旋涡重合,证明流动复位势为

$$W = i\kappa lg\left(tg\frac{\pi z}{2a}\right),$$

进而证明:在此流动中涡列是不动的.如果每一点涡的横截面积近似为半径等于 εa 的圆,其中 ε 是无穷小量,证明在相邻两旋涡之间的流体流量近似地等于 $2\kappa lg(2/\pi\varepsilon)$.

*8.13　在无界流体中有一间隔为 a,沿 x 轴均匀分布的,强度为 κ 的直线旋涡的无穷涡列,证明流函数为

$$\psi = \frac{\kappa}{z} lg\left(\cosh\frac{2\pi y}{a} - \cos\frac{2\pi x}{a}\right).$$

假定强度为 $-\kappa$ 的第二条无穷涡列是第一条涡列作平移得到的,其位置为

$$x = \lambda a, \qquad y = -\mu a.$$

证明这两条涡列的速度

$$\frac{\pi k}{a}\left(\frac{\cosh 2\pi\mu + \cos 2\pi\lambda}{\cosh 2\pi\mu - \cos 2\pi\lambda}\right)^{1/2}$$

在和涡列成 θ 角的方向运动,并且

$$tg\theta = \frac{\sin 2\pi\lambda}{\sinh 2\pi\mu}.$$

第 9 章

9.1　下列速度分布中哪一个满足平板边界层流动的边界条件 (a)e^{η},(b)$\cos(\pi\eta)/2$,(c)$\eta - \eta^2$,(d)$2\eta - \eta^3$,(e) 以上无一正确,其中 $\eta = y/\delta$.

9.2　对于平板边界层的布拉修斯流动,证明:

(a) 对应于 $y = \delta^*$ 的 η 值近似等于 1.22;

(b) δ^*/δ 和 θ/δ 是常数;

(c) 当 $x \to 0$ 时,流线具有形式 $\psi \sim U_y - \beta(2\nu Ux)^{1/2}$;

(d) $U^2 d\theta/dx = \nu\left(\dfrac{\partial u}{\partial y}\right)_{y=0}$.

9.3　证明布拉修斯解中 v 是 y 的单调递增函数,当 $y \to \infty$ 时,它趋于极限

$$(v)_{y \to \infty} = 0.8604 U/\sqrt{Re_x}.$$

这表明在规定边界条件(9.1.19)时,关于边界层外缘处的垂直速度是不能作什么规定的.

9.4　对于布拉修斯解,证明 $vRe_x^{1/2}/U$ 作为 η 的函数的图形有一拐点,并求出拐点的大致位置.

9.5　在布拉修斯解中证明动量厚度 θ 是 $2f''(0)xRe_x^{-1/2}$.

9.6　在布拉修斯解中计算能量厚度 θ^*.

9.7　将 $\eta = y/x^n$, $\psi = (\nu Ux)^{1/2}f(\eta)$ 代入定常流时的方程(9.1.17),试证 $n = \dfrac{1}{2}$ 是在所得出的微分方程中 x 和 y 均不明显出现的条件.

9.8　一半无穷长平板,平行地放在来流为 30 m/s 的气流中,试计算距离前缘为 1 m 处边界层的厚度,表面摩擦力和边界层外缘处的垂直速度分量.

9.9　证明对于均匀抽吸的零攻角平板边界层,动量方程的一个特解为

$$\frac{u}{U} = 1 - \exp(-v_0 y/\nu), \qquad v = -v_0,$$

其中 v_0 为抽吸速度,沿平板不变.试证明:对于上述速度剖面,位移厚度为 ν/v_0,表面摩擦力为 ρUv_0.这表明通过多孔壁抽吸流体可以阻止边界层增厚

9.10　在零压力梯度条件下,壁面附近边界层有如下形式的速度分布

$$u = \frac{\tau_w}{\mu}y + \cdots,$$

利用此处所给出的线性规律作为一阶近似,试写出边界层方程.

9.11　零攻角平板边界层的速度分布假设为

$$\frac{u}{U} = \sin\frac{\pi y}{2\delta},$$

利用动量积分方程证明

$$\delta^2 = \frac{2\pi^2}{4-\pi}\frac{\nu x}{U}.$$

9.12　上题中,证明长度为 L 的平板两面所受的阻力等于

$$D = \frac{1.310\rho U^2 L}{\sqrt{\dfrac{UL}{\nu}}}.$$

9.13　对于二维定常流,利用冯·米金斯(von Miss)变换

$$\xi = x, \qquad \eta = -\psi(x,y) = \int_0^y u(x,y)\mathrm{d}y.$$

证明边界层方程可化为如下形式

$$\frac{\partial z}{\partial \xi} = \nu u\frac{\partial^2 z}{\partial \eta^2}, \qquad Z = -U^2 + u^2.$$

9.14　对于相应于 $U = cx^m$ 的相似解,证明壁面剪切应力为

$$\left[\frac{1}{2}(1+m)\right]^{1/2}f''(0)\rho U^2/\sqrt{Re_x}, \qquad Re_x = \frac{Ux}{\nu}.$$

将此结果应用于 $c > 0$, $m > -\dfrac{1}{3}$ 情形,证明:从 $x = 0$ 到 $x = l$,宽度为 b 的一段壁面上的阻力系数是

$$c_D = 4f''(0)(3m+1)^{-1}\left[\frac{1}{2}(m+1)\right]^{1/2}bl/Re_x^{1/2}.$$

9.15　试比较先通过逆压梯度后通过顺压梯度的边界层与从前缘起一直是顺压梯度的边界层. 在每种情形下, 速度分布中有多少个拐点.

9.16　假设边界层内定常流速度分布为

$$\frac{u}{U} = \frac{y}{\delta},$$

证明动量积分方程变成

$$\frac{\mathrm{d}}{\mathrm{d}x}\delta^2 + \frac{10}{U}\frac{\mathrm{d}U}{\mathrm{d}x}\delta^2 = 12\frac{\nu}{U},$$

其解为

$$\delta^2 = \frac{12\nu}{U^{10}}\int_0^x U^9 \mathrm{d}x.$$

假设 $U = $ 常数, 则

$$\delta = \sqrt{\frac{12\nu x}{U}}, \quad c_f = 0.577\sqrt{\frac{\nu}{U_x}}, \quad C_D = 1.154\sqrt{\frac{\nu}{Ul}}.$$

第 10 章

10.1　若符号 $\langle \cdot \rangle = \frac{1}{V}\int_V (\cdot)\mathrm{d}V$ 表示体积平均, 以 $E(t) = \frac{1}{2}\langle |\boldsymbol{v}'|^2 \rangle$ 表示所论体积中单位质量流体的平均扰动能量. 试证明

$$\frac{\mathrm{d}E}{\mathrm{d}t} = -\langle \boldsymbol{v}' \cdot \nabla \boldsymbol{v}' \cdot \boldsymbol{v}' \rangle - \nu \langle |\nabla \times \boldsymbol{v}'|^2 \rangle.$$

10.2　承上题, 若扰动是无旋的, 证明 $\mathrm{d}E/\mathrm{d}t = 0$. 这时扰动不会从基本流中获得能量而加强.

10.3　若基本流 $\boldsymbol{U} = (u, 0, 0)$ 且 $u = u(y)$, 证明无限小扰动 $(u', v', 0)$ 的涡量 ω' 满足方程

$$\frac{\partial \omega'}{\partial t} + u\frac{\partial \omega'}{\partial x} = v'\frac{\partial^2 u}{\partial y^2} + \frac{1}{Re}\Delta \omega',$$

上式各量已无量纲化.

10.4　承上题, 引入扰动流函数 ψ', 使 $u' = \frac{\partial \psi'}{\partial y}, v' = -\frac{\partial \psi'}{\partial x}$. 当该扰动具有形式

$$\psi' = \varphi(y)\mathrm{e}^{\mathrm{i}\alpha(x-ct)}$$

时, 由小扰动涡量方程导出奥尔-索米菲尔德方程

$$(u-c)(\varphi'' - \alpha^2\varphi) - u''\varphi = \frac{\mathrm{i}}{\alpha Re}(\varphi''' - 2\alpha^2\varphi'' + \alpha^4\varphi).$$

10.5　用 ϕ 的复共轭 ϕ^* 遍乘 Rayleigh 方程式(10.3.16a)各项、再从 z_1 到 z_2 积分, 证明

$$c_i\int_{z_1}^{z_2} \frac{U''|\phi|^2}{|U-c|^2}\mathrm{d}z = 0,$$

从而得到 Rayleigh 拐点定理

10.6 求证式(10.3.18).

10.7 求证式(10.3.19).

10.8 证明:如果 $U(z_c) = c_r, U'_c \neq 0, [U'' \mid \phi \mid^2]_{z_c} \neq 0$,则

$$\frac{c_i U'' \mid \phi \mid^2}{\mid U - c \mid^2} \sim \frac{c_i [U'' \mid \phi \mid^2]_{z=z_c}}{U'^2_c(z - z_c)^2 + c_i^2}, \qquad 当 z \to z_c, c_i \to 0^+$$

及

$$\lim_{c_i \to 0^+} \lim_{\varepsilon \to 0} \int_{z_c - \varepsilon}^{z_c + \varepsilon} \frac{c_i U'' \mid \phi \mid^2}{\mid U - c \mid^2} dz = \pi \left[\frac{U'' \mid \phi \mid^2}{U'} \right]_{z=z_0}.$$

10.9 已知 $\dfrac{du}{dt} = -u(1 - Ru)(1 - u)$. 证明:对于 $R > 0, U = 0$ 是一个稳定的定常解. 还存在其他定常解吗?对于什么 R 值它们是稳定的?画出分叉示意图.

第11章

11.1 从湍流平均流运动方程(11.2.10)出发,用类似于式(9.4.2)的推导方法,推导湍流动量积分方程,并证明动量积分方程(9.4.2)对湍流也是适用的.

11.2 湍流平板边界层的速度分布可假定为 $\dfrac{u}{U_1} = \left(\dfrac{y}{\delta} \right)^{1/7}$,壁面摩擦力为 $\dfrac{\tau_w}{\rho U_1^2} = 0.0225 \left(\dfrac{\nu}{\delta U_1} \right)^{1/4}$. 利用动量积分方程,证明

$$\frac{\delta}{x} = 0.37 Re_x^{-1/5},$$

局部摩擦阻力系数为
$$c_f = 0.0592 Re_x^{-1/5},$$
长 L 单位宽平板的平均摩擦阻力系数(单面)为
$$c_D = 0.072 Re_L^{-1/5}.$$

11.3 如果轴对称射流的速度尺度和长度尺度具有以下形式
$$u_{max} \propto x^m, \qquad l \propto x^n.$$
则对于(1)层流和(2)湍流, m 和 n 的值如何?

11.4 试对于(1)两同心圆柱以相同的角速度同向旋转,(2)一个单独圆柱在无界流体中旋转这两种特殊情形写出旋转考艾特流动中的速度分布. 并从而证明,按照无黏稳定性准则(瑞利准则),前者是稳定的而后者是中性稳定的.

试说明瑞利准则可重新被阐述为:如果涡量与流体角速度的符号相反,运动就是不稳定的.

11.5 一零压梯度湍流边界层($\Pi = 0.6$),雷诺数是 $Re_* = u_* \delta/\nu = 1000$,光滑壁面($B = 5.0$).则 $Re = U\delta/\nu$ 是多少?如果 δ 是 5 cm,问对数律区开始和结束的距离 y 近似为多少?若 $Re_* = \alpha_* \delta/\nu = 3000$,上述情形又是如何?

11.6 (1) 在式(11.3.9)中,设 $\tau_t = \tau_0, l_m = ky$,试推导对数律公式(11.5.10),

边界条件取 $y^+ = 30$ 时 $u^+ = 14$, k 取 0.4, τ_0 壁面应力.

(2) 在式(11.3.22)中,取 $\tau_t = \tau_0$, 试推导速度亏损律公式(11.5.11),边界条件取 $y = \delta$ 时, $u = U - 2.35u_*$.

第 12 章

12.1　将可压缩气体等熵流关系
$$\frac{p_0}{p} = \left(1 + \frac{\gamma - 1}{2}M^2\right)^{\frac{\gamma}{\gamma-1}}$$
展开成 M^2 的幂级数,问级数在什么条件下收敛?证明若取展开式的前两项时就是不可压缩流体的能量方程. 在 M 为 0.3,0.5 和 1.0 三种情形下,分别计算 p_0/p 的精确值和近似值以及相对误差,试分析计算结果.

12.2　飞机以速度 $v = 300$ m/s 在海平面,5 km 和 10 km 三个高度飞行时,M 数各是多大?

12.3　试证平面声波是纵波.

12.4　证明在以速度 u 运动的介质中,小扰动(平面单色波)波频 ω 与波矢量 k 的关系是
$$\omega = ck + u \cdot k.$$

12.5　两股质量流量相等的空气射流在进入一个大容器前充分混合.一股射流为 400 K 和 100 m/s,另一股是 200 K 和 300 m/s.在没有加热或没有做功的情形下,试证容器内空气温度为 324.9 K.

12.6　空气从一容器流出,经不可逆绝热过程流入第二个容器,第二个容器的空气压强是第一个的一半,试证两容器之间的熵相差 198.92 N·m·kg⁻¹·K⁻¹.

12.7　管内有压强为 2 atm,温度为 290 K 的空气,若一端突然与大气(1 atm)接通,试问空气喷出管口的速度为多少?

12.8　证明在完全气体假设下正激波前后的普朗特关系式
$$v_1 v_2 = c_*^2,$$
其中 v_1, v_2, c_* 分别为激波前后流速和临界声速.

12.9　激波强度是以 $(p_2 - p_1)/p_1$ 之比来衡量的.证明在正激波中激波强度与 $M_1^2 - 1$ 成正比.而在弱激波中密度的相对增量近似地与激波强度成正比.

12.10　平面激波从与它平行的固壁反射回来,试证明反射波后面的气体压强由下式决定
$$\frac{p_3}{p_2} = \frac{(3r-1)p_2 - (r-1)p_1}{(r-1)p_2 + (r+1)p_1}.$$

12.11　试证明拉伐尔喷管中气体质量流率的上界是
$$Q_{max} = \sqrt{\gamma p_0 \rho_0}\left(\frac{2}{\gamma+1}\right)\frac{1+\gamma}{2(\gamma-1)}A_{min},$$
其中 A_{min} 是喉部面积.

12.12　试证明拉伐尔喷管达到临界状态时,喉部气流速度的轴向梯度为

$$\left(\frac{\mathrm{d}v}{\mathrm{d}x}\right)_* = \pm \frac{1}{\gamma+1} \sqrt{\frac{2\gamma R T_0}{\mu A_*}} \left(\frac{\mathrm{d}^2 A}{\mathrm{d}x^2}\right)_*^{1/2},$$

其中 μ 气体分子量,R 气体普适常数,下标 $*$ 代表喉部位置.

12.13   一无黏有热传导的气体,静止态为 $\rho = \rho_0, T = T_0, a = a_0$,证明:对于小扰动(声波),存在扰动速度势 φ 满足

$$(\gamma-1)c_v \frac{\partial T}{\partial t} = \frac{a_0^2}{r} \nabla^2 \varphi - \frac{\partial^2 \varphi}{\partial t^2}$$

及

$$c_P \frac{\partial T}{\partial t} = \frac{rk}{\rho_0} \nabla^2 T - a_0^2 \nabla^2 \varphi,$$

其中 k 是热传导系数,c_P 和 c_v 是等压和等容比热.推导

$$\left(\frac{\partial^2}{\partial t^2} - \frac{c_0^2}{r} \nabla\right)\left(\frac{k}{\rho_0} \nabla^2 \varphi\right) - \left(\frac{\partial^2}{\partial t^2} - a_0^2 \nabla\right)\left(c_v \frac{\partial p}{\partial t}\right) = 0.$$

12.14   活塞在等截面管中以速度 Ut 左行($t > 0$ 时),证明活塞右边的气体速度为

$$\gamma u = \left(c_0 + \frac{\gamma+1}{2}Ut\right) - \left[\left(\alpha_0 + \frac{\gamma+1}{2}Ut\right)^2 - 2\gamma U(c_0 t + x)\right]^{1/2}.$$

如果活塞以 Ut 速度右行.证明活塞右方气体中在 $\dfrac{2c_0}{(\gamma+1)U}$ 时间后将形成激波.

12.15   试推导如下方程

$$v_2^2 = (u_1 - u_2)^2 \frac{u_1 u_2 - c^{*2}}{2u_1^2/(r+1) - u_1 u_2 + c^{*2}}.$$

利用无量纲参数 $u_1^* = u_1/c^*$,$u_2^* = u_2/c^*$ 和 $v_2^* = v_2/c^*$ 画出上述方程的图形称为**激波极线**.一条折转角为 θ 的射线交线于 A, B 和 C 点,解释这三点的意义;最大折转角 $\theta_{\max}$ 如何随 u_1^* 变化?

12.16   在翼型绕流中,局部声速点最先出现在翼型上的最小压力点.试证明临界压力系数是

$$c_p^* = \left\{\left(\frac{2}{\gamma+1}\right)^{\frac{\gamma}{\gamma-1}}\left[1 + \frac{\gamma-1}{2}(M_{\infty*}^2)\right]^{\frac{\gamma}{\gamma-1}} - 1\right\}\Bigg/ \frac{\gamma}{2} M_{\infty*}^2.$$

$M_{\infty*}$ 为临界来流 M 数.

12.17   完全气体作定常绝热流动,已知一条流线上两点有相同静压,但总压不等,试证其速度关系为

$$\frac{v_2^2}{v_1^2} = 1 - \frac{\left(\dfrac{p_{01}}{p_{02}}\right)^{\frac{\gamma-1}{\gamma}} - 1}{\dfrac{\gamma-1}{2}M_1^2}.$$

12.18   如图示翼型在攻角 $4°$ 时低速风洞实验得出升力系数为 0.8,利用法则求 $M_\infty = 0.6$ 时翼型升力系数.

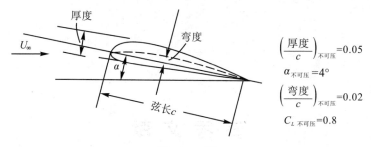

$$\left(\frac{厚度}{c}\right)_{不可压} = 0.05$$

$$\alpha_{不可压} = 4°$$

$$\left(\frac{弯度}{c}\right)_{不可压} = 0.02$$

$$C_{L\ 不可压} = 0.8$$

题 12.18 图

12.19 空气流过一喷管，在扩散段某截面处产生一道正激波，已知喉部截面积 $A^* = 0.1\ \mathrm{m}^2$，激波所在处截面积 $A_b = 0.2\ \mathrm{m}^2$，出口截面 $A_e = 0.25\ \mathrm{m}^2$，上游总压 $P_{01} = 10\ \mathrm{atm}$，总温 $T_0 = 500\ \mathrm{K}$，试求激波后以及出口截面的马赫数，静压和总压，并求出质量通量 G.

12.20 超声速气流 $M_1 = 1.5$，绕 $15°$ 弧膨胀，求 $M_2, h_2/h_1$.

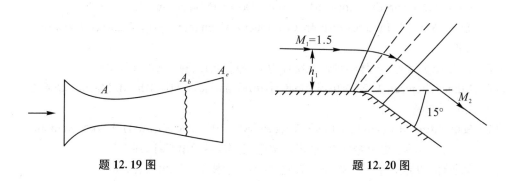

题 12.19 图   题 12.20 图

参 考 文 献

[1] Batcheler G K. An Introduction to Fluid Dynamics [M]. Cambridge University Press,1967(中译本：巴切勒 G K.流体动力学引论.北京:科学出版社,1997).

[2] Landau L D,Lifshitz E M. Fluid Mechanics [M]. 2nd ed. 世界图书出版公司,1987(中译本：朗道 L D,栗弗席茨 E M. 流体力学.1 版.北京:高等教育出版社,1983).

[3] Lamb H. Hydrodynamics [M].6th ed. Dover Publications,1945.

[4] Fung Y C. A First Course In Continuum Mechanics [M]. Prentice-Hall, Inc. , 1997.

[5] 吴大猷.热力学,气体运动论及统计力学[M].北京:科学出版社,1985.

[6] Milne-Thomson L M. Theoretical Hydrodynamics [M]. 4th ed. Macmillan & Co Ltd,1960.

[7] Schlichting H.Boundary Layer Theory [M].7th ed. McGraw-Hill Book company,1979(中译本：史里希廷 H.边界层理论.北京:科学出版社,1988).

[8] 郭永怀.边界层理论讲义[M].合肥:中国科学技术大学出版社,2008.

[9] Lighthill M J. Wave in Fluids [M]. London:Cambridge University Press,1978.

[10] Tritton D J. Physical Fluid Dynamics [M]. 2nd ed. Oxford University Press, 1988.

[11] Tennekes H,Lumley J L. A First Course in Turbulence [M]. MIT Press,1972.

[12] Drazin P G. Introduction to Hydrodynamic Stability [M]. Cambridge University Press,2002.

[13] Anderson J D. Modern Compressible Flow [M]. 2nd ed. McGraw-Hill International Editions,1990.